国际信息工程先进技术译丛

智能可穿戴传感器：原理、实践与应用

[美] 爱德华·萨佐诺夫（Edward Sazonov）
迈克尔·R. 纽曼（Michael R. Neuman） 主编
万 浩 庄柳静 吴春生 张 希 王 平 等译

机械工业出版社

穿戴式设备集人类与科技各种交互方式之大成，覆盖了广泛的研究和技术领域，甚至涉及一些看起来不相关的跨领域的知识。

有多少电子工程师会学习纺织知识？有多少行为学家了解传感器？这样的例子不胜枚举。基于此，本书从不同的领域出发，意在对穿戴式技术的各方面做一个全面的勾勒。

本书分成 7 大部分，涵盖了穿戴式技术的多个重点领域，虽不可能做到包含全部内容，但可以帮助读者尽可能学习掌握穿戴式设备。书中所有章节均由世界上相关领域的知名优秀专家撰写，分享了他们对该领域的独特见解。

译 者 序

在现代社会中，“穿戴”被赋予了新的定义，它不再仅仅是优雅的晚礼服或者是登山者身上的保暖登山服，而是扩展到了一些穿戴配件，如商务人士手腕上的智能手表，游戏玩家的头戴式显示设备，自行车运动员头盔上的微型传感器，或者用于监测跑步者步伐及其生理与生化参数的智能服装等，这些设备让我们见证了穿戴式传感技术的快速发展。穿戴式设备本质上是微型计算机网络装置，具备传感、计算、存储和通信的功能，此外，它还包括向用户反馈的接口和功能，以及未来的在体或植入式传感器的脑机交互的前沿技术。

智能穿戴式传感器是一类特殊的传感器件，它能把生物体（特别是人体）的多种生理和生化信息，主要是非电量信息转换为易观测的电量（或光学量）信息，扩大了人的感官功能，是构成各种穿戴式设备的核心部件。智能穿戴式传感器是对生物体，特别是人体包含的生命现象、状态、性质、变量和成分等信息进行检测和量化的仪器或设备，是获取人体生理和病理以及健康信息的关键技术。另一方面，由于智能穿戴式传感器获取的信号微弱，随机性强，存在噪声和干扰背景，且动态变化和个体差异大，相应地要求传感器和检测方法的灵敏度高、噪声小、抗干扰能力强、分辨率高、动态特性好，因此，智能穿戴式传感器通常比其他的检测设备更复杂、要求更严格。

穿戴式智能传感技术是目前国际上在科学研究和产品应用开发方面快速发展的一个新兴领域，它与电子技术、光学技术、机械、化学以及生物医学的发展密切相关。穿戴式智能传感技术在人类数字时代生活、人体健康监测、大数据与通信网络、医疗监护和诊断方面具有越来越广泛的需求，特别是便携、轻便、无创、微创的智能传感技术在该应用领域的增长迅速，穿戴式智能传感技术正在由理想逐步变成现实。

本书英文原著由当今在该领域从事科学研究和应用开发的众多国际上知名的学者和专业技术人员共同编写，包括来自美国、英国、意大利、芬兰、希腊、日本以及中国等多所大学的专家和教授，论述了穿戴式智能传感技术的工作原理、基本结构及其应用实例。

本书由浙江大学生物医学工程与仪器科学学院、生物传感器国家专业实验室、生物医学工程教育部重点实验室，西安交通大学医学部、医学工程研究所，以及浙江方太集团有限公司等从事生物医学传感、穿戴式智能传感与检测技术的研究与开发的多名教师、研究生、企业人员共同翻译完成，包括万浩、庄柳静、吴春生、张希、王平、杜立萍、邹莹畅、田玉兰、高凡、孙启永、邱先鑫、屠佳伟、张斌、郎朗、熊远茗、孙先佑、牟石盟、张筱婧、黄卓如、向奕、孙佳滢、任广庆。我们结合各自的科研工作，除对原著进行了忠实原著的翻译之外，还对原著中一些新概念和专业术语进行了相应的解读和说明，使其便于国内的广大读者阅读和理解。

本书可供从事穿戴式智能传感技术、电子信息、光学技术、机械、化学以及与生物医学交叉领域发展密切相关工作的研究人员、专业技术人员和学生阅读和使用。

王平

浙江大学生物医学工程与仪器科学学院、生物传感器国家专业实验室主任

国家杰青、国家百千万人才工程专家、浙江大学求是特聘教授

2023 年 1 月

原书前言

近些年，我们见证了穿戴式技术的爆炸性发展。穿戴式设备本质上是一个具有传感、数据处理、存储和通信功能的小型计算机系统。穿戴式设备可能还包括向用户反馈的接口和功能。穿戴式设备的概念其实并不新颖，但这一领域确实正在快速发展，具体的原因我们将在下文详述。

穿戴式设备的概念可以追溯到几个世纪以前，怀表和手表就是典型的例子，当时它们就十分流行，并且至今仍在使用。最早可以穿戴的手表出现在16世纪，起初更多的是作为一种装饰而不是用来查看时间的实用工具。这种穿戴式的机械设备逐渐从相当笨重的服饰附属品或脖子上的链子逐渐变成了可以放到口袋里或戴在手腕上的小物件。机械表技术的进步得益于自动上发条手表的发明，这是穿戴式设备供能的早期形式。手表也逐渐从机械设备发展为电动机械式设备，再发展为电子设备，精度更高、功能更多，而成本更低。这一过程经历了近500年。在当代，这一进程的步伐急剧加速，如今，这一最古老的穿戴式技术正在被一项不到50年历史的技术所取代。

如今，手持式移动电话广泛流行，其起源于用于汽车的移动电话技术。手持式移动电话出现于20世纪70年代，最早的商业化服务兴起于20世纪80年代，而后快速席卷全球。这种新型设备为人们提供了即时通信，很快被人接受并且相当成功。移动电话和电子技术的协同发展促进了设备持续的小型化，并使移动电话真正成为穿戴式设备，进入了数十亿人们的口袋中并频繁使用。现代的智能手机具有计算机功能和即时通信功能，其性能和功能已经超出了我们最初对手机的定义。这些设备使我们与整个世界相连，管理我们的日常生活，通过图片和视频定格我们的记忆，为我们提供娱乐，并在其他许多方面为我们服务。“智能手表”的出现使得新旧技术相互融合，它将几个世纪以来戴在人们手腕上的设备与先进的现代技术相结合，将智能手机的功能塞进了小小的手表中。这些设备之间的边界正在变得越来越模糊，许多人用手机查看时间，而有些人用手表打电话。

手表和移动电话被不同文化、不同年龄、不同社会所接受，说明穿戴式技术是我们生活的一个重要组成部分，并将与生活各方面的关系更密切。穿戴式设备具有其他方式所不具有的实用性和便利性，并使人类的能力更强大。现阶段，穿戴式传感器被作为初级的监测装置而广受欢迎，但穿戴式设备的时代才刚刚来临，它们将在个人健康、运动、康复、个人娱乐、社交和生活方式等诸多方面发挥巨大的作用。它们帮助我们随时随地与其他人联系，追踪人的运动状况，或是监测医院中的患者，穿戴式技术的各种功能使我们生活得更加高效。

现代技术是当前和未来几代穿戴式设备的真正推动者，穿戴式技术快速发展的原因可归结为以下5个方面：

1）传感器：微机电系统（micro-elecro mechanical system，MEMS）和纳米技术的进步使得传感器越做越小，越做越便宜，人们可以穿戴检测人体参数或信号的电子、机械、光学、化学和其他传感器。

2）存储：传感器采集的数据需要进行存储，尤其是当通信并不是实时连接时。固态存储的最新进展为穿戴式设备的海量数据存储打开了一扇大门。

3）计算：嵌入式处理器计算能力的快速增长、耗电量的减少和体积的缩小使得电池供电的穿戴式设备可以进行实时信号处理和模式识别。机器学习和人工智能技术为我们提供了一种崭新、前所未有的功能，即对传感器数据进行实时的模式识别并判断关注的事件（例如老年人是否摔倒），并对此类事件采取行动或提供实时反馈。

4）通信：高速无线通信技术允许在全世界范围内的即时信息传输，并允许数据在“云端”处理。来自穿戴式设备的数据可以在瞬间传输到世界的任何一个角落。通信信道能传输传感器数据或是设备产生的信息与警报。

5）接口：现代化的接口技术已经不再局限于LED和显示器技术，可以将传感器数据处理的结果以有趣、简单易懂的方式展现给用户，用户不需要先进的知识和技术，而是通过触觉、听觉、视觉进行交互。

各种基础技术的进步互相促进，使得穿戴式技术不断进步：电子设备的小型化、材料科学的进步催生了智能纺织品和柔性电子设备的出现，以及电池技术、能量收集技术的进步等。

总的来说，穿戴式技术是人类与技术交互的一个缩影，其涉及诸多领域，需要许多原本完全脱节、互不相关的专业知识，这些科学与技术领域的学术期刊通常也不会相互影响。有多少电子工程师学过纺织物技术课程？有多少行为学家研究过传感器？本书试图呈现一个整体的观点，从不同领域解读传感器技术的各个方面。尽管不能包罗一切，但本书分为7个部分，将传感器技术的一些关键方面呈现给读者。每个部分的章节都由世界上该领域优秀的专家撰写，展示他们独特的观点。

“第1部分　穿戴式设备设计与用户界面”介绍了传感器的世界，讨论促进穿戴式系统发展的主要应用，穿戴式设备的社会接受度、实用性和便利性。

“第2部分　穿戴式设备传感器的基本原理”重点介绍传感器技术的各个方面，生理监护、惯性、生物、化学以及光、热传感器等。这一部分概述了穿戴式设备中使用的各种传感器的基本原理。

“第3部分　智能织物和柔性电子”介绍了智能织物生产中的两种关键技术：针织和机织。这部分还罗列了智能纺织技术几个实际应用的例子。本部分的最后一章深入描绘了新兴的柔性电子技术领域，该技术的主要应用就是生产智能纺织品。

“第4部分　人体能量采集”考虑了一些无须电池或者由人体产生的能量为电池充电的可行方法，探讨了能量采集相关的诸多技术和问题。

“第5部分　模/数信号处理、模式识别和数据分析”介绍了传感器数据处理技术。由于穿戴式传感器的工作受限于能量，因此其需要低耗能的模拟和数字处理技术以及模式识别技术。穿戴式传感器还可能产生海量数据，可被视为“大数据”研究的一部分，这些数据需要先进的算法进行数据挖掘。这部分介绍了高效的在线数据处理和离线数据挖掘技术。

“第6部分　在体通信和体域网”解决人体周围或通过人体的通信难题。这部分介绍了无线网络、信道传播模型、无线通信的安全性与可靠性、传感器定位等内容。

“第7部分　穿戴式设备应用”的内容覆盖了许多穿戴式传感器技术的非传统应用实例，如用穿戴式设备为坐轮椅的用户提供帮助，用安装在体内的传感器进行胃部监测，为社区中的人们监测饮食等行为并提供个性化服务。

总的来说，本书介绍了穿戴式技术的基本原理、具体执行方案和实际应用。本书由本领域的权威专家撰写，为读者提供了目前对穿戴式技术未来发展方向的观点。我们真心希望本书能够帮助那些想对穿戴式设备这一奇妙世界一探究竟的研究人员、学生和从业者们。

目　录

第 3 部分　智能织物和柔性电子

第 4 部分　人体能量采集

第 5 部分　模/数信号处理、模式识别和数据分析

第 6 部分　在体通信和体域网

第 7 部分　穿戴式设备应用

第 1 部分

穿戴式设备设计与用户界面

第 1 章　穿戴式设备的基础、发展与未来

1.1　穿戴式技术

在如今的数字化世界里，穿戴式被赋予了新的含义。现在提到服饰，首先映入脑海的不再是优雅的晚礼服，也不是珠穆朗玛峰登山营地里登山者身上的保暖夹克，取代这些进入人们视野的是一些服装配饰，例如企业高管手腕上的智能手表、游戏玩家戴的头戴式显示器、自行车运动员头盔上的微型传感器，或者是用于监测跑步者步数的智能服装。近年来，传统服装的装饰与保护作用的范围也有了进一步的拓展，如今包含了功能性这一概念。功能性可以定义为移动信息处理能力，例如企业高管通过手表查收邮件，游戏玩家在头戴式显示器里与世界各地的玩家一起射击游戏中的同一目标，教练通过传感器的信号确认自行车运动员的骑行状态，或者是跑步者利用服装记录一天的锻炼情况。如同衣服可以针对个体（根据体型、品位和风格喜好）或场合（例如商业、晚会、休闲、居家和徒步旅行等）的变化进行个性化定制，新式穿戴式设备也可以个性化地配置信息处理能力，以适应特定的应用，如沉浸式游戏、健身、公共安全、娱乐、健康监护等。简而言之，穿戴式技术（World of Wearable，WOW）正在改变我们的生活。

图 1-1 给出了人们与个性化穿戴式设备交互的示意图。现在的游戏玩家希望完全沉浸在游戏世界里，并期望游戏体验是完全真实的。他们不希望受到传统交互设备（如游戏摇杆、键盘鼠标等）的约束，而是游戏能够给他们带来真实的体验[1]。例如为了在游戏中实现击球，玩家更倾向于通过挥动手臂或踢腿来实现，而不是通过移动鼠标或按按钮。此外，穿戴式设备可以使玩家在多人游戏中获得更真实的互动体验[2]。这使得电子游戏市场飞速发展，2013 年电子游戏市场（包括智能手机和

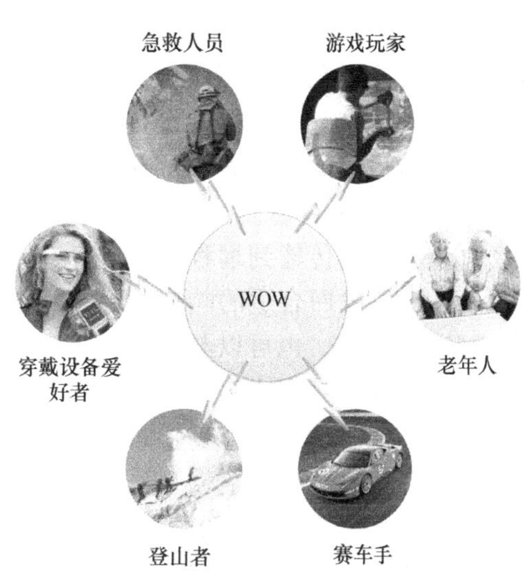

图 1-1　WOW：穿戴式技术使生活变得数字化

平板计算机上的游戏）的收入达到了660亿美元（2012年为630亿美元），并在2017年达到780亿美元[3]。

穿戴式设备并不仅仅用于娱乐，急救人员也可以使用。它们可以通过监测急救人员的身体状况（如生命体征），以及检测周围环境是否有危险气体和有毒物质来保证急救人员的安全。如果没有这些设备，全球约2530万急救人员（包括230万的前线人员与其他后勤人员）的伤亡率会显著升高[4]。

穿戴式设备也可以用于监测赛车手的状况。当赛车手以190mile/h（1mile=1609.344m）的速度驾驶赛车时，会经受大于4倍的重力加速度并长时间脱水，在长达3h的比赛后会减少至少10lb（1lb=0.45359237kg）的体重。虽然这种体验对于赛车手而言是令人兴奋的，但是这给赛车手的健康带来了极大的风险。如果使用穿戴式设备，赛车手的后勤团队和经理就可以通过分析实时数据来跟踪赛车手的生理状况并能及时发现其是否处于危险状态。同时，穿戴式摄像机提供的赛车手第一视角的视频可以为粉丝们提供独特的赛车体验。

如图1-1所示，穿戴式设备也可以为用户和数据访问者提供具有独特价值的数据信息。例如，穿戴式设备可以帮助中青年人群监测其父母的健康状况，给中青年人群更多的独立时间，这些设备也可以帮助父母照顾他们的幼儿。

1.1.1 穿戴式设备的角色

从根本上讲，穿戴式设备能在图1-1中的场景中实现以下基本功能或单元操作：

1）感知。

2）处理（分析）。

3）存储。

4）传输。

5）应用。

当然，穿戴式设备的每个具体功能取决于其应用领域以及佩戴者。而处理信息的设备可能位于佩戴者身上，也可能位于远程位置（如安排和指挥急救人员的控制中心、观看比赛的粉丝，或者观看珠穆朗玛峰营地登山者视角的观众）。

图1-2所示为使用穿戴式设备接收并处理相关数据单元操作的示意图。例如，急救人员身上的穿戴式设备检测到危险气体后，检测数据经过穿戴式设备处理并发出警告。与此同时，该设备可以将数据传输到远程位置进行结果确认，并发回合适的响应指令（如带上防毒面具），也可以与急救人员实时通信以挽救生命[5]。这种交互的穿戴式设备使用理念也可以通过游戏玩家来体现，他们可以根据自己现有的武器和对手的情况来改变游戏策略。所有的场景都需要个性化的移动信息处理能力，能够将感知数据转换为信息，从而帮助使用者对不同场景做出应对。

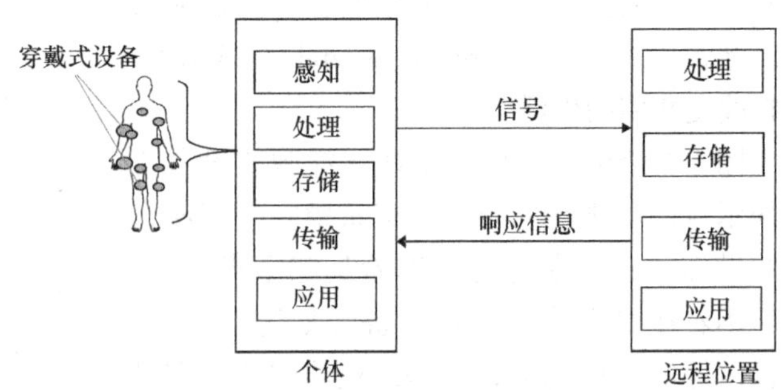

图1-2 穿戴式设备接收并处理相关数据单元操作的示意图

穿戴式设备可以用于许多领域，本节将主要着眼于医疗领域的穿戴式设备。根据对医疗领域中的穿戴式设备的基本原理和概念的介绍，可以推断其在其他领域的发展潜力。

1.1.2　数据-信息-知识-价值的转换过程

图 1-3 给出了从数据到价值的转换过程[6]。以患者去看病为例，护士在分诊时，使用医疗仪器（如体温计、血压计、心电监测仪等）测量患者的生命体征，这些仪器将身体的原始信号（即数据），转换成有意义的信息（如体温、心率、舒张/收缩压），从而增加了价值，如图 1-3所示。当医生处理这些信息时，他们能观察患者潜在的状况。然后医生根据专业知识和临床经验针对患者的状况进行诊断，并给出治疗方案。以药物或者其他干预形式反馈给患者的治疗过程就是治疗疾病最后得到的价值信息。因此，只有当仪器采集的原始数据被转换成对个体有效的信息时，它才是有价值的。所以，对于这种经常发生的信息转换，需要一种信息处理系统。

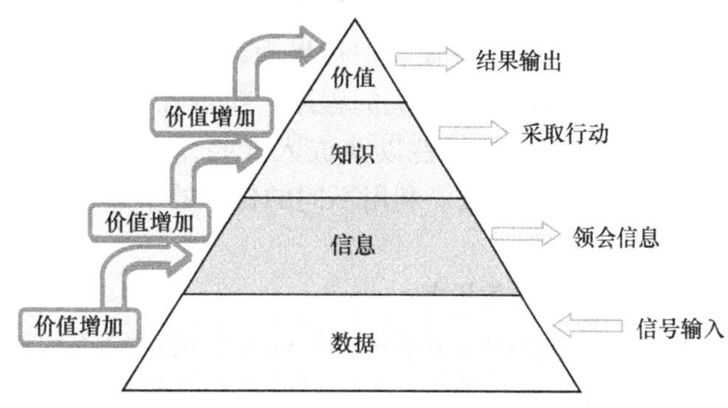

图 1-3　数据-信息-知识-价值的转换模型

1. 大数据的新兴概念

Park 和 Jayaraman 就穿戴式设备与大数据的关系进行了讨论[7]。大数据指的是从个体、群体中采集的大量可以进行处理、分析和集成的数据，这些数据可以揭示人类行为活动中的重大价值。McKinsey 认为，如果美国的医疗系统能够创造性并有效地利用大数据来提高医疗效率和质量，每年这些系统采集的数据价值就可高达 3000 亿美元，其中 2/3 可以用于减少 8%的国家医疗支出[8]。同时，McKinsey 估计零售商利用大数据分析可以将其利润率提升至少 60%，此外商品的制作和包装成本也将减少 50%。因此，在各类活动和工业中充分利用大数据信息是很有价值的。下面将以大数据在医疗保健领域的应用为例进行介绍，穿戴式设备也广泛地应用在这个领域中。

2. 医疗损失率与穿戴式设备

2010 年《患者保护与平价医疗法案》要求保险公司将 80%~85%的保费用于提供医疗服务[9]。医疗损失率（medical loss ratio，MLR）的目标是降低医疗服务的间接成本，并将个人和小群体的医疗消费覆盖率限制在 20%，大企业的医疗消费覆盖率限制在 15%。随着服务从以量为基础逐步转向以质为基础，医疗服务提供者更倾向于实时监测患者的状况，并提供全方位的护理以确保患者依照医嘱，从而实现更健康的生活方式。

穿戴式设备能够远程监测患者。患者的体征数据可以无线传输到医生的办公室，这就省去了挂号就诊过程，大大减少了医疗开销。此外，持续监测患者健康状况有助于通过预防性干预检测出潜在的问题，这种提前干预可以避免病发时不必要的治疗过程，而且预防干预的花销低于治疗的费用，因此可以提高医疗监护的质量。这种低花销、高质量的医疗监护也为保险公司提高了经营效率，降低了成本，资源可以更好地分配在需要提供医疗监护的地方，而不是用于采取措施来提高监护质量。

因此，大数据这一概念的核心是产生原始数据并接收经过数据处理后有价值的信息。对于个体来说，穿戴式设备在促进数据的无缝传递、有价值信息的接收中扮演着不可或缺的角色。

1.1.3 数字化生活的生态系统

微电子、材料、光学、生物科技以及微型化技术的进步与相互融合促进了小型低成本智能传感器的广泛应用。这些传感器如今频繁地出现在我们的日常生活中，而且不会给终端用户日常生活带来不便。用户界面设计也非常简单，任何使用者（从孩子到老人）只需按动几个按钮即可启动相应的程序，执行各种任务，例如监测体征信号、控制室内环境等。因此，用户界面的易用性以及嵌入式技术使得这些传感器设备和系统飞速发展，适用于图 1-1 所示的各个领域。利用不同的传感器搭建检测系统，可以有效提高大量传感数据的利用率。

1. 智能移动通信设备

上述生态系统的关键部件是智能远程通信设备如智能手机或平板计算机，该设备可以在任何时间、任何地点为任何人提供信息实时处理。据《经济学人》杂志报道，能够访问并连接到互联网的个体数量正在飞速增长，提供连接服务的平台也在以越来越快的速度增长[10]。根据通信网络供应商 Ericsson 的数据，2017 年移动数据流量是 2011 年的 21 倍，而移动宽带用户（主要是智能手机用户）数量从 9000 万上升至 50 亿。

2. 社交媒介工具

便捷的社交媒介工具使生态系统更加完善，也使现在的生活更加数字化、相互连通、持续进步。实际上，所有的事件都被用 0 和 1 组成的序列记录到硬件中，但是通过处理，这些数据就变成了对使用者非常有意义的信息。

我们已经介绍了穿戴式设备及其重要性，并将穿戴式设备定义为数字化生态系统的核心部件。下面介绍穿戴式设备的特点、分类以及发展。

人体皮肤作为终极传感器

虽然不同类型的传感器和穿戴式设备在人类文明的历史长河上相对较新，但有一种“传感”技术自人类文明诞生之初就存在——皮肤。它是终极传感器。作为人体最大的器官，皮肤不仅提供了物理屏障，保护人体内部免受外界因素的影响，而且能感知、适应和回应外界与内部的刺激如热、冷、恐惧、快乐和疼痛。事实上，皮肤具有相当独特的内在能力，能够对触觉、视觉、听觉、嗅觉和味觉这五种感觉引起的生理响应做出回应。在物理上，皮肤可以是柔软、平滑、有弹性或粗糙的，并随着时间的推移来满足不断变化的个人情况，包括身体需求。受伤时，皮肤会愈合，同时在大多数情况下，会恢复到“原始”状态，且伤害的残留影响非常小。

有趣的是，在计算范式中皮肤是一种输入/输出（I/O）设备，它感知刺激（输入）并将其传递给大脑（CPU），大脑利用其知识（CPU 的处理能力）做出解释和动作，并最终反映在皮肤的反应（输出）中。

因此，人体皮肤是大自然设计的一个功能强大、用途广泛的传感器，类似于计算系统中的 I/O 设备。传感器或穿戴式设备设计的最终目标是创造一种具有所有人体皮肤属性并性能表现良好的产品！

1.2 穿戴式设备的特点

传感器是一种用于检测、标记或量化能量和物质的工具，对于检测的物理量或化学量给出信号响应[11]。不是所有的传感器都必须是可穿戴的，但是所有的穿戴式设备如图 1-2 所述，必须拥有传感的功能。图 1-4 给出了一个理想的穿戴式设备的关键特点。

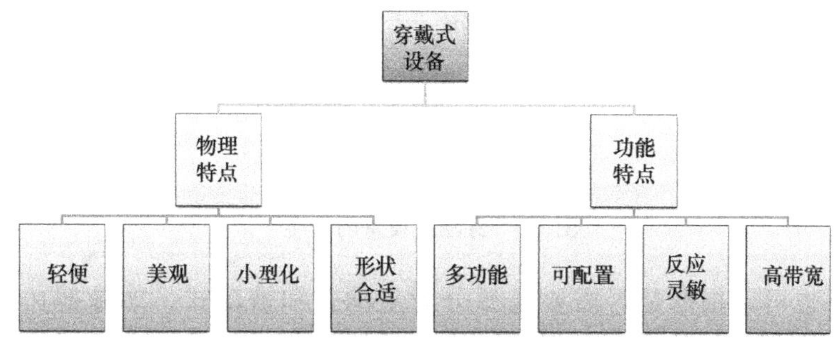

图 1-4 穿戴式设备的关键特点

从物理特点来看，穿戴式设备必须轻便，并且方便穿戴。例如，用于监测婴儿多发性猝死综合征的体征信号的穿戴式设备，如果设备因过于庞大而影响了婴儿的身体活动，将会带来许多负面影响。这也适用于游戏玩家，如果设备能够使得玩家更自在地与游戏互动，则该技术会更加受到玩家的青睐。在任何设备和技术中，美学设计也起着关键作用。当佩戴的设备能被他人看到时，外观设计尤为重要。因此，如果佩戴在身上的设备对外界是可见的，其在实现基本功能的同时还要拥有时尚的外观。随着穿戴式设备在日常生活中变得越来越重要，其在社会上的接受程度正逐渐成为新的研究热点。理想情况下，穿戴式设备应该是穿戴者服装或配饰中的一部分，是服饰功能的一种自然扩展。同时穿戴式设备必须具有适应应用环境的灵活性，简单来说，它应该像人类的皮肤一样。

穿戴式设备必须具备多种功能，同时能根据不同的应用场合进行配置。虽然功能单一（如仅测量心率）的穿戴式设备依旧有用，但实际应用中，需要监测的不仅仅是一个参数。而使用多个功能单一的穿戴式设备时，即使多种信号可以被有效采集和处理，也会使得使用者像个机器人，并影响日常活动。穿戴式设备对检测目标的响应至关重要，尤其在实时数据获取和控制（例如在充满烟雾的场景下对检测参数的快速实时响应）上。因此，它必须时刻保持工作状态。最后，穿戴式设备必须有足够的数据带宽以确保设备的交互性，这是穿戴式设备使用的关键。

因此，穿戴式设备的设计必须遵循上述特点。

1.2.1 穿戴式设备的分类

图 1-5 给出了穿戴式设备的分类。首先，穿戴式设备可以分为单功能和多功能，也可以分为侵入式和非侵入式。侵入式设备（传感器）能进一步分为微创式和植入式（如起搏器），微创式传感器穿透皮肤获取信号，植入式传感器需通过手术将传感器植入体内。非侵入式设备则不一定需要与身体直接接触，这类传感器也可以监测个体或环境的信息，例如用于捕捉穿戴者周围环境的摄像头以及用于检测危险气体的气体传感器。由于非侵入式传感器不需要

医护人员的干预，通常可以用于系统的持续监测。

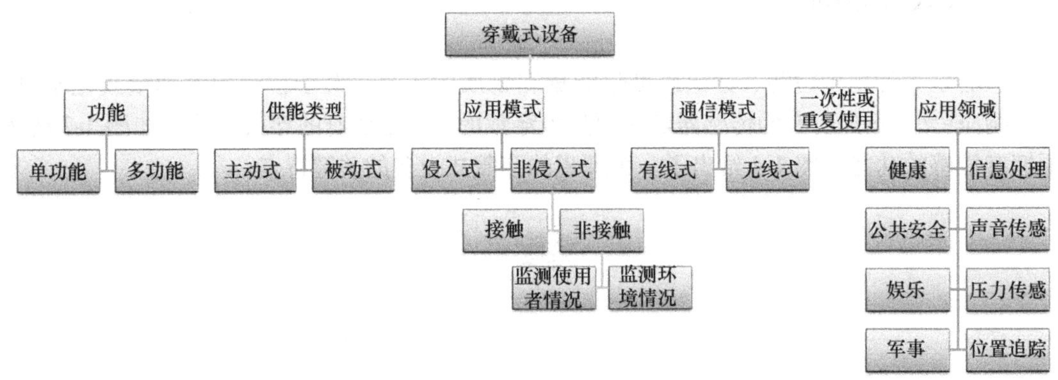

图 1-5　穿戴式设备的分类

穿戴式设备也可以根据是否需要电源分为主动式和被动式，如脉搏血氧饱和度传感器属于主动式，而无须外接电源的温度探头传感器属于被动式。穿戴式设备根据通信模式分为有线式和无线式。有线式设备的信号通过物理数据总线传输到处理器单元，而无线式设备内部含有无线发射模块，将信号通过无线信道发送到处理模块。此外，穿戴式设备还可以分为一次性和重复使用设备。最后，穿戴式设备还可根据应用领域进行分类，如健康、位置追踪等领域。“信息处理”也是目前应用领域之一，这是由于许多传统的功能也可在穿戴式设备上实现，例如在腕表上进行邮件收发处理。以上分类并不是互斥的，比如一种穿戴式设备既可以是多功能的，也可以是主动、非侵入式的，同时可以用于健康监测。

上述穿戴式设备的分类主要有两个作用：首先，可以帮助目前现有的穿戴式设备进行分类，以便根据使用限制来选择合适的穿戴式设备；其次，在设计和发展新型穿戴式设备时可以根据此分类进行性能上的创新突破。

1.2.2　穿戴式设备的进展

如今的穿戴式设备可以追踪到穿戴式计算机这个概念。Jackson 和 Polisky 对穿戴式计算机的发展做了详细介绍，这可以追溯到 20 世纪 60 年代 Thorp 和 Shannon 的工作[12]。20 世纪 80 年代，Mann 对穿戴式计算机的特点进行了归纳：稳定、对用户无限制、不会分散用户的注意力、用户可见可控、监控环境变化以及可个性化设计[13]。根据 Mann 的标准，穿戴式计算机是有存在价值的，且能与使用者有持续的互动操作[14]。Weiser 之后提出了普适计算的概念，即将计算机与环境融为一体[15]。2002 年 Xybernaut 发布了一款穿戴式计算机，但是并未取得商业成功，其中的一个原因是这种穿戴式计算机由技术驱动，他们只是将当时笨重的计算机变成可穿戴的，并没有考虑改变信息处理的方法，以解决这种设备的可用性问题。此外，这类穿戴式计算机外观难以满足用户需求，从而进一步阻碍了人们接受这种新产品。

1. 穿戴式主板——以用户为中心的设计方法

1996 年底，Jayaraman 和同事在穿戴式设备领域采用了一种新方法并提出了穿戴式主板的概念。由于在战场上需要实时监测士兵的状态，以便其受伤后可以得到及时救助，受到该启发后 Jayaraman 团队开发了一种基于织物的穿戴式技术，可以在衣服不显眼处监测士兵的生命体征，并监测受到射击时是否有弹片穿透[13-17]。这个概念之所以被称为穿戴式主板，是因为其类似于计算机的主板。

计算机主板提供了物理信息的基础设施，提供了数据传输到各个模块（内存、处理器、显卡等）的通路，以满足特定的终端用途如游戏、图像处理、高精度计算等。同样，穿戴式设备主板在形式上可以是一件织物或者一件衣服如背心（提供基础设备），穿戴者可加入各种传感器和设备来实现所需的功能，如监测生命体征信号等。因此，该主板需要实现两个功能：首先，主板是一个灵活的基础设施；其次，主板需要为检测个人生命体征信号提供一个有效廉价的通用设备接口。这一发展促进了智能纺织品领域的诞生。Park 和 Jayaraman 认为服饰可以具备智能，并且提出植入个人网络的概念，即每件服饰都可以拥有其各自的网络地址，类似于网络协议里设备的 IP 地址[18]。他们还认为这种智能服装的概念一旦实现，个性化移动信息处理将会成为现实。现在回顾他们的理论，如今物联网的概念已经将这一设想实现。

目前有大量的学者从事“智能服饰”（穿戴式主板是更为常见的叫法）这一领域的研究，已经出版和发表了许多相关书籍、杂志特刊、学术论文，IEEE 穿戴式生物医学系统技术委员会也已经成立[19-28]。

2. 柔性电子设备的研究

另一类穿戴式设备（柔性电子设备）主要针对将电子元器件（薄膜晶体管、金属薄膜层、纳米材料和碳纳米管等）印刷至弹性基底上，形成电子皮肤，从而实现压力和温度的传感检测。该类设备可以直接应用于人体[29]。

3. 商用穿戴式设备的最新进展

图 1-6 给出了新兴的穿戴式设备[30-33]。这些设备只有图 1-4 所示的穿戴式设备分类中的一部分功能。其中大多数设备只有单一功能（如在锻炼时测量心率），所以这类设备的应用场合受到了限制。Google 公司是一个拥有大量技术与经济实体的公司，其最近发布的 Google 眼镜引领了穿戴式设备的发展浪潮。其中一种穿戴式设备是智能手表，目前生产这类手表的代表性公司有 Sony[34] 和 Samsung[35]。这些手表能够查收邮件和上网。

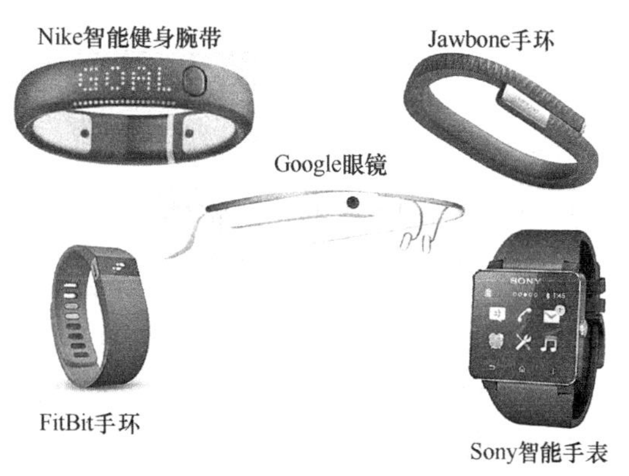

图 1-6　新兴的穿戴式设备

1.3　基于纺织品与服装的穿戴式设备

对于个性化移动信息处理穿戴式设备的广泛部署，最关键的需求是不会增加社会、心理和人体工程学负担。例如 Google 眼镜对社会造成了显著的影响，因为在与使用者交谈时，未使用该设备的人并不知道使用者用这些眼镜的目的。所以现在需要的是一个低调、自然、普遍被人们接受，且不影响社交活动的基础设施或平台。

此外，对于许多实际应用（见图 1-5）来说，许多参数需要同时采集、处理并获得有效的响应。因此，开发一个有用的穿戴式传感器系统需要满足如下的要求[36]：

1）需要不同种类的传感器对多参数信号进行同步监测。例如，监测生命体征信号（心率、体温、血氧饱和度、血糖等）的传感器需要多种类型。同样，检测有毒气体（一氧化碳等）时也需要不同种类的传感器。在监测游戏玩家和老人的身体姿态以防他们摔倒时，需要使用加速度传感器。

2）在将采集的信号用于计算单一参数时，也需要多个传感器进行信号采集，如在采集心电信号时至少需要 3 个传感器。

3）将传感器放置在不同位置以获得所需信号，如采集心电信号时传感器需要固定在身体的 3 个位置，而血氧饱和度和加速度传感器则固定在身体的其他部位。

4）不同的传感器和设备子集可能会在不同的时间使用，这就要求它们易于连接和拆卸，或即插即用。例如，玩家可能想要记录自己沉浸在游戏中时的身体感受和反应，而在其他时间，也可能想要记录自己日常的体验。

5）不同位置和不同类型的传感器采集的信号需要经过采集、汇总、处理、存储后传输到远程控制中心。

6）不同类型的传感器采集的信号（如体温、心电、加速度等）必须并行处理以实时评估各种参数。

7）由于通常需要大量传感器，而这些传感器必须低成本，因此可能只有最基本的内置（板载）处理能力。

8）传感器必须是低功耗的。

9）电源必须对各类传感器和处理器进行供电。

因此，亟须一个综合信息基础设施平台。这个平台除了作为穿戴式设备服务外，还必须能够承载其他可穿戴设备或传感器，并为它们之间的网络交互提供数据总线、电源等服务[37-38]。简单地将不同类型的传感器和处理器与身体各个部分相连接并不是理想的解决方案，所以需要基于纺织品的穿戴式设备[7]。

1.3.1 纺织品穿戴式设备的特性

纺织品穿戴式设备能够满足图 1-4 列出的所有穿戴式设备的特点。例如，纺织纱线可以作为数据传输总线或者传感器与处理器的通信通路，并可以为交互提供所需的带宽。拓扑结构或数据总线可以根据传感器分布来进行配置，从而使得该技术成为穿戴式设备的一种通用技术。此外，纺织品拥有以下关键特性[17,32-33]：

1）衣服是生活必需品，且穿衣不需要特殊训练。因此这可以成为最通用的人机交互接口，并能被人们熟悉、使用并进行个性化定制。它一般被称为“第二层皮肤”，是最为理想的穿戴式设备的载体。

2）衣服可以进行个性化设计，这种含有通用接口的衣服可以根据个人的喜好、需求和品位进行定制，也可以根据身体尺寸、预算、场合和情绪等进行挑选。

3）纺织品是柔韧、轻便的，也经受得住各种拉伸，可以承受各种恶劣的环境（生物危害和气候问题）。

4）不同于建筑材料结构，纺织品在强度和柔韧性方面具有独特性，在加工成不同形状的同时能够保持其强度和力量。

5）纺织品可以根据不同的因素如长度、宽度和厚度等尺寸定制，因此这些可变的表面区域可以作为承载传感器和处理器的载体以满足不同的应用需求。

6）纺织品是通过纺织技术（编织、针织、纺织、印刷等）将纤维、纱线、织物等加工成具备不同功能用途的产品。

7）与传统的印制电路板相比，纺织品制造非常简单和廉价。

8）纺织品作为数据总线或通信通路时，能够避免织物的纠缠和阻碍等问题。

9）纺织品可以通过简单的配置实现多通信通路。

10）纺织品结构使得能量可以沿着纺织线传输，从而减小了传感器对于板上电源的需求。

因此，从技术性能的角度来看，基于纺织品的穿戴式设备是一个极好的平台，能够结合传感器和处理器来采集数据，同时又保留了美感、舒适度以及其他独特的属性。

1.3.2　穿戴式主板

穿戴式主板或智能背心是最早的一批纺织品穿戴式设备[39]。它们为现代穿戴式设备的创新开拓了道路。衣物的基本结构为主板提供了必要的物理结构，如图 1-7 所示。纺织品主要是由传统的纺织纤维（如棉花、聚酯纤维等）构成，具体的材料由应用场景决定。集成到纺织品的导电纱可以作为数据总线，并构成信息基础设施。互联技术可通过纺织品中的线路传输信号，从而创建主板，作为一个灵活和可穿戴式的框架，为传感器和设备接入提供服务。

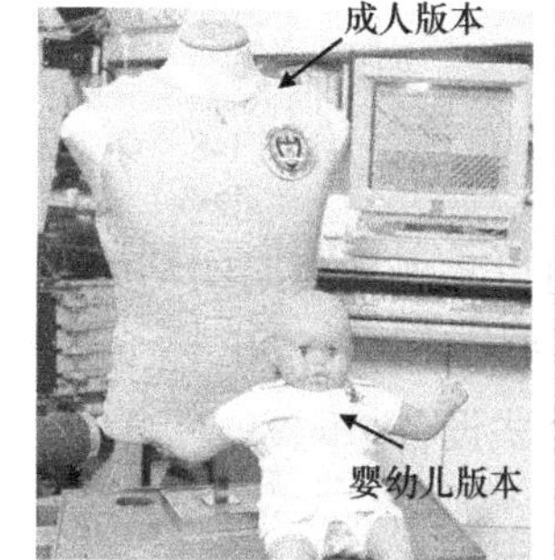

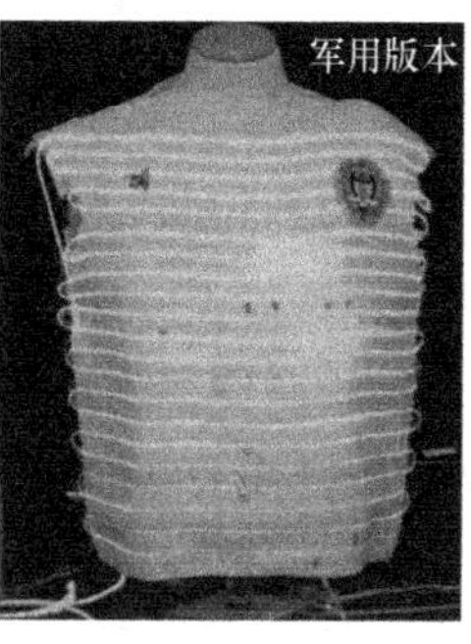

图 1-7　穿戴式主板的成人、婴幼儿以及军用版本

例如，当检测生命体征（心率、心电、体温等）的传感器接入后，穿戴者的身体参数可以被监测。

1. 穿戴式主板结构

图 1-8 给出了穿戴式主板的结构。传感器信号流经柔性数据总线汇总到多功能处理器或控制器中。处理器将信号处理后，通过一定的协议以无线的方式将数据传输到指定的地点（如医生办公室、医院、战地分诊台等）。数据总线也可以将信息反向传递给传感器，使智能背心成为可双向信息传递的设备。处理器将为穿戴式主板提供相应的能源。现在随着智能手机的普及，所有的信号处理和通信都可以转移到智能手机上，从而减少了处理器的使用。

穿戴式主板的优势在于，对于相同的衣服，在不同的应用场合下，只需要简单地重新配置几个传感器即可。例如，为了检测灾区的一氧化碳或者其他有毒气体，衣服只需要配备一些检测该类气体的传感器即可。这些气体响应信号可以与急救人员的生命体征信号同时检测。还可以将传声器植入智能背心用于记录声音。而穿戴式主板上的导电纤维可以作为传感器用于检测穿戴者的心率和心电信号[40]。图 1-7 所示的军用智能背心除了可以在战斗时监测士兵的生命体征，还使用了光纤来检测士兵是否被子弹射中。穿戴式主板可以定制成帽子的形状，从而跟踪记录游戏玩家的脑电信号。因此，穿戴式主板是一个很好的纺织品穿戴式设备，既有传统纺织品的外观和体感，同时又能提供信息检测交互平台。

2. 电子与纺织品结合的平台

穿戴式主板是一个能真正实现电子和纺织品结合的平台。由于结构设计的模块化，结合程度可以由用户自己控制。例如，只要传感器和处理器植入了穿戴式主板，该衣服即可被认

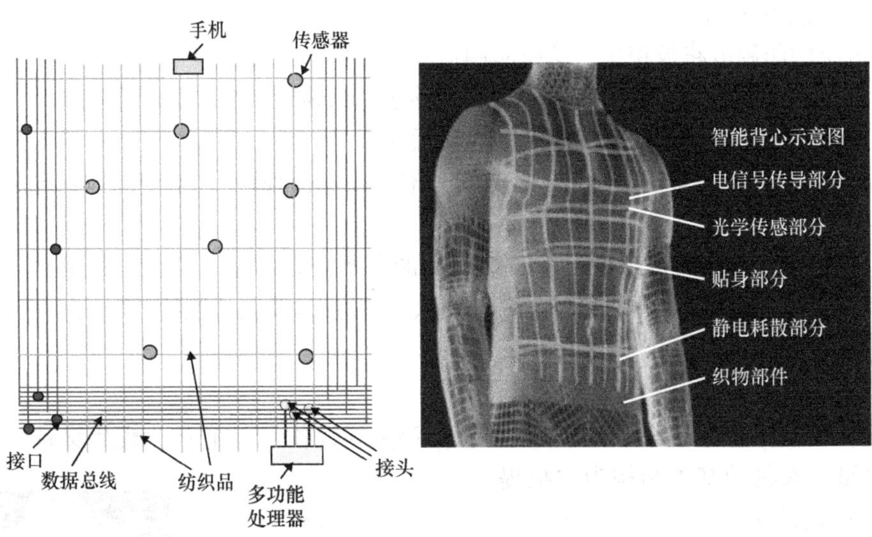

图 1-8　穿戴式主板结构

为是智能穿戴式设备，可以实现其预期的功能（如监测穿戴者的生命体征信号或其他身体数据）。当检测完毕将传感器和处理器取出后，可将衣服与其他衣服一同清洗。因此，普通的纺织品可以转变成智能穿戴式设备，既完成信息采集处理，又保持了美观性。

1.3.3　穿戴式设备的应用

图 1-9 展示了穿戴式设备在日常生活中的应用场景。从图中可以明显看出，穿戴式设备可以应用在任何地方。从婴儿到老年人它都可以监测，覆盖的范围几乎涵盖了人们从事的所有活动。

图 1-9　穿戴式设备在日常生活中的应用场景

表 1-1 总结了穿戴式设备在各个领域的应用情况及其监测的主要参数。在每种应用下，穿戴式系统都可以感知、处理、分析并将数据反馈给用户。表 1-1 中给出了三种主要的应用场景。

表 1-1　穿戴式设备的应用

运　动	Coyle 等人开发了一种穿戴式感知系统，集成了钠离子、电导率、pH 等传感器以及用于收集和检测运动时汗液的系统[41]。该系统与出汗率、心电、呼吸频率、血氧饱和度等传感器一起实时监测各种生理参数
公共安全	ProeTEX 项目组已经研究出了能够保护急救人员的穿戴式系统[42]。该系统对使用者的心率、呼吸频率、体温、血氧饱和度、位置、活动状态等进行监测，同时可以检测环境中的变量（外部温度、是否存在有毒气体以及通过衣服的热流量），并将信息传回指挥中心以确保急救人员的人身安全
娱　乐	Philips Lighting 项目组为歌手研制出一套含有有机发光二极管（organic light-emitting diode，OLED）的穿戴式系统，当歌手表演时，LED 将会点亮，给观众一种全新的体验[43]

尽管各个领域的穿戴式设备都有广阔的应用前景，但是它们还没有成为社会必不可少的科技产品。下面探讨将穿戴式设备技术成功市场化将会遇到的挑战和机遇。

1.4　机遇与挑战

市场上任何创新产品的成功取决于如下因素：

1）能够真正了解并满足用户的需求。

2）与现有产品或解决方案有兼容性或相似性。

3）不会严重影响用户的使用习惯。

4）能够降低现有的解决方案或技术的成本。

5）改善服务质量或性能。

6）提高用户的便利性。

产品创新需要为用户提供切实的便利，同时与用户的价值观、信仰和需求保持一致。许多创新产品在市场上没有获得成功都是由于没有考虑到上述几点因素。例如苹果公司的产品 Newton 是第一款手持设备，虽然没能获得成功推广，但是催生了 Palm Pilot 和之后的几代个人数字助理设备，这些设备解决了许多困扰 Newton 的问题。之后，这些产品又促使了平板计算机的诞生。因此，创新产品必须考虑其在技术和商业上的相关因素，以确保其完成从实验室到市场的成功转型。目前，分析技术、商业及公共政策问题的思路已被提出，其中包括如何让市场认可和采用穿戴式设备[44]。

1.4.1　技术挑战

穿戴式设备的关键技术挑战如下：

1）穿戴式设备成功的关键在于如何将它们无缝地接入穿戴式网络。这意味着穿戴式设备框架系统需要有效地管理信号和功率（见图 1-8）。目前纺织材料中此类连接一直都是手工完成的。现在提出了一种在生产过程中自动化连接的概念[45]。自动化过程能够提供精确、坚固且灵活的连接，帮助提高制造效率，并降低成本。

2）如果数据总线受到破坏，必须能够识别穿戴式设备网络的损坏，并在织物中建立替代数据路径，利用其他数据总线以保持网络的完整性。采用软连接初步实现了基于织物的可编程网络[46]，其可以实时通信和配置。

3）目前，穿戴式设备使用T形连接器用于连接传感器和处理器。因此，需要一种类似RJ-11电话插孔的通用接口连接穿戴式设备和传感器，以便开发通用传感器和设备，从而降低成本。

4）许多穿戴式设备，特别是应用于健康监测和沉浸式游戏的设备，容易出现运动伪影，这可能会对结果产生影响。因此有必要深入研究开发功能强大的信号处理算法和系统，以确保数据的可靠性。

5）虽然目前可用的导电纤维能实现纺织品穿戴式设备的基本要求，但是发展新型材料是非常重要的。新型材料需要拥有铜的导电性，棉花、聚酯纤维或者聚酰胺纤维的性能，并能够商业化量产。还需要研究新型纤维材料，使其在反复清洗后仍能保持导电性。

6）如今的穿戴式设备主要由锂电池供电，但这造成了另一大限制，因为电池是刚性的，这与穿戴式设备需要柔性的特性相违背。这一瓶颈目前有两种解决方法：一是采用压电能量采集系统，二是采用柔性纺织电池。纺织电池采用聚酯纤维织物为材料，即使在折叠情况下也具有与传统的金属燃料电池相同的电化学性能[47]。经过5500次的折叠和展开，13mA · h的电池还能保持其原有电量的91.8%。研究人员还成功地将纺织电池与轻量级太阳电池集成，使充电更加方便。

7）将穿戴式设备用于医疗健康并实现远程监控面临着需确保与现有无线技术和通信协议相兼容的挑战[48]。因此必须就这个问题研究相应的解决方案，来帮助实现穿戴式设备的远程监控。

8）由于穿戴式设备可以收集个人信息，对个人隐私、数据安全及其他社会方面的保护也将面临许多挑战。电子通信行业必须与隐私保护组织合作，制定相应的协议来解决上述隐私安全问题，提高穿戴式设备的社会认可度。

9）纺织品/服装和电子产品的供应链有明显的差异。服装制造业是一个劳动密集型产业，而电子制造业则是高度自动化的。因此，电子制造业的成品率明显高很多。而服装制造业相比电子制造业而言不需要高的操作精确度。因此，这两个行业间的差异也必须解决，才能实现基于纺织品的穿戴式设备的大量生产和广泛应用。

10）最后，穿戴式设备可能会面对多种外界环境，如室内或户外，也包括一些高温且含有有毒物质的灾区。因此，穿戴式设备在设计时应该考虑其在不同环境下均能有效工作。

1.4.2 市场机遇

穿戴式设备最重要的试金石是要展示出它们对于终端用户和使用者的价值。将技术从实验室转移到市场的关键因素如图1-10所示。首先要明确在特定的领域对该技术的需求，并通过成本、质量、便利性等指标来阐述其有效性。图1-10也给出了负责实现技术转化的各种利益相关者。终端用户可以是患者，也可以是游戏玩家，必须使他们体会到技术带来的价值，才能促使他们为该技术买单。由于个人隐私与数据访问问题的存在，公共政策是穿戴式设备被社会接纳的关键。一旦领域专家详细阐述了对技术的需求，并且得到终端用户的支持，商业公司就会更加努力地研发和销售穿戴式设备。因此，所有的利益相关者对于穿戴式设备在市场上能否取得成功非常关键，而技术的开发周期不仅仅依赖于穿戴式技术研发本身，还包括其在市场推广的阶段。

接下来我们将展望穿戴式设备的未来，并为其规划研究方向。

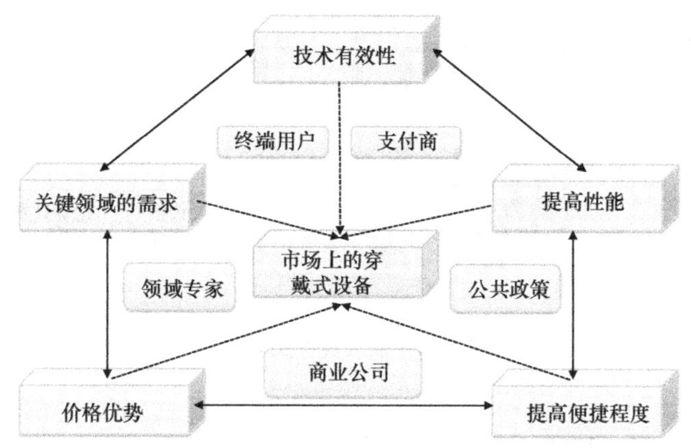

图1-10　市场机遇：利益相关者和指标间的关系

1.5　穿戴式设备的未来

“任何地方、任何时间、任何人”的蓝图如今已经实现。例如，一个在California州Cupertino市的赛车爱好者，他可以通过他的手机看到在Daytona赛道上驾驶的赛车手的视角。同时，他可以立即访问所有与比赛相关的数据，如圈数、竞赛选手、排名、历史情况等。这都归功于高性能的计算、通信、视频和数据融合技术。

1.5.1　未来设想

设想一下在不久的将来，赛车手的赛车服在比赛中可以根据身体不同部位受到加速度的不同而改变颜色[7]，同时赛车服能够获得心率、心电、体温、脱水情况、能量消耗情况等生理信息，并将这些参数显示在粉丝的手机上，后勤人员可以根据这些实时数据，并结合以往数据来决定什么时间进站调整，在进站后采取怎样的行动，而且在California州的粉丝可以切身体会比赛中赛车手所承受的加速度对身体的压力。

含有穿戴式设备的服饰可以使上述设想成为现实。赛车手的生理参数和周围环境信息可以被赛车手身上的智能服饰获取。这些信息可以无线传输给粉丝，而粉丝穿戴的智能服饰（可称为体验服饰）可以将这些数据转换并重现赛车手当时的环境，因此粉丝可以通过这些服饰体验赛车手的加速度情况。如果这些体验服饰可以在左衣袖上显示粉丝的体征数据，在右衣袖上显示赛车手的体征数据，又会是一种怎样的体验呢？可以设想下远在Cupertino市的粉丝通过有穿戴式设备的服饰体会Daytona赛道的情况，这将是一个利用穿戴式设备将体育运动与娱乐相互融合的崭新世界。

在2014年超级碗上，Peyton Manning身上的智能球衣监测了他的心率并在衣服上显示出来（见图1-11）。在比赛只剩45s时，他被对方扑倒，而球衣上显示了他的受力情况。在地球的另一端，正在观看这一比赛的橄榄球球迷通过自身穿戴的体验服饰体会到了被扑倒时的疼痛，这让球迷觉得自己正处于比赛中。体育比赛只是一个应用实例，其他领域也可以利用穿戴式设备轻易实现这些转变。

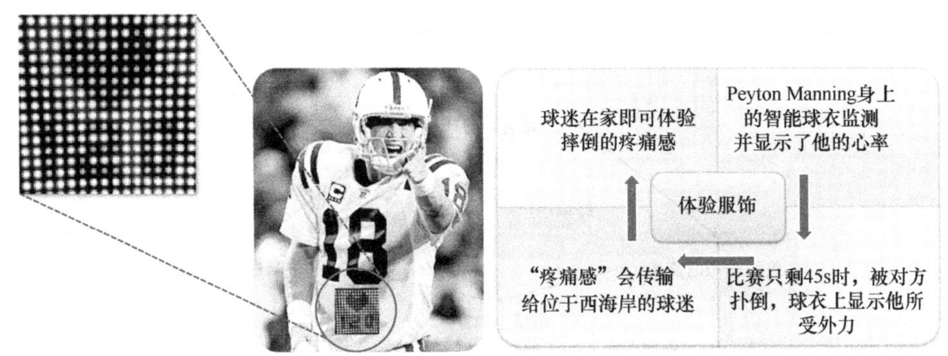

图 1-11　通过服饰上的穿戴式设备实现体育与娱乐的结合

1.5.2　研究蓝图：跨学科解决方案

为了实现未来的穿戴式设备，需要一个跨学科的解决方案，这意味着它将是一个新的研究领域，汇集了各种已知领域的知识（包括基础理论和先进技术），如材料/纺织科学工程、电子、制造、系统工程、计算机与通信、工业设计以及社会科学[49]。

图 1-12 给出了穿戴式设备的跨学科解决方案。穿戴式设备的主要部件有传感器、执行器、处理器、能源和接口。图中还指出穿戴式设备的设计和使用的标准需要规范化。材料和制作工艺也是实现穿戴式设备的关键要素，在图 1-12 中两者分别位于左右两侧，用来突出它们的关键地位。图中任何部分的变化都会影响其他部分，最终均会影响穿戴式设备。因此，这是一个统一的系统，而不是由各个独立单元组成的简单集合。为了促进穿戴式设备领域的进步，需要采用跨学科解决方案。这种做法将会呈现一个全新的视角，带来革命性的进步。这是由于跨学科方法着眼于关键问题即穿戴式设备，而不是每个学科独立地研究和做出贡献。

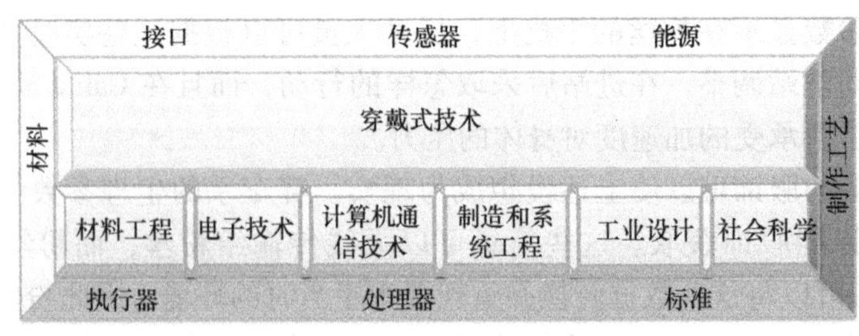

图 1-12　穿戴式设备的研究方向：亟须跨学科交叉的解决方案

总之，穿戴式设备将成为数字化生活中不可或缺的一部分，而它潜在的应用领域仅局限于我们的想象力。事实上，很难想象没有了穿戴式设备的生活。而跨学科的解决方案将会让我们在穿戴式设备这个崭新领域里迅速发展和前进。

参考文献

[1] M. Rocetti, G. Marfia, A. Semeraro, Playing into the wild: A gesture-based interface for gaming in public spaces, J. Vis. Commun. Image Representation 23 (3) (2012) 426–440.

[2] J. Tedjokusumo, S. Zhou, S. Winkler, Immersive multiplayer games with tangible and physical interaction, IEEE Trans. Syst. Man Cybern. A Syst. Hum. 40 (1) (2010) 147–157.

[3] M. Nayak, FACTBOX - A look at the $66 billion video-games industry, <http://in.reuters.com/article/2013/06/10/gameshow-e-idINDEE9590DW20130610>, (Last Accessed: 18.11.13).

[4] T.A. Cellucci, Commercialization: The First Responders' Best Friend, US Department of Homeland Security: Science and Technology, Washington, DC, 2009.

[5] S. Park, S. Jayaraman, Wearable sensor network: a framework for harnessing ambient intelligence, J. Ambient Intell. Smart Environ. 1 (2) (2009) 117–128.

[6] S. Jayaraman, Reinventing Clothing: Clothing of Nations to the Health of Nations, The Second TIIC International Symposium, Seoul, South Korea, 2012.

[7] S. Park, S. Jayaraman, The Wearables Revolution and Big Data: The Textile Lineage, Proceedings of the 1st International Conference on Digital Technologies for the Textile Industries, Manchester, UK, 2013.

[8] McKinsey Global Institute, Big Data: The Next Frontier for Innovation, Competition and Productivity, 2011.

[9] <http://www.cms.gov/CCIIO/Programs-and-Initiatives/Health-Insurance-Market-Reforms/Medical-Loss-Ratio.html>, (Last Accessed: 29.11.13).

[10] P. Lane, A Sense of Place, Special Report, The Economist, October 27, 2012, <http://www.economist.com/news/special-report/21565007-geography-matters-much-ever-despite-digital-revolution-says-patrick-lane>, (Last Accessed: 02.11.13).

[11] E. Kress-Rogers, Biosensors and electronic noses for practical applications, in: E. Kress-Rogers (Ed.), Handbook of Biosensors and Electronic Noses: Medicine, Food, and the Environment, CRC Press, New York, NY, 1997, pp. 3–39.

[12] K.L. Jackson, L.E. Polisky, Wearable computers: information tool for the twentyfirst century, Virtual Real., 3, 147–156.

[13] S. Mann, On the bandwagon or beyond wearable computing? Pers. Technol., 1:203–207.

[14] S. Mann, Smart clothing: the wearable computer and WearCam. Pers. Technol., 1:21–27.

[15] M. Weiser, The Computer for the 21st Century, Sci. Am. (1991) 94–104.

[16] S. Park, C. Gopalsamy, R. Rajamanickam, S. Jayaraman, The Wearable motherboard™: an information infrastructure or sensate liner for medical applications, pp. 252–258. Studies in Health Technology and Informatics, vol. 62, IOS Press, 1999.

[17] C. Gopalsamy, S. Park, R. Rajamanickam, S. Jayaraman, The wearable motherboard™: the first generation of adaptive and responsive textile structures (ARTS) for medical applications, Virtual Real. 4 (1999) 152–168.

[18] S. Park, S. Jayaraman, Adaptive and responsive textile structures, in: X. Tao (Ed.), Smart Fibers, Fabrics and Clothing: Fundamentals and Applications, Woodhead Publishing Limited, Cambridge, UK, 2001, pp. 226–245.

[19] A. Lymberis, D. DeRossi, Wearable eHealth Systems for Personalised Health Management, IOS Press, Amsterdam, The Netherlands, 2004.

[20] D. DeRossi, A. Lymberis, New generation of smart wearable health systems and applications, IEEE Trans. Inf. Technol. Biomed. 9 (3) (2005) 293–294.

[21] A.V. Halteren, R. Bults, K. Wac, N. Dokovsky, G. Koprinkov, I. Widya, et al., Wireless body area networks for healthcare: the MobiHealth project, Stud. Health Technol. 108 (2004) 181–193.

[22] A. Lymberis, D. Dittmar, Advanced wearable health systems and applications: Research and development efforts in the European union, IEEE Eng. Med. Biol. 23 (3) (2007) 29–33.

[23] R. Paradiso, A. Gemignani, E.P. Scilingo, D. DeRossi, Knitted bioclothes for cardiopulmonary monitoring, Proc. 25th Ann. Int. Conf. IEEE EMBS 4 (2003) 3720–3723.

[24] M.D. Rienzo, F. Rizzo, G. Parati, G. Brambilla, M. Ferratini, P. Castiglioni, MagIC system: a new textile-based wearable device for biological signal monitoring. Applicability in daily life and clinical setting, Proc. 27th Ann. Int. Conf. IEEE EMBS (2005) 7167–7169, Shanghai, China.

[25] P. Bonato, Wearable sensors/systems and their impact on biomedical engineering, IEEE Eng. Med. Biol. 22 (3) (2003) 18–20.

[26] M.A. Hanson, H.C. Powell, A.T. Barth, K. Ringgenberg, B.H. Calhoun, J.H. Aylor, et al., Body area sensor networks: challenges and opportunities, Computer 42 (2009) 58–65.

[27] K. Cherenack, L. von Pieterson, Smart textiles: challenges and opportunities, J. Appl. Phys. 112 (2012) 091301–091314.

[28] S. Patel, H. Park, P. Bonato, L. Chan, M. Rodgers, A Review of wearable sensors and systems with application in rehabilitation, J. Neuroeng. Rehabil. 9 (2012) 21.

[29] S. Bauer, Flexible electronics: sophisticated skin, Nat. Mater. 12 (2013) 871–872.

[30] Fitbit®, <http://www.fitbit.com/>, (Last Accessed: 02.11.13).

[31] Jawbone®, <https://jawbone.com/up>, (Last Accessed: 30.08.13).

[32] Nike FuelBand®, <http://store.nike.com/us/en_us/pd/fuelband-se/pid-924485/pgid-924484?cp = usns_kw_AL!1778!3!30651044462!e!!g!nike%20fuelband>, (Last Accessed: 15.11.13).

[33] Welcome to a World Through Glass, <http://www.google.com/glass/start/what-it-does/>, (Last Accessed: 30.08.13).

[34] <http://store.sony.com/smartwatch-2-zid27-SW2ACT/cat-27-catid-Smart-Watch>, (Last Accessed: 15.11.13).

[35] <http://www.samsung.com/us/mobile/wearable-tech/SM-V7000ZGAXAR>, (Last Accessed: 15.11.13).

[36] S. Park, S. Jayaraman, Sensor networks and the i-textiles paradigm, Proceedings of the Next Generation PC 2005 International Conference, COEX, Seoul, Korea, 2005, pp. 163–167.

[37] S. Jayaraman, Fabric is the Computer: Fact or Fiction? Keynote Talk at Workshop on Modeling, Analysis and Middleware Support for Electronic Textiles (MAMSET) at ASPLOS-X (Tenth International Conference on Architectural Support for Programming Languages and Operating Systems), San Jose, CA, October 6, 2002.

[38] S. Park, S. Jayaraman, Smart textiles: wearable electronic systems, MRS Bull. (2003) 586–591.

[39] R. Rajamanickam, S. Park, S. Jayaraman, A structured methodology for the design and development of textile structures in a concurrent engineering environment, J. Text. Inst. 89 (Part 3) (1998) 44–62.

[40] S. Jayaraman, S. Park, A novel fabric-based sensor for monitoring vital signs, US Patent No 6,970,731, November 29, 2005.

[41] S. Coyle, King-Tong Lau, N. Moyna, D. O'Gorman, D. Diamond, F. Di Francesco, et al., BIOTEX—biosensing textiles for personalised healthcare management, IEEE Trans. Inf. Technol. Biomed. 14 (2) (2010) 364–370.

[42] D. Curone, E.L. Secco, A. Tognetti, G. Loriga, G. Dudnik, M. Risatti, et al., Smart garments for emergency operators: the proetex project, IEEE Trans. Inf. Technol. Biomed. 14 (3) (2010) 694–701.

[43] See What Light Can Do – Black Eyed Peas Project, <http://www.lighting.philips.com/main/connect/lighting_university/led-videos/black-eyed-peas-project.wpd>, (Last Accessed: 17.11.13).

[44] S. Park, S. Jayaraman, Smart textile-based wearable biomedical systems: a transition plan for research to reality, IEEE Trans. Inf. Technol. Biomed. 14 (1) (2010) 86–92.

[45] S. Jayaraman, S. Park, Method and apparatus to create electrical junctions for information routing in textile structures, US Patent 7, 299,964, November 27, 2007.

[46] S. Park, K. Mackenzie, S. Jayaraman, The Wearable Motherboard: A Framework for Personalized Mobile Information Processing (PMIP), Proceedings of DAC 2002, New Orleans, Louisiana, USA, 2002, pp. 170–174.

[47] Y. Lee, J. Kim, J. Noh, I. Lee, H. Kim, S. Choi, et al., Wearable textile battery rechargeable by solar energy, Nano. Lett. 13 (2013) 5753–5761.

[48] H.S. Ng, M.L. Sim, C.M. Tan, C.C. Wong, Wireless technologies for telemedicine, BT Technol. J. 24 (2) (2006) 130–137.

[49] S. Park, S. Jayaraman, The engineering design of intelligent protective textiles and clothing, in: P. Kiekens, S. Jayaraman (Eds.), Intelligent Textiles and Clothing for Ballistic and NBC Protection: Technology at the Cutting Edge, NATO Science for Peace and Security Series B: Physics and Biophysics, Springer, The Netherlands, 2012, pp. 1–27.

第2章 可穿戴性和交互性的社会影响

2.1 简介

穿戴式系统中的“可穿戴性”通常有两种理解，一是在人身上安装设备的物理能力（如设备是可穿戴或是不可穿戴的），二是穿戴者生理和心理的舒适程度（如生理上的舒适感以及便捷的交互设计）。但是按照定义，穿戴式系统是佩戴在体表的设备，因此它们很容易受到人们对服饰（包括衣服、首饰、配件及身材修饰等方面，具体定义参见 Roach-Higgins 和 Eicher[1]）的社会认知和标准的影响。因此，本章将讨论可穿戴性在社交层面的影响，即影响穿戴者社交舒适度的因素。尽管这一方面常常被忽略，但我们发现它对用户的选择和接纳程度有着巨大的影响：如果一个用户出于社交因素拒绝使用一项技术，那么其功能上的优势就会完全丧失。

大部分对穿戴式系统的介绍和讨论都是以功能为导向的，例如它们能做什么以及它们的性能如何。但是，服饰的核心功能不仅包括该服饰能为穿戴者“做”什么，还应该包括它能为穿戴者向他人传达哪些审美上的信息，后者通常被认为是服饰更重要的功能。同时，由于现代社会中的气温控制，例如服饰的保温等核心功能已经变得愈发不重要，鉴于现代的科技水平，人们选择服饰时考虑得更多的是社会规范而不是它所提供的各种保温功能。人们拥有不同种类的服装和配饰，这一现象清晰地表明功能性不是唯一的要求（例如在参考文献［2］中，研究了个人衣柜的尺寸和使用情况）。事实上，服饰的历史也证明了这一点：最早期的服饰并没有将气候因素作为核心考虑，并且在早期社会中，即使气候恶劣，像鞋子这种保护性的服饰也没有出现。目前，学界普遍认为早期服饰的发展主要基于精神（驱赶邪灵）和社交（显示地位或标识团队，作为权力和美好事物的视觉参考）方面的需求[3]。

新一代智能服饰和穿戴式系统的发展将为服饰的理解带来新的内涵。同样，从服饰的理念来解读智能服饰的可穿戴性，也会使我们认识到穿戴式系统的社交可穿戴性与生理可穿戴性同样重要。

在本章中，我们将从两个关键方面着重介绍社交可穿戴性：可穿戴系统的“静态”视觉感知以及与可穿戴系统动态交互的视觉感知。

2.2 美学的社会解释

对服装和穿戴式设备的感知首先源于视觉和体感，其中，体感更多的是与穿戴者本身的可穿戴性体验相关，具体表现为生理可穿戴性和身体舒适度的体验。服饰可以标识个体或群体的特征身份，体现穿戴者的生活背景，这也被称为服饰的交流功能，该功能主要依赖视觉信息的传递和处理。服饰的社交可穿戴性所指的就是穿戴者对自身形象感知的满意程度。

2.2.1 美学的视觉处理

DeLong[4]将穿衣和佩戴饰品的身体描述为“服装-身体结构”，用来表达身体和穿戴物的视觉属性的综合影响。身体和衣物都有独立的属性，一旦结合在一起，两者的属性都会有所变化。这些视觉属性实质是一种编码：有时是文字上的，例如一件带有文字的图形化 T 恤；有时更抽象，例如流行的时尚穿搭或对某种体型的社会意义判断。两者视觉属性的交叉也有助于观察者“解码”穿戴者的身份和生活背景。例如，过紧的腰带会束缚穿戴者的腰部，造成皮肤褶皱，使衣服变形。这种情况有多种解读方式，最终的选择取决于其他的视觉因素，可能与身份因素（懒得买新衣服，不愿意承认体型变化）或生活背景因素（临时穿了一件不合身的衣服，追随束腰的流行趋势）有关，或者与两者皆有关。

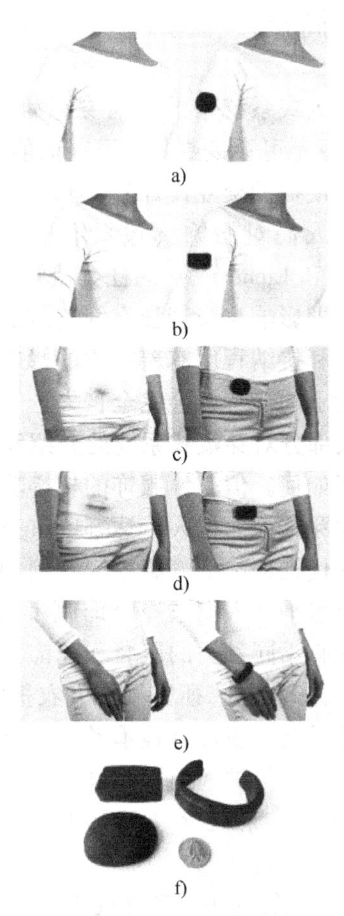

图 2-1 在 3 个身体部位（衣内/外）穿戴 3 种不同形状物体的效果图

衣内的穿戴式设备可能会造成局部突起或者变形，但是这种现象并不一定会让人联想到是穿戴式设备引起的。图 2-1 展示了 3 种形状（直角长方体、曲线形和手镯形）的物体穿戴在衣内和衣外的对比。尽管曲线形的设计被认为是更加符合人体工程学的，但是它们常被误认为是身体表面的异物而不是一个衣内的装置。

DeLong 给出了该“服装-身体结构”的两类特征：表现型特征和指示型特征（见图 2-2 的左侧）。表现型特征指的是外部直观特征（视觉元素，例如形状、颜色、材质等）。指示型特征则取决于观察者对外形及相关事物的联想和解读（例如，商标、某时期的视觉参照或徽章、白外套等某些职业的标志）。从某种程度上来说，表现型特征不容易被人们理解，更倾向于通过人类先天的反应和关联分析（例如，醒目的颜色更具侵略性，流畅的外形更具柔软和温和性）来感受。然而指示型特征更加依赖于人们的经历和先验知识，例如，青少年参考几十年前的流行风格是司空见惯的事（例如，20 世纪 90 年代末和 21 世纪初参考 20 世纪 70 年代，21 世纪 10 年代参考 20 世纪 80 年代）。虽然这些效仿可以唤起一些年长者的记忆，但是追随潮流的大多数人对他们所效仿的年代没有记忆，甚至不会发觉他们是在效仿过去，他们可能会因此得到新的美学理解。同样的现象对穿戴性系统同样适用：设备的美学理解对设计者来说有一定的意义，但不一定能传达给其他人，也可能被完全曲解。Starner 等人[5]发现由于人们的固有认知，穿戴式计算机的表现型特征常常被认为与医学设备的表现型特征类似。另外，改变头戴式显示器的颜色可以迅速改变人们对该产品的理解：白色或浅色设备常被理解为医学设备，而灰色或黑色设备常被理解为消费品。从 1996 年开始，设备颜色的区分意义已变得模糊，但是其他的表现型特征仍然被人们用作区分的依据。

在社会中，价值的定义与面向的对象有关，不同的群组和亚群组会对价值有不同的理解（见图 2-2 右侧）。Bell 将这个定义过程描述为“服装准则”——衡量衣着得体与否的准则和规范。这些规范随背景的变化而发生改变，例如，适合在沙滩上穿着的衣服不适合办公室的环境，适合年轻人的衣着并不适合年长者[6]。然而某些准则却无论背景如何都会被严格地执行，更多的时候它们带有令人烦恼的社会负担：穿着不得体会受到不必要的关注以及负面社会反响[7]。

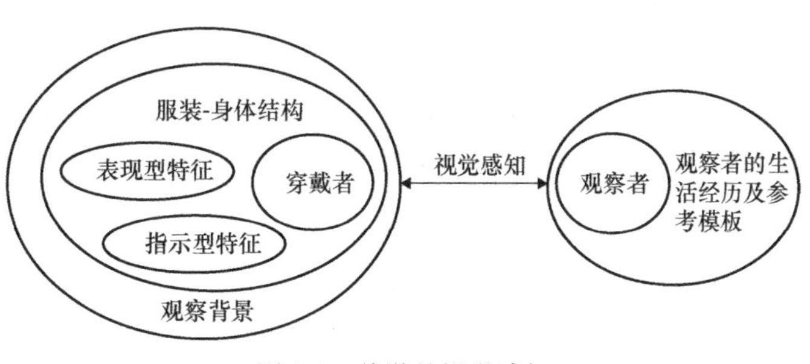

图 2-2　美学的视觉感知

2.2.2　个体和群体身份的视觉表达

理解服饰美学最重要的一种方法就是理解和区分群体身份。某个个体可以在某种程度上被视为所有包含他的群体的交集：具体的群体如他的职业、年龄和社会经济地位，以及一些更抽象的群体如他追随的潮流、购买的产品以及穿衣风格。在穿戴式传感中，根据设备的美学和使用背景，会为群体贴上“残疾人”“热爱运动”“高科技”等标签。例如，图 2-1 中所示的设备的形状、佩戴位置和是否可见等性质的不同，可能会产生完全不同的群体标签。通过他的外貌表达出的指示型特征，人们会产生对个体身份的总体印象。人们自身的生活经历会极大地影响这些印象的形成。例如某位年轻人穿着紧身牛仔裤，可能想要表达他对某种潮流的执着，这是他对潮流的敏感以及自信的体现，但是年长者不一定能意识到该潮流的存在，或者某些年轻人会认为这种穿着很时尚，但联想到的却是它以前风靡大街小巷的时候。如果不曾有过这些记忆，那么人们可能将这种穿着理解为其他意义，例如叛逆、缺少社会意识等。

由于穿戴式系统尚没有被广泛使用，人们很难仅凭借某个可见的设备识别出某个群组特征。因此，人们可能会根据最近邻域参照点对穿戴式系统的美学进行划分，即寻找表现型特征最相似的已知种类（例如前文中提到的颜色的影响）。

除了向外传达群组身份，我们的穿着也向自己传达了一些身份元素。社会组织中的“角色理论”认为，一个人对自身形象和能力的理解可以帮助调节自己的角色定位，甚至实际地影响自己的认知和技能。2012 年 Adam 和 Galinsky 的一项研究表明[8]，穿着相同白色衣服的人可以产生不同的认知表现，其中一组被告知所穿衣服是医生的衣服，另一组被告知是画家的衣服，前者的认知表现明显优于后者。类似的结果也出现在可穿戴系统的研究中。穿戴一个医学设备可能导致穿戴者进入“患者”的角色，在一定程度上会改变他们的生理活动并限制他们的行为。例如，Costa 等人[9]发现佩戴血压监护仪会显著地降低患者的活跃度。

2.3　接纳创新和审美变化

穿戴式系统顾名思义需要穿戴在身上，但并不是传统佩饰。大部分的穿戴式系统需要用户长时间携带，这种使用模式极大地依赖于设备的社交可穿戴性。反过来，社交可穿戴性往往取决于穿戴者的外表被认可程度。另外，由于穿戴式设备的外观缺少美学设计，很难将其作为饰品，因此，将饰品的美学设计融入机械装置的结构设计中有益于穿戴式传感设备的发展。在这一节中，我们将着重介绍目前在穿戴式产品和技术的研究中，关于趋势发展和应用创新的理论，章末的案例将介绍如何将这些理论应用于一个具体的穿戴式技术产品。

2.3.1 时尚周期：时尚中的审美变化

关于时尚潮流的研究已经比较透彻，但是对穿戴式设备的研究才刚刚起步。服饰的美学变化即“时尚”，是一种渐进的演变过程，它随着社会舆论的改变而产生，受到文化身份和价值观念的影响。潮流的形成必须得到足够多人的认同，因受到现有审美观念的限制，创新往往很难开展[10]（一种全新的审美观念有时会显得疯狂且愚蠢，而不是时尚）。成功的创新必须与当代的文化思潮[11]（在特定的时间和特定的社会环境中某一类人的情绪、价值观和关注点）产生共鸣。这个过程很模糊，也不好定义，在实际操作中，它极大地依赖于设计人员（如设计者、造型师、潮流预测人员和记者等）的直觉和潜意识。

尽管各种潮流的起源和发展方向千差万别，但潮流的出现和发展进程却有着相似的过程。创新者和早期追随者是第一批新概念的受众。（例如在时尚中，早期追随者包括美学相关的投资者、投入足够时间和精力的潮流推动者，以及对美学感兴趣的追随者。）随着概念的发展和被越来越多的人认同，一些影响因素逐渐浮出水面。Rogers[10]指出，决定个体追随或是拒绝某项创新的主要因素有：相对优势、兼容性、复杂度、可观察性和实用性。大部分因素都与如下的问题相关：我理解它吗？我喜欢它吗？我见过别人使用它吗？（如果有，使用者是谁？是与我类似的人吗？）我能在做决定之前试用一下吗？对于可穿戴设备，创新的相对优势是设计者考虑的重点（使设备完成设计师认为有用的任务）。但是如果不考虑其他的因素，相对优势并不一定能保证设备被广泛应用。

如果某项创新被早期追随者和舆论引领者所接纳和认可（见图 2-3），同时也满足了广大消费者的需求，那么它普及的速度将会加快。处在消费者图谱中部的普通消费者对时尚潮流的敏感度较低，更喜欢融入现有的审美而不是突出自己的与众不同[12]。因此，一个普通消费者或者后期的追随者看到很多人使用该设备后才会慢慢接纳。

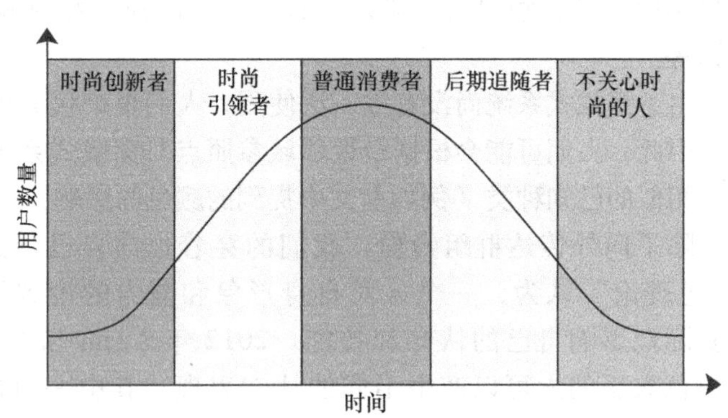

图 2-3 时尚趋势的消费者图谱[10]

最后，随着创新事物被最保守的消费者（不关心时尚的人）所接纳，这些事物的身份也会发生改变，可以变成日常用品（如果时尚创新者和时尚引领者仍在使用），也可以变成对流行风格不敏感的标志（如果时尚创新者和时尚引领者不再使用，就会显得“落伍”）。落伍者最大的特征是对审美趋势完全不敏感：对一件科技产品来说，他们可能更愿意使用某个不具有社交可穿戴性的技术创新产品，造成这种现象的原因是他们对社交可穿戴性这一概念缺乏认知或身份的不匹配性。

2.3.2 时尚的社会领导力

很多研究者和理论家都对社会角色在时尚观念的传播中起到的影响进行了讨论。其中最早的一个是“下滴式”理论，Veblen 的“炫耀性消费”理论又对其进行了进一步的补充[13]。在这个模型中，富有的上层阶级购买时尚用品是为了展示财力和影响力。这些彰显身份的时尚用品慢慢地向下层阶级扩散。但是，随着大规模制造和大众传播的发展，各个社会阶层都会出现创新事物。King[14]就此提出了“水平流动”理论，认为创新是“跨层式”而不是单一的从上向下传播。最后，“上滴式”效应在过去的几十年间成了主流现象，这一效应指的是源于年轻人和少数人群的创新慢慢地被多数人所接纳（例如“街头文化”的出现）。

尽管这些理论对创新的起源和传播方向有不同的意见，但是每个理论内部的机理是类似的。无论群体中人们的社会地位如何，Rogers 所指出的影响都是存在的。

在“时尚行为（包括新技术的采纳）”中，也有很多理论用来解释新技术是如何开发并且被用户群体所接受的。Ajzen[15]提出的关于计划行为的理论，描述了个人对此行为的态度、对自己完成此行为能力的评判以及对此行为的规范信念（别人认为他应该怎么做）如何影响个人预期的行为方式。

Davis 的技术接受模型[16]将用户接纳某种技术的原因归结为两个方面：感受到的有用性和易用性。Malhotra 和 Galletta[17]在模型中又加入了“心理依恋”，即该技术与自身价值系统的匹配程度。

穿戴式系统可以被视为影响技术采纳过程、行为变化过程和时尚接纳过程的交集：技术系统的可用性和实用性、行为的社会影响，以及时装和情感认同影响。

2.4 交互性：身体姿态的社会认同

很多穿戴式系统需要用户与设备进行交互。由于这些交互，设备的视觉美感增加了一个维度：交互引起的动态维度。对于交互式的穿戴式系统，评价一个用户不仅要看他的静态外表，还要看他的动作。站在技术设计者的角度来看，穿戴式系统可以产生两种主要的交互模式：被动交互和主动交互。

被动交互不需要用户主观的意图，而是由设备感知。也就是说，被动交互是指设备可以连续检测的动作、活动和身体状态信息。穿戴式系统可以使用这些信息来推测用户所处的环境，并对一些特定事件进行回应。

主动交互是指用户带着明确的意图和设备进行交互。这些动作与其他“自然动作”（与设备交互之外的其他动作）不同，尽管有时二者是类似的。

由于被动交互依赖于检测自然动作，而这些动作与穿戴式设备无关，只与用户所处的环境有关，因此被动交互的社会学意义很清晰（因为它们通常代表坐下、站立等常见动作）。但是，设备的设计和穿戴位置会影响系统的静态美感（系统在静止状态下的美感），因此必须要考虑相关的影响。相比之下，除了设备的美感，很多主动交互还会为视觉带来很多新的“词汇”。

本节将着重介绍手部和身体的主动交互，并认为所有的主动交互都是“自然动作”（如身体某部位的移动）。值得我们注意的是，还有其他形式的主动交互，其中最重要的一种是语音交互。动作的社交感知对传感设备的社交可穿戴性影响与静态美学的影响类似。尽管语音交互不是视觉感知，但是也会受到“与美学相关的”社会性约束和环境的限制。以下讨论主要围绕身体交互中的影响因素，读者也可以类似地分析语音和听觉交互（语音控制和音频输出）中的情形。

2.4.1 异常行为和社交负担

虽然主动动作比被动动作醒目，但在不适当的场合被动动作也会引人注意。例如，对于一些利用眼部动作进行操作的设备[18]，它所选择的动作在生活中极为常见，比如眨眼。但是，如果当时的情况和环境没有眨眼的必要，这个动作就会显得极为醒目，可以视为是主动指令（如过多或长时间的眨眼）。

所有主动动作的醒目程度是不同的。Toney 等人[7]讨论了设备交互对社交的负面影响，并将其称为“社交负担”：与设备交互时对自发的社交产生负面影响的程度。这对电子用户来说不难理解，例如在谈话中使用手机会产生明显的社交影响。如果某个交互动作可以被解释为“自然动作”（在 Toney 等人的研究案例中，例如触摸口袋里或者西装下摆的按键），那么由此带来的社交负担将会大大降低。

2.4.2 佩戴位置和偏手性的影响

动作的醒目程度还与设计时需要考虑的两个因素有关：佩戴位置和偏手性。在前期的研究中[19]，我们探究了将设备佩戴在不同位置时，交互动作在社交中的可接受程度。当人们看到用户与不同位置的设备进行交互时，能够接受的程度存在差异。例如，人们更乐于接受与位于常见佩戴位置的设备进行交互（如手腕和前臂），而不是身体上的敏感区域（如躯干部位，和女士胸部距离较近；或口袋的位置，与男士的私处距离较近）。

接触不同的身体部位得到的效果也不相同，接触容易触及的部位（如图 2-4 所示前臂或躯干）比扭转身体显得自然很多。而且，与身体的互动越多，动作越醒目。比如，只需要一只手就能完成的动作，其醒目程度要小于需要两只手才能完成的动作（如果这个动作的前序动作需要手部的参与，就会变得更加引人注目）。另外，需要视觉配合的动作也会增加其醒目程度。

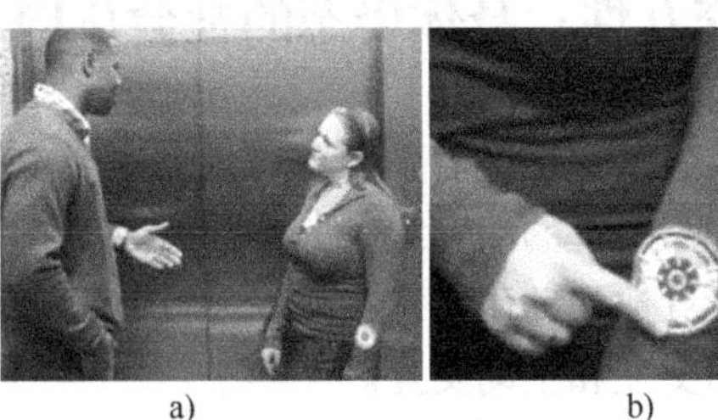

a)　　　　　　　　b)

图 2-4　远距离和近距离观察该女士与前臂上 Jogwheel 的交互

人们对他人注视的方向十分敏感。例如，McAtamney 和 Parker[20]发现，使用具有扰乱视线方向的头戴式显示器可以打断对话。在某些情况下，界面的可视度会降低甚至完全丧失，为了减轻视线重定向的影响，可以对设备的表面形状进行优化，利用触觉引导用户进行交互（见图 2-5）。在前期的工作中，我们使用该技巧提升了可穿戴显示设备的“可探索性”，以减少交互时所需的视觉注意力[21,22]。形状规则的凸起物如按钮、斜面或倒角边缘，或者可辨别的凹陷可以帮助用户定位界面操作，减少误触和意外的发生。

图 2-5　表面具有可识别形状的电子纺织物有利于触觉（非视觉）交互

2.4.3 对文化规范的冲击

从我们前期的研究（见图 2-6）可以看出，视觉感知与人们的文化规范以及生活背景密切相关。由于这些感知绝大部分基于人们的前期经历，使这些影响的源头变得清晰。一件物品的物理性质和时尚属性是由文化和背景决定的[23]。此外，由于规范行为因文化而异，所以对同一个技术设备的认知可能有些不同[24]。

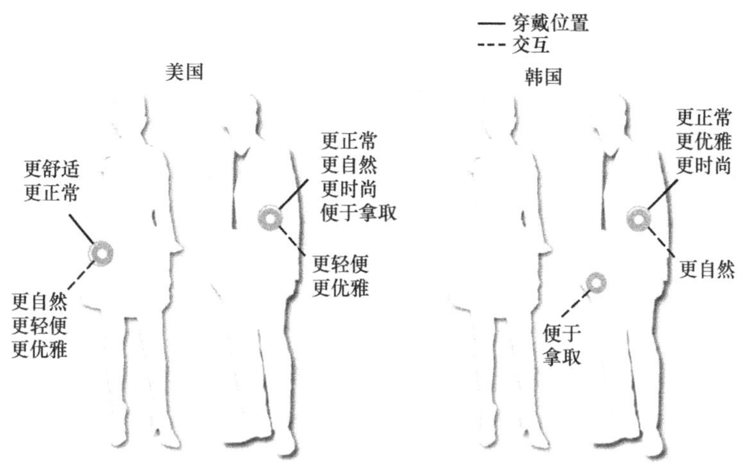

图 2-6　在体设备的放置位置和交互在文化背景和性别中的对比

注：这些是最不能接受的位置，除了这些之外还有很多性别间的差异。

我们探究了人们对于纺织物材质的在体设备的态度[19]，结果表明，美国人和韩国人偏向于将设备放在手腕或前臂上进行交互，不愿意将其放在躯干和锁骨部位。但是，对于在体设备的交互，美国人的想法有所不同。总体来说，躯干是最不能接受的身体部位之一，女士相比于男士更不能接受躯干部位的交互，男士相比于女士更不能接受口袋区域的交互。相对而言，这种性别间的差异在受访韩国人中要小得多。尽管总体上看他们似乎并不排斥设备放置在任何一个身体部位，但是女士的接受程度总是低于男性，尤其是在上半身的区域。

2.4.4 手势的“词汇表”

社交的可接受度与融入社会的方式有关[25]，因此交互模式的表现方式受社会惯例的约束，例如这种交互是否与环境相符。除此之外，前文讨论过的穿戴式技术（交互技术、佩戴位置、外观和审美）及其社交可接受度将对其整体应用有很大影响。

考虑到以上情况，该如何“设计”交互手势呢？有一些先例我们可以借鉴。很多手势交互应用与便携式或固定式设备类似，如按、轻拍以及触摸。随着便携式触摸屏的出现，出现了新的交互手势，这些交互更贴近现实世界，例如“滑动”（一种移动方式）和“捏”（放大或缩小）。但是，并不是所有贴近现实世界的动作都能被大家接受，例如用户对“滑动”和“捏”这两个动作已经习以为常，但“摇动”（删除或撤销操作）并没有被广泛使用。

Ashbrook 和 Starner[26] 曾经尝试让用户使用记录工具自行设计对音乐播放器的控制手势。

尽管参与者们几乎都能创造出一套独立的控制手势，仍有部分参与者很难创造出一些与日常手势不同的控制手势。基于这些结果，研究者们提出了“手势应该便于记忆”以及“手势应该具有较高的社交可接受性”等设计策略，对手势设计工作很有帮助。

很多关于动作控制的研究集中于手部动作，这很可能是因为在实际应用中，手表、手机或其他佩戴在手部的设备更为常见。其他“自然动作”如跺脚、耸肩和歪头等的研究较少，很可能是因为检测这些动作的“测量距离”过大。一个集成在服饰布料上的电子纺织物通常会使用常见的动作如挽袖子、整理领带等进行交互，这种交互也可以降低他人不愉快的感受。

2.4.5 区分被动和主动手势

在醒目和不醒目的主动手势之间存在由主动手势和被动手势混合起来难以区分的模糊地带。看上去“正常”的手势通常会显得更接近被动手势，因此常常与真正的被动手势混淆（有可能导致误触发交互设备）。幅度大的手势对于设备的检测和识别来说很简单，但会导致用户被过度关注，也会受到身体疲劳度、周围环境等的极大限制。因此，设计手势交互时应该尽可能使用被动手势[7]。Ashbrook 和 Starner[26]介绍了一种“按下后示意”的交互方式，在进行手势控制之前，先激活一个“准备”按钮。我们设计的“可探索式”界面使用了一个拇指触摸板，一方面可以帮助用户使用触觉定位，另一方面可以解锁设备从而进行后续操作[21]。还有很多使用微动作使设备解锁进入等待输入的状态，例如 Google 眼镜中，使用语音输入“OK Glass”作为解锁操作。

设备的静态美学和交互的动态美学之间有很重要的关联。与一个他人可见的穿戴式设备进行交互，用户操作的意图很明显，不会引来怪异的目光。但是，如果和一个位置隐蔽的设备进行明显的交互动作，则会令他人无法理解。一个可行的办法是，为隐蔽的设备设计不明显的交互方式，例如在 Karrer 等人设计的细条纹电子纺织界面中[27]，使用了无须眼睛注视的连续动作。细条纹可以隐藏在用户的衬衫袖子或者裤子口袋里，操作方式则是使用手指进行捏、挤等动作。用户更偏爱使用一些细微的交互动作（捏裤子口袋的外侧或内侧）操作隐蔽的小设备，因为这些动作不会让他人注意到设备的存在。

2.5 案例研究：Google 眼镜

由于社会的驱动力在创新技术的传播中必不可少，创意是否出色也因环境而异，想要在社会中强行推广一个想法和技术极为困难。在技术领域中，“杀手级应用”一般是指功能极为强大的应用程序，它可以打破很多社会桎梏，加快创意的传播。同样在时尚领域，不难想象类似的极具影响力的创新者的存在（可以是个人，也可以是品牌），他们能引领时尚的风向标，而他人会毫不犹豫地追随。在实践中，两者都难以实现，而且不同文化背景的差异比预想中更加明显。正如 Gregory Abowd 所观察到的那样“这不仅仅是关于穿戴式设备的杀手级应用程序，对于其他领域也是杀手级的存在”[5]。

Sony 公司的 Walkman 就是一个典型的例子，它使当时社会的审美观念产生了巨变（史上首次要求用户在头部和身体上佩戴一个醒目的设备），同时也带来了显著的技术利益（可以随时随地享受个人音乐）。Sony 推广其产品的方法是挑选年轻、有魅力的模特代言产品，这些模特本身就是时尚的创新者，他们被要求在广告中戴着这个新设备（一种引人注目的革新），日常生活中也戴着它[28]。这项策略增加了该设备的曝光度，也在某种程度上证明了它的可试用性，缩小了时尚引领者与新设备之间的隔阂。该设备拥有明显的功能优势，而且 Sony 公司认为它与现有系统（如磁带）的兼容性很高，操作复杂度很低，因此曝光度和可试用性才是推广它的关键。

这种模式令人叹服：只要有合适的应用和足够的市场影响力，改变审美成为主流并不是不可能的。Google 公司目前也在尝试一项类似的工作，即作为“探索计划”一员的 Google 眼镜，它实际上是一个头戴式显示器，利用信息技术进行微交互。在图 2-7 中，显示器只是用户脸部右侧的一个装置。在目前的模型中，显示器已经变成一个横跨整个额头的金属带状物，像普通眼镜一样需要鼻子和耳朵的支撑。（图 2-7 中展示的模型是定制的，可以适配普通眼镜，而实际产品需要戴在已有眼镜上，但是没有镜片。）

图 2-7　Google 眼镜（佩戴者为该项目的技术总监 Thad Starner）

根据探索计划的机制，Google 公司已经将设备的早期模型发给公司员工以外的公众进行测试。“眼镜探索者”由项目小组负责挑选，挑选过程完全公开，日常用户可以直接和 Google 公司联系，成功说服公司的用户能成为初版眼镜的首批买家。这种策略类似于下滴式理论（将眼镜交付给名人或者其他舆论引领者），挑选用户这一机制也增加了设备的曝光度和可试用性。

正如 Thad Starner 所说，设备在世界范围内的公测使得设备可以被不断地完善和再开发，犹如进入了一个“生活实验室”。

“我们大部分的经验来源于组内人员的试用。如果有足够多的人在日常生活中使用这个设备，就会形成一个生活实验室，很多问题就会不证自明。2012 年启动这个项目的时候，主要目的是想让用户将 Google 眼镜戴出去，将街头巷内的日常生活都纳入这个生活实验室。”[29]

这个方法增加了设备的曝光度，使得潜在用户每天都会看到有人（并且极有可能是与自身相似的人）正在使用这个设备。这种“自然环境下”的实际使用，也可以帮助开发者发现一些设备在实用性和社交可接受度等方面的问题。

Google 眼镜的设计拥有自身的表现型特征，同时以模块化的方式与现有的眼镜相结合，使用户在总体美感方面有所发挥。眼镜的设计者 Isabelle Olsson 说：“Google 眼镜与普通眼镜在形式和功能上有所不同。我们在设计时使用了简化法，去除了所有在一个轻便、可变形的设计中所有不需要的部分。对于设计团队来说，最大的挑战是设计一种用户自定义的产品，就像人们走进一家眼镜店，店里有琳琅满目的商品供你挑选。按照这个想法，我们将 Google 眼镜模块化，因此人们可以根据自己的意愿进行选择和搭配，可以是太阳镜、近视或远视眼镜或仅仅一个镜框。Google 眼镜的核心之一就是不断变化。”[29]

因此，设计团队模仿手机等产品的设计策略，着重面向未来的审美，设计了一款时髦的设备，而不是现在眼镜设计所采取的复古审美。尽管这种模块化的设计使得设备可以与其他眼镜很好的兼容，但 Google 眼镜与现代眼镜流行趋势（大部分是复古风格）的审美还是存在冲突。设计者面临的挑战也是显而易见的：传统眼镜在审美方面的可变性明显高于第一代新技术产品。如果不能满足用户在选择和审美方面的需求，那么只能围绕一个审美需求，提供多种解决方案，解决审美单一的问题。在时尚引领者中推广 Google 眼镜，无疑可以增加它超越现有产品的胜算。事实上，历史中发生的重大审美变化，不是由于剧烈的社会变革，就是由于新科技的诞生。

除了静态美学之外，交互美学对Google眼镜社交可接受度的影响也不容忽视。用户可以通过语音指令或一些手势控制它。手势交互包括向上看（激活设备）、滑动耳朵前方的触摸板和按下右太阳穴位置的按键。这些动作表面上看都属于“自然手势”（或者可以被伪装成自然手势，比如调整眼镜），但是正如前文所述，有可能在某些环境中显得格格不入。在所有的动作交互中，歪头看上去最有可能与自然动作相混淆（在实际中也确实如此）：由于这个动作取决于头的角度，并且可以根据用户自身进行校准，因此用户本身必须在如下两个选项中做出决定：更醒目的头部动作（更大的转动角度）或是误开启（头部“自然”转动即可）。

与之相比，语音激活指令（“OK，Glass”）则很少在日常对话中出现。为了区分日常对话和语音激活指令，指令的设计必须是独一无二的。Lyons等人[30]提出了“双重目的语音”方案，日常对话中出现的词语也可以作为穿戴式系统的指令。他们给出了一个日程预约的例子，用户先激活一个“按下再说话”的按钮来解锁设备，然后按照自然语言的风格输入指令，例如“我暂定周二下午一点与你见面”。Starner认为“OK，Glass”这句话也可以明确地告诉他人，用户现在正在与Google眼镜进行交互。他说道：“最关键的一点是，与设备的交互过程必须是可见的，显示器安装在用户的右眼上方。使用过程是一种社交动作。当我说‘让我查找一下’时，实际是向上看显示器。当我进行搜索时，我可以说‘OK，Glass，Google……’，这可以明确地告诉附近的人我在进行网络搜索。想要拍照的时候，可以说‘OK，Glass，拍摄照片’或者按下设备顶部靠近相机的按钮，就像按下单反相机或者傻瓜相机的快门。这些动作都是社交动作，就像抬起手腕看手表上的时间一样。这些动作会暗示你正在和某个设备进行交互，并且可以将他们也带入这个交互情境中。当你在进行交互时，透明的显示器可以让交谈对象看到这个交互，至少可以让他有所察觉，这进一步地增强了他的代入感。其实，Google眼镜的交互并不是只存在于和用户之间，还存在于和用户处于同一个环境中的其他人。”[29]

相比于“私家侦探”设备（详见参考文献［5］），Google眼镜更有利于他人构建准确的心理模型，对设备的功能理解更充分，这种指令/动作与视觉反馈的结合也有助于形成准确的第一印象。

人们对设备的外表和功能的理解以及对用户穿戴设备的社会印象共同决定了人们会不会接受这样一个新设备如Google眼镜。Starner说道：“对这些设备的第一印象至关重要。除非潜在用户愿意尝试将设备戴在头上，否则交互的顺畅程度、功能强弱都无关紧要。当我讲解早期版本的设备时，只有50%的人愿意试用它，但Google眼镜出现后，这个数字飙升到99%。这是这个项目最成功的一面。”

Sony公司在Walkman上取得的成功是鲜有的自上而下式推广的成功案例。但是，Walkman更像一个便携式设备而不是穿戴式设备，二者在感受上有很大的差异（相比于便携式设备，穿戴式设备更突显身份和自我意识——谈到便携式设备时，人们常说“我拥有……”，而谈到穿戴式设备时变成了“我是……”）。与Sony公司类似，Google公司也有很大的社会影响力：Google这个品牌拥有足够大的知名度，有足够的能力说服时尚引领者使用其设备，（从某种程度上说）充满竞争力。

通过招募不同人群和社会阶层的名人和创新者，Google眼镜可以在日常生活中获得很高的曝光度。从理论上来说，假如相对优势已经足够明显，并且兼容度和复杂度符合用户的期望，那么设备的接纳程度应该会很高。如果这种方式没有获得成功，那么是什么阻碍了用户的选择就不明确了。作为一个下滴式的典型案例，Google眼镜比其他类似的产品定位更适合这种方式，已经得到了知名舆论引领者的认可和接纳（例如，2013年9月发行的《世界时尚》杂志将

Google 眼镜作为时尚配件进行了介绍）。目前判断 Google 眼镜是否能最终获得主流的追捧还言之过早，但是这个“生活实验室”将长期作为市场分析的一个典型案例被反复提及。

2.6　总结

由于缺乏审美设计，完全功能化和高效的设备常常被弃用，辅助设备更是如此[31]。穿戴式设备的可接受度和它的物理性质有很大关系，质量、体积和穿戴位置[32]都需要考虑到，以免在佩戴后引起使用不便、妨碍身体活动或者过分吸引不必要的关注等负面效应。

正如本章所述，社交可穿戴性是一个复杂、不断变化的问题，并在很多方面受心理学和社会学的影响。由于社会动态本质上的复杂性，很难为社交可穿戴性的高效设计列出一份综合准则。但是，在设计时需要考虑以下问题：

1）在什么样的情况下会穿戴设备/产生交互？时间有多长？

2）设备/交互需要什么资源？放置在哪些身体部位和使用哪些传感系统？是否干扰用户？

3）交互该怎么实现？佩戴在什么部位？设备可见性如何？

4）设备/交互与“自然交互”和现阶段审美的相同点和不同点是什么？

5）设备/交互在不同的人群中的接受度如何？有哪些机制可以用来调节接受过程？

尽管在决策过程中，新功能也许能够超过社交可穿戴性的影响，但是大部分案例表明，社会因素经常在决策过程中带来负面影响。更重要的是，可穿戴产品的社会本质和影响与其他类型的个人设备（包括手持设备和便携设备）不同（甚至影响更大）。从便携到穿戴，体现的是设备进入用户的私人感受空间。这种转变对穿戴式设备的采纳和使用影响极大，是一个成功的产品设计不容忽视的环节。

参考文献

[1] M.E. Roach-Higgins, J.B. Eicher, Dress and Identity, Cloth Text Res J vol. 10 (no. 4) (1992) 1–8.

[2] LE. Dunne, V Zhang, and L Terveen, “An Investigation of Contents and Use of the Home Wardrobe,” in Proceedings of the ACM Conference on Ubiquitous Computing, Pittsburgh, PA, 2012.

[3] B. Payne, G. Winakor, J. Farrell-Beck, The history of costume: from ancient Mesopotamia through the twentieth century, HarperCollins, New York, NY, 1992.

[4] M.R. DeLong, The way we look: dress and aesthetics, Fairchild Publications, New York, 1998.

[5] T Starner, B Rhodes, and J Weaver, “Everyday-use Wearable Computers,” Georgia Tech Technical Report Georgia Tech Technical Report, 1999.

[6] Q. Bell, On Human Finery, Allison & Busby, 1992.

[7] A. Toney, B. Mulley, B.H. Thomas, W. Piekarski, Social weight: designing to minimise the social consequences arising from technology use by the mobile professional, Pers Ubiquitous Comput vol. 7 (no. 5) (2003) 309–320.

[8] H. Adam, A.D. Galinsky, Enclothed cognition, J Exp Soc Psychol vol. 48 (no. 4) (2012) 918–925.

[9] M. Costa, M. Cropley, J. Griffith, A. Steptoe, Ambulatory Blood Pressure Monitoring Is Associated With Reduced Physical Activity During Everyday Life, Psychosom Med vol. 61 (no. 6) (1999) 806–811.

[10] E.M. Rogers, Diffusion of Innovations, fifth ed., Free Press, 2003.

[11] B. Vinken, Fashion zeitgeist: trends and cycles in the fashion system, Berg, Oxford; New York, 2005.

[12] A. Cholachatpinyo, I. Padgett, M. Crocker, B. Fletcher, A conceptual model of the fashion process – part 2: An empirical investigation of the micro-subjective level, J Fash Mark Manag vol. 6 (no. 1) (2002) 24–34.

[13] T. Veblen, The Theory of the Leisure Class: An Economic Study of Institutions, The Macmillan Company, New York, 1899.

[14] C. King, Fashion Adoption: A Rebuttal to the “Trickle Down” Theory, in: S. Greyser (Ed.), Toward Scientific Marketing, American Marketing Association, Chicago, 1963.

[15] I. Ajzen, The theory of planned behavior, Organ Behav Hum Decis Process vol. 50 (no. 2) (1991) 179–211.

[16] F.D. Davis, "A technology acceptance model for empirically testing new end-user information systems: theory and results," Thesis, Massachusetts Institute of Technology, 1985.

[17] Y. Malhotra and D.F. Galletta, "Extending the technology acceptance model to account for social influence: theoretical bases and empirical validation," in Proceedings of the 32nd Annual Hawaii International Conference on Systems Sciences, 1999. HICSS-32, 1999, vol. Track1, p. 14.

[18] H. Manabe, M. Fukumoto, and T. Yagi, "Conductive rubber electrodes for earphone-based eye gesture input interface," in Proceedings of the 17th annual international symposium on International symposium on wearable computers, New York, NY, USA, 2013, pp. 33–40.

[19] H.P. Profita, J. Clawson, S. Gilliland, C. Zeagler, T. Starner, J. Budd, and E.Y.L Do," Don't mind me touching my wrist: a case study of interacting with on-body technology in public," in Proceedings of the 17th annual international symposium on International symposium on wearable computers, New York, NY, USA, 2013, pp. 89–96.

[20] G. McAtamney and C. Parker, "An examination of the effects of a wearable display on informal face-to-face communication," in Proceedings of the SIGCHI Conference on Human Factors in Computing Systems, New York, NY, USA, 2006, pp. 45–54.

[21] N. Komor, S. Gilliland, J. Clawson, M. Bhardwaj, M. Garg, C. Zeagler, and T. Starner, "Is It Gropable?-Assessing the Impact of Mobility on Textile Interfaces," in Proceedings of the 2009 International Symposium on Wearable Computers, Washington, DC, USA, 2009, pp. 71–74.

[22] S. Gilliland, C. Zeagler, H. Profita, and T. Starner, "Textile Interfaces: Embroidered Jog-Wheel, Beaded Tilt Sensor, Twisted Pair Ribbon, and Sound Sequins," in 2012 16th International Symposium on Wearable Computers, Los Alamitos, CA, USA, 2012, vol. 0, pp. 60–63.

[23] J. Craik, The face of fashion: cultural studies in fashion, Routledge, London; New York, 1994.

[24] S.W. Campbell, Perceptions of Mobile Phone Use in Public Settings: A Cross-Cultural Comparison, Int J Commun vol. 1 (no. 1) (2007) 20.

[25] E. Goffman, The presentation of self in everyday life, Peter Smith Publisher, Inc., 1999.

[26] D. Ashbrook and T. Starner," MAGIC: a motion gesture design tool," in Proceedings of the SIGCHI Conference on Human Factors in Computing Systems, New York, NY, USA, 2010, pp. 2159–2168.

[27] T. Karrer, M. Wittenhagen, F. Heller, and J. Borchers, "Pinstripe: eyes-free continuous input anywhere on interactive clothing," in Adjunct proceedings of the 23nd annual ACM symposium on User interface software and technology, New York, NY, USA, 2010, pp. 429–430.

[28] P. Du Gay, Doing cultural studies: the story of the Sony Walkman, Sage, in association with The Open University, London; Thousand Oaks [Calif], 1997.

[29] T. Starner, I. Olsson, Design and development of Google Glass (2013).

[30] K. Lyons, C. Skeels, T. Starner, C. M. Snoeck, B. A. Wong, and D. Ashbrook, "Augmenting conversations using dual-purpose speech," in Proceedings of the 17th annual ACM symposium on User interface software and technology, New York, NY, USA, 2004, pp. 237–246.

[31] A. Kintsch and R. Depaula, "A framework for the adoption of Assistive Technology," in ASSETS 2002, 2002, pp. 1–10.

[32] F. Gemperle, C. Kasabach, J. Stivoric, M. Bauer, and R. Martin, "Design for wearability," in Proceedings of the Second International Symposium on Wearable Computers, Pittsburgh, PA, USA, 1998, pp. 116–122.

第3章 穿戴式触觉装置

3.1 简介

近几十年触觉领域的研究快速发展，由于触觉能在虚拟环境中为用户提供更为细腻微妙的信息，触觉交互已被视为人机交互中极具前景的方式。在身体康复或远程操纵机器人系统等应用中，触觉反馈能够提供直观有用的信息，从而丰富用户对力和运动的感知。

“触觉”一词来自希腊语“haptikos”，它与触摸的感觉相关[1]。在现实环境中，人们十分依赖触觉，它能让人们了解物体的特征，人们也能利用触觉信息控制和操作它们。触觉反馈系统的目标是帮助用户感知物理特性，与虚拟或远程环境交互，并能直观地远程操纵物体。

人们利用分布于体表的成千上万个机械感受器产生触觉，并利用这些触觉信息确定物体的属性[2]。研究人员已经证实不同的机械感受器共同协作，能够产生不同的皮肤感受[3]。通过对感受器施加振动或/和形变，能够产生多种触觉感受。机械感受器表现为快速适应（rapidly adapting，RA）和缓慢适应（slowly adapting，SA）两种反应特性。RA 和 SA 又各自包含两个小类：RA Ⅰ（迈斯纳小体）和 RA Ⅱ（环层小体）；SA Ⅰ（默克尔细胞）和 SA Ⅱ（鲁菲尼末梢）。这 4 种主要的机械感受器能够检测并提供物体的触碰、压力、频率、滑动和纹理等信息。

3.2 穿戴式触觉装置的必要性

接触并产生触觉信息是完成控制操作所必需的。根据其工作是否依赖接触地面的情况，触觉反馈系统可分为 3 类[4]：触地型、非触地型和可穿戴型。触地型触觉反馈系统能随时提供质量和三维受力信息。PHANToM 是市面上使用最广泛的触觉装置之一[5]。它有一个将配重和后驱机械臂连接的串行连杆结构，能在装置末端沿多个轴施加力和转矩。Sato 等人开发了一系列线驱动触觉装置（SPIDAR 系列）[6-8]，如 SPIDAR-G，它有 7 个自由度（degrees of freedom，DOF）的力反馈：3 个自由度用于平移，3 个自由度用于旋转，还有一个自由度用于抓握。该装置能提供平滑顺畅的力反馈，惯性小、无反冲，具有很高的灵活性和安全性。Arata 等人开发了一套能施加三轴力控制的触觉装置（DELTA-4）[9]。其平行连杆机构使其具有很强的刚性。在机器人领域已经发展出多种触觉反馈方式，用于远程操控系统[10-13]。这些装置以简化的设计提供了强大的触觉反馈，由于它们固定于静态物体或地面上，它们自身的质量无关紧要。然而，与虚拟环境的触觉交互仅限于小型工作区域。非触地型触觉反馈系统利用反作用力原理，能在不触地的情况下产生线动量或角动量[14-16]，从而使装置具有可移动性或可穿戴性。遗憾的是，这样的装置不能产生较大的力，在多个方向上产生并维持一定强度的力也存在一些问题。

穿戴式触觉设备相比触地型触觉反馈系统更具灵活性，并适用于更大的工作区域。鉴于计算核心从桌面计算机变成了移动平台，我们需要为移动操作系统开发新的计算机接口和人机交互工具。穿戴式传感器系统能够随时随地监测用户[17-19]，而穿戴式触觉设备可以成为反馈系统的一部分。由于全身的皮肤都能感知触觉刺激，触觉可以更容易引起用户的注意力[20]。为了保障直观的感觉，将设备绑定在用户身上是一种理想的方式，因为放置在贴近用户皮肤或/和靠近关节的地方能够提供更直接的触觉反馈。

穿戴式触觉和触觉反馈发展中的技术可分为 3 类：力反馈、振动-触觉反馈和电触觉反馈。力反馈产生运动感知的刺激，振动-触觉反馈更关注触觉，电触觉反馈会影响人体皮肤的导电性从而产生触觉。

3.3 穿戴式触觉反馈装置的分类

3.3.1 力反馈装置

带有力反馈功能的穿戴式触觉反馈系统（穿戴式设备）有两种：外骨骼设备（机械化服装）和指尖设备。外骨骼设备基于多种力觉反馈允许用户操控虚拟物体。对于手指和手来说，手套外形的外骨骼是一种简单可行的设计方案。

Immersion 公司的 CyberGrasp[21]是一套商用外骨骼系统。它有 4 个手指，并能通过线缆驱动固定在用户手背上的外骨骼结构，在不同的指骨上进行力反馈。SPIDAR-8[22]是一套双手多指触觉交互设备，有 8 个用线与指尖相连的部件，通过改变每条线的张力将力反馈给用户，并能计算每个手指的三维位置。HapticGEAR 也采用线的张力机制反馈力度，但用户通过与背包型结构相连的笔形手柄尖端感受力，从而将穿戴者的疲劳程度降到最低[23]。Rutgers Master Ⅱ[24]是一套小型轻便的系统，包含 4 个放置于手掌的小气缸，分别与 4 个指尖相连。其不需要根据手指大小进行个性化配置，而且校准十分简单。Telexistence 驾驶舱系统[25]通过在操作者手腕上施加多自由度的力来反馈重力。Yang 等人提出了一种可以戴在人类手臂上的七自由度的触觉设备，操作时需要机械连接/关节与人体骨骼/关节[26]的配合。Kobayashi 等人开发了一种叫作 ExoPhalanx 的两指触觉装置，其主体触地，将力施加于操作者拇指的第一指节和中指的第三指节[27]，通过与用户各手指相连的伺服电动机提供触觉和视觉反馈。

外骨骼的首要问题是要为每个用户单独校准。考虑到现有材料和执行器的强度-质量比和功率-质量比，指尖设备相比外骨骼可能是更好的解决方案[28]。目前已经涌现出许多安装在指尖的手指交互设备[29-31]。例如，Gosselin 等人提出了一种可穿戴触觉交互接口，可用于大型环境中手指精准交互的虚拟现实应用[32]。Aoki 等人开发了一种安装于指尖的触觉装置，可以在现实环境中用导线产生皮肤触感[33]。Minamizawa 等人将多点触觉反馈集成到了一种有单点反馈的无驱动装置中[34]。Kawasaki 等人开发了一种手部触觉交互装置，用于在虚拟现实环境中实现触诊。该装置包含手指压力反馈和 3D 指尖触觉反馈两部分[35]。Chinello 等人开发了一种小型轻便的穿戴式触觉反馈装置，可以再现指尖的多种接触力刺激[36]。Ando 等人开发了一种安装于指甲的触觉反馈装置，能在用户触摸光滑物体时感觉不同的纹理[37]。

安装于指尖的装置的复杂性、尺寸、重量都远低于外骨骼，但它们仍然具备运动学、触觉等大多数交互能力。然而，由于没有力反馈于指骨，所以只能有效模拟精准的抓握。

3.3.2 振动-触觉反馈装置

振动是皮肤触觉反馈中模拟触觉常用的触觉技术。基于振动-触觉反馈的触觉反馈装置易于实现并能提供准确的触感。这种反馈对于视力受限的用户来说是一种有用的工具。Konyo 等人提出了一种可穿戴刺激装置，利用离子导电聚合物凝胶膜（Ionic Conducting Polymer gel Film，ICPF）作为执行器，可以根据手部运动对皮肤产生多种分布式刺激[38]。Kevin 等人开发了一套穿戴式无线触觉钢琴教学系统，在一双手套中安装 5 个小振动电动机（分别对应 5 个手指）[39]。Kapur 等人开发了一套利用振动-触觉反馈帮助中风患者的康复系统[40]。Phong 和 Chellali 提出，振动-触觉信息可分为连续振动-触觉反馈和调频振动-触觉（frequency-modulation-based vibro-tactile，FMBV）反馈[41]。Garcia-Hernandez 等人利用便携式可穿戴触觉设备评估了受试者利用触觉分辨小型虚拟沟壑的能力[42]。Ding 等人开发的可穿戴接口系统能够复制并学习人类动作，他们还提出了一种利用多模反馈机制的“人到人”的动作复制方法[43]。

振动-触觉反馈的使用已经延伸到许多应用中。虚拟触觉反馈的研究已经开始考虑不同人的振动敏感性差异，并对皮肤中的机械感受器加入精心设计的振动模式[44-46]。然而在运动状态下，振动电动机产生的运动触觉很可能被人体自身的运动所覆盖[47]。

3.3.3　电触觉反馈装置

电触觉刺激通过在表面电极输出电流使皮肤产生触觉。尽管电触觉反馈装置要求表面电极与人体皮肤直接接触，但小型的柔性电极已经商品化。

Kajimoto 等人研究了多种电触觉反馈方法，包括集成了电触觉-动觉的触觉接口（用于灵活操控）[48]，有重复电极结构的电触觉反馈系统（用于增强反馈）[49]和使用脉宽调制实时控制阻抗的电触觉反馈装置[50]。Lee 和 Starner 提出了一种设计，将纺织材料的电触觉反馈装置集成于腕带中，并与现有的手机和可穿戴计算机通信[51]。Tamaki 等人开发了 PossessedHand 系统，通过对前臂上的肌肉施加电刺激从而控制用户的手指[52]。

表面电极有时候会引起疼痛，因此在电触觉反馈的设计中，将用户的感受保持在一个舒适程度极具挑战[53]。

3.4　基于指尖操控的质量和摩擦反馈

3.4.1　指腹操控触觉

研究人员已经做过关于产生触觉的研究，其方法是基于指腹通过在皮肤上施加滑动/剪切力来刺激体表机械感受器。Lee 等人发明了一种新的反馈方式，按压针脚从而在用户手指上产生压力[54]。研究发现，该设备能模仿一些物体的形状和图案，并能让人成功分辨出来。Webster 等人提出了一种将滑动反馈和力反馈结合起来的触觉反馈设备[55]。Chen 等人开发了一套剪切/滑动反馈装置，其通过不同的旋转速度产生不同的纹理感觉[56]。Minamizawa 等人提出了一种穿戴式触觉反馈装置，通过指腹操作使虚拟物体产生逼真的重量感[57]。Yokota 等人通过改变静电仪器上滑动薄膜和用户手指之间的距离使用户体验到柔软的感觉[58]。Bark 等人开发了一套穿戴式触觉反馈装置，使皮肤旋转拉伸从而产生运动反馈[59]。Tsukada 和 Yasumura 开发了一款名为 ActiveBelt 的可穿戴接口，使用户能通过触觉获得多方向信息[60]。Damian 等人开发了一套单执行器的穿戴式触觉装置，其利用抓握力和滑动速度等多个参数传递多模态触觉信息[61]。

尽管相比于振动反馈和电反馈，普遍认为皮肤拉伸使皮肤产生的物理形变能产生更直接的感觉，但这些基于特定控制策略的设备会使人产生相对触觉（例如比默认设定更重/更轻或更粗糙/光滑）。目标物体的质量和粗糙程度等参数需要复杂的控制策略才能反馈给用户。Kurita 等人克服了这一困难，利用两指提重物时指尖的形变使人产生了重量和摩擦的感觉[62]。他们的装置有三个显著的特性：第一个特点是可穿戴性，其所占用的空间极小，用户可以用大拇指和食指夹住该装置，装置固定于用户指骨，其与用户指尖接触的区域通过一个滑片控制；第二个特点是该装置没有使用力传感器，而是用一个小型内置摄像头判断透明滑片与指尖的接触区域，并评估反馈是否恰当（见图 3-1）；第三个特点是该装置能利用偏心率反馈任意的重力和摩擦力。偏心率被用作接触区域形变的定量指标，其与皮肤形变的数学关系可通过已知的材料参数、施加在接触区域的法向力和切向力以及摩擦系数等确定[63]。

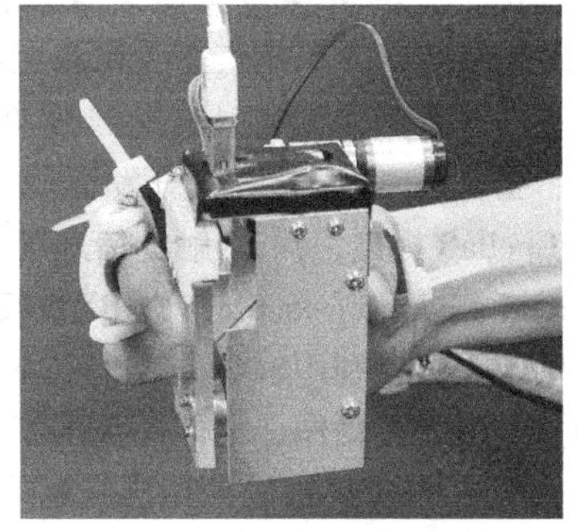

图 3-1　可穿戴质量和摩擦反馈装置

3.4.2　接触区域的形变

弹性球体和刚性平面的接触叫作赫兹接触（Hertzian contact）。图 3-2 给出了施加一个法向力 f_g（纵向）和一个切向力 f_l（横向）时其接触情况的示意图。在此例中，由于弹性物体的形变，两者产生了相对位移（见图 3-2 中的 δ），δ 的解析式为

$$\delta=\frac{3\mu f_g}{16a}\frac{2-\nu}{G}\left[1-\left(1-\frac{f_l}{\mu f_g}\right)^{\frac{2}{3}}\right]\cdots \tag{3-1}$$

式中，$a=\left(\frac{3f_gR}{2E}\right)^{\frac{1}{3}}$ 为接触面的半径，E 为弹性物体的等效杨氏模量，R 为弹性物体的半径；$G=\frac{E}{2(1+\nu)}$；μ 为接触面的摩擦系数；ν 为弹性物体的泊松系数。

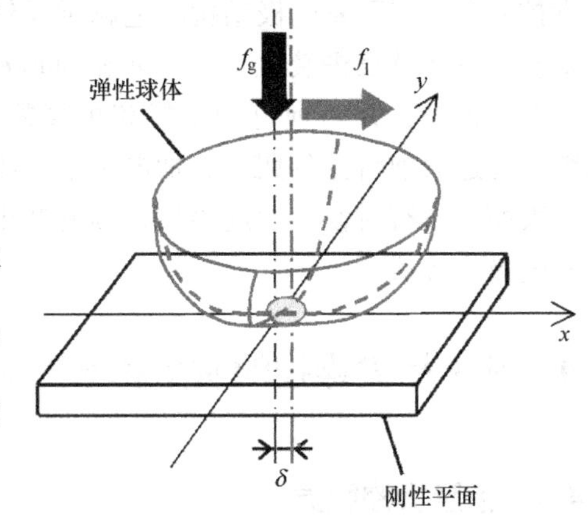

图 3-2　弹性球体在接触时的形变

变量 f_l 和 μ 分别为物体的质量和物体被握住时接触面的静摩擦力。这说明质量和摩擦的触觉可以通过相对位移 δ 产生，而 δ 能够由默认的接触面中心和形变时中心之间的距离计算得到。但是，用低分辨率的摄像头很难精确测量相对位移，因为指间形变产生的位移非常小。在本研究中，偏心率[63,64]被用作弹性物体形变的一个指标，计算偏心率比直接测量位移简单，因为其取决于弹性物体与刚性平面的接触面积。

如图 3-3 所示，接触面可以分为四部分。其沿 y 方向的形变 S_y 为

$$S_y=(S_3+S_4)-(S_1+S_2)\cdots \tag{3-2}$$

式中，S_1、S_2、S_3 和 S_4 分别代表各部分的面积。y 方向的离心力 e_y 为

$$e_y=\frac{S_{ty}}{S_t}-\frac{S_{sy}}{S_s}\cdots \tag{3-3}$$

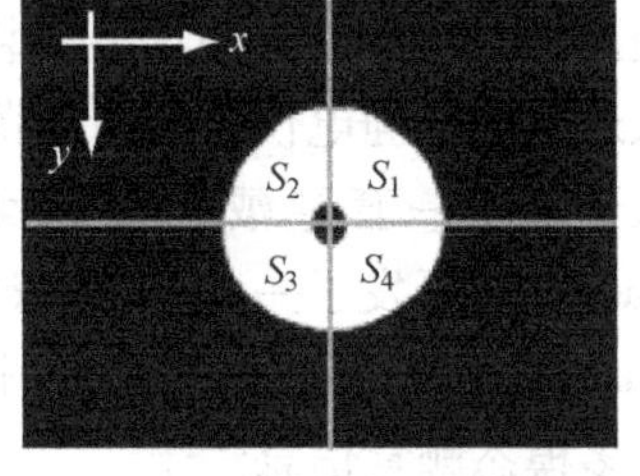

图 3-3　接触面的分离示意图

式中，S_s 和 S_t 分别为所有接触面积；S_{sy} 和 S_{ty} 分别为牵引力施加前后的中心位置；偏心率是一个由接触面积归一化后的无量纲值。

当 $\frac{\delta}{a} \ll 1$ 时，可得

$$e_y \approx \frac{4\delta}{\pi a} \cdots \tag{3-4}$$

将式（3-1）代入式（3-4）可得到沿 y 轴的偏心率为

$$e_y = K\mu f_g^{\frac{1}{3}}\left[1-\left(1-\frac{f_1}{\mu f_g}\right)^{\frac{2}{3}}\right] \cdots \tag{3-5}$$

$$K=\frac{1}{\pi}(2-\nu)(1+\nu)\left(\frac{3}{2ER^2}\right)^{\frac{1}{3}} \cdots \tag{3-6}$$

当物体被提起时，f_1 和 μ 分别为物体的质量和摩擦系数。这说明质量和摩擦的触觉可通过测量和控制 e_y 来替代 δ。图 3-4 解释了当图 3-4a 中的物体质量由 50g 逐渐增加到 500g 以及图 3-4b 中的摩擦系数从 0.4 逐渐增加到 1.8 时，偏心率的变化。质量对偏心率的影响相对较大，在开始（t<0.1s）即可观察到质量对偏心率的影响差别。摩擦系数对偏心率的影响比质量小，偏心率的差异出现较晚（在 t 约为 0.3s 时），并且在摩擦系数减小时偏心率增大。

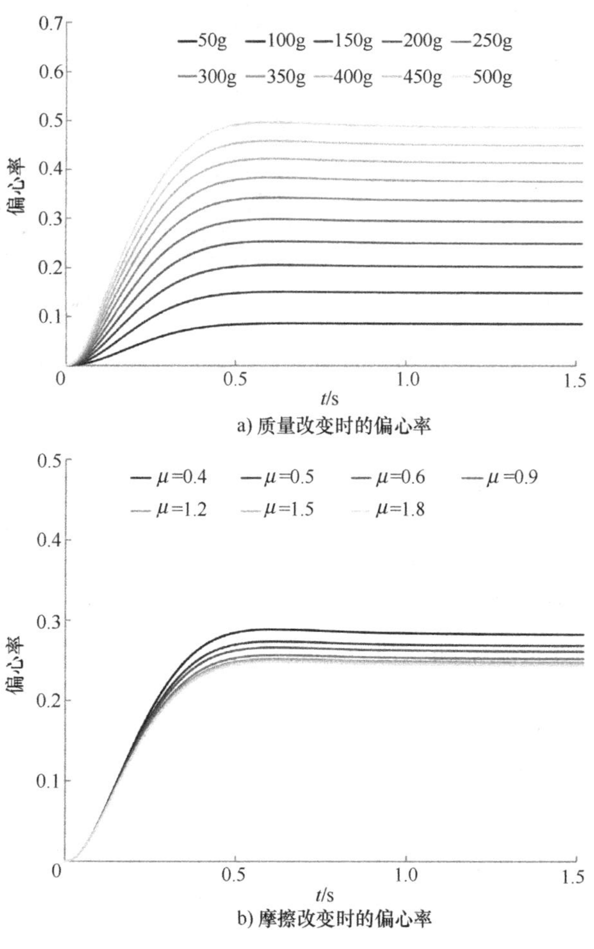

a) 质量改变时的偏心率

b) 摩擦改变时的偏心率

图 3-4　偏心率变化

3.4.3 质量和摩擦反馈

目前已有团队开发出一套触觉反馈样机，其通过控制用户指尖接触面的偏心率重现重量感和摩擦感。该设备包括一块透明的亚克力薄片、一个驱动亚克力薄片的电动机以及一个捕捉接触画面的摄像头。

图 3-1 和图 3-5 分别给出了该装置的实物图和工作原理示意图。装置整体质量为 210g。用户将大拇指和食指插入与装置相连的圆环中并捏紧，使食指紧贴透明薄片的中心。用户的手固定于装置主体，大拇指中节指骨、食指中节指骨和近端指骨用塑料带固定。摄像头以 60fps 的速度捕捉接触面画面。对捕捉的画面进行形态学图像平滑处理，并将接触面做二值化处理，得到图 3-6 所示的二值化图像。偏心率由接触面的轮廓计算得到。

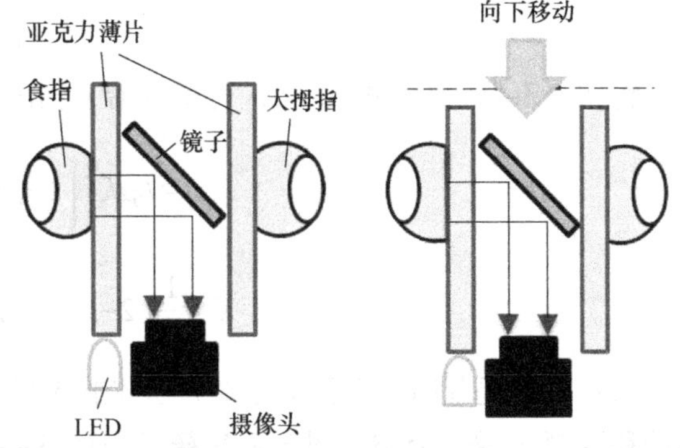

图 3-5 工作原理示意图

图 3-6 摄像头捕捉到的画面（左）和最终的接触面（右）

执行器通过控制电动机转矩得到期望的偏心率。图 3-7 所示为目标物体质量和摩擦系数分别为（m,μ）=（100,1.0），（200,1.0），（300,1.0）时偏心率的期望值与测量值。由图可见，偏心率的反馈性能十分出色。

为了验证该样机的功能，研究人员在 10 名 22~24 岁的健康人中做了 3 次质量反馈和摩擦反馈的评估实验。质量-摩擦反馈装置与受试者的惯用手相连，惯用手放置在桌面上，并保持躯干和非惯用手放松。然后，受试者将该装置在 2s 内抬升 200mm。升降动作完成后，研究人员将装置从受试者手上取下，随后受试者被要求随意地上下移动测试物体。在质量反馈测试中，反馈的质量分别为 m=100g、200g、300g。当测试物体的质量比装置本身重时，执行器将受试者捏住的薄片向下移动；当测试物体的质量比装置本身轻时，执行器将薄片向上移动。通过在反馈装置与指尖

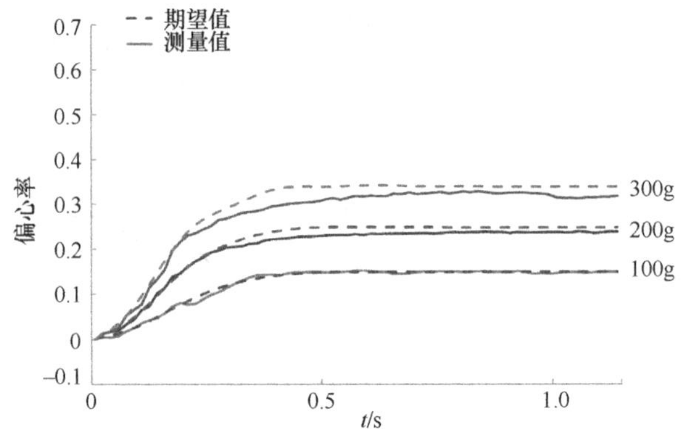

图 3-7 偏心率的期望值与测量值

的接触面上涂抹润滑油，使其粗糙度固定不变，摩擦系数为 $\mu=0.9$。受试者可以通过在物体盒中加砝码将测试物体的质量增加至 50g、100g、150g、200g、250g、300g、350g、400g。测试物体的表面纹理与反馈装置的纹理一致，同时受试者被要求选择他们认为与设备反馈相同的质量。在摩擦反馈测试中，反馈的摩擦系数分别为 $\mu=0.6$、0.9 和 1.2，反馈装置的质量保持 200g 不变。测试物体的质量与反馈装置相同。受试者可以根据反馈的摩擦系数值更换与指尖接触的薄片从而使测试物体的摩擦系数分别为 $\mu=0.4$、0.6、0.9、1.2、1.7。随后受试者被要求选择他们认为与设备反馈相同的摩擦系数。图 3-8 和图 3-9 分别描述了质量反馈和摩擦反馈测试中受试者的测试结果。实验结果表明该样机成功地向受试者反馈了重量感和摩擦感。当然，实验中也发现了设备反馈的感觉与用户真实的主观感受之间的差距。通过测量力的大小并配置偏心率等参数有望提高质量和摩擦反馈的范围，提高精度，给用户提供更精密的模型和设备。

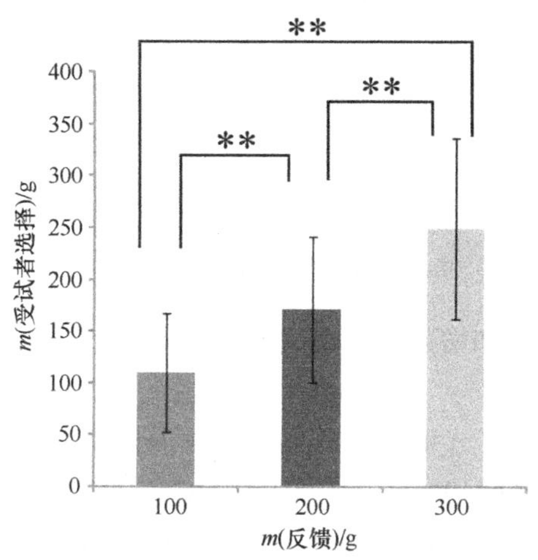

图 3-8　质量反馈测试结果

注：Steel-Dwass 检验的结果显示在所有的实验组间均有显著差异（**：$p<0.01$）。

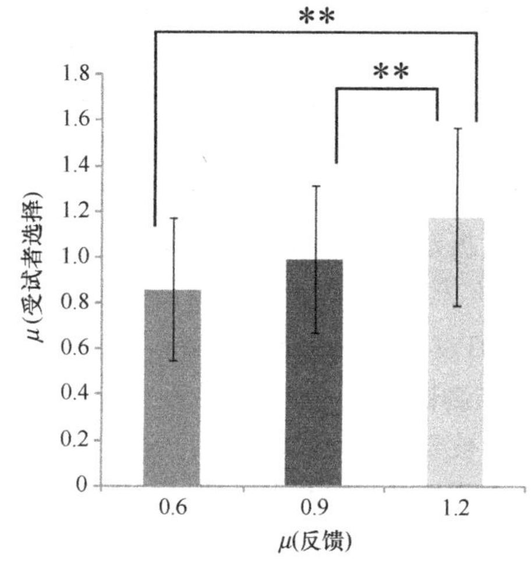

图 3-9　摩擦反馈测试结果

注：Steel-Dwass 检验的结果显示 $\mu=0.6$ 和 $\mu=1.2$，$\mu=0.9$ 和 $\mu=1.2$ 的结果有显著差异（**：$p<0.01$）。

3.5　可穿戴运动感知增强器

3.5.1　触觉感知能力的改进可增强电动机性能

提高触觉感知能力有助于增强运动性能。因此，可以用指尖穿戴型装置提高电动机性能，帮助工人完成高精度的手工操作任务。

Mascaro 和 Asada 开发了一套指夹式光电容积脉搏波描记传感器，记录血量的二维变化，并根据传感器的数据估算出法向力、横向剪切力、纵向剪切力和弯曲角度等[65]。Provancher 和 Sylvester 发现感知到的摩擦力可由传统的力反馈加上额外皮肤拉伸获得[66]。Tanaka等人开发了一个叫作触觉指甲芯片的触觉装置，可安装在指甲上并使其产生形变，从而使人产生触觉[67]。Jeong 等人指出，当在皮肤表面施加切向振动时，振动感会发生变化[68]。Remano 等人开发了一种 SlipGlove 设备，能提供手套和接触面间与滑动相关的触觉反馈[69]。

一些研究人员还指出，随机共振会提高脚、手和手指对触觉的敏感程度[70-73]。众所周知，提高触觉敏感度会影响人类的运动感知功能[74-75]。Kurita 等人报道了一种名为运动感知增强器的可穿戴装置，该装置可提高指间的触觉敏感程度。其有两个重要的特性[76]：一是使用了层叠式压电作动器，能在很小的空间产生高频振动；二是该设计解放了手掌，仅需指尖，提高了其灵活性。

3.5.2 一种基于随机共振效应的可穿戴运动感知增强器

图 3-10 所示为一套指尖型可穿戴运动感知增强器样机。在该装置中，锆钛酸铅（lead zirconate titanate，PZT）层叠式压电作动器与指套相连，作动器可产生白噪声振动，振动可传递至指腹周围的触觉感受器。

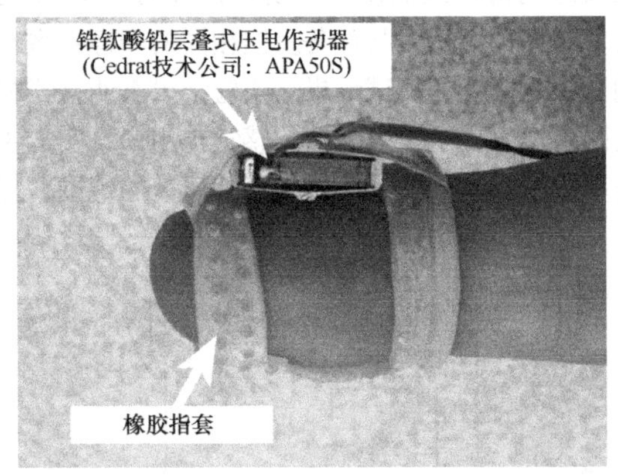

图 3-10 指尖型可穿戴运动感知增强器样机

研究人员对 11 名 24~28 岁的健康受试者进行了 4 次实验。每个受试者对振动感知的阈值在实验开始前已经测量得到。他们都被要求在信号幅度发生改变时说明与作动器接触点的振动感，感觉不到的最大幅值记录为其阈值。在随后的实验中，分别在装置无振动和产生 5 组不同幅度振动的情况（分别为阈值的 50%、75%、100%、125%、150%，分别用 0.5T、0.75T、1.0T、1.25T、1.5T 表示）下进行测试。运动感知增强器与受试者的食指相连。

1. 两点测试

受试者被要求将与运动感知增强器相连的手放在桌子上并闭上眼睛。如图 3-11 所示，实验员将一个测量圆规的两个尖端轻轻地压在每个受试者的指腹。一旦受试者感觉到两个针尖要立即报告。每一种振动条件下改变两个针尖之间的距离，对距离逐渐增大和逐渐减小各进行两次测试（即共 4 次测试），并取平均值。距离改变的间隔 T 为 0.5mm。每组实验测得的距离都以无振动对照组测得的平均距离为基准进行归一化处理。图 3-12 为所有实验结果，可以看出 5 组实验组的平均距离都比无振动组近。Dunnett 检验显示 0.75T(p<0.01) 和 1.0T(p<0.01) 实验组与无振动组相比有明显区别。

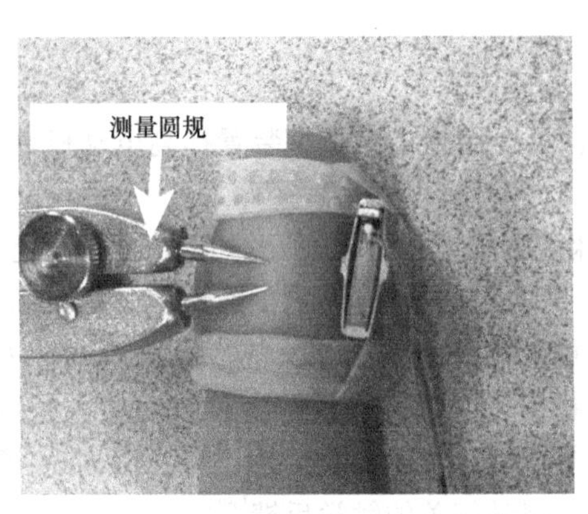

图 3-11 两点测试：一个测量圆规轻轻地压在指腹

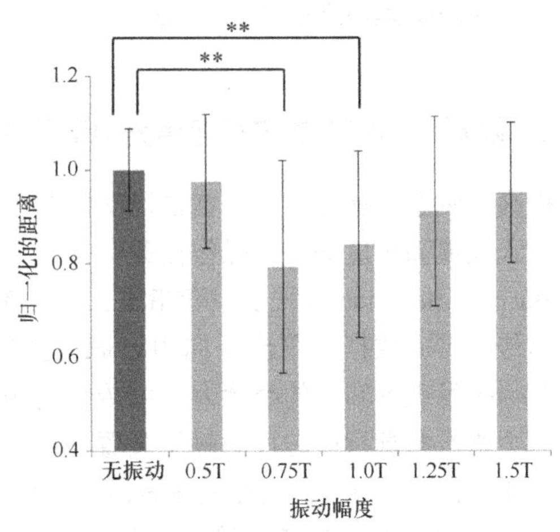

图 3-12 两点测试的结果：5 组实验组的平均距离都比无振动组近

2. 单点触摸测试

受试者被要求将与运动感知增强器相连的手放在桌子上并闭上眼睛。实验员将单根钢丝压在受试者的指尖和指腹，直到钢丝弯曲并保持一段时间，然后移除钢丝。受试者需要在感觉到钢丝接触时立即报告。在每一种振动条件下改变钢丝的质量，对质量逐渐增大和逐渐减小各进行两次测试（即共 4 次测试），取平均值作为每次实验的结果。实验中共使用了 5 种 Semmes-Weinstein 钢丝（触摸测试敏感鉴别器：0.008g、0.02g、0.04g、0.07g、0.1g）作为刺激。实验组测得的质量以无振动对照组测得的平均质量为基准进行归一化处理。图 3-13 所示为该实验结果，数值越小说明触觉敏感度越高。结果显示 5 组实验组的力都比无振动组要小，Dunnett 检验的结果也证实了这一点，0.5T（$p<0.01$）、0.75T（$p<0.01$）和 1.0T（$p<0.01$）实验组与无振动组有明显差别。

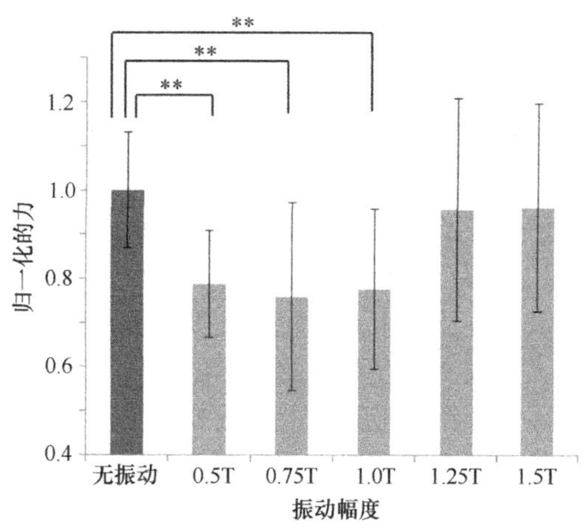

图 3-13　单点测试结果：5 组实验组的力都比无振动组小

3. 主动传感测试：纹理识别

受试者需要触摸 9 张砂纸，其粗糙程度分别为 CAMI 粒度#40、#80、#120、#150、#180、#220、#240、#280 和 #320，然后找出另一面与砂纸粗糙程度相同的一张测试砂纸。所有砂纸固定在一块塑料板上，受试者只能摸不能看。塑料板另一面有一张测试砂纸，其粒度与九张砂纸中的一张相同。图 3-14 所示为该实验的结果。正确率越高代表触觉敏感度越好。从图中可以看出，所有实验组的平均正确率都比无振动组高。Dunnett 检验也表明 0.5T（$p<0.05$）和 1.0T（$p<0.05$）实验组与无振动组有明显差别。

4. 电动机抓取测试——最小抓力

受试者需要捏住一个 140g 的物体并保持 3s，在此过程中尽量以最小的力使物体不滑动。实验组测得的力以无振动组为基准进行归一化处理。图 3-15 所示为该实验的结果。力越小说明电

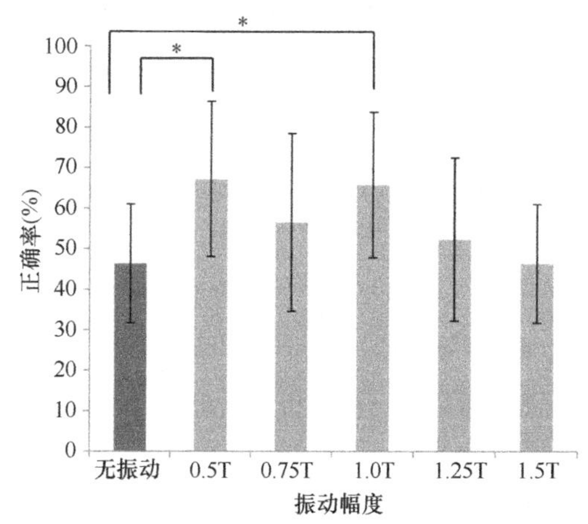

图 3-14　纹理识别测试：所有实验组的平均正确率都比无振动组高

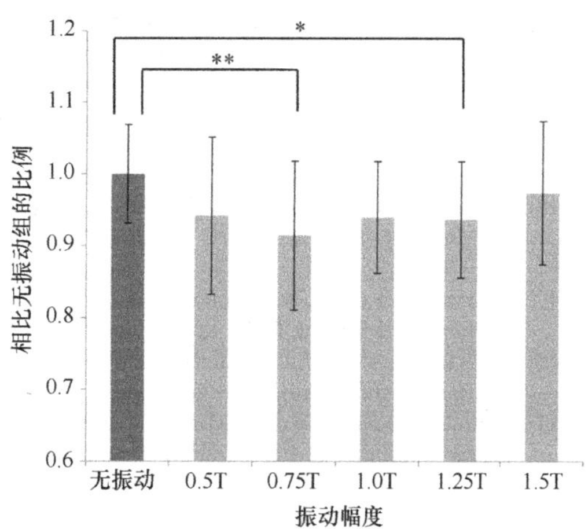

图 3-15　抓取测试：所有实验组的结果都比无振动组好

动机在抓握方面的性能越好。所有实验组的结果都比无振动组好。Dunnett 检验也显示 0.75T（$p<0.01$）和 1.25T（$p<0.05$）的结果与无振动组有明显差别。

3.6 总结

触觉反馈是一种极具前景的人机交互工具，能在虚拟环境中为用户提供精准的信息。人类利用分布在手上的机械感受器产生的触觉信息来判断物体的属性。对机械感受器施加振动或使其形变能产生多种触觉反馈。提高触觉感受能力有助于提升电动机性能。这些装置可帮助工人完成高精度要求的手工操作任务。

本章介绍了最先进的穿戴式触觉反馈装置，并介绍了许多已经开发出来有助于提升电动机性能的可穿戴装置。本章着重介绍了两项研究。第一项研究致力于解决基于指尖形变的质量和摩擦反馈中的难题。该研究考虑了只有指尖参与的操作，但重量感的产生不仅仅只用到指尖中的触觉感受器，还有全身肌肉和肌腱的参与。因此，更深入地研究人类对质量和摩擦感知的特性，更详细地解释触觉对其他类型电动机性能的影响很有必要。第二项研究介绍了一种可穿戴运动感知增强器，可以提高人类指尖触觉敏感度。人们渴望指尖可穿戴设备的发展，以帮助人们更好地工作，比如肿瘤触诊、微小物体处理、产品纹理设计和高精度手工装配等。这一领域的持续研究甚至可能催生出新的设备类型，帮助外周神经系统损伤的患者更可靠地使用双手，完成生活和工作中的日常活动。

作者希望本章对所有对穿戴式触觉装置感兴趣的人都有所帮助。

参考文献

[1] M.C. Lin, M.A. Otaduy, Sensation-preserving haptic rendering, IEEE. Comput. Graph. Appl. 25 (4) (2005) 8–11.
[2] R.S. Johansson, A.B. Vallbo, Spatial properties of the population of mechanoreceptive units in the glabrous skin of the human hand, Brain. Res. 184 (2) (1980) 353–366.
[3] S.A. Wall, S. Brewster, Sensory substitution using tactile pin arrays: human factors, technology and applications, Signal Processing 86 (12) (2006) 3674–3695.
[4] S.J. Biggs, M.A. Srinivasan, Haptic interfaces, in: K.M. Stanney (Ed.), Handbook of Virtual Environments, Lawrence Erlbaum Associates, 2002, pp. 93–115.
[5] T.H. Massie, J.K. Salisbury, The phantom haptic interface: a device for probing virtual objects, Symp. Haptic Interfaces Virtual Environ. Teleoperator Syst. 55 (1) (1994) 295–301.
[6] M. Sato, Y. Hirata, H. Kawarada, Rotating shape modeling with SPIDAR, J. Rob Mechatron. 4 (1) (1992) 31–38.
[7] S. Kim, S. Hasegawa, Y. Koike, M. Sato, Tension based 7-dof force feedback device: Spidar-G, IEEE Virtual Real. Conf. (2002) 283–284.
[8] J. Murayama, Y. Luo, K. Akahane, S. Hasegawa, M. Sato, 2004. A haptic interface for two-handed 6DOF manipulation-SPIDAR G&G system. IEICE Transactions on Information and Systems E87-D(6), 1415–1421.
[9] J. Arata, H. Kondo, M. Sagaguchi, H. Fujimoto, Development of a haptic device delta-4 using parallel link mechanism, IEEE Int. Conf. Rob. Autom. (2009) 294–300.
[10] Z. Zhang, T. Chen, Study on the control of 6-DOF manipulators system with force feedback, Int. Conf. Intell. Comput. Technol. Autom. 1 (2008) 498–502.
[11] T. Endo, H. Kawasaki, T. Mouri, Five-fingered haptic interface robot: HIRO III, EuroHaptics Conf. Symp. Haptic Interfaces Virtual Environ. Teleoperator Syst. (2009) 458–463.
[12] P. Berkelman, M. Dzadovsky, Extending the motion ranges of magnetic levitation for haptic interaction, EuroHaptics Conf. Symp. Haptic Interfaces Virtual Environ. Teleoperator Syst. (2009) 517–522.
[13] T. Endo, T. Kanno, M. Kobayashi, H. Kawasaki, Human perception test of discontinuous force and a trial of skill transfer using a five-fingered haptic interface, J. Rob. (2010) 542360.
[14] H. Gurocak, S. Jayaram, B. Parrish, U. Jayaram, Weight sensation in virtual environments using a haptic device with air jets, J. Comput. Inf Sci. Eng. 3 (2) (2003) 130–135.

[15] A. Chang, C. O'Sullivan, Audio-haptic feedback in mobile phones, Int. Conf. Hum. Comput. Interact. (2005) 1264–1267.

[16] K.N. Winfree, J. Gewirtz, T. Mather, J. Fiene, K.J. Kuchenbecker, A high fidelity ungrounded torque feedback device: the iTorqU 2.0, World Haptics (2009) 261–266.

[17] P. Bonato, Wearable sensors and systems, IEEE Eng Med Biol Mag (2010) 25–36.

[18] A. Bonfiglio, D. De Rossi, Wearable Monitoring Systems, Springer, New York, 2011.

[19] R. Paradiso, G. Loriga, N. Taccini, A wearable health care system based on knitted integrated sensors, IEEE Trans Inf Technol Biomed 9 (3) (2005) 337–344.

[20] A. Gallace, H.Z. Tan, C. Spence, The body surface as a communication system: The state of the art after 50 years, Presence: Teleoperators Virtual Environ. 16 (6) (2007) 655–676.

[21] F. Gosselin, C. Andriot, P. Fuchs, 2006. Les dispositifs matriels des interfaces retour deffort. In Le Trait de la Ralit Virtuelle. 3rd ed, pp 135–202, Les Presses de l'Ecole des Mines.

[22] S. Walairacht, M. Ishii, Y. Koike, M. Sato, Two-handed Multi-fingers String-based Haptic Interface Device, IEICE Trans. Inf. Syst. E84D (3) (2001) 365–373.

[23] M. Hirose, K. Hirota, T. Ogi, Y. Hiroaki, N. Kakehi, et al., HapticGEAR: the development of a wearable force display system for immersive projection displays, IEEE Virtual Real. (2001) 123–129.

[24] M. Bouzit, G. Burdea, G. Popescu, R. Boian, The Rutgers Master II - new design force feedback glove, IEEE/ASME Trans. Mechatron. 7 (2) (2002) 256–263.

[25] S. Tachi, K. Komoriya, K. Sawada, T. Nishiyama, T. Itoko, et al., Telexistence cockpit for humanoid robot control, Adv. Rob. 17 (3) (2003) 199–217.

[26] G. Yang, H.H. Leong, W. Chen, W. Lin, S.H. Yeo, M.S. Kurbanhusen, A haptic device wearable on a human arm, IEEE Conf. Rob., Autom. Mechatron. 1 (2004) 243–247.

[27] F. Kobayashi, G. Ikai, W. Fukui, F. Kojima, Two-fingered haptic device for robot hand teleoperation, J. Rob. (2011) 419465.

[28] F. Gosselin, Guidelines for the design of multi-finger haptic interfaces for the hand, Romansy 19 - Robot Design, Dyn. Control CISM Int. Centre Mech. Sci. 544 (2013) 167–174.

[29] A. Frisoli, F. Simoncini, M. Bergamasco, F. Salsedo, Kinematic design of a two contact points haptic interface for the thumb and index fingers of the hand, J. Mech. Des. 129 (2007) 520–529.

[30] M. Fontana, A. Dettori, F. Salsedo, M. Bergamasco, Mechanical design of a novel hand exoskeleton for accurate force displaying, Int. Conf. Rob. Autom. (2009) 1704–1709.

[31] C. Giachritsis, J. Barrio, M. Ferre, A. Wing, J. Ortego, Evaluation of weight perception during unimanual and bimanual manipulation of virtual objects, Int. Conf. World Haptic. (2009) 629–634.

[32] F. Gosselin, T. Jouan, J. Brisset, C. Andriot, Design of a wearable haptic interface for precise finger interactions in large virtual environments, World Haptic. (2005) 202–207.

[33] T. Aoki, H. Mitake, D. Keoki, S. Hasegawa, M. Sato, Int. Conf. Adv. Comput. Entertain. Technol., Wearable haptic device to present contact sensation based on cutaneous sensation using thin wire (2009) 115–122.

[34] K. Minamizawa, D. Prattichizzo, S. Tachi, Simplified design of haptic display by extending one-point kinesthetic feedback to multipoint tactile feedback, IEEE Haptic. Symp. (2010) 257–260.

[35] H. Kawasaki, Y. Doi, S. Koide, T. Endo, T. Mouri, Hand haptic interface incorporating 1D finger pad and 3D fingertip force display devices, IEEE Int. Symp. Ind. Electron. (2010) 1869–1874.

[36] F. Chinello, M. Malvezzi, C. Pacchierotti, D. Prattichizz, A three DoFs wearable tactile display for exploration and manipulation of virtual objects, IEEE Haptic. Symp. (2012) 71–76.

[37] H. Ando, T. Miki, M. Inami, T. Maeda, SmartFinger: nail-mounted tactile display, ACM SIGGRAPH (2002) 78.

[38] M. Konyo, K. Akazawa, S. Tadokoro, T. Takamori, Wearable haptic interface using ICPF actuators for tactile feel display in response to hand movements, J. Rob. Mechatron. 15 (2) (2003) 219–226.

[39] K. Huang, E.Y. Do, T. Starner, Pianotouch: a wearable haptic piano instruction system for passive learning of piano skills, IEEE Int. Symp. Wearable Comput. (2008) 41–44.

[40] P. Kapur, S. Premakumar, S.A. Jax, L.J. Buxbaum, A.M. Dawson, K.J. Kuchenbecker, Vibrotactile feedback system for intuitive upper-limb rehabilitation, IEEE World Haptic. Conf. (2009) 621–622.

[41] H. Phong Pham, R. Chellali, Frequency modulation based vibrotactile device for teleoperation, IEEE Int. Conf. Space Mission Chall. Inf. Technol. (2009) 98–105.

[42] N. Garcia-Hernandez, N.G. Tsagarakis, D.G. Caldwell, Human tactile ability to discriminate variations in small ridge patterns through a portable-wearable tactile display, Int. Conf. Adv. Comp. Hum. Interact. (2010) 38–43.

[43] Z.Q. Ding, I.M. Chen, S.H. Yeo, The development of a real-time wearable motion replication platform with spatial sensing and tactile feedback, IEEE/RSJ Int. Conf. Intell. Rob. Syst. (2010) 3919–3924.

[44] K. Kyung, S. Kim, D. Kwon, M.A. Srinivasan, Texture display mouse kat: vibrotactile pattern and roughness display, IEEE Int. Conf. Intell. Rob. Syst. (2006) 478–483.

[45] T. Ahmaniemi, J. Marila, V. Lantz, Design of dynamic vibrotactile textures, IEEE Trans. Haptic. 3 (4) (2010) 245–256.

[46] S. Okamoto, Y. Yamada, Lossy data compression of vibrotactile material-like textures, IEEE Trans. Haptic. 6 (1) (2013) 69–80.

[47] I. Oakley, J. Park, Did you feel something? Distracter tasks and the recognition of vibrotactile cues, Interact. Comput. 20 (3) (2008) 354–363.
[48] K. Sato, H. Kajimoto, N. Kawakami, S. Tachi, Electrotactile display for integration with kinesthetic display, IEEE Int. Symp. Rob. Hum. Interact. Commun. (2007) 3–8.
[49] H. Kajimoto, Enlarged electro-tactile display with repeated structure, IEEE World Haptic. Conf. (2011) 575–579.
[50] H. Kajimoto, Electrotactile display with real-time impedance feedback using pulse width modulation, IEEE Trans. Haptic. 5 (2) (2012) 184–188.
[51] S.C. Lee, T. Starner, Stop burdening your eyes: a wearable electro-tactile display, IEEE Int. Symp. Wearable Comput. (2008) 115–116.
[52] E. Tamaki, T. Miyaki, J. Rekimoto, PossessedHand: techniques for controlling human hands using electrical muscles stimuli, SIGCHI Conf. Hum. Factors Comput Syst. (2011) 543–552.
[53] K.A. Kaczmarek, J.G. Webster, P. Bach-Y-Rita, W.J. Tompkins, Electrotactile and vibrotactile displays for sensory substitution systems, IEEE Trans. Biomed. Eng. 38 (1991) 1–16.
[54] J.M. Lee, C.R. Wagner, S.J. Lederman, R.D. Howe, Spatial low pass filters for pin actuated tactile displays, Symp. Haptic Interfaces Virtual Environ. Teleoperator Syst. (2003) 57–62.
[55] R.J. Webster, T.E. Murphy, L.N. Verner, A.M. Okamura, A novel two-dimensional tactile slip display: Design, kinematics and perceptual experiments, ACM. Trans. Appl. Percept. 2 (2) (2005) 150–165.
[56] X. Chen, A.G. Song, J.Q. Li, A new design of texture haptic display system, IEEE Int. Conf. Inform. Acquis. (2006) 1122–1126.
[57] K. Minamizawa, H. Kajimoto, N. Kawakami, S. Tachi, A wearable haptic display to present the gravity sensation - preliminary observations and device design, World Haptic. (2007) 133–138.
[58] H. Yokota, A. Yamamoto, H. Yamamoto, T. Higuchi, Producing softness sensation on an electrostatic texture display for rendering diverse tactile feelings, World Haptic. (2007) 584–585.
[59] K. Bark, J. Wheeler, P. Shull, J. Savall, M. Cutkosky, Rotational skin stretch feedback: a wearable haptic display for motion, IEEE Trans. Haptic. 3 (3) (2010) 166–176.
[60] K. Tsukada, M. Yasumura, Tactile feel display for virtual active touch. Ubiquitous computing, Lect. Notes. Comput. Sci. 205 (2004) 384–399.
[61] D.D. Damian, M. Ludersdorfer, Y. Kim, A.H. Arieta, R. Pfeifer, A.M. Okamura, Wearable haptic device for cutaneous force and slip speed display, IEEE Int. Conf. Rob. Automat. (2012) 1038–1043.
[62] Y. Kurita, S. Yonezawa, A. Ikeda, T. Ogasawara, Weight and friction display device by controlling the slip condition of a fingertip, IEEE/RSJ Int. Conf. Intell. Rob. Syst. (2011) 2127–2132.
[63] J. Ueda, A. Ikeda, T. Ogasawara, Grip-force control of an elastic object by vision-based slip margin feedback during the incipient slip, IEEE Trans. Rob. 21 (6) (2005) 1139–1147.
[64] Y. Kurita, A. Ikeda, J. Ueda, T. Ogasawara, A fingerprint pointing device utilizing the deformation of the fingertip during the incipient slip, IEEE Trans. Rob. 21 (5) (2005) 801–811.
[65] S.A. Mascaro, H.H. Asada, Measurement of finger posture and three-axis fingertip touch force using fingernail sensors, IEEE Trans. Rob. Automat. 20 (1) (2004) 26–35.
[66] W. Provancher, N. Sylvester, Fingerpad skin stretch increases the perception of virtual friction, IEEE Trans. Haptic. 2 (4) (2009) 212–222.
[67] Y. Tanaka, A. Sano, M. Ito, H. Fujimoto, A novel tactile device considering nail function for changing capability of tactile perception. haptics: perception, devices and scenarios, Lect. Notes. Comput. Sci. 5024 (2008) 543–548.
[68] H. Jeong, M. Higashimori, M. Kaneko, Improvement of vibration sensitivity by tangential vibration, J. Rob. Mechatron. 21 (4) (2009) 554–562.
[69] J.M. Romano, S.R. Gray, N.T. Jacobs, K.J. Kuchenbecker, Toward tactilely transparent gloves: Collocated slip sensing and vibrotactile actuation, World Haptic. Conf. (2009) 279–284.
[70] N.T. Dhruv, J.B. Niemi, J.D. Harry, L.A. Lipsitz, J.J. Collins, Enhancing tactile sensation in older adults with electrical noise stimulation, Neuroreport 13 (5) (2002) 597–600.
[71] L. Khaodhiar, J.B. Niemi, R. Earnest, C. Lima, J.D. Harry, A. Veves, Enhancing sensation in diabetic neuropathic foot with mechanical noise, Diabetes Care 26 (12) (2003) 3280–3283.
[72] N. Harada, M.J. Griffin, Factors influencing vibration sense thresholds used to assess occupational exposures to hand transmitted vibration, Br. J. Ind. Med. 48 (1991) 185–192.
[73] G.A. Gescheider, S.J. Bolanowski, J.V. Pope, R.T. Verrillo, A four-channel analysis of the tactile sensitivity of the fingertip: frequency selectivity, spatial summation, and temporal summation, Somatosens. Mot. Res. 19 (2) (2002) 114–124.
[74] J.J. Collins, T.T. Imhoff, P. Grigg, Noise-enhanced tactile sensation, Nat. Lond. 383 (1996) 770.
[75] J.J. Collins, T.T. Imhoff, P. Grigg, Noise-mediated enhancements and decrements in human tactile sensation, Phys. Rev. E 56 (1) (1997) 923–926.
[76] Y. Kurita, M. Shinohara, J. Ueda, Wearable sensorimotor enhancer for fingertip using stochastic resonance effect, IEEE Trans. Hum. Mach. Syst. 43 (3) (2013) 333–337.

第 2 部分

穿戴式设备传感器的基本原理

第 4 章 穿戴式生物和化学传感器

4.1 简介

在过去的十年中，由于材料化学的发展以及数字通信技术和无线传感器网络（wireless sensor network，WSN）的出现，生物和化学传感器获得了快速的发展[1]。穿戴式生物和化学传感器是一个相对较新的概念，对可穿戴式传感领域提出了独特的挑战。这是因为化学传感器与物理传感器相比具有更复杂的操作模式，它们必须通过某种方式与存在于样本介质中的特定靶分子发生相互作用。为了解穿戴式生物和化学传感器发展面临的挑战，本节将讨论这些器件的特点，随后将讨论潜在的目标检测参数以及可穿戴式系统的例子，将一系列的采样技术、化学传感方法和集成问题以及设计挑战放在一起讨论，最后讨论这种新技术的主要应用领域。

4.1.1 生物和化学传感器

通常情况下，生物和化学传感器由一个识别元件（受体）和一个换能器（见图 4-1）组成。在识别元件部分，化学信息如一个给定化合物的浓度、pH 等被转换成可以被换能器测量的能量形式。在大多数情况下，识别元件的功能通过敏感薄层来实现，该薄层能够与分析物分子相互作用，选择性地催化反应，或者与分析物一起参与化学反应[2]。换能器将样本的化学信息转化为可用的分析信号。换能器从本质上说可以是电化学、光学、电子或压电性质的器件。近年来，世界各地的研究团队已开发出新型生物和化学传感器，从这个领域出现越来越多的国际科学文章就可以看出这一点。

尽管传感技术有显著的发展，并出现大量实验室原型的传感器，但这些传感器中只有少部分能达到商业化水平。除了识别元件设计的复杂性，其主要原因是传感器平台与实际应用难以兼容。暴露于现实生活场景中的传感器会受到各种环境的影响，这会影响传感器的稳定性、重现性和灵敏度。有效的采样方法对避免污染以及将样本可控地输送到传感器敏感表面至关重要。例如分析体液如汗液、血液和泪液的化学传感器，必须收集和输送这些样本到传感器的活性表面，两者结合并产生信号[3]。其他问题包括系统集成、传感器小型化和低功耗传感器接口电路设计。随着纳米科学的兴起，结合相关的新型纳米结构材料和多功能聚合物

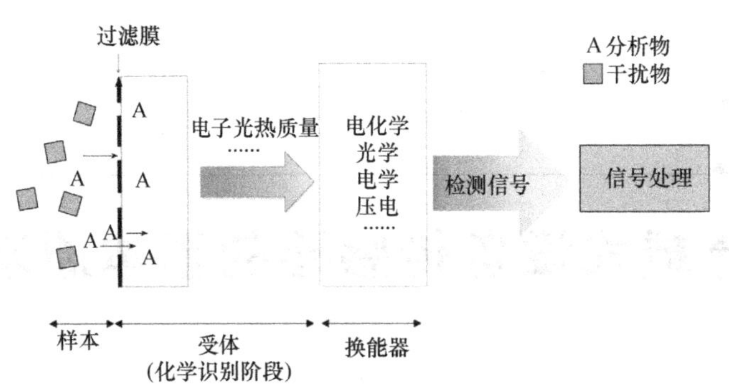

图 4-1　化学（生物）传感器工作原理示意图

注：图中显示了真实传感器的一些细节，例如过滤膜可用于从干扰颗粒中分离出待检测的分析物。

开发新型和改进的化学传感技术成为一个可行的途径。因此，过去十年生物和化学传感器领域的快速发展与新材料的发展是同步的[4]。

近年来，还出现了几种穿戴式生物和化学传感器，包括汗液 pH 传感器、可检测汗液中多种电解质（钠、氯、钾）的传感器、血氧计传感器以及其他传感器。然而，它们中的大多数在开发和实现实际使用前仍然需要在临床试验中进一步优化与改进。

4.1.2　有意义的检测参数

血液检测是诊断的金标准。然而，血液分析需要有创采样，不适合进行长时间的连续采集。近年来，研究者着重研究替代性体液的采样和分析，如组织间液[5]、泪液[6]、唾液[7]和汗液[8]。从血液到其他体液的转变提供了一个侵入性较低的采样手段，也为长时间连续监测提供了新途径。

汗液可能是最容易通过体表收集的体液[9]。许多相关的生理分析物如钠、氯、钾、钙、氨、葡萄糖和乳酸通常存在于汗液中。汗液中钠和氯离子浓度的检测是诊断囊性纤维化的金标准手段[10]。分析汗液的损失和成分也可以提供关于水合状态和电解质平衡的有用信息，这在体育活动中尤其重要。

唾液是另一种可大量获取的存在于口腔中的体液，从唾液中可能获得大量的分析物和生物标志物信息。唾液中含有钠离子、钾离子、氯离子、碳酸氢盐、硝酸盐、尿素、尿酸、肌酐和 400 多种蛋白质[11]。然而，唾液检测相当困难，主要是由于唾液中存在黏液以及食物和血液的残留，这些可能会干扰传感器的响应。

呼吸分析可以揭示体内产生的代谢过程。传统的呼吸分析方法通常涉及气相色谱-质谱联用技术[12]。这种技术需要复杂和昂贵的设备，不适合可穿戴式应用模式。化学传感器阵列或电子鼻（e-noses）是一种经济、轻便和快速的替代方法，在肾脏疾病、肺癌和糖尿病领域已初见成效[13]。尽管有了这些方法，呼吸分析技术在样本采集、处理和保存方面仍然存在挑战。

泪液是另一种体液，含有多种常见的蛋白质和电解质[14]。葡萄糖是泪液中最重要的生物标志物之一，在糖尿病患者的个体监测方面具有潜在价值。最近，基于组织间液的穿戴式传感器实现了葡萄糖的检测，特别是微针技术备受关注，这些将在 4.2.1 节详细讨论。

分析伤口渗出液包括监测不同的细胞类型、生长因子和营养因子，从而监测伤口的愈合过程。伤口的温度和 pH 也被认为是愈合的参考指标。例如，Voirin 等人[15]使用 pH 敏感的水凝胶实现了一种基于光学原理的传感器，以提供伤口愈合过程的信息。

除了监测体液样本外，穿戴式化学传感器还可用于检测佩戴者周围环境中的物质，从而对任何可能存在的危险发出警报。这对工作在具有挑战性或极端条件下的人如急救人员和军人具有重大意义。检测对健康具有危害的气体如一氧化碳或潜在的爆炸性气体也对确保安全很有帮助。

4.2　系统设计

本节重点介绍穿戴式生物和化学传感器系统的组成部分。首先，无论是体液还是气体样本，必须经过收集和传递。其次，必须在传感平台中整合合适的传感器、相关的电子设备和电源。整体系统设计时要求其可以放置在身上适当的位置，使其可以以可靠和舒适的方式长期使用。

4.2.1　样本处理

微流控技术对个性化医疗（point-of-care，POC）和即时诊断设备的发展有重要意义。微流控系统可以处理微体积的目标样本，并能与标准的分析技术产生完全相同的结果[16]。这种较小的样本量减小了体液处理系统的尺寸并且提高了可靠性，还可以在微流控通道内集成活性传感区域，能减少样本的死区体积，从而减少采样和分析之间的延迟。对于一个穿戴式的系统，更倾向于采取基于纺织品的方法。一种方法是使用较低或零功率的基于毛细管力驱动的被动微流体泵，这些内容将在下一节中讨论。

1. 流体在纺织品中的输送

天然和合成纤维具有的润湿性和渗透性为无需外部泵的流体运动控制提供了有效手段。例如，Xing 等人报道了一种基于纺织品界面的微流控平台[17]，其中 3D 微流控网络通过在超疏水织物上“立体拼接”棉纱而构建。利用棉纱（接触角为 0°）和超疏水织物（接触角为 140°）之间的润湿性差异，建立表面张力驱动的微流控系统。该系统中，液体的流动与亲水棉纱的流动阻力成反比。在这些条件下，界面的微流控可以在两个不同的模式即离散传输模式和连续传输模式下运行（见图 4-2）。

Nilghaz 等人提出了其他基于纺织品的微流控系统的例子[18]，如基于 2D 和 3D 织布的装置，二者均是通过沉积疏水蜡的方法获得的，采用一种与基于纸的微流控技术类似的方式将液流限制在蜡的边界内。具有图案的织物仍然能够保持其灵活性和机械强度，也使其适用于未来的穿戴式技术。Bhandari 等人提出了使用疏水性和亲水性丝纺线的方法[19]。他们展示了手摇纺织机的制造效果，由于其采用了纺织行业成熟的制造技术，具有批量生产的潜力。

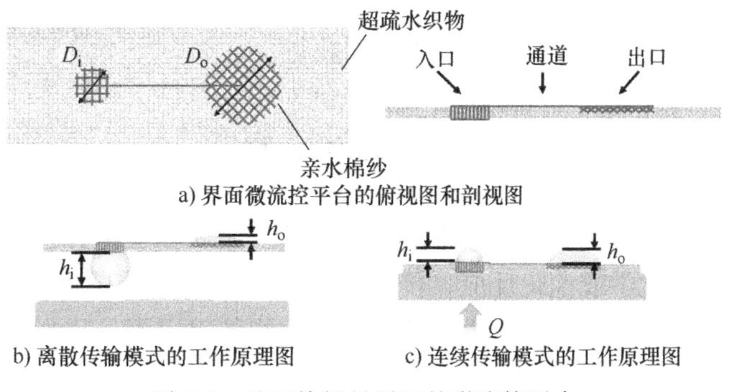

a) 界面微流控平台的俯视图和剖视图

b) 离散传输模式的工作原理图

c) 连续传输模式的工作原理图

图 4-2　基于纺织品界面的微流控平台

基于纺织品的微流控系统是在欧盟 BIOTEX 项目资助下开发的，该项目的目标是实时收集和分析人体的汗液[20]。该系统采用基于毛细作用的被动泵机理，毛细作用由吸湿排汗织物和高吸水材料结合产生。织物流通道是通过在涤纶/莱卡混合物的两边丝网印刷疏水材料（聚氨酯）形成的。织物的采集层（Coolmax/聚酯纤维/聚酯纤维）位于微流控系统的入口，以便尽可能多地收集较大区域内的汗液（见图 4-3）。传感元件与通道中的样本接触，包括 pH 比色分析的染料和印在聚酰亚胺薄膜上的电化学传感器[21]。有人发现，pH 传感器需要 10~20min 的响应时间，而电导率/钠离子传感器的响应时间由于该平台的死体积大约需要 35min。因此，穿戴式化学传感器平台设计的一个关键目标是尽量减少死体积，从而减少采样和分析之间的延迟。

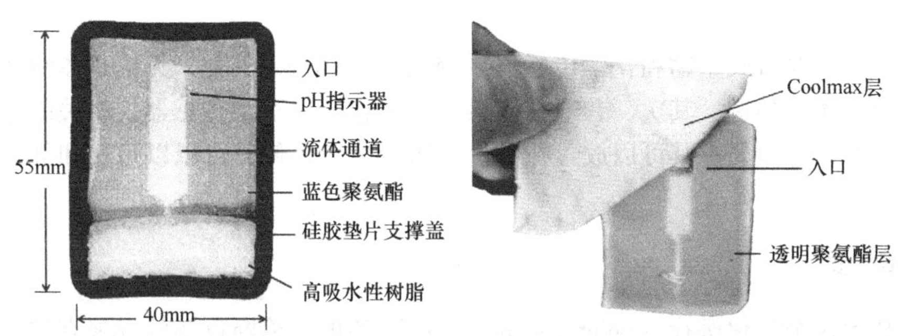

图 4-3　由欧盟 BIOTEX 项目开发的基于纺织品的用于汗液收集和分析的平台

为了进一步发展 BIOTEX 平台，Curto 等人开发了一种基于同一原理的小型化柔性塑料微流控系统[22]。该微流控装置通过使用微流控通道内的棉线和高吸水性树脂，将新鲜汗液从皮肤表面输送到检测区域。作者还展示了该设备与一个无线平台的联合使用，用于监测 50min 持续活动期间汗水的 pH。与此相比，有一种不使用电子视觉设备的替代方法[23]。该装置具有 4 种不同的传感区域，分别由掺杂了不同 pH 染料的离子凝胶（封装在交联聚合物凝胶基质的离子液体）组成，形成条形码型的传感器阵列。三色（红、绿、蓝——RGB）的参考贴片放在设备顶部用于对环境光的自动校正（见图 4-4）。颜色的变化和 pH 可以通过肉眼或使用更准确的数字图像或智能手机应用获得。

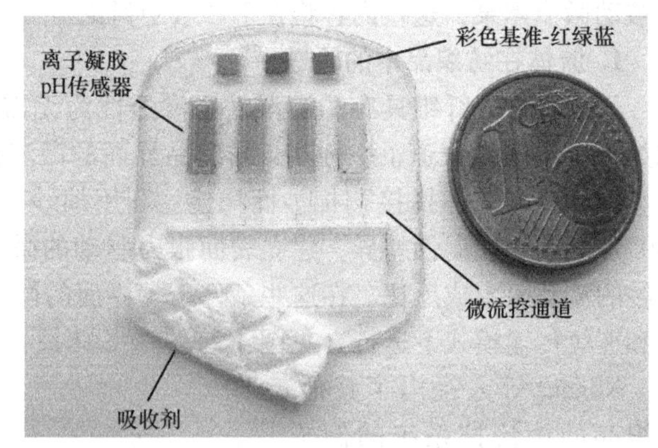

图 4-4　用于汗液 pH 分析的基于条形码的穿戴式微流控装置

这些穿戴式传感器主要是只针对单一用途的应用而开发的，因为将纺织生物化学传感器集成到可以多次和长期使用的衣服中仍然面临非常大的挑战。这些传感器不仅面临和其他常见的物理传感器相同的问题，如环境噪声和运动伪影，而且受到来自传感机制本身性质（化学或生化反应、传感器表面的变化、传感器表面与分析物的接触等）的附加约束。每天使用的织物传感器也需要考虑一些外部因素，比如传感器表面污染会降低传感器的准确性。此外，为了将传感器理想地集成到衣服中，也需要考虑传感器清洗的可能性。因此，需要以某种方式保护传感区域或使其能够耐受洗涤。

2. 微针技术

高度集成的微针阵列提供了一种具有生物相容性的微创生物传感方法。因此，有可能通过微小器件直接与皮肤接触的方式实现可穿戴。低成本和批量生产是其发展趋势。

这些微针阵列的主要应用包括体液采样[24]和提取[25]，因为它们能穿透皮肤屏障到达真皮层，其中的体液更能反映被测物质在体内的浓度。这种新技术可作为一种治疗手段用于经皮给药，包括胰岛素，最近还被用作生物流体成分分析的诊断工具。在这方面，许多研究者正利用微针对组织间液中的葡萄糖进行深入研究。例如，Sakaguch 等人[26]开发了一种使用基于微针的组织间液微创提取技术检测葡萄糖的汗液监测贴片。这种技术的优点是能够避免组织间液葡萄糖提取过程中的汗液污染。而且，组织间液和血浆中的葡萄糖水平具有良好的相关性。

使用微针采样测量的分析物还包括过氧化氢和抗坏血酸，采样和传感通过化学改性的碳纤维束集成在一起[27]，乳酸的检测则使用碳糊微针阵列。在后一种情况下，由于微针本身具有内在的传感能力，故不需要集成微通道，同时也避免了组织间液的提取[28]。由于碳糊微针阵列具有高选择性、高灵敏度和稳定性，在整个生理范围内实现了高度线性的乳酸检测。最近，Miller 等人[29]报道了使用类似的微针装置在生理相关的组织环境下同时检测多种分析物。微针选择性检测 pH、乳酸、葡萄糖的变化，显示出它们在运动项目中的应用潜力。O'Mahony 等人[30]使用微针作为干电极检测心电图（electrocardiogram，ECG）、肌电图（electromyogram，EMG），证明了其能测量生物电。基于微针的干电极与传统湿电极的对比如图 4-5 所示。

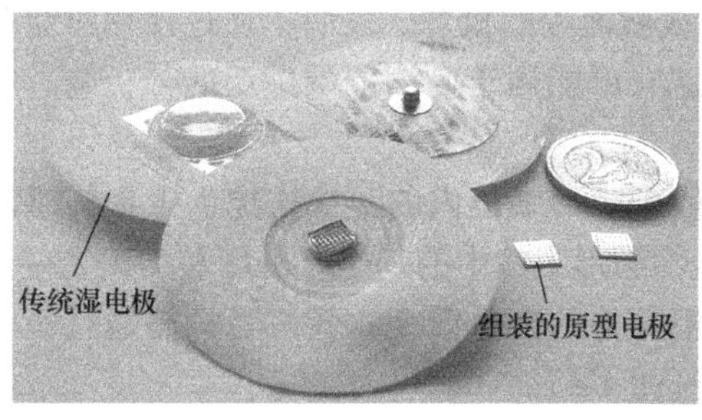

a) 传统湿电极

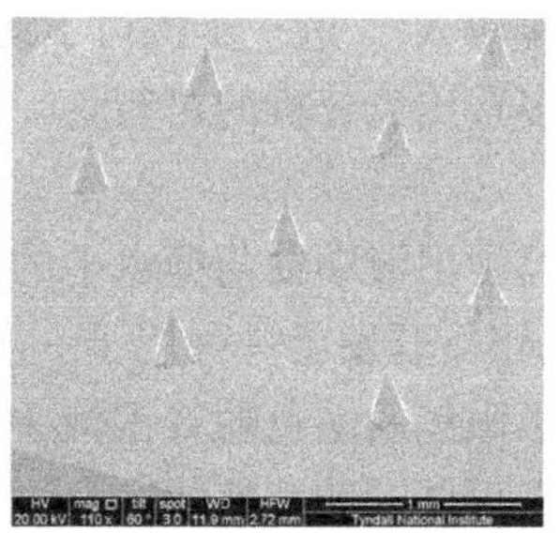

b) 基于微针的干电极

图 4-5　基于微针的干电极与传统湿电极的对比

结合微针技术的功能性穿戴式设备的加工非常具有挑战性。如今，微流控技术正成为这些传感器系统中控制流体输送的最可靠方法。在许多情况下，只有少量样本（例如，组织间液流量低于 10μL/h）可用。在这方面，Strambani 等人[31]开发了一种用于经皮注射/采样的硅基微芯片。微针连接到集成在硅基微芯片背面的多个独立储液槽。他们研究了微针阵列中流速与芯片上用于注射/抽吸的压力之间的关系。使用含有 38000 个活性针的阵列，流量可以从几毫升每分钟精确调整到几十毫升每分钟。使用微针阵列传感进行身体检测还需要考虑的问题是微针的堵塞以及在其插入皮肤时潜在的结构变形，这可能改变采样的动态特性，从而引入从抽样到检测不可预测的时间延迟。

3. 气体的采样

气体传感器可以用于监测佩戴者周围的空气（如检测有毒气体浓度）。通过选择合适的透气织物包裹传感器可以控制气体样本到传感表面的输送。这样的织物层必须保护传感表面免于污染和机械损伤。除了织物的选择，还需要仔细考虑穿戴式气体传感器在身上的位置（例如，其取决于被检测气体相对于空气的密度）。

另一种可能的穿戴式气体传感器是呼吸传感器。然而，穿戴式系统要实现以隐蔽但准确的方式进行呼吸样本采集是很大的挑战。便携式 Lapka 酒精呼吸监测仪[32]为一个小的圆柱形装置，将其置于喉舌周围进行样品采集。该装置是一个嵌入了传感器的陶瓷缸套（57mm×23mm），它通过相关的应用程序无线连接到移动设备。也许在未来基于耳机设计的应用程序中，类似于由

BreathResearch 开发的测量呼吸声的装置[33]用来测量呼吸的化学和生化参数是可行的。

4.2.2 传感器的类型

多种传感技术可用于生产穿戴式生化传感器。不同的传感技术会影响平台的设计，进而影响集成到纺织品或穿戴式装置所需的材料和电子器件。比色法和电化学传感技术都被证明适用于穿戴式化学和生化传感，本节将分别讨论每种传感的具体示例。

1. 穿戴式比色传感平台

比色传感器涉及活性传感器表面的颜色变化，它可以使用光学技术进行测量。比色法是一种将传感与纺织品流体系统相结合的方法。Nilghaz 等人[34]总结了基于复合丝线和纺织品的用于临床诊断和环境检测的微流控器件的研究进展。

如 4.2.1 节所述，爱尔兰都柏林城市大学的自适应传感器小组开发出使用 pH 敏感的染料和表面贴装 LED 及光电二极管的汗液 pH 测量的比色法。Li 等人[35]首先使用了基于纺线的微流控器件应用于低成本比色诊断传感器的开发。织物的毛细管排汗特性显著提高了流体输送性能，因此通过在织物内针织化学敏感纺线，这种装置可以很容易地集成到 T 恤等服装中。事实上，Reches 等人[36]进一步探讨了纺线微流控的概念，表明了通过使用可穿戴胶布缝合的单纺线来执行多重比色分析的可行性。这有可能用于监测范围广泛的分析物，如蛋白质、酮和硝酸盐。

一种用于监测泪液中葡萄糖水平的位于隐形眼镜内的穿戴式比色生物传感器已被开发出来。Badugu 等人[37]开发了一种用于一次性隐形眼镜中的基于有机硼酸类荧光基团检测葡萄糖的比色法。隐形眼镜的颜色随着泪液中葡萄糖的含量改变，佩戴者只需通过镜子对比其与预校准的颜色条即可监测葡萄糖的变化（见图 4-6）。

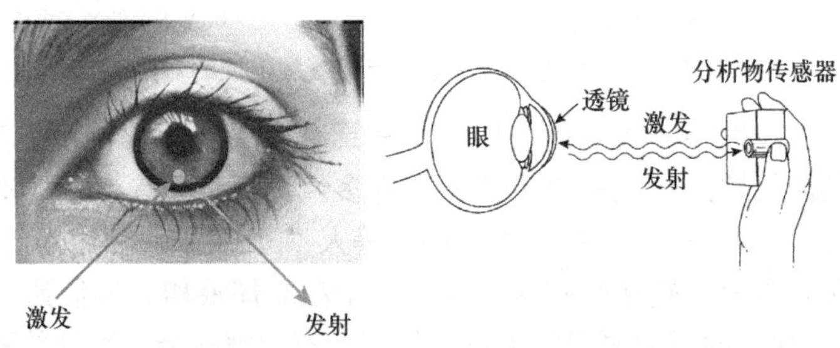

图 4-6 使用硼掺杂隐形眼镜连续监测泪液中的葡萄糖（左图）。手持式装置的工作原理是通过向眼睛闪烁光线（激发）和测量发射光（发射）强度。泪液葡萄糖传感装置的示意图（右图）。改编自参考文献［37］

2. 电化学

电化学传感器采用电极测量化学物质与传感表面相互作用时发生的电化学变化。最近，很多工作致力于采用新型材料如导电聚合物和碳纳米材料开发穿戴式电化学传感器。例如，碳纳米材料具有优良的电学和化学特性，它们已被广泛应用于开发生物传感器。

Guinovart 等人[38]开发出采用涂覆单壁碳纳米管（SWCNT）的棉纱检测汗液 pH、钾和铵含量的电位传感器。传感器通过将纱线浸涂在用作油墨的 SWCNT 的水溶液中，随后进一步整合离子选择性膜来构建。这些装置在使用频率为每周一次的两个月期间表现出良好的重复性。集成于创可贴的用于钾实时检测的传感器已经在人体模型上实现，虽然研究人员认为该传感器要成为一个真正的穿戴式平台仍然需要进一步研究。Schazmann 等人[8]还采用电位传感器开发了一种穿戴式平台，以实时检测汗液中的钠离子浓度。在钠离子传感器带（sodium sensor belt，SSB）上集成与液体样本接触的离子选择性电极（ion selective electrode，ISE），并将其应用于比较、分析健康和囊性纤维化阳性的人在运动过程中产生的汗液中的钠离子浓度。然而，与经典的液体接触式 ISE 相比，穿戴式电位 ISE 传感器更倾向于采用固体接触式 ISE（solid contact ISE，scISE）方案。事实上，scISE 可以很容易地在所有有机聚合物柔性基底上制备，这使其与穿戴式技术更加兼容，因为它可以通过更适当的方式进行加工。按照这种方法，Bandodkar 等人[39]开发了一种基于文身的 scISE 用于实时监测表皮 pH。该传感器通过丝网印刷技术加工成“笑脸”的形式，眼睛分别为参考电极和 scISE，后者含有由聚苯胺导电聚合物制成的 pH 敏感层。通过同样的方法采用不同敏感性的选择性膜开发 ISE 文身传感器可以实现对汗液中多种离子的检测（如钠、钾、氯化物和铵）。使用类似的方法，Jia 等人[40]制作了一种柔性印刷可快速拆换的电化学生物传感器，可用于人体汗液中乳酸的实时检测。该传感器被固定在运动员的三角肌上，通过实时监测和显示自行车骑行过程中乳酸浓度进行性能测试，在体检测结果与并行的运动过程中体外汗液样品收集的检测结果相比具有良好的相关性。Khodagholy 等人[41]还采用含有离子凝胶的有机电化学晶体管（organic electrochemical transistor，OECT）实现汗液中乳酸的测定。这种方法展示了未来集成生物传感器到穿戴式平台的新策略。使用 OECT 相比于传统的传感器平台有几方面的优点，如易于集成到电子电路，可以在比传统场效应晶体管（FET）更低的偏压下进行操作。除此之外，OECT 可以完全由聚（3，4-乙烯二氧噻吩）聚苯乙烯磺酸钠（PEDOT：PSS）导电聚合物加工制作，这使其成本非常低，并能和工业冲压工艺如“卷对卷（roll-to-roll）”工艺技术兼容。

Yang 等人[42]证实电化学传感器可以印到服装上用于实现穿戴式生物传感器。碳材料直接印在内衣的弹性腰带上以便于与皮肤紧密直接接触。传感器在其所在的纺织品经过数次折叠或拉伸后仍能够保持其电化学功能，表明该集成在衣服上的穿戴式电化学/生物传感器具有潜在应用价值。

Claramunt 等人[43]已经开发出一种使用裸碳纳米纤维和金属装饰的碳纳米纤维作为活性层的柔性传感器阵列，用于在体气体检测。他们采用喷墨印刷工艺，在聚酰亚胺薄膜上沉积 4 个叉指电极，而加热器印刷在薄膜的反面。喷墨印刷的优点是非接触式，适用于多种基底。金属装饰的碳纳米纤维被喷涂到电极上，其特征是对氨和二氧化氮具有特异性的传感响应。碳纳米管也被证实可以用于气体和生物分子的检测[44-45]。

4.3　生物和化学传感面临的挑战

4.3.1　传感器的稳定性

理想情况下，穿戴式传感器随着时间的推移应该是可自我调节、可靠的。然而，化学传感器和生物传感器在自动操作模式下的长期稳定性仍然是一个重大问题。这些传感器通常具有一个活性（响应）表面，由于污垢或浸出的试剂会导致活性表面发生变化，可能会引起基线漂移和灵敏度变化。样品中存在的干扰也可能引起交叉反应。因此，生物和化学传感器需要经常校准，还需要处理液体的采样、试剂和废液。因此，系统必须包括泵、阀门和储液装置，这对于目前的自主穿戴式技术显然是不切实际的。这是目前很少有系统具有实用性的主要原因之一。改变现状的一种方法是开发低成本的一次性传感器。在这种方式中，系统的一部分可重复使用，如测量、检测和无线功能的电子控制器件，但传感器本身能够被插入/移除。例如，可拆卸/一次性元器件可以是一个小的微流控芯片。这种方法还为器件的商业化提供了一种有潜力的收益方式。

4.3.2 身体接口

最近的一项调查表明，对于用于健康领域的穿戴式传感系统，传感器、电池和身体上的硬件尺寸太大，其穿戴性是一个重要问题。如果患者或临床医生不想使用传感器系统，它们将迅速变得多余。一项针对患者和临床医生的在无创、穿戴式传感器系统的选择性方面的调查发现，穿戴式传感器系统应该是小巧、嵌入式、操作简单、不影响日常活动的，也不能直接替代医护工作[46]。因此，穿戴式化学传感器应被视为一个用于协助医护工作的辅助工具，并能提供更好的连续性护理服务。

理想情况下，传感器应灵活、穿戴舒适且轻便。传感器的小型化有助于降低电源的要求，也使设备佩戴更舒服。设备的小型化也减少了传感器工作所需的样本量。

在汗液分析中，从身体单个位点采样可能无法给出对全身汗液流失的准确和代表性的评估，因为汗液的成分以及排汗量在身体的各个区域是不同的。因此，可能需要多个采样点。Patterson 等人的一项研究[47]确定了 4 个采样区（胸部、肩胛、前臂和大腿）用于评估全身汗液电解质浓度的平均水平。

现在的传感技术正变得越来越便携。传感器包括成像摄像头、全球定位系统（GPS）和加速度计正越来越多地集成到手机中。这也促进了用于监测个人健康的新应用程序的出现。例如，检测脉搏血氧饱和度的应用程序现在可以在基于穿戴式蓝牙光学传感器的手机上使用，并且基于比色传感的研究正在增加。智能手机可能成为穿戴式传感器系统的检测元件，也可作为数据管理和通信的一部分。Oncescu 等人提出一个将智能手机用于比色分析的例子，采用对 pH 敏感的试纸插入智能手机配件中实现对汗液和唾液中 pH 的测量[48]。一个智能手机用于数据管理的例子是 Sanofi 糖尿病公司提出的 iBGStar[49]，它允许用户通过 iPhone 手机跟踪和管理自己的血糖水平。通过移动通信，血糖信息可以使用电子邮件、网站或短信进行共享，有利于个人健康向远程管理的方向发展。

越来越多的智能手表被视为手机的接口，并促进了其他穿戴式传感器的集成。手表的最大优点是常见且经常被使用。举一个例子，Giner 公司开发了一种监测化学参数的腕戴装置，这是一种经皮酒精检测装置。该装置被称为 WrisTAS（腕式经皮酒精传感器），是一个手腕上佩戴的原型设备，用于客观地追踪人的饮酒情况[50]。

之前在 4.2.2 节讨论的新开发的电子“文身”技术是一种无创的柔性且性能稳定的传感器，可以直接应用于皮肤检测。这些装置利用成熟的印刷技术可以很容易被制造，并有很大的潜力提供一种多参数传感平台。例如，MC10[51]公司正在开发一种穿戴舒适、能够伸缩弯折的电子设备。图 4-7 显示了能够测量生理信号如体温和心率的 biostamp 技术。

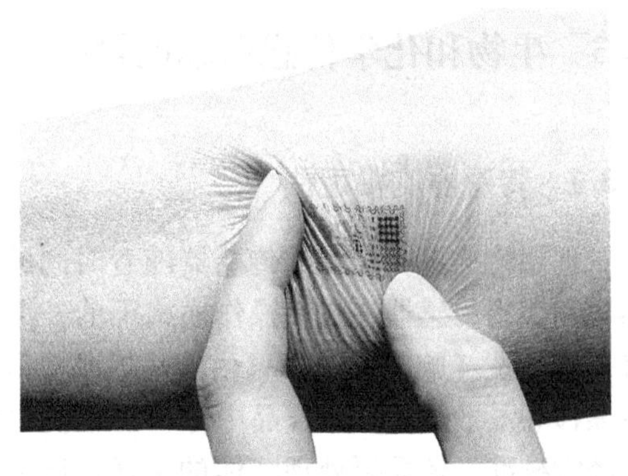

图 4-7　由 MC10 公司开发的 biostamp 技术

4.3.3　纺织一体化

4.2.1 节介绍了各种使用纺织纱线和织物处理体液的方法。然而，要想使基于纺织品的化学传感器达到实用阶段，它们的整合制造必须与传统的制造技术如编织和层压技术相兼容。对于体液的分析，体液处理和传感元件都必须是兼容的，以便建立一个真正的可以在身体上使用的系统，并在成本可接受的情况下使实时测量产生有效的结果。

瑞士洛桑联邦理工学院（EPFL）和苏黎世联邦理工学院（ETHZ）的两个研究团队证实了气体传感器和织物集成的可行性。图 4-8 所示为聚酰亚胺薄膜制成的薄板（25mm）上的传感元件集成到织物的示意图。传感区域进行了良好的封装，并在编织和重复性应力/应变测试后仍然能保持其功能[52]。传感元件是涂有湿敏聚合物（醋酸丁酸纤维素）的叉指型薄膜电容器。环境湿度的变化会引起传感层电容的变化。原理上，这种湿敏聚合物层可以用对其他目标分析物敏感的气敏聚合物来代替。ETHZ 的 Troester 小组已经证实包含炭黑/聚合物传感器在内的一种类似织物的聚酰亚胺薄膜装置可以用于检测丙酮等气体[53]。

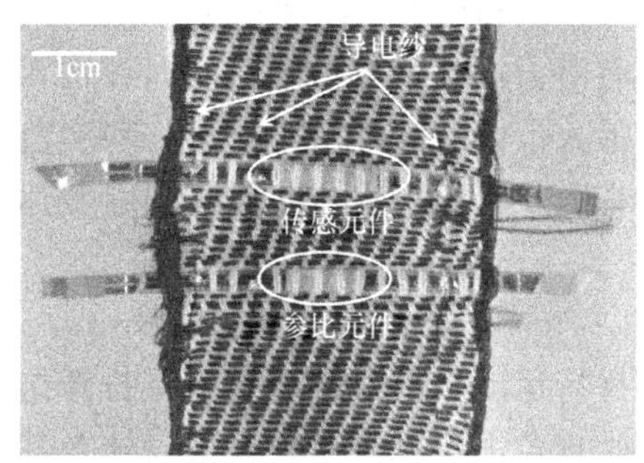

图 4-8　位于聚酰亚胺薄膜上的传感元件被纺于织物中

4.3.4　电源要求

电池的寿命、体积和质量是大多数穿戴式电子设备存在的最重要问题。低功率器件应该是智能集成和小型化电子设备的首选。这些设备的电源可以考虑使用轻便、舒适的部件，柔性电池，能量收集方法或远程充电。

可以从人体采集到足够的动能用于驱动无线生物传感器的微型装置的研究仍处于起步阶段。能量采集的可行性主要取决于 4 个因素：设备的额定功耗、工作模式、设备尺寸（以及样本采集区尺寸）和设备可能的运动模式。这些因素都需要加以考虑，以便构建一个用于监测身体参数、自主供电的穿戴式设备。

基于射频识别（radio frequency indentification，RFID）标签的化学传感器已被证实是一种无须连接电源的无源设备。RFID 标签通常由连接到无线电天线的微芯片组成。射频识别器将信号发送给 RFID 标签，并读取从标签发送回来的信号。在 RFID 标签的天线上构建一个传感薄膜，分析物变化会影响天线的阻抗，从而影响天线的谐振频率。通用电气公司全球研究中心的研究已经证实了这一原理，并在水中实现了检测离子和有机溶剂水平以及在气体中检测甲苯和氨的射频传感功能[54]。最近的研究工作涉及环境温度波动的自我校正方法[55]。普林斯顿大学的 McAlpine 团队使用一个外部无线电发射器为牙齿上的“文身”传感器供电，用于监测呼吸和唾液中的细菌[56]。然而，这种传感技术仍处于早期阶段，因为传感器附着在牙齿上的问题、采样问题仍然需要进一步研究。

4.4 应用领域

4.4.1 个人健康

穿戴式传感器适用于医疗保健的各个阶段，包括预防、即时护理、康复和长期健康管理。如果能找到无创或微创的化学/生物检测方法与完善但有创的血液检测之间的联系，那么这些穿戴式设备就可以为医疗保健行业创造一类新的检测工具。

糖尿病是一种慢性疾病，需要密切监测血糖水平，通常使用指尖血液样本进行检测。Menarini 诊断公司已经开发出一种连续监测血糖的装置 GlucoDay S[57]。该装置采用微透析探针侵入腹部连续采集组织间液。GlucoDay S 专供临床使用，受试者可戴 48h。这种连续的监测可以显示血糖变化的一般趋势，而这在单点测量中无法做到。由 GlucoDay S 检测得到的数据约等于 1000 次指尖血糖检测值。该装置的主要目标是记录个体的日常血糖动态水平，特别是睡眠期间。有了这些信息，医疗团队和患者可以优化胰岛素治疗方案，以便更好地控制病情。

穿戴式化学和生化传感器有潜力在医疗领域通过实时评估人体生理情况，来提高生活质量。根据市场统计结果，拥有最大市场的是可以“感知”和“监测”关键诊断和治疗标志物的传感器。仅在美国，传感器在医疗应用领域的市场在 2017 年达到了 131.1 亿美元[58]。

4.4.2 体育运动

从模拟鲨鱼皮肤的泳装到保持运动员舒适凉爽的吸湿排汗纺织品可以看出，技术对提高运动成绩发挥着巨大的作用。生理监测有助于人们理解身体及其对运动的反应，而且通过生理测量可以有效优化个体的训练方案。长时间的训练会出现各种生理状态。体育科学中最常用的监测参数是血乳酸，尽管有便携式系统可测量该参数，但它仍是一种有创的需要血液采样的点测量方法。对比之下，采用无创的方法持续监测更有优势。然而，如果想得到有用的信息，有必要研究血液与其他体液中的关键参数水平的相关性。但是目前，经过对几个研究结果总结得出的结论是，其他体液中的乳酸水平与血乳酸之间的关系尚不明确[59]。

运动过程中的实时汗液分析可以对脱水及重要生物分子和离子数量的变化提供有价值的信息。脱水会增加运动痛苦感，如果感到运动很痛苦，就会降低人们参与运动的积极性。对优秀的运动员来说，脱水会大大影响运动员的发挥。汗液电解质浓度因人而异，受遗传、出汗率、训练类型、水合度和热适应状态的影响。收集运动员在体育活动时与身体状态相关的重要信息可能为个性化的训练计划和优化补充电解质/营养策略方面提供巨大的帮助。

4.4.3 安全和安检

在许多情况下，个人的安全可以通过使用穿戴式传感器持续监测外部危险来保障，如一些高风险职业包括急救人员、建筑工人、警察、安检员和军人。这些应用场合中穿戴式传感器的要求是轻便、符合人体工学、稳定并准确。在一个复杂的环境中工作，它们必须易于操作，并且在理想情况下可以构成一个传感器网络。除了个人报警功能外，团队成员之间的沟通对于团队的整体安全也至关重要。

欧盟的一个项目 ProeTEX，通过将有毒气体传感器和其他传感器集成于防护服以确保消防员的安全[60]。一氧化碳（CO）和二氧化碳（CO_2）传感器被集成到消防员制服的外套和靴子中。图 4-9 显示了一个集成到消防员靴子的 CO_2 传感器和一个整合到外套衣领附近的 CO 传感器。安装位置的选择基于每种气体的密度。CO 和 CO_2 气体传感器具有一个外部保护膜可以过滤掉小颗粒（灰尘、烟灰等）。在服装上，气敏器件受到一个特别设计的全封闭的带有耐热、防水、透气膜的口袋的进一步保护，从而使它们免受来自外界的热、水和空气中潜在颗粒的破坏。

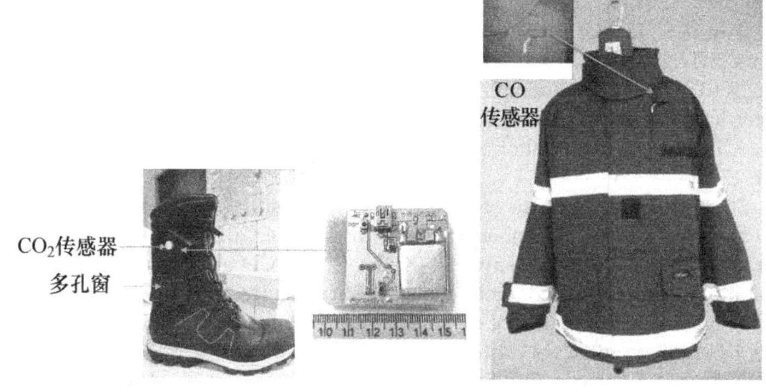

a) 集成到消防员靴子的CO_2传感器　　b) 集成到消防员夹克的CO传感器

图 4-9　ProeTEX 项目开发的穿戴式传感器

亚利桑那州立大学的研究人员开发了一种穿戴式传感器用来监测空气质量。该装置通过与智能手机通信进行用户反馈，适用于室内和室外环境对人体暴露情况的研究。在最近的一项研究中[60]，该设备对 3 种情况下的空气质量进行了检测：装修和喷漆后的室内、毗邻繁忙高速公路的户外以及受漏油影响的室外地区。这种传感器有可能大大提高人们对于环境对人体影响的认知，并帮助保护人类健康和环境。

4.5　总结

智能织物和交互式纺织品是一个相对较新的领域，在生物医学工程领域拥有许多潜在的应用。智能纺织品与身体交互的能力提供了一种新的用来检测佩戴者生理参数和响应佩戴者生理需求的手段。这种技术的优势依赖于传感器与日常服饰的集成，提供连续监测佩戴者和其周边环境的能力。到目前为止，大多数穿戴式传感领域研究的重点是物理传感器，它们可以响应邻近环境的变化（如电场、热量和运动）。用于实时监测生物和化学目标参数的类似穿戴式传感器的研究较少。其主要原因是这些传感器需要一个活性表面，在该表面上会发生化学反应，并产生可观察的信号。然而，这种表面的功能受到样本、试剂、废物和环境污染物的影响。样本处理需要额外的硬件模块，如带有阀门和泵的流体系统。为此，要求微流控系统能够发挥重要作用。此外，可穿戴性可能是这些传感器在不丧失其功能和不影响佩戴者舒适性和安全的情况下必须满足的最重要的要求。

很显然，穿戴式化学传感器在不损伤和不影响配戴者日常工作的前提下为长时间连续监测佩戴者的生理参数提供了一种手段。通过这项技术，佩戴者可以随时动态地了解自身的健康状况，个人可以成为健康管理的积极参与者，使普及健康成为一个切实可行的目标。它在运动科学领域也有很大潜力，特别是运动过程中汗液的实时分析。穿戴式化学和生化传感器的另一个应用领域是个人安全，其可以对环境中有害化学物质发出警告，这对发生灾难时的急救人员、参与安保和安全检查的人员特别重要。本章详细总结了穿戴式生物与化学传感器的发展现状，同时也讨论了这一领域当前面临的问题和挑战。

参考文献

[1] R. Byrne, F. Benito-Lopez, D. Diamond, Materials science and the sensor revolution, Mater. Today vol. 13 (2010) 9–16.

[2] A. Lobnik, M. Turel, Š. Korent Urek, Optical Chemical Sensors:Design and Applications, Advances in Chemical Sensors, InTech, 2012.

[3] S. Coyle, Y. Wu, K.-T. Lau, D. De Rossi, G. Wallace, D. Diamond, Smart Nanotextiles: A Review of Materials and Applications, MRS Bulletin vol. 32 (2007) 434–442.

[4] M. Gerard, A. Chaubey, B.D. Malhotra, Application of conducting polymers to biosensors, Biosens. Bioelectron. vol. 17 (2002) 345–359.

[5] K. Rebrin, N.F. Sheppard, G. Steil, Use of subcutaneous interstitial fluid glucose to estimate blood glucose: revisiting delay and sensor offset, J. Diabetes Sci. Technol. vol. 4 (2010) 1087–1098.

[6] M. Chu, T. Shirai, D. Takahashi, T. Arakawa, H. Kudo, K. Sano, et al., Biomedical soft contact-lens sensor for in situ ocular biomonitoring of tear contents, Biomed. Microdevices vol. 13 (2011) 603–611.

[7] E. Papacosta, G.P. Nassis, Saliva as a tool for monitoring steroid, peptide and immune markers in sport and exercise science, J. Sci. Med. Sport vol. 14 (2011) 424–434.

[8] B. Schazmann, D. Morris, C. Slater, S. Beirne, C. Fay, R. Reuveny, et al., A wearable electrochemical sensor for the real-time measurement of sweat sodium concentration, Anal. Methods vol. 2 (2010) 342–348.

[9] S. Coyle, F. Benito-Lopez, T. Radu, K.T. Lau, D. Diamond, Fibers and fabrics for chemical and biological sensing, J. Text. App vol. 14 (2010).

[10] J. Massie, K. Gaskin, P. Van Asperen, B. Wilcken, Sweat testing following newborn screening for cystic fibrosis, Pediatr. Pulmonol. vol. 29 (2000) 452–456.

[11] D.P. Lima, D.G. Diniz, S.A.S. Moimaz, D.r.H. Sumida, A.C.u. Okamoto, Saliva: reflection of the body, Int. J. Infect. Dis. vol. 14 (2010) e184–e188.

[12] K.-H. Kim, S.A. Jahan, E. Kabir, A review of breath analysis for diagnosis of human health, Trends Anal. Chem. vol. 33 (2012) 1–8.

[13] D. Hill, R. Binions, Breath Analysis for Medical Diagnosis, Int. J. Smart Sens. Intell. Syst. vol. 5 (2012) 401–440.

[14] Y. Ohashi, M. Dogru, K. Tsubota, Laboratory findings in tear fluid analysis, Clin. Chim. Acta. vol. 369 (2006) 17–28.

[15] G. Voirin, J. Luprano, S.p. Pasche, S. Angeloni, R.a. Ischer, M. Liley, Wearable biosensors for monitoring wound healing, Adv. Sci. Technol. vol. 57 (2009) 80–87.

[16] G. Whitesides, Solving problems, Lab Chip vol. 10 (2010) 2317–2318.

[17] S. Xing, J. Jiang, T. Pan, Interfacial microfluidic transport on micropatterned superhydrophobic textile, Lab Chip vol. 13 (2013) 1937–1947.

[18] A. Nilghaz, D.H.B. Wicaksono, D. Gustiono, F.A. Abdul Majid, E. Supriyanto, M.R. Abdul Kadir, Flexible microfluidic cloth-based analytical devices using a low-cost wax patterning technique, Lab Chip vol. 12 (2012) 209–218.

[19] P. Bhandari, T. Narahari, D. Dendukuri, Fab-Chips': a versatile, fabric-based platform for low-cost, rapid and multiplexed diagnostics, Lab Chip vol. 11 (2011) 2493–2499.

[20] D. Morris, S. Coyle, Y. Wu, K.T. Lau, G. Wallace, D. Diamond, Bio-sensing textile based patch with integrated optical detection system for sweat monitoring, Sens. Actuators B vol. 139 (2009) 231–236.

[21] S. Coyle, K. Lau, N. Moyna, D. Diamond, F. Di Francesco, D. Constanzo, et al., BIOTEX-Biosensing textiles for personalised healthcare management, IEEE Trans. Inf. Technol. BioMed. vol. 14 (2010) 364–370.

[22] V.F. Curto, S. Coyle, R. Byrne, N. Angelov, D. Diamond, F. Benito-Lopez, Concept and development of an autonomous wearable micro-fluidic platform for real time pH sweat analysis, Sens. Actuators B Chem. vol. 175 (2012) 263–270.

[23] V.F. Curto, C. Fay, S. Coyle, R. Byrne, C. O'Toole, C. Barry, et al., Real-time sweat pH monitoring based on a wearable chemical barcode micro-fluidic platform incorporating ionic liquids, Sens. Actuators B Chem. vol. 171-172 (2012) 1327–1334.

[24] S. Chandrasekhar, L.K. Iyer, J.P. Panchal, E.M. Topp, J.B. Cannon, V.V. Ranade, Microarrays and microneedle arrays for delivery of peptides, proteins, vaccines and other applications, Expert Opin. Drug Deliv. vol. 10 (2013) 1155–1170.

[25] H. Suzuki, T. Tokuda, K. Kobayashi, A disposable "intelligent mosquito" with a reversible sampling mechanism using the volume-phase transition of a gel, Sens. Actuators B vol. 83 (2002) 53–59.

[26] K. Sakaguchi, Y. Hirota, N. Hashimoto, W. Ogawa, T. Hamaguchi, T. Matsuo, et al., Evaluation of a minimally invasive system for measuring glucose area under the curve during oral glucose tolerance tests: usefulness of sweat monitoring for precise measurement, J. Diabetes Sci. Technol. vol. 7 (2013) 678–688.

[27] P.R. Miller, S.D. Gittard, T.L. Edwards, D.M. Lopez, X. Xiao, D.R. Wheeler, et al., Integrated carbon fiber electrodes within hollow polymer microneedles for transdermal electrochemical sensing, Biomicrofluidics vol. 5 (2011).

[28] J.R. Windmiller, N. Zhou, M.-C. Chuang, G. Valdes-Ramirez, P. Santhosh, P.R. Miller, et al., Microneedle array-based carbon paste amperometric sensors and biosensors, Analyst vol. 136 (2011) 1846–1851.

[29] P.R. Miller, S.A. Skoog, T.L. Edwards, D.M. Lopez, D.R. Wheeler, D.C. Arango, et al., Multiplexed microneedle-based biosensor array for characterization of metabolic acidosis, Talanta vol. 88 (2012) 739–742.

[30] C. O'Mahony, F. Pini, A. Blake, C. Webster, J. O'Brien, K.G. McCarthy, Microneedle-based electrodes with integrated through-silicon via for biopotential recording, Sens. Actuators A Phys. vol. 186 (2012) 130–136.

[31] L.M. Strambini, A. Longo, A. Diligenti, G. Barillaro, A minimally invasive microchip for transdermal injection/sampling applications, Lab Chip vol. 12 (2012) 3370–3379.

[32] <https://mylapka.com/bam>, (Last Accessed: 23.06.14).

[33] <http://www.breathresearch.com/>, (Last Accessed: 23.06.14).

[34] A. Nilghaz, D.R. Ballerini, W. Shen, Exploration of microfluidic devices based on multi-filament threads and textiles: A review, Biomicrofluidics vol. 7 (2013) 051501.

[35] X. Li, J. Tian, W. Shen, Thread as a Versatile Material for Low-Cost Microfluidic Diagnostics, ACS Appl. Mater. Interfaces vol. 2 (2009) 1–6, 2010/01/27.

[36] M. Reches, K.A. Mirica, R. Dasgupta, M.D. Dickey, M.J. Butte, G.M. Whitesides, Thread as a Matrix for Biomedical Assays, ACS Appl. Mater. Interfaces vol. 2 (2010) 1722–1728, 2010/06/23.

[37] R. Badugu, J.R. Lakowicz, C.D. Geddes, A Glucose Sensing Contact Lens: A Non-Invasive Technique for Continuous Physiological Glucose Monitoring, J. Fluores vol. 13 (2003) 371–374.

[38] T. Guinovart, M. Parrilla, G.A. Crespo, F.X. Rius, F.J. Andrade, Potentiometric sensors using cotton yarns, carbon nanotubes and polymeric membranes, Analyst vol. 138 (2013) 5208–5215.

[39] A.J. Bandodkar, V.W.S. Hung, W. Jia, G. Valdes-Ramirez, J.R. Windmiller, A.G. Martinez, et al., Tattoo-based potentiometric ion-selective sensors for epidermal pH monitoring, Analyst vol. 138 (2013) 123–128.

[40] W. Jia, A.J. Bandodkar, G. Valdos-Ramirez, J.R. Windmiller, Z. Yang, J. Ramirez, et al., Electrochemical Tattoo Biosensors for Real-Time Noninvasive Lactate Monitoring in Human Perspiration, Anal. Chem. vol. 85 (2013) 6553–6560, 2013/07/16.

[41] D. Khodagholy, V.F. Curto, K.J. Fraser, M. Gurfinkel, R. Byrne, D. Diamond, et al., Organic electrochemical transistor incorporating an ionogel as a solid state electrolyte for lactate sensing, J. Mater. Chem. vol. 22 (2012) 4440–4443.

[42] Y.-L. Yang, M.-C. Chuang, S.-L. Lou, J. Wang, Thick-film textile-based amperometric sensors and biosensors, Analyst vol. 135 (2010) 1230–1234.

[43] S. Claramunt, O. Monereo, M. Boix, R. Leghrib, J.D. Prades, A. Cornet, et al., Flexible gas sensor array with an embedded heater based on metal decorated carbon nanofibres, Sens. Actuators B Chem. vol. 187 (2013) 401–406.

[44] I.V. Anoshkin, A.G. Nasibulin, P.R. Mudimela, M. He, V. Ermolov, E.I. Kauppinen, Single-walled carbon nanotube networks for ethanol vapor sensing applications, Nano Res. vol. 6 (2013) 77–86.

[45] J. Li, H. Ng, H. Chen, Carbon nanotubes and nanowires for biological sensing, first ed., Protein Nanotechnology, vol. 300, Humana Press, 2005, pp. 191–223.

[46] J.H.M. Bergmann, A.H. McGregor, Body-Worn Sensor Design: What Do Patients and Clinicians Want? Ann. Biomed. Eng. vol. 39 (2011) 2299–2312.

[47] M. Patterson, S. Galloway, M.A. Nimmo, Variations in regional sweat composition in normal human males, Exp. Physiol. vol. 85 (2000) 869–876.

[48] V. Oncescu, D. O'Dell, D. Erickson, Smartphone based health accessory for colorimetric detection of biomarkers in sweat and saliva, Lab Chip vol. 13 (2013) 3232–3238.

[49] <http://www.bgstar.com/web/ibgstar>, (Last Accessed: 23.06.14).

[50] <http://www.ginerinc.com/>, (Last Accessed: 23.06.14).

[51] <http://www.mc10inc.com>, (Last Accessed: 23.06.14).

[52] C. Ataman, T. Kinkeldei, G. Mattana, A. Vasquez Quintero, F. Molina-Lopez, J. Courbat, et al., A robust platform for textile integrated gas sensors, Sens. Actuators B Chem. vol. 177 (2013) 1053–1061.

[53] T. Kinkeldei, C. Zysset, N. Muenzenrieder, G. Troester, An electronic nose on flexible substrates integrated into a smart textile, Sens. Actuators B Chem. vol. 174 (2012) 81–86.

[54] R. A. Potyrailo, C. Surman, W. G. Morris, and S. Go," Selective detection of chemical species in liquids and gases using radio-frequency identification (RFID) sensors," in Solid-State Sensors, Actuators and Microsystems Conference, 2009. TRANSDUCERS 2009. International, 2009, pp. 1650-1653.

[55] R.A. Potyrailo, C. Surman, A passive radio-frequency identification (RFID) gas sensor with self-correction against fluctuations of ambient temperature, Sens. Actuators B Chem. vol. 185 (2013) 587–593.

[56] M.S. Mannoor, H. Tao, J.D. Clayton, A. Sengupta, D.L. Kaplan, R.R. Naik, et al., Graphene-Based Wireless Bacteria Detection on Tooth Enamel, Nat. Commun. vol. 3 (2012).

[57] <http://www.menarinidiag.co.uk/Products/continuous_glucose_monitoring>, (Last Accessed 23.06.14).

[58] Markets and Markets. (2013), World Sensors Market in Healthcare Applications.

[59] P.J. Derbyshire, H. Barr, F. Davis, S.P.J. Higson, Lactate in human sweat: a critical review of research to the present day, J. Physiol. Sci. vol. 62 (2012) 429–440.

[60] C. Chen, K.D. Campbell, I. Negi, R.A. Iglesias, P. Owens, N. Tao, et al., A new sensor for the assessment of personal exposure to volatile organic compounds, Atmos. Environ. vol. 54 (2012).

第 5 章　穿戴式惯性传感器及其应用

5.1　简介

穿戴式惯性传感器是最常见的穿戴式设备，用于测量日常生活相关的运动及身体活动。加速度计和陀螺仪的结合使用能有效地评估运动，这些传感器体积小巧，适合佩戴在身体的各个位置。

5.2　穿戴式惯性传感器

本节将对加速度计、陀螺仪和磁传感器的测量参数以及这些传感器的工作原理进行综述。

5.2.1　惯性传感器的原理

在测量身体运动时，必须事先定义好坐标系统再考虑惯性传感器的部署。如果一个移动坐标系具有初始加速度 $\boldsymbol{a}_0$ 并且以角速度 $\boldsymbol{\omega}$ 旋转，一个质量为 m 的物体相对这个移动坐标系具有位置向量 $\boldsymbol{r}'$和速度 $\boldsymbol{u}'$，那么惯性力为

$$m\boldsymbol{a}'=-m\boldsymbol{a}_0+2m\boldsymbol{u}'\times\boldsymbol{\omega}+m\boldsymbol{\omega}\times(\boldsymbol{r}'\times\boldsymbol{\omega})+m\boldsymbol{r}'\times\frac{\mathrm{d}\boldsymbol{\omega}}{\mathrm{d}t} \tag{5-1}$$

式中，′表示相对移动坐标系的变量。式（5-1）右边的 4 项分别对应线性惯性力、科里奥利力、离心力和视在力。移动坐标系的复杂性使信号处理成为必需。

5.2.2　加速度计

加速度可以由速度的一阶导数或位移的二阶导数计算得出。然而，信号的微分通常会增大噪声。所以，直接测量加速度更容易、更方便。根据牛顿第二定律，直线运动的加速度 $\boldsymbol{a}$ 与作用在质量为 m 的物体上的力 $\boldsymbol{F}$ 有关。

$$\boldsymbol{F}=m\boldsymbol{a} \tag{5-2}$$

然而，正如 5.2.1 节所述，惯性力如科里奥利力和离心力也可能会出现。

多种具有不同技术参数的加速度计已经实现商品化。例如，用作汽车冲击传感器的加速度计相对便宜而且可靠。新型 MEMS 技术也用于生产灵敏的小型加速度计。总之，对于每种具体应用，要选择正确类型的加速度计。

在身体运动产生的加速度范围内，梁式加速度计是最灵敏的。如图 5-1a 所示，梁式加速度计中，弹性梁的一端固定在基底上，另一端连接着一个质量块，称为测振块。当测振块加速运动时会产生一个力，该力的大小正比于质量和加速度的乘积，弹性梁相应发生弹性弯曲。为避免瞬时输入后的共振，必须在机械系统中设置适当的阻尼系数。除了梁式结构外，膜片、弹簧或者其他弹性材料也可用于加速度计。

在三维空间中确定加速度的幅值和方向需要一个三轴加速度计，如图 5-1b 所示。目前，

基于 MEMS 技术的三轴加速度计已经实现商业化。

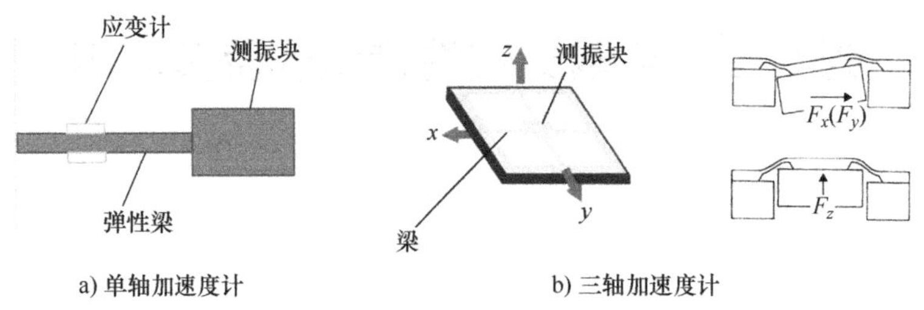

a) 单轴加速度计　　b) 三轴加速度计

图 5-1　加速度计

测振块的位移可以通过多种方法检测，如基于压阻、压电效应或电容量的方法。考虑体积和成本等因素，半导体应变计或电容-位移加速度计常用于测量人和动物的运动。

通常把压阻元件结合或集成在有质量块的弹性梁上作为应变计。当弹性梁因加速度变化而发生弯曲时，电阻发生相应改变。4 个单独的传感元件以惠斯通电桥的方式排列，消除了坐标轴间差异、温度及其他杂散输入的干扰，同时提供稳定的输出响应。采用微加工（MEM）技术可以很容易地将压敏电阻加入到连接有测振块的框架或支撑结构中，以提高灵敏度。

压电加速度计常被用来测量加速度的时变分量。压电加速度计的特征包括低功耗、简单的检测电路、高灵敏度以及固有的温度稳定性。压电材料中的极化电压正比于其形变程度。极化电压的极性取决于材料的分子结构。图 5-2 所示为一个配置了双压电晶片的梁结构，包含两个具有不同极性的压电元件，旨在产生一个双倍或差分输出。目前研究人员已经开发出了三轴双压电晶片元件[1]。

压电传感器端电压的产生与压电元件的弯曲和电容变化引起的电荷改变有关。端电压正比于存储电荷。因而电荷放大器可用于测量生成的电荷，如图 5-3 所示。

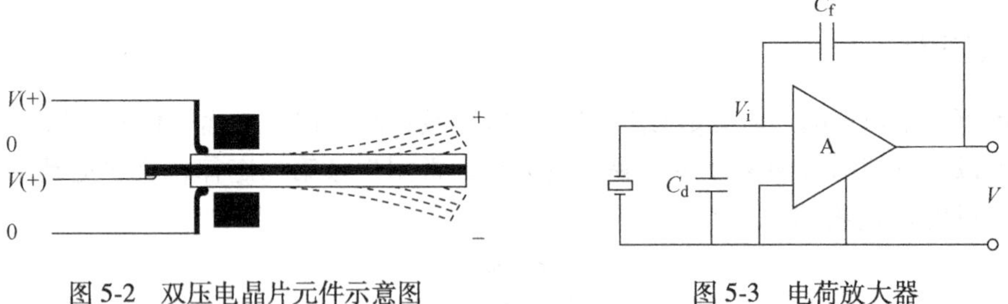

图 5-2　双压电晶片元件示意图　　图 5-3　电荷放大器

当输入电容（包括压电元件的电容和杂散电容）以 C_d 表示时，有

$$Q=C_dV_i+C_f(V_i-V) \tag{5-3}$$

$$V=-AV_i \tag{5-4}$$

式中，Q 为产生的电荷；V_i、V、A 分别为输入电压、输出电压以及放大器增益。

如果 $A \gg 1$ 并且 $AC \gg C_i$，那么

$$V=-\frac{Q}{C} \tag{5-5}$$

在这种情况下，输出电压与产生的电荷成正比，与输入电容无关。

加速度信号在测量中有广泛应用，包括运动状态评估（平衡、步态和坐-站转换）、运动

分类、身体活动放松、代谢能量消耗估计等。

5.2.3 陀螺仪

角速度可以利用陀螺仪测量，它由一个安装在可移动框架上的旋转轮构成。轮子旋转时，无论施加给它的向心力多大，轮子都倾向于保持其在空间中的初始方向。当用外力改变轴的方向时，倾斜轴方向的转矩与转速成比例，这一关系可以用来检测角速度。动力调谐陀螺就是这类传感器之一。

通常，微机械陀螺仪是专门用来测量科里奥利力的振动加速度计（见图 5-4）。基本的振动陀螺仪由一个安装在悬架上的质量块组成，这个悬架可以使质量块在两个正交方向上移动。只有当质量块处于运动状态时，科里奥利力才能产生。为此，质量块被要求在电驱动下以平行于芯片表面的方向振动。如果陀螺仪芯片沿着垂直于芯片表面的轴旋转，那么科里奥利力会引起质量块在第二个方向偏转。共振偏转的幅度与旋转速度成比例，电容式感应可以产生一个与角速度成正比的电压，与上述讨论的加速度计原理类似。

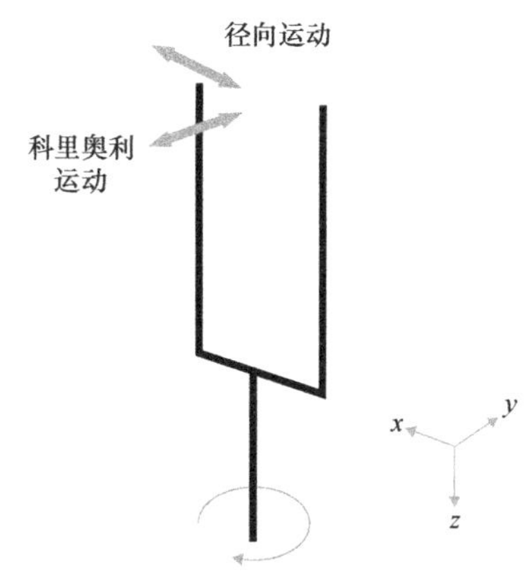

图 5-4　科里奥利力

在振动陀螺传感器中，音叉直接检测角速度。在垂直于晶片表面的方向上，音叉的两个叉臂受到压电激励。当音叉在平行于叉臂的方向上以一定的角速度 $\boldsymbol{\omega}$ 旋转时，科里奥利效应产生一个正比于 $\boldsymbol{\omega}$ 的转矩。

$$\boldsymbol{a}_{\mathrm{cor}}=2\boldsymbol{v}_{\mathrm{pm}}\times\boldsymbol{\omega} \tag{5-6}$$

式中，$\boldsymbol{a}_{\mathrm{cor}}$为科里奥利加速度；$\boldsymbol{v}_{\mathrm{pm}}$为质量块的速度。

图 5-5 是一个音叉。角速率的输入轴平行于晶片表面，音叉的叉臂受到压电致动器的激励。由于科里奥利效应，平行于轴杆的角速度产生一个周期性转矩，从而导致轴杆的扭转振动。置于轴杆中间的压敏电阻的阻值可以反映此扭转振动。轴杆中心处的凹槽提高了输出压敏电阻位置处的剪切力，因而该系统具有很高的灵敏度。

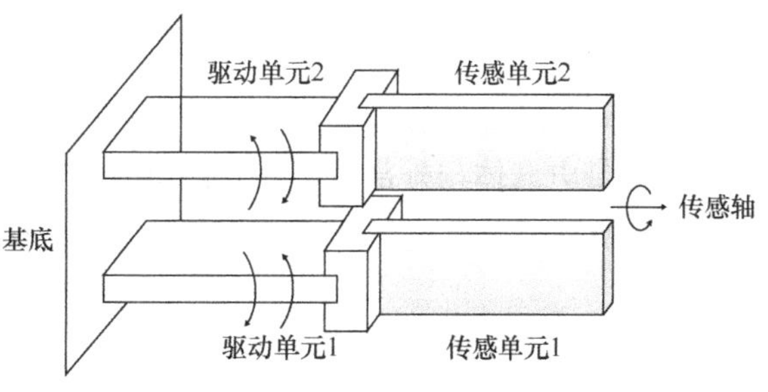

图 5-5　音叉的构造

具有两个或三个轴的角速度传感器也可以实现，如图 5-6 所示[2]。三轴微型角速度传感器主要利用绝缘体上硅（silicon-on-insulator，SOI）技术加工，用以检测三轴角速度。外环在旋转梳状电极的驱动下，绕着 z 轴顺时针/逆时针交替旋转。一旦陀螺仪受到外部沿 y 轴方向的旋转激励引起的科里奥利加速度的扰动，外环就会对 x 轴的倾斜做出响应。另一方面，如果外部旋转激励沿着 x 轴，内盘将被迫沿着 y 轴振动。沿着 x 轴或 y 轴的所有倾斜都会引起相应电容器的电压输出改变。同样，如果外部的角度激励沿着 z 轴，那么梳状电极将会检测到分布平移式质量块（distributed translational proof mass，DTPM）的径向运动。

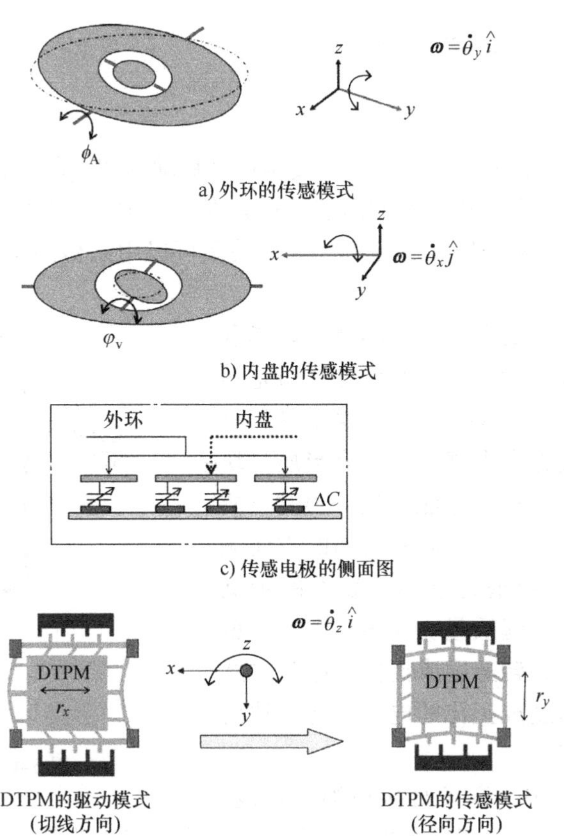

图 5-6　科里奥利力效应下的传感模式运动

5.2.4　磁传感器

1. 霍尔效应

具有不同灵敏度的磁传感器可用于身体运动的精确测量。常见的磁传感器都基于霍尔效应（移动的带电载体与外部磁场相互作用时会产生磁阻抗和磁阻），如图 5-7 所示。在金属材料中，带电载体是电子。运动的电子在磁场中移动时，会受到一个横向力，即

$$F=qvB \tag{5-7}$$

式中，q 为电子电荷量；v 为电子的速度；B 为磁场强度。

2. 磁阻抗传感器

磁阻抗传感器基于非晶丝中的磁阻抗（magnetoimpedance，MI）效应，通常使用互补金属氧化物半导体（complementary metal-oxide-semiconductor，CMOS）多谐振荡器集成加工而成[3-4]。非晶态材料不是晶体，具有统一的内部结构，通常表现出理想的软磁特性。如图 5-8 所示，当向非晶丝施加一个脉冲电流时，非晶丝的阻抗 Z 在磁场作用下会发生明显变化，产生磁阻抗效应。因为磁导率在轴向上随着外部磁场 H_{ex} 变化，所以可以通过阻抗的变化检测出外部磁场的强度，则

$$Z=\frac{d}{2\sqrt{2\rho}}R_{dc}(1+j)\sqrt{\omega\mu H_{ex}}\cdots \tag{5-8}$$

式中，d 为非晶丝的直径；ρ 为特征电阻；R_{dc} 为直流电阻；ω 为角速度。

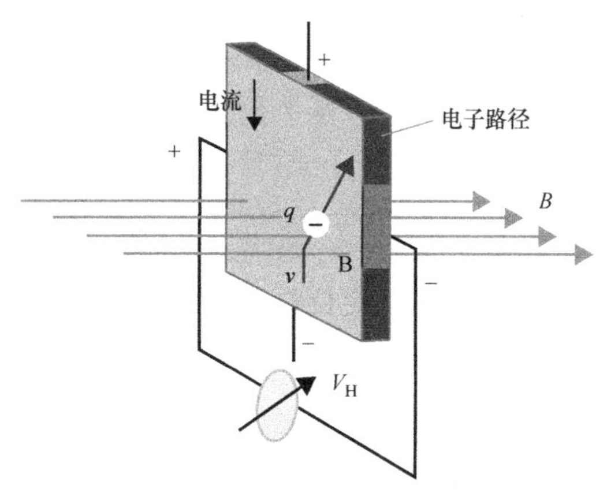

图 5-7　霍尔效应

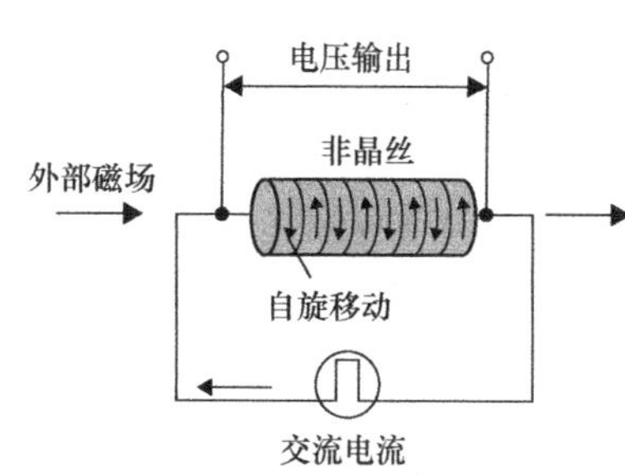

图 5-8　磁阻抗传感器

非晶丝独特的磁畴结构是磁阻抗效应的基础。在其磁畴结构中，非晶丝表面的自旋排列在圆周方向上，这种排列方式导致圆周方向的磁导率 μ 产生较大的变化，从而放大磁阻抗效应。

磁阻抗传感器的缺点是无法确定磁场的方向，同时难以获得线性输出，这是由于非晶丝自身的阻抗会随着外部磁场的极性改变而发生对称改变。不过，通过在非晶丝电线周围缠绕线圈并检测线圈的感应电压，只检测式（5-8）的虚数部分，可以获得线性输出特性，也可以确定磁场方向的极性。

3. 磁阻传感器

当传统半导体（如 InSb 板）的表面受到一个垂直磁场作用时，其电阻增加。这就是磁阻（magnetoresistance，MR）效应，其强度取决于材料的电子迁移率。在磁场作用下，半导体的电阻 R_B 为

$$R_B = R_0 \frac{\rho_B}{\rho_0}(1+m(\mu B)^2) \tag{5-9}$$

式中，R_0 是未施加磁场情况下的电阻；μ 是磁导率；ρ_B/ρ_0 是特征相对电阻；B 是磁场强度；m 是由材料的长和宽组成的几何因子。在不施加磁场的情况下，电流直接流过 InSb 板。如果施加了磁场，与磁场强度成比例的洛仑兹力将使电流路径发生偏转。利用此原理进行磁传感仅限于低磁阻范围的实际应用。

各向异性磁阻（anisotropic magnetoresistance，AMR）传感器已经商业化。AMR 是铁磁材料的一个共有特性，是由磁场引起的原子轨道散射的变化。电流与磁化方向平行时 AMR 最大，电流与磁化方向垂直时 AMR 最小。由于其典型的磁阻水平接近 1%，响应足够线性，因此 AMR 器件在实际中有广泛的应用。

4. 巨磁阻传感器

在磁性多层材料中，一系列磁性薄层与非磁性金属薄层材料彼此分隔，其内部电流会受到磁性层相对磁化方向的强烈影响（见图 5-9）。这种大的阻值变化也称为巨磁阻（giant magnetoresistance，GMR），其原因是薄层材料界面间的电子发生散

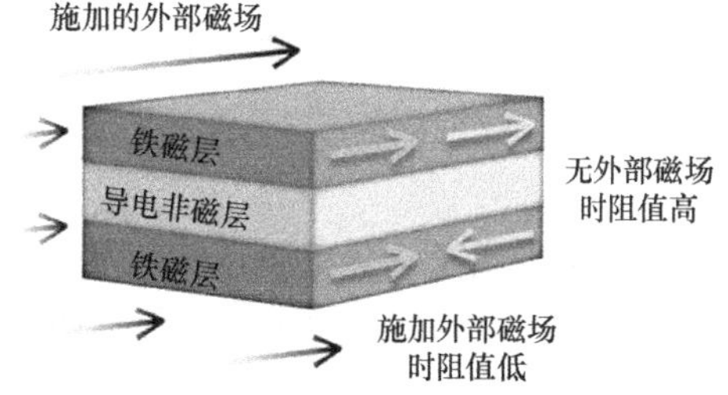

图 5-9　巨磁阻传感器

注：巨磁阻传感器由铁磁材料组成，这种材料在磁场作用下阻值会发生改变，这一特性使其能在磁场强度很大时触发电路。

射。因此，任何具有金属-磁界面的材料都可能具有巨磁阻效应，目前大量研究工作集中在如何通过优化结构来提高巨磁阻效应。巨磁阻效应与三轴加速度计、三轴陀螺仪和三轴磁强计联合使用可以实现具有 9 个自由度的惯性测量系统。然而，鲜有基于 9 个自由度的惯性测量系统的研究。

5.2.5 角度测量

从陀螺仪信号的积分可以得到角度的估算值。一般来说，定位角可以通过陀螺仪测量的角速度 ω_{gy} 推算出来，有

$$\varphi_k = \int_t (\omega_{gy} A + \omega_{off})\,\mathrm{d}t + \varphi_{off} \cdots \tag{5-10}$$

式中，ω_{gy}是陀螺仪的输出信号；A 是比例因子；ω_{off}是角速度的偏移量；φ_{off}是在 $t=0$ 时初始积分的偏移量[5]。加速度计用来补偿陀螺仪积分时累计产生的错误。因此，有研究提出将纠错（自动重置）和偏移校正（自动归零）技术结合起来[6-7]。

通过综合加速度计、陀螺仪和磁力计的信号，基于 Kalman 滤波的融合算法已经被用来获取人体各部位的动态方位和位置信息[8-10]。此外也有人提出，通过使用来自加速度计和陀螺仪中的分段方向，在全局坐标系统中可实现三维步态的可视化[11]。此外，在穿戴式惯性传感器中使用高斯粒子滤波器可以进行步行周期最大角的评估[12]。

5.3 惯性传感器获得的参数

5.3.1 数学分析

惯性传感器获得的信号可以用来确定多项参数，包括步行速度、各种方均根（root mean square，RMS）、节奏和跨步长度。

惯性传感器（如加速度计和陀螺仪）已经取代了秒表进行步行速度的估算。步行速度是衡量日常步行能力的重要参数[13]。实验设计包括以预定速度和首选速度分别在跑步机和地面上行走。估计步行速度的算法可分为人类步态模型的直接积分或抽象模型。抽象模型是一种“黑箱”模型，采用神经网络来描述传感器测量和步行速度之间的复杂关系。

方均根值能提供加速度、角速度和磁通在各个方向上的平均值信息。在行走阶段的加速度信号表现为步态平衡[14]。方均根值可以通过式（5-11）确定，其中 N 对应信号 X_i 中的参数个数，X_i 是加速度、角速度和磁场的测量值。

$$X_{rms} = \sqrt{\frac{1}{N}\sum_{t=0}^{N-1} X_i^2} \tag{5-11}$$

一个跨步或者一个完整的步态周期，被定义为同一只脚从一次脚跟落地到下一次脚跟落地之间的时间。因此，每个跨步包括两步，每一步都为一侧脚跟落地到对侧脚跟落地之间的时间。步数和跨步数通过加速度信号确定，如图 5-10 所示。步频或节奏是每分钟内完整步态周期的数量。步频与步态是正相关的关系，可以用来描绘步行的特点[15]。每步的平均时间、每跨步的平均时间以及节奏可以通过以下公式计算得出：

$$\text{每步的平均时间} = \frac{\text{步行时间[s]}}{\text{步数}} \tag{5-12}$$

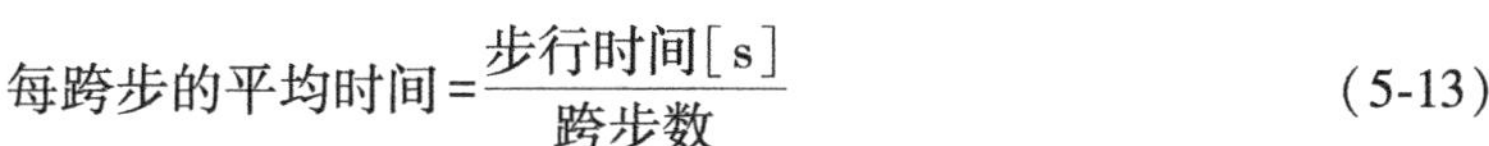

$$每跨步的平均时间=\frac{步行时间[s]}{跨步数} \tag{5-13}$$

$$节奏=\frac{步数}{步行时间[min]} \tag{5-14}$$

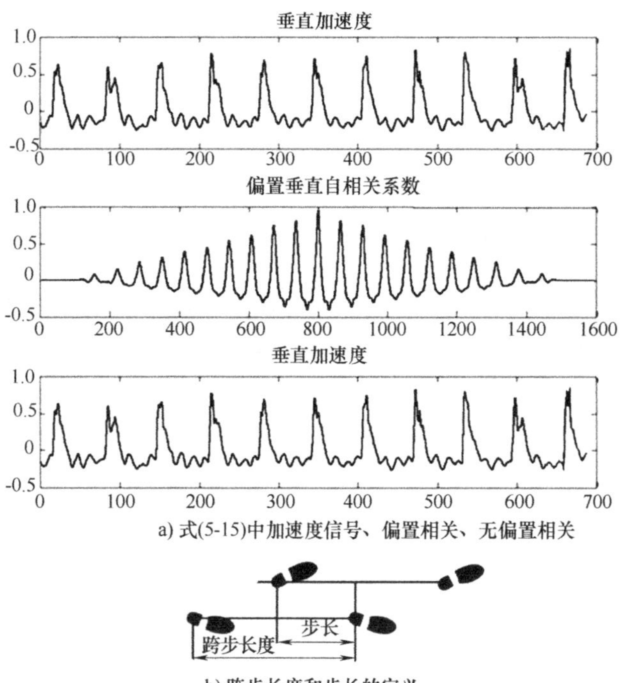

a) 式(5-15)中加速度信号、偏置相关、无偏置相关

b) 跨步长度和步长的定义

图 5-10　通过自相关函数评估步态周期的特征

研究人员已经利用腿的对称性计算并评估了垂直加速度的自相关函数[16]。

$$\mathrm{Ad}(m)=\frac{1}{N-|m|}\sum_{j=1}^{N-|m|}x(i)x(i+m) \tag{5-15}$$

式中，N 是采样总数；m 是以样品数来表示的时滞。当计算步态中加速度信号的自相关时，$\mathrm{Ad}(m)$ 的第一个峰 Ad_1 反映了连续两步间加速度的规律性，可以解释为左右腿控制对称性的衡量指标。$\mathrm{Ad}(m)$ 的第二个峰 Ad_2 反映了连续两跨步的规律性。Ad_1 和 Ad_2 的数值越大，则步与跨步越规律[16-18]。步行节奏可以通过 Ad_1 和 Ad_2 之间的时间差获得。

表 5-1 总结了可以从 9 个自由度的惯性传感器中提取的步态参数。

静态和动态活动可以使用加速度计来估计。幅值和方均根值是用来区别正常行走与异常行走的指标，也可以用来区分与年龄相关的功能[19]。

表 5-1　穿戴式惯性传感器的参数

参　数	信　号
速度	三轴加速度
步数	三轴加速度
跨步数	三轴加速度
时间	三轴加速度

（续）

参　数	信　号
平均跨步时间	三轴加速度
节奏	三轴加速度
方均根值	三轴加速度、三轴陀螺速度、三轴磁场
步态规律性	三轴加速度
跨步规律性	三轴加速度
角度	三轴加速度、三轴角速度、三轴磁场的结合

5.3.2 康复评分与加速度之间的比较

来自穿戴式惯性传感器的信号通常用于临床实践中的定性评估。一些半定量评分参数也可以从穿戴式惯性传感器中获得。具体来说，临床实践中最常见的是对日常活动（activity of daily life，ADL）的评分。虽然基本的ADL类别已经确定了，但是对于一个在特定环境中的特定个体，构成一个特定ADL的具体参数可能会有所不同。在测量基本的ADL时，个体的日常活动如吃饭、洗澡、穿衣、梳洗、工作、家务和休闲都会被记录、保存以及比较，最终获得一个总分数。其他仪器记录的ADL分数，包括非日常活动如理财、购物、交通也被包括在内，因为这些活动通常能确定个体是否独立生活在一个社区[20]。

一些工具可用于评估患者，如Katz ADL评分和劳顿仪器ADL（Lawton Instrumental ADL，IADL）。Katz ADL评分由6个单独活动组成，总分最高为6。关注ADL和惯性参数之间关系的研究较少[21-23]。改进对惯性参数的解释对未来康复研究至关重要。

5.4 穿戴式运动传感器的应用

早在20世纪80年代末期就有人开始讨论使用加速度信号。下腰部是最接近人体重心的位置，监测患者下腰部的加速度可以获得不同的信息。随着集成电路技术的发展，加速度计、陀螺仪和磁传感器的成本已经显著下降，多项康复研究已经将这些传感器集成使用。

5.4.1 用康复评分进行跌倒风险评估

目前已有多种方法用于主观和客观地评估跌倒风险。主观方法如日记、问卷调查和检查成本低廉，然而这些方法都依赖治疗师和护理人员的经验、个体观察以及主观解释，会导致评估结果不一致。一些风险评估的标准测试也需要主观判断。例如，简单的“计时起走”（timed up and go，TUG）测试通过执行一系列基本活动对能力进行评估。美国和英国老年学会推荐使用TUG测试作为跌倒风险筛选的一部分。传统的测试要求被试者从一把标准的椅子上站起来、走3m、转身、走回来、再转身并坐回椅子，工作人员手动记录完成这一系列动作所需要的时间，然后依次打分[24]。这种测试已经被广泛用来评估老年人的平衡性和活动性[25-27]，因为测试很简单，仅仅使用总测试时间作为预测老年人跌倒风险的阈值[28]。TUG试验研究表明，能否在13.5s完成整个测试可以作为区分跌倒者和非跌倒者的标准[29]。然而，在TUG试验中，需要依靠主观判断来区分动作的改变，从而记录每个动作改变所需时间。

一些研究建议将穿戴式惯性传感器用于对老年人跌倒风险进行分类，并改善评估结果的一致性。在最近的研究中，研究人员使用 3 种穿戴式惯性传感器来确定相位变化，传感器分别放在腰背部和左、右大腿上[30-32]。在行走路径上添加一个加速度计也可以优化跌倒风险的评估[33]。图 5-11 是一个利用加速度计和陀螺仪进行相位分类的例子。之前的另一项工作研究了 TUG 仪器测试法的重测可信度，结果表明时间步态参数结合空间步态参数、坐-立变量的混合结果是最可靠的测量方法[34,35]。这些客观测量方法使基于 TUG 的跌倒风险评估更完善和准确。

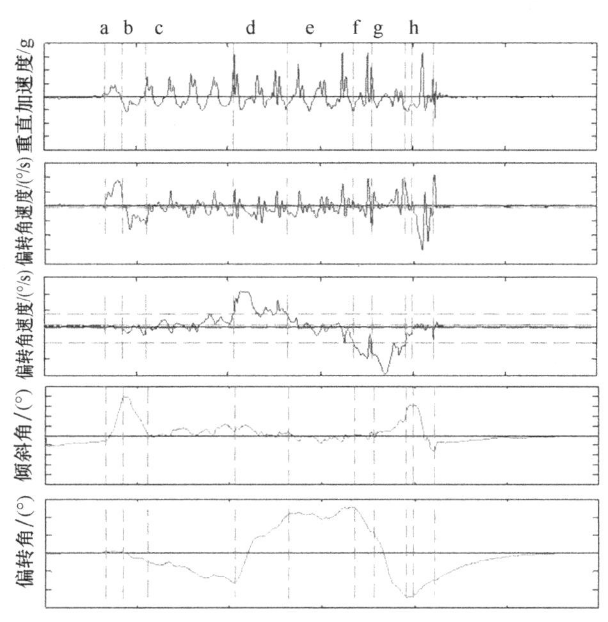

图 5-11　TUG 测试中腰部佩戴的加速度计和陀螺仪采集的数据
a—从坐到弯腰　b—从弯腰到站立　c—第一段行走　d—第一次转身
e—第二段行走　f—第二次转身　g—从站立到弯腰　h—从弯腰到坐下

Berg 平衡表（berg balance scale，BBS）用于评估老年个体的平衡控制能力，但是 BBS 在一些测试项目的评分上也需要主观观察和判断[36]。

加速度信号可以用于准确衡量步态，因此可以应用到行走、坐-立能力和行走表现的研究中。安装在躯干上的加速度计可以反映行走时的周期性运动，包括加速、减速，纵向、横向以及前后的移动[37]。行走表现的评价通常需要距离相对较远（20~40m）的平坦路面上的直行[37,38]或者跑步机上的行走[39]。然而对于康复评估，6~10m 的距离足以评价行走表现。如果距离大于 10m，处于康复状态的患者可能会感到疲惫，但在康复情形下，需要测量个体在无须辅助条件下行走 10m 所需的时间，行走 6m 所需时间也需要被测量以评估加速和减速的能力。

也有研究比较了加速度测量与各种临床平衡试验，包括伯格测试的变式（variants of Romberg's tests）、脚跟-脚尖直线行走和功能到达测试，以及运动协调测试，包括快速步进测试和脚跟-脚尖转换[40]。其他常见的跌倒风险评估方法有坐-站转换[41]、站姿摇摆和左右水平交替行走测试。惯性传感器可以获得这些测试的惯性参数以评估跌倒风险[42-45]。总体上看，惯性传感器在评估跌倒风险方面很有前景。未来的研究将集中在优化传感器位置和预测变量上，以更好地评估跌倒风险。

5.4.2　跌倒检测

跌倒及其导致的伤害是对老年人影响最大的公共健康问题。目前有很多方法和规划用于预防跌倒伤害，包括定期锻炼、补充维生素 D 和钙、停止使用精神类药物、环境危险评估和修整、髋部保护器、多因素预防性规划（用于评估及减少诱发因素和环境风险因素）。上述提到的 TUG 测试也常被用于跌倒评估中。

走动评估有很多潜在的应用，包括在临床或家庭环境下长时间（如 24h 动态监测）客观评估移动能力。走动评估也可以用于早期评价或作为康复期和康复后监测康复水平的辅助手段。跌倒检测类医疗器械可能用于老年人跌倒以及后续伤害的预防，加速度计在这类器械中的应用正处于评估阶段。

自动跌倒检测器已经被开发出来用以支持独立的生活和保障安全。这类检测器的基础大多是放置在身体上的加速度计。目前大多数跌倒检测器件都是处于研发阶段的设备原型。

跌倒检测算法能检出跌倒事件的不同阶段：1）在高速[46-47]和快速姿势转换导致撞击或跌倒[48-49]之前的活动；2）高速撞击[50-51]、加速与停止动作之间的快速转变[52-53]，或是在这些影响后一般活动的减少[51]。在早期研究中，Kangas 等人发现具有简单算法的腰部三轴加速度计足以进行跌倒检测[54-55]。

5.4.3 偏瘫患者的定量评价

对偏瘫患者的评价通常为基于理疗师观察的半定量评分，理疗师观察偏瘫的胳膊和腿，然后基于 Bronstrom 表从 1~6 进行打分[56]。理疗师在患者走路或活动上肢时对其表现进行打分。然而，即便是经验丰富的理疗师，对同一患者的判断也可能不同，因为没有评价偏瘫的金标准。

相反，加速度计和陀螺仪可以用来定量评价偏瘫患者的病情。对偏瘫患者的行走功能的评价通常基于偏瘫位点的对称性和规律性。陀螺仪已经被用来检测偏瘫患者行走的步态[31,33,57]。偏瘫患者下肢的伸展性明显低于正常人，相比于正常步态，偏瘫患者步态的平衡性较差[58-59]。偏瘫步态康复训练的影响也可以进行定量分析。

5.4.4 帕金森病的临床评价

惯性传感器也被应用于各种步态异常的患者，包括帕金森病（Parkinson's disease，PD）相关的运动障碍。使用传感器系统监测 PD 有望改善患者的临床管理。运动障碍是帕金森药物治疗的一个副作用，安装在肩膀的便携式三轴加速度计可以用于监测运动障碍的严重程度。加速度信号与运动障碍的严重程度高度相关[60]。

评价 PD 有多个评分方法，其中包括统一帕金森病评价定量表（unified Parkinson's disease rating scale，UPDRS）Ⅲ。一些研究人员已经对 UPDRS 评分和来自惯性传感器的参数进行了比较研究[61-64]。还有一项研究比较了步态参数与运动分数之间的关系，其中运动分数是基于改进的异常不自主运动（abnormal involuntary movement，AIM）和 Goetz 量表得出的[65]。两个加速度计被半弹性带固定在背部中间，可以分别记录纵向和横向加速度。PD 步态的特征是行走速度降低，表现为跨步频率和步长的降低。此外，研究还发现与正常人相比，患者的步态规律性及纵向活动能力较低，二者与运动分数密切相关，因此说明步态规律性及纵向活动非常适合表征稳定的 PD 步态。

5.4.5 能量消耗

目前的加速度计能估算身体活动引起的能量消耗。过去几十年里，单位时间内加速度信号的积分被认为与氧消耗成正比[66-67]。研究人员已经开发出一种小型便携式加速度计用于估算日常活动的能量消耗。在该研究中，21 个被试者都在腰部佩戴一个便携式加速度计，并测量 14 种不同活动的氧消耗。加速度计读数的可重复性很高（4 个被试者，14 个活动；$r=0.94$）。基于 21 个被试者和 14 种活动，从加速度计中估算得到的氧消耗标准误差是 6.6mL · min^{-1} · kg^{-1}。该方法提供了一种流行病学的方式来评估和控制环境，并建立了个人活动与能量消耗之间的相关性。

身体活动的特征包括强度、类型、持续时间和频率。身体活动的绝对强度代表了活动的能量消耗（energy expenditure of the activity，EEact）。许多研究人员利用加速度计计算出时刻变化的 EEact 值，通过预先设定的阈值对日常活动进行分类，并且评估不同活动的持续时间和频率。加速度计的各种输出值必须使用不同任务标定的 EEact 值进行校准。此外，加速度计信号的强度可用于估算成人与儿童的代谢当量（metabolic equivalents，MET）。近期的技术进展主要体现在线性和非线性分析建模方法的优化。能量代谢数据参考值可以利用间接量热法或在受控环境下的氘标记水技术进行测定。

大多数线性验证研究已经评估了监测器得到的活动数值与间接测热法得到的能量消耗之间的相关系数。例如，在平地行走时两者具有高度相关性，但家务活动的相关系数却非常低。在个体监测中，身体活动的监测器可能在低估某些活动能量消耗的同时，高估另外一些活动的能量消耗，所以 EEact 的预测值通常与实际测量的总 EEact 值相当。

也有人尝试用非线性方法进行研究。研究人员开发了两分量（垂直与水平）功率模型以计算单个活动的 EEact 值，有

$$\text{EEact}=a\left(\sqrt{A_a^2+A_l^2}\right)^{p1}+bA_v^{p2} \tag{5-16}$$

式中，A_v 是垂直加速度计输出值；A_a 和 A_l 是水平面上结合前后方向及侧向的加速度计输出。系数 a、b、$p1$、$p2$ 通过传统的无约束非线性优化算法针对每个个体确定[68]。与线性模型相比，其相关性得到了提高，低估率从 50%降低到 3%[69]。所以，非线性模型提高了 EEact 预测的准确性。然而，非线性模型有时不够稳定。

5.5 穿戴式运动传感器在临床实践的考虑及未来研究方向

一些特定的穿戴式传感器已经应用于临床实践。穿戴式惯性传感器在临床成功应用的关键是选择合适的传感器。具有 9 个自由度的加速度传感器、角速度传感器、磁传感器目前已经商品化。对于康复应用来说，进一步提高准确性并不是必需的。在临床实践中，简单的信号解读对理疗师和患者来说是必需的。为了穿戴式惯性传感器在临床上得到广泛应用，建议在未来研究中发展和改进基于经验的信号解读。

参考文献

[1] Q. Zou, W. Tan, E.S. Kim, G.E. Loeb, Single- and triaxial piezoelectric-bimorph accelerometers, J. Microelectromechanical Syst. 17 (1) (2008) 45–57.

[2] N.-C. Tsai, C.-Y. Sue, Design and analysis of a tri-axis gyroscope micromachined by surface fabrication, IEEE Sensors J. 8 (12) (2008) 1933–1940.

[3] K. Mohri, L.V. Panina, T. Uchiyama, K. Bushida, M. Noda, Sensitive and quick response micro magnetic sensor utilizing magneto-impedance in Co-rich amorphous wires, IEEE Trans. Magnetic. 31 (2) (1995) 1266–1275.

[4] K. Mohri, T. Uchiyama, L.P. Shen, C.M. Cai, L.V. Panina, Sensitive micro magnetic sensor family utilizing magneto-impedance (M) and stress-impedance (SI) effects for intelligent measurements and controls, Sen.

Actuators A Phys. 91 (1–2) (2001) 85–90.

[5] J.E. Bortz, A new mathematical formulation for strapdowm inertial navigation, IEEE Trans. Aerosp. Electron. Syst. 7 (1971) 61–66.

[6] R.E. Mayagoitia, A.V. Nene, P.H. Veltink, Accelerometer and rate gyroscope measurement of kinematics: an inexpensive alternative to optical analysis systems, J. Biomech. 35 (4) (2002) 537–542.

[7] R. Williamson, B.J. Andrews, Detecting absolute human knee angle and angular velocity using accelerometers and rate gyroscopes, Med. Biol. Emg. Comput. 39 (2001) 1–9.

[8] R. Zhu, Z. Zhou, A real-time articulated human motion tracking using tri-axial internal/magnetic sensors package, IEEE Trans. Neural Syst. Rehabil. Eng. 12 (2) (2004) 295–302.

[9] A.M. Sabatini, Quaternion-based extended Kalman filter for determining orientation by inertial and magnetic sensing, IEEE Trans. Biomed. Eng. 53 (2006) 1346–1356.

[10] G. Cooper, I. Sheret, L. McMillian, K. Siliverdis, N. Sha, D. Hodgins, et al., Inertial sensor-based knee flexion/extension angle estimation, J. Biomech. 42 (16) (2009) 2678–2685.

[11] R. Takeda, S. Tadano, A. Natorigawa, M. Todoh, S. Yoshinari, Gait posture estimation using wearable acceleration and gyro sensors, J. Biomech. 42 (2009) 2486–2494.

[12] Z. Zhang, Z. Huang, J. Wu, Ambulatory hip angle estimation using Gaussian particle filter, J. Signal Process. Syst. 58 (2010) 341–357.

[13] S. Yang, Q. Li, Inertial sensor-based methods in walking speed estimation: a systematic review, Sensors 12 (2012) 6012–6116.

[14] M. Henriksen, H. Lund, R. Moe-Nilssen, H. Bliddal, B. Danneskiod-Samsoe, Test-retest reliability of trunk accelerometric gait analysis, Gait. Posture. 19 (3) (2004) 288–297.

[15] Y.-R. Yang, Y.-Y. Lee, S.-J. Cheng, P.-Y. Lin, R.-Y. Wang, Relationships between gait and dynamic balance in early Parkinson's disease, Gait. Posture. 27 (4) (2008) 611–615.

[16] R. Moe-Nilssen, J.L. Helbostad, Estimation of gait cycle characteristics by trunk accelerometry, J. Biomech. 37 (2004) 121–126.

[17] A. Tura, M. Raggi, L. Rocchi, A.G. Cutti, L. Chiari, Gait symmetry and regularity in transfemoral amputees assessed by trunk accelerations, J. Neuroeng. Rehabil. 7 (2010) 4.

[18] A. Tura, L. Rocchi, L. Chiari, Recommended number of strides for automatic assessment of gait symmetry and regularity in above-knee amputees by means of accelerometry and autocorrelation analysis, J. Neuroeng. Rehabil. 9 (2012) 11.

[19] H.J. Yack, R.C. Berger, Dynamic stability in the elderly: identifying a possible measure, J. Gerontol. 48 (1993) M225–M230.

[20] S.S. Roley, J.V. DeLany, C.J. Barrows, American occupational therapy association committee of practice, "Occupational therapy practice framework: domain and practice," second ed. Am. J. Occup. Ther. 62 (6) (2008) 625–683.

[21] M.J. Mathie, A.C. Closter, N.H. Lovel, B.G. Veller, S.R. Lord, A. Tiedemann, Accelerometry: providing an integrated, practical method for long-term, ambulatory monitoring of human movement, J. Telemed. Telecare 10 (2004) 144–151.

[22] M.N. Nyan, F.E.H. Tay, M. Manimaran, K.H.W. Seah, Garment-based detection of falls and activities of daily living using 3-axis MEMS accelerometer, J. Phys. Conf. Ser. 34 (2006) 1059.

[23] T. Tamura, M. Sekine, H. Miyoshi, Y. Kuwae, T. Fujimoto, Wearable inertia sensor application in the rehabilitation field, Adv. Sci. Tech. 85 (2013) 28–32.

[24] G.A.L. Meijer, K.R. Westerterp, F.M.H. Verhoeven, H.B.M. Koper, F. Hoor, Methods to assess physical activity with special reference to motion sensors and accelerometers, IEEE. Trans. Biomed. Eng. 38 (1991) 221–229.

[25] American Geriatrics Society, British Geriatrics Society, and American Academy of Orthopaedic Surgeons Panel on Falls Prevention, Guidelines for the prevention of falls in older persons, J. Am. Geriatr. Soc. 49 (2001) 664–672.

[26] D. Podsiadlo, S. Richardson, The timed-up-&-go: a test of basic functional mobility for frail elderly persons, J. Am. Geriatr. Soc. 39 (1991) 142–148.

[27] K.O. Berg, B.E. Maki, J.I. Williams, P.J. Holliday, S.L. Wood-Dauphinee, Clinical and laboratory measures of postural balance in an elderly population, Arch. Phys. Med. Rehabil. 73 (11) (1992) 1073–1080.

[28] C. Zampieri, A. Salarian, P. Carlson-Kuhta, K. Aminian, J.G. Nutt, F.B. Horak, The instrumented timed up and go test: potential outcome measure for disease modifying therapies in Parkinson's disease, J. Neurol. Neurosurg. Psych. 81 (2) (2010) 171–176.

[29] G. Thrane, R.M. Joakimsen, E. Thornquist, The association between timed up and go test and history of falls: The tromso study, BMC. Geriatr. 7 (1) (2007) 1.

[30] A. Shumway-Cook, S. Brauer, M. Woollacott, Predicting the probability for falls in community-dwelling older adults using the timed up & go test, Phys. Ther. 80 (9) (2000) 896–903.

[31] Y. Higashi, K. Yamakoshi, T. Fujimoto, M. Sekine, T. Tamura, 2008. Quantitative evaluation of movement using the timed up-and-go test, IEEE Eng Med Biol Mag. 27(4):38–46.

[32] B.R. Greene, A. O'Donovan, R. Romero-Ortuno, L. Cogan, C.N. Scanaill, R.A. Kenny, Quantitative falls risk assessment using the timed up and go test, IEEE Trans. Biomed. Eng. 57 (12) (2010)

2918–2926.
[33] N.A. Zakaria, Y. Kuwae, T. Tamura, K. Mnato, S. Kanaya, Quantitative analysis of fall risk using TUG test computer methods, Biomech. Biomed. Eng. (2013). Available from: http://dx.doi.org/doi:10.1080/10255842.2013.805211.
[34] A. Salarian, F.B. Horak, C. Zampieri, P. Carlson-Kuhta, J.G. Nutt, K. Aminian, iTUG, a sensitive and reliable measure of mobility, IEEE Trans. Neural Syst. Rehabil. Eng. 18 (3) (2010) 303–310.
[35] A. Weiss, T. Herman, M. Plotnik, M. Brozgol, N. Giladi, J.M. Hausdorff, An instrumented timed up and go: the added value of an accelerometer for identifying fall risk in idiopathic fallers, Physiol. Meas. 32 (2011) 2003–2018.
[36] K.O. Berg, S.L. Wood-Dauphinee, J.I. Williams, D. Gayton, Measuring balance in elderly: Preliminary development of an instrument, Physiother. Can. 41 (1989) 304–311.
[37] A. Auvinet, G. Berrut, C. Touzard, L. Moutel, N. Collet, D. Chaleil, et al., Reference data for normal subjects obtained with an accelerometric device, Gait Posture 16 (2002) 124–134.
[38] H.B. Menz, S.R. Lord, R.C. Fitzpatrick, Age-related differences in walking stability, Age Aging 32 (2003) 137–142.
[39] W. Zijlstra, A.L. Hof, Assessment of spatio-temporal gait parameters from trunk accelerations during human walking, Gait Posture 18 (2003) 1–10.
[40] C.Y. Cho, G. Kamen, Detecting balance deficits in frequent fallers using clinical and quantitative evaluation tools, J. Amer. Geriatr. Soc. 46 (1998) 426–430.
[41] R. Ganea, A. Paraschiv-Ionescu, C. Büla, S. Rochat, K. Aminian, Multi-parametric evaluation of sit-to-stand and stand-to-sit transitions in elderly people, Med. Eng. Phys. 33 (2011) 1086–1093.
[42] T. Shany, S.J. Redmond, M.R. Narayanan, N.H. Lovell, Sensors-based wearable systems for monitoring of human movement and falls, IEEE Sens. J. 12 (2012) 658–670.
[43] T. Shany, S.J. Redmond, M. Marschollek, N.H. Lovell, Assessing fall risk using wearable sensors: a practical discussion, J. Gerontol. Geriatr. 45 (2012) 694–706.
[44] W. Tao, T. Liu, R. Xheng, H. Feng, Gait analysis using wearable sensors, Sensors 12 (2012) 2255–2283.
[45] J. Howcroft, J. Kofman, E.D. Lemaire, Review of fall risk assessment in geriatric populations using inertial sensors, J. Neuro. Eng. Rehabil. 10 (2013) 91.
[46] U. Lindemann, A. Hock, M. Stuber, W. Keck, C. Becker, Evaluation of a fall detector based on accelerometers: a pilot study, Med. Biol. Eng. Comput. 43 (2005) 548–551.
[47] A.K. Bourke, K.J. O'Donovan, G. Ólaighin, The identification of vertical velocity profiles using an inertial sensor to investigate pre-impact detection of falls, Med. Eng. Phys. 30 (7) (2008) 937–946.
[48] N. Noury, P. Rumeau, A.K. Bourke, G. Ólaighin, J.E. Lundy, A proposal for the classification and evaluation of fall detectors, IRBM 29 (6) (2008) 340–349.
[49] A.K. Bourke, J.V. O'Brien, G.M. Lyons, Evaluation of a threshold-based tri-axial accelerometer fall detection algorithm, Gait Posture 26 (2) (2007) 194–199.
[50] D.M. Karantonis, M.R. Narayanan, M. Mathie, N.H. Lovell, B.G. Celler, Implementation of a real-time human movement classifier using a triaxial accelerometer for ambulatory monitoring, IEEE Trans. Inf. Technol. Biomed. 10 (2006) 156–167.
[51] A.K. Bourke, G.M. Lyons, A threshold-based fall-detection algorithm using a bi-axial gyroscope sensor, Med. Biol. Eng. Comput. 30 (1) (2008) 84–90.
[52] A. Dinh, Y. Shi, D. Teng, A. Ralhan, L. Chen, V.D. Bello-Haas, et al., A Fall and near-fall assessment and evaluation system, Open Biomed. Eng. J. 3 (2009) 1–7.
[53] M. Kangas, A. Konttila, P. Lindgren, I. Winblad, T. Jämsä, Comparison of low-complexity fall detection algorithms for body attached accelerometer, Gait Posture 28 (2008) 285–291.
[54] M. Kangas, I. Vikman, J. Wiklander, P. Lindgren, L. Nyberg, T. Jämsä, Sensitivity and specificity of fall detection in people aged 40 years and over, Gait Posture 29 (4) (2009) 571–574.
[55] A. Sixsmith, N. Johnson, A smart sensor to detect the falls of the elderly, IEEE Pervasive Comput. 3 (2) (2004) 42–47.
[56] S. Brunnstrom, Movement Therapy in Hemiplegia: A Neurophysiological Approach, Harper & Row, New York, New York, 1970.
[57] N. Abaid, P. Cappa, E. Palermo, M. Petrarca, M. Porfiri, Gait detection in children with and without hemiplegia using single-axis wearable gyroscopes, PLOS One 8 (9) (2013) 73152.
[58] Y. Guo, D. Wu, G. Liu, G. Zhoo, B. Huang, L. Wang, A low-cost body inertia-sensing network for practical gait discrimination of hemiplegia patients, Telemed. E-Health 18 (10) (2012) 748–754.
[59] Y. Guo, G. Zhao, Q. Liu, Z. Mei, K. Ivanov, L. Wang, Balance and knee extensibility evaluation of hemiplegic gait using an inertia body sensor network, Biomed. Eng. Online 12 (2013) 83.
[60] S.Y. Chang, C.F. Lai, H.C. Josh Chao, J.H. Park, Y.M. Huang, An environmental-adaptive fall detection system on mobile device, J. Med. Syst. 35 (5) (2011) 1299–1312.
[61] A. Salarian, H. Russmann, F.J.G. Vingerhoets, P.R. Burkhard, K. Aminian, Ambulatory monitoring of physical activities in patients with Parkinson's disease, IEEE Trans. Biomed. Eng. 54 (12) (2007) 2296–2299.

[62] C. Zampieri, A. Salarian, P. Carlson-Kuhta, K. Aminian, J.G. Nutt, F.B. Horak, The instrumented timed up and go test: Potential outcome measure for disease modifying therapies in Parkinson's disease, J. Neurol. Neurosurg. Psychiatry 81 (2) (2010) 171–176.

[63] A. Sant'Anna, A. Salarian, N. Wickström, A new measure of movement symmetry in early Parkinson's disease patients using symbolic processing of inertial sensor data, IEEE Trans. Biomed. Eng. 58 (7) (2011) 2127–2135.

[64] M. Manchi, L. King, A. Salarian, L. Holmstrim, J. Mcnames, F.B. Horak, Mobility lab to assess balance and gait with synchronized body-worn sensors, J. Bioeng. Biomed. Sci. 2012 (2012) S1.

[65] A.J. Manson, P. Brown, J.D. O'Sullivan, P. Asselman, D. Buckwell, A.J. Lees, An ambulatory dyskinesia mmonitor, J. Neurol. Neurosurg. Psychiatry 68 (1) (2000) 96–201.

[66] T.C. Wong, J.G. Webster, H.J. Montoye, R. Washburn, Portable accelerometer device for measuring human energy expenditure, IEEE Trans. Biomed. Eng. 28 (6) (1981) 467–471.

[67] H.J. Montoye, R. Washburn, S. Servais, A. Ertl, J.G. Webster, F.J. Nagle, Estimation of energy expenditure by a portable accelerometer, Med. Sci. Sports Exerc. 15 (5) (1983) 403–407.

[68] K.Y. Chen, M. Sun, Improving energy expenditure estimation by using triaxial accelerometer, J. Appl. Physiol. 83 (1997) 2112–2122.

[69] K.Y. Chen, D.R. Bassett Jr., The technology of accelerometry-based activity monitors: Current and future, Med. Sci. Sports. Exerc. 37 (Suppl. 11) (2005) S490–S500.

第6章 光学在心率监测中的应用

6.1 简介

自从1957年Norman Holter博士推出便携式设备以来，心率（heart rate，HR）监测器已被广泛用于临床实践中，主要作为针对心血管疾病的诊断和预后工具。同时，运动生理学家使用心率监测器来研究身体对锻炼和训练压力的反应，用于评价运动员训练水平的监测设备也已普及。随着消费者对健康监测兴趣的提高，过去十年间基于各种技术的心率监测产品呈爆炸式发展。这一章将对用于监测HR的不同技术进行简要介绍，重点介绍光电容积脉搏波描记（photoplethysmographic，PPG）技术。PPG技术的发展历史和基本要素，包括测量原理、测量部位、质量因素及其在运动、健康、日常生活和医疗保健方面的应用将在各节中进行介绍。

心脏由为身体血管输送血液的肌肉组成，血管包括携带含氧血液的动脉和携带缺氧血液的静脉。HR的调节主要受自主神经系统控制。此系统由交感神经和副交感神经（或迷走神经）共同作用。交感神经系统负责增加HR、收缩血管和其他“应激”反应，而副交感神经系统则促进身体进入休息状态（如减缓心率）[1]。HR的自主调节可以被健康状况、训练和过度训练情况[2]、心理压力和其他焦虑形式、心脏疾病以及其他严重疾病或损伤[3]所影响。因此，心率变异性（heart rate variability，HRV）分析可以提供副交感神经和交感神经对心脏调节的定量信息，从而评估受试者的健康情况、改善运动员的训练和恢复，或在医学方面诊断重要的疾病如自主神经病变、心律失常或梗死。

目前有多种技术可用于无创的HR监测。下面简要介绍其中最主流的技术，包括基于生物电位、声电学、超声波和生物电的测量技术，并在最后部分介绍基于PPG的方法。

心电描记术是一种监测心脏电活动的生物电位技术，是监测HR的黄金标准[4]。简言之，心肌细胞的收缩和舒张周期分别与电位去极化（增加电位）和复极化（减小电位）时期有关。这些时期可以诱发局部电偶极子，从而产生表面电位。心电图（electrocardiogram，ECG）监测在特定胸部位置产生的表面电位。心脏不同区域的去极化/复极化之间的延迟可以产生典型PQRST波（见图6-1），该波展示了健康受试者的心电信号特征。

HR通常指每分钟心跳次数。然而，HR的值由测量心电信号数秒中连续心跳间隔得出。在心电信号中，心跳间隔被定义为两次连续信号间的时间延迟。其通常指两个R波峰之间的时间延迟，俗称RR间期（见图6-1）。这些R波峰表示心室（下心腔）的早期去极化，与心脏收缩有关[5]。通常，这些心跳间隔的时间序列与HR的转换关系为：（1/RR间期）×60。如果需要，这些心跳间隔序列可以在时域和频域上进行分析以提取HRV特征，这些特征与副交感神经和交感神经中枢神经系统的影响相关[6]。生理上的复杂指标如应力水平、身体的恢复和睡眠质量也可以从HRV特征中得出[7]。

经典的心电信号获取方法是在固定位置上放置银/氯化银电极，并将它们连接到监测平台。当该心电监测系统为穿戴式系统时，它们被特别称为Holter系统。各种基于生物电位测

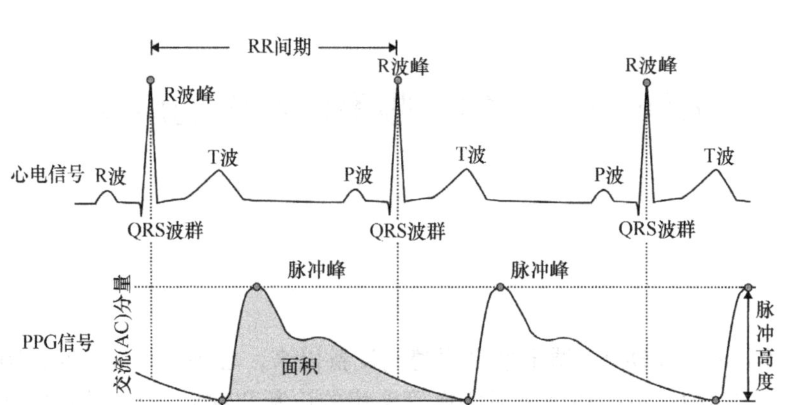

图 6-1 典型同步心电和 PPG 信号的波形及其各自组成部分

量的用于监测 HR 平均值（在一个特定时间窗内的 HR 值）或心跳间隔的可用设备已经存在，它们中的绝大部分被应用于运动或日常活动（参见参考文献［8-10］中商业设备的例子）。其中的生物电位传感器基于凝胶电极、干电极或纺织电极[11]。另外，也有一系列将传感器嵌入到手表的无带/无线设备用于短暂估算指尖电位（包括 Timex 的 Health Touch Plus[12]和 Salutron 的 SmartHealth[13]）。

心音图（phonocardiogram，PCG）基于声电技术，用于测量和分析心跳的声音。房室瓣的关闭会产生一种特征性的声音，标记为 S1，这个声音在心音信号中很容易识别。这些 S1 事件可以用于估算心跳间隙，因此可以用来估算 HR，超声心动图是一种心脏的声波图（超声测量），用于监测与心脏泵血功能相关的组织和血液的活动。它通常用来直观地诊断某些特定的心脏疾病，比如心脏缺陷或瓣膜功能障碍。

心阻抗图（impedance cardiogram，ICG）基于生物电技术，通过在胸腔通入电流并测量其产生的电压变化来监测胸腔内与有氧运动相关的血液排量[14]。这种技术通常用于估计射血量。据我们所知，基于 PCG、超声心动图或 ICG 的 HR 监测设备还没有被商业化。

PPG 技术是一种光学技术，旨在测量心动周期内组织中光传输的变化。其最常见的应用是监测受试者的脉搏血氧饱和度[15]。为此，采用两种波长的光估算动脉血液的吸光度，该吸光度与血液的氧合水平相关。各种商业化的设备都可以应用于该检测，包括 Nonin[16]、Masimo[17]和 Covidien[18]设备。这个应用的一个扩展是近红外光谱，用于估算组织和骨骼等外围结构的血液氧合及脱氧量。在 HR 监测方面，其目标是测量血液流动引起的组织毛细血管体积变化[19]。这种测量可以提供动脉搏动的信息（请参见图 6-1）。使用这种技术的穿戴式 HR 监测设备已经在市场中出现（包括 Nonin 的 Onyx 2[16]、MIO 的 Alpha[20]、Basis[21]和 Impact Sports Technology 的 ePulse 2[22]产品）。

6.2 光电容积脉搏波描记法的基础知识

6.2.1 历史

早在 1936 年，新泽西和斯坦福大学的两个独立的研究小组就探索了利用无创的光学仪器来评估兔耳上血流量的变化[19]。一年后，由美国圣路易斯市的 Alrick Hertzman 团队首次发表了 PPG 应用的研究，PPG 被用于测量人手指部位的血流量变化，该实验为 PPG 在人类身体监测方面的应用铺平了道路。从那时起，光电容积脉搏波描记法一词被用于描绘这种新的技术，该技术可以通过光学手段（照片）来测量容积（体积）变化。

后来的几十年里，PPG 技术受生理学研究限制，无法应用于实际临床实践中。事实上，用于获取和解读 PPG 信号的光源和精密加工/可视化方法的缺乏都限制了其更广泛的应用[19]。

直到 1962 年发光二极管（light-emitting diode，LED）的出现，PPG 技术才激发了新一代科学研究者们的热情。PPG 光学结构可以简化为一个简单的 LED 和光电探测器，这打开了其走出实验室应用并走向外界的大门。尤其在 1972 年，Nihon Kohden 实验室[23]的工程师团队研究出脉搏血氧仪，其促使 PPG 在临床常规中得到应用。脉搏血氧仪作为一种无创的光谱技术，首次提供了可以简单地实时估算动脉血气含量的方法，只需在指尖周围放置一个光学探针。此后，脉搏血氧仪已经渗透到许多手术室、重症监护病房和医生办公室，创造了超过 10 亿美金的全球市场。而对于原来 Nihon Kohden 实验室提供的用于估算动脉血氧饱和度（arterialoxygen saturation，SpO_2）的双波长脉搏血氧仪，Masimo 公司在 1995 年提出的灌注指数（PPG 衍生的动脉搏动估算）概念和 2007 年提出的容积波变异性指数（PPG 衍生的脉冲压力变化估算）概念逐步用于改进脉搏血氧饱和度检测技术。2011 年，Masimo 公司推出了第一款商业多波长脉搏血氧仪，该仪器可以对氧、碳氧血红蛋白和高铁血红蛋白的动脉饱和度进行同步检测。

脉搏血氧仪在临床常规检测的应用无疑与 PPG 被广泛认可有关，因为 PPG 作为一种非侵入性的监测技术，具有成本低、使用方便、不引人注目的优点。尤其在过去的几十年里，PPG 的衍生方法可以对 HR[24] 参数进行评估，并通过容积卸载技术[25]和脉搏波传导时间技术[26]对血压参数和内皮功能障碍参数进行评估。然而直到最近为止，由于 PPG 对运动伪影敏感，PPG 在动态监测 HR 的应用上仍然受到限制。

6.2.2 测量原理

PPG 技术是利用一束光照射活体组织，捕获通过该组织的光，并对所捕获的光进行分析，描绘出该组织的功能或结构信息。从光束（源）到光电探测器（信号）的光衰减，通常遵循 Beer-Lambert 定律。这个定律指出在均匀介质中，发光强度衰减与路径长度 l 和对应于特定波长光的介质属性的光吸收系数 α 成指数关系。因此，假设入射单色光的强度是 I_0、则透过介质的透射光强度为

$$I=I_0\mathrm{e}^{-\alpha l} \tag{6-1}$$

如果有不止一种物质吸收介质中的光或者连续通过的介质是已知的，Beer-Lambert 定律仍然有效。在这两种情况下，总吸光度均为每个过程的吸光度之和。Beer-Lambert 定律表明，透射光和吸收光的总和等于入射光（见图 6-2）。在所建立的模型中，忽略介质表面的反射以及其他物理过程（如光的散射）。Beer-Lambert 定律有助于理解光线通过均匀层时的吸收情况。然而，与之相反的是，血液和其他生物组织是不均匀的，因此吸收的光并不仅仅与血红蛋白的浓度以及光学路径长度成正比。血液是一种非均匀的液体，对光的吸收是非线性的。在心动周期内，光的吸收和散射随着心脏收缩和舒张期间血红细胞方向的变化而变化。皮肤表面的反射和多重散射作用引起吸光度增加导致光束相对其初始方向产生了偏差。此外，虽然皮

肤和其他组织都是均匀的介质，但它们结构和形状的变化（主要由于运动）也会引起光反射和吸收的复杂变化。

一个活体组织可以等效为几个串联的介质，每个介质具有路径长度和光吸收系数。现在假设至少有一种被照亮的介质代表一根动脉或静脉，每次心跳产生一个血压脉冲并在血管中传播。当血压局部增高时，会改变代表血管的介质的几何形状（由于体积的变化）和特性（由于血液成分和浓度的变化）。这将导致吸收光强度的增加和透射光强度的衰减。静脉和动脉血液的容积变化导致了 PPG 信号的变化。这些变化通常分为两部分，即交流（AC）分量和直流（DC）分量（见图 6-2）。AC 分量表示电压的周期性变化情况，DC 分量表示电压的静态水平。同样，在 PPG 信号中，AC 分量指的是搏动的动脉血，而 DC 分量是指由于组织、静脉血和动脉血舒张容积而产生的光吸收“常量”。实际上，通常在几次心跳内，DC 分量并不是恒定的，但其变化较小。引起直流信号波动的主要因素是呼吸、血管舒缩活动和体温调节（在后面的章节中介绍）。

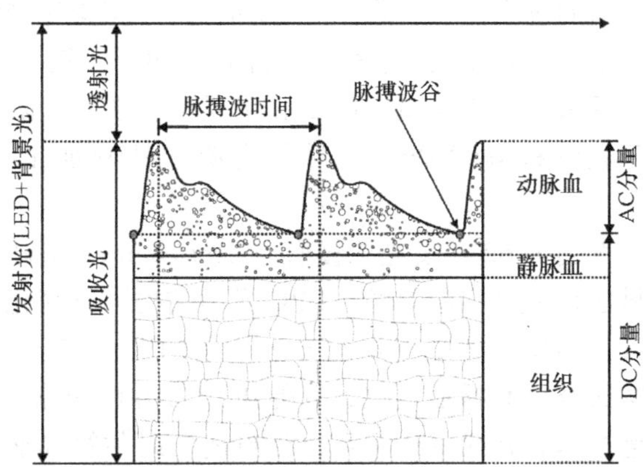

图 6-2　PPG 信号组成部分的简化模型

光电探测器捕获的透射光可能来自两种不同的模式或途径，如图 6-3 所示。在透射模式下，组织在一侧被照亮，通过它的光线聚集在另一侧然后被收集。然而，并不是所有的部位都容易通过 PPG 测量进行监控。当针对身体的一些位置，如前额、胸骨或踝关节进行 PPG 分析时，入射光在到达另一侧前已经被身体完全吸收。在这些情况下，另一种可供选择的操作是反射模式。在反射模式下，光源和探测器紧贴皮肤表面，光的主要相互作用是散射。

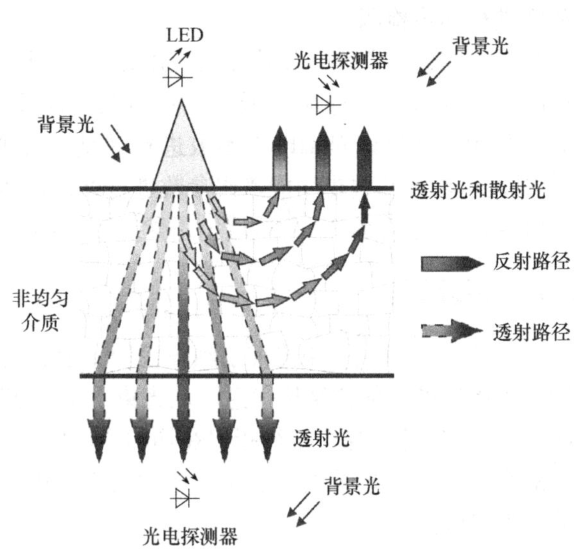

图 6-3　透射与反射光模式：吸收和散射机制的作用

入射光的波长在光与组织的相互作用中也是极为重要的。当一个特定波长的光通过时，每个组织成分都会表现出特定的光学行为。图 6-4 所示的吸收光谱图表示一种特定分子的吸光/消光系数与光波长的关系。组织的主要成分为水（H_2O），其吸收光谱中有一个窗口，光波长小于 950nm 时可以更有效地传播。黑色素是组织的另一种成分，它可以强烈地吸收波长小于 500nm 的光，其在皮肤的浓度取决于皮肤色素沉积程度。血红蛋白（hemoglobin，Hb）是血液的主要成分，其吸收光的特性随其化学结合而改变。不能可逆地结合氧分子（O_2）的 Hb 被称为功能失调型血红蛋白（如高铁血红蛋白、碳氧血红蛋白和硫血红蛋白）。当功能型血红蛋白与氧结合达到饱和（即携带四个 O_2 分子）时被称为氧合血红蛋白（oxyhemoglobin，HbO_2），当它不完全饱和时称为

Hb。在健康人体内，大多数 Hb 是功能型的。

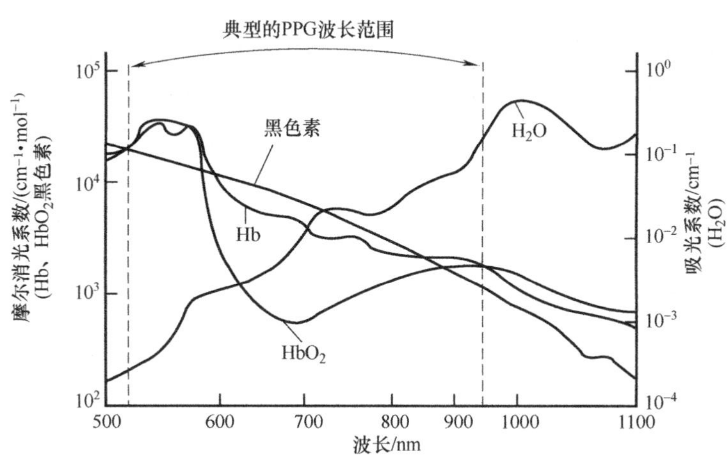

图 6-4　主要生物组织成分（H_2O、Hb、HbO_2 和黑色素）在 500~1100nm 波长窗口内的吸光系数和摩尔消光系数

用于监测吸光度的光波长选择取决于应用目标，但通常在 510（绿光）~920nm（红外光）范围内。在浅色皮肤和正常的环境温度（约 20℃）下进行的测量表明，绿光反射光在反映 AC 与 DC 分量的比值方面相对于红外反射光更有优势[27]，因此绿光可能更适合在动态监测中应用。波长越长，光穿透的深度越深，在较深的组织中，与红外光相关的散射效应将产生一个更复杂的反射信号。然而，在寒冷的环境下，血液微循环会极大地降低，从而使红外光可以到达深层组织的特点成为优势。深色皮肤的色素沉积（黑色素浓度高）会导致强烈地吸收波长小于 650nm 的光。这两个条件下都需要红外光。因此，动态 HR 监测中最佳波长的选择取决于应用目标和使用条件，是各种互斥因素之间的平衡。

PPG 信号的测量至少需要使用一个光发射装置和光接收装置。对于 HR 监测来说，LED 是首选光源，主要因为其体积小、成本低、使用简单和在狭窄的带宽内功率消耗有限。在 PPG 测量中常用的光电探测器（光传感器）是光电二极管，但光电管和光电晶体管也可以使用。来自光电探测器的信号经过前置放大、滤波和固定频率采样后被数字化，通常采样频率约为 25Hz，有关电子原理图的更多详细信息见参考文献［15］。

如前文所述，PPG 信号由图 6-1 和图 6-2 所示的 DC 和 AC 分量组成。DC 分量与静态分量相关，有缓慢的基线变化并定义了脉冲脚。AC 分量的表现形式是一系列 PPG 波形。PPG 波形的形状不是唯一的，但都有陡峭的上升波流入阶段和振幅缓慢下降的径流阶段。可以从 PPG 波形中提取几个参数来描述 AC 分量，最常用的参数是图 6-1 中显示的脉冲脚（每个脉冲开始的最小幅值处）、脉冲峰（两个脉冲脚之间的最大幅值处）、脉冲高度（脉冲峰和脉冲脚之间的幅值差）和脉冲时间［两个连续的脉冲脚（或峰）之间的持续时间］。其他参数可参考文献中其他的生理参数，即脉冲面积、传播时间、波峰时间和倾角时间[28]。

6.2.3　测量部位

PPG 透射模式最常见的测量部位是指尖和耳垂，但也可以测量其他部位，例如脚趾。在反射模式下，有更多可选的测量部位，包括前臂、手腕、脚踝、额头和躯干[24,29-31]。这两种模式之间的一个实际差异是，透射模式通常使用袖扣或夹子来连接传感器。这将造成依赖于探头的跨壁压力增强，可能足以令低压静脉系统崩溃，使局部外周血容量发生缓慢变化，最终导致对静脉振荡的抑制。反射模式传感器通常连接在患者身上，因而能使用足够的压力，以防止静脉系统崩溃。因此，如果对 PPG 变化中的静脉分量感兴趣[29]，反射模式可能更有益，也适用于受血管收缩影响较小的区域[31]。然而，当反射模式的 PPG 传感器附着在组织上，并且对组织施加压力时，可能发生同样的现象。最佳测量位置取决于目标应用。皮肤下接近皮肤的不同解剖部位（如脂肪组织、肌肉、大血管和肌腱的数量和结构）具有不同的皮肤厚度和结构特点以及微血管密度。此外，易用性和用户接受度在这项选择中也发挥着重要作用。例如，上臂和前臂相较于手腕在室温下受运动伪影的影响较小[32]，而手腕可能是被消费者接受并长期使用的位置。

6.2.4 影响信号质量的因素

PPG 测量结果来自光在传播过程中与组织之间复杂的相互作用。本节将阐述 PPG 系统的总体模型。如图 6-5 所示，从 PPG 系统获取的 PPG 信号由 3 方面因素决定：传感因素、心血管因素和生物因素。

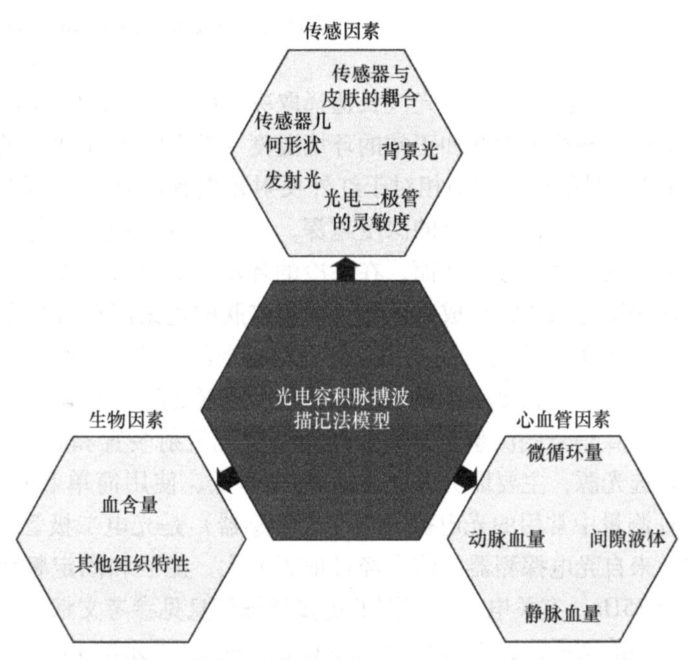

图 6-5　PPG 现象的总体模型概述及 PPG 信号的影响因素

传感设备的情况会在很大程度上影响 PPG 测量。发射光的性质和发射量，皮肤、组织与光学探头之间的耦合、光电探测器的响应都会影响 PPG 信号的测量。传感器几何形状和人体工程学特征也是一个重要因素，其在很大程度上决定了光学分流效应，即从光发射器直射到光电探测器不经过生物组织的光量。由于环境光会对 PPG 测量造成干扰，需要通过适当的传感器设计来使其最小化。光发射器和接收器之间的最佳距离为所需的组织渗透深度与可实现光射入皮肤的发光强度之间的一个折中选择。距离越远，光子在散射过程中渗透得更深，距离越近，使合理数量的光子到达光电二极管需要的发光强度越小。实证研究表明，最佳的分离距离范围为 6～10mm（红外光）[33]和约 2mm（绿光）[34]。反射型 PPG 测量应避开大动脉诱导搏动的周围组织部位[35]。在某些部位，反射型 PPG 可以依靠光吸收（而不是散射）来实现。在这种情况下，骨表面可以用来反射部分入射光。

关于生物因素，固有的组织特点如血含量、皮肤色素等，通过改变组织的吸收和散射特性，将对实测 PPG 信号的振幅产生重要的影响。受身体位置、年龄和心血管的压力等影响的时变心血管因素也会影响实测的 PPG 波形，更准确地说，会影响 AC 分量信号。

下一节将讨论 PPG 运动伪影在 HR 监测方面的影响，并将详细介绍与传感因素相关的不

同来源的运动伪影，同时给出光学机械和信号处理设计方面的建议。

6.2.5　运动伪影的最小化和去除

PPG 信号测量受其原理影响，对运动伪影相当敏感。这些运动伪影是由多种原因引起的，并且经常同时发生。有 3 个不同的原因可以导致运动伪影产生。

1. 运动导致的组织变化

自主或非自主的运动（如肌肉和肌腱的运动、组织的压缩或扩张）使内部组织发生改变，从而使光所穿过的组织的内容发生改变，进而改变接收到的信号。与运动相关的加速度作用或重力作用也会影响软组织（如脂肪）的形状，而惯性力作用则会改变流体在组织中的分布情况。这些因素会改变光传导通路，从而改变接收到的光信号。这些改变取决于身体上光学探头的位置（例如，位于耳朵的传感器相对于位于手腕的传感器不易受这类伪影的影响）以及传感器附着在皮肤上的方式（如传感器压力、传感器外壳提供的机械支撑或表带等）。

2. 传感器与皮肤接触面的相对运动

光学探头通过一些固定方式（例如表带、皮带、黏合剂和布料）附着在皮肤上。这个连接不是完全刚性的，可以视为一个质量-弹簧系统。身体局部或全局运动产生的加速度可能会导致传感器相对于皮肤表面产生位移，这个位移会改变光路，而且组织一般是不均匀的，这也会改变光信号。

3. 光学探头与皮肤之间的压力变化

探头在皮肤表面上施加的压力可以调节接收信号的幅值。当皮肤表面不是十分平坦时，初始压力的增大会使探头和皮肤之间的光学接触增强，从而导致 PPG 的脉冲分量增大。当施加的压力超过某一阈值时，由于血管被挤压，脉冲分量的幅值将会减小。由运动产生的加速度会引起皮肤和探头之间压力的变化，该变化可能会导致组织内的流体重新分布，从而导致光信号振幅和波形的变化。这种类型的扰动与探头的质量和身体附着物的机械性能直接相关。

为了处理这些与运动相关的伪影，必须对运动引起的光信号变化进行建模。大多数方法认为运动伪影是一种附加成分，可以利用简单的信号处理技术从 PPG 信号中减少或去除运动伪影。然而，它的有效性是有限的。乘法和加法模型的组合虽然是非线性组合，但更能代表观察到的 PPG 信号中运动和运动伪影之间的真实关系（见图 6-6）。在这种情况下，观察到的信号 $y(t)$ 由脉冲分量 $s(t)$ 和与运动分量 $m(t)$ 的加权乘积和组成，即 $y(t)=[1+\alpha m(t)]s(t)$，频域分量 Y 由脉冲分量 S 和脉冲分量 S 与运动分量 M 的加权卷积的和组成，即 $Y=S+\alpha S^*M$。

一个典型的应用是 HR 监控系统允许将运动伪影划分为 3 个不同的类别。第一类与一般活动如走路、跑步、骑自行车中产生的节律性运动有关。在这种情况下，运动伪影表现为一个平稳过程，利用信号处理技术可以增强 PPG 信号。其他两类与非节律性运动有关，可分为间歇或连续两种情况。这两类运动伪影一般更难处理，尤其是连续的非节律性运动伪影。在活动期间，利用光学系统成功估算 HR 依赖于两个主要因素：探测器的光学机械设计和信号处理算法。

6.2.6　光学机械设计

光学探头的设计要考虑到不同的约束，以减少运动对 PPG 信号的影响。为了减少惯性力（与皮肤和传感器之间的位移和压力变化有关）引起的运动所产生的运动伪影，测量系

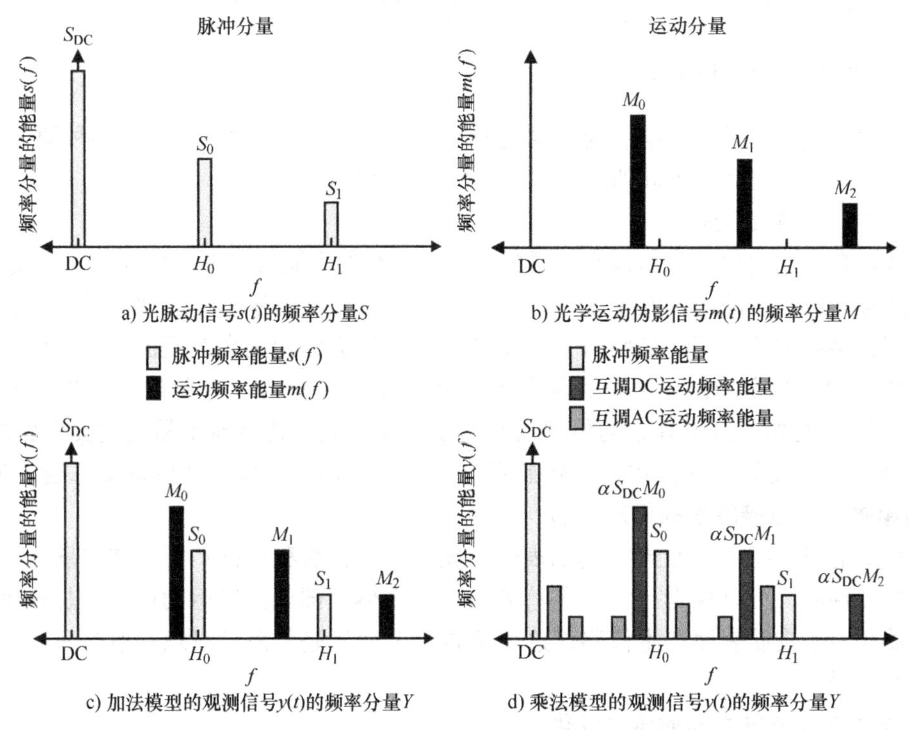

图 6-6　光信号各分量的能量

统的质量必须最小化。探头的设计可以考虑利用其和皮肤表面的摩擦力来减少相对位移。传感器附着在身体上时，应避免刚度不足，从而降低其对运动伪影的敏感性。附着在皮肤表面的传感器也必须提供一个足够的压力来产生最佳的光学接触面。固定探头所施加的压力不能太大，否则会导致血管的压迫和不适。最后，组织中血管分布一般是非均匀的，光发射器和接收器之间的位移可以导致脉冲分量（交流分量）的振幅急剧变化，从而增加光学信号对运动伪影的敏感性。因此，探测器的光学机械设计对运动伪影的敏感性非常重要。

6.2.7　专用的信号处理过程

单独的光学机械设计不可能使运动伪影的敏感性降低到一个合适的水平：对 HR 的鲁棒性估计还需要执行信号处理算法。通常情况下，光信号的处理方案包括 3 个主要步骤，即信号增强、谱估计和 HR 的鲁棒性估计。

PPG 信号增强包括抑制或减少观测信号中的运动伪影，同时保留脉冲分量。当只有一个 PPG 信号而无其他来源的信号时，增强是有限的。在这种情况下，增强只限于未受干扰片段的接收和运动干扰片段的去除。该操作一般通过信号的形态学特性，如幅值和其稳定性进行分析。

为了方便去除 PPG 信号中的运动伪影，可以使用额外的包含皮肤和（或）传感器运动信息的信号。一个可能的解决方案是通过使用额外的光发射器发出不同波长的光来获取运动参考信号。选择的波长必须对血液的光衰减敏感性最小（在典型的 PPG 波长范围之外），这将确保额外的信号中绝大部分都是运动伪影。为了得到最佳的效率，探头的设计要使脉冲测量波长的光与运动测量波长的光有相同的光学路径。在探头中集成的压力传感器可以实现这一目标。另一个可能的方案用 3D 加速度计来结合光学信号和运动信号。

结合了光学和运动信号的不同算法可以用来减少运动伪影。最简单的方法是使用运动参考信号来去除运动干扰的部分。如前所述，更复杂的方法是基于运动伪影遵循加法模型的假设。目前，已经有一些不同的方法可以用来确定运动参考信号和脉冲信号中运动分量之间的关系。第一种方法是对光学信号和运动信号进行频谱估计，找出两个信号中存在的与运动相关的谱峰，然后通过滤波使当前的光学信号中只包含非运动相关的谱峰。这种方法的主要限制是它只适用于节律性的运动伪影。

第二种方法是使用自适应滤波器[36]来找出运动信号和脉冲信号中运动分量之间的映射模型参数，然后从光学信号中减去这些运动分量[37]。这种方法更加稳定，因为它不要求运动必须具有节律性。实际上，它对节律性运动和一些限定的非节律性运动都有效。

最后，一种适用于节律性运动的有效方法是利用由参考信号估算出的运动基本频率和以该频率的谐波为中心的陷波滤波器来消除脉冲信号中的伪影[38]。

不同的 HR 估计方法被应用于 PPG 信号中来增强光信号。这些方法分为两类：一类在频域内操作，另一类在时域内操作。频域方法是使用非参数（快速傅里叶变换、离散余弦或小波变换）或参数化的方法（自回归模型）来估计信号的频谱密度。为了确保不含有错误的估计，每次测量都与可靠性指标相关联。对于频域方法，可靠性指标一般是频谱的熵值（当频谱中只有一个主频时，可靠性高；当包含多个可能的主频时，可靠性低）。

时域中的操作方法分为两大类，分别为基于检测心跳相关事件的方法与基于瞬时主频跟踪的方法。基于事件检测的方法包括在 PPG 信号中与心跳相关的特征事件的检测，通常为最大值、极小值或零交叉点。这些表达心跳间隔的事件之间的时间间隔用于估计 HR。测量的可靠性由这些间隔值的离散度进行估计。最后，自适应频率跟踪方法是基于适应性跟踪观察 PPG 信号主频的模型，其参数都适合在 PPG 信号中观察。在适当的过滤器设置下，跟踪的频率表示平均的 HR 值。其可靠性由主频能量占整个信号能量的比值得出。

最后，对从频谱分析或事件的时间间隔中得出的心跳频率值进行处理，获得当前 HR 值，通常表示为次/min。不同的公式可以用来获得最终的 HR 值，例如 Bayesian 估计、可靠性相关的自回归估计、异常值抑制和心血管系统的动力学模型。

6.3　应用

6.3.1　运动和健身

HR 监测在锻炼中，尤其是耐力训练、专业训练计划或健身锻炼中尤其有用。最大摄氧量和能量可以从 HR 测量中被准确地估计出来[39]。在训练期间，HR 的实时监测允许用户准确地控制自己的训练强度来优化训练，以避免过低或过高的训练负荷。此外，训练效果即过量运动后的氧消耗可以通过训练过程中的 HR 记录被准确地计算出来。另外，使用 HR 监测设备增加了用户锻炼的积极性[40]。

用于运动的穿戴式 HR 监测的最初构想来自于 20 世纪 70 年代后期的越野滑雪训练。奥卢大学的教授 Seppo Säynäjäkangas 最早提出了有线的穿戴式 HR 监测器模型。1983 年，Polar Electro 制作了第一个胸带式可穿戴 HR 监测器。这种装置由两部分组成：手表接收器和安装在基于 ECG 的胸部绑带上的发射器[41]。目前，基于 ECG 的胸部绑带被广泛应用于运动期间的 HR 监测，其在世界各地的年销售额超过 1000 万件。基于胸部绑带式的 HR 监测器对 HR 的监测相对准确，但是它们降低了胸部的舒适度，对女性用户来说尤甚。此外，它们的可靠性可能受皮肤干燥、电极污染或不恰当的捆绑位置影响而降低。

为了解决胸带式监测器的易用性和用户接受度相关的挑战，光学 HR 监测作为一种替代方式被引入使用。在运动过程中，光学 HR 监测可以在不同的身体部位进行，包括耳朵[42-43]、前臂[44]和手腕[20]。大多数商业化设备使用与单个光电探测器结合的绿色光源（一个或多个 LED）。因为对于运动中的 AC 信号来说，绿光相较于波长更长的光有更好的信噪比[17]。表 6-1 给出了两种基于光学 HR 监测的典型设备（Scosche 公司的 RHYTHM 和 Mio 公司的 Alpha）(见图 6-7)的特征，它们都是为运动设计的。

表 6-1　典型设备的特征

特　征	RHYTHM	Alpha
光源	2 个红外光 LED	2 个绿光 LED
光学探测器的数量	1	1
佩戴位置	前臂	手腕
绑带类型	纺织品	橡胶塑料
无线连接	蓝牙	蓝牙/ANT+
数据存储	无内存	无内存
显示	无显示器	点阵 LCD

注：不同的设备在传感器的位置、传感元件的设计（使用的波长、LED 和光电探测器数目、LED-PD 间距）和从运动干扰信号中提取 HR 的算法上都有所不同。

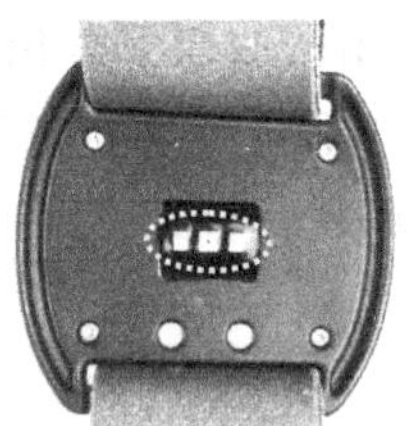

a) 位于前臂的RHYTHM

b) 位于手腕的Alpha

图 6-7　典型设备的外观

注：RHYTHM（虚线框内中间为探测器，两侧为光源）使用了 2 个红外光 LED，
Alpha（虚线框内中间为探测器，上下为光源）使用了 2 个绿光 LED。

目前这些设备的可靠性还没有得到广泛的研究。图 6-8 展示了一个例子，在跑步机上行走和跑步时，随着运动量的增加，两个光学 HR 监测器（位于前臂的 RHYTHM 和位于手腕的 Alpha）与参考 HR（基于 ECG 的胸部绑带式）的比较。这个例子表明，这些设备可以在运动过程中提供高质量的 HR 监测，但也可能出现重大错误。在某些情况下质量较差的原因可能是设备连接（传感器与皮肤接触）差、皮肤灌注不足或算法错误。

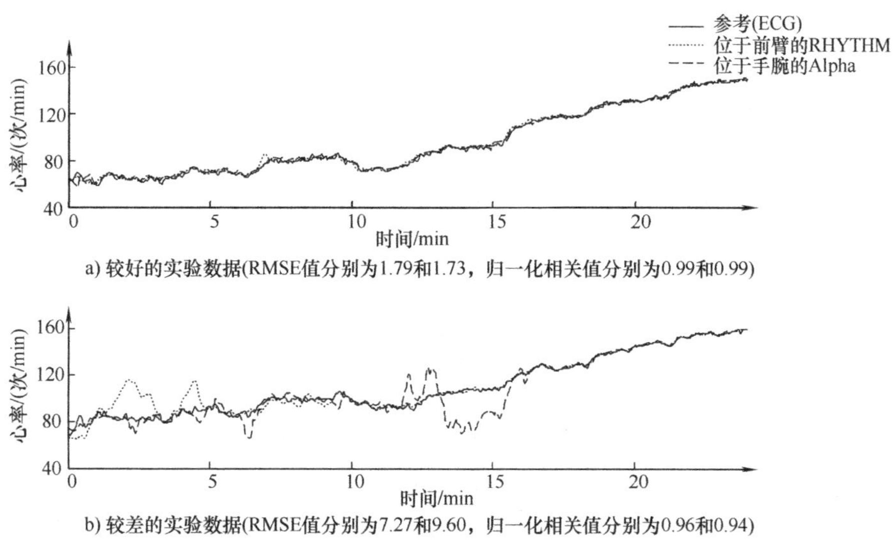

图 6-8　光学 HR 的监测结果

图 6-9 显示了在越野滑雪中基于 PPG 的设备（位于前臂的 RHYTHM 和位于手腕的 Alpha）光学 HR 监测的例子，两者的参考都是基于 ECG 的胸带式设备。在越野滑雪的 48min 内，设备的性能用方均根误差（RMSE）(归一化相关性）评价，结果是位于前臂的设备的值为 13.12 次/min(0.76)，位于手腕的设备的值为 18.07 次/min(0.47)。每个光学 HR 监测器都由于运动开始时皮肤温度较低而表现不佳，但随着皮肤温度升高和皮肤附近的血液灌注增加，其检测可靠性增强。

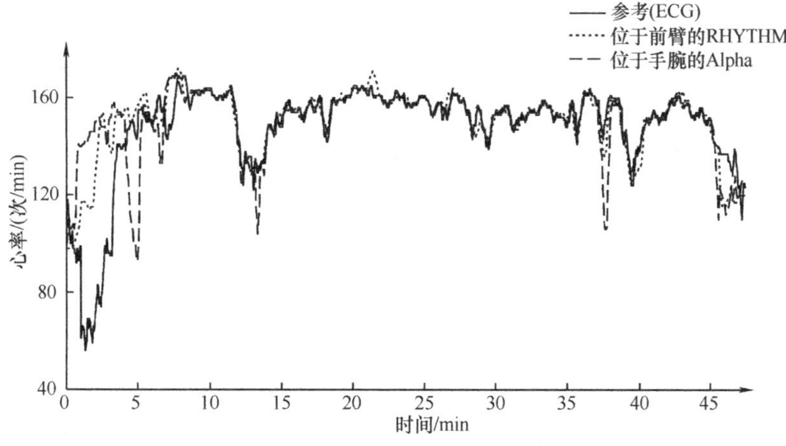

图 6-9　在越野滑雪过程中，前臂和手腕位置相对于胸带式心电系统的光学 HR 监测结果（RMSE 值分别为 13.12 和 18.07，归一化相关值分别为 0.76 和 0.47）

目前的解决方案主要基于绿光，因为绿光对运动伪影有鲁棒性，其缺点是对不足的皮肤灌注具有敏感性。如图 6-8 和图 6-9 所示，在大多数情况下，这些解决方案还不能达到胸带式 HR 监测的可靠性。尤其在寒冷的条件下，PPG HR 技术受到更大的挑战（见图 6-9）。此外，佩戴传感器的身体部位的任何剧烈运动（如手腕或前臂佩戴传感器时的球拍类运动）都是对光学 HR 监测的挑战。然而，如果能克服这些挑战，光学 HR 监测将吸引更多健身消费者在运动期间的使用。

6.3.2 日常生活

除了用于运动监测，消费者还希望穿戴式传感器设备能够用于其他场景。在日常生活中定量监测运动状态（加速度）可以实现对身体活动、步数的监测和对能量消耗的粗略估计，而在睡眠期间的监测可以估计睡眠持续时间和睡眠质量。典型的传感器设备基于加速度测量，可以戴在手腕或躯干上。在日常生活中，HR 监测不仅可以准确地估计身体活动和能量消耗[45]，也可以用于监测生活压力和康复情况[46]。然而，胸带式或基于电极的设备不适合长时间的测量。

光学 HR 监测可能易于被用户接受，因为它具有更好的穿戴性和隐蔽性。然而，在日常生活中进行连续可靠的光学 HR 监测具有挑战性。虽然目前的解决方案（参见前文）可以实现运动时 HR 的可靠监测，但这些方案并不适用于日常生活。当监测传感器与皮肤接触不良时，会增大运动伪影，所以需要舒适、隐蔽和适合皮肤的传感器。然而，当传感器通过绑带实现长时间连续测量时，需保证皮肤可以保持透气且不会压迫血管。例如，以运动应用为目标的光学 HR 监测设计在日常生活中可能无法被用户接受。最后，由于 LED 和电路的固定功率消耗，光学传感需要很大的能耗，需要关注电池寿命的延长，以便给出优于当前 7×24h 监测的解决方案。

如今已经提出了一些用于日常生活的光学 HR 监测解决方案[21]，但还不能实现连续可靠的监测。

6.3.3 HRV 的应用

HR 及 HRV 分析一直被用于许多心脏疾病、睡眠和呼吸、生理状态、药理反应相关的临床研究。然而，目前只有两种临床研究达成共识：急性心肌梗死（myocardial infarction，MI）后的风险预测和糖尿病神经病变的早期检测。在发生了急性心肌梗死的患者中，HRV 降低已被证明可以很好地预测死亡率和心律失常并发症，而且独立于其他既定因素[47]。对于糖尿病自主神经病变的评估，短期和长期的 HRV 分析已被证明可实现准确的早期检测[48]。一些研究也表明了 HRV 在其他心脏疾病如高血压[49]、充血性心力衰竭[50-52]、心律失常[53-55]和突然死亡或心脏骤停[56-57]方面的应用潜力。这些研究都基于金标准 HRV 特征。为了提取这些特征，用于监测 HR 的技术必须能够准确地检测和记录心跳时间点（例如，来自心电信号的 R 波峰的时间）。

虽然 PPG 监测在医学上被作为一种评估平均 HR 的手段，但是用于提取相关的 HRV 特征的 PPG 信号的可靠性还有待确认[58-59]。然而，可以肯定的是，与 PPG 后续处理相关联的方法非常重要。连续心跳检测、运动伪影校正、正常跳动检测和心跳间隔的均匀分布过程必须在提取所需的 HRV 特征之前。

图 6-10 显示了通过心电和 PPG 信号检测心跳的例子。在这个例子中，心跳检测算法是利用多通道的一阶导数来获取原信号的包络线。自适应阈值方法被应用于获取该包络线以检测心跳时间点。为了分析自主神经系统的行为，任何异常、过早的搏动或异常值也被从心跳时间序列中去除。完整的后续处理方法由 Arberet 等人[60]进行了详细描述。这个例子表明，从高质量的 PPG 信号中提取的 HRV 时间序列与从心电信号中提取的高度相似。

另一项研究[24]评估了在患有慢性高原病和睡眠呼吸障碍测试者的睡眠监测中，集成于腕部设备中的反射型 PPG 传感器的心跳检测性能。图 6-11 提供了一个来自分析数据集的比较心

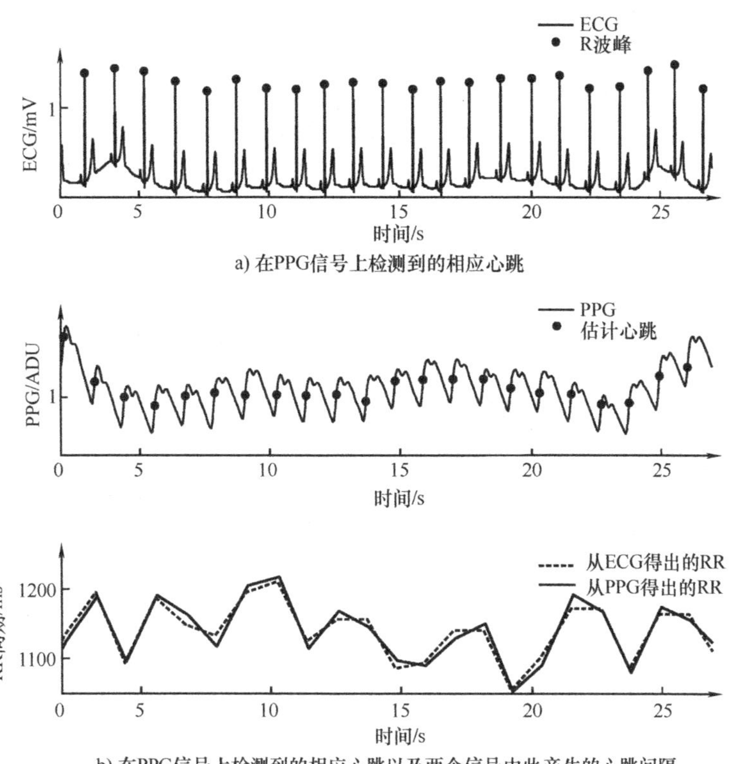

图 6-10　从心电和 PPG 信号得到的心跳之间的相关性[60]

电和 PPG 估计的心跳时间序列的 Bland-Altman 图（样本数为 26，心跳数 $N\approx930000$）。当估计 RR 间期时，总体平均绝对误差和其标准偏差（$\mu\pm\sigma$）为（0.05±17.96）ms。

用适当的算法检测出心跳时间点后，在任何时域和频域的 HRV 特征提取之前，必须进行均匀的重新取样过程，最新的研究方案建议重采样频率为 4Hz[4]。然后，金标准 HRV 特征可以从产生的均匀重采样的 RR 信号中计算得出。这些 HRV 特征的估计从超过 5min 或 24h 的时间段中得出，具体时间取决于要观察的生理行为。在时域内，最常用的计算变量是心跳间隔的标准差，标记为 SDNN，代表正常心跳（NN）间隔的标准差（SD）。另一个在 HRV 分析中常用的金标准特征是相邻心跳间隔之间差值的标准差，标记为 SDSD，代表心跳标准偏差（SD）的标准差（SD）。图 6-12 的例子显示了从心电和 PPG 信号中估计这两个特征值的演变过程。

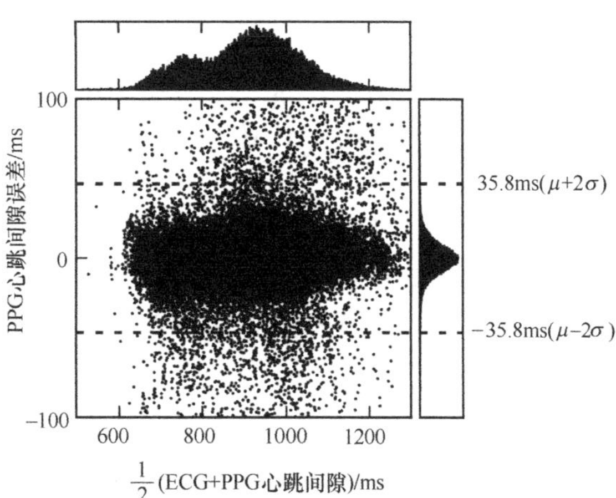

图 6-11　Bland-Altman 图将参考信号即从 ECG 得到的心跳间隔（利用 ECG 测量 RR 间期）和由 PPG 得出的心跳间隔（由手腕式 PPG 设备估算出）进行了比较

注：整个数据集包含从 26 个患有慢性高原病与睡眠呼吸障碍的样本中得到的心跳数 $N\approx930000$。整体误差 =（0.05±17.96）ms，其标准偏差 =（18±2）ms[24]。

在频域内，存在各种非参数和参数方

法来估计频率分量[4]，其中最常用的方法是心跳间隔时间序列给定阶数（通常为 12）的自回归模型拟合。然后使用频谱来分析位于超低频率、低频率和高频率（分别为 0.003~0.04Hz、0.04~0.15Hz 和 0.15~0.4Hz）的功率。低频和高频功率之间的比值为交感神经（低）和副交感神经（高）的活动提供信息。图 6-13 的示例描述了从心电和 PPG 信号中得出的 4 个频率域的 HRV 特征的估算过程，可以看出从 PPG 信号估计的 HRV 特征与从心电信号估计的 HRV 特征有很好的相关性。

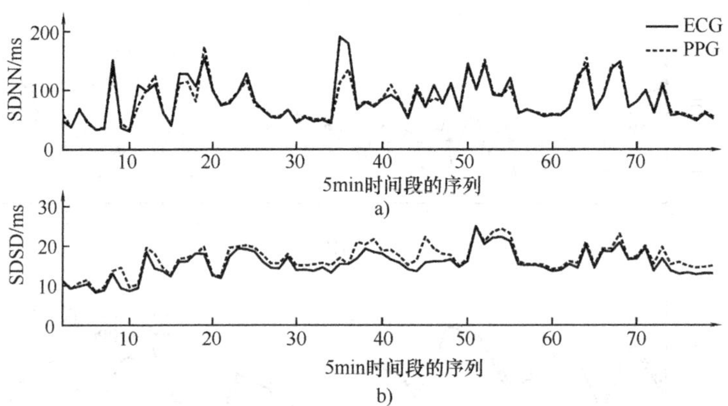

图 6-12　从心电和 PPG 信号中估计的时域 HRV 特征（SDNN 和 SDSD）[60]

注：相关性（归一化绝对误差值）分别为 0.93(0.15) 和 0.95(0.11)。

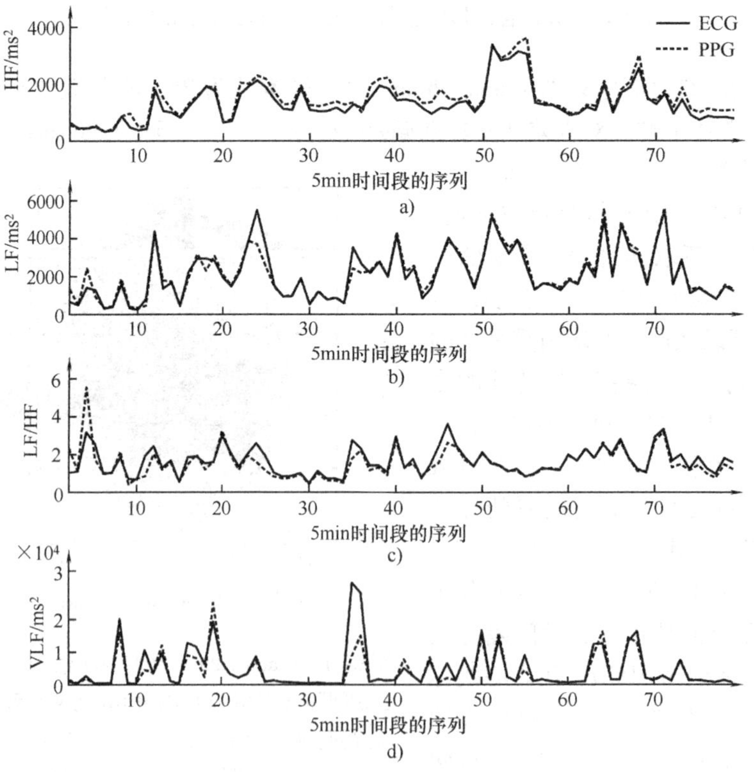

图 6-13　从心电和 PPG 信号中估计的频域 HRV 特征（HF、LF、LF/HF、VLF）[60]

注：相关性（归一化绝对误差值）分别为 0.98(0.16)、0.96(0.14)、0.84(0.25) 和 0.86(0.43)。

基于PPG的监测设备在临床应用中还处于萌芽阶段。大多数用于临床研究的动态心电图和其他穿戴式HR监测设备可以被替换为轻便、隐蔽和适用于日常生活长时间监测的手腕式PPG设备。这种设备还可以提高诊断的准确性。笨重的系统会影响受试者的行为，尤其是用于夜间检测时。因此，轻便、可集成的PPG设备在将来可能会为长期监测心血管调节机制提供新的方向。

6.4 总结与展望

本章旨在概述光学HR监控领域目前的发展，从PPG技术的基础知识出发，强调了充分理解PPG光电现象的重要性。由于机械传感器件之间复杂的相互作用、传感器的光学特性和活体组织的特性，光学HR监测器在设计时应对具体的PPG结构进行深入的分析，并进行不同的权衡取舍。例如，睡眠期间需要使用长期HR监测器，而马拉松或运动过程则使用短期HR监测器。任何基于PPG传感器的光电设计对于HR监测器来说都是一个关键问题。

本章的第二个重要内容是信号处理策略的设计，可以从原始的PPG信号中得到期望的健康指数。光学HR监测器中没有通用的算法，对底层生理问题的深刻理解将指导开发人员找到最优的算法配置。

最后，本章介绍了在两个不同领域（运动员和住院患者的监测）中光学HR监测的最新进展。在优化设计的支持下，PPG技术有广泛的应用，从睡眠中的精确HRV分析到越野滑雪中的HR监测。

是什么掌握着未来？想象力。光学HR检测领域的技术基础已经奠定：PPG难题的主要元素正逐步变成现实，如何将它们组合以满足特定的需求是目前面临的主要挑战。智能手机和智能手表的爆炸式发展为这些技术提供了极佳的视角：光学监测是无创、舒适的，并且可以方便地集成在这些设备上。智能纺织品集成了功能性服装和贴片式传感器，是在光学HR中发挥重要作用的技术。最后，同样重要的是，使用改良PPG技术的非接触式传感器可以通过网络摄像头监控计算机用户。

总之，光学HR监测器在支持21世纪的人类健康和健康评估创新的发展方面有潜力成为核心技术，让技术在各领域发挥作用。

参考文献

[1] P. Brodal, The Central Nervous System: Structure and Function, third ed, Oxford University Press, Inc, New York, 2004.
[2] A.E. Aubert, B. Seps, F. Beckers, Heart rate variability in athletes, Sports Med. 33 (2003) 889–919.
[3] M. Malik, J. Bigger, A. Camm, R. Kleiger, A. Malliani, A. Moss, et al., Heart rate variability: Standards of measurement, physiological interpretation, and clinical use, Eur. Heart J. 17 (1996) 354–381.
[4] M.H. Crawford, S.J. Bernstein, P.C. Deedwania, J.P. DiMarco, K.J. Ferrick, A. Garson, et al., ACC/AHA guidelines for ambulatory electrocardiography: executive summary and recommendations: a report of the American College of Cardiology/American Heart Association task force on practice guidelines, Circulation 100 (1999) 886–893.
[5] G.-X. Yan, R.S. Lankipalli, J.F. Burke, S. Musco, P.R. Kowey, Ventricular repolarization components on the electrocardiogram, J. Am. Coll. Cardiol. 42 (2003) 401–409.
[6] J. Sztajzel, Heart rate variability: a noninvasive electrocardiographic method to measure the autonomic nervous system, Swiss. Med. wkly. 134 (2004) 514–522.
[7] M.H. Bonnet, D.L. Arand, Heart rate variability: sleep stage, time of night, and arousal influences, Electroencephalogr. Clin. Neurophysiol. 102 (1997) 390–396.

[8] <http://www.polar.com>, (Accessed Last: 23.06.14).
[9] <http://www.suunto.com>, (Accessed Last: 23.06.14).
[10] <http://www.garmin.com>, (Accessed Last: 23.06.14).
[11] J.G. Webster, The measurement, instrumentation and sensors6 handbook, first ed., CRC Press, Inc., Boca Raton, 1999.
[12] Timex Group USA Inc. (2013). Heart Rate Monitor | Global Timex. [Online]. Available: <http://global.timex.com/collections/heart-rate-monitor>. (Last Accessed: 07.07.14).
[13] Salutron Inc. (2013). Smart Health-Salutron. [Online]. Available: <http://salutron.com/smart-health>. (Last Accessed: 07.07.14).
[14] M.J.E. Parry, J. McFetridge-Durdle, Ambulatory Impedance Cardiography, Nurs. Res. 55 (2006) 283–291.
[15] J.G. Webster, Design of Pulse Oximeters, first ed., IOP Publishing Ltd, London, 1997.
[16] Nonin Medical Inc. (2013). Nonin - Pulse Oximeter (Sp02) Monitoring Solutions. [Online]. Available: <http://www.nonin.com/pulseoximetry>. (Last Accessed: 07.07.14).
[17] Masimo Corporation. (2013). Masimo - close to the heart. [Online]. Available: <http://www.masimo.com>. (Last Accessed: 07.07.14).
[18] Covidien. (2013). Nellcor Pulse Oximetry Monitoring from Covidien. [Online]. Available: <http://www.covidien.com>. (Last Accessed: 07.07.14).
[19] J. Allen, Photoplethysmography and its application in clinical physiological measurement, Physiol. Meas. 28 (2007) R1.
[20] Physical Enterprises Inc. (2013). MIO Global. [Online]. Available: <http://www.mioglobal.com>. (Last Accessed: 07.07.14).
[21] BASIS Science Inc. (2013). Basis — health and heart rate monitor for wellness and fitness. [Online]. Available: <http://www.mybasis.com>. (Last Accessed: 07.07.14).
[22] Impact Sports Technologies. (2013). ePulse2. [Online]. Available:<http://www.impactsports.com/epulseii.html>. (Last Accessed: 07.07.14).
[23] J.W. Severinghaus, Takuo Aoyagi: discovery of pulse oximetry, Anesth. Analg. 105 (2007) S1–S4.
[24] P. Renevey, J. Sola, P. Theurillat, M. Bertschi, J. Krauss, A. Daniela, et al., Validation of a wrist monitor for accurate estimation of RR intervals during sleep, Conf. Proc. IEEE Eng. Med. Biolol. Soc. (2013) 5493–5496.
[25] Penaz, J. (1973). Photoelectric measurement of blood pressure, volume and flow in the finger. In proceedings Digest of the 10th international conference on medical and biological engineering, 104.
[26] J. Sola, M. Proenca, D. Ferrario, J.-A. Porchet, A. Falhi, O. Grossenbacher, et al., Non-invasive and non-occlusive blood pressure estimation via a chest sensor, IEEE Trans. Biomed. Eng. (2013).
[27] Y. Maeda, M. Sekine, T. Tamura, A. Moriya, T. Suzuki, K. Kameyama, Comparison of reflected green light and infrared photoplethysmography, Conf. Proc. IEEE Eng. Med. Biol. Soc. (2008) 2270–2272.
[28] G. Natalini, A. Rosano, M.E. Franceschetti, P. Facchetti, A. Bernardini, Variations in arterial blood pressure and photoplethysmography during mechanical ventilation, Anesth. Analg. 103 (2006) 1182–1188.
[29] L. Nilsson, A. Johansson, S. Kalman, Respiration can be monitored by photoplethysmography with high sensitivity and specificity regardless of anaesthesia and ventilatory mode, Acta. Anaesthesiol. Scand. 49 (2005) 1157–1162.
[30] B. Jönsson, C. Laurent, T. Skau, L.-G. Lindberg, A new probe for ankle systolic pressure measurement using photoplethysmography (PPG), Ann. Biomed. Eng. 33 (2005) 232–239.
[31] K.H. Shelley, D. Tamai, D. Jablonka, M. Gesquiere, R.G. Stout, D.G. Silverman, The effect of venous pulsation on the forehead pulse oximeter wave form as a possible source of error in Spo2 calculation, Anesth. Analg. 100 (2005) 743–747.
[32] Y. Maeda, M. Sekine, T. Tamura, Relationship between measurement site and motion artifacts in wearable reflected photoplethysmography, J. Med. Syst. 35 (2011) 969–976.
[33] Y. Mendelson, B.D. Ochs, Noninvasive pulse oximetry utilizing skin reflectance: noninvasive pulse oximetry utilizing skin reflectance, IEEE Trans. Biomed. Eng. 35 (1988) 798–805.
[34] Huang, F., Yuan, P., Lin, K., Chang, H. and Tsai, C. (2011). Analysis of reflectance photoplethysmograph sensors. in proceedings World Academy of Science, Engineering and Technology (59) 1266–1269.
[35] J.L. Reuss, Arterial pulsatility and the modeling of reflectance pulse oximetry, Conf. Proc. IEEE Eng. Med. Biol. Soc. 3 (2003) 1901–1904.
[36] S.S. Haykin, Adaptive Filter Theory, forth ed., Prentice Hall, New Jersey, 2001.
[37] Renevey, P., Vetter, R., Krauss, J., Celka, P., and Depeursinge, Y. (2001). Wrist-located pulse detection using IR signals, activity and nonlinear artifact cancellation. In proceedings 23rd Annual International Conference of the IEEE Engineering in Medicine and Biology Society (3), 3030–3033.
[38] B. Lee, Y. Kee, J. Han, W.J. Yi, Adaptive comb filtering for motion artifact reduction from PPG with a structure of adaptive lattice IIR notch filter, Conf. Proc. IEEE Eng. Med. Biol. Soc. (2011) 7937–7940.
[39] J. Achten, A.E. Jeukendrup, Heart rate monitoring: applications and limitations, Sports Med. 33 (2003) 517–538.
[40] A. Ahtinen, J. Mantyjarvi, J. Hakkila, Using heart rate monitors for personal wellness--the user experience perspective, Conf. Proc. IEEE Eng. Med. Biol. Soc. (2008) 1591–1597.

[41] R.M.T. Laukkanen, P.K. Virtanen, Heart rate monitors: state of the art, J. Sports Sci. 16 (1998) 3–7.
[42] El-Khoury, M., Sola, J., Neuman, V. and Krauss, J. (2007). Portable SpO2 monitor: a fast response approach. in proceedings IEEE International Conference on Portable Information Devices, 1–5.
[43] Valencell Inc. (2013). PerformTek®. [Online]. Available: <http://www.valencell.com>. (Last Accessed: 07.07.14).
[44] Scosche Industries. (2013). RHYTHM - The Best Heart Rate Monitor for iPhone. [Online]. Available: <http://www.scosche.com/rhythm>. (Last Accessed: 07.07.14).
[45] P.G. Montgomery, D.J. Green, N. Etxebarria, D.B. Pyne, P.U. Saunders, C.L. Minahan, Validation of heart rate monitor-based predictions of oxygen uptake and energy expenditure, J. Strength Cond. Res. 23 (2009) 1489–1495.
[46] A. Uusitalo, T. Mets, K. Martinmäki, S. Mauno, U. Kinnunen, H. Rusko, Heart rate variability related to effort at work, Appl. Ergon. 42 (2011) 830–838.
[47] R.E. Kleiger, J.P. Miller, J.T. Bigger, A.J. Moss, Decreased heart rate variability and its association with increased mortality after acute myocardial infarction, Am. J. Cardiol. 59 (1987) 256–262.
[48] F. Bellavere, I. Balzani, G. De Masi, M. Carraro, P. Carenza, C. Cobelli, et al., Power spectral analysis of heart-rate variations improves assessment of diabetic cardiac autonomic neuropathy, Diabetes 41 (1992) 633–640.
[49] S. Guzzetti, S. Dassi, M. Pecis, R. Casati, A.M. Masu, P. Longoni, et al., Altered pattern of circadian neural control of heart period in mild hypertension, J. Hypertens. 9 (1991) 831–838.
[50] G. Casolo, E. Balli, T. Taddei, J. Amuhasi, C. Gori, Decreased spontaneous heart rate variability in congestive heart failure, Am. J. Cardiol. 64 (1989) 1162–1167.
[51] P.F. Binkley, G.J. Haas, R.C. Starling, E. Nunziata, P.A. Hatton, C.V. Leier, et al., Sustained augmentation of parasympathetic tone with angiotensin-converting enzyme inhibition in patients with congestive heart failure, Am. J. Cardiol. 21 (1993) 655–661.
[52] J.N. Townend, J.N. West, M.K. Davies, W.A. Littler, Effect of quinapril on blood pressure and heart rate in congestive heart failure, Am. J. Cardiol. 69 (1992) 1587–1590.
[53] H.V. Huikuri, J.O. Valkama, K.E. Airaksinen, T. Seppänen, K.M. Kessler, J.T. Takkunen, et al., Frequency domain measures of heart rate variability before the onset of nonsustained and sustained ventricular tachycardia in patients with coronary artery disease, Circulation 87 (1993) 1220–1228.
[54] M.G. Tsipouras, D.I. Fotiadis, D. Sideris, An arrhythmia classification system based on the RR-interval signal, Artif. Intell. Med. 33 (2005) 237–250.
[55] N. Al-Rawahi, M.S. Green, Diagnosis of supraventricular tachycardia, J. Assoc. Physicians India 55 (2007) 21–24.
[56] C.M. Dougherty, R.L. Burr, Comparison of heart rate variability in survivors and nonsurvivors of sudden cardiac arrest, Am. J. Cardiol. 70 (1992) 441–448.
[57] A. Algra, J.G. Tijssen, J.R. Roelandt, J. Pool, J. Lubsen, "Heart rate variability from 24-hour electrocardiography and the 2-year risk for sudden death,", Circulation vol. 88 (1993) 180–185.
[58] K.H. Shelley, Photoplethysmography: beyond the calculation of arterial oxygen saturation and heart rate, Anesth. Analg. 105 (2007) S31–S36.
[59] P. Dehkordi, A. Garde, W. Karlen, D. Wensley, J.M. Ansermino, G.A. Dumont, Pulse rate variability compared with heart rate variability in children with and without sleep disordered breathing, Conf. Proc. IEEE Eng. Med. Biol. Soc. (2013) 6563–6566.
[60] Arberet, S., Lemay, M., Renevey, P., Sola, J., Grossenbacher, O., Andries, D., Sartori, C., Bertschi M, (2013). Photoplethysmography-based ambulatory heartbeat monitoring embedded into a dedicated bracelet. In proceedings 40th Conference on Computers in Cardiology, (in press).

第 7 章　穿戴式热流传感器测量人体的能量消耗

7.1 简介

消费者、专业保健人员和研究人员通常希望在日常生活中能够测量能量消耗（energy expenditure，EE）。然而，在日常生活中准确测量个体消耗的总能量是很困难的。尽管有许多穿戴式设备可以测量能量消耗，但是几乎所有设备得到的能量消耗都是通过测量一个或多个其他形式的参数（最常用的是一些运动状态的参数）得来的。在没有运动的情况下，或检测到的运动可能是通过不同能量消耗的不同活动引起时，仅测量运动状态很可能造成能量消耗的误报。基于运动的传感器通常对不移动的运动形式不敏感，尤其是只有上半身的运动或动感单车等运动。这些系统的测量准确性可以通过评估运动的强度和类型来进行改善，这通常通过使用三轴加速度计和增加额外的测量参数来实现。这些基于运动和能量消耗之间相关性的额外参数可以使用更复杂的方案进行估算。

已经通过临床验证的用于测定能量消耗的技术需要测量耗氧量（间接量热法）或产热量（直接量热法）。在热量的测定中最常见的类型是间接量热法，即不直接测定热量，而是测量新陈代谢中氧（O_2）的消耗量和二氧化碳（CO_2）的生成量。直接量热法测量代谢过程中产生的热量。大多数量热系统被设计为具有复杂系统的房间，用于测量身体所有形式的热交换。

基于这两种测量技术的穿戴式量热计已经存在，如便携式间接量热计，但因为需要面罩、管道和大型电子器件，这些设备更容易被视为代谢测量仪的便携式“背包”版本，而不是真正的穿戴式设备。直接量热计用连接到外部测量设备的水管网络来直接测量皮肤表面的热流，也很难实现穿戴式构想，但使用安装到皮肤上的热流传感器的直接量热法似乎更容易被归类为穿戴式传感器。历史上出现过这样的系统，但其使用受到了限制。这些早期的系统既不能测量蒸发热损失（即出汗），也不能应用于测量强度较低的活动，这可能是它们应用受到限制的最大原因。值得注意的是，这两种普遍接受的方法（间接和直接量热法）不适用于日常生活中的测量，因此目前它们主要应用于临床研究。

目前已经设计出了一种新型穿戴式直接量热计（见图 7-1），它能克服测量过程中由于导电、辐射、对流和蒸发造成的热损失，这种设备已经商业化[1]。该穿戴式传感器针对此特定应用设计了一个热流计。该热流计对皮肤表面的影响最小（考虑了覆盖面积和热阻抗等因素），且在热流计上增加了覆盖膜，使得汗液被输送到仪器表面后再蒸发。

图 7-1　个体代谢热量监测的典型设备

7.2　能量消耗的背景

一提起能量消耗，人们就会联想到某个特定活动中执行的工作量，这就像一个简单的可以精确计算的物理问题。例如，将 5kg 物体举高 30cm 消耗的能量可以通过简单的物理公式来计算，即

$$E = mgh$$

式中，m 为质量；g 为重力加速度；h 为举起的高度。

上面这个例子的计算结果为 $E = 14.7\text{J}$ 或 3.51cal(1cal = 4.1868J)。然而，要实现肢体行为，人体内部也需要消耗能量。从思考、计划执行某项行为到实现该行为肌肉所需的血液供应，再到实际执行该行为，都会消耗能量。

体内能量消耗的主要来源是三磷酸腺苷（adenosine triphosphate，ATP）。当神经元产生动作电位后，需要消耗 ATP［即去磷酸化得到 ADP（二磷酸腺苷）］恢复到静息膜电位。神经元放电后，肌肉细胞产生收缩反应，如通过肌肉泵送血液为组织提供葡萄糖和 O_2，并带走乳酸和其他代谢废物。红细胞中的血红蛋白运输 O_2 也需要能量。所有这些内部行为对于完成外部举起重物的行为是必需的。因此，相比于物理计算，知道 ATP 的消耗能更准确地测定活动中的能量消耗。但是，为了测定总的能量消耗，直接测量活体细胞内 ATP 的消耗是既不现实也不可行的。

幸运的是，在消耗 ATP 的代谢过程中，有两点使得其被测量和用于确定能量消耗成为可能（见图 7-2）。首先，ADP 形成 ATP 的过程与机体的耗氧量成比例。其次，ATP 去磷酸化过程中会释放大量热量。间接量热法利用前者测量耗氧量，而直接量热法利用后者测量产热量。

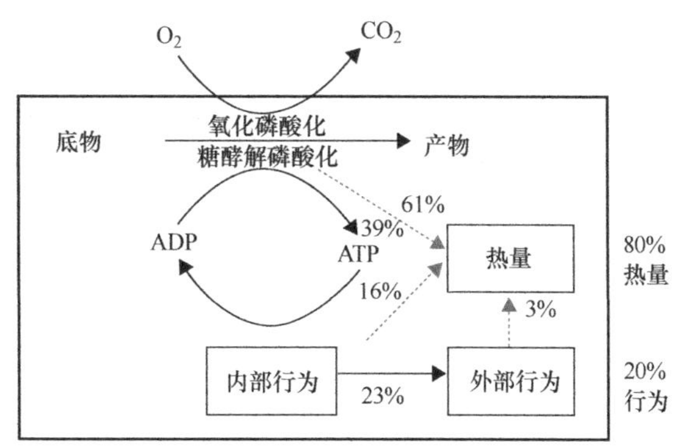

图 7-2　ATP 生成和利用的能源效率简图

注：当底物通过氧化和糖酵解磷酸化将 ADP 转化成 ATP 时，只有 39%的能量储存在 ATP 中。当 ATP 被利用时，其储存的能量只有约 30%起作用。在这两种情况下，剩下的部分以热能形式丢失，图中的代谢效率为 20%。

许多底物分解代谢过程中都会有 ATP 生成。碳水化合物尤其是葡萄糖，通常被认为是能源的主要底物。这些底物通过糖酵解途径、Kreb 循环和氧化磷酸化促使 ATP 的再合成[1]。一个葡萄糖分子通过这些途径的转化会消耗 6 个 O_2 分子，产生 6 个 CO_2 分子，同时产生 38 个 ATP 分子。如果底物是脂类，图解会更复杂，因为脂肪的结构不像碳水化合物那样统一。脂类中脂肪酸分子的实际大小决定实际耗氧量和 CO_2 生成量，但一般来说，在脂肪的利用过程中，每生成两个 CO_2 分子，会消耗约 3 个 O_2 分子。产生的 CO_2 与消耗的 O_2 的比率被称为呼吸商（respiratory quotient，RQ），反映代谢过程中底物的利用情况。对于碳水化合物来说，RQ = 1，但脂类的 RQ 可低至 0.7。

底物不同，生成 ATP 的数量也不同。利用碳水化合物生成 ATP 的效率最高，每消耗 1L O_2 可以提供 5.047kcal 能量，而利用脂类每 1L O_2 只产生 4.686kcal 能量。因此，要准确地

测定 ATP 的生成量，测量耗氧量和 CO_2 生成量非常重要。在呼气测试时，产生的 CO_2 体积 V_{CO_2}和消耗的 O_2 体积 V_{O_2}的比值称为呼吸交换率（respiratory exchange ratio，RER）。间接量热计测量吸入空气的体积和呼出气体中氧气浓度来检测消耗 O_2 的体积，在大多数情况下，还测量呼出气体中 CO_2 浓度来测定底物的利用情况。这些值可以用来计算代谢过程中 ATP 利用后再生所需的能量消耗。

间接量热法依赖于确定在代谢活动“燃烧”了什么，而不是确定消耗的 ATP 数量，直接量热法基于测量细胞代谢过程中释放的热量。当使用 ATP 作为能源来完成一个代谢过程时，只有高能量磷酸键的一小部分起到了实际作用。大部分（约 80%）能量以热量的形式释放（见图 7-2）。作为恒温动物，我们的身体要保持核心温度恒定，所以要在代谢产热和体热损失之间达到平衡（即身体寻求达到热平衡）。热平衡中的热量主要来自代谢过程，也包括从环境中获得的热量。身体可以通过几种方法，包括传导、辐射、对流和蒸发来散热。在休息时，辐射（红外光谱）和对流散热占主导地位。活动量增加或处于比身体温度高的环境时，蒸发是主要的散热方式。身体有许多调节机制抑制热量损失，包括控制四肢的毛细血管和激活汗腺。

虽然身体试图达到热平衡（见图 7-3），但是它并不总是处于平衡状态，这在一定程度上取决于产热和散热的时间常数。此外，热平衡是由身体尝试保持体内核心温度恒定决定的，不一定是一个恒定的平均体温。在凉爽或较冷环境中，身体将进行分流循环，允许外周组织的温度下降（手凉）以维持一个恒定的核心温度（见图 7-4）。因此，人体平均温度可能比核心温度低，在正常室温环境中休息时可体现出来。稍低的平均体温意味着身体可以吸收热量导致平均体温上升，也意味着产生的热量可能不需要耗散到环境中，至少不会马上消失。因此，热损失通常滞后于热生成。此外，核心温度通常是 37℃，但也确实在发生变化。最终结果是热平衡应视为随时间推移发生，而不是瞬时的。

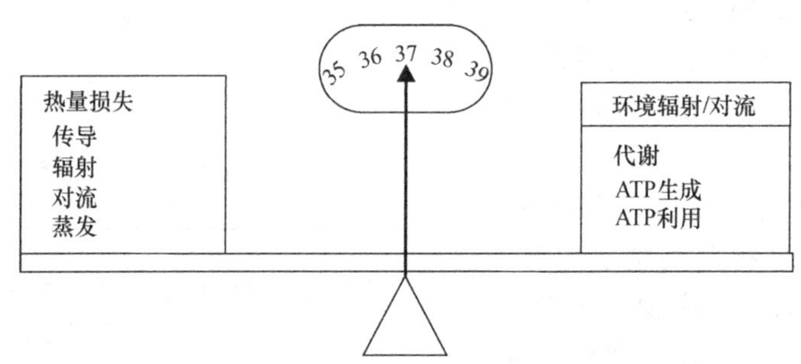

图 7-3　热平衡：为了维持体内温度，代谢和环境的热输入必须与传导、辐射、对流和蒸发损失的热量平衡

直接量热法取决于人体对热平衡的生理需求程度，以及对身体 4 种形式热通量的精确测量。过去，直接量热计通常在具有墙壁、天花板和地板的专用房间中测量热通量，也被称为梯度层量热法。房间直接检测热通量的传导、辐射和对流，并通过测量蒸发的水蒸气得到蒸发的热损失。因为建造这些特殊房间的价格不菲，且本身具有局限性，如需要考虑房间内其他来源（如计算机）的热量，使得较便宜和更实用的间接量热系统在研究和临床环境中取代了直接量热法。

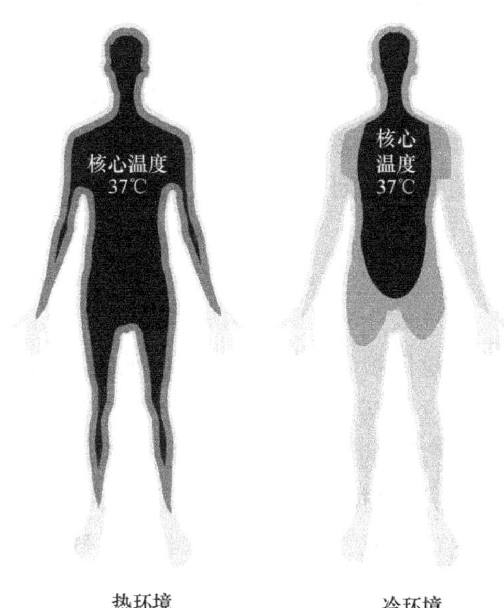

图 7-4　平均体温：作为恒温动物，人类保持恒定的核心温度，但不是所有的组织都保持在这个温度，所以平均体温会低于身体的核心温度

7.3　穿戴式设备举例

7.3.1　基于运动的能量消耗估算

有许多可以检测身体运动的穿戴式设备，它们能测定身体移动然后从移动数据中估算出能量消耗值。运动的测定涵盖计步器里的摆臂计到多轴加速度计。如果不考虑测定原理，这些设备都利用了活动和能量消耗之间的相关性，且这些设备通常戴在手腕上。对于某些活动如步行，这种相关性很强，因为这类设备采用摆动原理就能检测和计算步数，如在平坦路面上的步行中可以提供可靠的能量消耗数据。但是，在爬山或者不通过行走产生能量消耗的活动如骑动感单车中，这类设备不能做出很好的评估。测量多轴加速度的加速度计克服了这些弱点，因为除了计步，它们在运动和能量消耗之间建立了更为复杂的关系，以实现能量消耗的计算。而且相对于运动（比如步行），加速度本身与能量消耗之间的关系就更为密切，所以这些设备的测量效果更好[2]。然而，基于运动的设备的放置位置也会影响它们的效果。比如，三轴加速度计戴在腰部是很常见也很舒适的计数位置，但是它不能区分出静坐和低强度的身体活动[3]。

多轴加速度计用于计算能量消耗的算法也会影响它们的效果。早期的算法可能是最简单的算法，依赖于对一段时间内运动事件的计数。稍微复杂一点的算法利用运动数据潜在的特点，如变异系数或者其他特征参数来对运动进行分类，就可以通过对特定运动类型进行相关性分析得到比较准确的能量消耗数据。更复杂的算法如隐马尔可夫模型和神经网络也用于从原始的加速度数据中鉴别出运动类型。通过对运动类型分类进行优化，采用更合适的相关性计算，能够进一步提高估算的准确性。

现在已经有一些基于加速度计的商用设备，包括单轴设备 Biotrainer 和 Actigraph、三轴设备 Actical 和 Tracmor，最近市场上还出现了 Fitbit、Nike、Jawbone 等其他设备。研究表明这些设备会低估某些活动的能量消耗，高估另一些活动的能量消耗，但通常会低估日常实际的能量消耗[4]。这可能是因为有些运动类型具有同样的运动方式和加速度，但能量消耗却不同。实际上，为了区分不同的运动类型，很多加速度计设备的性能已经得到提升。尽管有一些不足，但基于加速度计的设备在消费者和研究人员中仍然广泛使用。对许多运动监测设备需要进行综合评价[4]。

7.3.2 间接量热计

间接量热计对能量消耗的测量依赖于已知底物的 O_2 消耗和 CO_2 生成的比例，底物即是身体细胞内用于能量生成的物质。这些系统至少需要知道呼出气体的体积和其中的氧含量，使用面罩或口罩来可靠地确定呼出气体的总体积，并通过一个或多个传感器来测量一种或多种气体浓度，最后得到 V_{O_2}（和 V_{CO_2}）数据。因此，这些设备不能称作穿戴式传感器，更准确的描述是手持式或便携式间接量热计系统，如 Cosmed K4b2 和 MicroLife Bodygem。

1. Cosmed K4b2

K4b2（见图 7-5）是一种高性能小型呼吸气体分析系统，其本质上是一种标准实验室间接量热计的微型版本，非常小且轻，方便用户随身携带。它的附件包括带有涡轮流量计的面罩、具有电化学燃料电池氧传感器和非色散红外二氧化碳传感器的空气采样系统，并可以绑在身上。这些部件的规格性能与实验室的间接量热计相同，但体积更小，质量更轻。在某些活动或时间段内本来可以使用 K4b2，但因为它需要佩戴面罩（或口/鼻夹），使其不适用于测量日常生活中的能量消耗。

图 7-5 K4b2（在实验室外能直接量热，但不适合穿在身上，日常生活中也不实用）

2. MicroLife Bodygem

手持式 Bodygem（也称为 Medgem），是一种利用钌实现荧光猝灭的氧传感器。该设备专门用于评估静息代谢率（resting metabolic rate，RMR）。因为静息状态下可假设代谢底物不变，只需测量 O_2。该装置使用混合燃料，只能测量 RMR，因此不能视为一种测量总能量消耗的装置。

7.3.3 直接量热计

顾名思义，穿戴式直接量热计需测量身体的热通量以确定能量消耗。过去，水冷套装和热流计（heat-flow gauges，HFG）两种方法被用于测量热通量。

1. 水冷套装

该套装具有许多管道（见图 7-6），可看作一套服装，且需要水冷装置。管中循环的水由身体产生的热量进行加热。通过测量进出水的温度和流量，就能计算出加热所需要的能量消耗。当加热的热量等于代谢产生的热量时，测试者就会感觉温度舒适。该套装也有其他操作方式，目前已经研究出低于 5℃ 的冷却剂。这种“衣服”通常只覆盖躯干，不能全身覆盖。这种方法的主要限制是套装遮挡皮肤破坏了人体正常热量流动。除此之外，用户需要在设备连接状态下完成冷却、循环和记录水温，这些都限制了该套装监测日常生活中能量消耗的实用性。但是，水冷套装在热维持系统，如宇航员的太空服中很有用处。

2. 热流计

基于热流计的直接量热系统更适用于穿戴式装置。热流计的原理是测量热量流过绝缘体产生的温差，它可以很方便地戴在皮肤上。通过测量微小温差，就可以知道该绝缘体的热流阻抗从而计算热流量。大多数 HFG 采用一对热电偶（thermocouple，TC）来测量温差，其连接方式为串联，而非离散，TC 的输出与温差成正比（见图 7-7），即与热通量成正比。这种方法比测量皮肤和空气间温差更为准确。HFG 的输出电压与热通量成正比，热通量为单位时间内通过单位面积的能量。热通量有很多单位，包括 $J/(s \cdot m^2)$（相当于 W/m^2）和 $kcal/(h \cdot m^2)$，都可用于人体热量的测定（$1J/(s \cdot m^2) = 1W/m^2 = 0.8598kcal/(h \cdot m^2) = 0.317BTU/(h \cdot ft^2)$）。

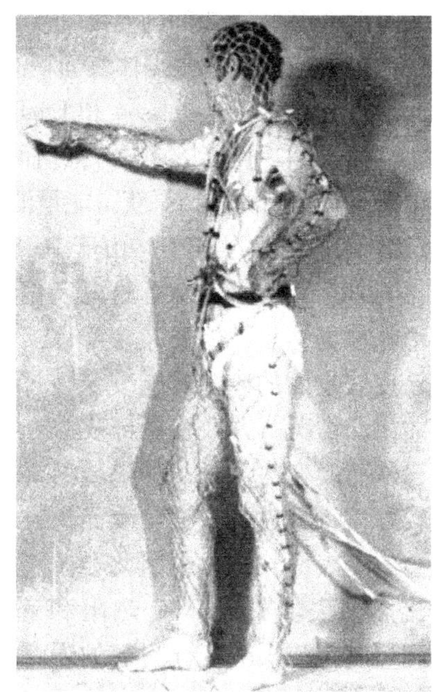

图 7-6　水冷套装

注：管道中的循环水用来保持热舒适度，图中省略了水热交换器的外部设备。

由于 HFG 在测量表面增加了热电阻，改变了局部热流，HFG 的热电阻通常较小，将其带来的影响降到最小。但是，最大限度地减少热电阻会降低绝缘体的温差，从而降低 TC 对之间的电压差，这可能会导致产生的信号太小而难以检测。为了提高灵敏度，采用阶梯式的 TC 对，每个 TC 对像电池一样端对端排列，来增加给定热通量时产生的电压（见图 7-8）。这种 TC 的层叠排列通常称为热电堆。通过采用阶梯式的 TC 对，在保持较低热阻的同时，HFG 对每 $kcal/(h \cdot m^2)$ 的热量很容易产生 μV 级信号。

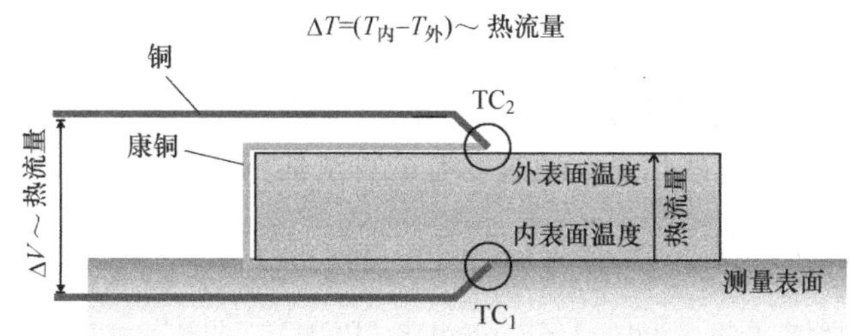

图 7-7　热流计的操作原理：绝缘体两侧温差与热流量成正比。大多数热流计采用 TC 串联，电压差 ΔV 与热流量成比例

图 7-8　热电堆的结构：大多数热流计采用阶梯式 TC 对排列，使得每对（上、下）输出叠加，从而使输出电压增高

20 世纪 80~90 年代，很多研究用 HFG 测量人体热通量或者作为量热计。1983 年，Layton 等人[5]报道了市场上的一系列 HFG，其附着在由冷却管网制成的“套装量热计”下的人体表面。通过改变套装冷却剂的温度捕捉热流量变化。研究人员用 HFG 和套装量热计测量了多个身体部位的热通量，并根据体表面积的热通量加权和计算总热通量。HFG 的输出与套装量热计呈现良好的一致性。Danielsson 和 English 在 1990 年都发表了关于使用 HFG 测量区域热通量的研究。Danielsson 采用自制的仪器[6]，而 English 采用商用的仪器[7]。这些研究主要侧重于热通量测量，并没有利用测量结果获得能量消耗数据，也没有提到蒸发热通量测量。

这些研究采用的 HFG，由于其几何构造，不能用来测量蒸发造成的损失。他们使用的 HFG 表面积和厚度都很大，这两者都会改变热流量。在体外应用 HFG 时，增大传感器面积可能不影响检测结果，但安装在身体上时，皮肤表面的遮挡可能改变该部位的出汗情况，并改变局部皮肤温度，从而改变热流量。如果传感器比较厚，将其放置在被测表面上方也会改变表面气流，也因此会改变对流热损失。关于 HFG 热阻和人体测量时对流损失变化引起的误差，Ducharme[8]在文献中也有描述（见图 7-9）。另一个使用穿戴式直接量热仪可能的误差来源是它只能测量热通量，而不能测量总能量。因此，必须依据对总体表面积的估计以确定总的身体热损失。

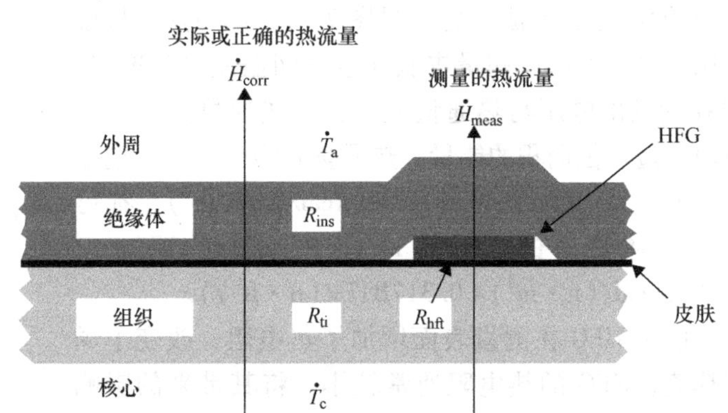

图 7-9　量热计会改变它所放置表面的热流量

7.3.4　身体媒介

市面上的穿戴式系统具有热流传感器。设备测定热通量时，通过皮肤附近的热敏电阻和空气附近的“热管”来测量对流热通量。该装置还测量了受汗液影响的皮肤电阻，汗液的产生与蒸发损失相关，从而间接估计蒸发损失。此外，该装置还采用了三轴加速度传感器测量手臂的运动。结合传感器的这些信息，通过专有的算法估算能量消耗。

7.3.5　个体代谢热量监测仪

个体代谢热量监测仪（personal calorie monitor，PCM）（见图 7-1）作为一种穿戴式直接量热计，可以直接测量身体表面 4 种形式的热通量。要实现这个目的，很多细节需要考虑。PCM 中 HFG 的目的是尽量减小其对皮肤表面的影响，并有效地测量蒸发损失，市面上的 HFG 没有考虑这一点，也不能实现。这几个设计特点使汗液被转运到防渗透的 HFG 上，从而可以测量蒸发热损失，也使配套设备对穿戴 PCM 进行热通量测定时的影响降到了最低。

7.4　设计中的注意事项

采用薄且灵活的 HFG 对其性能有几个方面的影响。HFG 的柔韧性使其与人体表面贴合，有助于可靠地接触皮肤。选择一个 7mm 厚的 HFG 可使对流损失降到最低，同时也能降低器件的热阻。但选择薄 HFG 的最初目的是为了降低厚度从而使汗液转运到 HFG 上。HFG 本身不能渗透汗液，所以为了测量蒸发的热通量，汗液必须被转移到仪器表面。Layton、Danielsson 和 English 采用的厚度为几毫米的 HFG 会阻止汗液进入 HFG 表面，从而使 HFG 不能模拟和周围皮肤表面相同的蒸发情况。相比之下较薄的设备更类似于一个减速带，让汗液更容易转运到 HFG 表面。

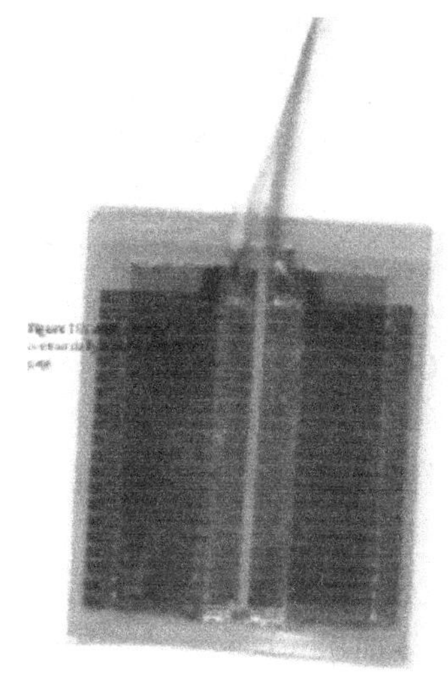

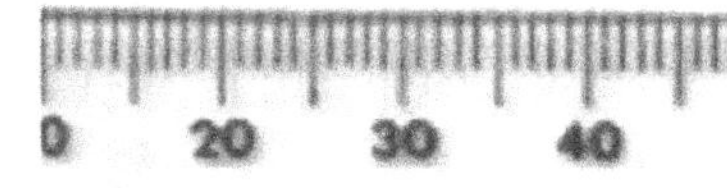

图 7-10　大尺寸的商用热流计

HFG 的厚度不是影响蒸发损失的唯一因素，宽度也是其一。在商用 HFG 中，如果汗液转运过程中需要移动较长的距离（见图 7-10），可能会出现外边缘高于中心的非均匀分布蒸发结果（见图 7-11）。为了尽量减少这种情况，需要降低 HFG 宽度（见图 7-12），同时也使遮挡的区域最小化。

为了确保汗液尤其是难以察觉的汗液被转运到热流计的表面，有一种设计很重要。该设计是在 HFG 上面形成一层膜结构，在没有明显改变表面蒸发的情况下，促进汗液的水平运输（见图 7-13），并结合较窄的宽度使蒸发更为均匀。这层膜是精心设计的，它既不会像海绵一样留住汗液，也不会随着表面积增大人为地增加汗液的毛细作用（如 Coolmaxs）。这一点很重要，因为蒸发时的任何变化（蒸发延迟和/或延长）都会将感应到的热流量与相邻皮肤表面的热流量变化进行去耦处理。如果蒸发率增加，相比于皮肤表面，HFG 的蒸发热流也会显著改变。膜材料的性能也需要考虑，包括润湿角、毛细作用、厚度和鲁棒性。通过构建传感器，在难以察觉的出汗状态和明显出汗状态下，比较其能量输出结果以确定可用的膜材料。最后，选择的膜需要和皮肤本身的灌注率相匹配，并需要通过测试验证这一特性。

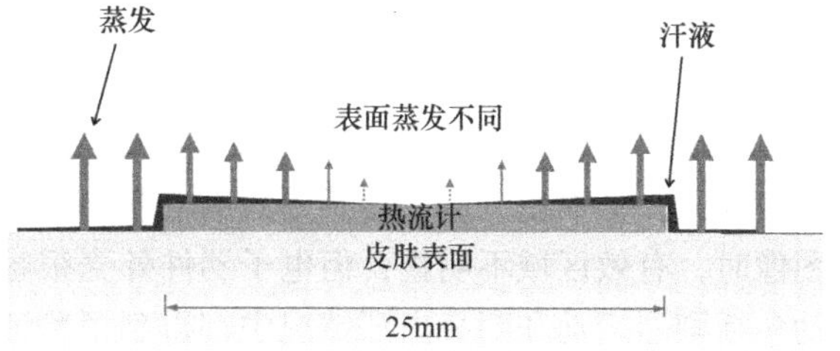

图 7-11　蒸发梯度：当汗液流经表面时，热流计表面的蒸发情况不同

这些设计使 HFG 对传导、辐射、对流和蒸发热损失的感应非常灵敏。还需要考虑 HFG 支撑结构的设计。为了减少 HFG 上气流的改变，距离皮肤表面的高度设计很重要。如果 HFG 支撑结构的厚度小于几毫米，墙内的微环境会显著降低空气流动，从而改变对流热损失。反之，高大的支撑结构像一个大坝，可能会阻止传感器区域外的汗液穿过 HFG，或阻止传感器区域内的汗液流出。在这两种情况下，HFG 所感应到的热通量都不是周围皮肤表面的实际热流。因此，HFG 采用极薄的支撑结构，以尽量减少这些影响。

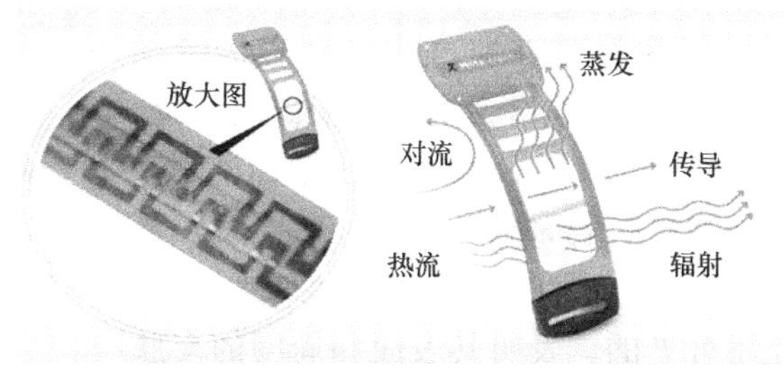

图 7-12　改进的热流计：薄而窄以尽量减少表面蒸发发生变化

与 HFG 相关的电子元器件的位置同样重要。假定器件外壳遮挡皮肤表面，皮肤温度将发

生改变，也会产生一个边缘汗水增加的区域，因为被遮挡区域产生的汗液会向外流动。为了使这些可能的影响降到最低，HFG 与这些电子器件需要保持至少 3cm 的距离，如图 7-1。尽管相对于设备的微安级电流，这些影响很小，但这也有助于使 HFG 与电子器件热隔离。集成电路组件的外壳也应尽可能小，以进一步减少对热通量测定区域附近皮肤温度或汗液的其他的影响。

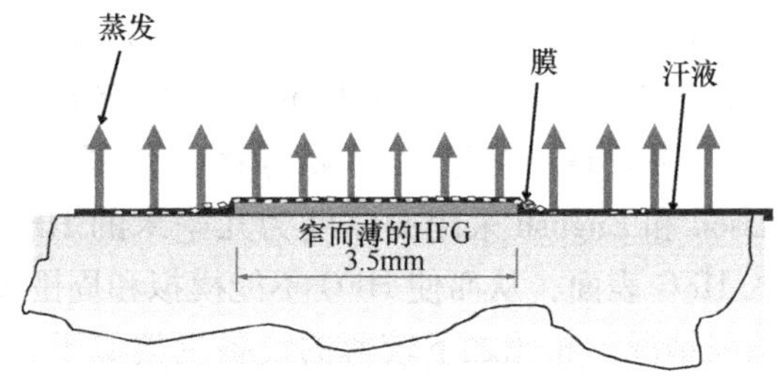

图 7-13　蒸发膜

注：通过减小蒸发宽度和膜的使用降低蒸发梯度，膜有助于表面转运汗液。

最后，计算出的能量消耗需要用 PCM(kcal/(h · m^2)) 来反映测定的热通量，也需要通过乘以体表面积（body surface area，BSA）转换为比率（kcal/h）。此外，由于测定的热量只是 ATP 能量以热的形式散发的一部分，测得的热输出必须用代谢率（metabolic efficiency，ME）来进行校正。因此，用 PCM 计算能量消耗是使用测定的热通量乘以 BSA 再乘以 ME 修正因子，即

$$\frac{[\mathrm{kcal}]}{[\mathrm{h}]}=\text{总热通量}\left(\frac{\frac{[\mathrm{kcal}]}{[\mathrm{h}]}}{[\mathrm{m}^2]}\right)\times \mathrm{BSA}\times\frac{1}{100\%-\mathrm{ME}\%}$$

假设代谢率为 25%，则 ME 的修正因子为 1.33。

7.5　性能

对于设计合理的设备，HFG 的有效区域应该与周围皮肤表面有相同的热损失，包括相同的蒸发损失，从而使皮肤和传感器具有相同的温度。当检测到安装在皮肤表面的传感器的红外图像时，有效区域不明显，但电子器件外壳很容易看到（见图 7-14）。这一点在所有水平的活动包括剧烈运动和明显出汗情况中都得到了验证。

红外图像也验证了 PCM 测量的蒸发损失。在运动过程中可以观察到，许多受试者皮肤表面的温度从静息状态下慢慢升高，然后由于出汗开始下降（见图 7-15）。如果传感器从暴露的皮肤表面只检测到对流和辐射热通量（因为暴露在空气中，没有传导损失），传感器的输出会由于温度低而下降。然而，在冷却阶段 HFG 的输出增加说明其正在检测皮肤表面温度降低处的蒸发热流量。同样也需要注意，红外图像上传感器也是不可见的，表明其表面和周围的皮肤状态保持一致。

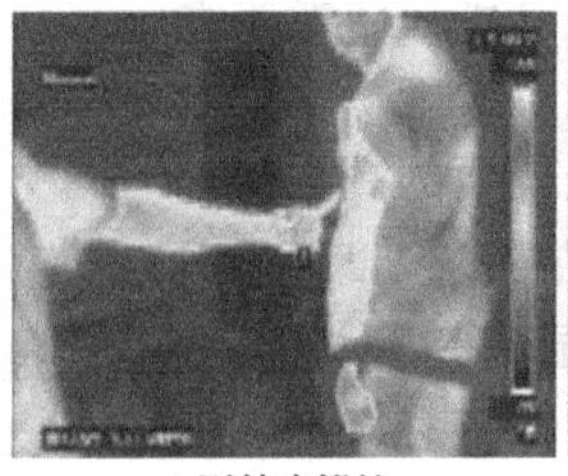
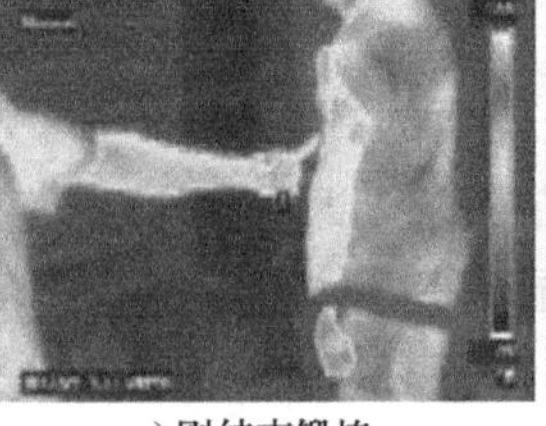

a) 刚结束锻炼

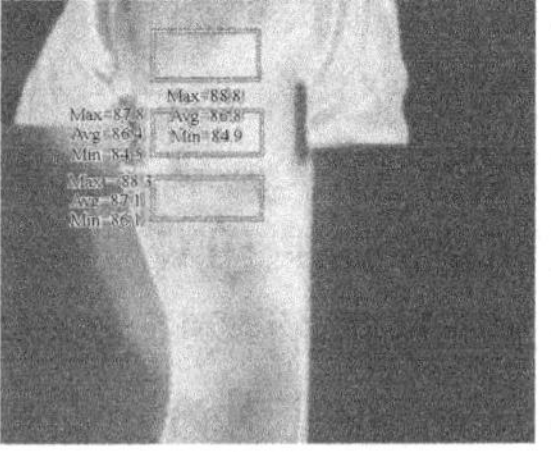

b) 休息时

图 7-14　热流计模拟皮肤表面（传感器在两种不同的情况下）

注：热流计的有效区域（图 7-14a 所指位置，图 7-14b 框里）是不可见的，只是指明其仿真皮肤表面。注意，电子器件和粘贴式表带是可见的，如图 7-14a 中传感器区域或图 7-14b 中温度较低的部位。

将一个自制的通过测量流经皮肤表面气流湿度来测量出汗率的表皮失水仪与传感器输出进行比较。该比较必须从明显出汗开始，

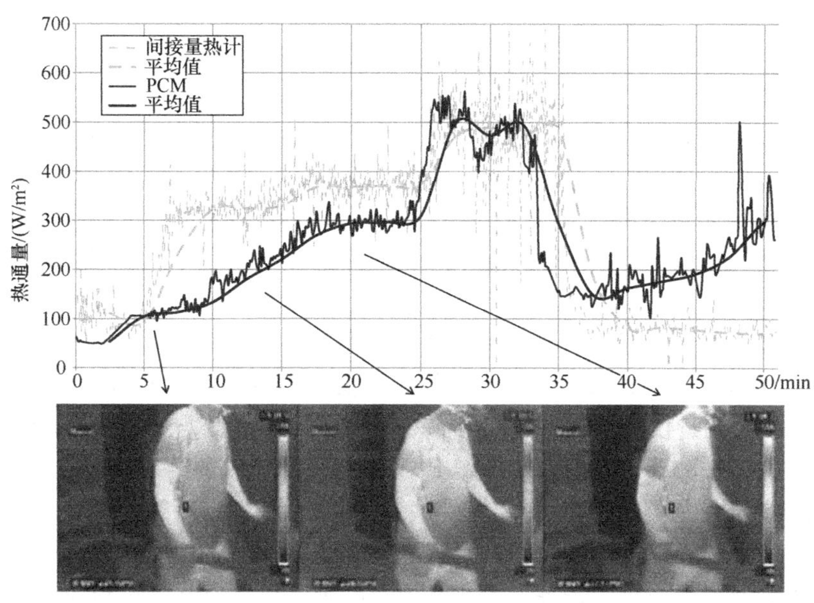

图 7-15　红外图像显示皮肤表面由于蒸发而温度降低

注：在 6min、13min 和 21min 采集红外图像，在 21min 时由于蒸发出现了温度大面积降低。PCM 曲线（细实线）表明只有当温度降低的皮肤表面对流和辐射减少使得蒸发热损失被检测到时，热通量才会持续增加。虚线表示间接量热计的测量值。

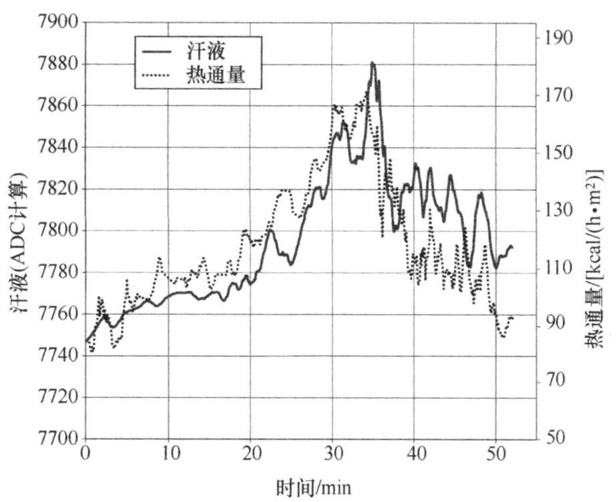

图 7-16　表皮失水：热通量和经皮水分散失（采用传统仪器）成比例

可见的未蒸发汗液表明在该环境条件下蒸发已达到最大值。比较结果如图 7-16 所示。热通量（以 kcal/(h·m²) 为单位）和汗液（任意单位）都可通过各自曲线进行计算。由图 7-16 可以看出，热通量随着出汗率的改变而改变。

在开发过程中，该方法也和间接量热法进行了约 45～60min 的比较试验。这个典型试验包括一段时间的休息，然后进行 2 或 3 级水平的活动，最后休息一段时间。这种类型的测试用于评估和选择蒸发膜。在跑步机上行走和跑动与在各种阻性负载下蹬动感单车的运动是最常见的活动，但跑步机因为在测试中更容易获得恒定的运动量，相比于固定自行车用得更多。

因为 PCM 是消费产品，所以早期的一个验证目标是判断位于某个身体部位的单一传感器是否可行。在这些研究中，多个传感器佩戴在胸部、背部、上臂、大腿，有时候还会戴在前臂、小腿和额头。这些研究表明，躯干上或其附近的传感器，尤其是位于胸部、背部、上臂或大腿的传感器，与间接量热法具有更好的相关性。位置选择在上臂有很多原因，例如固定在大腿上比较困难，固定在胸部需要胸带。

7.6 验证

7.6.1 和代谢测量仪的比较

早期研究[9]针对几个等级（使用跑步机、步行和骑动感单车）的能量消耗，将原始的PCM和间接量热法进行了比较。在这项研究中，7名健康男性受试者（年龄为（21.57±5.06）岁，BMI为（22.37±1.91）kg/m^2）在上臂、大腿、胸部和背部戴上传感器，控制活动时间使热通量接近稳定状态，将稳定状态下传感器的面积加权和与间接量热计的输出在相同情况下进行了对比。在散步（44.42±6.12（代谢测量仪）与42.46±16.89kcal（PCM））、步行（47.26±5.61（代谢测量仪）与43.23±18.48kcal（PCM））和骑自行车（43.06±4.65（代谢测量仪）与43.08±25.85kcal（PCM））时，PCM与代谢测量仪的结果具有很好的相关性。

在另一项早期研究中[10]，选择了20名受试者（年龄为（21.5±3.38）岁，BMI为（23.3±3.55）kg/m^2），进行散步、步行、骑行和滑行运动。选择步行和滑行两个活动，是因为在这种情况下使用加速度计测量能量消耗会存在问题。该研究将一个单一的PCM安装在受试者上臂，采用几个受试者的数据对传感器进行了校准。当此校准用于受试者的所有数据时，间接量热计和PCM在4个活动中没有显著差异（见图7-17）。

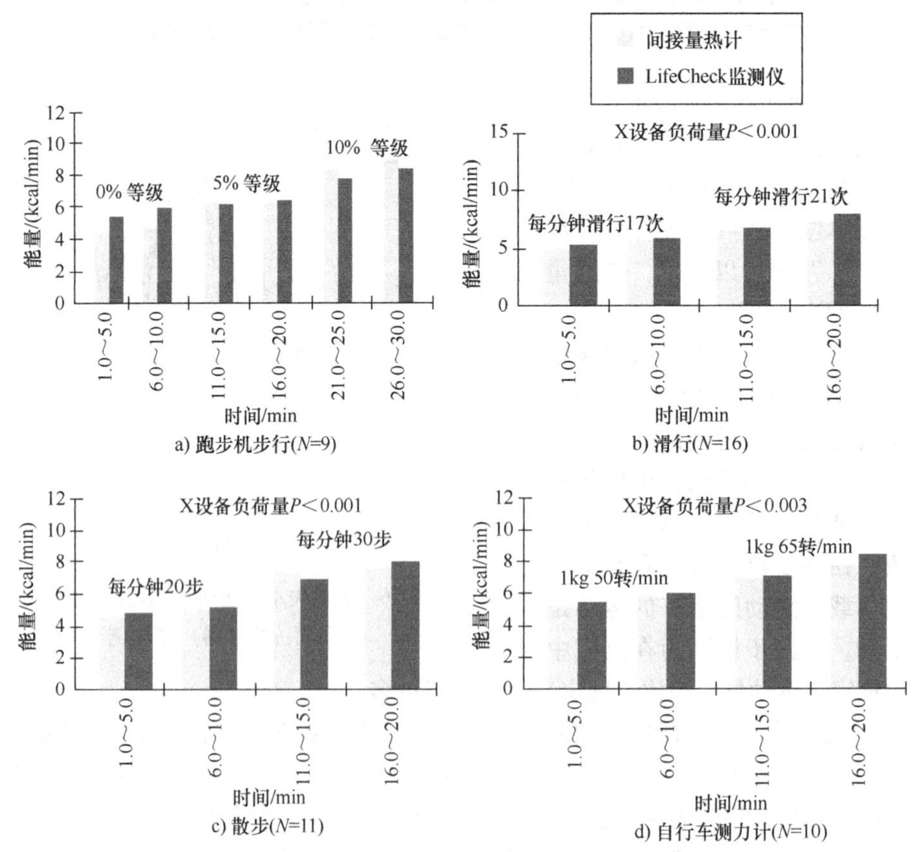

图7-17 对参考文献［10］中不同的活动时PCM和间接量热计的测量数据比较

7.6.2　和室用量热计的比较

由于 PCM 依赖于热平衡，且 PCM 和代谢测量仪检测的时间范围不同，测量的能量消耗也不同，将 PCM 和代谢测量仪进行比较不一定合适。热滞后意味着相比于间接测量，PCM 更可能反映了早期的活动（即测量前发生的活动），这可能导致 PCM 测量值偏高。同样，热保留可能会延后活动期间热量的产生，造成 PCM 低估能量消耗。理想情况下，较长时间段内的比较会达到热平衡。然而，大多数受试者戴上代谢测量仪必需的面罩或口罩后，无法坚持超过 1h。另一方面，室用量热计可以进行更长时间的测量，因为受试者不需要戴面罩。室内量热计是由科罗拉多大学的 Denver's Anschutz 医学中心提供的，可以进行长时间验证测量[11]。

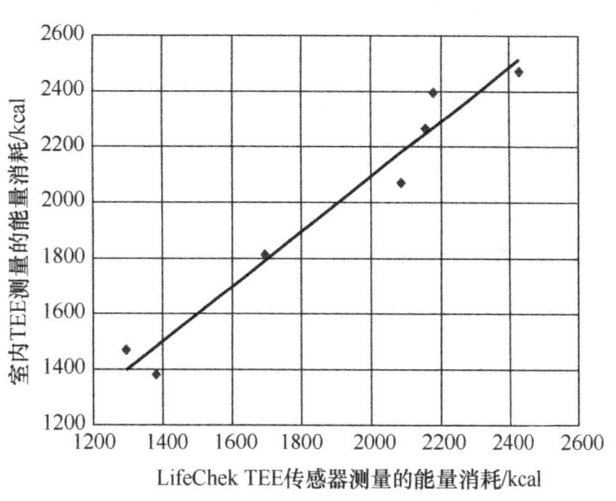

图 7-18　PCM 和室用量热计的总能量消耗比较[11]

在 UCD 代谢室进行的一项研究中，小部分受试者进行了 PCM（LifeChek 传感器）测量并使用室用量热计测量了 24h。在这段时间里，受试者有几次持续时间比较短的运动，但大部分时间久坐不动。由于这些早期的原始设备的耐久性问题，不是所有人都能戴着 PCM 坚持 24h（平均时间为 17h）。室用量热计和 PCM 在能量消耗上有很好的相关性（r=0.98）（见图 7-18）。此外，通过详细的比较，一位受试者在这两种测量方式下的结果如图 7-19 所示。

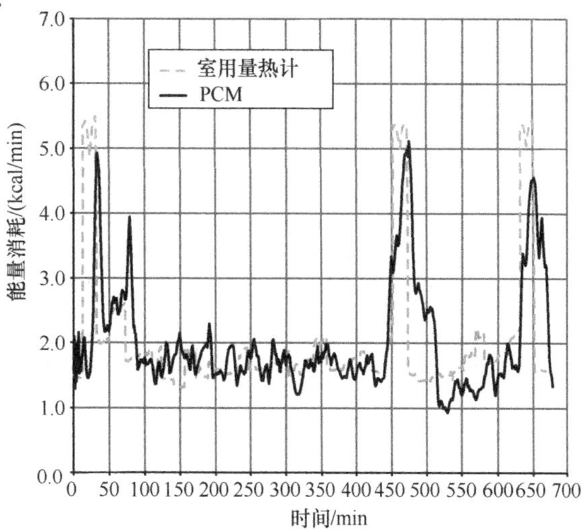

图 7-19　室用量热计和 PCM 对能量消耗的测量比较

UCD 的另一项研究[12]在热中性条件下对其性能进行了检测。在这些试验中，34 名受试者穿着适于热中性条件的衣物用室用量热计测量了 5h。在进入房间 1h 和 3h 后，各在跑步机上运动 20min。热中性状态下 PCM 的性能与室用量热计呈良好的相关性（室用量热计平均能量消耗为 547kcal，PCM 平均能量消耗为 546.8kcal）。

也有一些学者研究了设备在其他方面的性能，包括在不同的环境温度和更长的时间间隔下测试，以及衣服对设备的影响。

7.7　总结

在日常环境中准确测量能量消耗一直是研究人员和临床医生的追求，尤其是将这些数据用于临床干预如体重管理计划。然而文献中提出的人体穿戴式设备由于上述各种原因导致精度不够，尤其是通过测量活动来评估能量消耗的设备。在测量能量消耗的两种方法中，似乎只有直接量热法对消费者来说最实用。

Metalogics 公司的个人热量监测仪可以测量身体所有四种形式的热流量。因此，它很可能成为第一个准确测量日常生活环境下总能量消耗的商用穿戴式直接量热计。通过测量身体的热损失，即使从单一位点进行测量，也能获得基于加速度计的系统无法检测到的能量消耗。然而，对热平衡的依赖使其时间分辨率介于间接量热计与双标水检测法之间。活动量是可检测的，但由于产热及散热之间的时间延迟，可能无法离散性测量。此外，用单一 HFG 检测时的潜在误差来源可能会暂时干扰局部环境，这并不代表整个身体，并且这种局部环境的差异也可能由其他事件造成，如靠在冰冷的表面或者用厚重绝缘体阻塞 HFG 的热通量（例如在睡眠过程中，测量仪位于用户皮肤和床垫之间会使热通量明显减少）。同样，添加或减少衣物可能会暂时干扰 HFG。然而，如果选择适合环境温度的衣物，在一定的热损失情况下，一般能够保持舒适的皮肤温度。未来的研究正计划验证这一过程。

参考文献

[1] S.K. Powers, E.T. Howley, Exercise Physiology: Theory and Application to Fitness and Performance, seventh ed., McGraw-Hill, New York, 2009 Chapter 3: Bioenergetics, pp. 22–49.

[2] K.Y. Chen, D.R. Bassett Jr., The technology of accelerometry-based activity monitors: current and future, Med. Sci. Sports Exerc. 37 (2005) S490–S500.

[3] S.L. Kozey Keadle, A. Libertine, K. Lyden, J.W. Staudenmayer, P.S. Freedson, Validation of wearable monitors for assessing sedentary behavior, Med. Sci. Sports Exerc. 43 (8) (2011) 1561–1567.

[4] G. Plasqui, K.R. Westerterp, Physical activity assessment with accelerometers: an evaluation against doubly labeled water, Obesity (Silver Spring) 15 (2007) 2371–2379.

[5] R.P. Layton, W.H. Mints Jr, J.F. Annis, M.J. Rack, P. Webb, Calorimetry with heat flux transducers: comparison with a suit calorimeter, J. Appl. Physiol. 54 (1983) 1361–1367.

[6] U. Danielsson, Convective heat transfer measured directly with a heat flux sensor, J. Appl. Physiol. 68 (1990) 1275–1281.

[7] M.J. English, C. Farmer, W.A. Scott, Heat loss in exposed volunteers, J. Trauma. 30 (1990) 422–425.

[8] J. Frim, M.B. Ducharme, Heat flux transducer measurement error: a simplified view, J. Appl. Physiol. 74 (1993) 2040–2044.

[9] J.M. Jakicic, J. Kang, R.J. Robertson, R.R. Wing, F.L. Goss, Validity of a portable heat sensing system to measure energy expenditure, Med. Sci. Sports Exerc. 25 (Suppl. 6) (1993).

[10] C. Winters, K. Lagally, J.M. Jakicic, R.R. Wing, R.J. Robertson, Estimated energy expenditure using KAL-X heat flux monitor during several modes of physical activity. (Abstract), Med. Sci. Sports Exerc. 30 (Suppl. 5) (1998) S134.

[11] E. Melanson, J. Dykstra, N. Szuminsky, A novel approach for measuring energy expenditure in free-living humans, Conf. Proc. IEEE Eng. Med. Biol. Soc. 2009 (2008) 6873–6877.

[12] K. Lyden, T. Swibas, V. Catenacci, R. Guo, N. Szuminsky, E. Melanson, et al., Device to measure free-living energy expenditure, Med. Sci. Sports Exerc. 45 (5S) (2013) 99–101.

第 3 部分

智能织物和柔性电子

第 8 章　针织电子纺织品

8.1　从纤维到织物传感器

从出生那一刻起，织物就是人体最早也是最自然的一个“接口”，它是一种柔软、温暖而且安全的材料，可以保护我们的皮肤。衣物通常覆盖了身体 80%以上的皮肤，这是织物作为实现新感知和交互功能最合适接口的原因。传感、传输和发电功能等都可以通过纺织技术实现。功能性纱线、纤维的电气和计算特性与织物传统的机械特性相结合，可用于制造服装，从而开发电子织物（electronic textile，e-textile）平台。

电导率是能够将纺织材料转化成传感材料的主要物理性质，它在电子织物服装的开发中起着重要作用。导电织物可以用作生物电极，或（与弹性体相结合）作为压阻式传感器测量生物力学变量。有多种不同的方法可以用来构建导电性织物，从将金属单丝与纱线整合、用导电性材料改进纤维、用导电涂层涂覆人造纤维，到将导电染料印刷在织物表面。

纱线可以定义为一个由纤维或长丝排成连续纺线的线性组合，具有强度和柔韧性等纺织品特性。导电纱线一般由导电性无机成分与传统纺织纤维结合制成。金属可以采用纤维的形式在纺纱时混入或者采用长丝的形式在并线、针织或编织阶段与其他纱线混合（见图 8-1a、b）。由聚合物基体和导电层构成的导电双组分纤维可使用复合纤维纺丝技术来制造。在这种情况下，导电层含有作为导电性粒子的炭黑或合金混合物。这样的纤维可以与其他纤维共混使得织物拥有足够的导电性。导电聚酰胺纤维和聚酯纤维有长丝和短纤维（需要被纺成纱，见图 8-1c）两种形式。另一种可能是使用涂覆型导电纤维（见图 8-1d）。该涂层可以通过各种技术进行涂覆。高导电纤维可以使用金属涂层或电镀来生产，但这些方法在附着力和耐腐蚀性以及基底的适用性方面有一定局限性，而金属盐涂层在导电性方面也有一定局限性。

在传统纺织生产中，纤维、长丝或微粒形式的金属部分通常用于屏蔽和防静电保护等技术应用（工作服、无尘服、校服、礼服西装、毛衣、地毯、室内装饰品、汽车座椅、毛毯、窗帘和用于清洁办公室设备的无静电刷）、抑菌应用（服装和家具）和时尚应用。金属的存在改变了织物的机械性能，使其具有褶皱或塑形效果。纯不锈钢条可以在纺纱厂中与聚酰胺纤维、聚酯纤维和棉等纤维混合，从而获得大量导电纱线。这种纱线和纤维耐腐蚀、惰性稳定、寿命长。

从导电性、可制造性和织物处理的角度看，镀银纤维被认为是制作贴身导电织物传感器的最佳选择。然而，由于在包覆过程中产生应力裂纹和汗液氧化的问题，其耐洗性、耐应变性差，因此其寿命比由不锈钢制成的纤维和纱线短。在过去的10年里，市场上出现了几种基于银的稳定产品（XStatic[1]、Shieldex[2]），并已被用于传感，如Adidas的女式超新星无缝滑翔内衣和POLAR的H2心率传感器。

a) 使用导电纱线制成的织物放大图

b) 由聚酯纤维混纺导电的不锈钢纤维制成的织物放大图

c) 由导电双组分纤维实现的织物放大图

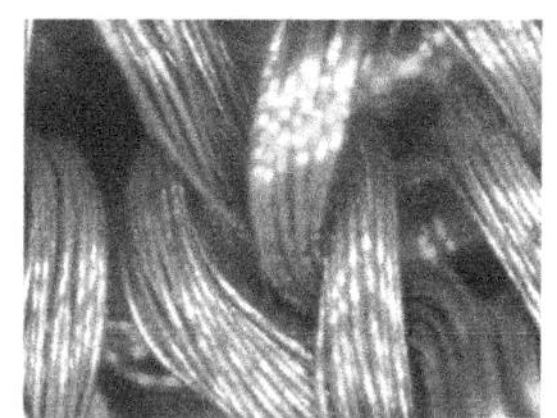

d)由镀银纤维实现的织物放大图

图8-1　导电纱线和织物纱线由不锈钢丝缠绕棉和精英纤维而获得

织物用于传感所需的另一个重要属性是织物的弹性恢复，这是弹性纤维和功能纤维结合的结果。弹性纤维是在断裂前具有极高的延展性并且可以从高延展状态完全快速恢复的纤维。这些纤维通常用在纺织结构需要高弹性的应用中。弹性纱线可以仅由一些弹性纤维结合在一起，制成一根“裸”弹性纱线如氨纶，其中每个纤维都是由许多更小的单个纤维组成，它们由于表面的自然黏性彼此黏附[3]。在复合纱线中，弹性纱线可以使用弹性绞合线作为芯，非弹性短纤维作为外覆盖物。这种纱线被称为“包芯纱”。在织物中使用包芯弹性纱线可改善外观、触感、收缩度、色牢度、过伸长控制和恢复能力。此外，外覆盖物的成分可以是棉等天然纤维，也可以是聚酯纤维或聚酰胺纤维等人造纤维，或两者的组合，它可以为织物提供额外的透气性。

导电弹性纱线可以通过不同的工艺制造。通常，最终的结构包括至少一根弹性芯线，至少一根缠绕在芯线上或作为包芯环绕弹性体的导电线。如果需要绝缘所述导电细丝，还应包括一个缠绕整个芯结构的非导电纱线。弹性成分用于生产可拉伸织物，它可以制作适合身体构造的服装或外套来作为第二皮肤。这是一个重要特性，因为织物传感表面需要以舒适、隐蔽的方式与人体接触并从人体收集信息。弹性织物通过使用弹性纱线或通过在并线、针织和编织阶段将弹性长丝与其他天然或人造纤维混合来制造。其结果是织物不仅有可拉伸性，也有抗皱性、透气性和耐洗性等特征。

8.2　交错的网络

织物可以用针织、机织等不同技术来制造。单根纱线在织物中所遵循的路径根据生产工艺的不同而不同。针织织物由相互串套拉动的线圈构成，这些线圈被称为针迹。主动线固定在针上，直到其穿过另一个线圈，单根纱线即可构成整个织物结构。机织是两种不同的纱线（经纱和纬纱）相互交织形成织物或布料的过程。经纱在布上纵向移动，而纬纱横向移动。

当纱线被组合成织物后，所得的结构就是一个网络，其中单根长丝之间的接触是随机的，并且纤维杂乱无章地聚集在一起。相比于机织要求在经向和纬向上布置相同的纱线，针织技术更适合智能织物。首先，针织为选择所需的功能性纱线提供了可能，并且按照精确的结构将其限定在织物的特定区域。其次，针织物通常是高弹性（容易延伸）和易垂悬（可以很好地挂起与折叠）的，而且它是多孔的，这意味着贴身穿着时具有透气性和舒适性。最后，针织物可按照所要求的服装形状加工。

针织机和织布机可以根据织针的排列进行定义。织针被固定在圆形或线形的金属结构上。针织机的织针可自由地单独移动，而织布机上织针的运动是同步的（见图8-2）。针和金属结构被称为“床”。针织机和织布机都可以配备单床或双床。

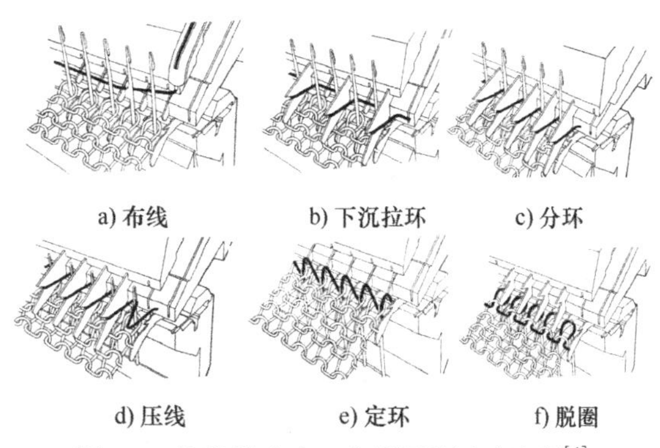

图8-2 针织机产生一个线圈的运动流程[4]

计算机化的针织横机和针织圆机允许单独操作每个针。编织速度、纱线张力、锥体尺寸、批次差异和湿度等因素可以对线圈产生影响。针织横机非常灵活，允许复杂的线迹设计如提花、电镀和嵌花图案，双面针织、图形针织以及精确的宽度调整。但它与针织圆机相比相对较慢。机器通常配有多个独立机动导纱器，它们可以通过编码实现对每个单针的选择。对于电子纺织应用来说，嵌花是用于创建多元化纱线图案的最重要的针织技术之一。双床针织机也可用于实现双面针织技术，即织物两面同时编织。织物可以是不可分的，如互锁针织物，也可被编织为两个不相连的织物，如筒状针织物。

针织另一个有趣的特点是可以使用同一根针处理两种不同的纱线并重叠，这被称为vanisè技术或镀针织。这种技术可以使一根金属纱线覆盖（镀）另一根（见图8-3a)，而且通过使用第二组纱线，织物的外侧面也可以受到保护。不同编织技术的组合使用提供了设计和实现逻辑电路的可能性。可以在织物的特定面使用导电图案，在一个多层的结构里，这些图案可以通过织物的纹理连接，导电元件在这些织物内部，从织物的外侧无法看见（见图8-3b)。

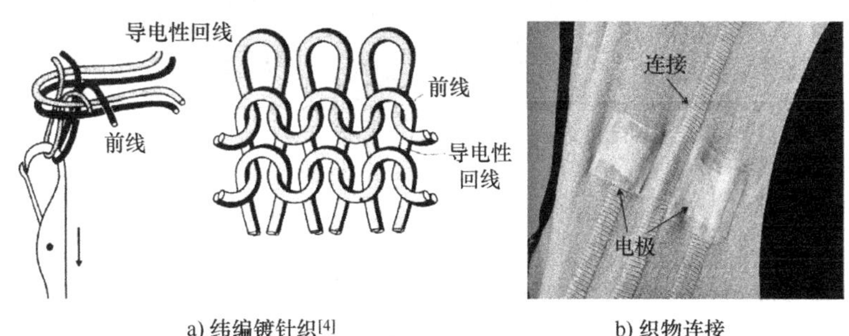

a) 纬编镀针织[4]

b) 织物连接

图8-3 镀针织

注：导电纱线被编织在多层结构内部，织物电极位于薄膜内。

圆编针织，特别是无缝技术，提供了舒适、可伸展、合身且贴合的服装，这使这项技术适合以贴合性、弹性和舒适性为主要要求的传感应用。无缝技术来自袜业与针织两个领域的融合，并可生产无接缝的管状织物，将弹性纱线插入贴边带中，并具有逐渐收缩的部分。因此，无缝机器针织的服装结合了舒适性与功能性，因为它们允许不同针法形成不同的缝合方式，如肋状、网状、提花、条纹和蕾丝以及预成形结构、隐藏口袋、衣领、帽子等。它可以实现无缝系统，在同一个生产步骤中通过嵌花技术可以同时植入电极和传感器。圆编针织和横编针织之间的主要区别是，后者可以结合嵌花和双针织，而前者只能分别处理这两个过程。另外，无缝技术在低生产成本的基础上，保证了织物弹性和舒适性，颇具独特性。

不同的针织技术可以用来提供不同的传感功能。例如，压阻式织物传感器可以通过结合导电纱线和弹性纱线以及工业丝网印刷工艺使用针织技术来实现。圆编针织技术制成的织物具有高弹性恢复能力，因此圆编针织机（如 Santoni 机）可用于生产压阻式织物传感器。导电双组分纤维纱线，例如含有碳颗粒的聚酰胺是通常与一种或多种弹性体结合使用以实现这些传感器的纱线之一。压阻式织物传感器根据应变改变电阻，而且由于织物结构内的电流路径不同，电学性能也会发生变化。通常在伸缩性织物中可以观察到该特性，其中机械变化影响结构内载流子的传导。因为纱线的导电性来源于导电粒子（如双组分纤维），纱线的伸长导致导电粒子在纱线的结构和布料中分布发生变化，从而导致电荷传输路径的改变。纤维和纱线间的互连会受到机械形变影响，如图 8-4 所示。织物的伸长会改变纱线之间的距离以及纱线中纤维的排列。

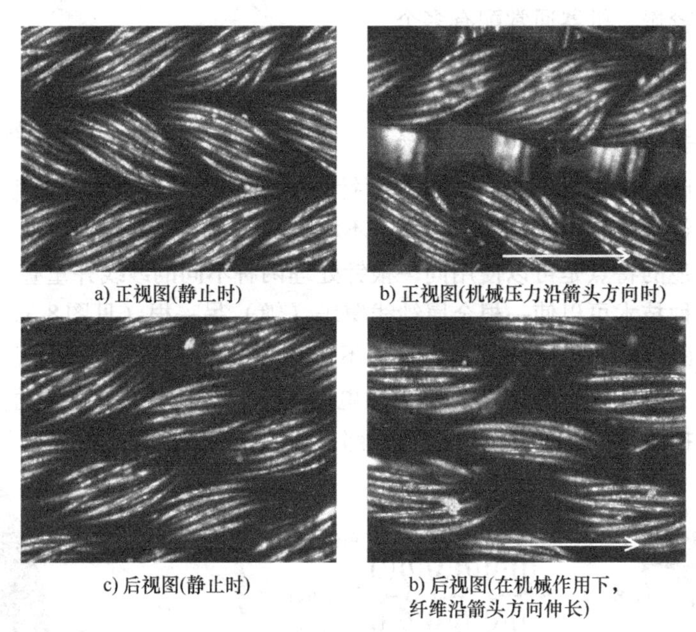

a) 正视图(静止时)　b) 正视图(机械压力沿箭头方向时)

c) 后视图(静止时)　b) 后视图(在机械作用下，纤维沿箭头方向伸长)

图 8-4　机械形变下的纤维相互连接

织物结构内的电荷路径与网络中导电元件之间的距离有关。当纱线和所得织物的结构因机械形变而发生改变时，织物传感器在弹性限度内表现为应变片式换能器。织物结构内电荷传输机制的建模并不容易，但是当纱线和所得织物的结构尽可能保持平面状时，可将织物传感器视为应变片式传感器。纱线和所得织物的不同形态使整个传感器产生不同的响应。最近一项研究[5]表明，不同几何形状的导电纱线在织物的结构中引起的微小变化，最终会导致织物传感器在功能性和灵敏度方面的显著变化。

光刻技术通常用于实现压阻式涂层传感器。在此过程中，含有导电粒子的橡胶或有机硅溶液被涂在织物上，然后在去除过量的橡胶材料后，该导电组分通过高温处理固定在结构中。该技术通过使用相同的弹性材料提供传感器和布线，并避免使用金属线，因为金属线会妨碍运动链动作。最终产品的机械性能由涂层时的速度、溶液黏度以及基底材料的吸附能力决定[6]。该织物基底的黏度性质影响织物传感器的机械响应。可以通过作用于织物结构水平以及增加织物的弹性性能来降低滞后效应。这些织物可看作应变片式传感器[7]，并表现出类似于针织物传感器的压阻特性。在这两种情况下，织物中弹性的增加与压阻特性的增加成正比。

8.3　用于生理状态监测的织物传感器

基于纺织技术的穿戴式传感器系统中的传感器是用纤维和纱线实现的，需要构建将传感器固定在身体特定位置的织物结构。因此，织物传感接口必须是紧密贴合身体的服装，以避免身体和传感器之间存在任何可能的不匹配。织物作为第二层皮肤，必须是弹性、舒适的。通过使用平面针织和无缝针织技术能够在织物的某个区域使用特定的纱线，并将不同的纱线结合在目标拓扑结构中。

传感器、电极和接头可以完全集成在织物中，并通过组合导电和非导电纱线在单个步骤中完成[8]。嵌花和双面针织技术的组合可以实现双层织物生产，并使用外部非导电部分使电极与环境隔离。在 vanisè 配置中使用另一种纱线可以实现多层结构，其中导电层被夹在两层绝缘织物之间。相同的导电纱线可作为电极以及接头，如图 8-3 所示。

导电织物是用于检测电信号的基础材料。在临床实践中，位于身体特定部位的电极用于测量生物电位。生物电位由细胞电化学活动产生，其中电活动由体内离子浓度的差异引起。基于生物电位的诊断应用有：ECG、脑电图（electroencephalogram，EEG）、EMG 和眼电图（electrooculography，EOG）。生物电位电极将离子传导转换为电子传导，并用于测量生物来源的电位，或向人体传入及传出电能。

织物电极可用于检测各种生物信号[9]，也可用于测量人体阻抗和皮肤电导。压阻式传感器可以用于监测胸部和腹部的呼吸活动以及关节运动。温度或血氧饱和度等其他重要参数可通过嵌入到织物的换能器同时测量。非侵入性纺织品或穿戴式传感器可检测的信号根据具体应用而定，而一些关于用户生理状态最重要的信息是由心肺活动提供的。

电极可根据传导机制分为“完美”极化和“完美”非极化。“完美”极化电极特征为电容效应，电极和组织之间无电荷流动（如不锈钢电极），而“完美”非极化电极的特征为电阻效应，电极和组织之间有流动的自由电荷（如 Ag/AgCl）。为了获得良好的皮肤接触，通常在皮肤和电极之间涂覆一层薄电解质。电极可使用不同的材料来制造。在标准的做法中，预涂覆的一次性电极一般使用 Ag/AgCl 制作，并用于长期动态和高稳定性监测。另一种解决方案与纺织技术兼容，以不锈钢极化电极为代表。在这种情况下，可能需要低腐蚀电位的盐电解质。

如果一对电极在电解液中，其中一个电极相对于另一个产生了位移，在两电极间会出现电位差。这个电位差被称为运动伪影，并在生物电位测量中成为噪声和干扰源。如果电极是由导电凝胶或膏体固定在皮肤表面，运动伪影会大大减小。任何引起电极与皮肤之间相对运动的机械扰动都会被凝胶层衰减，但其对信号的影响有限。此外，可以通过磨除死皮等方法来降低皮肤阻抗，从而减少伪影。标准的做法是使用溶剂清洗皮肤以及使用导电膏减少皮肤阻抗。

导电织物电极可以和水凝胶膜同时使用，水凝胶膜在皮肤和电极之间充当电解质来减少接触电阻。为了提高接触的稳定性，水凝胶膜以贴片的形式黏合在两侧，如图 8-5 所示。这种结构通过减少运动伪影和接触阻抗的影响改善了信号质量[10-11]。

由于在穿戴式传感中使用纺织材料的最终目标为实现不易察觉的监测系统，所以它不应该与传统服装或织物有任何区别，使用类似凝胶的材料也是不可取的。在不使用水凝胶的情况下，

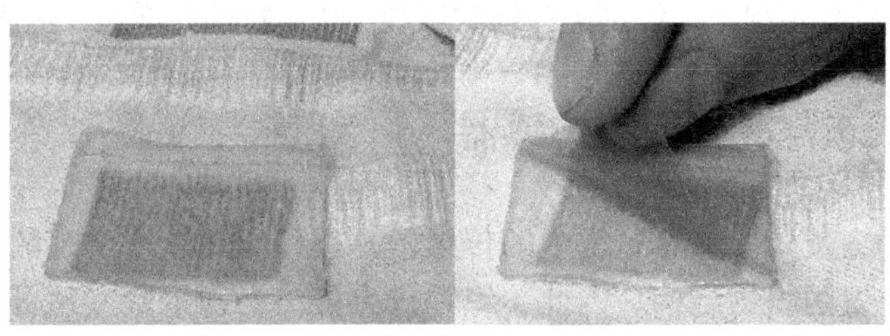

图 8-5 带有水凝胶膜的织物电极

电极需要考虑以下几点因素：第一，这样的电极不能获得临床标准的信息，而是提供无法以其他方式监测的用户日常健康状况与身体活动等信息，且不干扰用户的日常生活；第二，传感器应根据人体工学标准来选择运动伪影最小的位置安装；第三，应利用服装的弹性性能改善与皮肤的接触；第四，电极区域的局部环境条件如温度和湿度应得到控制以提高排汗，例如可以通过减少织物的透气性能实现，汗液可以充当电解质以减少皮肤-电极接触阻抗；第五，织物应设计成紧密贴合到皮肤上的结构。

8.4 生物力学传感器

针织压阻式织物（knitted piezoresistive fabric，KPF）传感器基于压阻效应，其特征是传感器发生机械形变会导致电阻发生变化。这种效应的发生是由于织物中电流路径的变化、纱线内部长丝之间的导电性能的变化以及施加应变时织物线圈的变形。通常，这些传感器通过电动力学实验施加具有受控振幅的应力进行表征。KPF 传感器的电阻变化与应变幅度单调相关。

为了定义 KPF 传感器的特性曲线，研究者获取了一组静态数据并分析了电阻、灵敏度、滞后效应和可重复性[5]。为了展示导电丝的结构如何影响织物传感器的电学响应，对比 T_KPF 和 P_KPF 压阻传感器。P_KPF 应变传感器的特性曲线如图 8-6 所示，正方形和圆形代表实验数据，点画线和虚线为线性拟合结果。

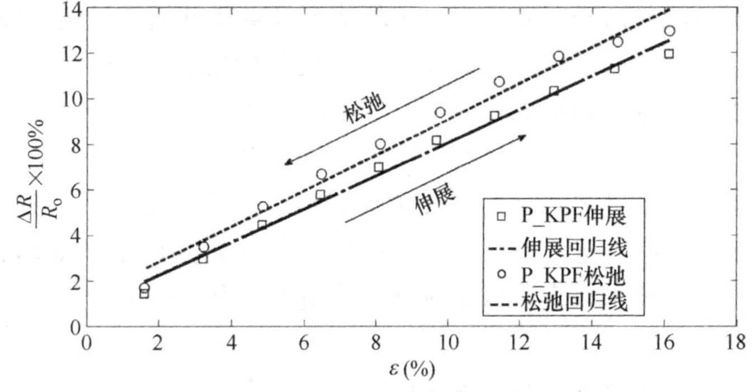

图 8-6 P_KPF 应变传感器的特性曲线

注：ε 为传感器的应变幅度。

T_KPF 传感器采用导电纱线并经结构化处理后制成，旨在提高其机械性能。P_KPF 传感器是在每个长丝并行的有序结构中使用相同的导电纱线而制成。图 8-7 阐明了这两种 KPF 传感器的滞后效应。矩形传感器尺寸为 10mm×62mm，在 0.25Hz 时沿长边的最大伸长应变可达 1mm。结果表明，P_KPF 传感器的滞后效应不太明显。事实上，测得 T_KPF 传感器的滞后误差小于 40%，P_KPF 传感器的滞后误差的最大百分比小于 10%。

压阻式织物传感器已被用于检测人体尤其是监测手、腕、肘和膝关节的运动[7]。为了测试织物传感器评估关节运动的能力，在同步运动采集中将其与标准电动测角器相比较。为了发展可同时采集手势和生理信号的原型设备，KPF 传感器也已与其他类型的传感器结合应用

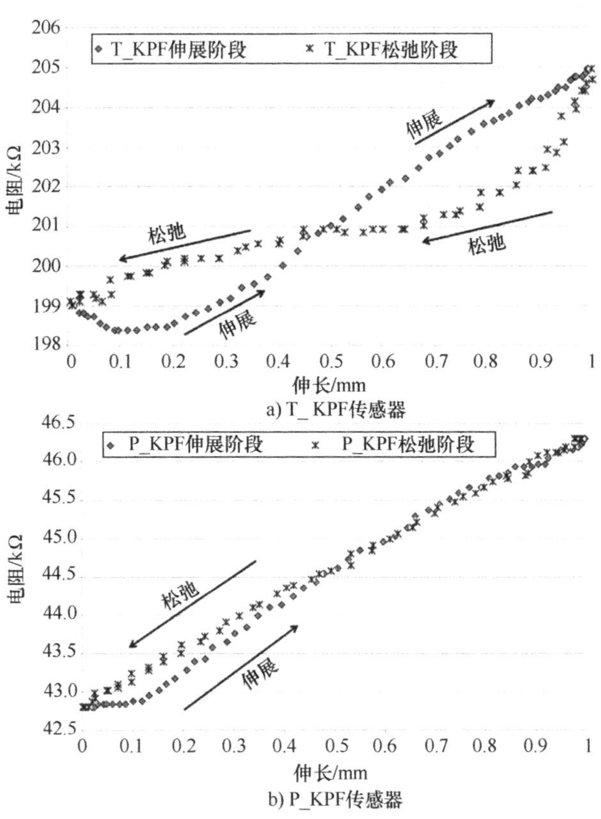

图 8-7　KPF 传感器的迟滞行为

于检测手指的运动[12]。

新一代穿戴式测角器在欧洲项目框架内进行研发。穿戴式测角器的电学响应是基于弯曲阶段和伸展阶段中两个 KPF 层压阻效应的不同响应。例如在弯曲阶段，靠近关节的 KPF 层长度恒定，而外部 KPF 层由于关节的屈曲而伸长。在这种传感器中，电阻的变化不取决于伸长的效果，只取决于关节处的角度[13]。

KPF 传感器也可以通过测量吸气和呼气阶段衣服的形变检测呼吸活动，特别是体积描记信号。为了验证 KPF 传感器电阻变化和呼吸功能之间的相关性，将 KPF 传感器和标准动态体积描记传感器（Biopac 实验室系统公司）在正常呼吸活动期间放置在胸腔位置，并将这两种传感器的信号进行比较，从而得到 KPF 传感器的电气性能。利用呼吸传感器信号计算得出的呼吸率具有可比较的结果[14]。

8.5　基于织物传感器的无创汗液检测

在 Biotex 项目框架下，开发了一种汗液分析系统，可以集成到织物中，实时分析运动过程中的汗液[15]。该项目旨在开发用于不同目标体液和生物标本的传感贴片。大多数传感器是为了在织物材料中应用而开发的，并且易于集成到贴片或服饰中，其他传感器的开发考虑了织物的兼容性。基于光学、电化学和电学原理（阻抗监测）的传感器检测内容如下：

1）汗液监测：相对量（即排汗率）、盐度（即导电性）、特定的离子（K^+、Na^+、Cl^-、

Mg^{2+}、Ca^{2+}）、pH 和有机物。

2）通过监测血液和体液，对烧伤患者进行感染检测。

3）用于医疗、运动和安全应用的血氧饱和度监测。

许多织物传感器分布在身体各处。传感器服装组合了用于汗液分析测量的多参数（如pH、Na^+和电导率）贴片，以及其他传感模块如排汗率、心电、呼吸和血氧饱和度传感器。

该研究设计了一个具有流体处理功能的特殊纺织平台，用于收集和分析汗液样品。汗液的收集和流动由基于毛细作用的被动织物泵来控制，通过在亲水和疏水织物中结合高吸水性材料实现[16]。纤维通道是用亲水性材料构建的，同时在通道的末端放置吸收剂。吸收剂控制流体流动，沿着通道牵引汗液向其流动（见图 8-8）。通过这种方式，汗液连续流进通道，并由传感器进行分析，然后流向存储它的吸收剂。选择后腰的某个位置来收集汗液，因为这个位置的传感器在运动中并不显眼。

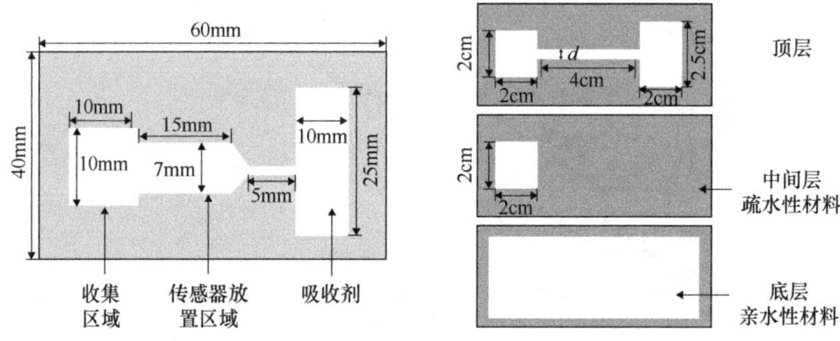

图 8-8　织物被动液压泵

传感器服饰还包含一个湿度传感器和多个离子浓度传感器，监测受试者的液体流失并在脱水的情况下报警。皮肤是一个复杂的结构，但在对排汗的建模时，可将其近似为连续释放水蒸气的均匀平坦表面。基于这一假设，固定在皮肤上两个不同位置的穿戴式湿度传感器测得的湿度梯度可以根据菲克第一扩散定律计算出汗率。一种织物湿度传感器可以通过在两块导电面料（电容器板）之间添加亲水绝缘膜来实现。导电纱线（70%聚酯纤维/30%不锈钢，Bekintex）被用来制造机织式导电织物。图 8-9 给出了这种传感器的示例。传感器检测电容变化，并用于计算实时出汗率。

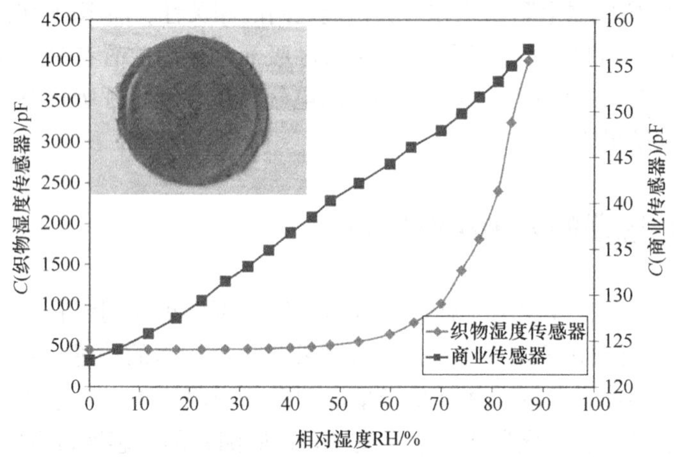

图 8-9　织物湿度传感器（左上）与商业传感器的校准曲线[13]

图 8-9 展示了织物湿度传感器的校准曲线以及商业传感器（飞利浦 H1）的响应曲线。商业传感器拥有较宽的线性范围和较短的响应时间，但是电容的变化有限，动态范围约为 30pF。而织物湿度传感器表现出的电容变化范围很大，动态范围比商业传感器高出几个数量级（3. 5nF），但大多数情况下这种变化仅在相对湿度为 50%以上时发生。当织物传感器被放在膜和皮肤之间（高湿度部位）时，其表现很好，但在低湿度部位的表现需要改进。

钠离子传感器被制作在柔性聚酰亚胺表面。这种电化学传感器用来测量参考金电极和离子选择电极（固体接触离子选择性电极）之间的开路电压，此电压与钠离子浓度相关。钠选择性电极由包含聚吡咯、增塑剂、离子载体和离子交换剂的聚合物膜覆盖在金材料上制作而成。该聚合物的离子选择性膜在使用之前需要一个老化阶段（在 1mmol/L NaCl 中放置 12h），并且必须在使用前使用已知钠离子浓度（20、40、60 和 80mmol/L）的溶液进行校准。该传感器可重复使用，并且可以在重新使用前清洗。

电导率传感器可以测量汗液电导率，电导率是离子种类和浓度的函数，健康个体汗液的电导率通常为 2~15mS/cm，平均电导率为 5mS/cm[17]。对于单一电解质溶液，电导率是浓度的经验函数，如果电极的温度和几何形状恒定，通常在有限的范围内呈线性关系。在多组分电解质溶液的情况下，电导率等于其各个离子电导率的总和。电导率传感器由制作在柔性塑料贴片上的电极组成，其中还包括钠离子传感器。由于电导率和钠离子的测量依赖于温度，温度传感器（ADT7301）被加入系统以补偿温度变化。然后将 Kapton 贴片放在流体通道上。在 Proetex 项目中对此传感器进行了改进[18]，其中钠离子传感器的电极直接印刷并制造在织物上，如图 8-10 所示。

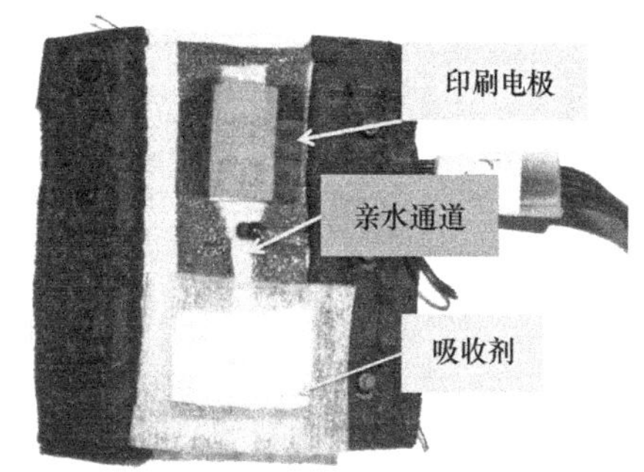

图 8-10 被动泵和汗液传感器的原型

该研究设计了一种佩戴在腹部的特殊腹带用于汗液传感器的集成。湿度和离子传感器都被固定在特殊口袋内部，该设计使得传感器易于更换。

8.6 用于远程监测的智能织物和织物交互平台

织物传感器可用于生理参数的远程监控。Wealthy 项目实现了第一个电子纺织平台，用于心脏病患者的临床康复治疗[8]。研发的穿戴式集成系统能够在自然环境中同时获取一系列生理参数，如 ECG、呼吸活动、姿势、温度和运动指标。图 8-11 展示了该系统的核心，针织织物完全集成了传感器和接口，其中导电纤维由伸缩性的纱线编织而成。Wealthy 传感平台包括：①6 个织物心电电极，采用双织物层结构，其中导电部分与皮肤接触；②3 个大面积的用于阻抗测量的织物电极；③织物内置接口，通过在两层绝缘织物之间夹有导电面料的多层结构实现；④两个嵌入服装的温度传感器；⑤一个用于血氧饱和度传感器的集成接头[19]。该织物由含有不锈钢单丝的纱线制成（见图 8-1a）。图 8-3b 阐述了接头和电极的特殊性。图 8-12 展示了由该系统获得的典型信号。

基于 Wealthy 项目中取得的经验，并为了使检测系统尽可能不引人注意，开发了一个称为穿戴式健康系统（wearable wellness system，WWS）的简化平台，用于长期生理监测和预防性医疗。考虑到 Wealthy 平台使用湿电极的局限性，WWS 要求每次测量使用水凝胶。WWS 检测

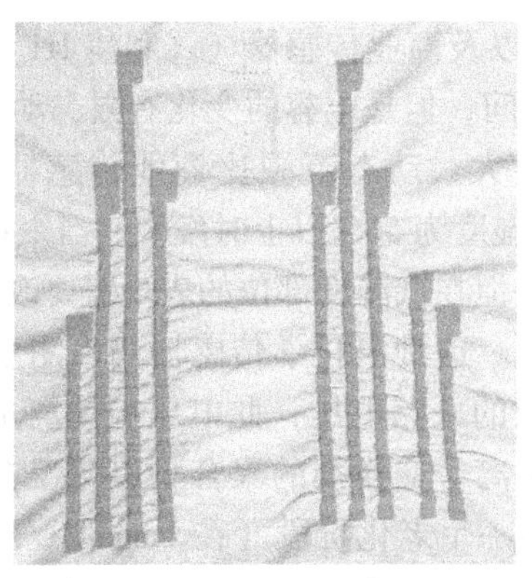

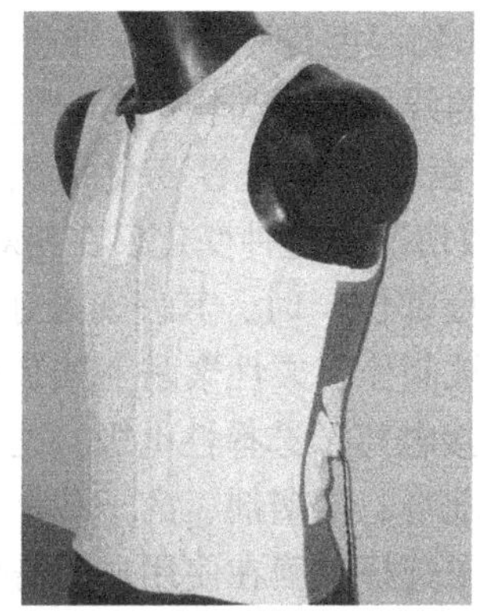

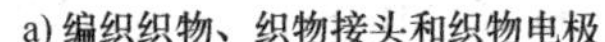
a) 编织织物、织物接头和织物电极　　b) 最终的系统

图 8-11　Wealthy 织物系统

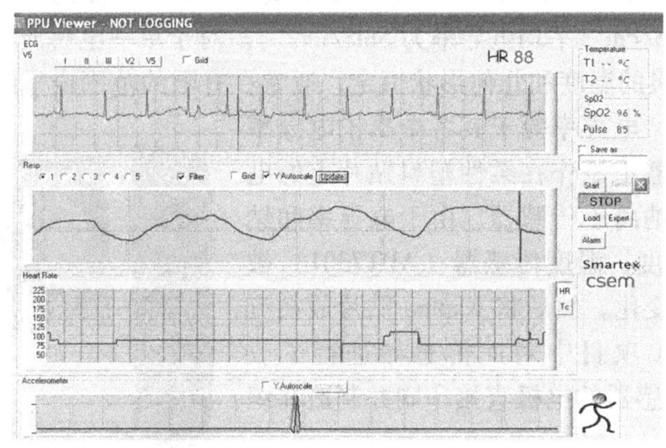

图 8-12　Wealthy 平台获得的典型信号

衬衫包括两个用于 ECG 检测的织物干电极和一个用于检测呼吸活动的压阻式织物传感器[20]。所有织物传感器都是通过单步工艺完全集成和制造。织物总线将衬衫连接到专用电子设备（基于数个项目，如 MyHeart[21]、Psyche[22] 研究），其能够获取并无线发送生理信号。姿势（卧倒或站立）和活动水平可以通过一个集成在该电子设备的三维加速度计进行监测。

目前已经研发出了其他应用于安全和防护领域的穿戴式织物平台。最新一代设备和制服有传感、通信和警报等功能。下面以 E-Sponder 为例[23] 进行介绍，该项目旨在植入一个以实时数据中心技术和应用套件为基础的服务提供平台。现场衍生数据在中央系统内进行融合，当重要基础设施或其他地方发生危机时，为急救人员提供信息分析、通信支持和决策支持。为急救人员开发的专用设备能够监控现场救援人员的位置和生理参数（ECG、呼吸频率和皮肤温度）。该设备包括一件衬衫和一件外套，带有传感部位并支持嵌入式电子设备。服装根据人体工学的试验结果设计，该试验测试了救援人员穿戴式系统的舒适性和功能性。内衣、衬衫、织物和所有的配件都具有阻燃特性。4 个电极（两个用于 ECG 监测，两个通过测量阻抗进行呼吸监测）被嵌入一个弹性带中，以保证它们在工作时贴附在皮肤上。

通过改进标准服装得到的仪表化夹克可以携带便携式电子设备。智能手机用于接收从衬衫传来的信号，并与实时定位信息一起传输。特殊的内部口袋由阻燃拉链锁住，通过柔性电缆连接充电，用于容纳智能手机和定位传感器。外部口袋用来装载环境温度和气体传感器。

8.7　远程康复系统

在欧洲 MyHeart[24]项目中，设计研发了一种在言语和运动康复治疗中辅助脑卒中患者的神经康复系统（neurological rehabilitation system，NRS）。NRS 专为医院和家庭设计。入院时，患者被训练使用该系统。出院后，患者可以在家里（或在长期护理病房）使用康复设备，并在保姆、亲人或护士的帮助下继续训练。

NRS 基于能够检测身体运动的织物传感平台和能够识别康复训练过程中执行的一组动作是否正确的软件包。该系统用于在家庭康复期间远程协助患者或在诊所辅助多个患者治疗。在康复期间，患者进行一系列为恢复身体机能而制定的锻炼。患者回顾有关他们被要求进行锻炼的视频教程。接着，他们在护理人员的帮助下穿上感应服装。经过校准之后，动作识别软件开始通过显示彩色进度条和笑脸或皱眉等符号来提供锻炼进度和精度的实时反馈。在达成指定锻炼次数或时间前，必须重复执行这些动作。

NRS 中的运动识别基于印刷的压阻式织物传感器[25]。上肢关节的运动通过放置在衬衫上的 29 个织物传感器来监控。该 NRS 服饰监测肩、肘和腕关节，并且可以监测手臂的横向外展和内收、在矢状平面上手臂的 90°屈曲、弯曲肘部的手臂外旋、前臂柔性延伸和前臂前旋与后旋。进食和梳头等动作也可以被识别。为了使外部环境和人体与传感材料隔离，传感器被夹在两层织物之间，同时定型的印刷图案被埋在弹性服装内，并且印刷面与服饰面料接触，如图 8-13 所示。

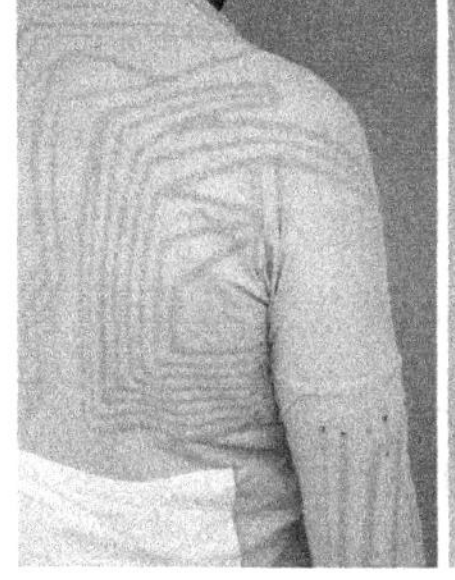
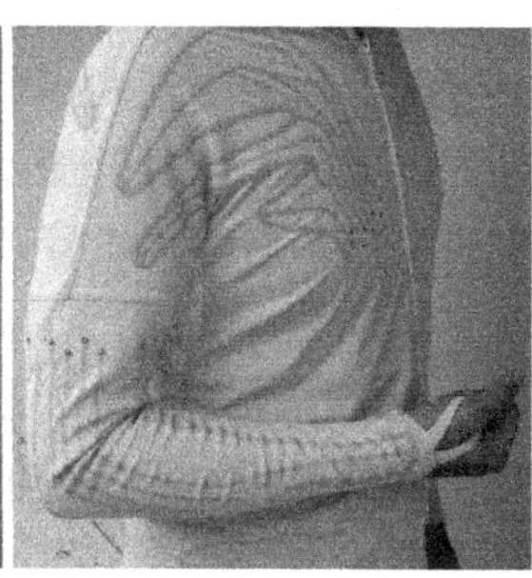

图 8-13　神经康复平台

用于 EMG 检测和功能性电刺激（functional electrical stimulation，FES）治疗的织物电极已在 Tremor 项目中进行了探究[26]。为了帮助运动障碍患者，设计了一种集成多电极贴片的套筒。传感部分的设计基于人体工程学测试的结果和 FES 治疗中检测并控制震颤的功能。该平台整合了两个分开的电极贴片，以对应不同的手臂肌肉[20]。电极呈圆形，直径为 1cm，电极间隔为 1cm。尺寸和形状的选择以降低边缘效应的风险为原则，边缘效应会在 FES 期间增加疼痛感。

提高不锈钢电极数量，以保证刺激区域的最大覆盖范围，因此电极数依赖于手臂的尺寸。当上臂尺码为 S 时，28 个传感单元被放置在 4×3 和 4×4 的两个矩阵里。因下臂肌肉较大，该区域被 42 个电极覆盖，分布在 6×3 和 6×4 的两个矩阵里。为了允许对更大手臂的刺激，研发了 3 种尺寸的套筒，每一行增加一个电极来增加传感面积。图 8-14 展示了尺寸最大的套筒，它覆盖了前臂的 2/3。这种电极结构可以很容易地放置水凝胶膜。在 FES 治疗期间为了改善与皮肤的耦合，需要使用水凝胶形式的电解质以减轻疼痛感。对于 EMG 测量，每次测量前需用少量水润湿电极。

该传感平台结合了织物电极和生物力学织物传感器进行 EMG 检测和识别，并在需要时提供 FES[27]。作为远程康复治疗的一个可能选择，该系统表现出了可观的初步结果[28]。

最新一代的中风康复穿戴式系统结合了电子器件（惯性传感器和便携式电子产品）和织物传感器（穿戴式测角器和肌电传感器）。该系统的目标是在没有任何监督的情况下能够感应到远程环境中脑卒中患者的运动机能。穿戴式系统由衬衫和长裤组成。男式和女式版本的服装均已在患者身上进行了测试，以评估其可接受程度。为该服装选择的面料具有热舒适性并且非常柔软、容易穿戴。此外，拉链和弹性系带的使用便于衬衫的穿着。在设计衣物时考虑了未来传感器的植入：更有弹性和更厚实的织物被嵌入到衬衫和裤子中以携带传感器和电子设备。

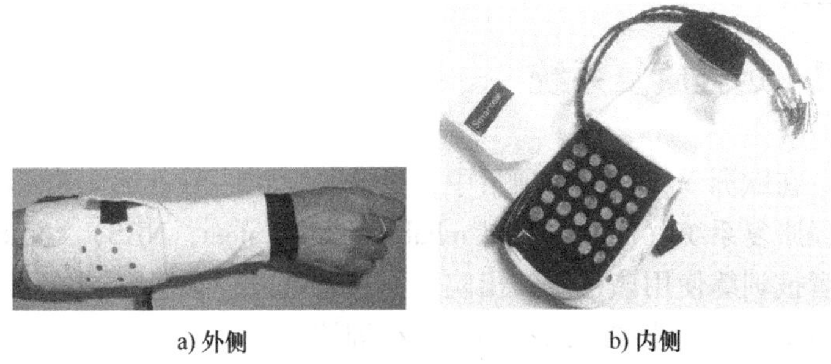

图 8-14　用于 EMG 测量和 FES 疗法测试设计的前臂系统

8.8　情绪状态评估系统

前几节提出的监测解决方案可以全天使用。监测可以在白天、夜间或者特殊时间段进行。例如，可以在早上到睡眠之前进行长时监测。这种监测可以获取来自心肺系统的数据以及体重、血压、活动和有关治疗、疼痛、情绪及任何其他相关数据的信息。

智能织物和交互式织物（smart fabric and interactive textile，SFIT）系统是一种更有趣的应用，可以帮助人们更健康地生活。该系统帮助人们了解自身整体健康状况，并激励他们保持健康。SFIT 技术有望提供管理睡眠不足、压力过大、缺乏运动、代谢综合征和情绪障碍的创新性解决方案。欧洲项目 Psyche 聚焦于基于纺织平台和便携式传感装置的人体多参数监测系统的发展，用于情绪障碍患者长期和短期数据的采集。项目过程中开发的传感平台（见图 8-15）能够确定患者每次发病前的诱因。

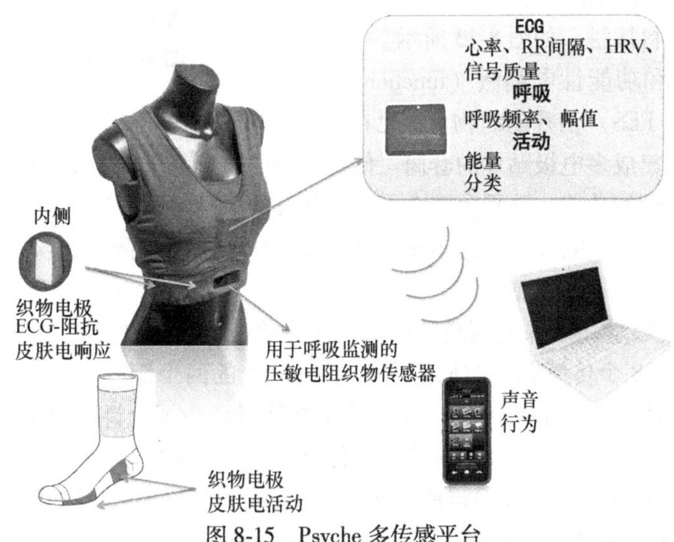

图 8-15　Psyche 多传感平台

该项目基于 8.6 节描述的 WWS 来收集 HRV、呼吸频率和活动等生理数据。该 WWS 从健康志愿者和情绪障碍患者身上获取数据，这些数据将作为数据库样本[22]。生化测量、用于情绪评估的语音分析[29]以及态度指标（社会交往、日常活动、生产力和情感感知）检测也被视为预测指标。数据库也包含睡眠模式数据、心血管和呼吸功能的测量、皮肤电响应，以及与压力有关的激素，还有这些指标的昼夜变化[30]。患者可以在智能手机上完成临床调查问卷，该系统能通过这种方式收集主观数据。

Psyche 系统还为患者提供了与其他有类似情况的患者沟通的机会。该通信工具可以用来实现用户社区，并由长期参与躁郁症患者治疗的健康专家主持网络在线治疗。WWS 平台的使用是自愿的，智能手机允许患者激活和停用传感器。患者的反馈会发给医生，医生可以远程评估症状和进展。

Psyche 系统的最终实验研究正在 3 个不同的研究中心进行。15 个完整平台已经完成分发，并为每个平台制造了多个 WWS，包括所有尺寸和型号。到目前为止，已有 30 多名患者被纳入研究。每周中有两个晚上使用 WWS 收集全套生理参数，而智能手机在这一周内都会采集行为信息。数据通过智能手机自动发送到远程服务器。在项目第一阶段收集的数据的初步结果已经公布，结果非常鼓舞人心[31-32]。

8.9 总结

电子纺织品是创建 SFIT 系统的一个关键促成因素，其被看作是纺织品和非纺织品传感器、计算能力和交互式通信网络的集成。SFIT 系统依赖于材料加工（纤维和聚合物）、微电子、信号处理、纳米技术和电信等领域的进步。纺织品是集成多种智能纤维的通用平台，材料性能通过各种化学过程得到改善，织物的结构允许使用多种传感器配置。本章示例阐明了基于纺织品平台的应用，在保持了舒适、贴合和良好触感的机械特性的情况下，织物被赋予了新功能。电子纺织技术的潜力尚未被完全挖掘，未来将开发对新的电学、化学和生物变量敏感的新型柔性结构。在这些结构中，韧性、弹性、透气性和外观等特性将与传感功能合并。与此同时，已经实现的穿戴式电子纺织平台正提供着越来越多的数据，检测人们日常生活的各种信息。未来的研究将分析这些数据，为治疗疾病提供新策略，并成为远程协助的新工具。人们在医学和生理学领域的知识以及保持健康的生活方式和管理慢性疾病的意识也将增加。

参考文献

[1] <http://www.x-staticperformance.com>, (Last Accessed: 24.06.14).

[2] <http://www.shieldextrading.net>, (Last Accessed: 24.06.14).

[3] How spandex is made - material, manufacture, making, history, used, processing, parts, composition, structure, product, History, Raw Materials, The Manufacturing Process of spandex, Quality Control. [Online]. Available: <http://www.madehow.com/Volume-4/Spandex.html>. [Accessed 20.01.14].

[4] J. David. Spencer,"Knitting Techonology", Published by Woodhead Publishing Limited, Abington Hall, Abington Cambridge CB1 6AH, England, Third edition 2001.

[5] M. Pacelli, L. Caldani, R. Paradiso, Performances evaluation of piezoresistive fabric sensors as function of yarn structure, Conf. Proc. IEEE Eng. Med. Biol. Soc. 2013 (2013) 6502–6505.

[6] M. Pacelli, L. Caldani, R. Paradiso, Textile piezoresistive sensors for biomechanical variables monitoring, Conf. Proc. IEEE Eng. Med. Biol. Soc. 1 (2006) 5358–5361.

[7] F. Lorussi, E.P. Scilingo, M. Tesconi, A. Tognetti, D.D.e. Rossi, Strain sensing fabric for hand posture and gesture monitoring, IEEE Trans. Inf. Technol. Biomed. 9 (3) (2005) 372–381.

[8] R. Paradiso, G. Loriga, N. Taccini, A wearable health care system based on knitted integrated sensors, IEEE Trans. Inf. Technol. Biomed. 9 (3) (2005) 337–344.

[9] E.P. Scilingo, A. Gemignani, R. Paradiso, N. Taccini, B. Ghelarducci, D.D.e. Rossi, Performance evaluation of sensing fabrics for monitoring physiological and biomechanical variables, IEEE Trans. Inf. Technol. Biomed. 9 (3) (2005) 345–352.

[10] R. Paradiso, A. Gemignani, E.P. Scilingo, D. De-Rossi, Knitted bioclothes for cardiopulmonary monitoring, Proc. 25th Annu. Int. Conf. IEEE Eng. Med. Biol. Soc., 2003 4 (2003) 3720–3723.

[11] A. Helal, M. Mokhtari, B. Abdulrazak, distributor Smart Technology for Aging, Disability, and Independence: Computer and Engineering Design and Applications, Wiley; John Wiley, Hoboken, N.J.; Chichester, 2006.

[12] N. Carbonaro, A. Greco, G. Anania, G. Dalle Mura, A. Tognetti, E. P. Scilingo, D. De Rossi, and A. Lanatà, Unobtrusive Physiological and Gesture Wearable Acquisition System: A Preliminary Study on Behavioral and Emotional Correlations, presented at the GLOBAL HEALTH 2012, The First International Conference on Global Health Challenges, 2012, pp. 88–92.

[13] G.D. Mura, F. Lorussi, A. Tognetti, G. Anania, N. Carbonaro, M. Pacelli, et al., Piezoresistive goniometer network for sensing gloves, in: L.M.R. Romero (Ed.), XIII Mediterranean Conference on Medical and Biological Engineering and Computing 2013, Springer International Publishing, 2014, pp. 1547–1550.

[14] G. Loriga, N. Taccini, D. De Rossi, R. Paradiso, Textile sensing interfaces for cardiopulmonary signs monitoring, Conf. Proc. IEEE Eng. Med. Biol. Soc. 7 (2005) 7349–7352.

[15] S. Coyle, K.-T. Lau, N. Moyna, D. O'Gorman, D. Diamond, F. Di Francesco, et al., BIOTEX--biosensing textiles for personalised healthcare management, IEEE Trans. Inf. Technol. Biomed. 14 (2) (2010) 364–370.

[16] G. Wallace, D. Diamond, K. T. Lau, S. Coyle, Y. Wu, and D. Morris, Flow analysis apparatus and method US20080213133 A104-Sep-2008.

[17] T.S. Licht, M. Stern, H. Shwachman, Measurement of the electrical conductivity of sweat its application to the study of cystic fibrosis of the pancreas, Clin. Chem. 3 (1) (1957) 37–48.

[18] D. Curone, E.L. Secco, L. Caldani, A. Lanatà, R. Paradiso, A. Tognetti, et al., Assessment of sensing fire fighters uniforms for physiological parameter measurement in harsh environment, IEEE Trans. Inf. Technol. Biomed. 16 (3) (2012) 501–511.

[19] <http://www.nonin.com>, (Last Accessed: 24.06.14).

[20] R. Paradiso, L. Caldani, Electronic textile platforms for monitoring in a natural environment, Res. J. Text. Apparel 14 (4) (2010).

[21] R. Paradiso, D. De Rossi, Advances in textile technologies for unobtrusive monitoring of vital parameters and movements, 28th Ann. Int. Conf. IEEE Eng. Med. Biol. Soc., 2006. EMBS '06 (2006) 392–395.

[22] R. Paradiso, A.M. Bianchi, K. Lau, E.P. Scilingo, PSYCHE: personalised monitoring systems for care in mental health, Conf. Proc. IEEE Eng. Med. Biol. Soc. 2010 (2010) 3602–3605.

[23] <http://www.e-sponder.eu>, (Last Accessed: 24.06.14).

[24] T. Giorgino, P. Tormene, G. Maggioni, C. Pistarini, S. Quaglini, Wireless support to poststroke rehabilitation: MyHeart's neurological rehabilitation concept, IEEE Trans. Inf. Technol. Biomed. 13 (6) (2009) 1012–1018.

[25] A. Tognetti, F. Lorussi, R. Bartalesi, S. Quaglini, M. Tesconi, G. Zupone, et al., Wearable kinesthetic system for capturing and classifying upper limb gesture in post-stroke rehabilitation, J. Neuroeng. Rehabil. 2 (2005) 8.

[26] J.A. Gallego, E. Rocon, J. Ibañez, J.L. Dideriksen, A.D. Koutsou, R. Paradiso, et al., A soft wearable robot for tremor assessment and suppression, 2011 IEEE Int. Conf. Rob. Autom. (ICRA) (2011) 2249–2254.

[27] L. Caldani, M. Pacelli, D. Farina, R. Paradiso, E-textile platforms for rehabilitation, Conf. Proc. IEEE Eng. Med. Biol. Soc. 2010 (2010) 5181–5184.

[28] L. Caldani, C. Mancuso, R. Paradiso, E-textile platform for movement disorder treatment, in: J.L. Pons, D. Torricelli, M. Pajaro (Eds.), Converging Clinical and Engineering Research on Neurorehabilitation, Springer Berlin Heidelberg, 2013, pp. 1049–1053.

[29] G. Valenza, C. Gentili, A. Lanatà, E.P. Scilingo, Mood recognition in bipolar patients through the PSYCHE platform: preliminary evaluations and perspectives, Artif. Intell. Med. 57 (1) (2013) 49–58.

[30] A. Greco, A. Lanatà, G. Valenza, G. Rota, N. Vanello, E.P. Scilingo, On the deconvolution analysis of electrodermal activity in bipolar patients, Conf. Proc. IEEE Eng. Med. Biol. Soc. 2012 (2012) 6691–6694.

[31] M. Migliorini, S. Mariani, A.M. Bianchi, Decision tree for smart feature extraction from sleep HR in bipolar patients, Conf. Proc. IEEE Eng. Med. Biol. Soc. 2013 (2013) 5033–5036.

[32] S. Mariani, M. Migliorini, G. Tacchino, C. Gentili, G. Bertschy, S. Werner, et al., Clinical state assessment in bipolar patients by means of HRV features obtained with a sensorized T-shirt, Conf. Proc. IEEE Eng. Med. Biol. Soc. 2012 (2012) 2240–2243.

第9章　机织电子纺织品

9.1　简介

在日常生活中，穿戴式传感器的设计追求的是穿着在身的自然和不醒目。因此，大多数穿戴式传感器应该被嵌入到衣物中。虽然有些穿戴式传感器的设计使用现有或添加的口袋和隔层将电子器件安装在现成的衣服上，但是开发基于嵌入电子器件的织物的服装则是更好的解决方案。这些嵌入电子器件的织物被称为电子纺织品或智能纺织品[1]。穿戴式传感器的商品化需要建立电子纺织品的工业制造流程。由于电子纺织品比常规纺织品复杂得多，其制作难度必然也高出许多。此外，生产过程也要同时满足原型设计和大规模生产的要求，就像微芯片的现代化生产流程那样。

制作电子纺织品的一种常见方法是刺绣。刺绣是制作简单电子纺织品原型的简便方法，因为它只需要一台缝纫机。但是，刺绣无法用于生产大批量复杂的电子纺织品，因为它不能实现多层电路，并且生产速度有限。另一种常用的方法是针织[2]。然而，与柔软且轻薄的机织品相比，针织品显得厚重得多。

图 9-1　由 Jacquard 纺织机编织而成的 Jacquard 肖像

编织是历史上最常见的用于纺织品生产的方法。Joseph Jacquard（见图 9-1）发明的由打孔卡片控制的自动织布机，实现了具有一定复杂性图案的纺织面料的大规模生产，被认为是 18 世纪纺织工业的里程碑。打孔卡片引入了“编程”的概念，因此由 Jacquard 的发现引发的这场织造业工业革命，也被认为是一场信息革命[3]。在 Jacquard 发明后经过了很长时间的发展，纺织行业最终实现了结构复杂的面料如多层织物等的生产。

实现机织电子纺织品的关键是使用适合纺织机的导电或功能性纱线，并且为这种非标准纱线设计纺织方法。本章简要介绍了纱线生产的前沿研究和生产工艺的发展，以及纺织工业的基础知识。本章还提供了机织电子纺织品的几个实例。

9.2　纺织品

织物是一种扁平的纤维结构，可以根据其结构和生产工艺分为 3 类：无纺布、针织品和纺织品。

纺织品由垂直相交的纱线组成。根据方向的不同，纱线分为经线和纬线。尽管其结构简单，但是纱线的不同种类、密度和交叉模式可以衍生出具有各种性质的纹理。用吸湿纤维通过开放式编织制成的纺织品适合夏季服装，而由薄而硬的纤维制成的具有刚性结构的纺织品则是帐篷的优选。因此，为了生产具有一定性质的纺织品，需要找到结构和材料的最佳组合。

以下各节概述了电子纺织品的纱线和织物组织的基本技术。

9.2.1 纱线

纱线是长而连续的互锁纤维。常规纺织品的纱线成分主要有天然纤维如丝、棉花、羊毛与合成纤维如聚酯纤维和聚酰胺纤维。为工业应用而设计的特殊用途的纺织品会使用特殊的纤维，如碳纤维和芳纶纤维。电子纺织品既需要常规纱线，也需要具有导电纤维或安装电子器件的特制纱线。例如，可以在织物加热器中使用碳纳米管镀覆纱[4]和金属化芳纶纤维[5]。

在各种导电纱线的生产方法中，适用于电子纺织品的导电纱线可以由两种类型的纤维制成，即丝状导电金属（金属纤维）和镀有导电金属的常规纤维（金属镀纱）。由于金属纤维的弹性等性质与传统纤维不同，需要各种制纱工艺使其适用于机织，例如图 9-2 中通过在常规纱线周围缠绕金属纤维生产的导电纱线以及图 9-3 中由金属纤维编织而成的纱线。另一方面，金属镀纱与传统纱线特性相似，所以易于机织，但是有时金属镀层会在纺织生产过程中脱落，使金属镀纱失去导电性。目前，市面上有几种金属镀纱[6]。低电阻的基于金属的导电纱线是传递电信号的首选。而基于碳的纤维电阻相对较高，更适用于加热。

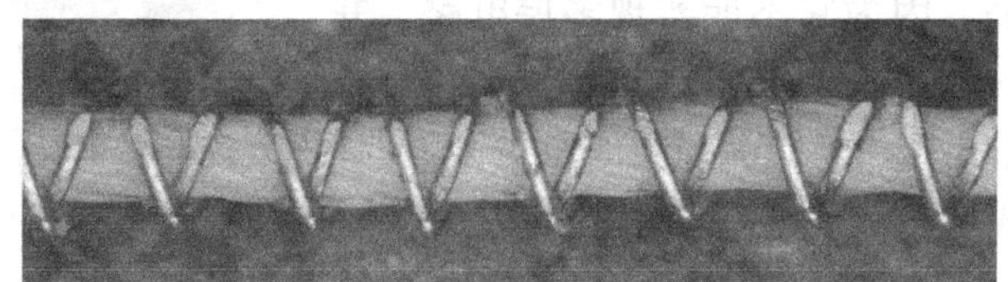

图 9-2　与传统纱线（聚酯纤维）缠绕在一起的金属纤维

最近，电子器件如 IC（集成电路）芯片或 LED 被安装或嵌入到纤维中。图 9-4、图 9-5 为嵌入了 RFID 芯片的 1.5mm 单丝纤维。由于纤维外覆盖着树脂层，这种纤维比普通纱线略厚。但是，该纤维的性质与聚酯纤维类似，防水并可用于机织。以芳纶纤维等高强度的纤维为核心的 RFID 纤维也具有高强度[7]。作者开发了不同频段的 RFID 纤维，如 2.45GHz 的超高频 RFID 纤维和 860～960MHz 频段的特高频 RFID 纤维。嵌入 RFID 纤维的电子纺织品可用于制服管理、防伪，甚至是手术过程中的棉布管理（见图 9-6）。

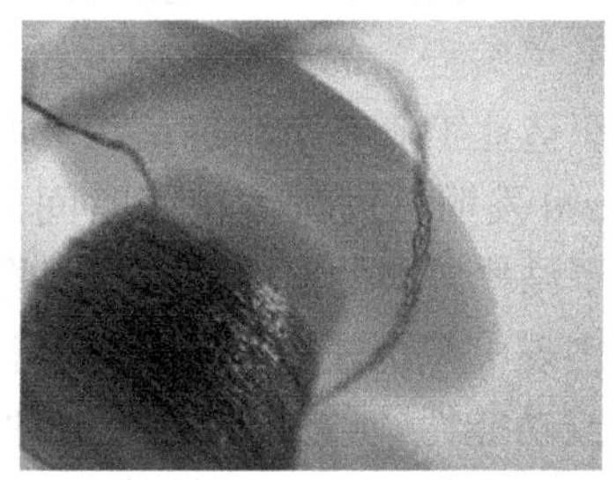

图 9-3　3 股 40μm 的不锈钢纤维组成的金属纤维编织网

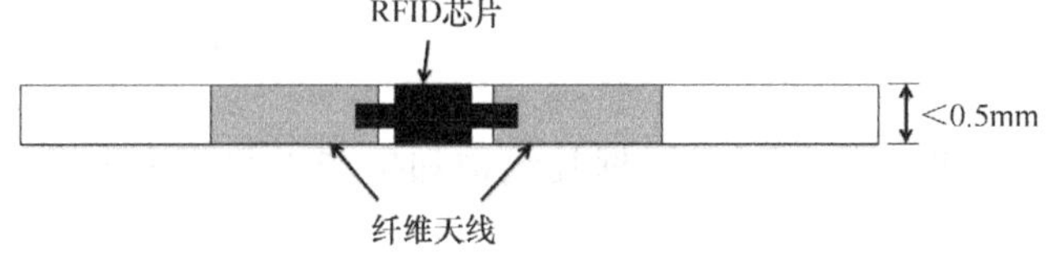

图 9-4　RFID 纤维概念图

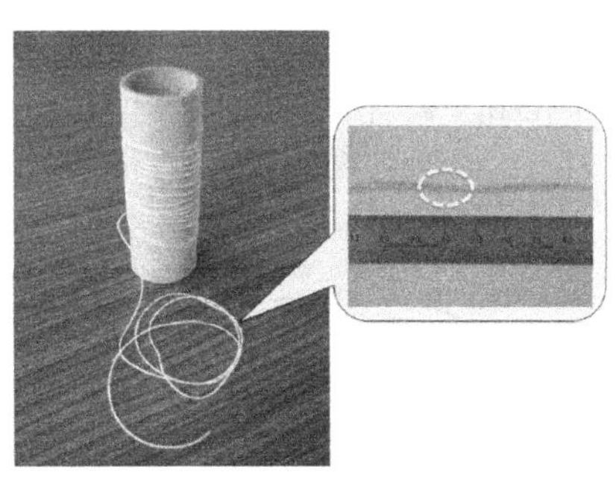

图 9-5　RFID 纤维：IC 芯片安装在虚线框内

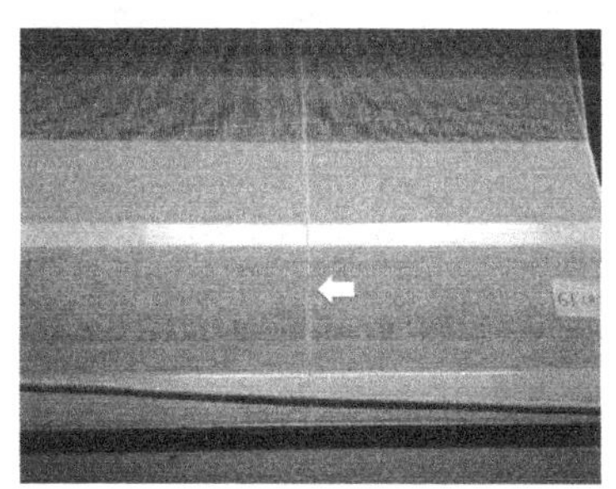

图 9-6　RFID 嵌入纺织：RFID 纤维嵌入箭头标记处

9.2.2　织物组织

纺织品由垂直相交的经纱和纬纱组成。该十字交叉的图案称为织物组织，最小重复图案被称为完全组织。3 种基本类型的织物组织中最基础的一种是平纹组织，即经纱和纬纱排列成一个简单的交叉模式。每根纬纱从上方越过经纱，然后再从下方穿过下一根经纱，依次轮替，如图 9-7 所示。平纹组织的完全组织就是经纱和纬纱的交叉模式，所有花式图案都可以用该方法实现。

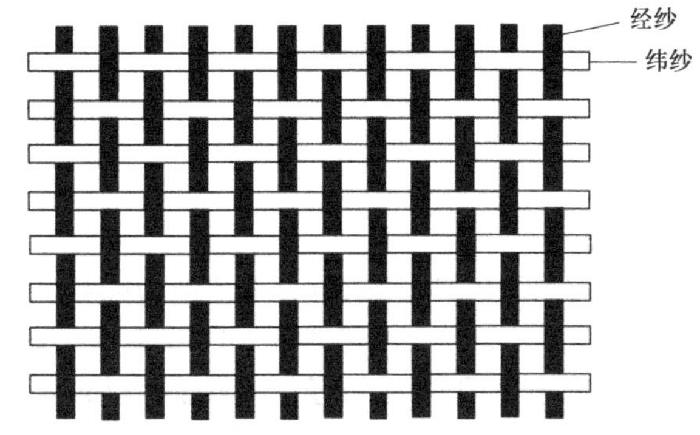

图 9-7　平纹组织图解

多层结构纺织品的机织生产很容易，可以通过堆积经纱或纬纱或两者一起来完成织造。简单的完全组织使我们能够堆叠许多丝线。图 9-8 显示了一个双层织物的完全组织，图 9-9 为 5 层织物的横截面。通过将导电纱线引入多层纺织品中，我们可以在纺织品中嵌入走线交叉但不相连的复杂拓扑电路。图 9-10 所示为一个简单的 LED 开关电路，与图 9-11 等效。图 9-11 中虚线标记处表示该电路具有交叉而不相连的走线，该结构在单层织物中无法实现。图 9-12 显示了所得到的原型。在原型中，交叉但不相连的走线通过在两层织物中放置两条斜交的导电纱线实现。分层结构使电路耐用，可以有效对抗身体运动或洗涤引起的形变[8]。

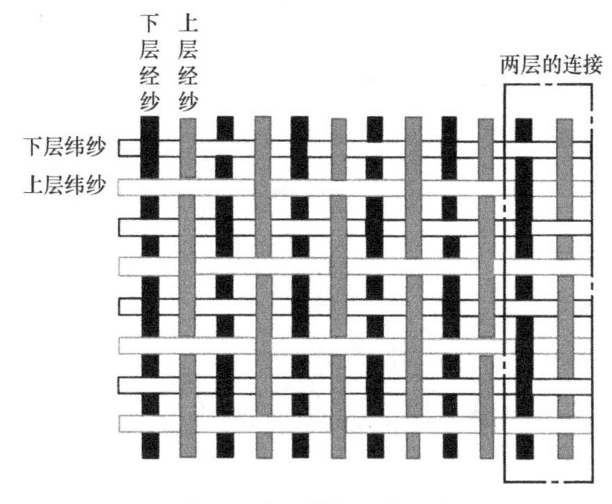

图 9-8　多层纺织品的图解

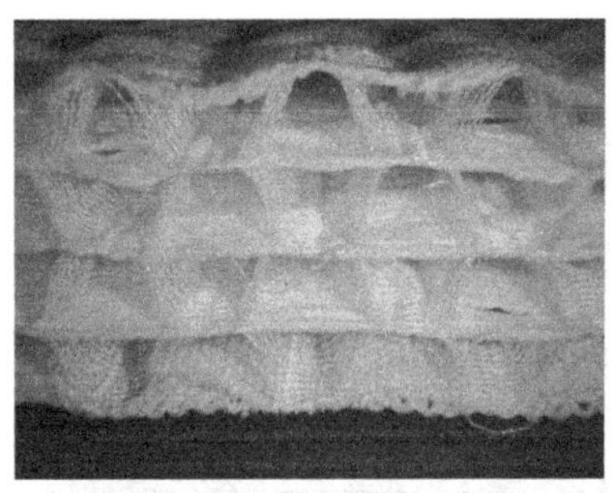

图 9-9　多层纺织品的横截面

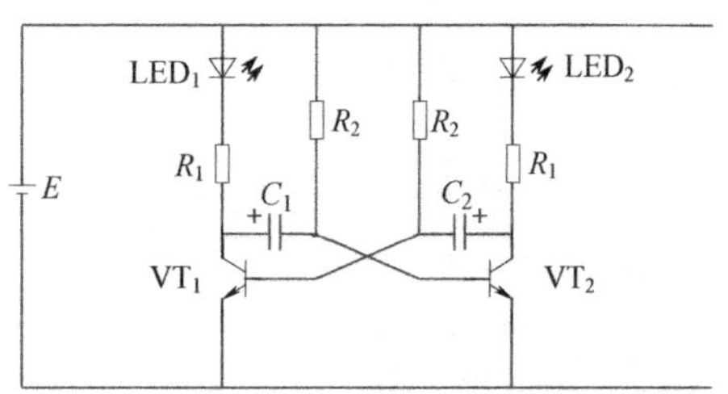

图 9-10　一个稳定的多谐振荡器电路

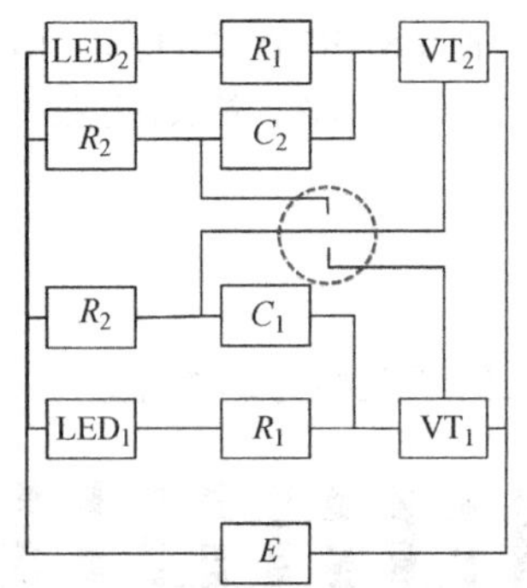

图 9-11　电子纺织品的等效电路示意图

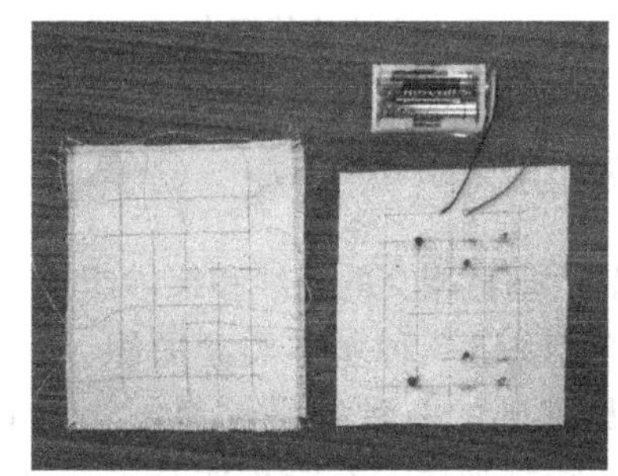

图 9-12　原型图

9.2.3　纺织机

图 9-13　剑杆纺织机外观

纺织机（见图 9-13）是用于纺织生产的机器。纺织机控制两个必需的运动：打开经线的开口运动（见图 9-14）和将纬纱插入升高和降低的经纱之间的引纬运动（见图 9-15）。根据实现这两种运动的具体方式的不同，纺织机可以分为很多类型。

常见的开口运动可实现复杂的纺织组织，如多臂提花组织（dobby）和大提花组织（Jacquard）。1m 宽的普通纺织品中有数千根经纱。多臂织机成组处理经纱，而提花织机可以精确地控制每条经纱。

图 9-14　剑杆纺织机的开口运动

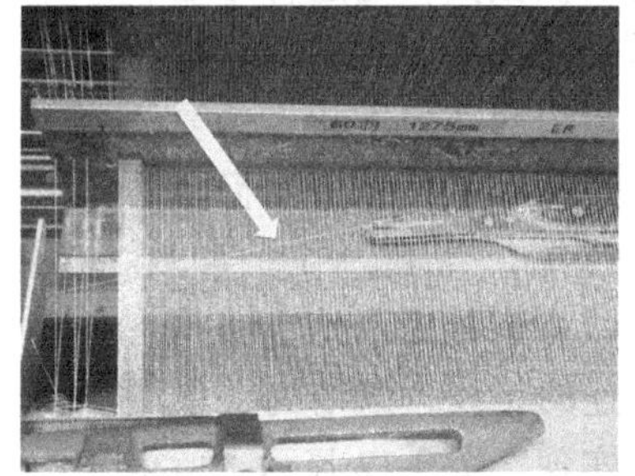

图 9-15　剑杆纺织机的引纬运动：纬纱（箭头所示）插入经纱之间

普通多臂织机具有 12~30 个综框（见图 9-16），每个综框处理一组经纱。例如，一台具有 10 个综框的多臂织机处理 1000 匹 10000 根经线的纺织品需要重复 10 次交叉编织操作。由于多臂织机能灵活地管理综框，该纺织机可以进行复杂纺织品的编织。

提花织机（见图 9-17）可以单独处理每根经纱，因此它可以生产出多臂织机无法完成的大型或复杂图案。图 9-18 为提花织机设计复杂图案的示例。类似于多臂织机，独立控制综片（综片组）的数量决定了提花织机图案的复杂性。市售的提花织机的综片数由几百到几千不等。编织 5000 根经纱端宽的织物，拥有 5000 个综片组的提花织机可以独立处理所有经纱，而拥有 1000 个综片组的提花织机则需要重复同样的操作 5 次才能完成。图 9-18 显示的是 4000 个综片组的提花织机完成一个 8000 根经纱端宽的纺织品，需要沿着纬纱重复相同的操作一次。

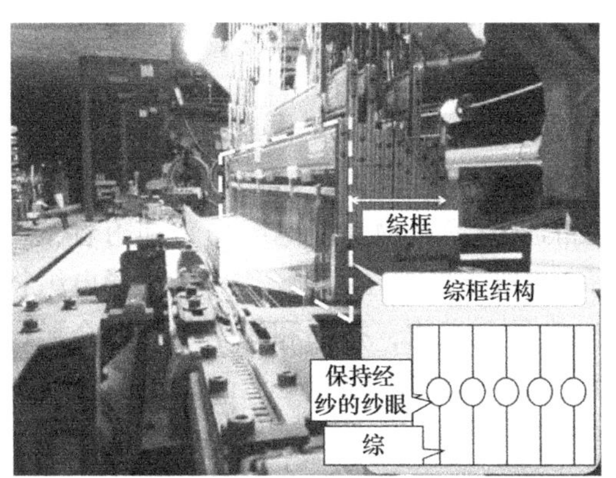

图 9-16　一个多臂织机的综框

a) 外观

b) 经纱开口的放大图

图 9-17　提花织机

常见的引纬方式有梭式引纬和剑杆引纬。

梭织机将纬纱插入称为梭的船形箱中（见图 9-19），并在上升和下降的经纱之间穿梭，如图 9-14所示。由于梭织机插入纬纱时使用线轴，织机不需要切断线就可以插入纬纱。因此，梭织机能够嵌入由导电纬纱创建的复杂电路。但由于纬纱必须预先卷入梭中，梭织机的生产效率较低。

图 9-18　用提花织机生产纺织品

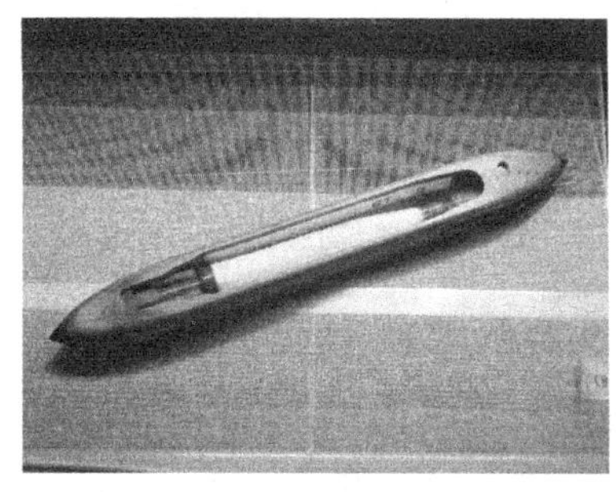

图 9-19　梭

剑杆纺织机使用长带或末端带有剑杆的夹线机构的杆引纬（见图 9-20）。剑杆勾住纬纱并将纬纱从一端拉到另一端。因此，剑杆纺织机的外观和运动类似于一柄双刃剑，也正如它的名字一样。与梭织机不同的是，剑杆纺织机的纬纱必须在每次引纬时剪断。剑杆纺织机的直钩机构使它可以处理厚纱线、花式纱线（厚度或线圈不均匀的纱线）和弹性纱线。因此，由于其灵活性，剑杆纺织机常用于昂贵纺织品或复杂工业材料的生产。

图 9-20　剑杆纺织机

9.3 应用

本节介绍了 4 种典型电子纺织品的应用。

9.3.1 节介绍了一个带有导电纱线的简单纺织品的应用。9.3.2 节介绍了用导电和非导电纱线完成的简单多层织物的应用。9.3.3 节介绍了使用提花织机和梭织机完成复杂电路示例。9.3.4 节介绍了一个带有器件嵌入式纱线的纺织品。

9.3.1 触摸板

本节将介绍一种可安装于服装上的织物触摸板[9]（见图 9-21），它可作为穿戴式计算机的输入接口。其中，触摸板由导电纱线简单编织而成。

图 9-22 为触摸板的组成。触摸板由导电纱线织成的正方形织物（导电织物）和附着在织物 4 个边上的电极组成。信号拾取电阻使得施加在每个电极上的电压相同，均为 e。导电织物可看作电阻阵列，如图 9-23 所示。一旦用户用指尖触摸导电织物，指尖和织物之间就会形成一个电容器，人体和该电容器之间会产生弱电流。流过信号拾取电阻的电流随手指位置的变化而变化。因此，根据信号拾取电阻 R_1 和 R_2 测定的电压可以精确定位手指的位置。

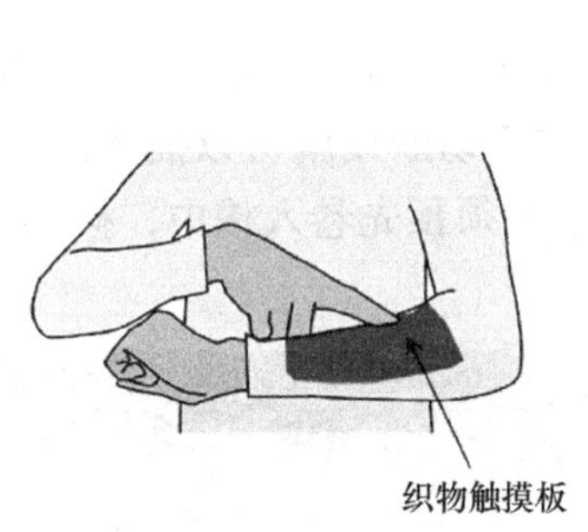

图 9-21　织物触摸板的概念图

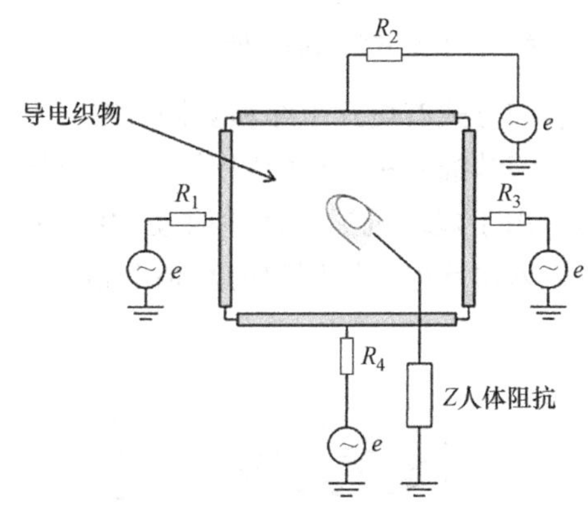

图 9-22　织物触摸板的组成

图 9-24 所示为测量手指沿 x 轴的位置的原理。触摸板的尺寸为 $L\times L$，指尖的位置为 x，电阻为 $R_1=R_2=R_3=R_4=r$，人体阻抗为 Z，指尖和触摸板左端电阻之间的电阻值是 $R(x)$。电阻 R_1 上的电压 $E_1(x)$ 和电阻 R_3 上的电压 $E_3(x)$ 定义为

$$E_1(x)=\frac{r[r+R(L)+R(x)]}{-R^2(x)+R(L)R(x)+R(L)\cdot(Z+r)+2Zr+r^2}e \tag{9-1}$$

$$E_3(x)=E_1(L-x) \tag{9-2}$$

因此，指尖沿 x 轴的位置 x 为

$$x=\frac{R(x)}{R(L)}L=\frac{E_1(L-x)}{E_1(x)+E_1(L-x)}\left[1+\frac{2r}{R(L)}\right]-\frac{r}{R(L)} \tag{9-3}$$

同理，指尖沿 y 轴的位置 y 为

$$E_2(y)=\frac{r[r+R(L)+R(y)]}{-R^2(y)+R(L)R(y)+R(L)\cdot(Z+r)+2Zr+r^2}e \tag{9-4}$$

$$E_4(y)=E_2(L-y) \tag{9-5}$$

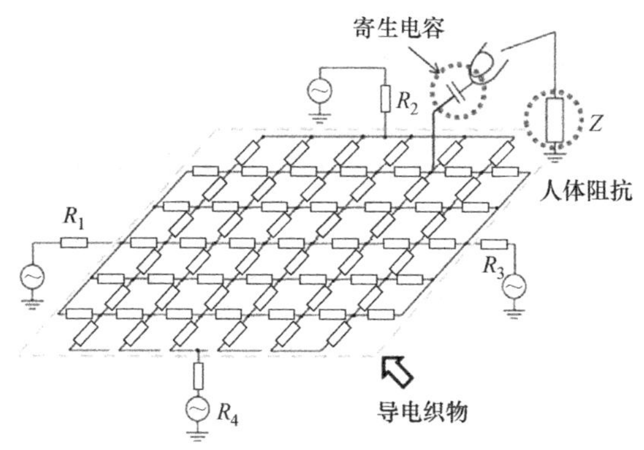

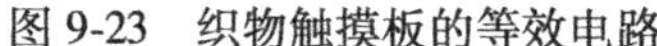

图 9-23　织物触摸板的等效电路

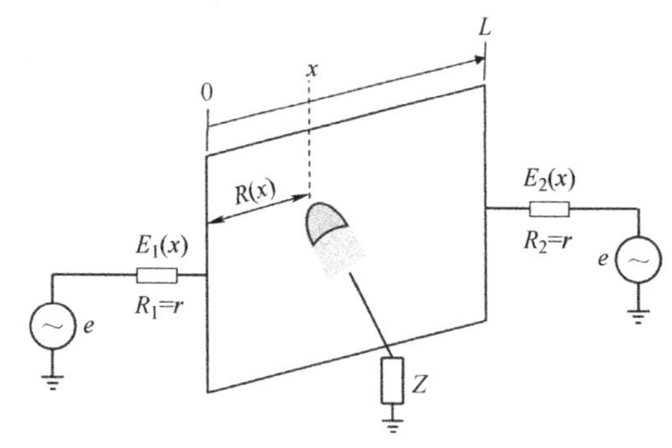

图 9-24　沿 x 轴指尖位置的测量原理

$$y=\frac{R(y)}{R(L)}L=\frac{E_2(L-y)}{E_2(y)+E_2(L-y)}\left[1+\frac{2r}{R(L)}\right]-\frac{r}{R(L)} \tag{9-6}$$

图 9-25 为原型图。原型为具有 4 个电极的 12cm×10cm 的导电织物。

这个原型与标准的单点触控的触摸板类似，具有定位、选择、单击和拖动等功能。图 9-26b、c 所示为指尖沿图 9-26a 所示的 x 轴和 y 轴移动时测量的电压。图 9-26 中的结果表明，所测量的电压准确地定位了指尖在触摸板上的位置。

因为触摸板原型由平纹织物和电阻组成，织物的形变不影响其测量能力，并且传感器容易清洗并可嵌入任何衣服。

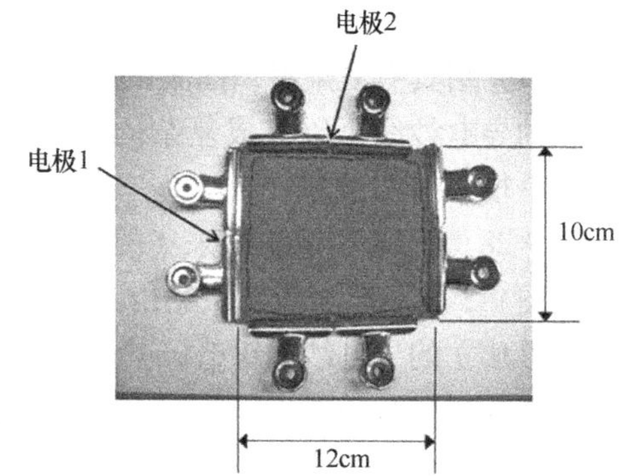

图 9-25　触摸板原型图

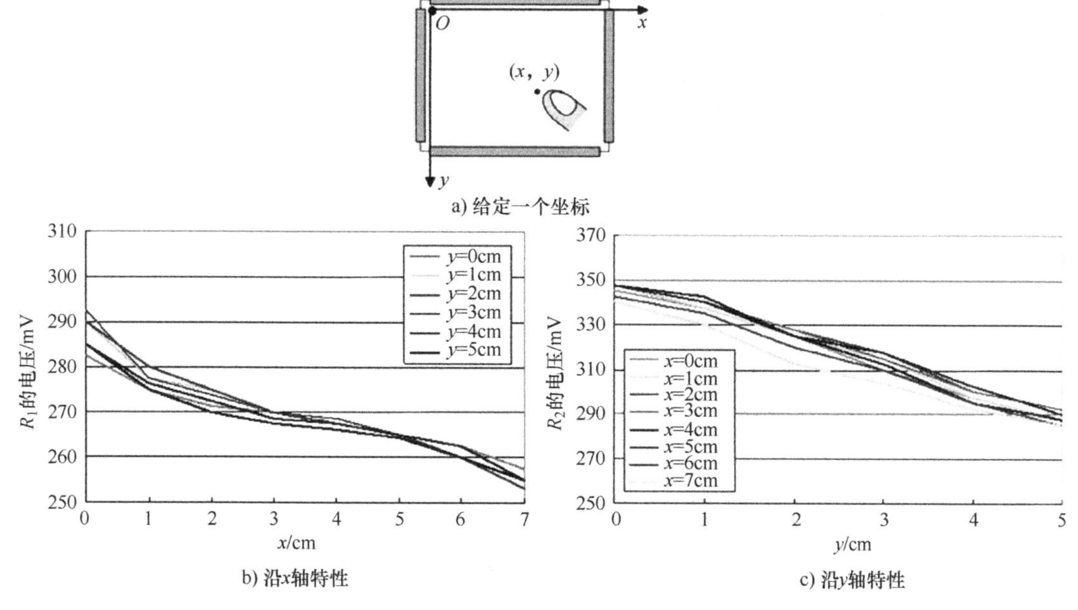

图 9-26　原型的性能

9.3.2 织物开关

本节介绍一种利用结构简单的多层织物实现的织物开关[10]。图 9-27 显示了织物开关的横截面示意图。在多层织物中嵌入多条导电纱线，使纱线对准成斜交位置。当织物受到按压时，层与层之间的空隙消失，导电纱线相互接触。

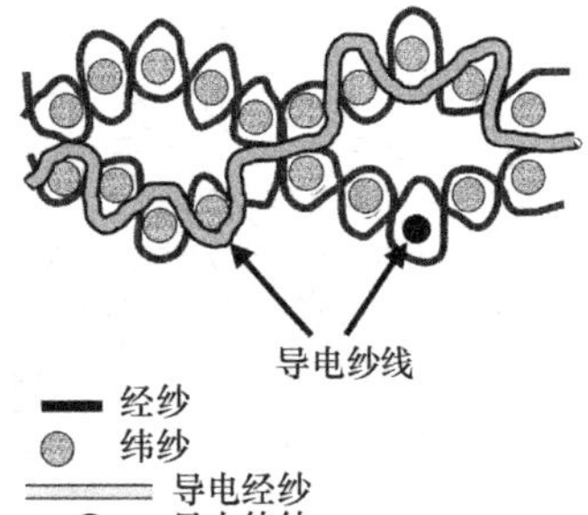

图 9-27 接触传感器的截面图

开关操作所需的压力可以通过纱线的材料或织物的结构来控制。原型中，织物开关的特征响应时间仅为 100μs，开关动作的频率可以达到 30Hz[11]。循环压力测试，即以 20Hz 的频率施加 20kPa 的压力，表明原型的耐久性超过 100 万次开关状态切换。

该装置轻薄灵活，可以在任何地方安装，例如可以作为入室计数器，利用多段纺织传感器检测来往行人的方向[12]。

9.3.3 织物电极

本节介绍具有复杂编织图案的电子纺织品实例。正如 9.2 节所述，有梭提花织机使用单一连续的导电纱线可以完成复杂的电路图案。日本传统织法西阵织（NISHIJIN）[13]是这类纺织的一个很好的例子。

图 9-28 是用于心电信号采集的电极模型[14]。导电纱线由 3 个 40μm 的不锈钢丝编织网组成，如图 9-3 所示。电极纺织品由 TSUZURE（织锦）即用梭子手动织造完成。3 个圆圈和一个圆点由独立的导电纱线织造，并且每个圆形由一根连续的纱线编织而成。因此，纺织品的电性能适合测量微弱的生物信号。如果电极是由几根相互接触的独立导电纱线组成，则微弱生物信号可能会在纱线之间的连接处传输时明显衰减。

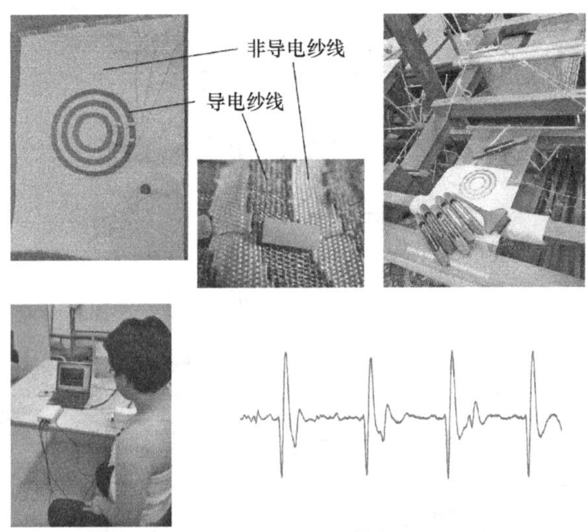

图 9-28 用于心电监测的简易电子纺织品

图 9-29 给出了另一个例子：一个 12 导联心电背心。它由 NUIWAKE 公司生产，使用有梭提花织机完成类似 TSUZURE 的织物组织。每个电极也由连续的导电纱线（捻合的镀银聚酯纤

维和人造丝）编织而成。图 9-30 是获得的心电信号。

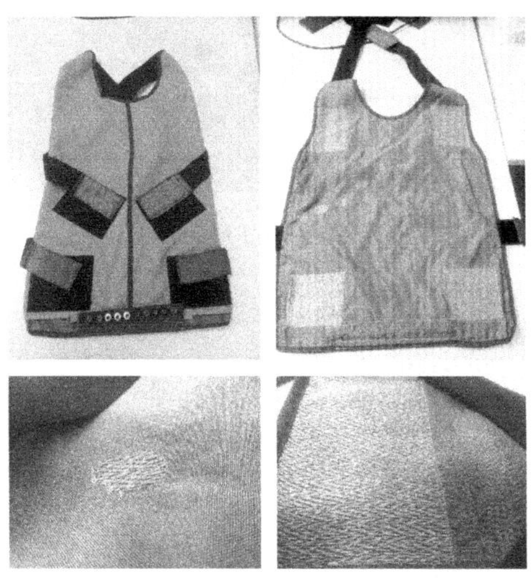

图 9-29 12 导联心电监测背心

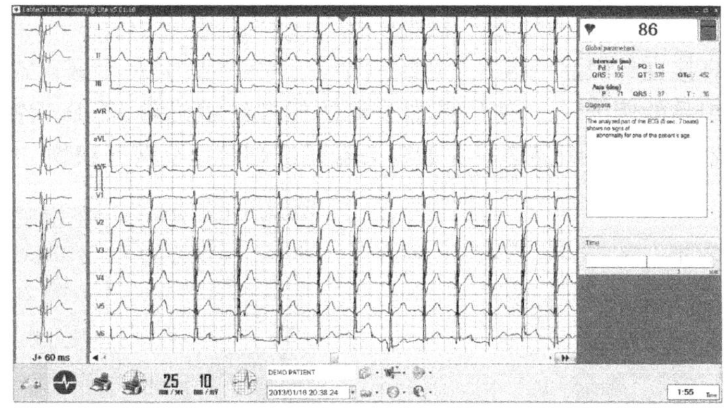

图 9-30 背心监测得到的 ECG

9.3.4 RFID 纺织品

本节介绍将电子器件嵌入纱线的纺织品。RFID 被广泛地用作非接触式通信设备。无源 RFID 标签通常轻薄微小，由收发器发送的电磁波供电，已经在服装行业中得到广泛应用，例如制服管理。传统方法是将 RFID 标签像价格标签一样贴在衣服上或缝进衣服里，更好的选择是在纺织制造过程中将 RFID 标签嵌入。本节将介绍两种将 RFID 标签嵌入纺织品中的方法。

第一种方法是在纺织品中加入专门开发的 RFID 纤维（见图 9-5）或带状 RFID 纱线（见图 9-31）。RFID 纱线嵌入了 3 种不同频段的 RFID 标签，分别为 2.45GHz 的 SHF 频段、13.56MHz 的 HF 频段和 860~960MHz 的 UHF 频段。为了将这种纱线作为纬纱插入，研究人员还设计和开发了一种新型剑杆纺织机，如图 9-32 所示[15]。该纺织机具有标准剑杆和用于插入带状 RFID 纱线的特殊剑杆。该纺织机在生产 RFID 纺织品（见图 9-33）时，可以自动连续地反复切换两个剑杆。所织成的 RFID 纺织品可以通过标准的布料制造工艺进行层压加工，制成方形地毯（见图 9-34）[16]。

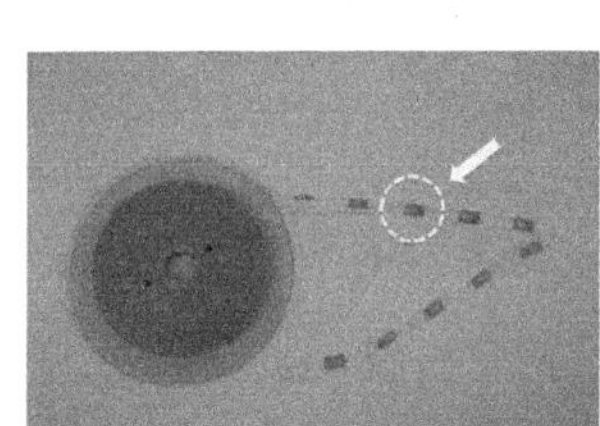
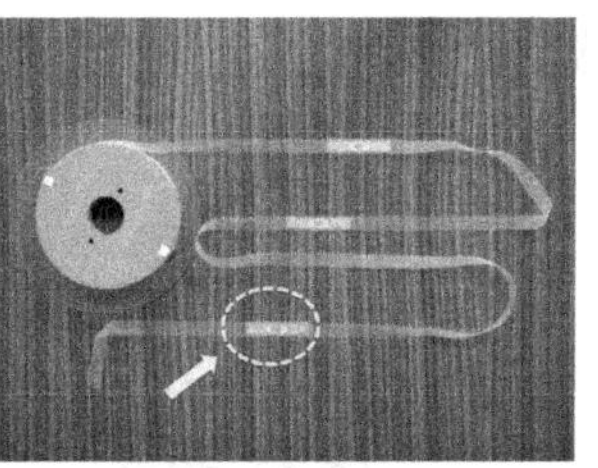

图 9-31 带状 RFID 纱线

图 9-32 用于插入 RFID 纱线的新型剑杆纺织机

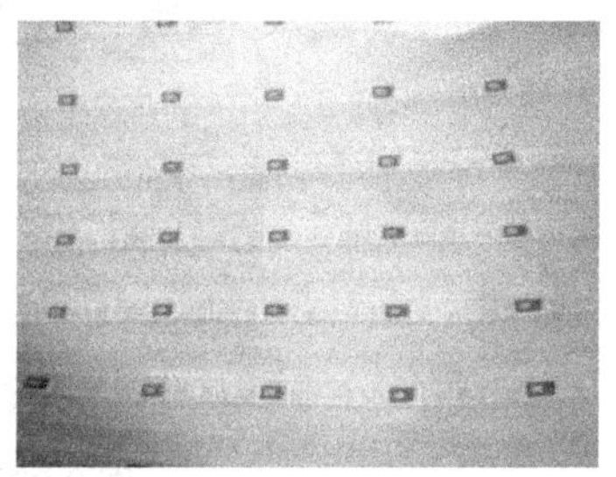

图 9-33 RFID 纺织品（高频波段）

第二种方法是直接在纺织品中嵌入 RFID 芯片[17]。图 9-35 是一个嵌入式可清洗 UHF 频段亚麻标签集成到纺织品的例子[18]。使用稍加改良的标准纺织机将 RFID 标签插入口袋的两层纺织层内，由于标签完全与纺织品集成，如要去除标签则必须要剪开织物。

图 9-34 RFID 方形地毯

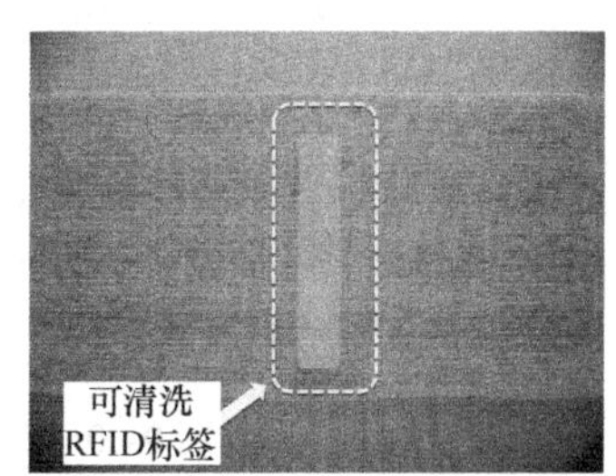

图 9-35 具备可清洗 UHF 频段亚麻标签的 RFID 纺织品

RFID 最初被设计用于物流和物品跟踪。服装行业主要在物流上采用 RFID[19]，如洗衣服务和制服管理。然而，一些其他应用也相继提出。

其中一个应用是定位。通过使用嵌入地板的多个 RFID 标签的位置数据库，移动物体（如带有 RFID 阅读器的机器人）可以自行定位[20]。

RFID 另一种可能的应用是在护理方面，如排尿检测所使用的一次性尿布[21]。图 9-36 是嵌入一次性尿布中的 RFID 纤维。由于图 9-5 所示的 RFID 纤维与传统的 RFID 标签不同，和常规纱线一样柔软，该纤维不会影响尿布的触感[22-23]。图 9-37 所示为排尿检测的原理。如图 9-37 的上半部分所示，读取器激活 RFID 纤维时，RFID 纤维会产生与 ID 一致的响应，读取器也可用作电源。如果尿布是湿的，如图 9-37 的下半部分所示，高分子吸收剂吸收水分而改变 RFID 纤维的天线特性，从而阻止 RFID 纤维响应读取器的信号，系统即可识别出发生了排尿。读取器天线可以放置在床垫下或轮椅座位上。

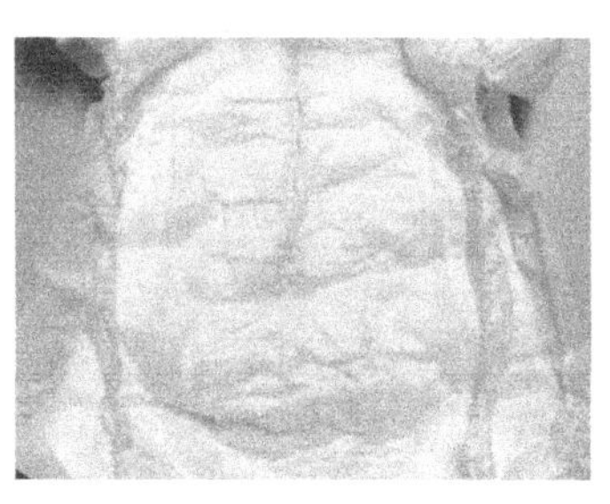
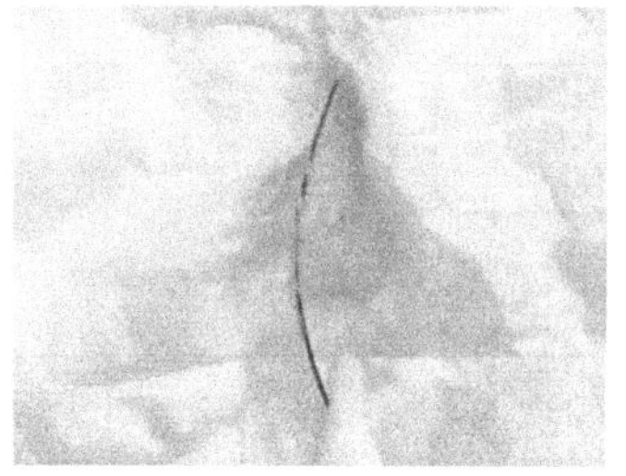

图 9-36　嵌入 RFID 纤维的纸尿布

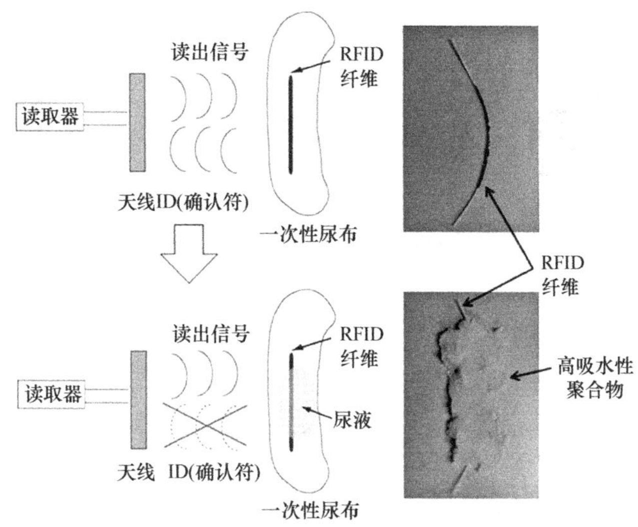

图 9-37　排尿检测的原理

9.4　总结

本章介绍的电子纺织品主要是由机织的方法生产的。机织方法使纺织品中可以嵌入复杂的电路如 NISHIJIN 电极，或者专门设计的电子纱线如 RFID 纺织品。因此，这些机织技术是丰富各种电子纺织品的万金油：它可以实现嵌入式 LED、嵌入式物理或化学传感器以及与电子电路集成的纺织品。

基于电子纺织品的穿戴式传感器与泛在计算环境结合之后，可以提供创新性的泛在信息服务。图 9-38 展示了医疗服务中的一个例子。12 导联穿戴式背心与室内定位传感器网络相结合[24-25]，可以使刚经历手术的心脏病患者受到健康状况评估系统的监护，该系统不仅可以连续监测用户的生命体征，还能在意外发生时立即通知医护人员。

丰富的电子纺织品甚至可能改变信息服务模式。日常生活中的纺织品随处可见，如地毯、睡垫、壁纸等，因此电子纺织品不仅可以用于穿戴式传感器，也可用于房屋材料。一旦电子纺织品具备传感、计算或通信的能力，它们就可以为我们的生活环境提供信息服务。例如，智能睡垫或沙发可以检查用户的健康状况，全天向医生报告；结合空气污染、温度和湿度传感器的智能壁纸可以调控通风和空调，以保持空气新鲜和舒适。

总体而言，在不久的将来，电子纺织品可能会进入我们日常生活的方方面面。通过机织技术大批量生产的电子纺织品是让其得以实现的原因之一。

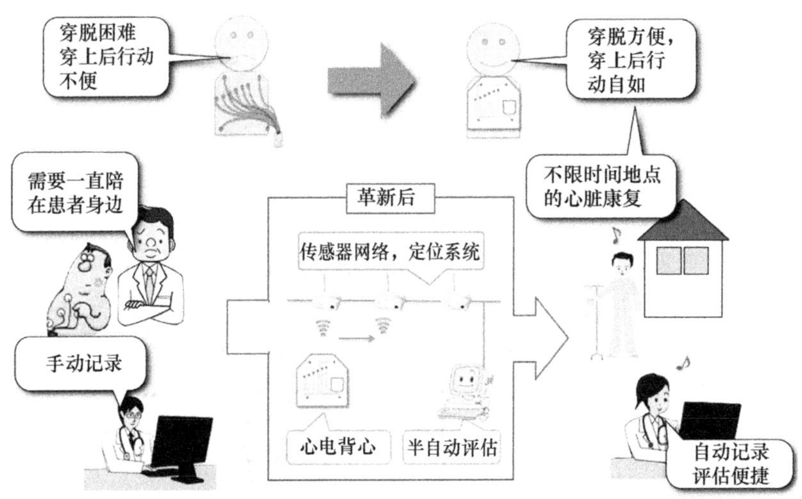

图 9-38　基于穿戴式背心和泛在传感器系统的心脏病患者的康复系统

参考文献

[1] M. Suh. E-Textiles for wearability: review on electrical and mechanical properties. Textile World 2010. <http://www.textileworld.com/Articles/2010/June/Textile_News/E-Textiles_For_Wearability-Review_On_Electrical_And_Mechanical_Properties>.

[2] G. Loriga, N. Taccini, M. Pacelli, R. Paradiso, Flat knitted sensors for respiration monitoring, IEEE Indust. Electro. Mag. 1 (2) (2008) 4–7.

[3] J. Al-Khalili, Order and disorder, BBC (2012).

[4] Matsubun Textile Co. Ltd. CNTEC. <http://www.matsubun.co.jp/product/cntec.html> (Japanese). (Last Accessed: 29.06.14).

[5] N. Martinez, K. Hisada, I. Tabata, et al., The effectiveness of thermal treatment for development of conductive metalized aramid fiber using supercritical fluid dioxide – fiber-metal adhesive strength improvement –, J. Supercrit. Fluids 56 (3) (2011) 322–329.

[6] Nihon Sanmo Dyeing Co. Ltd. Thunderon. <http://www.sanmo.co.jp/technology/Function/thunderon1.html> (Japanese). (Last Accessed: 29.06.14).

[7] H. Harii, M. Sekiguchi, Y. Iwasaki, et al., The development of RFID fiber, Proc. Textile Machinery Soc. Jap. Ann. Conf. (2012) 210–211 (Japanese).

[8] Y. Hayashi, M. Yoshida, H. Iijima et al. Development of the textile circuit board for the smart textile (part 2). Industrial technology center of Fukui pref. Research Report 2008: 25; 19–22 (Japanese).

[9] S. Fujii, H. Takahashi, Textile touch pad for wearable computer input device, Proc. Textile Machinery Soc. Jap. Ann. Conf. (2010) 72–73 (Japanese).

[10] A Masuda, T. Murakami, K. Kondo. Pressure sensor sheet. Jap. Pat. 4273233. 2009.

[11] A. Masuda, T. Murakami, K. Kondo, The respondent properties of the textile pressure sensors –the evaluation of compression properties of the multi-layer textile, J. Text. Eng. 56 (6) (2010) 3–5 (Japanese).

[12] A. Masuda, T. Murakami. Moving object detection system. Jap. Pat. 5233055. 2013.

[13] NISHIJIN textile industrial association. The history of NISHIJIN. <http://www.nishijin.or.jp/eng/eng.htm>. (Last Accessed: 29.06.14).

[14] T. Kuroda, K. Hiran, K. Sugimura, et al., Applying NISHIJIN historical textile technique for e-tetile, Proc. IEEE Ann. Conf. Eng. Med. Biol. Soc. (2013) 1226–1229.

[15] A. Masuda, T. Murakami, H. Ijima, The development of weaving machine for IC-tag, SENNI (M. Textile Machinery Soc. Jap.) 64 (7) (2011) 426–430 (Japanese).

[16] K. Hashimoto, The development of RFID textile, SENNI (M. Textile Machinery Soc. Jap.) 64 (7) (2011) 421–425.

[17] H. Iijima, A. Masuda, T. Murakami, et al., The development of IC tag insertion machine, Mach. Soc. Jap. Ann. Conf. (2012) 222–223 (Japanese).

[18] Fujitsu Frontech North America. UHF RFID Tag WT-A521/A522. <http://www.fujitsu.com/downloads/

COMP/ffna/rfid/rfid_wt-a521_datasheet.pdf>. (Last Accessed: 29.06.14).
[19] M.C. O'Cornnor, Positek RFID offering UHF system for tracking linens, textiles, RFID J. (2010)<http://www.rfidjournal.com/articles/view?7535>. (Last Accessed: 29.06.14).
[20] T. Murakami Masuda, H. Takeuchi, et al., Development of radio frequency identification textile and map-making system, J. Textile Eng. 57 (1) (2011) 9–13 (Japanese).
[21] T. Kan. A study on RFID sensor system for detection of volume of urinary incontinence. Master thesis, Grad. Schol. Eng. Osaka City Univ. 2013 (Japanese).
[22] A. Tanaka, Y. Nakagawa, K. Kitamura, et al., A wireless self-powered urinary incontinence sensor system, Proc. IEEE Sens. (2009) 1674–1677.
[23] R. Takahashi, K. Yamada, Y. Ohno, et al., Development of new type incontinence sensor using RFID tag, Proc. Sound Music Comput. Conf. (2010) 2695–2700.
[24] T. Kuroda, H. Noma, C. Naito, et al., Prototyping sensor network system for automatic vital signs collection, Method Inform. Med. (2013).
[25] T. Kuroda, T. Takemura, H. Noma, et al., Impact of position tracking on the outpatient navigation system, Proc. IEEE Eng. Ann. Conf. Med. Biol. Soc. (2012) 6104–6106.

第10章　从金属薄片到纺织品的柔性电子器件：材料、设备和装配

10.1　简介

硅笨重且坚硬，而塑料电子器件柔软、可变形且质量轻。基于这项新技术的设备可伸缩、卷曲并且可变形为曲线形状，从而使现今刚性电子器件不可能实现的应用成为可能。滚动显示[1]、适形传感器[2]、塑料太阳电池[3]和柔性电池[4]改变了我们的日常生活，就像曾经的CMOS技术一样。到目前为止，这些技术的商业化由于成本和性能因素而受到限制。然而，对于一些应用如医疗设备或者植入式元器件，轻质塑料电子器件的柔性、生物相容性、一致性等特性比上述提及的障碍更重要，因此其未来的前景是可以预见的。

柔性电子电路对于实现此类系统很重要。历史上电子技术基本以一条发展道路为主导，这条道路于1965年首次被Gordon Moore指出：通过减少晶体管的尺寸，硅微处理器中晶体管的数量每18~24个月有加倍的倾向。这个发现被称为摩尔定律，其导致设备小型化以及成本和功耗降低，而且在过去几十年对微电子工业具有指导性意义。尺寸的持续缩小是电子产品的主要方向，但不是唯一方向。20世纪90年代早期，出现了一种完全不同的电子产品，以满足用硅晶片技术无法解决的需求：用于液晶显示器像素切换的有源矩阵电路。这种技术的发展绝对不是摩尔定律决定的，而是源于成本、性能以及其他的需求。这里主要的度量标准是整体尺寸。整体尺寸越大越好，因为面积越大意味着显示屏越大。从柔性显示器开始，其应用范围已扩展到更引人注目以及更具技术性的微创和可穿戴或植入的生物医学设备中。为了满足这些要求，必须考虑和研究新的设计策略、材料和制造方案。

这里，机械设计与电路设计同样重要。设备和产品往往采用曲线、符合人体工程学和生物启发性的设计。过去几年中，在研究具有良好的机械性能和电气性能的材料方面已经取得了显著的进步，包括有机和类石墨烯材料、碳纳米管（CNT）、无机纳米膜或纳米线以及非晶氧化物。最后，标准的微电子技术补充了新的工艺方案，如印刷，自下而上的自组装以及从一个基底向另一基底的物质转移等。

机械柔性器件可以通过在塑料箔上直接制造[5]、剥离旋涂在刚性基底的聚合物层[6]、溶解能释放出薄膜的牺牲层[7]或从一个制造完成的器件的晶态硅片上剥离最上层的薄膜来实现[8]。每一种方法都有它的优点和局限性，并影响着最终组件的成本和性能。局限性主要归因于低热预算和特征极限分辨率。这些方法的共同特点都是利用薄膜，这是实现高度可弯曲的电子产品的先决条件。最小弯曲半径通常为毫米级，器件有源层失效的主要原因是弯曲时引起的应变。较小的弯曲半径（小于1mm）可以通过使用能够承受高应变水平的材料[9]、在零应变平面封装电子器件[10]或利用非常薄的基底来实现[11]。在这些情况下，弯曲半径可以小于100μm[12]。

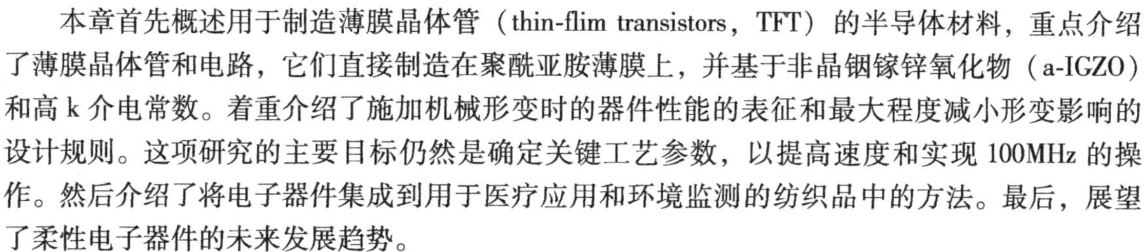
本章首先概述用于制造薄膜晶体管（thin-flim transistors，TFT）的半导体材料，重点介绍了薄膜晶体管和电路，它们直接制造在聚酰亚胺薄膜上，并基于非晶铟镓锌氧化物（a-IGZO）和高 k 介电常数。着重介绍了施加机械形变时的器件性能的表征和最大程度减小形变影响的设计规则。这项研究的主要目标仍然是确定关键工艺参数，以提高速度和实现 100MHz 的操作。然后介绍了将电子器件集成到用于医疗应用和环境监测的纺织品中的方法。最后，展望了柔性电子器件的未来发展趋势。

10.2　薄膜晶体管的材料和技术

晶体管是数字和模拟电路的基本构件。然而，根据应用的不同，对其性能的评估会发生变化，而且一些参数比其他参数更为重要。

CMOS 数字逻辑单元基于硅互补金属氧化物半导体，由 N 沟道和 P 沟道的晶体管组成。它可在导通状态（当 $V_{GS}=V_{DD}$时导通电流 I_{on}很大，其中 V_{DD}是加在器件上的最大电压）和断开状态（$V_{GS}=0$ 时截止电流 I_{off}很小）之间切换（见图 10-1a）。因此，任何一个被用于类似设计方案中的器件都要具有良好的切换能力、大于 10^5 的开关电流比（I_{on}/I_{off}）以及对称的阈值电压，如 $V_{TH,N}=-V_{TH,P}$。在薄膜技术中通常遇到的一个阻碍是，由于缺乏具有迁移率相当的 N 型和 P 型半导体难以实现互补逻辑。

在射频（RF）电路中，开关功能本质上并非必需功能。对于高速应用，TFT 应该迅速对 V_{GS}的变化做出反应，这实际上意味着沟道中需要短的栅极以及快速的载流子。沟道与源极、漏极之间的串联电阻也非常重要，它们对器件的不利影响随着栅极长度减小变得更加明显。特征频率（f_T）是 RF 器件最广泛使用的数字参数，它被定义为电流增益达到 1 时的频率。

特征频率可以通过以下方法增大：使本征跨导 g_m 尽可能大；使漏极电导 g_{ds}、栅极电容（由沟道电容 C_{ch}和漏-源重叠电容 C_{GD}/C_{GS}组成）与源-漏的接触电阻（R_S/R_D）尽可能小（见表 10-1）。然而，这些参数的值随电压工作点的变化而变化（见图 10-1b）。最佳设计包括寻找 g_m 和 g_{ds}的折中，它通常随 V_{GS}的增加而增加。漏极电流饱和也是最大化本征电压增益（$Gint=g_m/g_{ds}$）所必需的，它已成为混合信号电路普遍用到的参数。

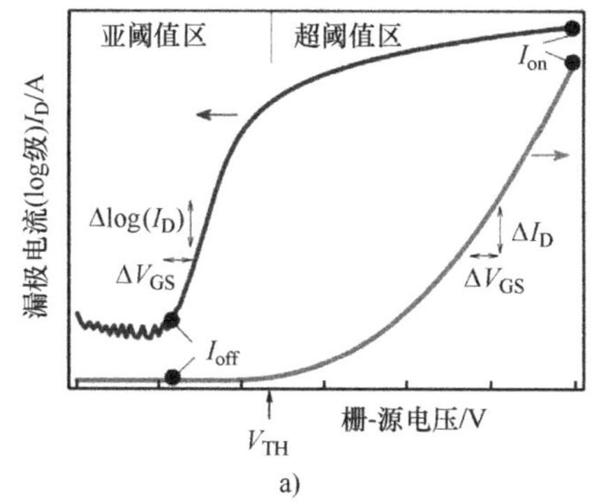

a)

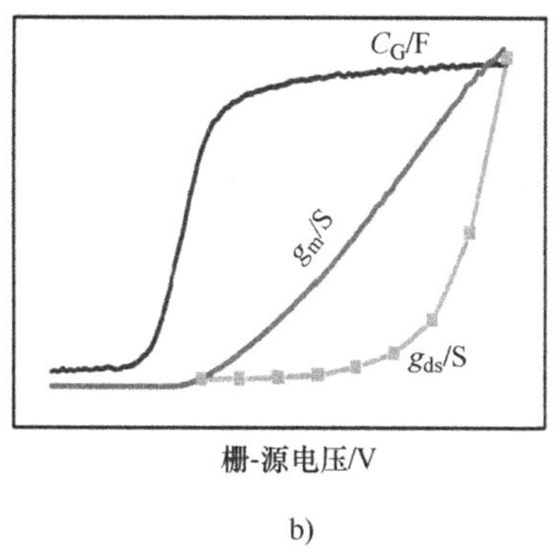

b)

图 10-1　薄膜晶体管的栅-源电压与漏极电流和跨导、漏极电导、电容的关系

表 10-1 薄膜晶体管中重要参数的定义

参数	定义
跨导/S	$g_m = \left.\frac{\partial I_D}{\partial V_{GS}}\right\|_{V_{DS}=\text{const}} = \frac{W}{L}C_{ox}\mu(V_{GS}-V_{TH})^2$
漏极电导/S	$g_{ds} = \left.\frac{\partial I_D}{\partial V_{DS}}\right\|_{V_{GS}=\text{const}}$
亚阈值摆幅/(mV/dec)	$SS = \frac{\partial \log(I_D)}{\partial V_{GS}}$
栅极电容/F	$C_g = \left.\frac{\partial Q_{ch}}{\partial V_{GS}}\right\|_{V_S=V_D=0} = C_{ch}+C_{GD}+C_{GS}$
暂态频率/Hz	$f_T = \frac{g_m}{2\pi} \frac{1}{(C_{GS}+C_{GD})[1+g_{ds}(R_S+R_D)]+C_{DS}g_m(R_S+R_D)}$

沟道长度缩放是实现高频操作最简单的办法，但它非常具有挑战性，尤其是使用印刷技术并在金属箔上直接制造的情况下。这就是人们一直在研究可在低温下加工并沉积成薄膜的高迁移率材料的原因。

10.3 用于柔性电子器件的半导体综述

近年来，在具有良好电性能、可在低温下加工并沉积成薄膜的材料的研究和加工方面取得了显著进步。这包括有机材料[13]和类石墨烯材料[14]、碳纳米管（CNT）[15-16]以及无机材料，如纳米线/带/膜[17]和非晶氧化物[18-20]。这里重点介绍一个显著特征——迁移率。如前文所述，场效应迁移率在模拟和数字电路中都很重要；事实上，它对导通电流水平和跨导有很大影响，因而也对器件的最大工作频率有影响（见表 10-1）。图 10-2 显示了 3 种用于柔性薄膜晶体管制造的半导体器件的迁移率。

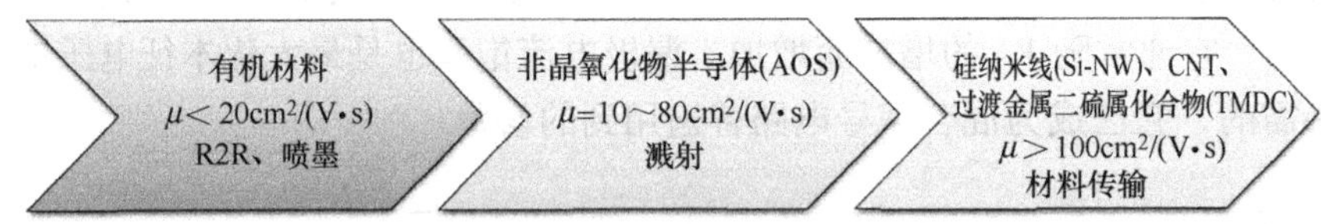

图 10-2 柔性电子器件中使用的半导体迁移率 μ

有机材料迁移率低，但是它提供了大面积制造与溶液处理技术以及印刷技术如喷墨和卷对卷工艺（R2R）相兼容的可能性。无机材料如 Si-NW、CNT 以及 TMDC，具有高的迁移率，但不能直接沉积在塑料基底上，因为它需要较高的温度。AOS 在迁移率（约 $20\text{cm}^2/(\text{V}\cdot\text{s})$）和大面积沉积（溅射或溶液法）上提供了一个很好的解决方案。

有机材料的研究已经持续了几十年，主要受便宜的价格以及大面积柔性器件的需求所影响。有机半导体由包含 π 共轭键的有机小分子和聚合物组成。π 共轭键决定了有机半导体的光电性能。这种材料的固态结构基于相邻分子和聚合物链的弱相互作用（范德华力），并且性质从导体到绝缘体不等。从物理角度来看，该材料的晶体结构应该尽可能纯净，并拥有足够的前沿轨道重叠以允许有效的电荷迁移。并且，最高占据轨道和最低空缺轨道（HOMO/LUMO）应该在合理电场下可以接近的能级水平。最后，由于输送发生在沿分子间 π-π 堆叠的方向，分子方向应为平行于基底的法线。在有机材料中，从性能上看，单晶材料是令人感兴趣的。Sundar 等人证明通过将弹性器件印模层压在红荧烯晶体上制造的晶体管迁移率为 $15cm^2/(V \cdot s)$[21]。单晶材料可以通过物理气相沉积法沉积到目标基底上，然后通过标准的微电子技术（平版印刷、蚀刻、剥离）处理。然而，有机物十分有趣的一点是，它们可以以溶液形式处理，并且与印刷技术兼容，如喷墨[22]和 R2R[23]。这种情况下，迁移率约为 $1cm^2/(V \cdot s)$ 或者更低，但这使得它们适用于大面积的电子器件、太阳电池[3]以及在 kHz 范围内工作的大规模电路。对材料混合和不同环境下的工艺可靠性、稳定性以及电子传输能力的提高仍然是这种技术所面临的主要挑战。

CNT[15-16]、石墨烯和过渡金属硫化物（TMDC）对于高性能柔性电子器件而言是很好的选择[14,24]，特别是二维（2D）材料，其可生长在面积大和厚度小的基底上，并确保弯曲性高以及良好的传输性能，因此受到了广泛关注。纯净的石墨烯缺乏能带隙，因此场效应晶体管不能有效关断并具有低开关比。能带隙可以利用纳米结构[25]、化学功能化[26]以及在双层石墨烯分子层[27]上施加一个高的电场来设计，但是这些方法增加了复杂性且减少了迁移率。相比之下，一些 2D TMDC 如 MoS_2、$MoSe_2$、WS_2 和 WSe_2 具有相当大的能带隙，范围为 1~2eV，以及大于 $100cm^2/(V \cdot s)$ 的场效应迁移率，使得晶体管、光电检测器和电致发光器件等应用得以发展。在柔性电子器件中采用此类材料的一个阻碍是它们需要较高的生长温度。因而，为了将它们集成到塑料基底上，它们必须从用于生长的基底转移到其他基底。近年来，这方面的研究已经取得了巨大的进展。旋涂、液体[28]或机械剥离[24]转印技术已经通过其他的方法进行改进，这些方法使大部分材料从一个基底转移到另一个基底上[29-30]。Cao 等人[16]已经证明基于一定密度且排列整齐的单层 CNT 迁移率为 $480cm^2/(V \cdot s)$，而已有报道称基于石墨烯的 TFT 迁移率达 $203cm^2/(V \cdot s)$。关于 TMDC 的研究时间较短，由 MoS_2 制成的柔性晶体管的迁移率为 $15 \sim 50cm^2/(V \cdot s)$[30]。CNT 和类石墨烯材料的识别、膜均匀性、放置和排列以及大规模生产的质量为实现高性能器件的主要挑战。

无机材料中，非晶硅 a-Si 已经广泛应用到柔性器件中。然而，其 $1cm^2/(V \cdot s)$ 的迁移率已经被上述的材料以及非晶氧化物超过。无机材料还包括硅、Ⅲ-Ⅴ族纳米线[6,17]、纳米膜和纳米带[7]，它们通常来源于高质量的晶片，通过印刷或旋涂转移到塑料基底上。剥离技术是一种最新的技术，它能在室温下将超薄体硅器件大面积转移到塑料基底上[8]。在这些情况下，它们的性能和块状硅相似，迁移率约为 $300cm^2/(V \cdot s)$，这使得电路可以在 GHz 频率下工作。除了性能，这类方案能够实现更复杂的电路，且就目前的情况来说无法用其他的方法来实现。然而，纳米材料的转移一般数量较少且区域较小，对实现大规模的设备和降低成本构成障碍。

非晶氧化物将在下面的章节中进行讨论。该材料在大面积器件的开关矩阵中的使用证实了其重要性。

10.4　基于 a-IGZO 的薄膜晶体管

非晶氧化物已经研究了数十年，并且早在 20 世纪 60 年代就进行了初步尝试。然而，仅在 40 年后，在 Hosono 和 Nomura[18]的工作，尤其是在用于有机发光二极管（active matrix for organic light emitting diodes，AMOLED）技术的有源矩阵的推动下，全世界的学术界和工业界都对其产生了重大兴趣。

在较短的时间内，此类材料的研究、加工和应用产生了令人印象深刻的进步，这是由于以下主要特点：

1）它们可在低温下（甚至在室温下）制备[18]，因此它们可与耐热性差的塑料基底相兼容。

2）它们具有高度光滑的表面、非晶结构的特性，并且没有晶界，从而避免了多晶半导体中迁移率的主要限制因素，这提供了易整合和高质量接口的优势[20]。

3）它们具有良好的传输能力（迁移率为 10~80cm^2/(V·s)），不受薄膜无序度影响[18]。

4）它们与大面积制造相兼容，因为其可以通过射频沉积溅射[31]或通过溶液处理[20]来实现。

5）它们在可见光谱中是透明的[32]。

这类材料的一个弱点是 P 型半导体与 N 型半导体的传输特性相差很多。事实上，尽管关注越来越多，但至今还没有与 N 型 TFT 迁移率类似的 P 型氧化物 TFT 被报道。

这种材料的稳定性也是人们比较担心的一点。基于氧化物半导体的晶体管的长期稳定性是由空气中水分子与氧分子的吸收和释放决定的。这些氧分子和水分子可以充当 a-IGZO 的受体，因此可能发生阈值电压偏移。提高 IGZO TFT 长期稳定性的一种可能方法是通过钝化层或额外的金属顶栅封装沟道[33-34]。

10.4.1 TFT 的制备及表征

这种材料的低温加工使得器件可以直接在塑料箔上制造[31]。可以采用不同的器件结构[20]（交错或共面的底栅或顶栅）。这里重点介绍交错式底栅器件，因为其易于加工且电气性能较强。图 10-3a 显示了非晶氧化铟镓锌层（a-IGZO）中 TFT 的横截面，并给出了各层材料和厚度。制造过程包括 5 个光刻掩膜步骤，并在最高为 150℃ 的工艺温度下进行[5,19]。这里，IGZO 由室温射频磁控溅射沉积，Al_2O_3 栅极绝缘体和器件的钝化层通过原子层沉积来实现，金属触点由电子束蒸发法实现。加工处理完的器件显微镜图片如图 10-3b 所示。

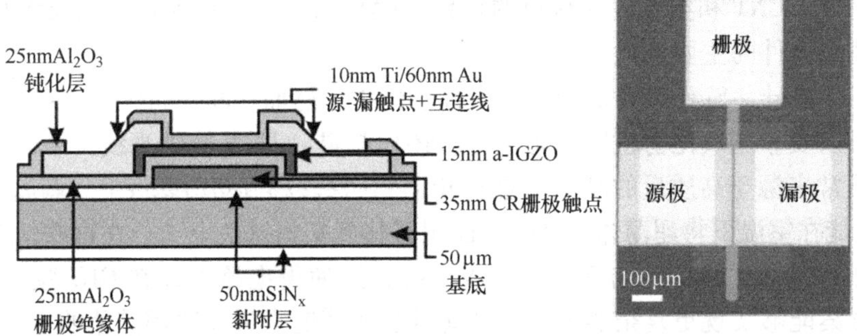

a) 柔性IGZO TFT的横断面　　b) IGZO TFT的显微镜图片(W/L=280μm/10μm)

图 10-3　IGZO TFT

在室温条件下测得的 IGZO 的传输特性如图 10-4a 所示。根据 Shichman 和 Hodges 方程建立 MOSFET（金属-氧化物-半导体场效应晶体管）的电流模型推断，柔性 IGZO TFT 的典型性能参数如下：线性场效应迁移率为 15cm^2/(V·s)，饱和场效应迁移率为 14cm^2/(V·s)，阈值电压为 0.33V，开关电流比为 2.7×10^6，亚阈值摆幅（逆亚阈值斜率）为 150mV/dec。栅-源漏电流总是小于 0.1nA。同一类型的 IGZO TFT 曲线如图 10-4b 所示。在这里，可以看到高漏-源电压下的明显饱和行为。对应提取的阈值电压、漏-源电流在约 4.5V 的漏-源电压下达到饱和（施加的栅-源电压为 5V）。

电应力对 IGZO TFT 和电稳定性的影响可以通过栅极偏置应力测量来确定：先测量器件的传输特性，随后 1×10^8V/m 的栅极偏置应力场（E_{Str}）被施加到栅极触点（相当于 25nm 厚的

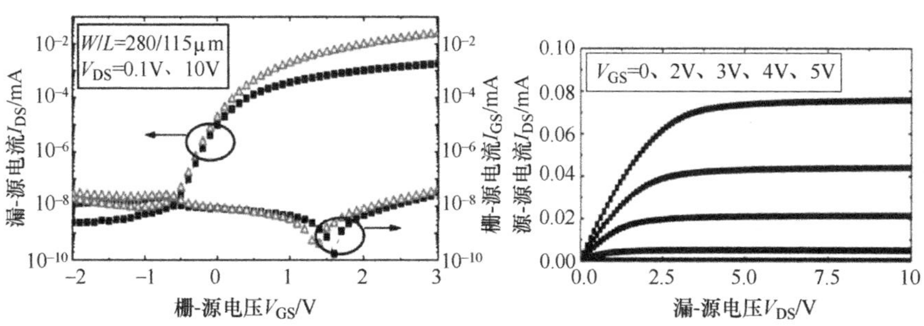

a) 源-漏电压为0.1V (线性区)和10V (饱和区)时典型的IGZO TFT传输特性曲线　b) 典型的IGZO TFT输出特性曲线，最大饱和电流为75μA

图 10-4　IGZO TFT 传输特性

栅极绝缘膜，对应栅-源电压为 2.5V)，最后在应力场再次关闭后，第二次测量 TFT 的传输特性。这个过程（在黑暗中进行）必须在不同应力时间（t_{Str}）下重复操作，而每一次测量都必须使用一个新的 TFT。通过两次测量的传输特性可以得到施加栅极偏置应力前后的阈值电压 V_{TH}，进而得到由电应力引起的阈值电压偏移（ΔV_{TH}）。在 2000s 的栅极偏压应力下，图 10-3 所示的柔性 IGZO TFT 的阈值电压增加了 86mV。由于 Al_2O_3 钝化，IGZO TFT 比标准氢化非晶硅（a-Si：H）稳定两个数量级以上，如图 10-5 所示，其绘制了 a-IGZO TFT 和标准 a-Si：H TFT 的 ΔV_{TH}。在整个测量范围内的电应力对 a-Si：H TFT 的阈值电压的影响比对 a-IGZO TFT 的影响大一个数量级以上。

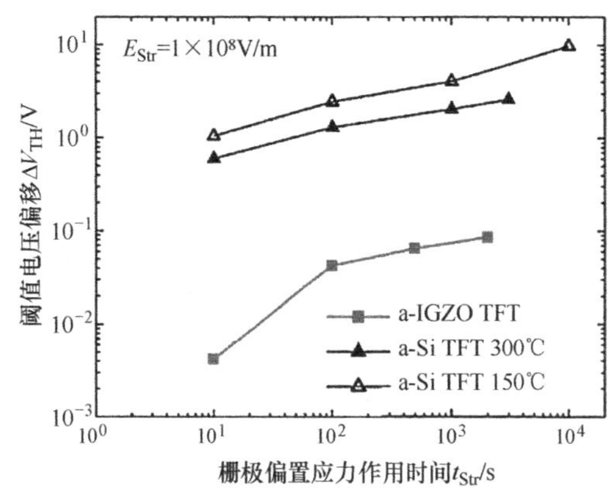

图 10-5　IGZO TFT 和 a-Si：H TFT 的电稳定性比较

TFT 的特征还在于它们的交流性能。晶体管采用地-信号-地布局，通过使用标准的双端口网络分析仪可以实现交流特性表征（见图 10-6a)。网络分析仪的端口 1 和端口 2 可以连接到 TFT 的栅极和漏极（见图 10-6b)，源极接地。所有的交流测量都是在柔性 a-IGZO TFT 的饱和区进行的，因此使用外部直流电压源施加偏置电压 $V_{GS}=2V$ 和 $V_{DS}=2V$。测量过程中的交流峰-峰电压幅值为 100mV。在所有测量之前，系统必须使用标准校准程序（短路、开路、50Ω 负载）进行校准。

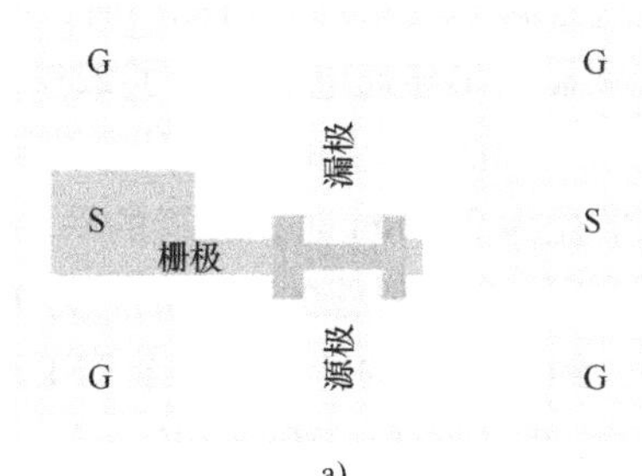

a)

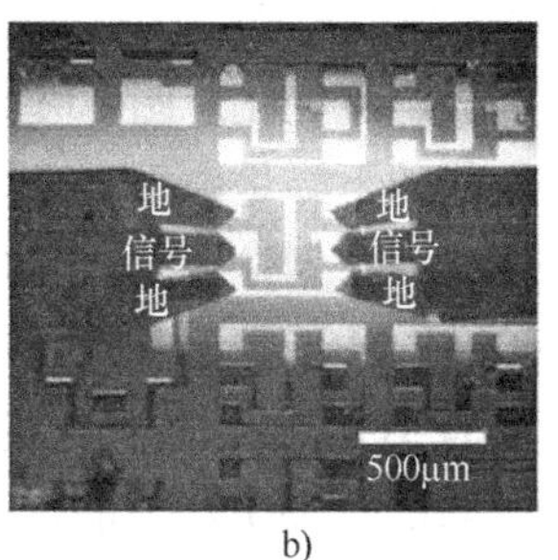

b)

图 10-6　晶体管的地-信号-地结构以及与网络分析仪探针接触的晶体管的光学显微镜图像

图 10-7 为沟道长度为 1μm 的柔性 a-IGZO TFT 器件的 *S* 参数。

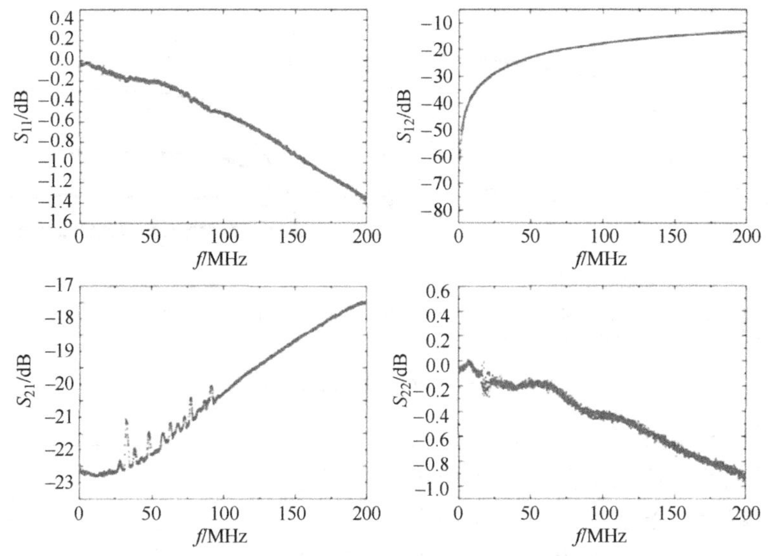

图 10-7　1μm 长的沟道的 TFT 的 S 参数特性

为了确定特征频率 f_T，用 S 参数来计算与频率相关的电流增益 h_{21}，典型器件的结果如图 10-8 所示。电流增益的绝对值 $|h_{21}|$ 达到单位增益时所对应的频率为 f_T，图中可提取 f_T 为 47MHz。另一种提取 f_T 的方式是 Gummel 方法，该方法基于 h_{21} 在低频虚数部分的逆斜率。

图 10-8　基于 IGZO 的 1μm 长沟道的 TFT 的特征频率

10.4.2　机械形变的影响

要确定机械形变对柔性 IGZO TFT 性能的影响，可以将器件附着在一个可重复使用的载体衬底上，并安装在定制的弯曲检测器的两个平行板之间[35]。这种弯曲检测器可以在弯曲到任意半径时检测 TFT 的电气特性。

弯曲引起的机械形变对 IGZO TFT 传输性能的影响如图 10-9 所示，比较在没有弯曲时的测量数据与弯曲到半径为 3.5mm（根据计算，拉伸机械应变为 $\varepsilon=0.7\%$）时的测量数据。弯曲是相对 TFT 沟道的垂直和平行方向而言的，因此弯曲的方向也是垂直或平行于电流方向。图 10-9显示了形变的影响取决于相对于 TFT 沟道的方向。平行弯曲增加了 3%的漏极电流（见图 10-9b），这主要是由于拉伸形变下场效应迁移率的增加。与此同时，垂直于 TFT 沟道的形变会引起显著的漏极电流变化。图 10-9a 特别显示出导通电流减少了 22%，截止电流增加了四个数量级。这种性能的下降是由垂直于所施加的机械形变的毛细裂缝引起的。图 10-10a 所示为毛细裂缝的 SEM 图像。当衬底被弯曲到半径为 3.5mm 时，裂缝的平均宽度为 90nm。裂缝会沿着铬、a-IGZO 和 Al_2O_3 层延长。两条相邻的毛细裂缝的平均距离为 100μm；两条裂缝之间的最小测量距离为 31μm。在所有情况中，约有 50%的情况是一个 TFT 沟道内只有一条裂缝是可见的。由于所测试的 TFT 沟道的宽度比长度（W/L=280μm/35μm）大很多，毛细裂缝仅在垂直弯曲过程中能观察到。因此，垂直弯曲会断开部分浮动栅。在栅极断开部分的不可控浮动电荷导致了截断电流的增加。同时，有效 W/L 比的降低导致导通电流减少。由于毛细裂缝并非发生在特定位置，而是随机产生，因此图 10-9a 所示的曲线是示例性的，并且会有或多或少地受到不同的漏极电流变化的影响。

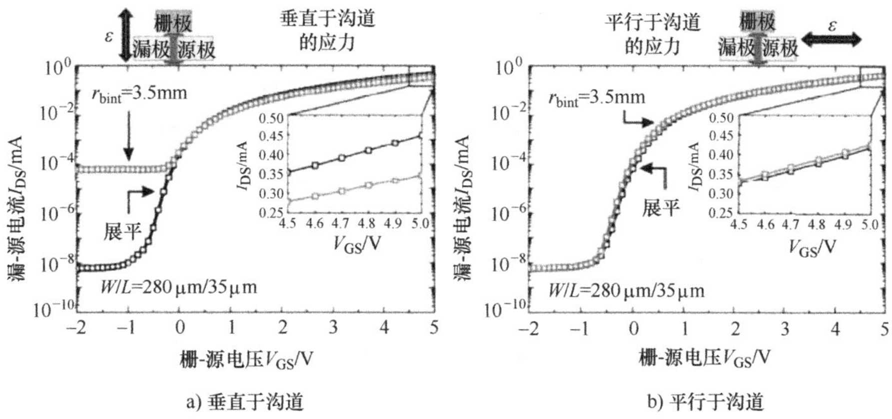

a) 垂直于沟道　　b) 平行于沟道

图 10-9　无应力和施加 0.72%的应力（弯曲半径为 3.5mm）时 IGZO TFT（W/L=280/35）特性

除上述电流变化外，形变引起的裂缝有两个更深层的影响：

1）衬底展平后会重新恢复 TFT 的初始特性。衬底上仍能看见毛细裂缝，但它们的宽度大大减小。图 10-10b 显示毛细裂缝在衬底展平后的平均宽度为 16nm。同时裂缝的两个边缘在一些位置相接触。因此，展平后的栅极的两个分离部分重新建立电接触，并且恢复到原来的 W/L 比。

2）与平行或垂直弯曲无关，形变大于 0.72%（弯曲半径<3.5mm）会永久破坏 TFT。这是因为裂缝的延长，如图 10-10c 所示，在不同材料层之间引起了短路。这种情况下，衬底展平后不会恢复初始特性。

弯曲半径为3.5mm时的毛细裂缝

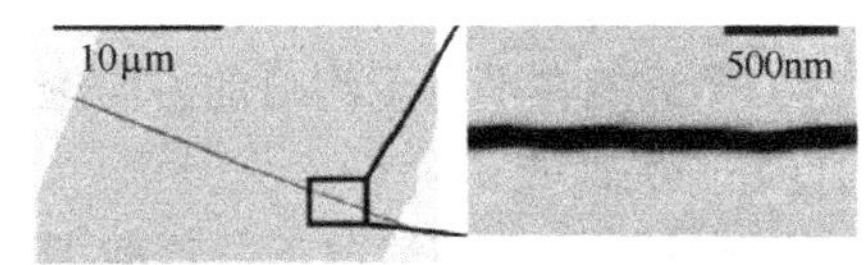

a) 拉伸弯曲导致的平行于TFT沟道的毛细裂缝SEM图(ε=0.72%)

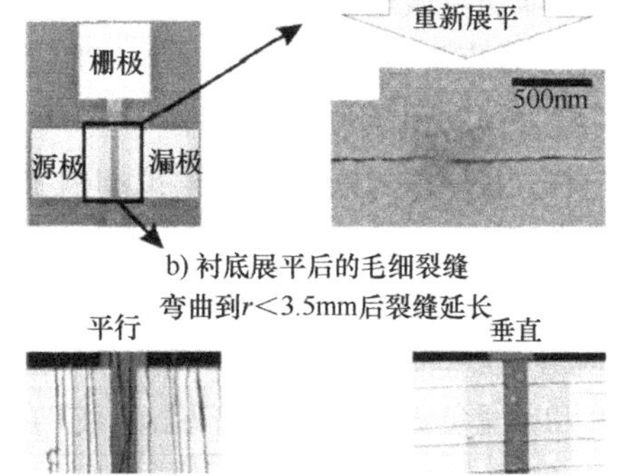

b) 衬底展平后的毛细裂缝

弯曲到r<3.5mm后裂缝延长

平行　垂直

c) 垂直和平行于沟道的毛细裂缝的延长(ε>0.72%)

图 10-10　毛细裂缝

在形成裂缝前机械形变（拉伸和压缩）对 IGZO TFT 有效迁移率的影响如图 10-11a 所示。此外，形变引起的阈值电压的偏移如

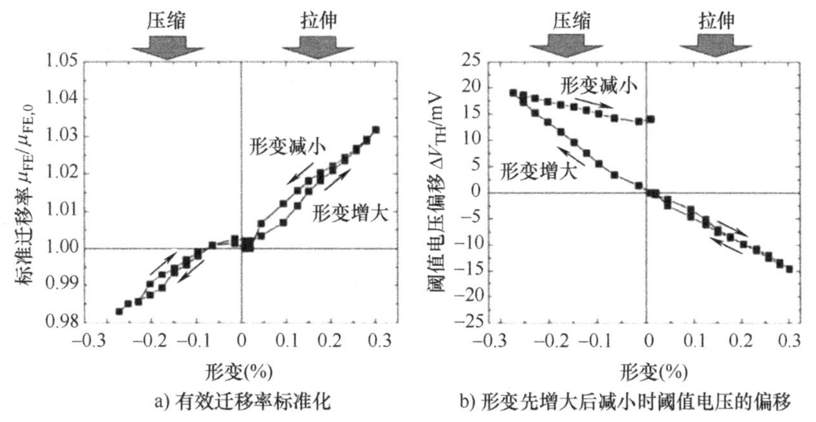

a) 有效迁移率标准化　　b) 形变先增大后减小时阈值电压的偏移

图 10-11　形变对 TFT 的影响

注：所有数值来自同一个实验，两个连续测量点的时间间隔为 5min。

图 10-11b 所示。在拉伸（压缩）弯曲到半径为 8mm 时，有效迁移率变化了 3：1%（-1：8%），且 V_{TH}变化了-15mV。由于 TFT 在弯曲半径为 8mm 时不会损坏，TFT 在弯曲之后可以恢复成平面。如图 10-11 所示，展平后器件的性能参数几乎可以恢复到初始值。

观察到的偏移可以用拉伸（压缩）形变改变了原子之间的距离来解释。因此，形变减小（增加）了半导体层中原子之间的键合和反键合轨道的能级分裂[36]，这改变了恒定温度下载流子密度，并导致在观察方向上阈值电压偏移。有效迁移率的增加（减少）可以通过由于该原子间距离变化导致电子晶格相互作用的变化来解释[37]。

应当指出的是，由于形变平行施加于沟道，沟道宽度在弯曲试验期间保持恒定，而沟道长度在弯曲过程中有较小变化（最大 0.3%）。因此，相对于观察到的参数的变化，*W/L* 比变化对 TFT 性能参数的影响也很小。所以有效迁移率和阈值电压的偏移主要是由于 IGZO 材料特性的变化。

10.4.3 基于 a-IGZO 的模拟和数字电路

上述实验结果是机械形变的方向和强度对 TFT 的影响，由此可得出一些电路设计的简单规则：

1）驱动 TFT 只能在平行于沟道的方向施加应变，以避免产生毛细裂缝并且可以尽可能保持长时间的良好开关性能。

2）在不影响电路操作的情况下，负载 TFT 可以在相对于驱动 TFT 的两个方向被定向，尽管垂直对准会增加负载电阻并且施加应变会改变电路的性能。

3）为避免垂直于沟道的毛细裂缝，TFT 的栅极长度必须小于施加平行应变时产生的两个相邻毛细裂缝之间的预期最小距离。

在下文中，这 3 条规则会用在模拟和数字电路的设计上。

1. 数字电路

机械形变下，a-IGZO 反相器和与非门的输入和输出数字信号如图 10-12 和图 10-13 所示，分别对两个器件在弯曲前、弯曲 0.72%和弯曲后进行信号测量。此外，图 10-12b 为在展平后和应变为 0.72%时负载 TFT 垂直于驱动 TFT 的反相器的模拟特性。

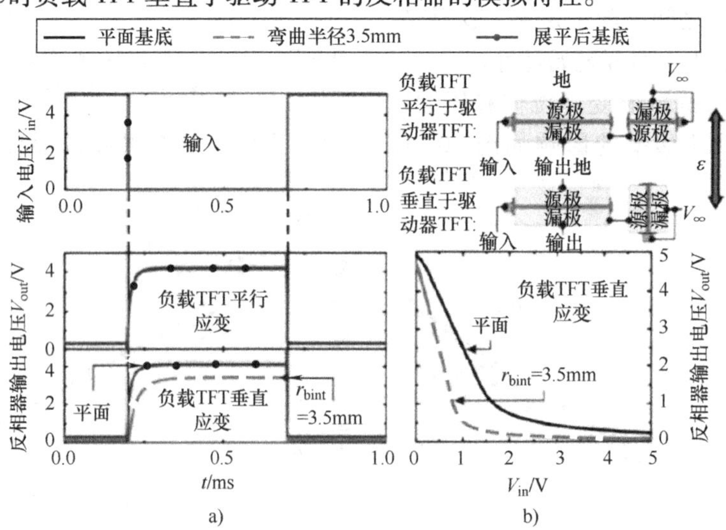

图 10-12 a）弯曲前，在平行于驱动器 TFT 方向上施加应变，垂直和平行于负载 TFT 以及衬底展平后，反相门的输入和输出信号 b）当展平和施加应变（0.72%）时垂直方向负载 TFT 的直流特性

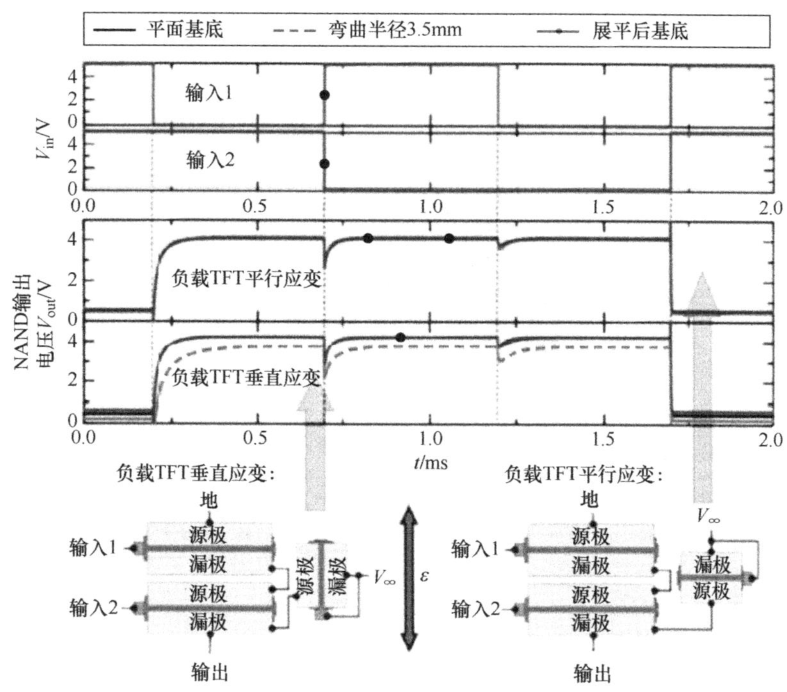

图 10-13 弯曲前，施加平行于驱动器 TFT 应变以及弯曲后与非门的输入、输出信号

正如 TFT 特性预期的，当电路中所有的 TFT 都平行时，数字电路对弯曲不敏感。一方面，拉伸弯曲增大了场效应迁移率。同时，与非门和反相门的输出电平由负载和驱动 TFT 的电导率之比来确定。如果所有 TFT 由相同的因子在同一方向上施加应变，那么该比率将保持不变，而且上升和下降时间（t_r 和 t_f）也不会变化。

由毛细裂缝引起的负载 TFT 的 W/L 比的减小使得具有垂直应变负载 TFT 的电路显示出了负载电阻的增加，这导致输出电压电平降低和上升时间增加。

机械形变在较长时间下的影响可以通过使用定制的弯曲机反复弯曲并恢复电路来进行评估（见图 10-14a）。在这种情况下，最小弯曲半径为 4.5mm。图 10-14b 给出了在此循环试验中，平面衬底多次弯曲循环后所测量的与非门参数。上升和下降时间以及所述输出信号的低电压电平几乎不变，高电压电平增加 0.4V，与负载 TFT 的方向无关。因此，主要是由于阈值电压增加了约 100mV 而改变了驱动 TFT 的截止电流[38]。

2. 模拟电路

现介绍和讨论基于 IGZO 薄膜技术的放大器的实例。特别要注意跨阻放大器（transimpedance amplifier，TIA），它是本章稍后介绍的近红外光谱（near infrared spectroscopy，NIRS）系统的基本模块，这将会在后面的章节中介绍，以及工作在 1MHz 频率上的共源和级联放大器。

TIA 是将光电流转换为电压，测量发光强度的关键部件，可应用在光栅或近红外光谱系统中。图 10-15a 所示为机械柔性 TIA 的示意图[39]。该放大器是一个具有反馈电阻 R_f 的负载增益放大器（负载电阻 R_i）[40]。电阻器由浮动栅 TFT 组成，TFT 使用沟道电阻作为电阻器（见图 10-15b）。为了确定可弯曲 TIA 的性能，输入光电二极管连接在输入端和地之间，并施加 5V 电压。输入光电二极管由发送正弦光信号的 LED 激励。这种测量设置类似于 TIA 的未来应用。施加 0.5%的拉伸弯曲应变使无应变的 TIA 跨阻增益从 86.5dBV 降低到 85.5dBV，截止频率从 8.38kHz 增加到 9.83kHz（见图 10-15c）。

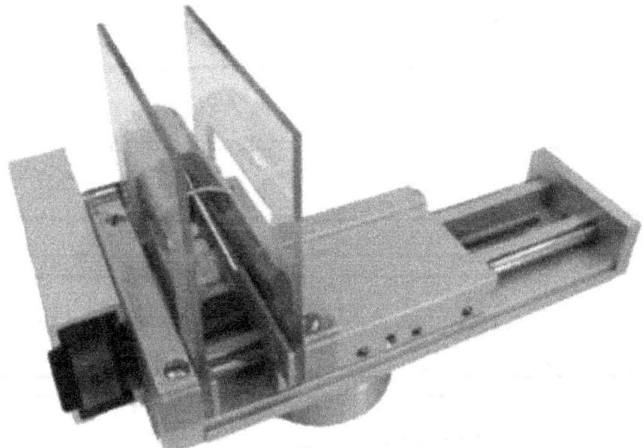

a)

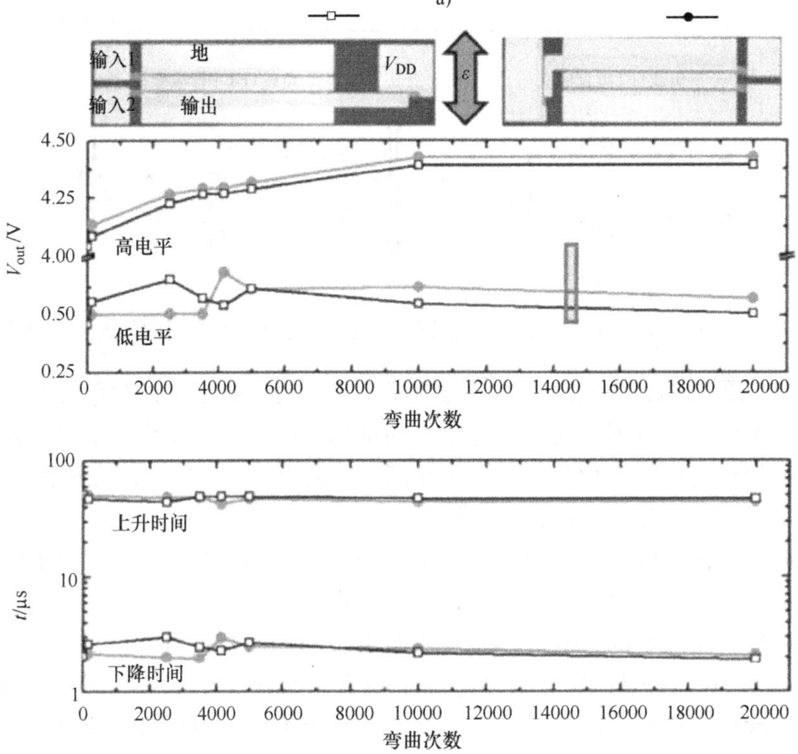

b)

图 10-14 自制弯曲机和多次弯曲后，施加平行于驱动器 TFT 应变所得的与非门输出参数

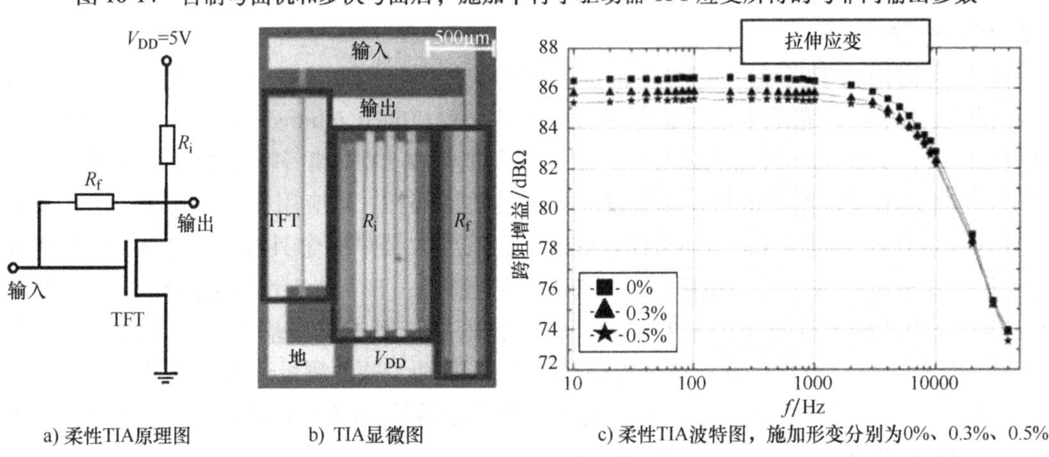

a) 柔性TIA原理图　　b) TIA显微图　　c) 柔性TIA波特图，施加形变分别为0%、0.3%、0.5%

图 10-15 柔性 TIA

基于单 TFT 的静态和动态特性模拟可以用来设计模拟放大器[41-42]。Munzenrieder 等人最近展示了工作频率高于 1MHz 的共源和级联柔性放大器。电路示意图和放大器的显微图如图 10-16a、b 所示。两个放大器都设计为在 $V_{DD}=5V$ 下工作。共源放大器在输入电压偏压 $V_{DC}=1.5V$ 时的增益为 $G=6.8dB$，截止频率 $f_C=1.2MHz$（见图 10-16c 黑色曲线），功耗为 690μW。为了降低功耗，级联放大器在 $V_{DC}=1.25V$、级联 TFT 偏压 $V_{bias}=2.75V$ 下工作。图 10-16d 中黑色曲线表明增益为 7.8dB，$f_C=840kHz$，功耗为 395μW。在以更高的功耗为代价的前提下，可通过选择不同的偏置点来实现更高的工作频率。

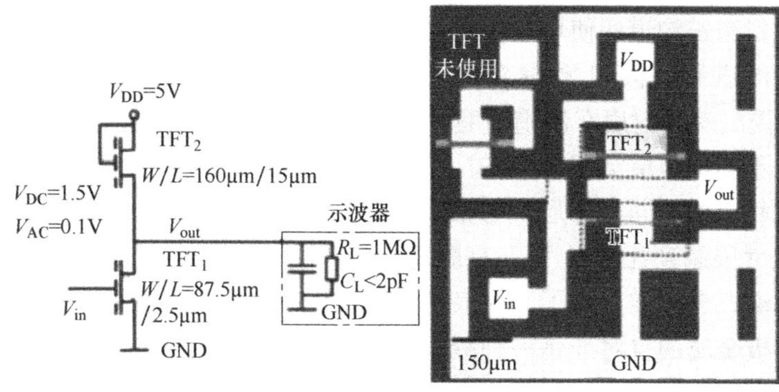

a) 共源放大器的原理图和显微图

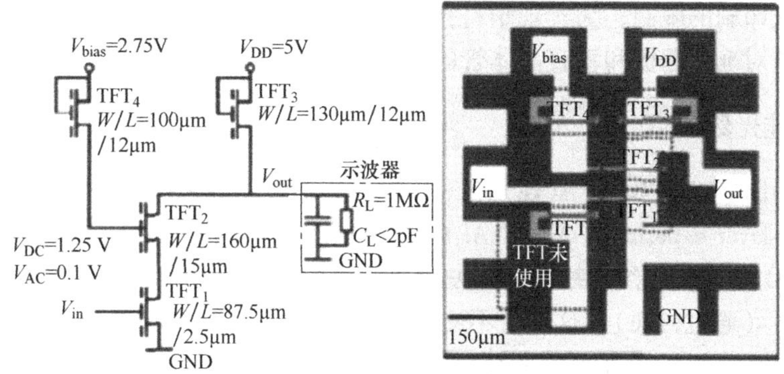

b) 级联放大器的原理图和显微图

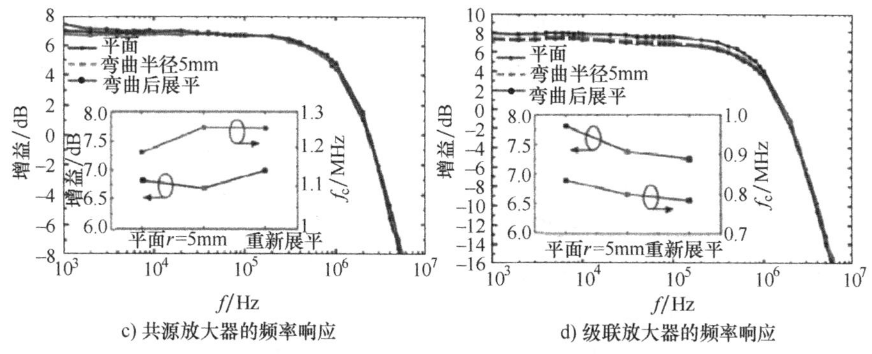

c) 共源放大器的频率响应　　d) 级联放大器的频率响应

图 10-16 柔性放大器的电路原理图、显微图和波特图

注：每一个电路尺寸约 0.9mm×0.9mm。图 10-16c、d 中插图为增益和截止频率的变化，在施加 0.52%应变后放大器依然完好。

如前文所述，机械形变对柔性放大器性能的影响是通过将电路在平行于 TFT 沟道的方向上弯曲到 5mm 拉伸半径来评估。图 10-16c、d 为平面、弯曲以及重新展平后的电路波特图。由于跨导率和 f_T 几乎不变，共源放大器的 G 和 f_C 的变化（平面和弯曲放大器之间）小于 4% 和 6%，而级联放大器的变化小于 7% 和 6%。弯曲到半径小于 5mm 时会导致裂缝产生并永久损害放大器。实验还证明放大器在 1000 次弯曲循环后依然可以使用。

10.5 发展和不足

高迁移率材料和长沟道的使用是实现高速器件最有效的设计方案。

如前所述，沟道和栅极到源-漏极的重叠长度必须尽可能小以最大化特征频率。同时，TFT 尺寸的减少受到塑料衬底在制造过程中形变的限制。柔性衬底这种变形是由 TFT 制造过程中的热膨胀、不同材料层沉积产生的应力或制造过程中不同液体的吸收引起的。为了使具有可变尺寸的衬底上的不同器件层能够成功对准，需要确定光刻掩模的公差。这些公差一般将柔性 TFT 的尺寸限制到几微米[31]。克服这一限制的一个可能方法是使用自对准技术[43]。因为不需要掩模对准，自对准克服了与衬底形变相关的问题。至于柔性底栅 TFT，利用栅极连接来进行源极和漏极金属的自对准是一种减小沟道长度和栅极对源-漏极重叠的方法[44]。

采用替代的器件结构也可以提高性能。双栅极结构在数字电路应用中特别重要，因为它对栅极-沟道耦合有促进作用，并因此提高了亚阈值摆幅和跨导。相反在垂直晶体管中，沟道长度不受光刻或印刷的限制，为实现塑料衬底上的超大规模器件提供了可能性。

下面介绍自对准双栅极和垂直晶体管的实例。

10.5.1 自对准光刻 TFT

这种设备的制造工艺类似于常规光刻。钛底栅是通过剥离来构造的，并利用 25nm 厚原子层沉积（atomic layer deposited，ALD）Al_2O_3 层进行绝缘隔离。非晶 IGZO 是在室温下磁控溅射沉积的。IGZO 和 Al_2O_3 层是由两步湿法刻蚀完成的（见图 10-17a）。接下来，正光刻胶旋涂并从背面照射（通过衬底），这里由不透明的 Ti-栅极触点充当掩模（见图 10-17b）。随后的抗蚀剂显影导致抗蚀剂与栅极顶部的接触带自对准（见图 10-17c）。为了形成源极和漏极触点，利用蒸发溅射形成 10nm 厚的 Cr 和 60nm 厚的 Au（见图 10-17d）。利用自对准抗蚀剂腐蚀掉部分 Cr/Au 金属，通过剥离工艺形成 TFT 沟道（见图 10-17e）。TFT 的宽度由标准光刻法和湿法刻蚀决定（见图 10-17f）。最后，类似于传统（非自对准）的 TFT，使用与栅极绝缘体相同的 25nm Al_2O_3 钝化 TFT。

自对准 TFT 的 SEM 显微图如图 10-18a 所示。从沟道区的放大图（见图 10-18b、c）可以看出 TFT 沟道的尺寸。TFT 具有 0.5μm 的沟道长度和 1.55μm 的栅极至源-漏的重叠。重叠由抗蚀剂剥除、自对准结构导致，且它比栅极接触本身要窄。

TFT 的性能如图 10-18 所示：有效场效应迁移率为 $7.5cm^2/(V \cdot s)$，阈值电压为 0V，开关电流比为 1.9×10^9，亚阈值摆幅为 0.13V/dec，跨导为 10.42μS/μm（$V_{GS}=2V$）。由于 ALD 具有 Al_2O_3 栅绝缘层，栅-源泄漏电流总是小于 $10^{-13}A/\mu m$。相比常规 TFT，有效场效应迁移率的降低是由于自对准 TFT 接触电阻的增加（常规 TFT 接触电阻为 66kΩ/μm，自对准 TFT 的接触电阻为 290kΩ/μm）。但是，自对准 TFT 有两个主要优点：栅-源和栅-漏重叠减少 1.55μm（见图 10-19a），导致具有相同沟道长度的自对准 TFT 的栅极电容比常规 TFT 短。图 10-19b 给出一个常规和自对准柔性 IGZO TFT 的电容电压特性，两种 TFT 沟道长度均为 1μm。自对准将特定栅极电容从 55fF/μm 减小到 41fF/μm。

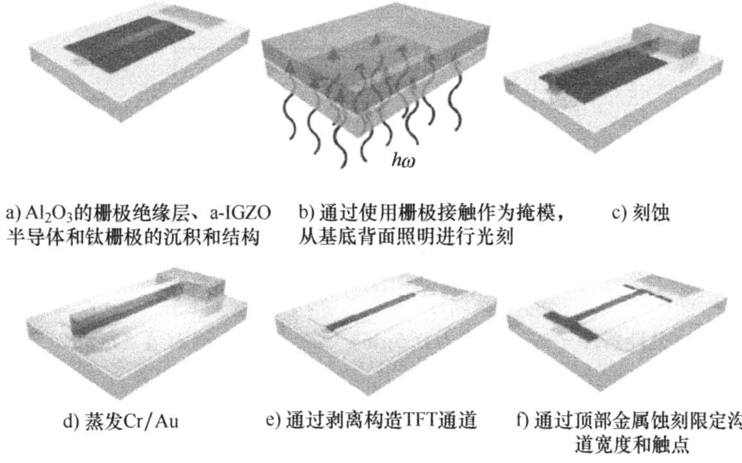

图 10-17　柔性自对准 a-IGZO TFT 的制造流程

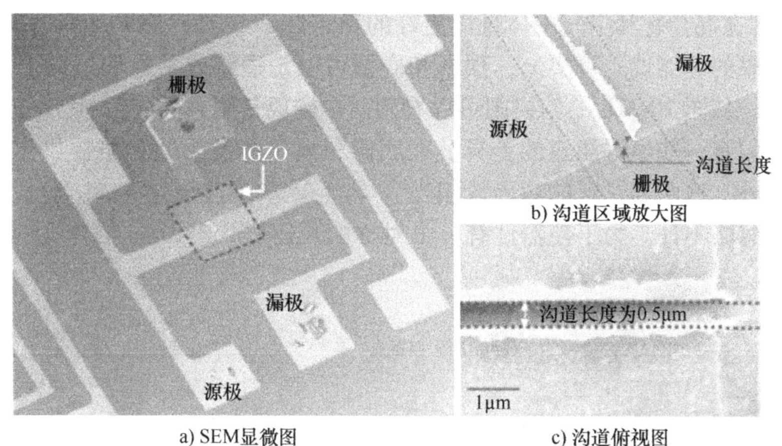

图 10-18　自对准 IGZO TFT

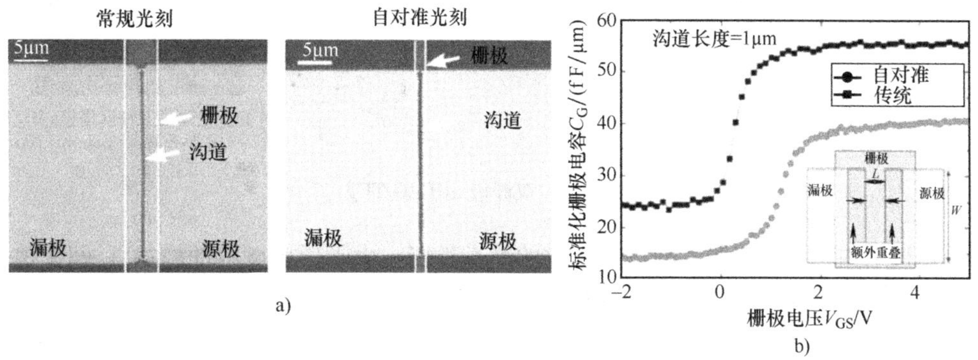

图 10-19　a）在器件沟道长度都为 1μm 的情况下，常规和自对准光刻的比较。自对准减少了漏-源极至栅极的重叠，从而降低重叠电容　b）自对准 TFT 栅极重叠减小使得重叠容量降低，因此增强了频率响应

另外，自对准可以使制造 TFT 的沟道长度比常规柔性 IGZO TFT 的沟道长度短，因此降低的沟道长度和栅极到源-漏极的重叠使得柔性 TFT 具有优异的交流性能。从图 10-20 中的曲线图可以看出，沟道长度为 0.5μm 的自对准柔性 IGZO TFT 的传输频率为 135MHz。

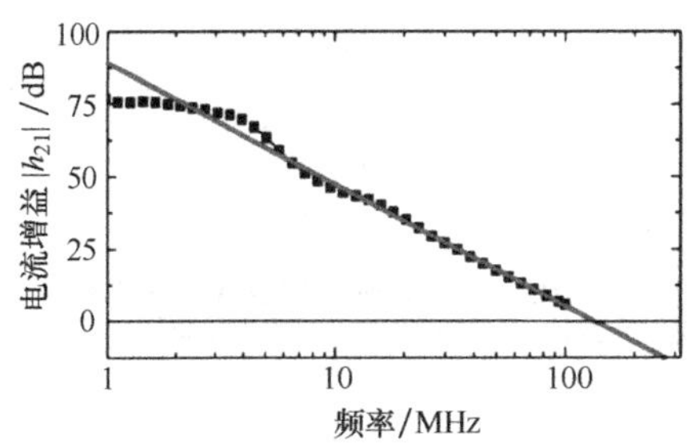

图 10-20　柔性器件（沟道长度为 0.5μm）S-参数的 h_{21} 绝对值（$f_T=135MHz$）

10.5.2　柔性双栅极 TFT

多栅极晶体管被广泛应用在 CMOS 技术中，以达到更好的开关性能和更低的功耗，尤其是在超大规模器件上[45]。双栅极（double-gate，DG）结构对柔性器件是有益的。除了性能增强，DG 结构器件在混合物和空气中体现出更好的稳定性[33]，在存在两个独立栅极的情况下，还提供了阈值调整的可能性。事实上，顶栅和底栅可以是短路或独立偏置的。图 10-21a 给出了器件的横截面，从图 10-21b 的俯视图可以看到两个栅极是短路的[34]。其制造过程与单栅极结构非常相似，但有一些值得注意的差异。在底栅和顶栅蒸发的钛和铬提供了与聚酰亚胺足够的附着力。此外，这两种材料的功函数相当（$\Phi_{Ti}=4.33eV$，$\Phi_{Cr}=4.44eV$），所以其对阈值电压的影响可以忽略不计。为了使器件有一个对称的几何形状，10nm 的 ALD Al_2O_3 被用作两个栅极的电介质。

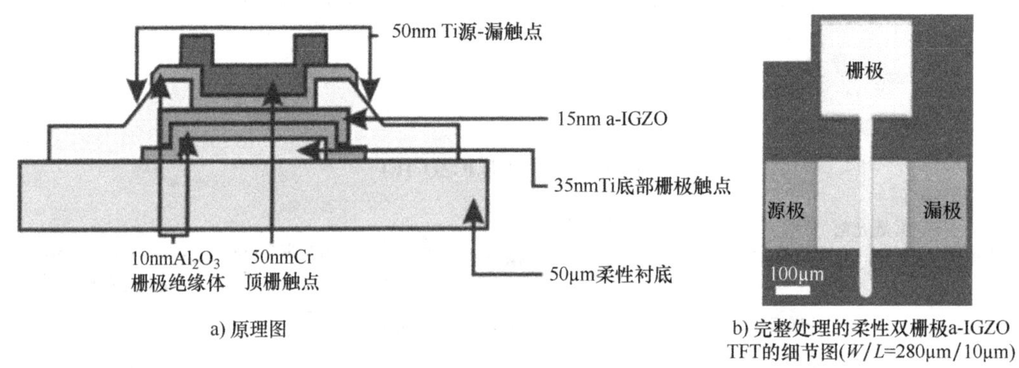

a) 原理图

b) 完整处理的柔性双栅极a-IGZO TFT的细节图(W/L=280μm/10μm)

图 10-21　双栅极 a-IGZO TFT

与单栅极结构相比，该器件的特点是它的静态性能。由于栅极电容的增加（见图 10-22a），导致跨导（见图 10-22b）增加，亚阈值摆幅提高了 15mV/dec，达到 69mV/dec（见图 10-22c）。另外还观察到阈值电压存在偏移，可能是由该器件的几何形状和沟道形成的变化导致的。

当弯曲半径为 5mm 时，双栅极 TFT 仍然能保持良好的性能（见图 10-23）。所施加的拉伸形变导致有效场效应迁移率减小，而亚阈值摆幅在测量误差范围内保持恒定。相对于底栅 a-IGZO TFT 的弯曲实验，观察到的变化与 TFT 沟道压缩形变相对应。这表明不同的机械性能

是由双栅极器件的几何形状变化所致。该器件不能弯曲到更小的半径，因为弯曲过大会导致裂缝形成，裂缝首先从易裂开的 Cr 顶栅触点开始出现。使用 Cu 等更具韧性的金属，可以在不改进器件结构的基础上，使弯曲半径达到 1~2mm。

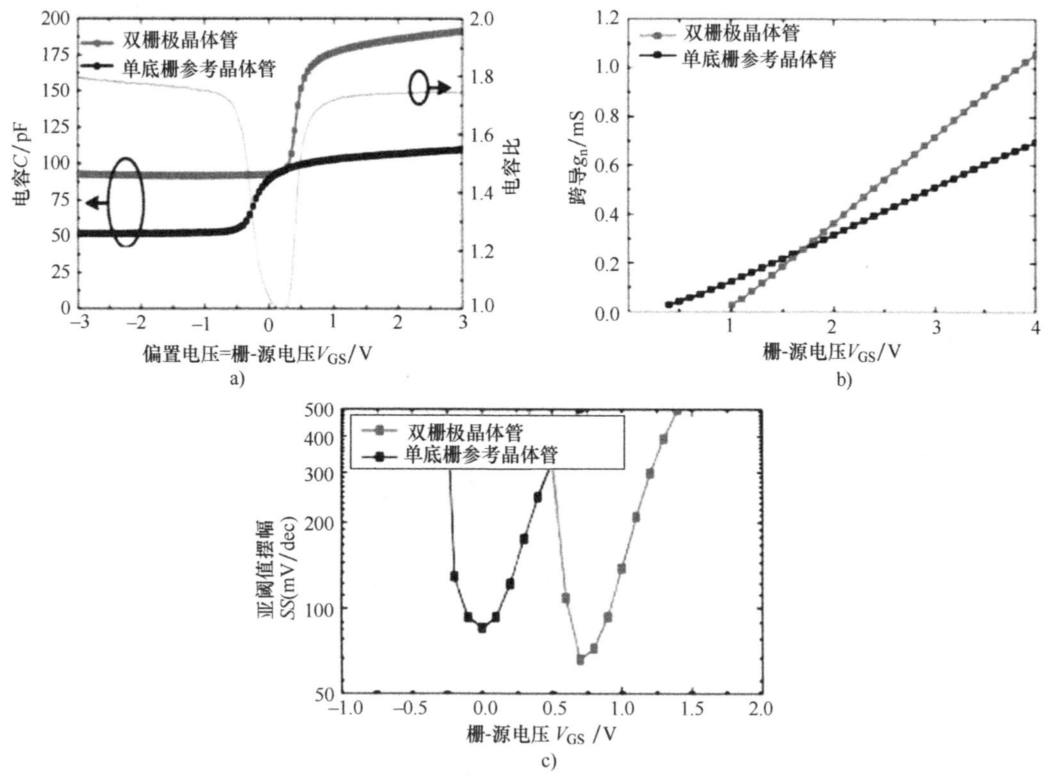

图 10-22　a）双栅极 TFT 性能（$W/L=280\mu m/10\mu m$）
b）DG 器件和非 DG 器件的 C-V 曲线　c）亚阈值摆幅

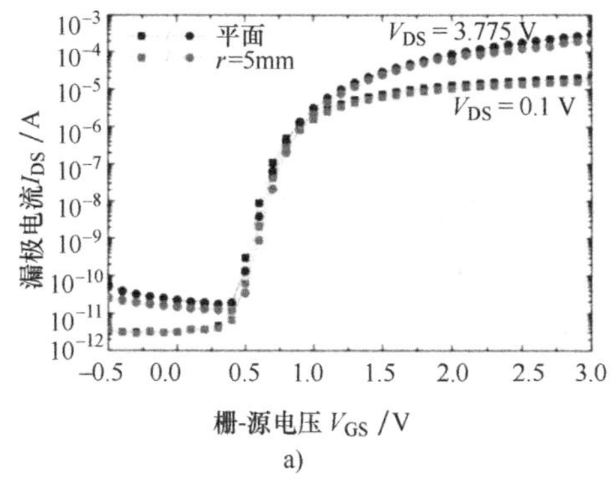

参数	晶体管		相对变化
	底栅	双栅	
栅极电容(V_{GS}=3V)	109pF	191pF	74%
有效场效应迁移率	8.3cm²/(V·s)	8.5cm²/(V·s)	2.5%
跨导(V_{GS}=4V)	0.7mS	1.06mS	51%
阈值电压	250mV	950mV	700 mV
开关比	9×10^8	2×10^9	×2.2
亚阈值摆幅	84mV/dec	69mV/dec	−18%

b)

图 10-23　a）在平面和弯曲半径为 5mm 的条件下测量的 DG TFT 的 I_{DS}-V_{GS} 曲线（$W/L=280\mu m/35\mu m$）　b）单底栅晶体管和双栅极晶体管的参数对比表

10.5.3　垂直沟道的柔性 a-IGZO TFT

为了制造工作频率为 100MHz 的基于非晶半导体的 TFT，沟道长度必须能在亚微米范围内缩放。这确实具有挑战性，特别是在将 TFT 直接制造在独立的塑料箔上时。如前面章节中所讨论的，自对准技术[43-44]是实现500nm沟道长度晶体管的一个选择。然而，自对准仍然受限于光刻，这限制了其长度的进一步缩放。一种可能的替代方法是采用TFT结构的垂直整合。在垂直TFT（VTFT）中，沟道长度是由隔离层的厚度决定的，因此它不再受光刻分辨率和对准限制[46]。这就可以实现亚微米的沟道长度，也可以实现更高的封装密度。在提出的第一种VTFT结构中，沟道长度在源极/绝缘层/漏极多层结构的垂直侧壁上形成[46]。利用相似的器件结构，研制出了具有100nm沟道长度的a-Si：H VTFT[47]、30nm厚的SiN_x栅介质[48]和具有310nm沟道长度的a-IGZO VTFT[49]。近年来，另一种用于制造ZnO VTFT的方法被提出[50]。其中，沟道长度由栅极金属的厚度限定，而成形和非成形沉积工艺的组合使得制作这种沟道和电极成为可能。尽管如此，由于顶部电极和栅极触点之间有较大的重叠电容，这种方法可能不适合高频器件。

利用由Uchida等人[46]提出的方法，实现了第一种具有500nm沟道长度的机械柔性非晶VTFT[51]。图10-24a为该器件的横截面，图10-24b为显微图，图10-24c为通过柔性VTFT沟道的聚焦离子束（focused ion beam，FIB）横截面的SEM图像。

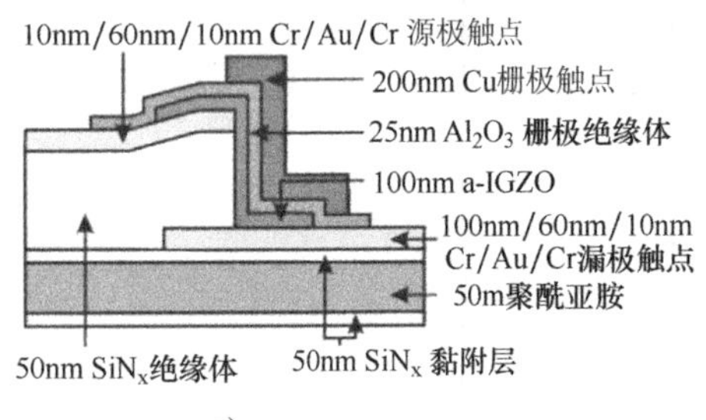

a)

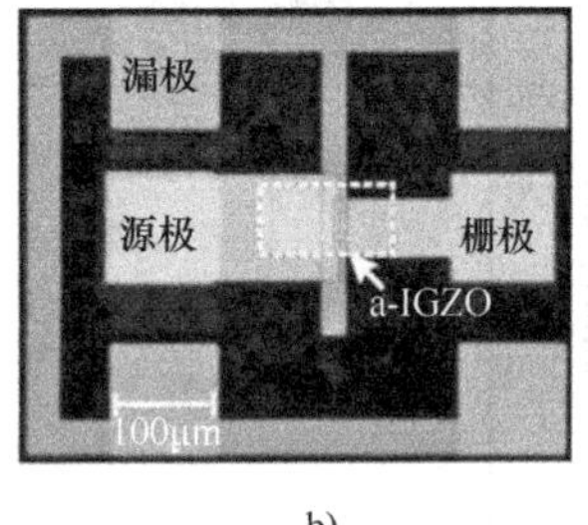

b)

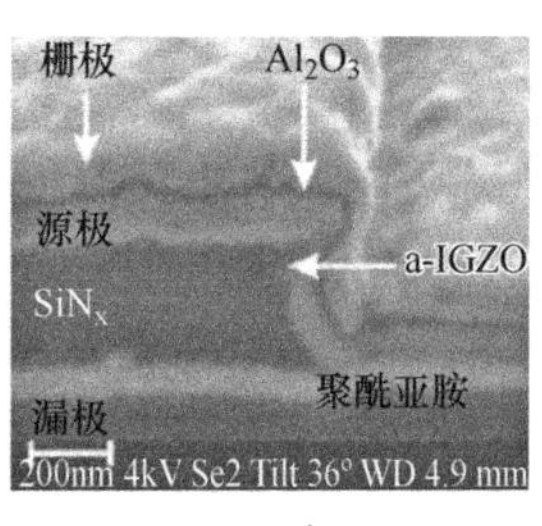

c)

图10-24　柔性a-IGZO VTFT（$W/L=60\mu m/0.5\mu m$）

图10-25显示了VTFT的I_{DS}-V_{GS}和I_{DS}-V_{DS}特性曲线。从中提取出跨导$g_m=4.9\mu S$（$V_{GS}=V_{DS}=5V$），栅极电容$C_G=9.8pF$，可以估计特征频率$f_T=80kHz$[31,44]。相比于已公布的平面柔性a-IGZO TFT，此f_T比平面TFT低，这可以用低g_m和高C_G来解释。一方面，g_m的值较低是由于接触电阻R_C（500kΩ）较高，接触电阻受RIE过程中Cr的触点氧化和金属表面污染的影响。另一方面，C_G值与栅极触点和IGZO之间寄生电容的存在有关，如图10-25b所示。R_C和C_G都可以减小。一方面，R_C可以通过优化制造工艺和选择漏-源接触材料来降低，尤其在制作SiN_x侧壁时，为了形成垂直沟道同时又避免源-漏接触的损害，必须特别小心。另一方面，可以通过IGZO优化布局设计减小C_G。这些修改可导致更高频率值。此外，未来自对准栅极接触源极/绝缘层/漏极堆叠的方法有望为亚微米沟道加工提供新方案。

图10-26a分别给出了器件在没有弯曲以及弯曲半径为10mm、6mm、5mm的情况下，相应的拉伸形变为0.25%、0.4%、0.5%时，柔性VTFT的特性[52]。图10-26b和10-26c为器件没有弯曲以及弯曲到半径为5mm时，器件的I_{DS}-V_{DS}和I_{DS}-V_{GS}特性。弯曲到5mm使得V_{TH}变化了197mV，饱和场效应迁移率变化了-2%。图10-27为半径与ΔV_{TH}和归一化的μ_{SAT}之间的关系。相比于以前的平面可弯曲a-IGZO器件[35]，观察到的偏移对应于TFT沟道的压缩形变。这可以用泊松效应来解释，泊松效应导致压缩形变垂直于施加的应变，因而平行于垂直沟道。在重新展平后，VTFT仍然保持原来的性能，当弯曲到更小的半径时，会产生垂直方向上的裂缝，且不可恢复。在1000次弯曲和展平操作后，VTFT仍然可以使用，且$\Delta V_{TH}=-460mV$，μ_{SAT}几乎保持不变（±0.3%）。

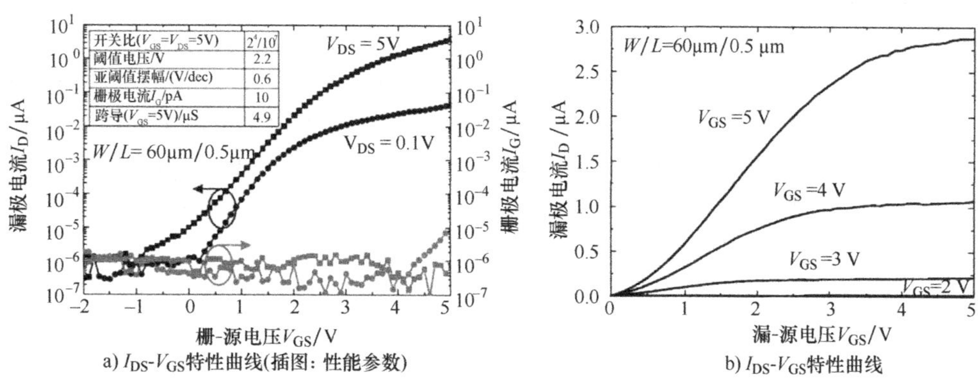

a) I_{DS}-V_{GS}特性曲线(插图：性能参数)　　b) I_{DS}-V_{GS}特性曲线

图 10-25　柔性 a-IGZO VTFT

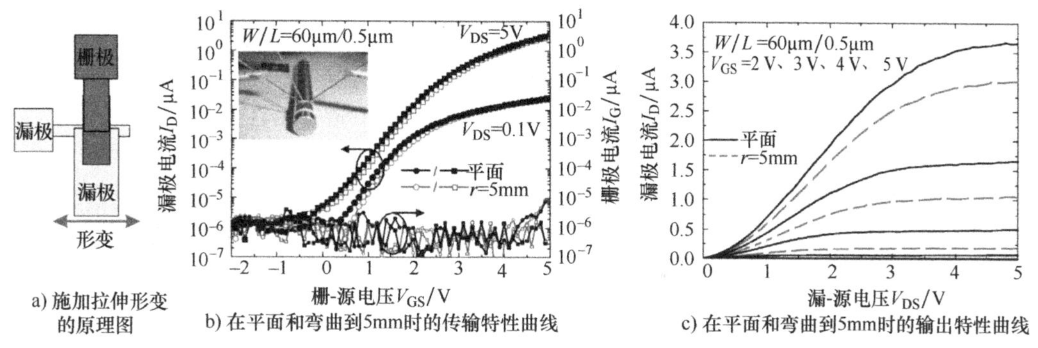

a) 施加拉伸形变的原理图　　b) 在平面和弯曲到5mm时的传输特性曲线　　c) 在平面和弯曲到5mm时的输出特性曲线

图 10-26　柔性 a-IGZO VTFT（W/L=60μm/0. 5μm）

注：图 10-26b 插图为柔性 VTFT 弯曲实物图。

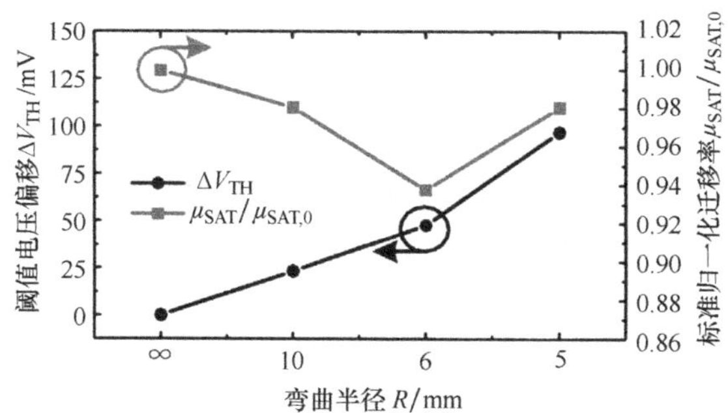

图 10-27　柔性 a-IGZO VTFT 的机械弯曲能力（W/L=60μm/0. 5μm）

10. 6　塑料电子智能纺织品

在穿戴式系统中最有前途的新兴领域之一是电子元器件和纺织品的融合[53-55]。这样的“智能”纺织品（也称为电子纺织品）属于智能材料，可以感知并响应环境和物理刺激。在穿戴式计算领域，智能纺织品的应用范围包括从生理信号如心率的医疗监测，到运动员的训练和康复指导，再到急救人员辅助和融入日常穿着中的商业应用等多个方面。

实现电子纺织品可以采用不同的策略。最简单的一种方法是将器件放置在衬底或支撑件上，然后机织或简单地附着到织物上。这种方法提供了丰富的电子功能，但其舒适性和耐磨性有缺陷。为了维持纺织品的基本性能，智能纺织品正不断发展，可以在纤维层面上集成更多的电子功能，但大多数纤维只有单一功能。第三种方法是将薄膜柔性电子器件（如传感器、晶体管、连接线和商业集成电路）与可通过商业制造工艺编织成纺织品的塑料纤维（电子纤维）结合起来[55]（见图 10-28）。这样的方案试图将纯纺织品的舒适性和相对复杂的电子功能结合起来。此外，它需要多学科相结合，需要结合机械工程、材料科学以及电气和纺织工程领域的知识。

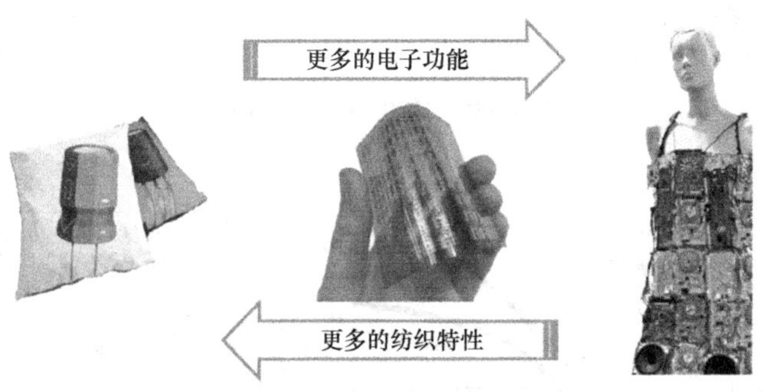

图 10-28　纺织品舒适性与电子功能相结合具有挑战性。体积大的刚性组件提供了丰富的功能，但舒适性差。而利用具有简单和基本功能的纺织纤维可实现相反的效果。将电子设备嵌入柔性塑料薄膜然后集成到纺织品中是一个很好的折中方案

商用集成电路芯片可以贴附到塑料箔上，薄膜器件可以按照前面所述的方法和流程在箔片上制造。制造完成后，箔片可以切割成条状，然后通过编织工艺或工业生产制造工艺（见图 10-29）制成织物。互连、触点以及通信总线均可通过织物集成实现，以确保其满足所需功能。通过使用垂直于编织塑料条的导电纱线，可以实现纺织品内几个条带之间的互连。在导电纱线和柔性塑料条的交叉点，可以使用导电胶或焊料实现触点。采用这种方法，有可能实现纺织品集成总线或阵列系统[56-57]。织造期间，纤维可弯曲到半径小于 1mm，拉伸形变可大于 20%（在这种情况下，TFT 只有被封装起来或者固定在刚性基底上，才能在织造过程中不被损坏）。将塑料纤维集成到大规模生产中的困难、苛刻的机械要求以及洗涤循环性问题是目前大面积生产和产品商业化最大的阻碍。

传感器/致动器制造

剪切电子纤维

将电子纤维融入纺织品中

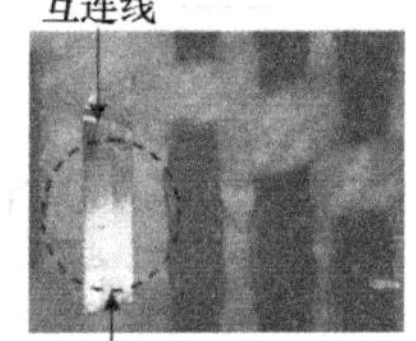

图 10-29　电子设备首先在 50μm 厚的聚酰亚胺箔上加工，然后切割成条纹状，最后集成到纺织品中

下面介绍一些电子纺织品实例，以及各自在织造过程中的机械限制。

10.6.1　纺织品电子鼻

检测化学或生物物质的微型纳米气体传感器正日益成为监控工业过程不可或缺的设备。

测量的气体通常气味复杂，由各种分析物混合而成。气体传感器阵列（即电子鼻）用于这些物质的检测，将其与分类算法结合后能够确定气味。电子鼻常用的传感器是化学阻抗传感器。当暴露于目标分析物时，传感器的电阻值将会发生变化。相比于气敏电容器或晶体管，化学阻抗传感器具有装置结构简单和信号易处理的优点。现有化学阻抗传感器是由导电聚合物（conductive polymers，CP）[58]或金属氧化物[59]制成的。无机结构层可以承受约 2%的最大形变，而基于 CP 的器件可承受的形变高达 50%[60]。因此，它们更适合集成到纺织品中。最近的研究成果表明了弯曲条件下形变对单个气体传感器及其性能的影响[61]。CP 可以分为两类：本征导电聚合物和非本征导电聚合物。本征导电聚合物本身是导电的，而非本征导电聚合物需要在绝缘的聚合物中加入导电填料来使其导电。虽然后者聚合物敏感性较低，但是其长期稳定性比前者优越[13]。

Kinkeldei 等人证实了将低成本的气体传感器集成到纺织品的同时保留相应的功能是可行的[62]。电子鼻由 4 个基于柔性聚合物基底的碳黑/聚合物气体传感器构成，如图 10-30 所示。图中显示的条带是在单个基底上被处理的 40 个条带之一。电极由 Ti/Au 构成，其图案用标准的剥离技术实现。传感器设计图案包括 4 个叉指电极阵列。叉指的宽度以及间隙均为 20μm。传感器被设计为用于宽 2mm、长 50mm 的条带上。电子鼻由 4 个传感器组成，而每个传感器必须有 5 个导电触点：一个连接到所有传感器的公共地，另外 4 个分别连接各传感器元件。通过旋涂沉积形成 4 个 CP 传感膜，然后利用剥离技术对其进行图案化。

通过将基底切割成 2mm 宽的条带来分离各传感器条。为了将传感条集成到智能纺织品上，使用商业编织在纬向上将它们织成 45mm 宽、100mm 长的纺织带。导电丝垂直于条带方向插入来连接条带上的焊盘。为了实现稳定的接触，导电丝被粘在焊盘上。与传感器的电阻相比，金属线和触点的电阻可忽略不计。纺织结构示意图如图 10-30 所示。图 10-31a 所示为将传感带集成到纺织品的实物图。在检测期间，单个分析物可创建特定的信号图谱。如图 10-31 所示，对于每个待测分析物，4 个传感器元件表现出不同的信号振幅比例。另外，弯曲将导致信号振幅与电阻振幅产生特征比，且其取决于传感器曲率。主成分分析（PCA）可以用于区分弯曲和几种气体。

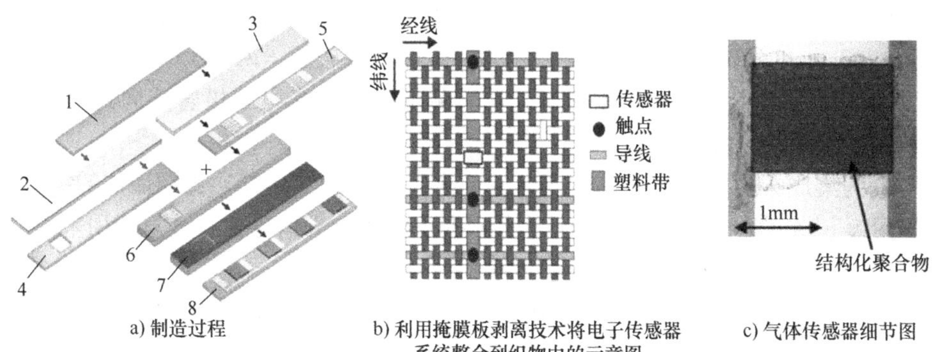

a) 制造过程　　b) 利用掩膜板剥离技术将电子传感器系统整合到织物中的示意图　　c) 气体传感器细节图

图 10-30　纺织结构示意图

注：PEN 或 PI 基板用丙酮/IPA 进行清洗，并用氧等离子体处理，以促进黏附。

1—Ti/Au 电极，触点使用标准剥离法　2—通过蒸发沉积 100nm 厚的铝层制造剥离掩模板　3、5—传感器设计包括 4 对叉指电极阵列　4—通过标记使得剥离掩膜版上的开口和传感器基底上的叉指电极对齐　6—固定剥离掩模板到传感器基底的表面，IPA 液滴用作黏合促进剂　7—CP 溶液被移到基底上并旋涂　8—移除剥离掩膜板，留下基底上的图案化 CP 层

这一概念提供了使用廉价传感器和基底材料以及基于溶液的沉积方法。该方法表明，将

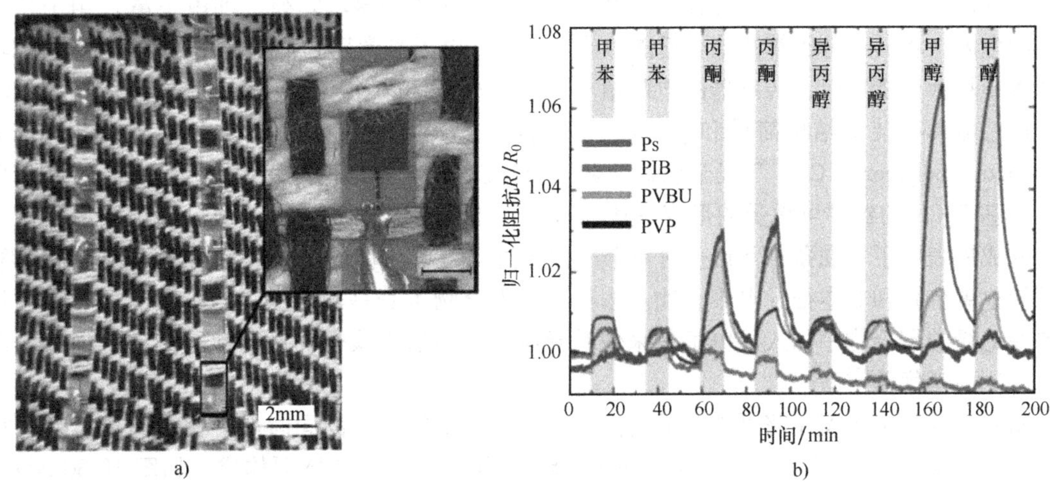

图 10-31　a）纺织带中电子鼻条的实物图　b）电子鼻 4 个气体传感器（Ps、PIB、PVBU、PVP）的归一化电阻响应

注：传感器与待测气体（甲苯、丙酮、异丙醇、甲醇）接触 10min 与再暴露在空气中 12min。每一种待测气体都会产生一种特殊的传感器信号。

传感器技术进一步集成到纺织品中是可行的，并且可在纺织品集成后保留原始传感器的功能。所使用的制造方法和材料可以进一步应用于大面积集成电子器件纺织品上。

10.6.2　柔性集成近红外系统

智能纺织品在健康监测和疾病诊断方面有广阔的应用前景。参考文献［63］给出了纺织品集成近红外光谱（near infrared spectroscopy，NIRS）系统的实例。用于监测血氧饱和度的 NIRS 系统发出红外光使其进入人体组织，并测量散射光强度。在近红外范围使用两种不同的波长来进行氧饱和度的计算。在以前实现基于纺织 NIRS 系统的方法中，光纤被缝制到织物中。不同于纺织电子鼻，NIRS 系统包括箔上的薄膜器件和粘在塑料条上现成的组件。两个 LED 波长为 760nm 和 870nm，分别放置在相邻的柔性塑料条上。两个 LED 的电流由塑料条上的晶体管控制。为了检测生物组织中血红蛋白背侧散射光，光电二极管连同跨阻放大器被安装在第二条柔性塑料条上。

图 10-32 为集成柔性塑料条（携带光电二极管或 LED 和晶体管）编织而成的织物示意图。在经纱方向上，一个直径为 71μm 的绝缘铜线将单个条带与总线连接，该总线用来读取和控制电子装置。

图 10-33 所示为机织 NIRS 原型。利用标准微制造技术如丝焊、焊接和胶合等，将 LED、晶体管器件、光电二极管和放大器安装在柔性条上：

1）LED 条：两个 LED 连同晶体管被安装在基板上。所有设备都使用不透明的环氧树脂和透明环氧树脂来封装。条带长为 6cm、宽为 2mm。图 10-33a 为 LED 条和铜线焊盘。

2）光电二极管条：一个有效面积为 $7.7mm^2$ 的 PIN 型光电二极管连同反馈电阻为 100kΩ 的跨阻放大器被安装到条带上。跨阻放大器和光电二极管的连接点用不透明的环氧树脂封装。条带长为 6cm、宽为 2mm，如图 10-33b 所示。

3）总线条：图 10-33c 显示了一条总线，它可以接入织物中的 8 根铜线。

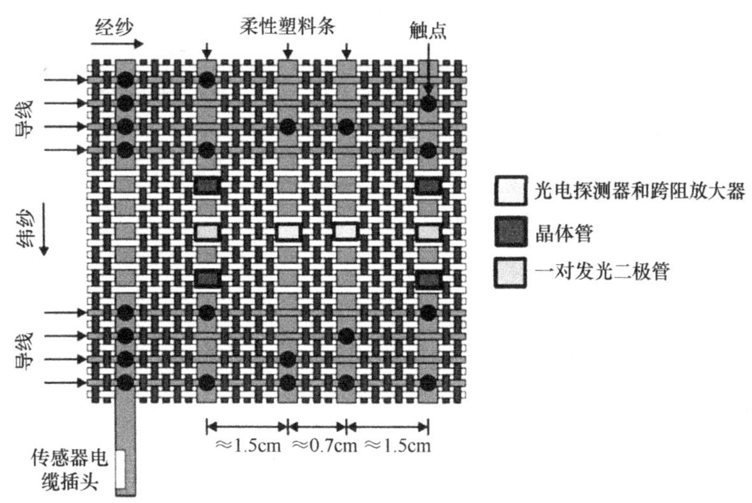

图 10-32　纬向上将光电二极管和 LED 集成到织物中的柔性塑料条示意图

注：绝缘铜线（直径为 71μm）被集成用以连接每个条带。另外一个条带作为总线用以连接织物来控制电子设备。

为了制造该传感器纺织品，使用工业窄幅织物织机将柔性塑料条编织成 4.5cm 宽、约 10cm 长的纺织带（见图 10-33d）。

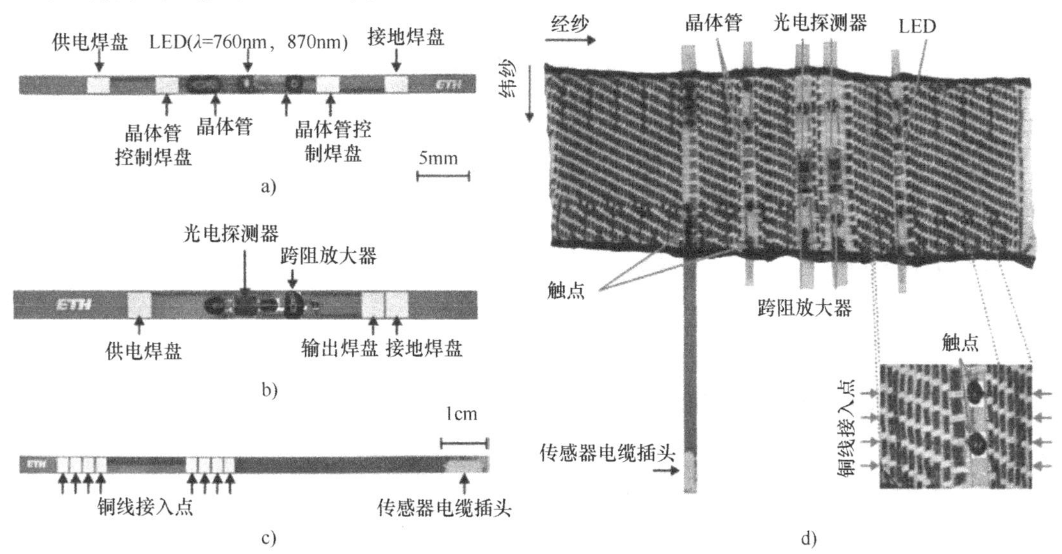

图 10-33　a）LED 条：中心处有一对 LED，LED 左右两侧各有两个晶体管　b）带有光电二极管和跨阻放大器的光电二极管条　c）带接头的总线　d）在纬向带有传感器的纺织品柔性塑料条，包括 LED、晶体管、发光二极管和跨阻放大器

为了测试纺织集成 NIRS 的电气性能，纺织品被连接到定制的读取和控制基板上。此基板给 LED 施加 100Hz、10%占空比的脉冲。同时，基板对光电二极管的电压进行采样，并使用 USB 将数据发送到计算机。

将手掌或手指放置在纺织品上，并覆盖 LED 和光电二极管，可以检测与心跳相对应的脉搏。手的运动会改变 LED/皮肤和皮肤/光电二极管之间的光耦合效率，从而导致基线变化。此外，组织氧饱和度（StO_2）、动脉血氧饱和度（SpO_2）、含氧血红蛋白（ΔO2Hb）、脱氧血红蛋白（ΔHHb）及总血红蛋白（ΔtHb）的变化都可以计算（见图 10-34）。

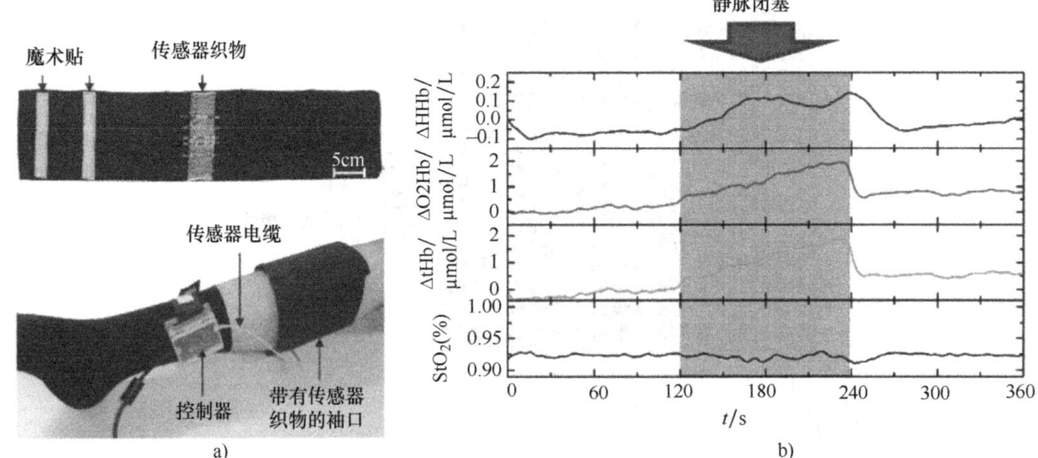

图 10-34　a）传感器纺织品连同魔术贴被缝到纺织物上，设备连同控制器一起被固定在小腿上，控制器和设备间的传感器连线是可见的　b）在小腿上静脉闭塞 2min（灰色标记），在此过程中，结果显示组织氧饱和度 StO_2 保持不变，而 HHb、O2Hb 和 tHb 浓度增加

所得到的结果表明，由静脉闭塞引起的 HHb 和 O2Hb 的变化可以被检测到。然而，传感器和执行器在纺织品中的集成会影响 NIRS 测量，特别是关于 NIRS 系统的已知限制，如目标源和检测器之间的距离变化或运动伪影[64]。对于集成了 NIRS 系统的纺织品，LED 与光电二极管的距离由于织物的柔韧性会发生变化，这在数据分析时应加以考虑。运动伪影可以改变皮肤上 LED 和检测器的位置，这会影响生理信号的检测质量，如 ECG 测量[65]和生物阻抗检测[66]。然而，目前所提出的 NIRS 系统只是实现长期监测的 NIRS 系统集成的纺织物的一小步。

10.7　总结与展望

这一章对柔性电子电路的材料和技术进行了概述，主要介绍半导体材料，特别是 a-IGZO，提供了器件和电路的具体实例和实际应用如智能纺织品。但是，某些主题如介电材料并没有进行讨论。

这一节对未来可能的发展趋势进行展望。

如本章开头提到的，对轻薄柔性显示器的追求带动了塑料电子器件的发展，这方面的发展以全透明显示器为代表[32,67]。然而，其他应用特别是在医学和生物学领域，最近也变得越来越重要。近年来，在极薄的基底上制造的电子器件已经实现了极高柔性。厚度小于 10μm 的基底可以保证弯曲半径在几十微米的范围内[7,11,68]。如果这种电子器件在弯曲情况下仍然可以使用，并且表现出高度的适应性，则它可以应用于智能皮肤[68]、大脑活动检测[2]以及植入式装置[69]。

作者认为，未来的研究将集中在系统集成和尝试使这种超灵活的穿戴式/植入式设备能量自主化。迄今为止，很多工作都致力于技术的开发，这最终意味着试图提高单个设备的性能。从现在开始研究者的着眼点将上升到一个更高的水平，致力于整合所需组件，以建立真正的有实用价值的多功能系统。在这个阶段，这种系统的供电和通信策略将变得极其重要。事实上，穿戴式/植入式设备通过导线实现与外部世界的沟通是不现实的。热电、压电、光电效应和近场动力传输均是零功耗发展的潜在方案。但是，一个独特且通用的解决方案可能并不存在。作者认为薄膜技术的成功与这些挑战息息相关，而我们相信这一定会实现。

参考文献

[1] G. Crawford, Flexible Flat Panel Displays, Wiley, 2005.

[2] D. Khodagholy, T. Doublet, P. Quilichini, M. Gurfinkel, P. Leleux, A. Ghestem, et al., In vivo recordings of brain activity using organic transistors, Nat Commun 4 (2013) 1575, 03/12/online.

[3] F.C. Krebs, S.A. Gevorgyan, J. Alstrup, A roll-to-roll process to flexible polymer solar cells: model studies, manufacture and operational stability studies, J. Mater. Chem. 19 (2009) 5442–5451.

[4] L. Hu, H. Wu, F. La Mantia, Y. Yang, Y. Cui, Thin, flexible secondary Li-ion paper batteries, ACS Nano 4 (2010) 5843–5848.

[5] N. Munzenrieder, C. Zysset, T. Kinkeldei, G. Troster, Design Rules for IGZO Logic Gates on Plastic Foil Enabling Operation at Bending Radii of 3.5 mm, Electron. Devices IEEE Trans. 59 (2012) 2153–2159.

[6] K. Takei, T. Takahashi, J.C. Ho, H. Ko, A.G. Gillies, P.W. Leu, et al., Nanowire active-matrix circuitry for low-voltage macroscale artificial skin, Nat. Mater. 9 (2010) 821–826.

[7] D.-H. Kim, J.-H. Ahn, W.M. Choi, H.-S. Kim, T.-H. Kim, J. Song, et al., Stretchable and Foldable Silicon Integrated Circuits, Science 320 (2008) 507–511, 2008.

[8] D. Shahrjerdi, S.W. Bedell, Extremely Flexible Nanoscale Ultrathin Body Silicon Integrated Circuits on Plastic, Nano Lett. 13 (2013) 315–320, /01/09 2012.

[9] H.T. Yi, M.M. Payne, J.E. Anthony, V. Podzorov, Ultra-flexible solution-processed organic field-effect transistors, Nat. Commun. 3 (2012) 1259, 12/11/online.

[10] T. Sekitani, U. Zschieschang, H. Klauk, T. Someya, Flexible organic transistors and circuits with extreme bending stability, Nat. Mater. 9 (2010) 1015–1022.

[11] M. Kaltenbrunner, M.S. White, E.D. Głowacki, T. Sekitani, T. Someya, N.S. Sariciftci, et al., Ultrathin and lightweight organic solar cells with high flexibility, Nat. Commun. 3 (2012) 770, 04/03/online.

[12] L. Zhang, H. Wang, Y. Zhao, Y. Guo, W. Hu, G. Yu, et al., Substrate-Free Ultra-Flexible Organic Field-Effect Transistors and Five-Stage Ring Oscillators, Adv. Mater. (2013).

[13] J. Lewis, Material challenge for flexible organic devices, Mater. Today 9 (2006) 38–45.

[14] Q.H. Wang, K. Kalantar-Zadeh, A. Kis, J.N. Coleman, M.S. Strano, Electronics and optoelectronics of two-dimensional transition metal dichalcogenides, Nat. Nanotechnol. 7 (2012) 699–712.

[15] S.J. Kang, C. Kocabas, T. Ozel, M. Shim, N. Pimparkar, M.A. Alam, et al., High-performance electronics using dense, perfectly aligned arrays of single-walled carbon nanotubes, Nat. Nanotechnol. 2 (2007) 230–236.

[16] Q. Cao, S.-j. Han, G.S. Tulevski, Y. Zhu, D.D. Lu, W. Haensch, Arrays of single-walled carbon nanotubes with full surface coverage for high-performance electronics, Nat. Nano 8 (2013) 180–186, 03//print.

[17] Z. Fan, J.C. Ho, Z.A. Jacobson, R. Yerushalmi, R.L. Alley, H. Razavi, et al., Wafer-scale assembly of highly ordered semiconductor nanowire arrays by contact printing, Nano Lett. 8 (2008) 20–25.

[18] K. Nomura, H. Ohta, A. Takagi, T. Kamiya, M. Hirano, H. Hosono, Room-temperature fabrication of transparent flexible thin-film transistors using amorphous oxide semiconductors, Nature 432 (2004) 488–492.

[19] N. Munzenrieder, L. Petti, C. Zysset, G.A. Salvatore, T. Kinkeldei, C. Perumal, et al., Flexible a-IGZO TFT amplifier fabricated on a free standing polyimide foil operating at 1.2 MHz while bent to a radius of 5 mm, Electron. Devices Meeting (IEDM) 2012 IEEE Int. (2012) 5.2.1–5.2.4.

[20] E. Fortunato, P. Barquinha, R. Martins, Oxide Semiconductor Thin-Film Transistors: A Review of Recent Advances, Adv. Mater. 24 (2012) 2945–2986.

[21] V.C. Sundar, J. Zaumseil, V. Podzorov, E. Menard, R.L. Willett, T. Someya, et al., Elastomeric transistor stamps: Reversible probing of charge transport in organic crystals, Science 303 (2004) 1644–1646.

[22] H. Sirringhaus, T. Kawase, R. Friend, T. Shimoda, M. Inbasekaran, W. Wu, et al., High-resolution inkjet printing of all-polymer transistor circuits, Science 290 (2000) 2123–2126.

[23] M. Jung, J. Kim, J. Noh, N. Lim, C. Lim, G. Lee, et al., All-printed and roll-to-roll-printable 13.56-MHz-operated 1-bit RF tag on plastic foils, Electron. Devices IEEE Trans. 57 (2010) 571–580.

[24] K. Novoselov, A.K. Geim, S. Morozov, D. Jiang, Y. Zhang, S. Dubonos, et al., Electric field effect in atomically thin carbon films, Science 306 (2004) 666–669.

[25] M.Y. Han, B. Özyilmaz, Y. Zhang, P. Kim, Energy Band-Gap Engineering of Graphene Nanoribbons, Phys. Rev. Lett. 98 (2007) 206805.

[26] R. Balog, B. Jørgensen, L. Nilsson, M. Andersen, E. Rienks, M. Bianchi, et al., "Bandgap opening in graphene induced by patterned hydrogen adsorption," Nat. Mater. 9 (2010) 315–319.

[27] Y. Zhang, T.-T. Tang, C. Girit, Z. Hao, M.C. Martin, A. Zettl, et al., Direct observation of a widely tunable bandgap in bilayer graphene, Nature 459 (2009) 820–823, 06/11/print.

[28] R.J. Smith, P.J. King, M. Lotya, C. Wirtz, U. Khan, S. De, et al., Large-Scale Exfoliation of Inorganic Layered Compounds in Aqueous Surfactant Solutions, Adv. Mater. 23 (2011) 3944–3948.

[29] X. Li, Y. Zhu, W. Cai, M. Borysiak, B. Han, D. Chen, et al., Transfer of large-area graphene films for high-performance transparent conductive electrodes, Nano Lett. 9 (2009) 4359−4363.
[30] G.A. Salvatore, N. Münzenrieder, C. Barraud, L. Petti, C. Zysset, L. Büthe, et al., Fabrication and Transfer of Flexible Few-Layers MoS2 Thin Film Transistors to any arbitrary substrate, ACS Nano (2013).
[31] N. Munzenrieder, L. Petti, C. Zysset, G. Salvatore, T. Kinkeldei, C. Perumal, et al., Flexible a-IGZO TFT amplifier fabricated on a free standing polyimide foil operating at 1.2 MHz while bent to a radius of 5 mm, Electron. Devices Meeting (IEDM) 2012 IEEE Int. (2012) 5.2.1−5.2.4.
[32] K. Nomura, H. Ohta, K. Ueda, T. Kamiya, M. Hirano, H. Hosono, Thin-film transistor fabricated in single-crystalline transparent oxide semiconductor, Science 300 (2003) 1269−1272.
[33] K.-S. Son, J.-S. Jung, K.-H. Lee, T.-S. Kim, J.-S. Park, K. Park, et al., Highly stable double-gate Ga−In−Zn−O thin-film transistor, Electron. Device Lett. IEEE 31 (2010) 812−814.
[34] N. Münzenrieder, C. Zysset, L. Petti, T. Kinkeldei, G.A. Salvatore, G. Tröster, Flexible double gate a-IGZO TFT fabricated on free standing polyimide foil, Solid State Electron. (2013).
[35] N. Munzenrieder, K.H. Cherenack, G. Troster, The effects of mechanical bending and illumination on the performance of flexible IGZO TFTs, Electron. Devices IEEE Trans. 58 (2011) 2041−2048.
[36] I.L. Spain, J. Paauwe, High Pressure Technology: Applications and Processes, vol. 2, CRC Press, 1977.
[37] S. Khan, P.-C. Kuo, A. Jamshidi-Roudbari, M. Hatalis, Effect of uniaxial tensile strain on electrical performance of amorphous IGZO TFTs and circuits on flexible Metal foils, Device Res. Conf. (DRC) (2010) 119−120.
[38] N. Münzenrieder, K. Cherenack, G. Tröster, Testing of flexible InGaZnO-based thin-film transistors under mechanical strain, Eur. Phys. J. Appl. Phys. 55 (2011) 23904.
[39] C. Zysset, N. Münzenrieder, T. Kinkeldei, K. Cherenack, G. Tröster, Indium-gallium-zinc-oxide based mechanically flexible transimpedance amplifier, Electron. Lett. 47 (2011) 691−692.
[40] B. Razavi, Design of high-speed circuits for optical communication systems, Custom Integr. Circuits 2001 IEEE Conf. (2001) 315−322.
[41] H. Kumomi, S. Yaginuma, H. Omura, A. Goyal, A. Sato, M. Watanabe, et al., Materials, devices, and circuits of transparent amorphous-oxide semiconductor, J. Displ. Technol. 5 (2009) 531−540.
[42] C. Perumal, K. Ishida, R. Shabanpour, B.K. Boroujeni, L. Petti, N.S. Munzenrieder, et al., A Compact a-IGZO TFT Model Based on MOSFET SPICE Level = 3 Template for Analog/RF Circuit Designs, Electron. Device Lett. IEEE (2013)1-1 pp.
[43] K. Cherenack, B. Hekmatshoar, J.C. Sturm, S. Wagner, Self-Aligned Amorphous Silicon Thin-Film Transistors Fabricated on Clear Plastic at 300 < formula formulatype = , Electron. Devices IEEE Trans. 57 (2010) 2381−2389.
[44] N. Munzenrieder, L. Petti, C. Zysset, T. Kinkeldei, G.A. Salvatore, G. Troster, Flexible Self-Aligned Amorphous InGaZnO Thin-Film Transistors With Submicrometer Channel Length and a Transit Frequency of 135 MHz, Electron. Devices IEEE Trans. 60 (2013) 2815−2820.
[45] T. Skotnicki, J.A. Hutchby, T.-J. King, H.-S. Wong, F. Boeuf, The end of CMOS scaling: toward the introduction of new materials and structural changes to improve MOSFET performance, Circuits Devices Magazine IEEE 21 (2005) 16−26.
[46] Y. Uchida, Y. Nara, M. Matsumura, Proposed vertical-type amorphous-silicon field-effect transistors, Electron. Device Lett. IEEE 5 (1984) 105−107.
[47] I. Chan, A. Nathan, Amorphous silicon thin-film transistors with 90° vertical nanoscale channel, Appl. Phys. Lett. 86 (2005) 253501−253501-3.
[48] M. Moradi, A. Nathan, H.M. Haverinen, G.E. Jabbour, Vertical Transistor with Ultrathin Silicon Nitride Gate Dielectric, Adv. Mater. 21 (2009) 4505−4510.
[49] S. Ho Rha, J. Jung, Y. Soo Jung, Y. Jang Chung, U. Ki Kim, E. Suk Hwang, et al., Vertically integrated submicron amorphous-$In_2Ga_2ZnO_7$ thin film transistor using a low temperature process, Appl. Phys. Lett. 100 (2012) 203510−203510-5.
[50] S. Nelson, D. Levy, L. Tutt, Defeating the trade-off between process complexity and electrical performance with vertical zinc oxide transistors, Appl. Phys. Lett. 101 (2012) 183503−183503-4.
[51] P.A.L. Petti, N. Munzenrieder, G.A. Salvatore, C. Zysset, A. Frutiger, L. Büthe, et al., Mechanically flexible vertically integrated a-IGOR thin-film transistors with 500 nm channel length fabricated on free standing plastic foil, Accepted Int. Electron. Device Meeting IEDM (2013).
[52] H. Gleskova, S. Wagner, Z. Suo, Failure resistance of amorphous silicon transistors under extreme in-plane strain, Appl. Phys. Lett. 75 (1999) 3011−3013.
[53] D. Marculescu, R. Marculescu, N.H. Zamora, P. Stanley-Marbell, P.K. Khosla, S. Park, et al., Electronic textiles: A platform for pervasive computing, Proc. IEEE 91 (2003) 1995−2018.
[54] R. Paradiso, G. Loriga, N. Taccini, A. Gemignani, B. Ghelarducci, Wealthy, a wearable health-care system: new frontier on etextile, J. Telecommun. Inf. Technol. 4 (2005) 105−113.
[55] K. Cherenack, C. Zysset, T. Kinkeldei, N. Münzenrieder, G. Tröster, Woven electronic fibers with sensing and display functions for smart textiles, Adv. Mater. 22 (2010) 5178−5182.
[56] C. Zysset, N. Munzenrieder, T. Kinkeldei, K. Cherenack, G. Troster, Woven active-matrix display, Electron. Devices IEEE Trans. 59 (2012) 721−728.

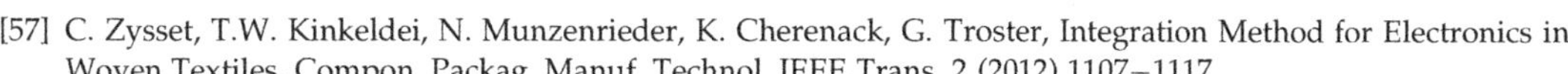

[57] C. Zysset, T.W. Kinkeldei, N. Munzenrieder, K. Cherenack, G. Troster, Integration Method for Electronics in Woven Textiles, Compon. Packag. Manuf. Technol. IEEE Trans. 2 (2012) 1107–1117.

[58] J. Janata, M. Josowicz, Conducting polymers in electronic chemical sensors, Nat. Mater. 2 (2003) 19–24.

[59] H.-W. Zan, C.-H. Li, C.-C. Yeh, M.-Z. Dai, H.-F. Meng, C.-C. Tsai, Room-temperature-operated sensitive hybrid gas sensor based on amorphous indium gallium zinc oxide thin-film transistors, Appl. Phys. Lett. 98 (2011) 253503–253503-3.

[60] X.M. Tao, S.M. Shang, W. Zeng, Highly stretchable conductive polymer composited with carbon nanotubes and nanospheres, Adv. Mater. Res. 123 (2010) 109–112.

[61] T. Kinkeldei, C. Zysset, K. Cherenack, G. Troster, A textile integrated sensor system for monitoring humidity and temperature, Solid State Sens. Actuators Microsys. Conf. (TRANSDUCERS) 2011 16th Int. (2011) 1156–1159.

[62] T. Kinkeldei, C. Zysset, N. Münzenrieder, and G. Tröster, "An electronic nose on flexible substrates integrated into a smart textile," Sens. Actuators B Chem., 2012.

[63] C. Zysset, N. Nasseri, L. Büthe, N. Münzenrieder, T. Kinkeldei, L. Petti, et al., Textile integrated sensors and actuators for near-infrared spectroscopy, Opt. Express 21 (2013) 3213–3224.

[64] H.W. Siesler, Y. Ozaki, S. Kawata, and H. M. Heise, Near-infrared spectroscopy: principles, instruments, applications: Wiley. com, 2008.

[65] J. Schumm, S. Axmann, B. Arnrich, G. Tröster, Automatic signal appraisal for unobtrusive ecg measurements, Proc. Biosignal Interpretation Conf. (2009).

[66] G. Medrano, L. Beckmann, N. Zimmermann, T. Grundmann, T. Gries, S. Leonhardt, Bioimpedance spectroscopy with textile electrodes for a continuous monitoring application, 4th International Workshop on Wearable and Implantable Body Sensor Networks (BSN 2007) (2007) 23–28.

[67] M.-S. Lee, K. Lee, S.-Y. Kim, H. Lee, J. Park, K.-H. Choi, et al., High-Performance, Transparent, and Stretchable Electrodes Using Graphene–Metal Nanowire Hybrid Structures, Nano Lett. 13 (2013) 2814–2821, 2013/06/12.

[68] M. Kaltenbrunner, T. Sekitani, J. Reeder, T. Yokota, K. Kuribara, T. Tokuhara, et al., An ultra-lightweight design for imperceptible plastic electronics, Nature 499 (2013) 458–463, 07/25/print.

[69] S.-W. Hwang, H. Tao, D.-H. Kim, H. Cheng, J.-K. Song, E. Rill, et al., A Physically Transient Form of Silicon Electronics, Science 337 (2012) 1640–1644.

第 4 部分

人体能量采集

第 11 章　人体能量采集系统

11.1　能量采集系统简介

自主穿戴式系统的最佳设计方案是将穿戴式系统与能量采集供电相结合，以达到延长电池更换时间或充电间隔的目的。考虑到能量采集源的特性（如时间连续性、时间间断性、恒定振幅等），第一个需要处理的问题是选择该应用最合适的能量源。第二个问题是要谨慎选择被供电器件所需的功耗。因此，需要特别关注电源电压，以及工作、休眠或待机模式下的电流消耗、启动时间和接通时间。

一个能量采集系统（见图 11-1）由外在能量源、能量转换器、电源管理单元、能量存储单元、电压调节器和电气负载组成。能量转换器将外界能量源（太阳能、机械能、热能、射频能量）转换成电能。随后，电源管理单元在必要时进行交流整流，同时稳压至所需的电压。同时，能量存储单元也是必不可少的，用以存储采集到的能量并为负载供电。能量存储单元与所述电气负载可能处于不同电平，因此需要电压调节器。电气负载通常由一个或几个传感器、微控制器（MCU）单元和用于无线发送传感数据的 RF 收发器组成。

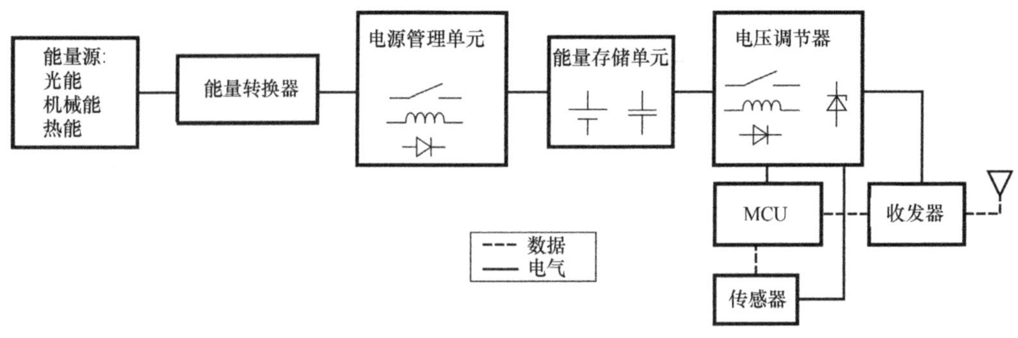

图 11-1　能量采集系统框图

在穿戴式系统中，能量源可以是环境（RF、光能等）或人体（机械、热等）。从人类日常活动中获取能量的方法分为被动式和主动式。被动采集是指用隐蔽的方法从用户的日常活动（散步、呼吸、体温、血压等）中采集能量，这意味着人在无意间就可以驱动电子设备，并且无须做任何额外的工作。相反，主动采集需要携带电子设备的用户做一些特定的工作才能为装置供电，否则将无法为装置提供动力。本章重点介绍采集能量的被动方式。

能量转换器的选择取决于环境中需要采集的可用能量。表 11-1 表明需要根据不同的环境能量源来使用能量转换器。该表的第 3 列为所需的电源管理单元。

表 11-1 不同环境条件下所需的转换器和电源管理单元

环境能量源	转换器	电源管理单元
光（室内和室外）	太阳电池	DC-DC 转换器
机械	压电、电磁、静电	AC-DC 和 DC-DC 转换器
热	热电发生器	电压递增的 DC-DC 转换器

为了使环境能量和转换器之间相互配合以达到最大采集功率，需要对把环境能量转化为电能的能量转换器的物理原理有较好的理解。电源管理单元也可以使采集功率最大化，其要求能量转换器和所连接的电子器件之间的电阻抗相匹配。采集功率特指转换器传递功率，它与被称为输出功率的电气负载功率不同。

能量采集系统的能量存储单元可以选择充电电池、超级电容和普通电容。选择这些元件时需要考虑以下参数：需要存储的能量类型、电能存储与使用时间、可用面积和电气负载所需的最大电流。

以下各节将概述为穿戴式传感器供电的可行的能量采集方式。

11.2 人体温度梯度能量采集

人体不断地辐射热量，可以通过热电发生器（thermoelectric generator，TEG）等与人体直接接触的设备来采集这些热量。这种有价值的技术可以为自持电源供电，其由热电偶组成，利用冷（室温）热（人体）两侧之间的温度梯度来产生电能。该解决方案的主要限制为可用的温度梯度较低：人体和环境之间的温度差仅为 3～5℃。因此，TEG 输出只能提供较低的电压差。在电源管理单元内部需要使用特定的 DC-DC 升压转换器来为标准的集成电路供电，因为热电转换器在开路条件下仅提供 50～100mV/℃ 的电压。本节将介绍热电转换器的模型和选择的品质因数，还将提供一个将几百毫伏输入电压转换为更高输出电压的 DC-DC 转换器的拓扑结构。

11.2.1 TEG

TEG 把冷热两侧之间的温度梯度转化成电能。由图 11-2 可见，TEG 由若干 PN 结组成，这些 PN 结发热部分并联，导电部分串联。TEG 的 Seebeck 系数用于测量由两侧温度梯度所产生的开路电压。在室温下使用的大部分热电发生器中应用的热电材料为碲化铋，碲化铋的 Seebeck 系数为 40～100mV/K。

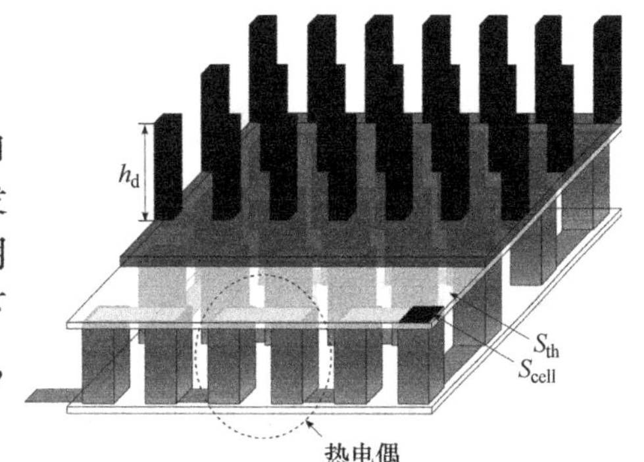

图 11-2 TEG 的物理结构[2]

TEG 的完整等效电路由 Chavez 等人提出[1]。Lossec 等人提出了该电路的简化版本[2]。其中，

Peltier 效应和 Joule 热效应不在热行为模型中[3]。如图 11-3 所示，TEG 的简化模型包括热和电两部分。温度和热流量分别表示为电压和电流。

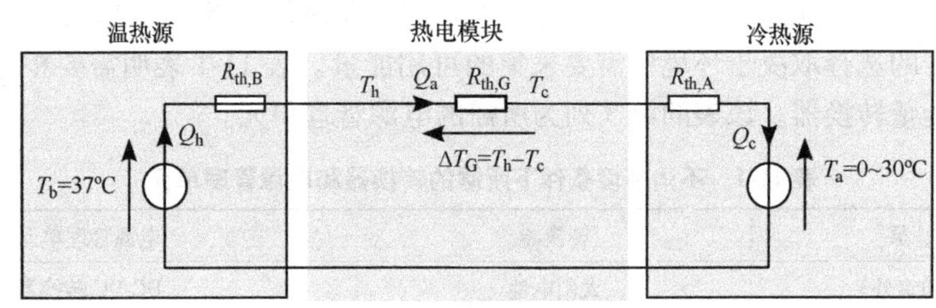

a) 热部分

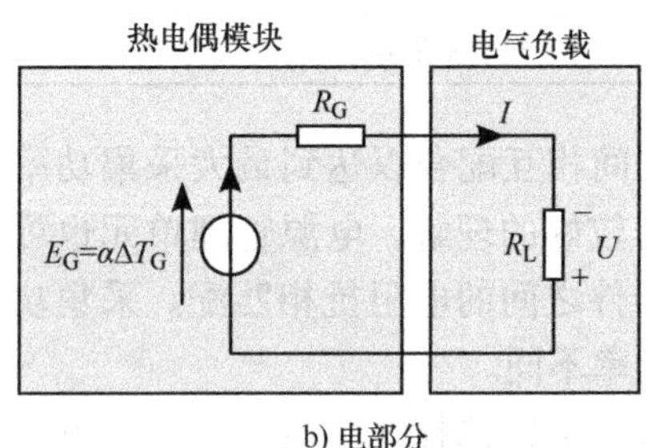

b) 电部分

图 11-3　TEG 简化模型[4]

温热源由电压源表示，此处特指人体，温度为 T_b。冷热源由电压源表示，温度为 T_a。TEG 位于两个热源之间，由 T_h 和 T_c 决定其温度梯度。热阻的建模形式与电阻相似。

因此，$R_{th,B}$代表温热源和 TEG 之间的热阻，$R_{th,G}$代表 TEG 的热阻，$R_{th,A}$代表 TEG 冷侧与冷热源之间的热阻。

为了提高 TEG 与冷热源之间的热交换效率，可以使用一个热阻为 $R_{th,A}$的散热器。

电学模型由电压源组成，其电压与 Seebeck 系数和 TEG 的温度梯度成正比。TEG 的内部电阻由 R_G 表示。当负载电阻 $R_L=R_G$ 时，TEG 输出最大功率。输出电压、电流和 TEG 的输出功率都在此条件下给出。因此，功率最大时的电压为 TEG 开路电压的一半。

数据手册中热电模块建模所需的参数包括：内部电阻、Seebeck 系数、热传导率 λ_m 或热阻 R_m、TEG 表面积 S_{th}、热电偶长度 l_{th}、热电模块中围绕热电偶陶瓷表面的热导率 $\lambda_{ceramic}$、陶瓷高度 $l_{ceramic}$。

热阻 $R_{th,B}$计算公式为

$$R_{th,B}=\frac{l_{ceramic}}{\lambda_{ceramic}S_{th}} \tag{11-1}$$

热阻 $R_{th,H}$和 $R_{th,A}$的建模公式为[4]

$$R_{th,A}=\frac{1}{h_A S_{th}};R_{th,H}=\frac{1}{k_{H1}(4h_d\sqrt{S_{th}}+k_{H2}S_{th})} \tag{11-2}$$

式中，h_d 为散热层翅片高度；k_{H1}和 k_{H2}是散热层相关常量系数。若 $h_d=0$，且当 $h_A=k_{H1}k_{H2}$时，$R_{th,H}=R_{th,A}$。

电源 V_G 的电压值为

$$V_G=\alpha_m\Delta T_G \tag{11-3}$$

式中，ΔT_G 值为

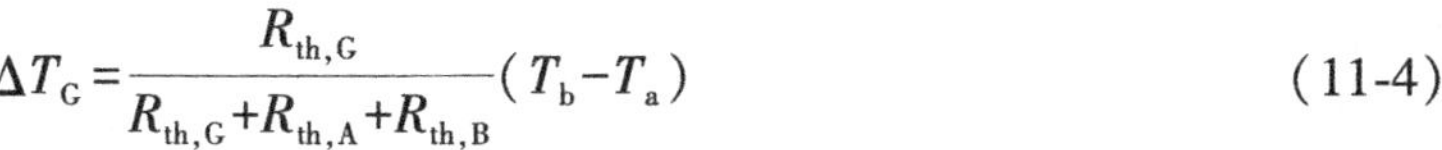

$$\Delta T_G=\frac{R_{th,G}}{R_{th,G}+R_{th,A}+R_{th,B}}(T_b-T_a) \tag{11-4}$$

若输出负载与内部电阻 R_G 相等，输出功率最大。此时电压为

$$V_{MPP}=\frac{V_G}{2} \tag{11-5}$$

且最大输出功率为

$$P_{MPP}=\frac{V_{MPP}^2}{R_G}=\frac{V_G^2}{4R_G} \tag{11-6}$$

微电子研究中心（Interuniversity Microelectronics Center，IMEC）为 TEG 设计了一种优化的多级结构，使其一旦连接到电源管理单元，所能输出的最小电压至少为 0.7V。这个值可以由当时最先进的升压转换器转换。IMEC 还设计与测试了与该多级结构相适应的不同的电源管理单元[5-7]，此外，也对该单元进行测试，以寻找放置 TEG 的最佳手腕位置。

表 11-2 给出固态热电偶的各种参数[8]。由 Seebeck 系数 α[V/K]、电导率 σ[1/(Ω · m)]、热导率 λ(W/mK) 和热电偶表面无量纲温度 T 值可以计算出品质因数[9]为

$$Z_T=\frac{\sigma\alpha^2 T}{\lambda} \tag{11-7}$$

且表 11-2 中给出的 TEG 参数为

$$Z_T=\frac{\alpha^2 T}{R_i\kappa} \tag{11-8}$$

表 11-2 固态热电偶参数[8]

型　号	$(L/\mathrm{mm})\times(W/\mathrm{mm})\times(H/\mathrm{mm})$	V_{OC}/V	V_{SC}/A	R_i/Ω	α/(V/K)	κ/(W/K)	P_{100K}/W	Z/(1/C)
TEG-127-150-26	30×30×3.6	5.83	1.16	3.41	0.054	0.313	1.70	2.7
TEG-127-150-22	30×30×4.2	6.05	0.75	5.50	0.056	0.300	1.13	1.9
TEG-127-100-28	30×30×4.8	5.10	0.77	6.60	0.056	0.180	1.00	2.6
TEG-241-150-29	30×30×3.6	10.36	0.70	10.00	0.096	0.440	1.83	2.1
TEG-127-175-25	30×30×3.6	6.43	1.20	3.55	0.059	0.270	1.97	3.6
TEG-127-175-26	30×30×2.8	6.37	3.18	1.36	0.059	0.700	5.07	3.7

注：V_{OC} 为开路输出电压，V_{SC} 为短路输出电压，R_i 为内阻，α 为 Seebeck 系数，κ 为热导率，P_{100K} 为输出功率，ΔT= 100K，Z 为品质因数。

在能量采集应用中热梯度较小，通常低至 2K，一个 30mm×30mm 的 TEG（如 TEG127-200-28）输出电压在 100mV 范围内。因此，使用 TEG 由小温差产生电功率的最大挑战是将低电压提高到可驱动电气负载的水平。升压转换器可解决这些困难，下一节中将更为详细地介绍。

11.2.2 DC-DC 转换器拓扑结构

图 11-4 中介绍了 DC-DC 转换器的 3 个主要类型。当需要使用比供电电压低的电压时采用降压转换器，相反，若想获得更大的输出电压，则采用升压转换器。如果输出电压要求时高

时低，降压-升压转换器则是最好的选择。这 3 种结构都使用一个电感器和一个电容器作为能量存储元件。值得一提的是，除了上述三种结构，线性稳压器也是一种电压转换结构，原则上，不需要任何能量存储元件。但其类似于降压转换器，输出电压只能低于输入电压且输出电流不能超过输入电流。这意味着无论组件是否理想，线性稳压器的效率线性依赖于输入和输出电压之间的差异。

Mohan 等人对这 3 种类型的转换器进行了全面分析，特此说明[10]，根据电感电流（见图 11-4），DC-DC 变换器的基本操作模式分为不连续模式（discontinuous mode，DCM）、连续模式（continuous mode，CCM）和介于不连续和连续之间的模式。图 11-5、图 11-6 和图 11-7 为上述降压、升压和降压-升压转换器（见图 11-4）的操作模式和基本公式。降压-升压转换器也可由一系列升压转换器和降压转换器串联组成。

理想元件的 A 和 B 面积应相等。需要注意的是，所有公式仅适用于 $P_{in}=P_{out}$，即转化率为 100%的情况下。

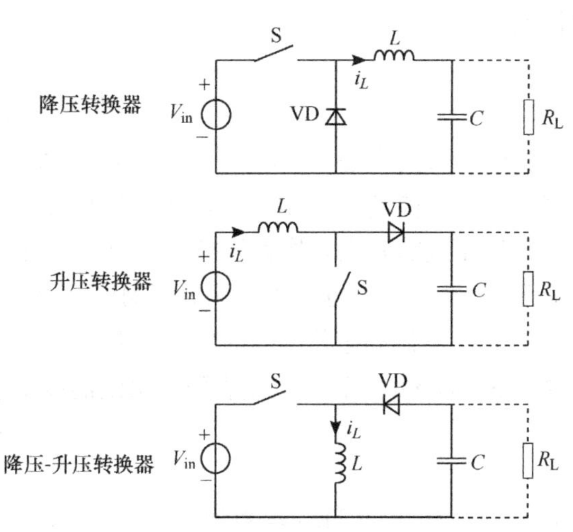

图 11-4　DC-DC 转换器的主要类型原理图

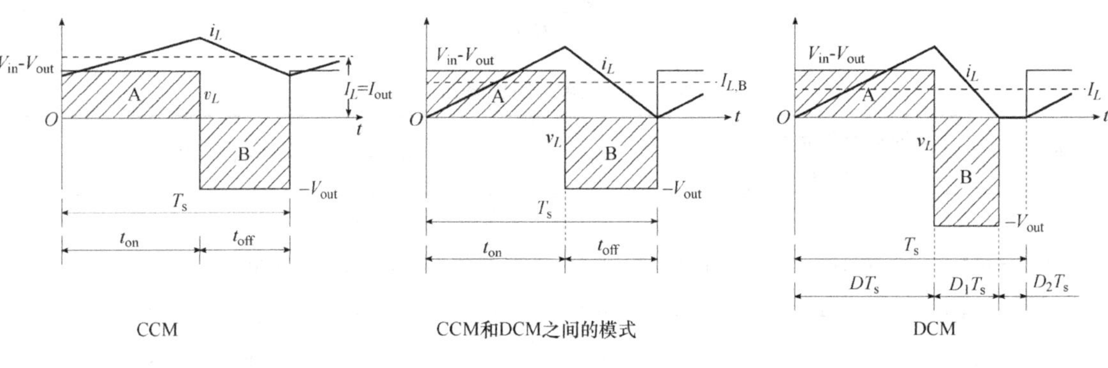

$$D=\frac{V_{out}}{V_{in}}=\frac{t_{on}}{T_s}$$

$$\frac{I_{out}}{I_{in}}=\frac{V_{in}}{V_{out}}=\frac{1}{D}$$

$$I_{L,B}=I_{out,B}=\frac{DT_s}{2L}(V_{in}-V_{out})$$

$$I_{L,B}=\frac{T_sV_{in}}{2L}D(1-D)$$

$$\Rightarrow I_{L,Bmax}=\frac{V_{in}T_s}{8L}$$

$$I_{L,B}=\frac{V_{out}T_s}{2L}(1-D)$$

$$\Rightarrow I_{L,Bmax}=\frac{V_{out}T_s}{2L}$$

$$\frac{V_{out}}{V_{in}}=\frac{D}{D+D_1}$$

$$I_{out}=\frac{V_{out}T_s}{2L}(D+D_1)D_1$$

$$\frac{V_{out}}{V_{in}}=\frac{D^2}{D^2+\frac{I_{out}}{4I_{L,Bmax}}}$$

$$D=\frac{V_{out}}{V_{in}}\sqrt{\frac{I_{out}/I_{L,Bmax}}{1-V_{out}/V_{in}}}$$

图 11-5　DC-DC 降压转换器操作模式和基本公式

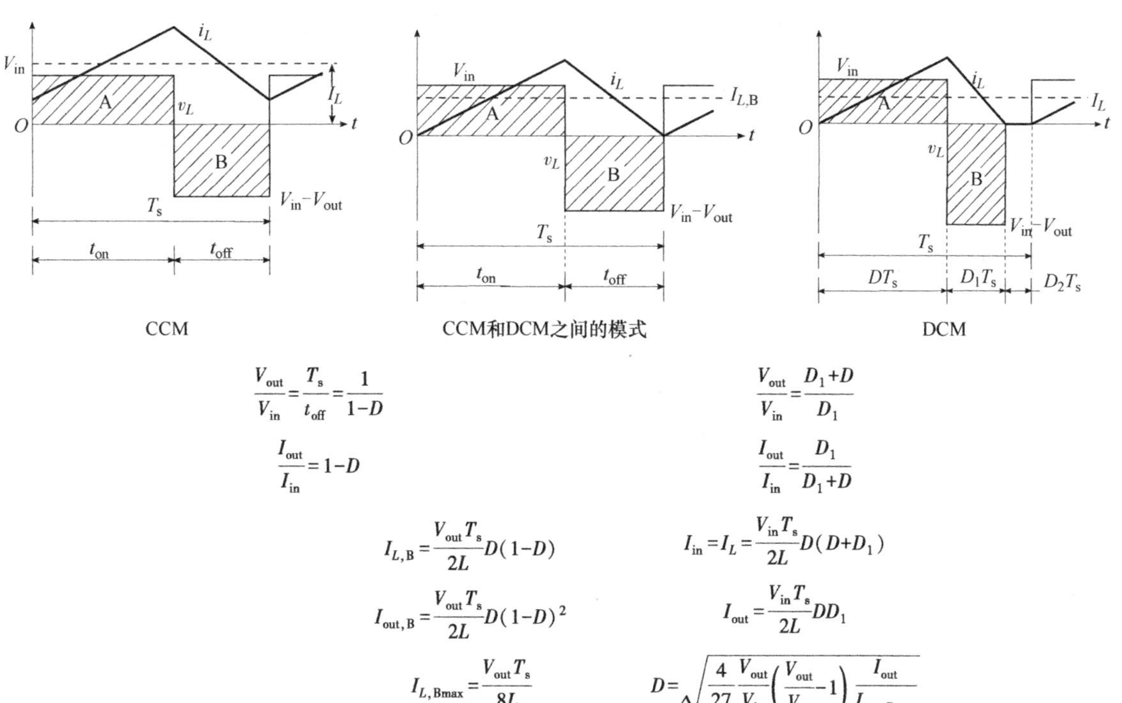

图 11-6 DC-DC 升压转换器操作模式和基本公式

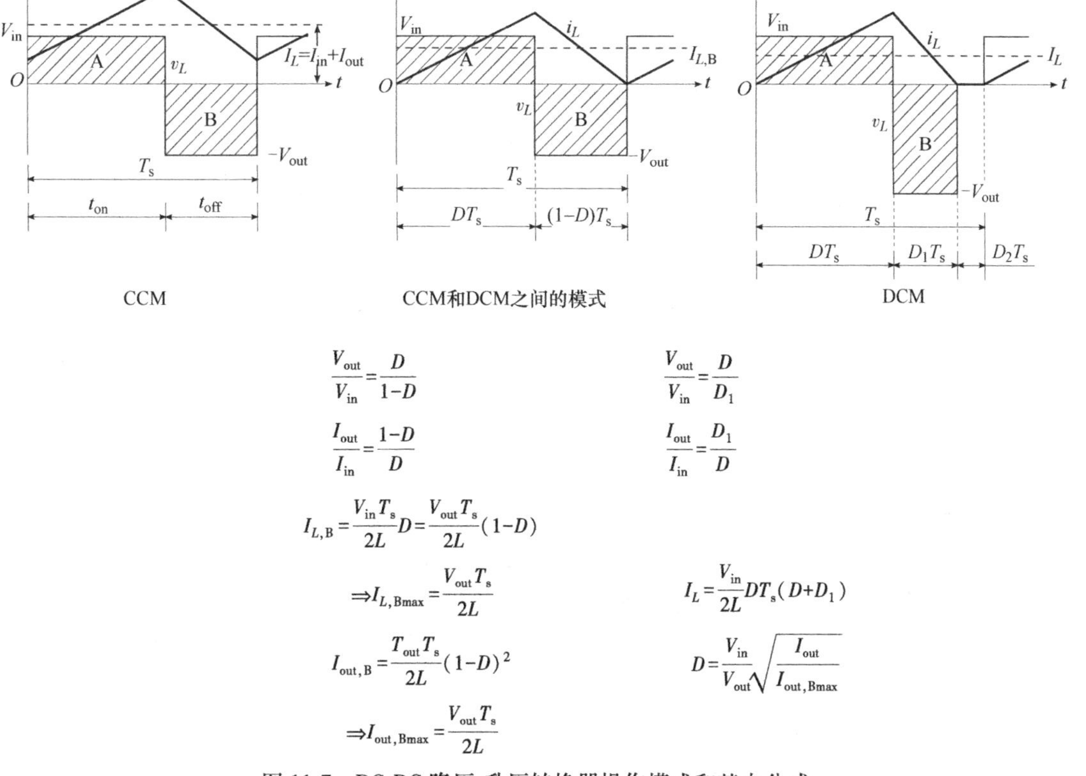

图 11-7 DC-DC 降压-升压转换器操作模式和基本公式

11.2.3 超低输入电压的 DC-DC 转换器设计

如今，有一些用于 TEG 和太阳电池的升压转换器，具有 20mV 的最小启动电压（见表 11-1）[11]。用于 TEG 的转换器也有双极性版本[12]，当热梯度在相反方向时，该版本转换器可以产生负电压。

在低输入电压（小于约 800mV）情况下，对典型的包含单个线圈和有源可控开关晶体管的升压转换器来说，其在没有辅助电压的情况下无法启动。因此，这些电路并不适用于所有能量采集应用。另一种方法是基于如 Meissner/Armstrong 振荡器的自振荡电路，该电路包含一个变压器和一个有源器件（如结型 FET（JFET）或耗尽型 MOSFET）[13]。图 11-8 所示为一种实现输入电压低于 100mV 的方法，该方法建立了基本的矩形信号输出振荡器，该振荡器经过整流以获得相对于输入 V_{in} 更高的输出电压 V_{out}。该电路既可以用于启动一个主升压转换器，也可作为一个完整的升压转换器设计[14]。

图 11-8 所示电路通过在一次电感 L_1 和 JFET VF_1 中流动的饱和电流启动。当该电流上升时，二极管栅极-源极导通，二次电感 L_2 产生感生电压。因此，C_1 被负电压 V_{L2-} 充电。在某些情况下，由于 L_1 和 VF_1 的欧姆电阻，变压器的一次电流达到饱和。因此，二次侧的感生电压下降到零，且 V_{L2} 等于 JFET VF_1 的栅源电压。如果这个负电压（负输入端）的绝对值接近 JFET VF_1 的夹断电压，就会增加它的导通电阻。由于通过 L_1 的电流进一步降低，使 V_{L1} 下降并最终使 VF_1 完全关闭。从这时起，电路以时间常数 R_1 和 C_1 所决定的频率开始振荡。由于 JFET 一般电阻较大（通常约 10Ω），所以转换器的一个缺点为效率低下，且需要变压器。然而，升压转换器可以通过简单的方式进行优化，以提供可调节的输出电压，并作为 DC-DC 转换器用于超低输入电压，且不需要任何外部电源提供启动电压。关于这种拓扑结构的更多信息，将在补充材料中介绍。

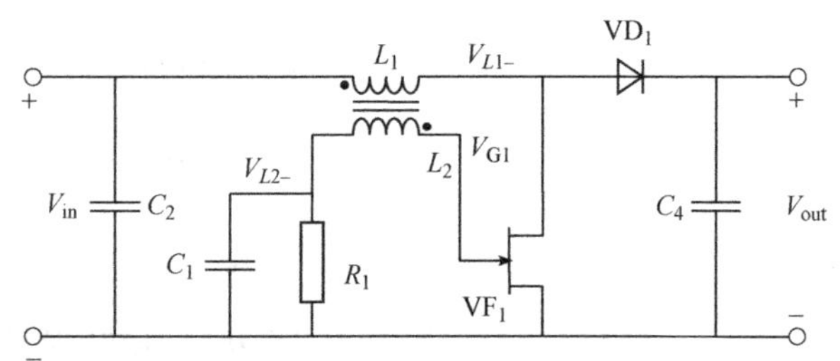

图 11-8 含有 JFET 与耦合电感的简化自激振荡升压转换器

阻抗匹配定位最大功率点

基于 Seebeck 效应的 TEG 或太阳电池等能量转换器具有内部寄生欧姆电阻，因此为了得到转换器的最大输出功率，负载应与该电阻相匹配。此外，TEG 需要考虑负载的自适应匹配。这种方法可以用于等效能量转换器的模拟方式。如果使用电压转换器，并且 TEG 被建模为包含串联电阻 R_{TC}（见图 11-9a）和与转换器相连的负载电阻 R_L 的电压源 V_{OC}，则其连接到 TEG 的等效电阻为 R_{eq}。该结构的 TEG 输出功率函数使用占空比 D（参照图 11-9b）作图，可以再次观察到存在全局最大值 D_{MPP}。这意味着任何电阻负载都可以通过调整占空比找到它们的最佳功率点。这同样适用于其他类型的转换器，但对于升压转换器，R_L 通常大于 R_{eq}。对于降压-升压转换器，R_L 可以比 R_{eq} 更大或更小，因此是更加灵活的解决方案。然而，为了寻找最大功率点，必须调整占空比 D，这要求在电阻负载 R_L 不变的情况下转换器的输出电压会发生改变。通常，像无线收发器或传感器等的负载不是电阻性的，或需要由固定电压供电。在这种情况下，因为电流和功率由负载本身决定，所以无法找到能量转换器的最大功率点。然而，如果在负载和电压转换器的输出端之间使用电池或电容等能量存储设备，仍然可能在最大功率点运行能量转换器。如何做到这一点将在补充材料中详细介绍。

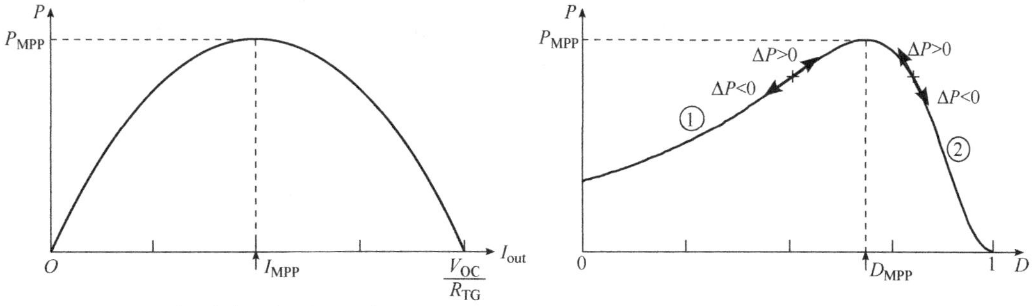

a) 输出电流与输出功率的关系

b) 占空比与输出功率的关系

图 11-9　能量转换器负载匹配

11.3　足运动能量采集

步行是人体正常消耗能量的活动之一[15-16]。压电材料、绝缘弹性体和旋转发电机等不同的能量转换器都可以用于采集步行产生的能量。

麻省理工学院媒体实验室在鞋中放置以压电材料为主体的低频寄生电源，以此开发了多种能量采集系统。其中一个方案是在鞋垫下放置多层聚偏二氟乙烯（polyvinylidene fluoride，PVDF）双压电晶片，通过脚掌弯曲采集能量。另一种方案是在脚后跟下放置半柔性的锆钛酸铅（zirconium titanate，PZT）预应力弹簧金属带采集足触能量。这两种器件均在 0.9Hz 步行活动下被激发。PVDF 狭板在 250kΩ 负载下的平均功率为 1.3mW，PZT 双晶片在 500kΩ 负载下的平均功率为 8.4mW[17]。

D. Fourie 在运动鞋后跟放置 15 条 PVDF 材料，利用压电元件的 31 模式激励。该设备在负载为 470kΩ 电阻时的平均功率为 60μW[18]。

本节将介绍压电材料中的 PVDF 材料。此外，类似于双晶片压电悬臂梁结构的共振频率通常为几十到几百赫兹。这些结构具有与环境振动频率一致的谐振频率。然而，与身体运动相关的机械活动的频率范围在赫兹级别，所以对压电材料的分析是准静态分析[19-20]。因此，压电转换器不需要匹配人体运动的频率。

11.3.1　物理原理

压电材料可以用作传感器、驱动器和能量采集发生器。1880 年 Jacques 和 Pierre Curie 发现压电效应，即当某些材料受到机械应力时，其极化程度与施加的应力成正比。具有这种性质的材料也具有逆压电效应，即当施加电场时，该材料会发生形变。因此，压电元件能实现电能和机械能之间的转换。该特性可以用于从环境中采集能量。

压电材料的机械和电气参数之间会发生相互作用。压电现象由压电结构方程描述：

$$\begin{cases} S_i = s_{ij}^E T_j + d_{li} E_l \\ D_m = \varepsilon_{mn}^T E_n + d_{mk} T_k \end{cases} \quad i,j,k=1,\cdots,6 \quad l,m,n=1,2,3 \tag{11-9}$$

式中，T 为施加的机械应力（N/m²）；E 为施加的电场（N/C）；d 对应于压电应变［(C/m²)/(N/m²)］；ε^T为在恒定应力条件下的介电常数（F/m）；D_m 为电位移［(C/m²)］；S_i 为机械应变（m/m）；s^E 为恒定电场条件下的柔度张量（m^2/N）。

式（11-9）中的下标对应于轴的6个方向，分别为3个笛卡尔坐标方向和3个轴的剪切方向，见表11-3。重复下标意味着不同组件的总和（Einstein 符号）。图11-10所示为定位在笛卡尔坐标系中的PVDF压电薄膜。杆长 L 沿轴1，宽度 W 沿轴2，厚度 t_c 沿轴3[21]。

表11-3　压电结构方程约化下标说明

约化下标	对应轴方向
1	x 轴纵方向
2	y 轴纵方向
3	z 轴纵方向
4	y-z 剪切方向
5	z-x 剪切方向
6	x-y 剪切方向

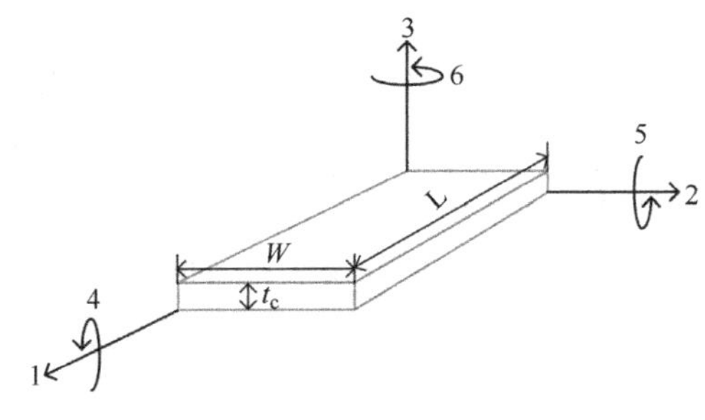

图11-10　压电材料机械轴位置

通过压电结构方程给出其他3种压电现象的表达式。每种情况与其他情况的不同之处在于独立状态变量和使用的压电常数[20]。

表11-4给出了4种不同的压电方程所使用的压电常数定义。

表11-4　压电常数定义

常　数	定　义	国际单位
d（压电电荷常数）	机械应力产生的电介质位移。E=常数	C/N
	电场产生的应变。T=常数	m/V
g（压电电压常数）	机械应力产生的电场。D=常数	V·m/N
	电介质位移产生的应变。T=常数	m^2/C
e	机械应变产生的电介质位移。E=常数	C/m^2
	电场产生的机械应力。S=常数	N/(V·m)
h	机械应变产生的电场。D=常数	V/m
	电介质位移产生的机械应力。S=常数	N/C
s^E，依从性	机械应力产生的机械应变。E=常数	m^2/N
s^D，依从性	机械应力产生的机械应变。D=常数	m^2/N
ε^T，介电常数	电场产生的电介质位移。T=常数	$\left[\frac{CV}{m}\right]=\left[\frac{F}{m}\right]$
ε^S，介电常数	电场产生的电介质位移。S=常数	$\left[\frac{CV}{m}\right]=\left[\frac{F}{m}\right]$
c^E	机械应变产生的机械应力。E=常数	N/m^2
c^D	机械应变产生的机械应力。D=常数	N/m^2
β^T	电介质位移产生的电场。T=常数	$\left[\frac{m}{CV}\right]=\left[\frac{m}{F}\right]$
β^S	电介质位移产生的电场。S=常数	$\left[\frac{m}{CV}\right]=\left[\frac{m}{F}\right]$

每个压电元件矩阵常数的值取决于压电材料的晶体对称性。最常见的两种压电材料类型是PVDF（聚偏二氟乙烯）和PZT（钛酸锆酸铅，一种压电陶瓷材料）。

实际上 PVDF 具有平方毫米级别的晶体对称性，PVDF 薄膜通常只在垂直于方向 3 的平面上金属化，故 $D_1=D_2=0$，式（11-9）可简化为

$$D_3=d_{3p}T_p \quad p=1,2,3 \tag{11-10}$$

式（11-10）表示压电元件在充电模式下所产生的电位移（即薄膜连接器之间短路而没有施加电场）。式（11-11）给出了开放电路的等效方程。该式表明，只在纵向方向而不是剪切方向（4、5 和 6）产生了电压。因此，3 种可以使用 PVDF 薄膜的工作模式为：31、32 和 33。

$$V_3=g_{3p}T_pt_c \quad p=1,2,3 \tag{11-11}$$

压电材料具有与得到机械激励和电响应的轴线相关的不同工作模式。例如，工作模式 31 对应于沿轴 1 得到机械激励，垂直于轴 3 得到电响应。表 11-5 显示了 PVDF 材料在工作模式 31 的情况下压电常数之间的关系，给出了一个新的压电常数 k_{31}，即 PVDF 压电耦合常数。

表 11-5 在工作模式 31 下 PVDF 压电常数之间的关系

压电常数之间的关系
$d_{31}=g_{31}\varepsilon_{33}^T$
$s_{11}^E=1/c_{11}^E$
$d_{31}=e_{31}/c_{11}^E=e_{31}s_{11}^E$
$s_{11}^D=1/c_{11}^D$
$g_{31}=h_{31}/c_{11}^D=h_{31}s_{11}^D$
$e_{31}=h_{31}\varepsilon_{33}^S$
$\varepsilon_{33}^S=\varepsilon_{33}^T[1-d_{31}^2/(s_{11}^E\varepsilon_{33}^T)]=\varepsilon_{33}^T(1-k_{31}^2)$
$S_{11}^D=S_{11}^E[1-d_{31}^2/(s_{11}^E\varepsilon_{33}^T)]=S_{11}^E(1-k_{31}^2)$

如图 11-11 所示，工作模式 31 对应于沿轴 1 得到机械激励，垂直于轴 3 得到电响应。在该图中，沿轴 1 施加的机械应力 F_1 使压电薄膜在同一方向上产生应变。在开路情况下，机械应力在压电元件垂直于轴 3 的平面上产生电压。在压电元件短路时产生电流而不是电压。工作模式 33 如图 11-12 所示。此时，沿轴 3 施加机械激励，这将使材料在同一方向上产生应变。与之前类似，电响应在垂直于轴 3 的平面上获得。

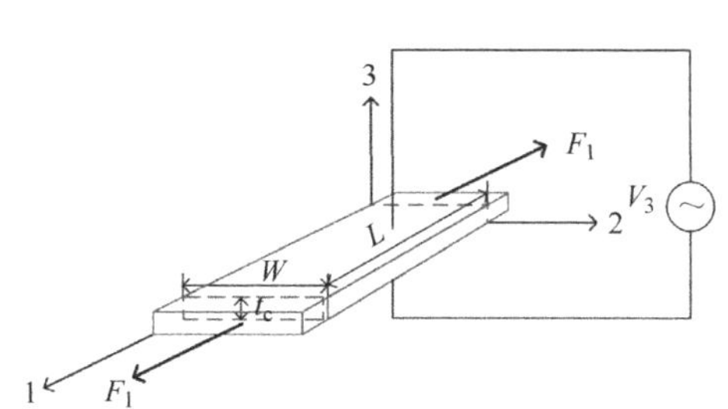

图 11-11 压电薄膜沿轴 1 的机械激励

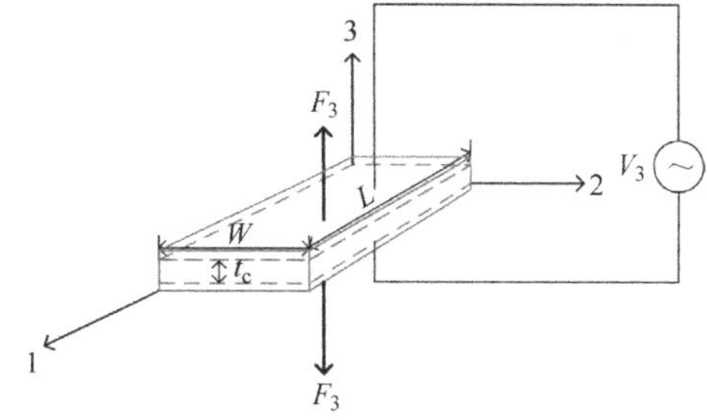

图 11-12 压电薄膜沿轴 3 的机械激励

因为 d_{32}是 d_{31}或 d_{33}的 1/10，所以不使用工作模式 32。在工作模式 31 中，在方向 1 上施加应力 F_1，而在工作模式 33 中，在方向 3 上施加应力 F_3，则产生的电压和电荷见表 11-6。

表 11-6 在垂直于轴 3 方向上产生的电压 V_3 和电荷 q_3

	工作模式 31	工作模式 33
V_3	$g_{31}\dfrac{F_1}{W}$	$g_{33}\dfrac{F_3}{WL}t_c$
q_3	$d_{31}\dfrac{F_1L}{t_c}$	$d_{33}F_3$

当 $d_{31}=23E-12$m/V 且 $d_{33}=-33E-12$m/V 时，PVDF 薄膜的 L/t_c 约为 1000[21]。假设 $F_1=$

F_3，工作模式 31 的 V_3 和 q_3 比工作模式 33 的 V_3 和 q_3 大 700 倍。因此，在输入相同的机械能并使用 PVDF 压电薄膜时，工作模式 31 比工作模式 33 获得更多的电能输出。对于其他长度、宽度和厚度相似的压电材料，相比于工作模式 31，工作模式 33 的激励方案更好[22]。

机电模型可以从压电结构方程中导出。该模型包括与压电效应相关的机械变量和电气变量组成的电路。图 11-13 为两种机电压电模型[23-24]，其中用状态变量 F、v、V 和 I 替换了参考文献［25］中模型使用的变量（T、S、E 和 D）。

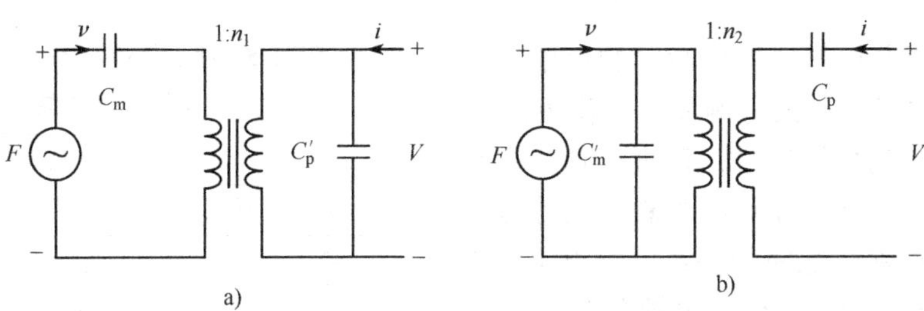

图 11-13　与机械和电气幅度相关的压电耦合电路

表 11-7 给出图 11-13 中的电气元件在特定工作模式 31 下压电常数之间的关系。其他工作模式和压电材料也可以获得类似的结果。

表 11-7　工作模式 31 下 PVDF 电气元件之间的关系

电气元件之间的关系
$C_{m31}=\dfrac{LS_{11}^{E}}{Wt_c}$
$C'_{p31}=C_{p31}-\dfrac{d_{31}^2L^2}{t_c^2C_{m31}}=C_p\left(1-\dfrac{d_{31}^2}{s_{11}^E\varepsilon_{33}^T}\right)=C_{p31}(1-k_{31}^2)$
$n_1=\dfrac{V}{F_t}=-\dfrac{C_{m31}t_c}{d_{31}L}$
$C'_{m31}=C_{m31}\left(1-\dfrac{L^2d_{31}^2}{t_c^2C_pC_{m31}}\right)=C_{m31}(1-k_{31}^2)$
$C_{p31}=\dfrac{\varepsilon_{33}^TA}{t_c}$
$n_2=\dfrac{V_t}{F}=-\dfrac{d_{31}L}{t_cC_p}$

上述分析给出的结果基于仅使用电气元件的机电压电模型（例如，施加在压电材料上的力为电压源），在电子电路模拟器中有可能同时使用模型中的机械和电气部分。

11.3.2　AC-DC 转换器

压电能量转换器的输出功率通常通过连接一个电阻来分析。然后，计算电阻的值，从而实现最大的输出功率，但该功率不是所采集的功率，而是由机械激励转换而来的可用功率。如果电阻作为负载，则只有小部分采集的功率被转移到输出端。

由于 PVDF 薄膜等效电路是纯电容性的，负载为电感而非电阻，因而能够从压电转换器中提取最大功率。当压电元件机械阻抗的共轭复数与电阻抗相匹配时，采集功率最大[26]。然而，AC-DC 转换器必须连接到 PVDF 薄膜来对其交流电源整流。

一般情况下，使用 AC-DC 转换器的方法有两种：线性和非线性整流器。线性整流器可以通过二极管电桥、电压倍增器或电流倍增器实现。此时，电压和电流之间的相移不需要执行任何操作，可以通过控制压电电极的电压幅值来实现输出功率最大化[27]。与线性技术相反，非线性整流器控制压电电极的电压幅值和相位，通过设置电压和内部压电电流的相位，使采集功率最大化，并模拟与 PVDF 薄膜阻抗相匹配的复共轭负载。

二极管桥可以使用具有低正向压降、低电容值和低反向电流的肖特基二极管实现。用于 PVDF 压电薄膜的肖特基二极管的推荐值为 100μA 电流条件下正向电压 0.25V，反向电流为单位级或几十纳安，电容小于 1pF。全桥整流器也可以使用 4 个 PMOS 晶体管作为二极管来实现。但是，这种配置具有与晶体管阈值电压相关的损耗[28]。以交叉耦合的方式连接右侧两个 PMOS 晶体管可改进该整流器（见图 11-14[28-29]）。这两个 PMOS 晶体管工作在线性区，并与之前的全波整流器相比，在输出电压相同时能提供更高的输出电流。

当需要提高电压或电流并校正信号时，全波整流器可选择电压倍增或电流倍增整流器。它们被称为线性整流器，且都需要 DC-DC 转换器。DC-DC 转换器可用于调整输出电压并使压电转换器输出功率最大化。

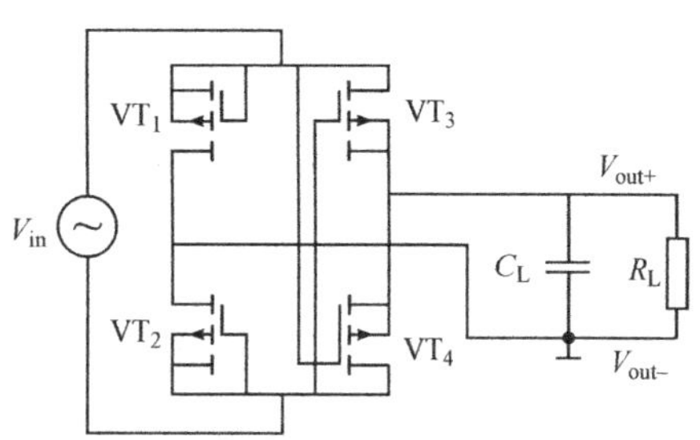

图 11-14　含有两个 PMOS 晶体管和两个交叉耦合的 PMOS 晶体管的全波整流器[28]

Ramnadass 等人[30]和 Liu[19]对比了使用全桥整流器和倍压整流器之间的输出功率。如果不考虑晶体管的压降，则两个整流器的最大输出功率相同。然而，当考虑晶体管上的压降时，使用倍压整流器比使用全桥整流器的输出功率更高。

AC-DC 整流器需要 DC-DC 转换器把从 PVDF 薄膜提取的能量传输到电池（见图 11-15）。当压电转换器的功率最大时，存储电容器 C_2 上的电压最佳。因此，DC-DC 转换器必须工作在适当的占空比以获得最佳电压。Ottman 等人[32-33]使用降压转换器作为 DC-DC 转换器，以调节电容器 C_2 上的电压达到压电元件提供功率最大的值。因此，转换器的最佳输入电压为

$$V_{C2}=\frac{I_p}{2\omega C_1}=\frac{V_{OC}}{2} \tag{11-12}$$

式中，I_p 为峰值电流；C_1 为内部电容；V_{OC} 为压电元件的开路电压。

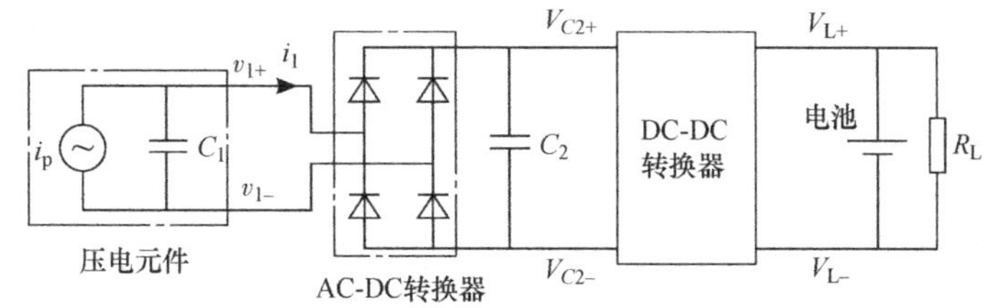

图 11-15　二极管电桥和电源管理单元 DC-DC 转换器为压电电源供电[31]

非线性转换器与压电传感器一起使用，通过实现与压电传感器的复共轭阻抗相匹配的虚拟阻抗来增加采集的能量[19,26]。

在非线性技术中，当压电元件达到最大电压时，与压电元件连接的电感和其内部电容形

成谐振电路。相比于机械激励，这将导致压电电压在很短的时间内反转。已有的非线性技术包括并联电感同步开关（并联 SSHI）和串联电感同步开关（串联 SSHI）等技术。

在补充材料第 2 点中将介绍更多有关压电能量采集的 AC-DC 转换器的信息。

11.4　无线能量传输

本节将介绍无线能量传输的概况、基本理论和实用原则，以及最先进的技术和相关标准。

无线系统以广播、电信和短程通信等数据传输应用而闻名。这些技术基本上通过调制产生的电场、磁场或电磁场工作。由于这些系统的主要目标是信息的传输，其性能主要是集中于数据速率和系统的可靠性，以及相应发射器和接收器的效率和功耗。

无线能量传输系统也称为无线电力传输（wireless power transmission，WPT）系统，利用相同的场和波，在相距为 d 的发射器和接收器之间传输能量，如图 11-16 所示。通常通过 3 个基本原则实现：①近场电场；②近场磁场；③远场电磁场。

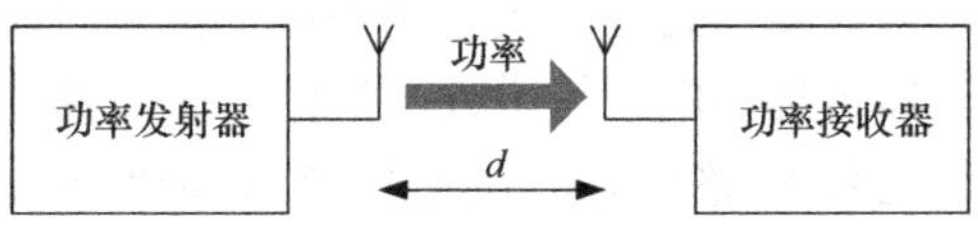

图 11-16　基本无线能量传输系统

当谈到无线能量传输尤其是场传播时，区分近场和远场区域是很重要的，因为场传播行为和随后的传播损失根据区域不同会有很大差异。通常，对于电小天线（即天线尺寸比频率波长 λ 小），远场和近场区域之间的区分由 $d<(\lambda/2\pi)$ 判断。对于电大天线（天线直径 D 与 λ 在同一数量级），远场区从 $d>(2D^2/\lambda)$ 开始[34]。

近场内发送的磁场和电场没有连接在一起。近场场强相对较强，但与源的距离 d 每增大 10 倍时，场强以 60dB 的速率迅速减小。当到达远场范围时，电场和磁场相互连接且相互垂直，并形成电磁波。此时，电场强度以 $1/d^2$ 减小。在一般情况下，近场无线能量传输系统在较低频率时使用，以实现短距离高功率能量传输。相反地，远场系统使用较高的频率，以实现远距离低功率能量传输。

11.4.1　感应式近场无线能量传输

感应式能量传输系统中两端天线都含有线圈，其结果是构成了弱耦合气隙变压器，弱耦合气隙变压器中的磁场 H 用于它们之间的能量转移。为了达到最佳效果，两个线圈必须平行放置（即在一个轴上对齐），它们之间距离很短且没有任何导电材料。

所发送的磁场强度取决于传输信号的电流幅值 I，线圈的半径 r 和匝数 N，其计算公式为

$$H(d)=\frac{INr^2}{2\sqrt{(r^2+d^2)^3}} \tag{11-13}$$

该系统的传输距离主要由天线线圈的半径 r 决定。仅此距离内能量才可能被有效地传输，如图 11-17 所示。

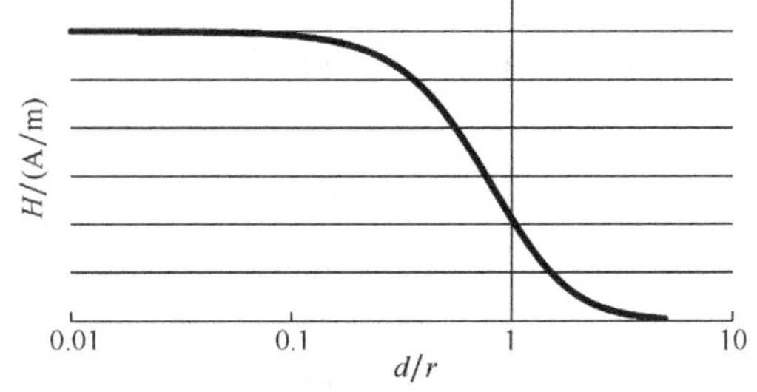

图 11-17　磁场强度与线圈半径和距离的关系

感应系统的效率主要受两个线圈之间的耦合因子限制，但可以通过调整系统使其在一定频率下谐振来提高效率。这通常是由接收器并联谐振和发射器串联谐振实现。由于接收和发射电路

之间的耦合，接收器的关于耦合因子的负载变化也影响发射器和整个传输系统的性能[35]。

11.4.2 电容式近场无线能量传输

在电容式能量传输中，发射和接收的天线形成空气电容器。与感应式系统相比，电容式系统对于发射器和接收器之间的对准要求更低。如今，有一些应用使用这种技术[36]，但不如电感式系统常见。虽然这两种技术在理论上都能实现传输能量的目的，但电容式能量传输的主要缺点是需要相对高的场强，这会导致高电压并威胁人体健康。在实际实施中，确保发射器上的电源接收器正确放置后再启动系统，可以使这些风险最小化。这可以通过增加适当的机械设计，或在启动能量传输前建立发射器和接收器之间的额外通信来完成。

11.4.3 电磁场式远场无线能量传输

远场能量传输一般需要一个 RF 功率发射器和接收器，二者分别具有一个发射天线和接收天线。这种情况如图 11-18 所示。

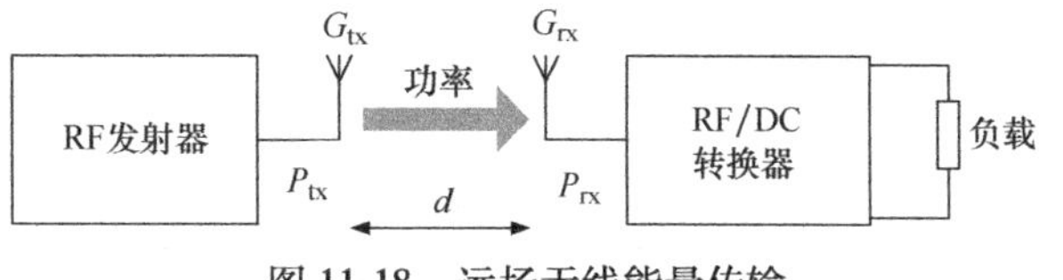

图 11-18 远场无线能量传输

与功率发射器相距 d 处可接收的功率估计为

$$P_{rx}=P_{tx}+G_{tx}-\text{FSL}-P+G_{rx} \quad (11\text{-}14)$$

式中，P_{tx} 为发射器输出功率；G_{tx} 和 G_{rx} 分别为发射器和接收器天线的增益；P 为两个天线之间的极化失配（例如在一些应用中，发射器具有圆极化天线而接收器使用线性天线，这将产生 3dB 偏振的损耗）；FSL 为距离为 d 处的自由空间损耗，计算式为

$$\text{FSL}=\left(\frac{4\pi d}{\lambda}\right)^2 \quad (11\text{-}15)$$

图 11-19 给出距离为 d 的发射器工作频率为 868MHz，具有 30dBm、5.15dBi 的发射器天线增益，2.15dBi 的接收器天线增益，以及两个天线之间存在 3dB 的极化失配时的接收功率。如图所示，当距离超过 4m 时，功率水平将在-10dBm（0.1mW）以下。

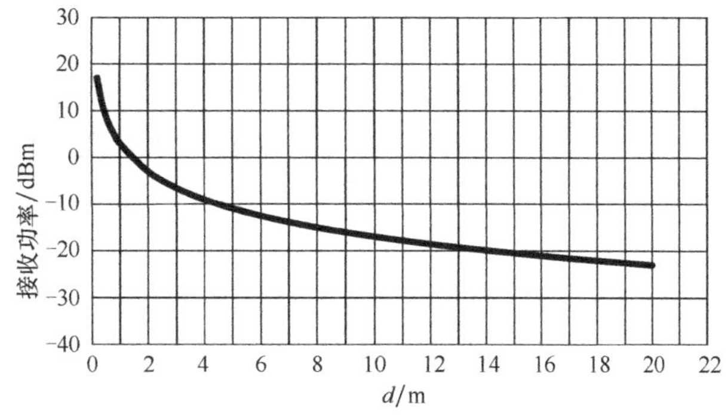

图 11-19 RF 接收功率

在天线之后通常需要一个合适的与匹配网络相结合的 RF/DC 转换器。特别关键的是要在预期的低输入功率下实现高效率。对商用系统和最先进的 RF/DC 转换器研究后，发现它们的典型效率在 10%~50%的范围内。例如，在频率为 868MHz、输入功率为 8dBm 时，商用系统 Powercast[37]效率为 30%。

11.4.4 示例应用：射频识别技术

典型的射频识别（RFID）系统包括一个有源读取器与一个或多个无源发射应答器。操作时，读取器发送强载波信号，该信号一方面用于向应答器传输能量，另一方面在读取器和应答器之间发送数据，反之亦然。标准无源 RFID 系统的应答器不具有能量源或存储单元，没有读取器则无法工作。

根据工作频率，RFID 系统分为 3 种类型：低频（low frequency，LF）、高频（high frequency，HF）和超高频（ultra-high frequency，UHF）。表 11-8 提供了每种类型系统的国际标准，以及它们的主要特点。RFID 系统通常用于物体、动物和人的身份识别。众所周知的例子有宠物识别（LF）、安全入口系统（HF）、近场通信（near field communication，NFC）（这更类似于 HF-RFID）、无线付款（NFC）和后勤应用（UHF）。

表 11-8　RFID 频率与特性

	标准	频率	原理	范围	注　释
LF	ISO 18000-1	119～135kHz	电感式	1m	稳定性强，数据率低
	ISO 18000-2				
	ISO 11784/85				
	ISO 14223				
HF	ISO 15693	13.56MHz	电感式	1m	密码学，大内存
	ISO 14443				
	ISO 18000-3				
UHF	ISO 18000-6C	860～960MHz	电磁场式	15m	批量读取
	EPCGlobal				

除了这些标准的应用，RFID 技术也被用于无源无线的传感器和电路，有时还用于并行传输数据。虽然已经有一些商业应用，但这些应用没有采用给定的 RFID 标准，而是使用专有技术和协议。

11.4.5　无线能量传输规范

与其他无线技术相似，无线能量传输在使用频率、带宽和功率等方面受当地法规限制。这一方面出于对人类的保护，另一方面为了避免干扰其他电气系统。出于这个原因，无线能量传输系统主要工作在低频段（<9kHz），也可以在工业、科学和医疗（industrial、scientific and medical，ISM）无线电频带（即 125kHz、13.56MHz、868MHz 和 2.4GHz）自由运行。表 11-9 总结了在欧洲允许的最大发射信号强度，这限制了该系统传输的功率。对于较低频率，最大磁场强度是根据距发射器 10m 的测量数据确定；对于较高频率，使用等效辐射功率（equivalent radiated power，e.r.p.）水平确定。

表 11-9　发射功率限制

频　率　段	功率/磁场强度
90～119kHz	42dBμA/m
119～135kHz	66dBμA/m
135～140kHz	42dBμA/m
13.553～13.567MHz	42dBμA/m
865.6～867.6MHz	2W e.r.p.
2446～2454MHz	500mW e.r.p.

在工业应用中，WPT 已经被用于为无法通过有线连接的移动或旋转接收器供电。除了机械自动化中的一些标准产品，这些无线能量传输系统通常是基于定制和专有的解决方案。如

今，人们正在努力引进无线电力传输的国际工业标准，这些标准主要集中在消费类电子产品。表 11-10 给出了一些解决办法、标准和应用，还给出了可用于一些标准的首款产品和部件。但是，这些标准还没有成为 ISO/IEEE 标准，同时也还没有占据市场的主导地位。最近，无线能量传输标准的第一个商业集成解决方案已出现，以便无线充电技术在消费类应用中得到更广泛的使用。这些解决方案专注于固定位置和低功率的短距离传输。在电压为 5V 时，传输功率典型值在1~5W 的范围内，传输距离从几毫米到一厘米（A4WP，5cm）。这些系统的主要目的是在无需额外电缆和适配器的情况下，为移动电话和数码相机等便携设备充电，这仅需要将它们放置在一个无线充电平台上。该技术的主要缺点是需要最佳条件（即天线的位置和周围材料没有影响）才能获得预期的结果。因此，目前研究活动主要集中在提高效率和位置的容错性[38-39]。

表 11-10 无线能量传输商业系统和标准

名 称	组 织	频 率	注 释
Qi	无线充电联盟（Wireless Power Con-sortium，WPC）	100~205kHz	商用芯片解决方案
Powermat	电力事业联盟（Power Matters Alliance，PMA）	277~357kHz	商业可用充电站
A4WP	无线电力联盟	6.78MHz	传输距离增加至 50mm
NFC Charging	Renasas	13.56MHz	NFC 和充电单芯片解决方案
Air Voltage	Murata	未知	允许位置偏差
Powercast	Powercast	850~950MHz	可选专用功率发射器

11.4.6 人体对无线系统的影响

包裹天线的材料会对无线系统的性能产生影响。通常分析这些材料的影响时，需要考虑它们的介电常数和磁导率。介电常数和磁导率分别会影响电场和磁场。这些参数的数值较高时，可以改变天线辐射方向图、带宽和工作频率（天线去调谐），并影响阻抗匹配。材料导电性也是必须考虑的重要参数，因为导电材料很可能阻碍电磁传输，尤其随着频率的增加。除了这些影响，还需要注意材料的固有透射损失，通常由介质损耗因数决定。

人体不同部分的介电性能可以用一些表征模型表示。其中最常用的是参考文献［40］中所述的 4-cole-cole 模型。具有模拟人体和进行无线系统设计及测试功能的软件模型也是可用的，如 Visible Human Project 项目中的解剖数据模型[41]。一些模型由相应的监管机构认证，以便它们可以用来测试开发的系统是否满足要求，例如特定吸收率（specific absorption rate，SAR）被定义为人体吸收功率，单位为 W/kg。

一个典型例子是市场上已经存在利用无源 UHF RFID 技术的传感器标签[42]。通过适当的天线设计来解决人体的影响[43]，这种标签可以用于低成本、小型且不需要更换电池的无源穿戴式传感器。然而，传感器供电所需的额外功率使其读取范围减少到 1~2m。在这类应用中，为传感器供电的能量采集功能将非常重要。参考文献［44］中提出了一些关于穿戴式 RFID 标签和合适的天线设计的想法，借助导电纤维隔离人体和天线。利用无线功率传输实现无电池设计，例如参考文献［45-46］中讨论的感应耦合技术装置。在这些情况下，尺寸限制在无线系统设计中至关重要，因为它们限制了功耗和系统的功能[45]。

11.5 光能量采集

在大多数场景中，光是一种可用的环保能源，可用于向穿戴式系统供电。光伏（photovoltaic，PV）电池作为一种转换器用于将光能转换成电能。光伏系统可在毫瓦到兆瓦范围内发电，并在众多领域中有所应用：从手表到并网 PV 系统。在适当情况下，PV 电池是穿戴式系统电源的有效选择。然而，在无光照时需要用到储能元件，因为持续运行需要额外的电源供电。

太阳电池从太阳光（室外）接收的输入功率密度为入射辐照度，单位为 W/m^2。太阳电池的另一个等效输入参数是日照量，这是输入能量的量度，表示为辐照度乘以时间，单位为 $W \cdot h/m^2$。

室内光输入功率密度的另一个测量参数为照度，单位为 lux。照度到辐照度的转化不是直接的，其依赖于采用的室内光线的波长。

太阳电池制造商使用辐照度作为数据表的输入参数。但当其应用于室内光线时，一些厂商使用光照度。在户外，太阳辐射是可获得的环境能量来源。地球表面的太阳辐射随时间、月份、天气状况和位置（经度和纬度）而变化。每个位置都存在 PV 太阳电池的最佳倾斜角度和方向，以便获得太阳电池表面上的最大辐射[47]。然而，这在穿戴式系统中的应用是困难的，因为穿戴式太阳电池不是静止的。室内光的辐照度在 1～$3W/m^2$ 之间[48]。通过一些智能纺织品携带的太阳电池能够采集室外太阳能、室内透过窗户的太阳能，或室内灯产生的光能。室外或室内条件下的功率密度或辐照度水平有很大不同，因此采集的功率也不同。表 11-11 给出了不同光照条件下的辐照度水平的估计值[49]。

表 11-11 不同光照条件下的辐照度

光照条件	辐照度/(W/m^2)
明亮的阳光	500～1000
灰蒙蒙的天空	50～200
百货商店	11～12
杂货店	10.5～11.5
会议室	10～11
写字楼	9～10.5
仓库	2～5.5

11.5.1 物理原理

光强可以使用光电二极管、光敏电阻[50]或光电晶体管[51]等光电探测器来测量。光电二极管和光电晶体管分别提供与光强成比例的漏极和集电极-发射极电流，而光敏电阻的阻值则与光强成比例改变。

太阳电池也可以被用来测量辐照度。太阳电池的参数表提供了不同辐照度水平下的开路电压和短路电流值来表征它们。短路电流（式（11-16））正比于辐照度，因此可用于测量辐照度。短路电流通过分流电阻测量。温度变化对短路电流的影响很小，可以忽略不计[52]。此外，如果同时进行开路电压的测量，可估计出太阳电池的最大输出功率，这将在后面具体解释。

短路电流 I_{SC} 是电压设置为零时太阳电池提供的电流。开路电压 V_{OC} 是无负载时太阳电池提供的电压。太阳电池的最大输出功率点为 P_{MPP}，相应的电压为 V_{MPP}，电流为 I_{MPP}。为了比较不同区域几个电池的性能，比电流和功率更引人注意的分别是单位面积的电流和功率以及电流和功率密度[53]。对于太阳电池的不同辐照度水平，图 11-20 和图 11-21 分别给出电流密度与电压（J-V）和功率密度与电压（S-V）的典型函数曲线。

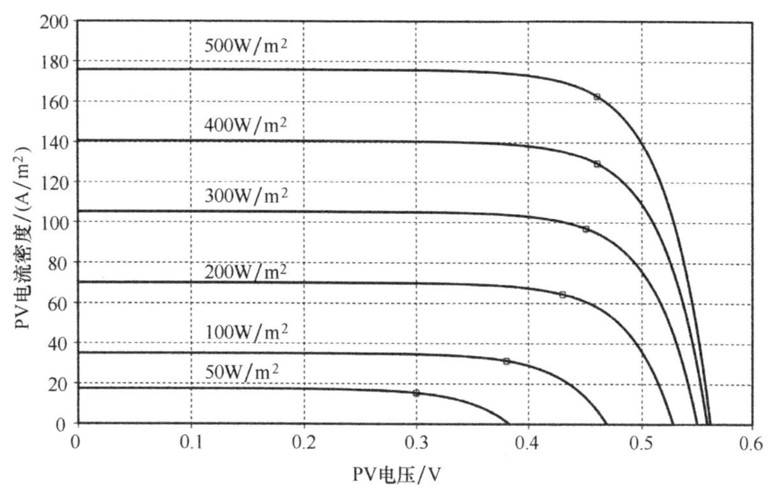

图 11-20　环境温度固定为 25℃时不同辐照度水平下典型单晶硅电池的电流密度与电压曲线

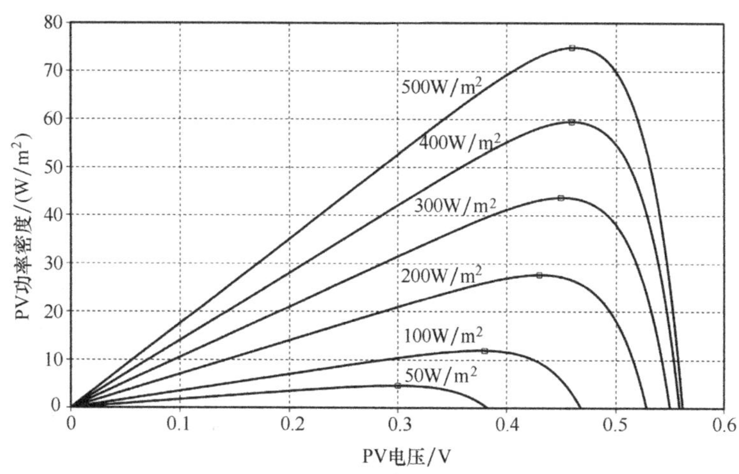

图 11-21　环境温度固定为 25℃时不同辐照度水平下典型单晶硅电池的功率密度与电压曲线

图 11-22 和图 11-23 所示为不同温度值下的 J-V 和 S-V 曲线。温度对短路电流密度的影响可以忽略不计。短路电流密度的计算公式为

$$J_{SC}(G)=\frac{J_{SC,REF}}{G_{REF}}G \tag{11-16}$$

式中，$J_{SC,REF}$ 为辐照度为 G_{REF} 时的短路电流密度；G 为太阳电池的入射辐照度。太阳电池的数据手册提供辐照度 G_{REF} 一定时的短路电流或电流密度 $J_{SC,REF}$ 值，一般为 1000W/m^2。开路电压

是辐照度和温度的函数，即

$$V_{OC}(T_c)(G)=V_{OC,REF}+(T_c-T_{c,REF})\frac{dV_{OC}}{dT_c}+V_t\ln\frac{G}{G_{REF}} \tag{11-17}$$

式中，$V_{OC,REF}$为辐照度为G_{REF}、温度为$T_{c,REF}$时的太阳电池开路电压；T_c为太阳电池的温度；dV_{OC}/dT_c为电压温度系数；V_t为热电压，$V_t=kT/q$（k为玻尔兹曼常数，T为开尔文温度，q为电子电荷量），300K时$V_t=26mV$。

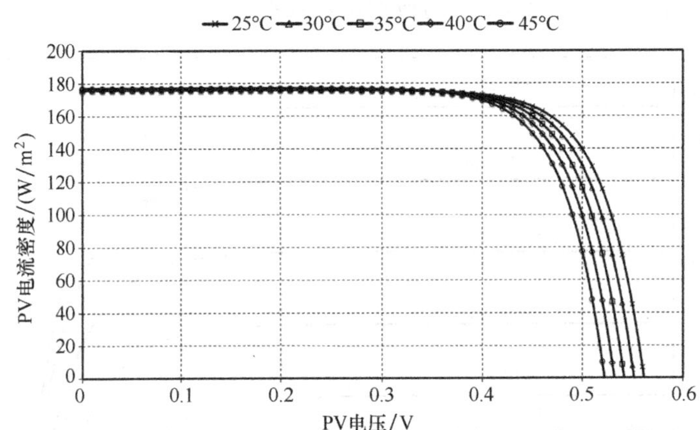

图 11-22 辐照度固定为 500W/m² 时不同环境温度下典型单晶电池的电流密度与电压曲线

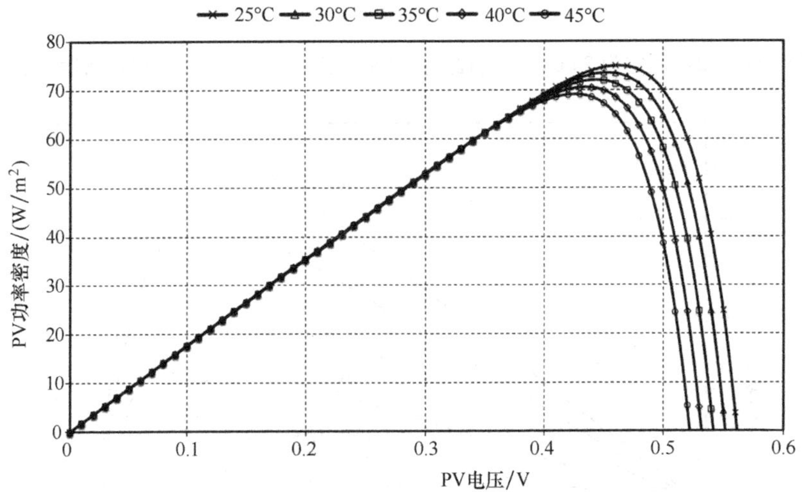

图 11-23 辐照度固定为 500W/m² 时不同环境温度下典型单晶电池的功率密度与电压曲线

太阳电池的温度与环境温度有关，有时制造商会在数据手册中给出电池额定工作温度（nominal operating cell temperature，NOCT）。硅电池的 NOCT 值为 42~48℃[53]：

$$T_{cell}=T_a+\frac{NOCT-20}{800}G \tag{11-18}$$

式中，NOCT 为 800W/m²、20℃且风速为 1m/s 时，开路条件下的电池温度。

接收辐照度小于 200W/m² 的太阳电池开路电压模型表达式为[52]

$$V_{OC}(T_c)(G)=\left[V_{OC,REF}+(T_c-T_{c,REF})\frac{dV_{OC}}{dT_c}\right]\left(1+\rho_{OC}\ln\frac{G}{G_{OC}}\ln\frac{G}{G_{REF}}\right) \tag{11-19}$$

式中，ρ_{OC}和 G_{OC}由经验获得。对于许多硅 PV 模型，$\rho_{OC}=-0.04$，$G_{OC}=1000\text{W/m}^2$。

填充因子（fill factor，FF）是太阳电池制造商在其数据手册中通常给定的参数，指最大功率与开路电压和短路电流乘积之比。因此，一定辐照度的填充因子计算式为

$$\text{FF}=\frac{V_{\text{MPP}}I_{\text{MPP}}}{V_{\text{OC}}I_{\text{SC}}}=\frac{P_{\text{MPP}}}{V_{\text{OC}}I_{\text{SC}}} \tag{11-20}$$

一个实际的太阳电池的等效电路如图 11-24所示。太阳电池被模拟为与二极管 VD_1 和 VD_2 并联的电流源 I_{PH}，VD_1 和 VD_2 的饱和电流 I_{o1}和 I_{o2}，理想因子为 1 和 2。子电路是太阳电池的简单等效电路，模拟了电阻 R_s 和 R_p 的欧姆损耗。由基尔霍夫电流定律可知

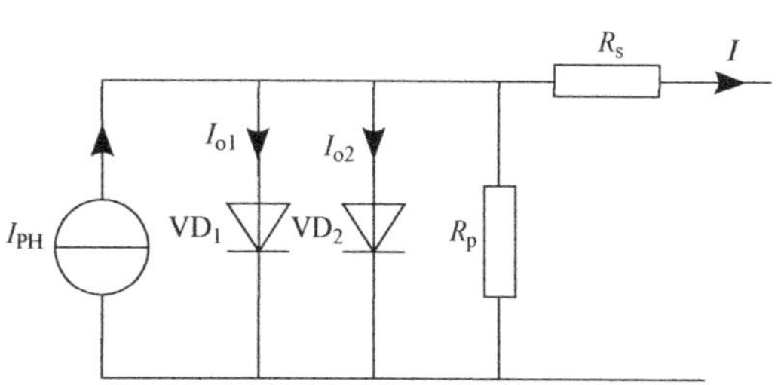

图 11-24　太阳电池等效电路

$$I=I_{\text{PH}}-I_{o1}\left[e\frac{q(V+IR_s)}{kT}-1\right]-I_{o2}\left[e\frac{q(V+IR_s)}{2kT}-1\right]-\frac{V+IR_s}{R_p} \tag{11-21}$$

式中，I_{PH}为太阳电池产生的电流。

式（11-21）也可表达为[52]

$$I=I_{\text{PH}}-I_0\left[e\frac{q(V+IR_s)}{nkT}-1\right]-\frac{V+IR_s}{R_p} \tag{11-22}$$

式中，n 为理想因子，n 在 1~2 之间[52]，对于硅电池其值在 1.2~1.8 之间[53]。

如果阻抗损耗的影响被忽略，式（11-22）可被简化为

$$I=I_{\text{SC}}-I_0\left[e\frac{q(V)}{nkT}-1\right] \tag{11-23}$$

式中，短路电流 I_{SC}为由太阳电池产生的电流。在前面的方程中，该电流可用电流密度取代。

PV 模块是并联或串联的太阳电池的组合。在 PV 模块中，当 N_s 和 N_p分别表示串联和并联的太阳电池的数量时，PV 模块的串联和并联电阻等效值为[54]

$$R_{s,\text{PVM}}=\frac{N_s}{N_p}R_s \tag{11-24}$$

$$R_{p,\text{PVM}}=\frac{N_s}{N_p}R_p \tag{11-25}$$

PV 模块转换电流为并联连接的太阳电池电流与数量 N_p 相乘，而热电压 V_t 为串联连接的太阳电池电压与数量 N_s 相乘[55]：

$$I_{\text{SC,PVM}}=N_pI_{\text{SC}} \tag{11-26}$$

$$I_{0,\text{PVM}}=N_pI_0 \tag{11-27}$$

$$V_{t,\text{PVM}}=N_sV_t \tag{11-28}$$

Blatzer 等人[56]假设 J_{MPP}和 J_{SC}与辐照度成正比，则填充因子为

$$\text{FF}=\frac{V_{\text{MPP}}}{V_{\text{OC}}} \tag{11-29}$$

太阳电池的效率定义为太阳电池在其最大功率点的输出功率与接收的入射光输入能量之比，即

$$\eta_{cell}=\frac{P_{MPP}}{GA_{cell}} \tag{11-30}$$

式中，A_{cell}为太阳电池的面积。因此，特定的辐照度 G 对应的效率 η_{cell}为

$$\eta_{cell}=\frac{P_{MPP}}{GA_{cell}} \tag{11-31}$$

11.5.2 DC-DC 转换器

太阳电池提供直流电源，因此需要 DC-DC 转换器将太阳电池的电压转换为适用于能量存储元件或电气负载的电压。太阳能模块中串联的太阳电池数量决定了最大功率点 V_{MPP}处的输出电压。为了从太阳电池中提取最大功率，DC-DC 转换器必须包括一个控制回路，根据最大功率点来调整电压和电流。DC-DC 转换器有不同的拓扑结构：降压、升压和降压-升压转换器。DC-DC 转换器可以使用占空比（脉冲宽度调制（pulse width modulation，PWM））或开关频率（脉冲频率调制（pulse frequency modulation，PFM））来控制。

MPPT（最大功率点跟踪）控制器既可以使对应于太阳电池输出功率的 DC-DC 转换器的输入功率达到最大，也可以使 DC-DC 转换器的输出功率最大化。如果 DC-DC 转换器的输入功率最大，并不意味着 DC-DC 转换器的输出功率也最大，因为它的输入功率和效率并不线性相关[55]。因此，当太阳电池获得的功率与 P_{MPP}不对应时，采用使 DC-DC 转换器输出功率最大化的 MPPT 控制器是一种有效的方法。

MPPT 算法将 DC-DC 转换器的输入电压和电流作为输入参数，使输入功率达到最大。同时，MPPT 算法使用输出电压和电流作为输出功率最大化时的参数。MPPT 控制电路必须能在操作过程中调整输入或输出功率。根据太阳电池的尺寸和辐照度水平，选择降压、降压-升压或升压转换器用于太阳电池能量收集的电源管理单元。

电源管理单元有两个可能的输出：电池或电气负载。如果电池已连接且需要进行充电，可以假设该电池的输出电压保持恒定，且 MPPT 电路只需要检测充电电流并尝试将其最大化。如果电气负载连接到电源管理单元中，DC-DC 转换器需要改变其占空比以匹配输出电阻。传统的 MPPT 算法跟踪太阳电池的 MPP。因此，该算法可得到 DC-DC 转换器的输入电压 V_{MPP}和电流 I_{MPP}。该算法通常在微控制器或数字化系统中实现。然而，完整的 MPP 算法模拟实现也是可能的。补充材料第 3 点中将介绍用于太阳电池的几种 MPPT 算法的其他信息。

通常情况下，由于光源的间歇行为，需要使用电池来存储由 PV 电池转换的能量。当电池的充电电流最大时，可认为电池中的功率也达到最大[57]。此时，使用的 MPPT 算法如图 11-25 所示。I_o 是 DC-DC 转换器的输出电流，δ 是 DC-DC 转换器的占空比。

连接太阳电池的 DC-DC 转换器的效率为负载传输功率与太阳电池在 MPP 处的转化功率的比值，即

$$\eta_{DC\text{-}DC}=\frac{P_L}{P_{MPP}} \tag{11-32}$$

在实际应用中，比起经典的输出到输入功率的形式，式（11-32）中的比率定义更有意义，因为 DC-DC 转换器的输入功率取决于控制 DC-DC 转换器开关的 MPPT 电路。这一点也是 MPPT 控制电路的工作目标。因此，该效率取决于两个方面：由 MPPT 电路决定的太阳电池或 PV 电池的 MPP 定位和 DC-DC 转换器本身的效率，以及多少输入功率被传递到负载 P_L。

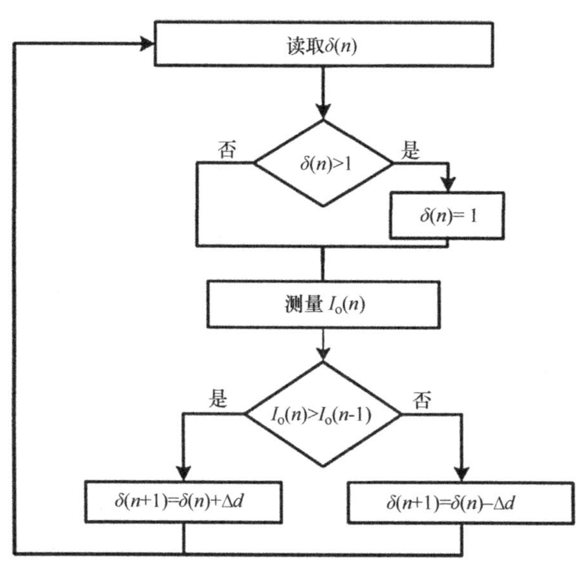

图 11-25　使用输出电流作为输入参数时的 MPPT 算法流程图[58]

11.6　能量与功耗问题

在能量采集应用中，功率和能量都是值得关注的问题。单独或与电源管理电路一起的能量转换器的峰值功率是在一定的环境条件下给出的，并通过一个特定的输出电阻使输出功率最大化。然而，现在自然环境中可能被采集的功率往往是有限且不连续的，这意味着不仅要知道采集时的瞬时功率，还需要了解其持续时间和周期。平均功率计算式为

$$\overline{P}=\frac{1}{T}\int_{T}p(t)\,\mathrm{d}t \tag{11-33}$$

在持续时间 t 内，特定的能量转换器提供的能量等于平均功率乘以时间，即

$$E=\overline{P}t \tag{11-34}$$

运行在不同的功耗模式下，能量采集系统中电气负载所需的功率是不连续的。因此需要电源管理单元调整能量采集的电压至电气负载的所需电压。此外，当能量转换器没有可用的能量时，需要能量存储元件存储能量以供后续多次使用。能量采集系统有 3 种工作模式：

1）电气负载的消耗功率总是低于环境所提供的功率。这种情况下不需要能量存储元件。

2）电气负载的平均功耗比环境所提供的平均功率低。电子装置可连续运行，但能量存储元件必不可少。

3）环境所提供的平均功率低于电气负载的平均功率。需要能量存储元件且负载不可连续运行。

如今，不仅自然界中能量采集系统的来源是不连续的，电气负载也是如此。微控制器、数字传感器和 RF 发射器具有不同的功耗模式，这取决于它们是在工作还是待机。图 11-26 所示为电气负载功耗和时间的函数。$\overline{P}_{\text{load}}$是负载的平均功耗；$P_{\text{active}}$是时间间隔 t_{active}内负载的功耗，P_{sleep}是处于最低功耗模式下负载的功耗，且时间间隔为 t_{sleep}。在能量采集系统中，电气负载在特定占空比下被激活，占空比通常根据环境源的供电而设置。因此，与负载的峰值功率相比，其平均中值功率较低。由于能量采集系统中负载通常处于待机状态下，该模式下的功率消耗被设置为平均功耗。所以，选择待机模式下而非活动模式下的低功耗元件，对负载的

总平均功耗有更大的影响。

在活动和睡眠模式下，电气负载的平均功耗应等于或低于由环境提供的平均功率。如果不是，则需要不同的方法来克服这种情况：

1）如果电气负载处于活动模式，减少负载占空比即可增加操作之间的时间。

2）如果消耗的平均功率主要由睡眠模式中的功耗引起，则选择另一个睡眠模式下低功耗的电气负载可以解决这个问题。

3）关闭电气负载，取消系统的睡眠模式。然而，该方法需要考虑启动时间和接通电气负载这段时间内的功率消耗。

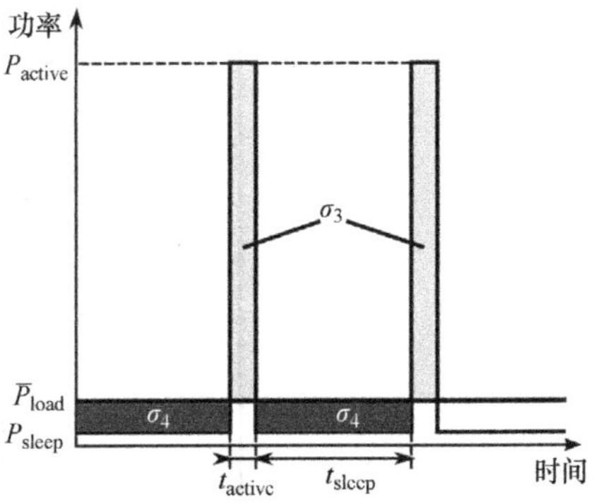

图 11-26　不同功耗模式下的电气负载功率分布

电气负载占空比定义为

$$D_{load}=\frac{t_{active}}{t_{active}+t_{sleep}} \tag{11-35}$$

式中，t_{active}和t_{sleep}分别为电气负载工作在活动模式和睡眠模式下的时间。

因此，占空比的选择对穿戴式系统的平均功率有着重要影响，因为

$$\overline{P}_{load}=P_{active}D_{load}+P_{sleep}(1-D) \tag{11-36}$$

式中，P_{active}和P_{sleep}分别为电气负载工作在活动模式和睡眠模式下的功耗。

为了选择与应用相匹配的电池，需要计算要求存储的能量值B。该参数与电池的最大放电电流是选择电池的主要参数。为工作模式下电气负载供电的线性调节器或 DC-DC 转换器的供应电流不能大于电池的最大放电电流。

穿戴式系统开始测量所需要的时间是一个值得关注的输出参数。假设电池一直以标称电压工作，薄膜和固态电池具有平坦的放电曲线，故可向负载传递能量直到电池电量接近完全排空。在 20ms 脉冲持续时间下，这些电池还可以提供大量的电流。相比超级电容器，薄膜电池的另一个优点是低自放电率[59]。薄膜电池可在不到 1h 的时间内以恒定电压充满电，因为它们不需要恒定电流阶段之后跟着恒定电压阶段的两相充电模式[59]。

电池容量的计算基于 Kansal 等人的工作[60-61]。首先，需要用数学方式定义从转换器获得的能量和由负载消耗的能量。

如果是周期性或准周期性时，所采集的能量可被定义为 3 个参数的函数。参数为$\overline{P}_{harvested}$、σ_1 和 σ_2[20]。$\overline{P}_{harvested}$是能量转换器传输的平均功率，σ_1 为功率超过平均功率时获得的最大能量值，σ_2 为功率低于平均功率时获得的最大能量值（见图 11-27）。

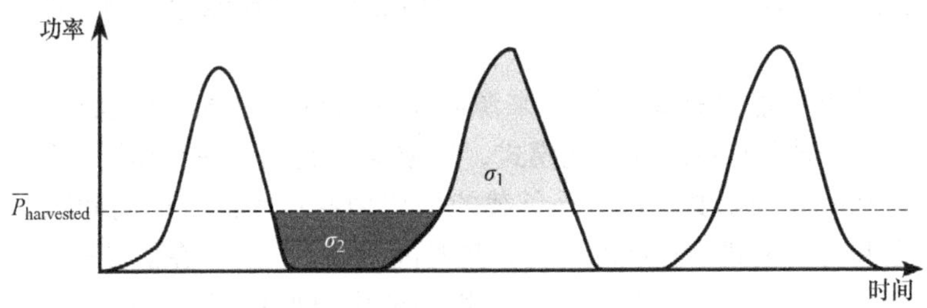

图 11-27　能量转换器获得的功率与时间的函数

$$\overline{P}_{\text{harvested}}=\frac{1}{T}\int_{T}p_{\text{source}}(t)\,\mathrm{d}t \tag{11-37}$$

$$\sigma_{1}=\max_{i}\left\{\int_{T_{\text{highsource}}\text{-}i}H(p_{\text{source}}(t)-\overline{P}_{\text{harvested}}\mathrm{d}t)\right\} \tag{11-38}$$

式中，$T_{\text{highsource}}\text{-}i$ 为 $p_{\text{source}}(t)\geqslant\overline{P}_{\text{harvested}}$时 i-th 连续持续时间；H 为单位阶跃函数。

$$\sigma_{2}=\max_{i}\left\{\int_{T_{\text{lowsource}}\text{-}i}H(\overline{P_{\text{harvested}}-p_{\text{source}}(t)}\,\mathrm{d}t)\right\} \tag{11-39}$$

式中，$T_{\text{highsource}}\text{-}i$ 为 $p_{\text{source}}(t)\leqslant\overline{P}_{\text{harvested}}$时 i-th 连续持续时间。

因此，电气负载消耗可以定义为包含以下参数：$\overline{P}_{\text{load}}$、$\sigma_3$ 和 σ_4 的函数（见图 11-26）。σ_3 为功率超过负载平均功率时的最大能量值，而 σ_4 为功率低于负载平均功率时获得的最大能量值。

$$\overline{P}_{\text{load}}=\frac{1}{T}\int_{T}p_{\text{load}}(t)\,\mathrm{d}t \tag{11-40}$$

$$\sigma_{3}=\max_{i}\left\{\int_{T_{\text{highload}}\text{-}i}H(p_{\text{load}}(t)-\overline{P}_{\text{load}}\mathrm{d}t)\right\} \tag{11-41}$$

式中，$T_{\text{highload}}\text{-}i$ 为 $p_{\text{load}}(t)\geqslant\overline{P}_{\text{load}}$时 i-th 连续持续时间。

$$\sigma_{4}=\max_{i}\left\{\int_{T_{\text{lowload}}\text{-}i}H(\overline{P_{\text{consumed}}-p_{\text{load}}(t)}\,\mathrm{d}t)\right\} \tag{11-42}$$

式中，$T_{\text{highload}}\text{-}i$ 为 $p_{\text{load}}(t)\leqslant\overline{P}_{\text{load}}$时 i-th 连续持续时间。为了立即启动负载，电池需要初始充电，所需要的最小能量值为[62]

$$B_{0\min}=\sigma_{2}+\sigma_{3} \tag{11-43}$$

电池中需要存储的能量为

$$B\geqslant B_{0}+\sigma_{1}+\sigma_{4} \tag{11-44}$$

式中，B_0 为电池中存储的初始能量。

11.7　总结与展望

本章描述了来自人体的不同能量源：环境来源或人体本身。无线能量传输和光能转换成电能被认为是可为穿戴式传感器供电的环境能源。此外，从人体直接采集的热能和机械能也可为穿戴式传感器供电。

无线能量传输的技术前景较好，可为嵌入式传感器、电路和系统无线供电。近年来，一些消费类电子产品已经出现，但仍缺少相应的国际标准。本章提出了几种具有不同频段、传输范围和功率的无线技术。这些技术也可用于人体，例如无源无线监视。它实现了无须更换电池的情况下佩戴无源传感器，或者需要电池，但其充电不需要电线。在这些应用中，必须考虑人体对无线系统的影响，例如以特殊天线的形式。

使用太阳电池把光能转换成电能是较为成熟的技术，但对穿戴式系统的集成提出了一些挑战，如太阳电池与纺织材料的结合、室内光线提供的低输入功率等级导致的低输出电压等。

压电和电动转换器可实现机械能与电能的转换。当谐振频率与机械振动的频率相匹配时，谐振转换器获得的功率较大。单个压电或电动转换器的带宽很窄，但可以使用具有多种不同谐振频率的能量转换器或频率可调转换器增加能量采集系统的带宽。此外，非谐振转换器也通过压电元件的形变或应变将机械能转换成电能，而不需要谐振。由于与人体有关的活动具有低频特性，人体运动被认为是准静态激励[19]。

TEG 将热能转换成电能。把这类转换器和穿戴式系统相结合的主要缺点是需要散热器维持 TEG 两侧的温度梯度[63]。

完整的能量采集系统的效率受其组件的效率限制。首先是把环境能源转换成电能的转换器的效率。其次是电源管理电路的效率，其在环境转换器之后，用于整流和/或调整电压。再次是用于调整能量储存设备的电压与电气负载的供电电压相匹配的 DC-DC 转换器的效率。而且，电池和电容器也有效率，其取决于温度和充电电流。同时，电池和电容器也存在由于漏电流而产生的自放电率。

采集的能量是能量转换器尺寸的函数。基于微机电系统（microelectromechanical system，MEMS）的能量转换器具有小型化和易于集成等特点，这在穿戴式系统中尤为重要，但其尺寸小，只能提供较少的电能。

能量转换器可以利用光、热、运动或 RF 能量作为环境能源为穿戴式系统供电。对于如何选择适当的能量源，数据记录仪的使用很重要。在实际条件下随着时间的推移，从光传感器、加速度计、温度传感器等获得的数据可以存储在数据记录仪上。数据记录仪通常由电池供电，并含有微控制器、SD 卡、传感器和 GPS 接收器[64]。WiFi 接口可实现数据的网络传输和处理的可能性。SD 卡能够存储数天的数据，而电池将提供所需的电能。图 11-28 所示为数据记录仪的结构框图。之后，可以对存储的数据进行分析，并确定哪一个能量转换器更适合该应用。

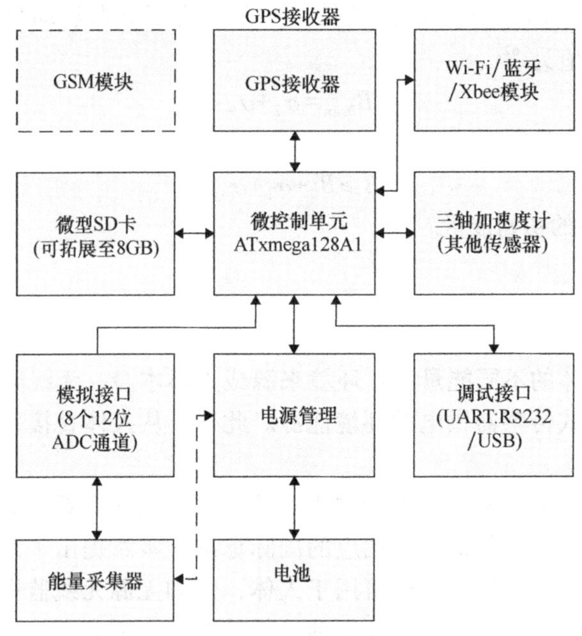

图 11-28　数据记录仪结构框图[64]

参考文献

[1] J.A. Chavez, J.A. Ortega, J. Salazar, A. Turo, M.J. Garcia, SPICE model of thermoelectric elements including thermal effects, Instrum. Meas. Technol. Conf., 2000. IMTC 2000. Proc. 17th IEEE 2 (2000) 1019–1023.

[2] M. Lossec, B. Multon, H.B. Ahmed, et al., Sizing optimization with thermal and electrical matching of a thermogenerator placed on the human body, Proc. Int. Conf. Renewable Energy Eco-Design Electr. Eng. (2011).

[3] S. Lineykin, S. Ben-Yaakov, Modeling and analysis of thermoelectric modules, Appl. Power Electron. Conf.

Expos., 2005. APEC 2005. Twentieth Ann. IEEE 3 (2005) 2019–2023. Available from: http://dx.doi.org/doi:10.1109/APEC.2005.1453336.

[4] M. Lossec, B. Multon, H. Ben Ahmed, Sizing optimization of a thermoelectric generator set with heatsink for harvesting human body heat, Energy Convers. Manag. 68 (2013) 260–265.

[5] V. Leonov, T. Torfs, P. Fiorini, C. Van Hoof, Thermoelectric converters of human warmth for self-powered wireless sensor nodes, IEEE Sens. J. 7 (2007) 650–657.

[6] T. Torfs, V. Leonov, C. Van Hoof, B. Gyselinckx, Body-heat powered autonomous pulse oximeter, in: Sensors, 2006. 5th IEEE Conference on, 2007, pp. 427–430.

[7] V. Leonov, T. Torfs, N. Kukhar, C.V. Hoof, R. Vullers, Small-size BiTe thermopiles and a thermoelectric generator for wearable sensor nodes, Proc. 5th Eur. Conf. Thermoelectrics (2007).

[8] Overview of thermoelectric/seebeck elements, last accesed november 2013. URL: <http://www.thermalforce.de/de/product/thermogenerator/index.php> (Last Accessed: 05.07.14).

[9] B.A. Edwards, Comparison of thermoelectric properties of arc-melted and hot-pressed half-heuslers (2007).

[10] N. Mohan, T.M. Undeland, W.P. Robbins, et al., Power Electronics: Converters, Applications and Design, Wiley, 1995.

[11] Ultralow Voltage Step-Up Converter and Power Manager ltc3108 data sheet, last accessed December 2013.

[12] Auto-Polarity, Ultralow Voltage Step-Up Converter and Power Manager. LTC3109 Data Sheet, last accessed December 2013.

[13] Armstrong oscillator, last accesed december 2013. URL: <http://en.wikipedia.org/wiki/Armstrong_oscillator> (Last Accessed: 05.07.14).

[14] J. Damaschke, Design of a low-input-voltage converter for thermoelectricgenerator, Industry Applications, IEEE Transactions on 33 (1997) 1203–1207.

[15] T. Starner, Human-powered wearable computing, IBM Syst. J. 35 (1996).

[16] F. Moll, A. Rubio, An approach to the analysis of wearable bodypowered systems, Mixed Sig. Des. Workshop (2000).

[17] N. Shenck, J. Paradiso, Energy scavenging with shoe-mounted piezoelectrics, Micro, IEEE 21 (2001) 30–42.

[18] D. Fourie, Shoe mounted PVDF piezoelectric transducer for energy harvesting, Morj Report, vol. 19, Spring 2010, 2010, pp. 66–70.

[19] Y. Liu, Active energy harvesting, Ph.D. thesis, The Pennsylvania State University, 2006.

[20] L. Mateu, Energy Harvesting from Passive Human Power, Ph.D. thesis, Universitat Politècnica de Catalunya, 2009.

[21] Piezo Film Sensors Technical Manual, Measurement Specialities, last accesed october 2013. <http://www.msiusa.com> (Last Accessed: 05.07.14).

[22] L. Mateu and F. Moll, Optimum piezoelectric bending beam structures for energy harvesting using shoe inserts, J Intelligent Mat Syst Struct, Vol. 16, pp. 835–845, 2005.

[23] M. Rossi, Acoustics and Electroacoustics, Artech House, Inc., Norwood, MA, 1988.

[24] S. Platt, S. Farritor, H. Haider, On low-frequency electric power generation with pzt ceramics, Mechatronics, IEEE/ASME Transactions on 10 (2005) 240–252.

[25] L. Mateu, F. Moll, Review of energy harvesting techniques for microelectronics, Proc. SPIE Microtechnol. New Millenium (2005) 359–373.

[26] L. Mateu, H. Zessin, P. Spies, Analytical method for selecting a rectification technique for a piezoelectric generator based on admittance measurement, Journal of Physics: Conference Series, vol. 476, IOP Publishing, 2013, pp. 012111.

[27] G. Tian, Active Energy Harvesting on Piezoelectric Materials: Experimental Demonstration and Standalone Circuit Implementation, Ph.D. thesis, The Pennsylvania State University, 2008.

[28] K. Ishida, T. Huang, K. Honda, T. Sekitani, H. Nakajima, H. Maeda, M. Takamiya, T. Someya, T. Sakurai, 100v ac power meter system-ona-film (sof) integrating 20v organic cmos digital and analog circuits with floating gate for process-variation compensation and 100v organic pmos rectifier, Solid-State Circuits Conf. Digest Tech. Papers (ISSCC), 2011 IEEE Int., IEEE (2011) 218–220.

[29] K. Ishida, T.-C. Huang, K. Honda, Y. Shinozuka, H. Fuketa, T. Yokota, U. Zschieschang, H. Klauk, G. Tortissier, T. Sekitani, et al., Insole pedometer with piezoelectric energy harvester and 2v organic digital and analog circuits, Solid-State Circuits Conf. Digest Techn. Papers (ISSCC), 2012 IEEE Int., IEEE (2012) 308–310.

[30] Y.K. Ramadass, A.P. Chandrakasan, An efficient piezoelectric energy harvesting interface circuit using a bias-flip rectifier and shared inductor, Solid-State Circuits, IEEE J. 45 (2010) 189–204.

[31] E. Lefeuvre, A. Badel, C. Richard, L. Petit, D. Guyomar, Optimization of piezoelectric electrical generators powered by random vibrations, Dans Symposium on Design, Test, Integration and Packaging (DTIP) of MEMS/MOEMS, Citeseer, 2006.

[32] G. Ottman, H. Hofmann, A. Bhatt, G. Lesieutre, Adaptive piezoelectric energy harvesting circuit for wireless remote power supply, IEEE Trans. Power Electron. 17 (2002) 669–676.

[33] G. Ottman, H. Hofmann, G. Lesieutre, Optimized piezoelectric energy harvesting circuit using step-down converter in discontinuous conduction mode, IEEE Trans. Power Electron. 18 (2003) 696–703.

[34] P. Nikitin, K.V.S. Rao, S. Lazar, An overview of near field uhf rfid, in: RFID, 2007. IEEE International Conference on, 2007, pp. 167–174.

[35] I. Mayordomo, T. Drager, P. Spies, J. Bernhard, A. Pflaum, An overview of technical challenges and advances of inductive wireless power transmission, Proc. IEEE 101 (2013) 1302–1311.

[36] Murata, Wireless Power Transmission Modules, 2013. URL: <www.murata.com/products/wireless_power>, last accessed November 2013.

[37] Powercast, Wireless Power Solutions, 2013. URL: <www.powercastco.com>, last accessed November 2013.

[38] O. Jonah, S. Georgakopoulos, M. Tentzeris, Orientation insensitive power transfer by magnetic resonance for mobile devices, Wireless Power Transfer (WPT), 2013 IEEE (2013) 5–8.

[39] K. Miwa, H. Mori, N. Kikuma, H. Hirayama, K. Sakakibara, A consideration of efficiency improvement of transmitting coil array in wireless power transfer with magnetically coupled resonance, Wireless Power Transfer (WPT), 2013 IEEE (2013) 13–16.

[40] C. Gabrieli, Compilation of the Dielectric Properties of Body Tissues at RF and Microwave Frequencies, Technical Report AL/OE-TR-19960004, Physics Department, King's College London, 1996.

[41] U.N.L. of Medicine, The Visible Human Project, 2013. URL: <www.nlm.nih.gov/research/visible/visible_-human.html>, last accessed November 2013.

[42] Farsens, Battery Free Sensor Solutions, 2013. URL: <www.farsens.com>, last accessed November 2013.

[43] G. Marrocco, Rfid antennas for the uhf remote monitoring of human subjects, Antennas and Propagation, IEEE Transactions on 55 (2007) 1862–1870.

[44] D. Ranasinghe, T. Kaufmann, Wearable RFID tags, RFID J. (2012).

[45] R. Bashirullah, Wireless implants, microwave magazine, IEEE 11 (2010) S14–S23.

[46] J.-C. Chiaon, Wireless implants for personalized medicine and chronic monitoring, IEEE Life Sci. Newsletter (2013).

[47] A. Reinders, Options for photovoltaic solar energy systems in portable products, in: proceedings of TCME 2002, Fourth International symposium, 2002, pp. –.

[48] J. Randall, N. Bharatula, N. Perera, T. von Büren, S. Ossevoort, G. Tröster, Indoor tracking using solar cell powered system: Interpolation of irradiance, Int. Conf. Ubiquitous Comput. (2004).

[49] IXOLAR High Efficiency SolarMD slmd121h09l data sheet, last accesed November 2013. URL <http://ixapps.ixys.com/Viewer.aspx?p = http%3a%2f%2fixapps.ixys.com%2fDataSheet%2fSLMD121H09L-DATA-SHEET.pdf> (Last Accessed: 05.07.14).

[50] SILONEX Inc., Datasheet NORPS-12, Last accessed November 2013. URL: <http://www.farnell.com/datasheets/409710.pdf> (Last Accessed: 05.07.14).

[51] Vishay, Datasheet TEMT6000X01, Last accessed November 2013. URL: <http://www.vishay.com/docs/81579/temt6000.pdf> (Last Accessed: 05.07.14).

[52] A. Luque, S. Hegedus, com. Handbook of Photovoltaic Science and Engineering, Wiley, 2011.

[53] M.T. Penella-López, M. Gasulla-Forner, Powering Autonomous Sensors, Springer, 2011.

[54] M.K. Fuentes, A Simplified Thermal Model for Flat-Plate Photovoltaic Arrays, Technical Report, Sandia National Labs, Albuquerque, NM (USA), 1987.

[55] N. Femia, G. Petrone, G. Spagnuolo, M. Vitelli, Power electronics and control techniques for maximum energy harvesting in photovoltaic systems, vol. 11, CRC Press, 2012.

[56] D.B. Atzner, A. Romeo, H. Zogg, A. Tiwari, Cdte/cds solar cell performance under low irradiance, in: 17-th EC PV Solar Energy Conference, Munich, Germany, 2001.

[57] D. Shmilovitz, On the control of photovoltaic maximum power point tracker via output parameters, in: Electric Power Applications, IEE Proceedings-, volume 152, IET, 2005, pp. 239–248.

[58] D. Shmilovitz, Photovoltaic maximum power point tracking employing load parameters, in: Industrial Electronics, 2005. ISIE 2005. Proceedings of the IEEE International Symposium on, volume 3, IEEE, 2005, pp. 1037–1042.

[59] T. Cantrell, SILICON UPDATE-LiOn King-A Look at" Battery-in-aChip" technology, Circuit Cellar-The Magazine Compu. Appl. (2009) 62.

[60] A. Kansal, J. Hsu, S. Zahedi, M.B. Srivastava, Power management in energy harvesting sensor networks, Technical Report TR-UCLA-NESL200603-02, Networked and Embedded Systems Laboratory, UCLA, 2006. URL: <http://nesl.ee.ucla.edu/fw/kansal/kansal_tecs.pdf> (Last Accessed: 05.07.14).

[61] A. Kansal, D. Potter, M.B. Srivastava, Performance aware tasking for environmentally powered sensor networks, SIGMETRICS '04/Performance '04: Proceedings of the joint international conference on Measurement and modeling of computer systems, ACM Press, New York, NY, USA, 2004. Available from: http://doi.acm.org/10.1145/1005686.1005714, pp. 223–234.

[62] L. Mateu, Energy Harvesting from Human Passive Power, Ph.D. thesis, Universitat Politecnica de Catalunya, 2009.

[63] S. Priya, D. Inman, Incorporated. Energy Harvesting Technologies, Springer Publishing Company, 2008.

[64] DATA-LOGGER to characterize vibrations for energy harvesting systems, last accesed november2013. URL: <http://www.iis.fraunhofer.de/content/dam/iis/en/dokumente/Embedded-Communication/Data_Logger.pdf> (Last Accessed: 05.07.14).

补充材料：人体能量采集

1. 从人体温度梯度中采集能量：超低输入电压的 DC-DC 转换器设计

图 11-29 所示为低输入升压转换器的原理图，一个标准的 MOSFET VF_2 与一个典型的 JFET VF_1 并联，其中 VF_2 是用来处理典型 JFET 的高导通电阻。在此处，VF_1 只在启动时切换，然后完全关闭，则导通电流只会流经 VF_2。这是负电压流经电容 C_1 的结果，VF_1 启动之后，负电压会进一步降低以至于 VF_1 不能导通。这一现象也可在图 11-30 的 V_{C1} 和 I_{VF1} 图像中观察到，图 11-30 显示了图 11-29 DC-DC 转换器原型的一些测量结果。

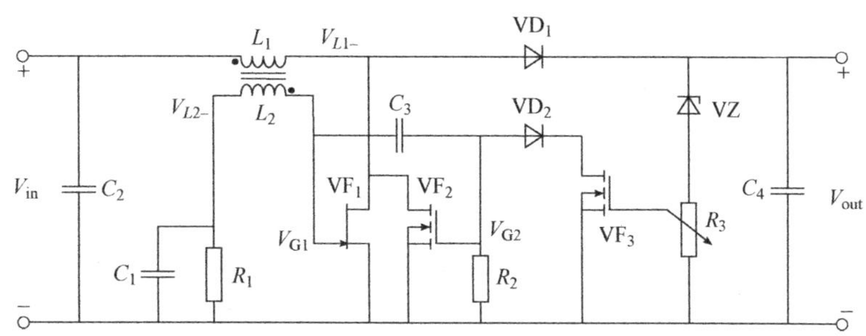

图 11-29　带有附加整流 MOSFET 和电压调节的自激振荡转换器

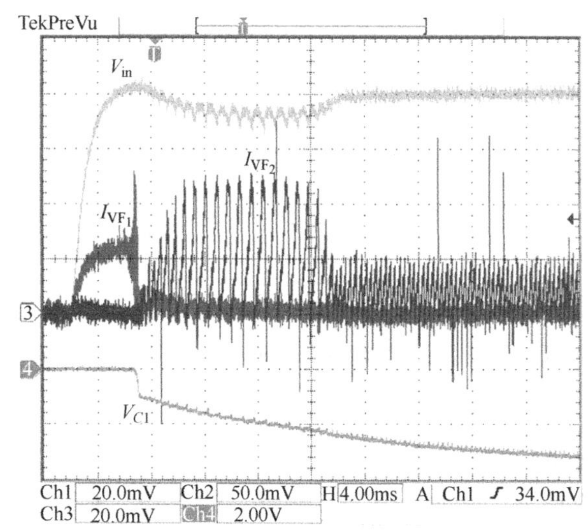

图 11-30　带有附加整流 MOSFET 的自激振荡转换器的监测波形

图 11-29 所示的转换器也可用两个阈值电压不同的 MOSFET 来实现。可用阈值电压接近于零和高导通电阻的 MOSFET 来代替 JFET，其中该 MOSFET 用作启动转换器。第二个 MOSFET 可以是具有高阈值电压及最低导通电阻的标准 MOSFET，用于稳态运行，使欧姆损耗降到最低。这种构造如图 11-31 所示，它可以用高级线性设备的零阈值晶体管 ALD110900[A1] 和标准 MOSFET BSH105[A2] 的组合来实现。电荷泵（见图 11-31）由二极管 VD_3 和 VD_4 以及电容器 C_4 和 C_5 组成，该电荷泵为 VF_2 的栅极提供一个直流偏压以保证最低的输入启动电压，如果二次电感 L_2 的振荡幅度过低，就达不到 VF_2 的阈值电压。

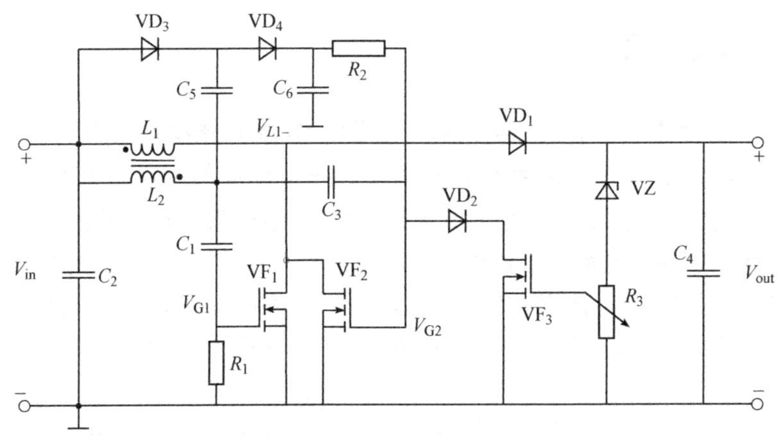

图 11-31　用两个阈值电压不同的 MOSFET 实现的 Meissner 振荡器

如果需要更高的输出电压，或者相对于输出功率而言，二极管 VD_3 和 VD_4 正向电压损失的功率不是主要部分，那么在反激式结构中使用图 11-31 的电路更方便，如图 11-32 所示。用高阻态零阈值的 MOSFET 作为 VF_1，可以实现非常低的启动电流和变压器的低匝数比。最后提到的两个电路可以扩展到工作在独立于电压极性的情况下。如何设计该电路将在后文中描述。

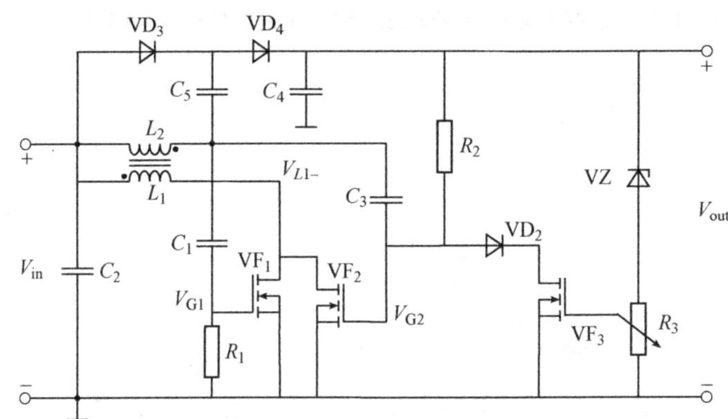

图 11-32　反激式结构中用两个阈值电压不同的 MOSFET 实现的 Meissner 振荡器

（1）双极性 DC-DC 转换器的设计

图 11-33 所示为双极性 DC-DC 转换器的电路图，即工作在正负极性双输入下的 DC-DC 转换器。这种实现机制是有用的，例如一个 TEG 连接到输入端，那么暴露于正负温度梯度中的 TEG 信号会导致反相的输出电压，类似于昼夜、夏冬、室内外之间的转变。

在图 11-33 所示电路图中，在 DC-DC 转换器之前采用由桥式整流电路组成的极性开关，该极性开关由两个比较器 U_1 和 U_2 控制。这个实现机制会产生一个独立于输入电压端 V_{TEG1} 和 V_{TEG2} 极性的正向供电电压。需要指出的是这种结构不适用于 V_{TEG1} 端和 V_{TEG2} 端之间是交流电的情况。此外，极性开关输出端和电容器 C_{in} 之间必须由一个有源或无源的二极管连接。

二极管 $VD_1 \sim VD_4$ 工作在双极性转换器的启动阶段，V_{out+} 端和 V_{out-} 端之间的输出电压太低以至于不能提供足够的电压给比较器 U_1、U_2，最后导致晶体管 $VF_1 \sim VF_4$ 无法导通。因此在这个阶段中，极性开关可以作为一个标准的桥式整流器。为了保证双极性结构的最低可能启动电压，二极管 $VD_1 \sim VD_4$ 应该有尽可能低的正向电压，一般情况下这个正向电压与二极管的漏

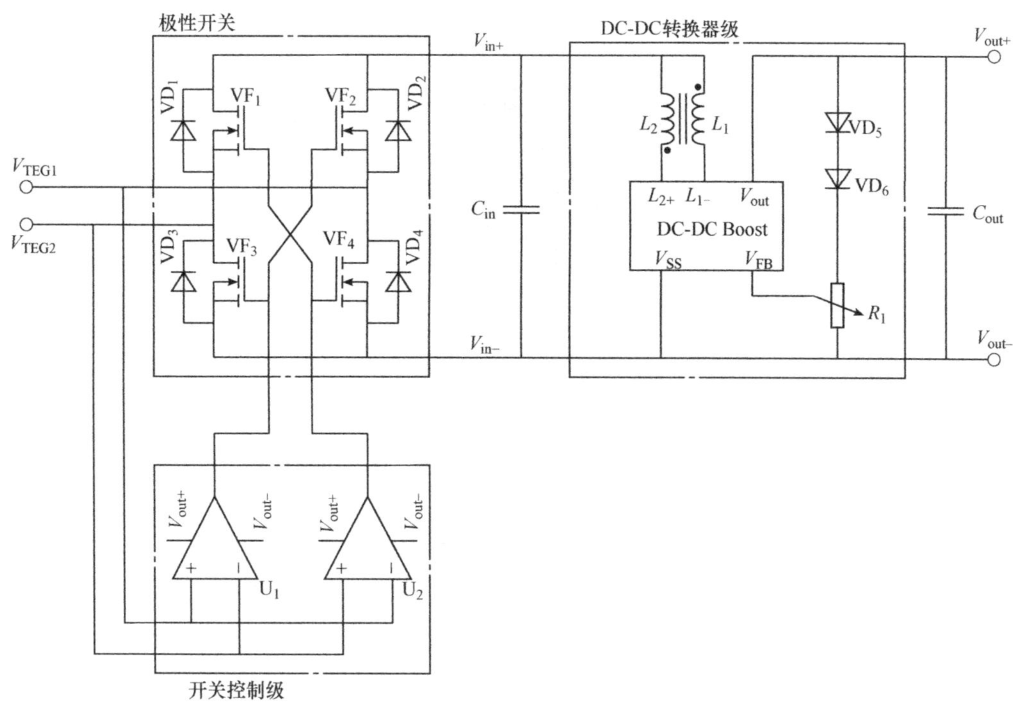

图 11-33 双极性 DC-DC 转换器的电路图

电流相反。硅肖特基二极管 BAT60A[A3] 是一种可行的选择，在室温下这种二极管在正向 0.12V 电压下具有 10mA 电流，反向 5V 电压下有 0.3mA 的漏电流。为了保证较低的启动电压，启动 DC-DC 转换器（见图 11-33）的电流要尽可能小。对于实现该功能，图 11-31 和图 11-32 中所示的转换器最合适，但是图 11-33 所示的结构适合任何类型的转换器。

（2）ASIC 设计与演示

通过稍做修改可以在专用集成电路（application-specific integrated circuit，ASIC）中实现图 11-29 ~ 图 11-32 中所示的低输入电压 DC-DC 转换器。它可以在 UMC 180nm 工艺[A4] 中完成，在这种工艺中可以采用零阈值 MOS 晶体管甚至低导通电阻。图 11-34 所示为 Fraunhofer ASIC[A5] 芯片与 10 欧分硬币的对比照片。图 11-35 所示为 QFM5×5 封装下 ASIC 评估板的照片。

图 11-34 Fraunhofer ASIC 放在 10 欧分硬币上的照片

带有 DC-DC 转换器的 ASIC 评估板被专门设计用来连接无线演示器，无线演示器不需要电池或者其他类似的能源存储设备就能够传递数据。图 11-36 所示为发射器装置的电路图，它将人体热能作为工作能源。该演示器用固态热电偶交换器作为它的输入 V_{TEG+}、V_{TEG-}，用由 ENOcean 生产的 STM110 发射模块[A6] 将 TEG 的温度差、输入电流和电压发送到个人计算机或笔记本计算机。数据通过与 FTDI232B[A7] 串口-USB 转换器连接的 RCM120 接收器（也由 ENOcean 生产）发送。要测量 TEG 的输出电流，只需在 TEG 接地通路上加一个分流电阻 R_{Shunt}。这个电阻产生的电压降可以通过电流检测放大器测得，通过该放大器调节 R_{Shunt} 两端的电压降实现对发射模块中 ADC 的第一个输入端信号大小的调节。同理，U_2

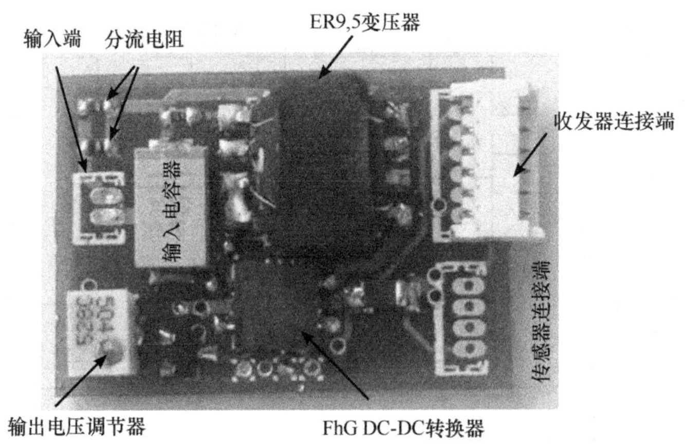

图 11-35　装有 Fraunhofer 转换器 ASIC 评估板的照片

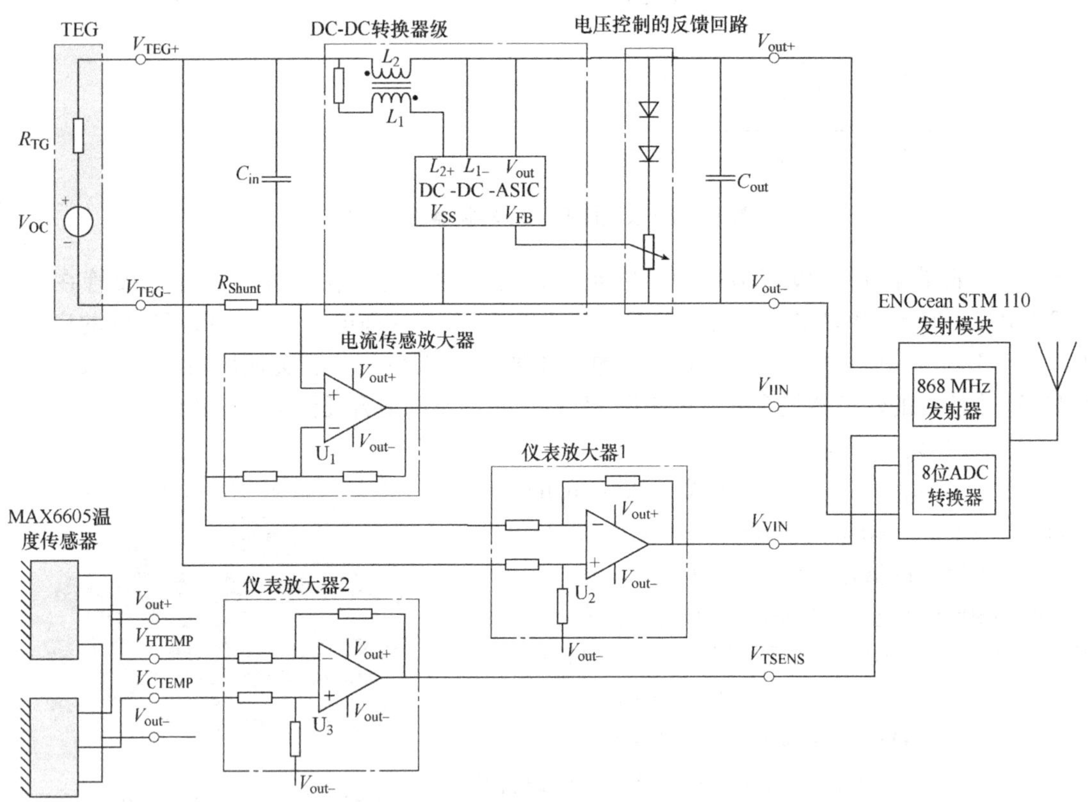

图 11-36　发射器电路图

测量 TEG 两端的电压，U_3 减去温度传感器的两个输出电压，使得电压 V_{TSENS}（ADC 的第 3 个输入）与 TEG 的温度梯度成比例关系。图 11-37 所示为演示器的完整设置，其安装了专门为演示笔记本计算机上 TEG 设备的测量信号而开发的软件。

（3）用于阻抗匹配的最大功率点跟踪法

如果用热电偶或者太阳电池对电池或电容器等储能设备进行充电，一般需要使用电压转换器，它可以通过自动调节，使能量转换器工作在最大功率点上。

使用最大功率跟踪回路的效益可以通过一张图表来估计，在这张图表中，输出功率被绘制成 TEG 输出电流的函数关系图。对于典型的 TEG，例如“thermalforce. de”公司的 127-150-26[A8]或“Peltron GmbH”公司的 PKE-128-A-1027[A9]，图 11-38 所示为 $\alpha_m = 0.05$，开路电压 $V_{OC} =$ 100mV、200mV、300mV、400mV 和 500mV 时，输出电流 I_{TG}和输出功率 P_{TG}的函数关系图。此外，该图还记录了相应的温度梯度 ΔT。

图 11-37　TEG 能量采集设置的图像

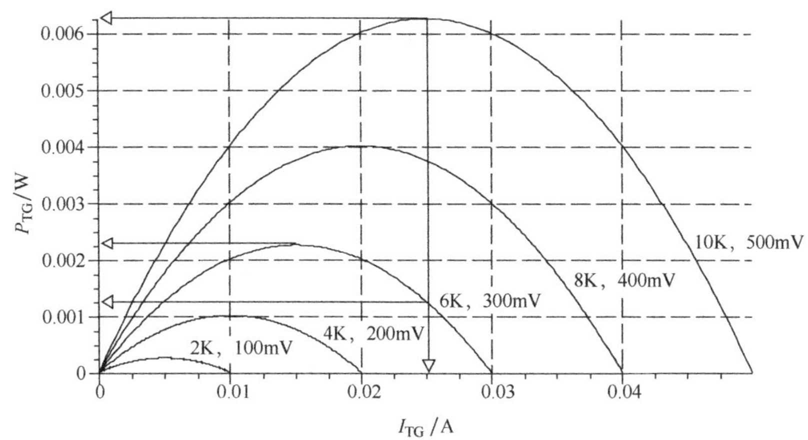

图 11-38　典型 TEG 在不同开路电压下输出功率与输出电流的关系

例如，温度梯度为 10K 时，TEG 工作在最大功率点，$P_{TG}=6.2\text{mW}$，输出电流 $I_{TG}=25\text{mA}$。假设温度梯度从 10K 下降至 6K，输出电流保持在 25mA，在这种情况下，TEG 的输出功率下降至 1.2mW，然而此时的最大功率点为 $P_{TG}=2.5\text{mW}$，输出电流 $I_{TG}=15\text{mA}$。这个例子表明，TEG 可以通过自适应方法获得$\dfrac{2.5\text{mW}-1.2\text{mW}}{1.2\text{mW}}\times 100\% = 108\%$的输出功率，这种自适应方法使得能量转换器始终工作在最佳功率点上。下文描述了它的工作原理。

图 11-39 所示为电池作为电压转换器负载的配置。在这种情况下，由于输出电压 V_{BAT}变化很慢，当转换器的输出电流 I_{BAT}最大时，可以假定向负载提供了最大功率。实际上在接下来的分析中，V_{BAT}假定为常数。例如，降压-升压转换器通常用于电压转换。因此，图 11-39 所示的电压转化率为

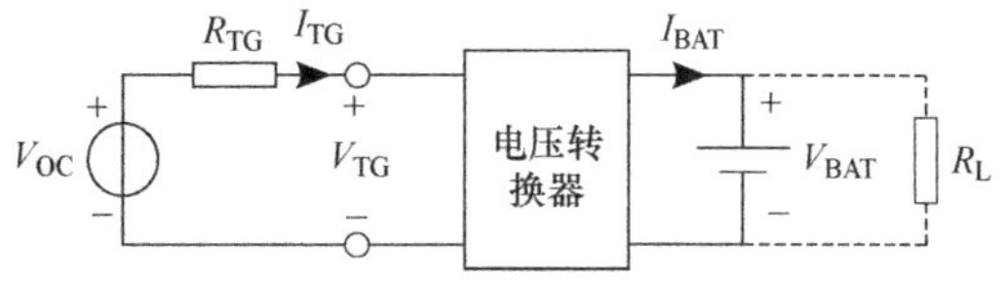

图 11-39　利用电压转换器将电池负载匹配到能量转换器上

$$\frac{V_{BAT}}{V_{TG}}=\frac{D}{1-D} \tag{11-45}$$

因此，I_{TG}可以根据下式计算：

$$I_{TG}=\frac{V_{OC}-V_{TG}}{R_{TG}}=\frac{1}{R_{TG}}\left(V_{OC}-V_{BAT}\frac{1-D}{D}\right) \tag{11-46}$$

最后，TEG 的输出功率为

$$
\begin{aligned}
P_{TG} &= V_{OC}I_{TG} - R_{TG}I_{TG}^2 \\
&= \frac{V_{OC}}{R_{TG}}\left(V_{OC} - V_{BAT}\frac{1-D}{D}\right) - \frac{1}{R_{TG}}\left(V_{OC} - V_{BAT}\frac{1-D}{D}\right)^2 \\
&= \frac{V_{OC}^2}{R_{TG}} - \frac{V_{OC}V_{BAT}}{R_{TG}}\frac{1-D}{D} - \frac{1}{R_{TG}}\left[V_{OC}^2 - 2V_{OC}V_{BAT}\frac{1-D}{D} + V_{BAT}^2\frac{(1-D)^2}{D^2}\right] \\
&= \frac{V_{OC}V_{BAT}}{R_{TG}}\frac{1-D}{D} + \frac{V_{BAT}^2}{R_{TG}}\left(\frac{1-D}{D}\right)^2
\end{aligned} \tag{11-47}
$$

由 P_{TG}对占空比 D 微分得到 TEG 的最大功率为

$$
\begin{aligned}
\frac{\Delta P_{TG}}{\Delta D} &= \frac{V_{OC}V_{BAT}}{R_{TG}}\frac{-D-(1-D)}{D^2} - 2\frac{V_{BAT}^2}{R_{TG}}\frac{1-D}{D}\frac{-D-(1-D)}{D^2} \\
&= \frac{V_{OC}V_{BAT}}{R_{TG}}\frac{-1}{D^2} + 2\frac{V_{BAT}^2}{R_{TG}}\frac{1-D}{D^3} \\
&= 2\frac{V_{BAT}^2}{R_{TG}} \cdot \frac{1-D}{D^3} - \frac{V_{OC}V_{BAT}}{R_{TG}D^2}
\end{aligned} \tag{11-48}
$$

并使得生成的函数值等于 0 得

$$
\begin{aligned}
&\frac{\Delta P_{TG}}{\Delta D} = 2\frac{V_{BAT}^2}{R_{TG}}\frac{1-D}{D^3} - \frac{V_{OC}V_{BAT}}{R_{TG}D^2} = 0 \\
&\Rightarrow 2V_{BAT}\frac{1-D}{D} - V_{OC} = 0 \Rightarrow \frac{1}{D} - 1 = \frac{V_{OC}}{2V_{BAT}} \Rightarrow \frac{1}{D} = \frac{V_{OC}}{2V_{BAT}} + 1 \\
&\Rightarrow D_{MPP} = \frac{1}{\dfrac{V_{OC}}{2V_{BAT}} + 1} = \frac{2V_{BAT}}{V_{OC} + 2V_{BAT}}
\end{aligned} \tag{11-49}
$$

概括来说，通过在电压转换器输出端加一个电池可以使 TEG 的输出功率最大（见图 11-39），其占空比 D_{MPP}只取决于 V_{OC}和 V_{BAT}。事实上，检测开路电压 V_{OC}和内阻 R_{TG}必须断开 TEG。因此，更可行的方法是寻找一种电气结构，该结构可以通过自动找到最大输出功率来检测能量转换器的输出。关于这个问题，已经有大量文献报道了相关工作，这里将仅介绍一种常见的解决方案。如果想了解更多信息，可以去参考 Sullivan 等人[A10]或 Koutroulis 等人[A11]的文章。

用图 11-38 可以找到最大功率跟踪器（maximum power point tracker，MPPT）的常规算法。根据最大功率点从哪一边开始调控，算法的表达式分别为

$$\text{Area}(1): \Delta P>0 \Rightarrow \Delta D\uparrow \tag{11-50}$$

$$\Delta P<0 \Rightarrow \Delta D\downarrow \tag{11-51}$$

$$\text{Area}(2): \Delta P>0 \Rightarrow \Delta D\downarrow \tag{11-52}$$

$$\Delta P<0 \Rightarrow \Delta D\uparrow \tag{11-53}$$

从这些表达式中可以推断出起点必须根据实施的解决方案进行选择。图 11-40 所示为采用升压转换器的一种可能设计框图。能量转换器的输出电流 I_{TG}和输出电压 V_{TG}作为 MPPT 的输入，放大之后输出与转换器输出功率成正比的信号。一般来说，分流电阻 R_S 将 TEG 的输出电流 I_{TG}转换成电压信号，然后进行放大（见图 11-40）。经过倍增器的信号通过一个低通滤波器消除因转换器开关造成的电流纹波，以防 MPPT 调节产生的功率信号纹波。然后，对滤波器

的输出信号进行微分，来判断功率是上升还是下降。比较器与微分器相连接，用来增加或减小转换器的占空比。然后，通过积分器将作为时间函数的比较器信号叠加。

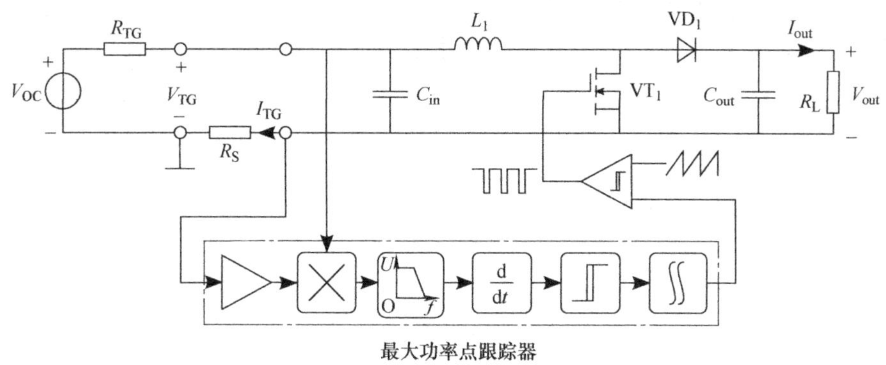

图 11-40　最大功率点跟踪器的设计案例

比较器的输出是否与输入反向决定了使用哪一种算法（式（11-50)/式（11-51）或式（11-52)/式（11-53)）。事实上，还必须决定在占空比 $D=0$ 还是 $D=1$ 时启动电路。只有当转换器输出功率变化的速度比 MPPT 反应速度慢时，提出的 MPPT 才能正常工作。否则，最大功率点可能变更到错误的区域（见图 11-9b)，使得算法不能使占空比在正确的方向上。所以，这种设计比太阳电池更为实用，因为通常情况下，应用于 TEG 的温度梯度的变化，不会比应用于太阳电池的光密度变化快。在文献中还有其他的解决方案，例如 Sullivan 等人[A10]利用触发器切换式（11-50)/式（11-51）和式（11-52)/式（11-53）的工作。

图 11-40 所示的 MPPT 回路有模拟和数字化两种解决方案，而对于数字化解决方案来说至少需要一个 A/D 转换器、一个 D/A 转换器以及一个单片机。对于能量采集的应用，一般根据结构的消耗功率进行选择。

图 11-40 所示的模拟解决方案的电路图呈现在图 11-41 中，其中每级都需要运算放大器，其余部分是标准电路，包括微分器、比较器和积分器。有时使用放大器代替比较器是有意义的，因为对于微分器输出的直流分量而言，它的增益更低。积分器的输出作为转换器 PWM 的控制信号。

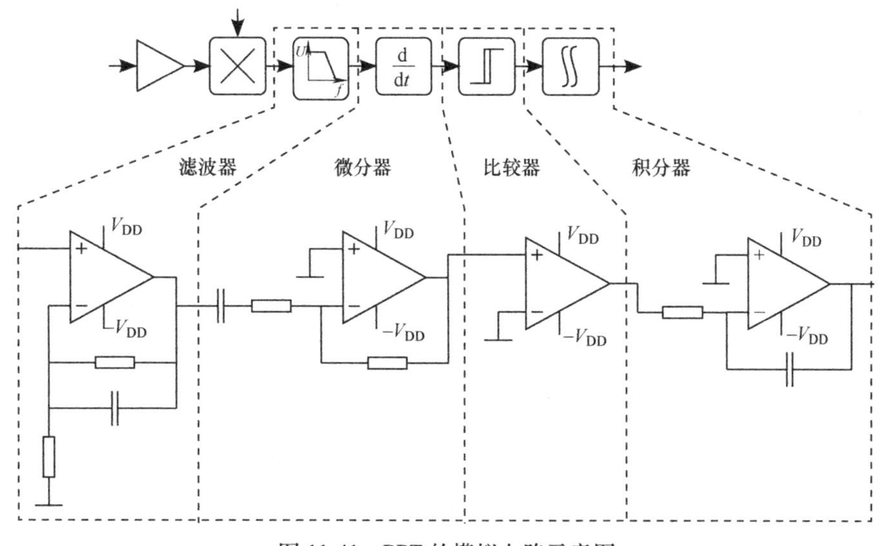

图 11-41　PPT 的模拟电路示意图

倍增器的典型设计不在这里介绍。倍增器可以使用来自于 Analog Devices 的商业化集成电路如 AD633[A12]。但是，AD633 会消耗几毫安的电流，这对于能量采集应用来说功耗太大。然而，可以通过仅检测电流而不检测功率来避免使用倍增器。例如，在图 11-39 所示的解决方案中，在电压转换器的输出端连接一个电池，则输出电流相对于输出电压来说是个常数。在这种情况下，MPPT 跟踪转换器的最大输出功率，比跟踪转换器的输出功率更为准确。这可以理解为考虑到一个典型的升压转换器在较高输入电压的情况下具有更高的效率，这意味着换能器的最大输出功率与传递给电池的最大功率处于不同的点。

2. 足运动能量采集：AC-DC 转换器

(1) AC-DC 线性整流器

Han 等人[A13]采用电压倍增器作为 AC-DC 整流器。图 11-42a 所示为半桥式二极管整流器，图 11-42b 所示为半桥式有源整流器，两个比较器分别与晶体管 VF_{P1} 和 VF_{N1} 相连。

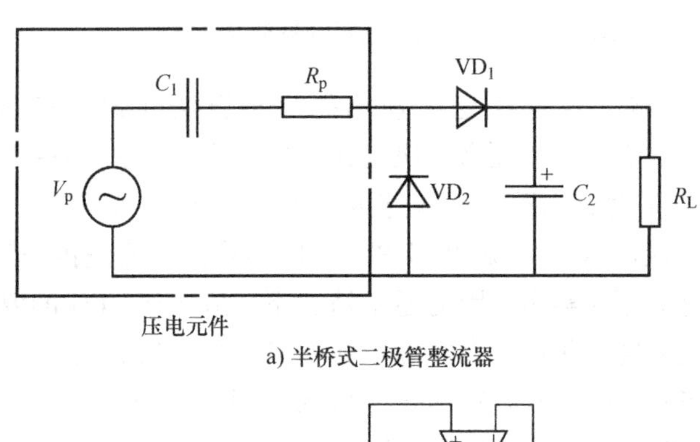

a) 半桥式二极管整流器

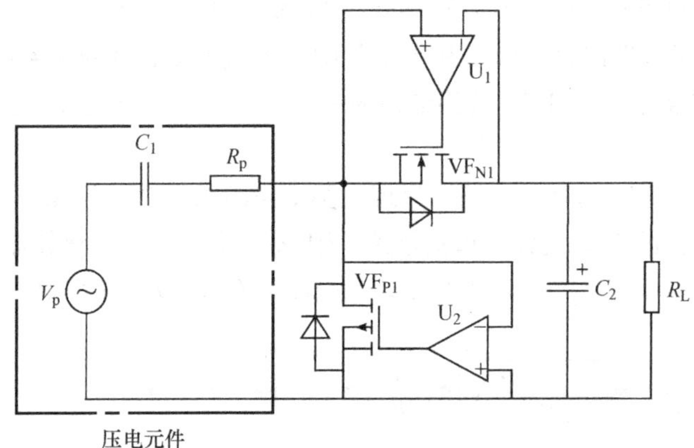

b) 半桥式有源整流器

图 11-42 AC-DC 整流器[A13]

图 11-43a 所示为带有电压倍增器的单相半波整流器，电压倍增器的电路如图 11-43b 所示[A14]。因此，压电波只整流了一半，然后乘以因子 2。半波整流器由 PMOS 晶体管、反相器和比较器组成。当压电元件的输出电压高于经过 PMOS 晶体管之后的电压时，PMOS 晶体管导通，时钟信号 Φ_1 为低电平。然后，图 11-43b 中的电容器 C_1 以输入电压充电。此外，两个 PMOS 晶体管 VF_{P2} 和 VF_{P5} 导通，电容器 C_2 以压电元件的输出电压充电。当压电元件的输出电压低于 PMOS 晶体管 VF_{P1} 后的电压时，信号 Φ_2 为低电平，电压倍增电路中 PMOS 晶体管导通。然后，电容器 C_2 与 C_1 串联，由此，得到的输出电压是压电输出电压的两倍。对于同步整流器设计来说，必须考虑比较器的功耗。

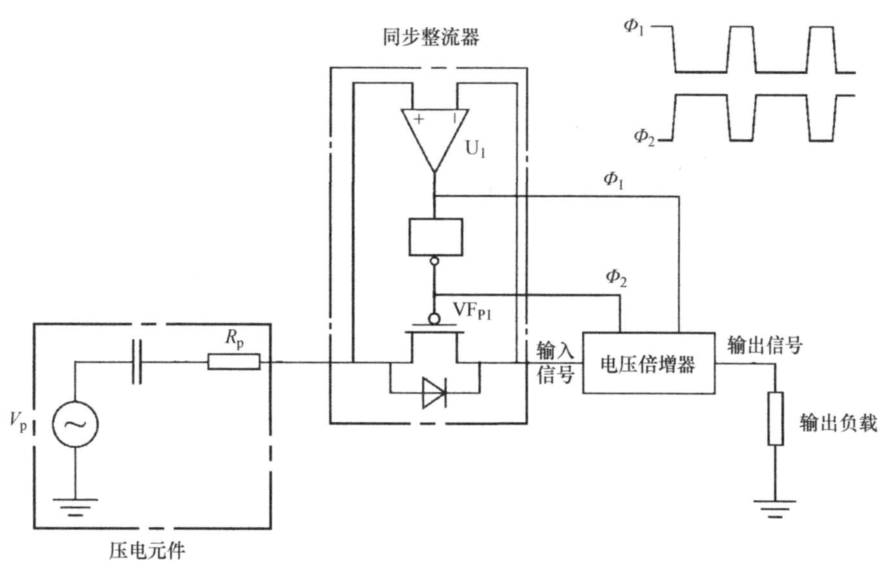

a) 半波同步整流器和电压倍增器

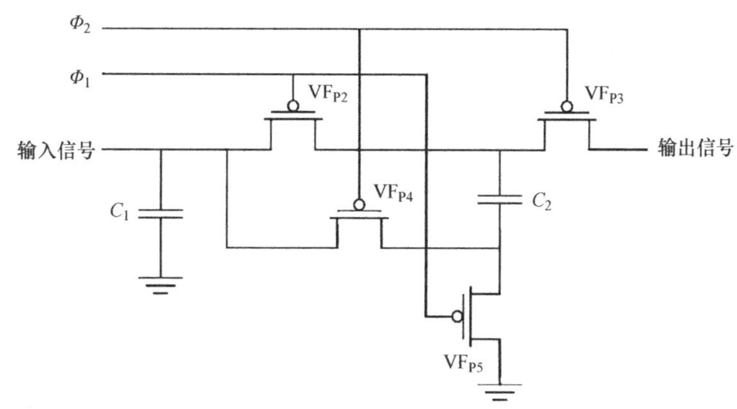

b) 电压倍增器晶体管水平的电路

图 11-43　单相半波整流电路

为该整流器设计的比较器只消耗 165nW 的功率。如图 11-44 所示，这种线性整流器包含由两个 PMOS FET 和两个 NMOS FET 组成的负电压转换器，并跟随一个二极管，该二极管可以是肖特基二极管或有源 PMOS 晶体管[A15-A16]。应用在负电压转换器中的晶体管作为开关使用而非二极管。这种拓扑结构所需的 MOSFET 必须有低漏源电阻和低电容。电路的第一部分将负半波转换成正半波。在输入正半波电压时，VF_{P1} 和 VF_{N2} 导通；当输入负半波电压时，VF_{P2} 和 VF_{N1} 导通。然后，二极管阻断从输出端又流回输入端的电流。可以通过由 PMOS 晶体管和比较器组成的有源二极管进行改进。如果输出电压 V_{out} 高于 V_{pos}，那么比较器的输出电压等于它的正向供给电压，VF_{P3} 关闭。在稳态运行过程当中，VF_{P3} 由比较器的输出电压控制。然而，当输出电压达不到比较器所需的最低供给电压时，VF_{P3} 的体二极管将会阻断从输出端流向输入端的电流。

AC-DC 整流器需要一个 DC-DC 转换器将提取到 PVDF 薄膜的能量传输到电池（见图 11-15）。对于存储电容器 C_2 来说，它有一个最佳电压水平，在这个电压下，流经压电转换

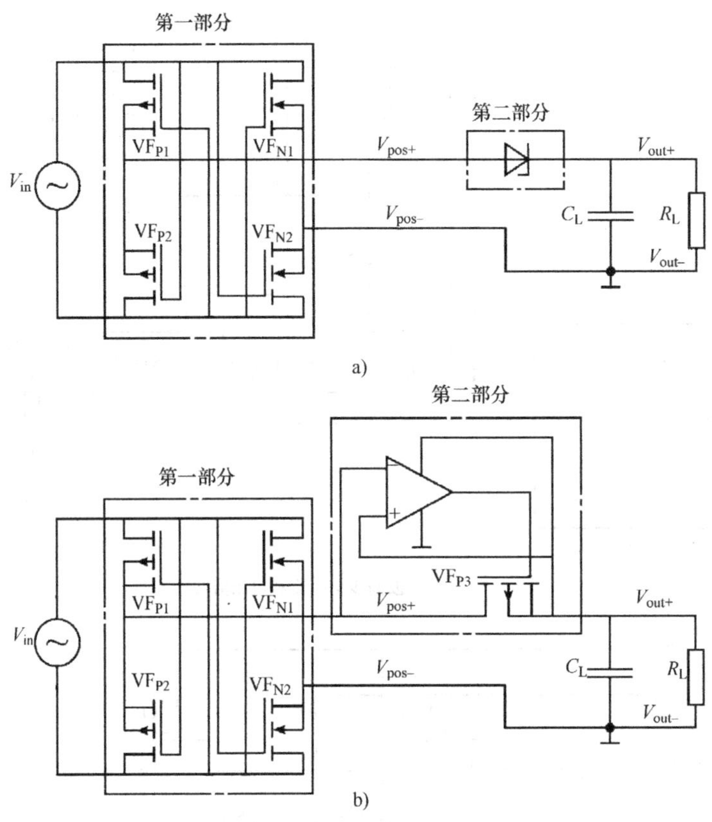

图 11-44　由一个负电压转换器和一个二极管或一个有源二极管组成的有源整流器

器的功率最大。因此，DC-DC 转换器必须工作在合适的占空比下以达到最佳电压。Ottman 等人[A17-A18]使用降压转换器作为 DC-DC 转换器来调节转换器的输入电压 V_{C2}，以达到压电元件所提供的最大功率（见式（11-12））。对于正弦机械激励，这一概念以两种不同的方式发展。第一种方式由自适应电路组成，这种电路可以将电池充电的电流动态最大化[A17]，而第二种方式包括最佳占空比的计算和最优占空比电路的设计[A18]。

有一种实施方案假设转换器的输出、输入功率之比为常数，因此压电元件传递的最大功率相当于转换器输出功率的最大值。因为电池连接在 DC-DC 转换器的输出端，所以输出电压可以视为一个常数。然后，DC-DC 转换器输出功率最大时相当于其输出电流最大。这种方法被广泛应用于 MPPT 如太阳电池的控制算法中[A19]。除整流器外，该转换器的效率在 74%～88%之间[A17]。式（11-54）描述了 DC-DC 转换器控制电路的算法（见图 11-45）。

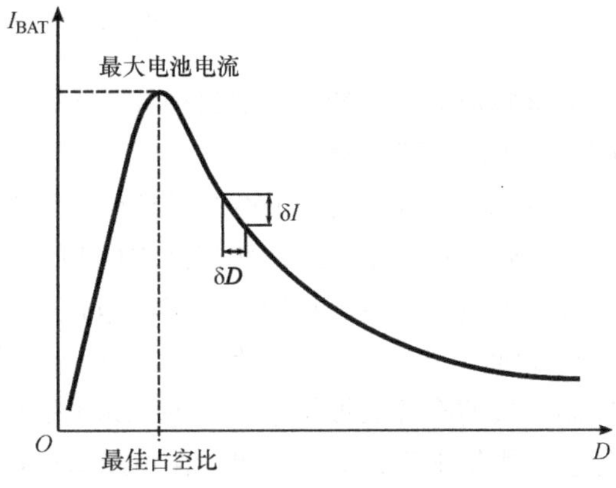

图 11-45　流过电池的电流与在稳态下带有降压转换器的压电能量采集电路占空比的关系

$$D_{i+1}=D_i+K\mathrm{sgn}\left(\frac{\partial I}{\partial D}\right) \qquad (11\text{-}54)$$

式中，D_{i+1} 为下一次迭代的占空比；D_i 为当前的占空比；K 为 sign 函数 sgn 的倍增系数；sgn

为应用于输出电流 I 对占空比 D 的偏微分。

在另一种实施方案中，可以计算出最佳占空比，并在驱动转换器的控制电路中维持这个值不变[A18]。假设降压转换器工作在不连续电流传导模式（discontinuous conduction mode, DCM）中，由压电元件传递出的功率为[A18]

$$P_{in}=\frac{D^2\left(\frac{2I_p}{\pi}-\frac{2\omega C_1 V_{out}}{\pi}\right)\left(\frac{2I_p}{\pi}+\frac{D^2 V_{out}}{2Lf_s}\right)}{2Lf_s\left(\frac{2\omega C_1}{\pi}+\frac{D^2}{2Lf_s}\right)^2} \tag{11-55}$$

式中，D 为开关转换器的占空比；I_p 为压电峰电流；C_1 为压电电容；ω 为压电元件的角频率；V_{out} 为降压转换器的输出电压；L 为转换器中的电感；f_s 为转换器的开关频率。

D_{opt} 是开关转换器提供最大功率时的占空比，并在 $\frac{\partial P_{in}}{\partial D}=0$ 时计算得到。

$$D_{opt}=\sqrt{\frac{4V_{C2}\omega LC_1 f_s}{\pi(V_{C2}-V_{BAT})}} \tag{11-56}$$

式中，V_{C2} 为 C_2 两端的电压；V_{BAT} 为电池两端的电压。V_{C2} 等于压电开路电压 V_{OC} 的一半。V_{OC} 很大时，D_{opt} 几乎保持不变，它是控制电路中的固定值。

Kong 等人提出另一种电阻匹配的电路，也带有开关降压转换器但是去掉了电容器 C_2[A20]。最佳占空比 $D_{1,opt}$ 可以从工作在不连续电导模式下的升压-降压转换器的等效输入电阻中计算得到：

$$D_{1,opt}=\sqrt{\frac{2L}{R_{in,opt}T_s}} \tag{11-57}$$

式中，T_s 是升压-降压转换器的开关周期；$R_{in,opt}$ 是电阻，其值等于压电转换器内部阻抗模量。升压-降压转换器的输入电压视为常数，这是因为控制晶体管栅极的振荡器的开关频率远远高于压电元件的激励频率。

另一种无源技术是同步电荷提取（synchronous electric charge extraction, SECE）技术[A21]。图 11-46 所示为 SECE 电路，包括跟随反激式结构和降压-升压转换器的全波桥式整流器。当检测到最大的整流电压 V_R 时，控制电路打开晶体管 VF_N。然后，压电电流流过电感 L，能量从压电元件转移到电感上。当流过电感 L 的电流达到最大时，整流电压为 0，晶体管 VF_N 关闭。从这一刻开始，压电转换器处于开路电路中，电流开始从电感 L 流向存储电容器 C_L 并通过二极管 VD 流向电阻负载 R_L[A22]。

（2）AC-DC 非线性整流器

图 11-47a、b 分别表示并联 SSHI 电路和其在稳态下的相关波形[A23]。当压电元件两端的电压等于负载电压 V_L 加上二极管电桥的电压降时，电流流过二极管电桥。当压电电压达到峰值时，开关 S 闭合，压电电流流过电感 L_{res}。因此，形成了带有压电内置电容器的 LC 谐振电路，由式（11-58）可知，压电元件两端的电压在一段时间内会改变它的极性。

$$t_I=\pi\sqrt{L_{res}C_1} \tag{11-58}$$

反向之后，压电电压的绝对值低于反向前，这是因为压电电压会在开关电路和电感上有损耗。压电电压反向特性用 γ 表示，γ 为反向后电压 V_{after} 与反向前电压 V_{before} 极性变化的比值。γ 值影响 SSHI 的效率[A24]。

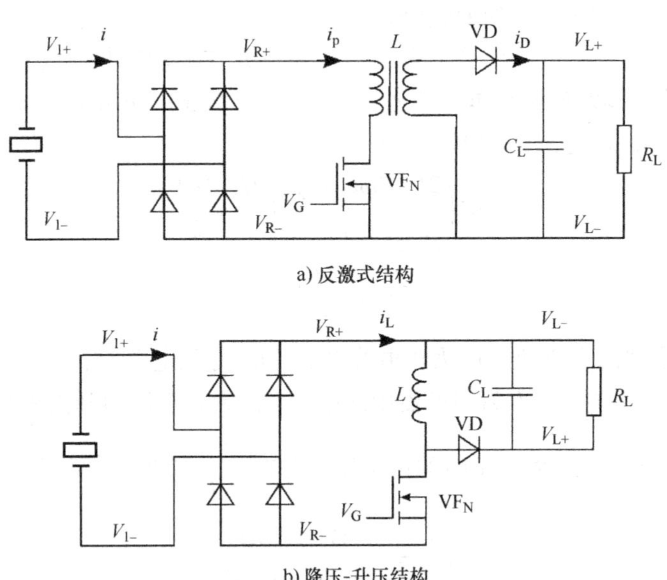

a) 反激式结构

b) 降压-升压结构

图 11-46　SECE 能量采集电路[A22]

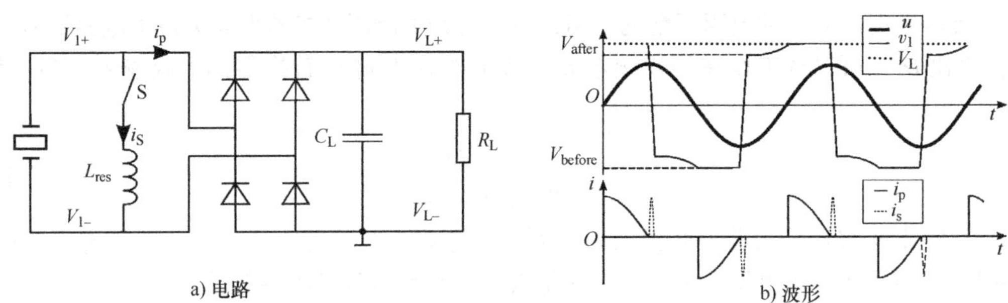

a) 电路

b) 波形

图 11-47　并联 SSHI 能量采集技术[A23]

$$
\gamma = -\frac{V_{\text{after}}}{V_{\text{before}}} \tag{11-59}
$$

图 11-48a、b 分别表示串联 SSHI 采集电路和其在稳态下相关的波形。电感器与压电元件串联，当开关闭合时电流流过电感、二极管桥和负载。与并联 SSHI 电路相同，控制电路必须检测压电转换器两端的峰值电压，这时需要闭合开关。

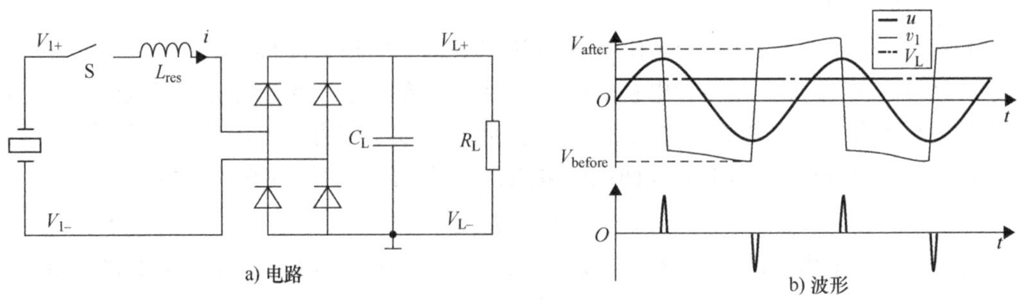

a) 电路

b) 波形

图 11-48　串联 SSHI 能量采集技术[A23]

图 11-49 所示为改进后的并联 SSHI 电路，与原并联 SSHI 电路相比，该电路中二极管的数量由 6 个减少到 2 个，MOSFET 仍为 2 个。该 SSHI 转换器和参考文献［A26］中新提出的串联 SSHI 转换器具有相同的拓扑结构，但是工作方式类似于并联 SSHI 转换器。当压电电压达到其正峰值时，二极管 VD_1 导通，控制信号由负电压变为正电压。然后，VF_P 关闭，VF_N 开始导通。由于现在 VD_1 和 VF_N 导通，压电元件与电感 L 并联，压电电压反向。一旦反向完成，二极管 VD_1 不再导通，VD_2 开始导通。在负半周期的整流阶段，VD_2 和 VF_N 导通。当压电电压达到其负峰值时，二极管 VD_2 和 VF_P 导通，压电元件与电感 L 并联。一旦反向完成，二极管 VD_1 开始导通。在正半周期期间，VD_1 和 VF_P 导通。

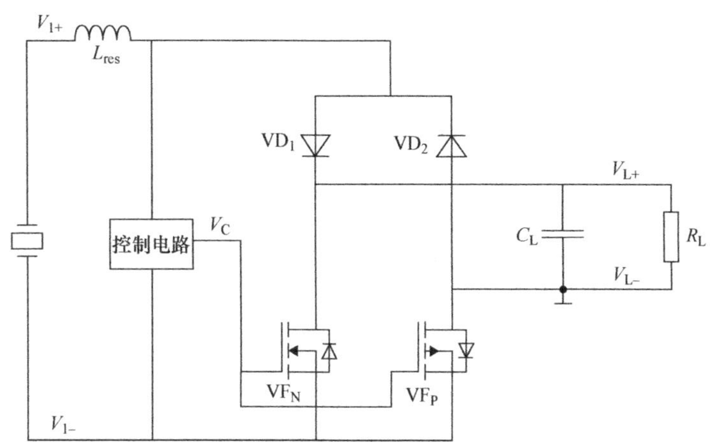

图 11-49　改进型并联 SSHI 转换器的原理图[A25]

串联和并联 SSHI 技术具有不相上下的功率，但它们的最佳负载不同。在二极管电桥之后使用 DC-DC 转换器，调节经过 SHHI 后的电压以达到最佳的负载端电压。

3. 光能量采集：MPPT 算法

传统的 MPPT 算法应用于太阳电池的 MPP。该算法会得到 DC-DC 转换器的输入电压和输入电流，分别为 V_{MPP} 和 I_{MPP}。

有两种方式实现 MPPT 算法：改变 DC-DC 转换器 PWM 控制电路的占空比或者改变控制回路的参考电压。在第一种情况下，单片机是必需的，而第二种情况用一个模拟电路就能实现。

下面将介绍实现 MPPT 的几种算法。由于太阳电池的输出功率未知，这里有一些通过间接方式计算出 MPP 的算法。其中最简单的是恒压（constant voltage，CV）算法，在该算法中，测量太阳电池输出电压 V_{PV} 并与参考电压进行比较，该参考电压等于所采用的太阳电池的 V_{MPP}。然而，达到的 MPP 并不是真实的，因为它没有考虑温度和辐照度的变化。Dolara 等人指出当太阳电池处于低绝缘状态时，CV 技术比扰动观察（perturb and observe，P&O）或电导增量（incremental conductance，IC）算法更有效[A28]。图 11-50 所示为 CV 算法的流程图。

从之前的算法演变而来的是分级开路电压算法和分级短路电流算法，这两种算法分别基于 V_{MPP} 和 V_{OC}、I_{MPP} 和 I_{SC} 之间的关系。在不同辐照度和温度下，开路电压算法基于

$$V_{MPP} \approx k_1 V_{OC} \tag{11-60}$$

式中，k_1 为比例常数。

在不同辐照度和温度下，I_{MPP}和I_{SC}近似线性关系。因此在短路电流算法中，I_{MPP}和I_{SC}的关系为

$$I_{MPP} \approx k_2 I_{SC} \tag{11-61}$$

式中，k_2为比例常数。

k_1的取值范围在0.71~0.78之间，k_2的取值范围在0.78~0.92之间，具体取值取决于所研究的太阳电池[A19]。分级方法采用分别定期测量V_{OC}或I_{SC}来计算V_{MPP}或I_{MPP}。这两种方法都需要断开模块进行测量，但是这会导致功率暂时丢失。这一问题可以通过一个额外的太阳电池解决，利用该电池可以检测开路电压或短路电流。图11-51所示为分级开路电压算法的流程图。分级方法简单便宜，因为它不需要单片机，只需要一个恒定的参考电压。然而，MPP永远都得不到匹配，因为常数k_1、k_2没有考虑实际的温度和辐照度。

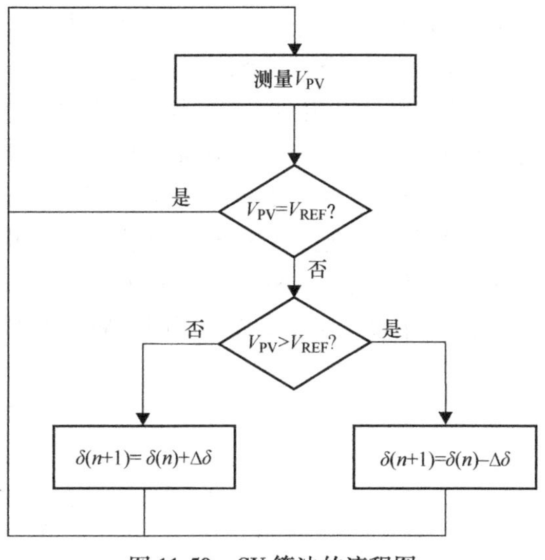

图11-50　CV算法的流程图

P&O算法是最常用的算法。它通过测量并存储太阳电池的电压和电流来计算它的功率。随后，实际功率点以固定步长移动，以得到一个新的功率点。根据两个功率点的差异（正或负），算法向相同或者相反的方向移动以找到MPP。这些算法允许所采用的太阳电池分别达到MPP。图11-52所示为P&O算法的流程图。它的主要缺点是在MPP附近发生振荡。振荡的幅度可以通过减小功率点间的步长来减小。但是，如果步长太小，动态响应会变慢。克服这一问题的另一种选择是采用可变步长算法，该算法会根据两功率点差的绝对值来调整步长。一些作者认为P&O算法和爬山（hill climbing，HC）算法是两种不同的算法[A19]，另一些作者认为P&O算法和IC算法是HC技术的一部分[A27]。不管它们是同一种算法还是不同算法，通过DC-DC转换器的MPPT控制电路，有两种移动PV电池工作点的方式：修改占空比或参考电压（电流），并与太阳电池的工作电压（电流）进行比较。如果修改占空比，那么算法始终称为P&O；如果修改参考电压的参数，那么算法称为P&O或者HC。但是，当环境发生剧烈变化时，P&O和HC算法动态响应较差，可以通过改进算法克服这个缺点。

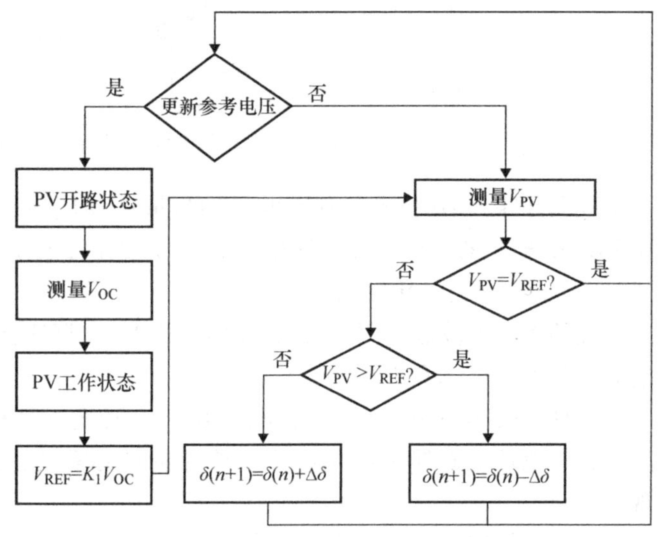

图11-51　分级开路电压算法流程图[A28]

IC算法基于这样一个事实：PV阵列功率曲线在MPP处相对于电压的斜率等于0，MPP的左边为正，右边为负[A29-A30]。在MPP处的状态表示为

$$\frac{\mathrm{d}P_{PV}}{\mathrm{d}V_{PV}}=I_{PV}+V_{PV}\frac{\mathrm{d}I_{PV}}{\mathrm{d}V_{PV}}=0 \tag{11-62}$$

因此，重新整理得到先前的状态相当于

$$\frac{I_{PV}}{V_{PV}}=-\frac{\mathrm{d}I_{PV}}{\mathrm{d}V_{PV}} \tag{11-63}$$

因此，MPP 可以通过比较瞬时电导 (I_{PV}/V_{PV}) 和电导增量（$\Delta I_{PV}/\Delta V_{PV}$）追踪到。

$$\frac{\mathrm{d}I_{PV}}{\mathrm{d}V_{PV}}=-\frac{I_{PV}}{V_{PV}} \quad \text{MPP 点} \tag{11-64}$$

$$\frac{\mathrm{d}I_{PV}}{\mathrm{d}V_{PV}}>-\frac{I_{PV}}{V_{PV}} \quad \text{MPP 点左侧} \tag{11-65}$$

$$\frac{\mathrm{d}I_{PV}}{\mathrm{d}V_{PV}}<-\frac{I_{PV}}{V_{PV}} \quad \text{MPP 点右侧} \tag{11-66}$$

这个方法突出了改进版本的特点，不会因为环境变化而快速瞬变。IC 算法与 P&O 算法相同，同时检测 PV 的电压和电流，但没有必要计算 PV 的功率。该算法需要数字化技术来实现。此外，达到的 MPP 是真实的和模块独立的。图 11-53 所示为 IC 算法的流程图。

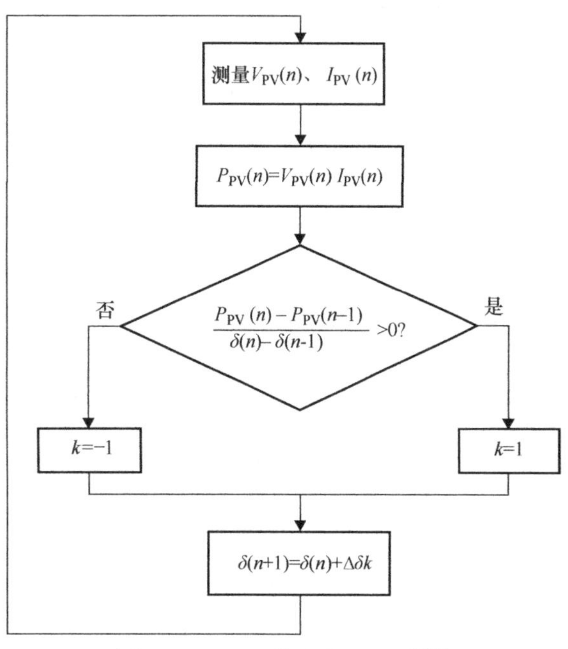

图 11-52　P&O 算法的流程图[A28]

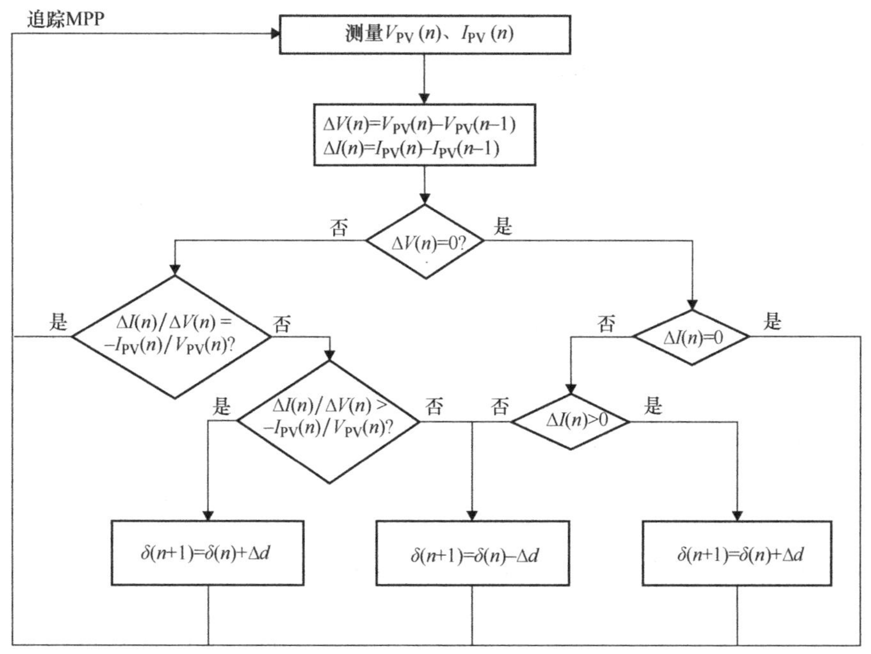

图 11-53　IC 算法的流程图

$\mathrm{d}P/\mathrm{d}V$ 或 $\mathrm{d}P/\mathrm{d}I$ 反馈控制法的工作方式与 IC 算法类似。它计算出 $\mathrm{d}P/\mathrm{d}V$ 或 $\mathrm{d}P/\mathrm{d}I$ 斜率并令其为 0。计算出导数，并根据其 sign 值增加或减少占空比达到 MPP。这种技术可以提高收敛速度并与真实的 MPP 匹配，但是比 IC 算法需要更多的计算能力。

补充材料的参考文献

[A1] Advanced Linear Devices, Inc., last accesed november 2013. URL: <http://www.aldinc.com> (Last Accessed: 06.07.14).

[A2] BSH105, N-channel vertical D-MOS logic level FET, NXP founded by Philips, last accessed december 2013. URL: <http://www.nxp.com/pip/BSH105.html> (Last Accessed: 06.07.14).

[A3] Infineon Technologies AG, last accesed november 2013. URL: <http://www.infineon.com> (Last Accessed: 06.07.14).

[A4] United Microelectronics Corp., last accesed november 2013. URL: <www.umc.com> (Last Accessed: 06.07.14).

[A5] Fraunhofer-Gesellschaft zur Forderung der angewandten Forschung e.V., last accesed november 2013. URL: <http://www.fraunhofer.de> (Last Accessed: 06.07.14).

[A6] enocean®, last accesed november 2013. URL: <http://www.enocean.com/en/home/> (Last Accessed: 06.07.14).

[A7] Future Technology Devices International Ltd., last accesed november 2013. URL: <http://www.ftdichip.com/FTProducts.htm> (Last Accessed: 06.07.14).

[A8] Datasheet Thermogenerator TEG-127-150-26, last accessed 2011. URL: <http://www.thermalforce.de/de/product/thermogenerator/TG127-150-26e_.pdf> (Last Accessed: 06.07.14).

[A9] Datasheet Thermogenerator PKE128A1027, last accessed 2011. URL: <http://www.peltron.de/peltierelemente_standard.htm> (Last Accessed: 06.07.14).

[A10] C.R. Sullivan, M.J. Powers, A high-efficiency maximum power point tracker for photovoltaic arrays in a solar-powered race vehicle, Power Electron. Spec. Conf. (1993) 574–580.

[A11] E. Koutroulis, K. Kalaitzakis, N.C. Voulgaris, Development of a microcontroller-based, photovoltaic maximum power point tracking control system, IEEE Trans. Power Electron. 16 (2001) 46–54.

[A12] Low cost analog multiplier, last accessed December 2011. URL: <http://www.analog.com/static/imported-files/data_sheets/AD633.pdf> (Last Accessed: 06.07.14).

[A13] J. Han, A. von Jouanne, T. Le, K. Mayaram, T.S. Fiez, Novel power conditioning circuits for piezoelectric micropower generators, Appl. Electron. Conf. Exposition 3 (2004) (2004) 1541–1546, APEC '04. Nineteenth Annual IEEE.

[A14] T. Le, J. Han, A. Von Jouanne, K. Mayaram, T. Fiez, Piezoelectric micro-power generation interface circuits, IEEE J. solid-state circuits 41 (2006) 1411–1420.

[A15] C. Peters, D. Spreemann, M. Ortmanns, Y. Manoli, A cmos integrated voltage and power efficient ac/dc converter for energy harvesting applications, J. Micromechanics Microeng. 18 (2008) 104005.

[A16] Y. Manoli, Energy harvesting-From devices to systems, ESSCIRC, 2010 Proc., IEEE (2010) 27–36.

[A17] G. Ottman, H. Hofmann, A. Bhatt, G. Lesieutre, Adaptive piezoelectric energy harvesting circuit for wireless remote power supply, IEEE Trans. on Power Electron. 17 (2002) 669–676.

[A18] G. Ottman, H. Hofmann, G. Lesieutre, Optimized piezoelectric energy harvesting circuit using step-down converter in discontinuous conduction mode, IEEE Trans. Power Electron. 18 (2003) 696–703.

[A19] T. Esram, P. Chapman, Comparison of photovoltaic array maximum power point tracking techniques, IEEE Trans. Energy Conversion 22 (2007) 439–449.

[A20] N. Kong, D.S. Ha, A. Erturk, D.J. Inman, Resistive impedance matching circuit for piezoelectric energy harvesting, J. Intell. Mater. Syst. Struct. 21 (2010) 1293–1302.

[A21] Y. Liu, Active energy harvesting, Ph.D. thesis, The Pennsylvania State University, 2006.

[A22] E. Lefeuvre, A. Badel, C. Richard, D. Guyomar, Piezoelectric energy harvesting device optimization by synchronous electric charge extraction, J. Intell. Mater. Syst. Struct. 16 (2005) 865.

[A23] S. Priya, D. Inman, Incorporated. Energy Harvesting Technologies, Springer Publishing Company, 2008.

[A24] L. Mateu, H. Zessin, P. Spies, Analytical method for selecting a rectification technique for a piezoelectric generator based on admittance measurement, Journal of Physics: Conference Series, vol. 476, IOP Publishing, 2013, pp. 012111.

[A25] L. Mateu, L. Luhmann, H. Zessin, P. Spies, Modified parallel SSHI AC-DC converter for piezoelectric energy harvesting power supplies, Telecomm. Energy Conf. (INTELEC), 2011 IEEE 33rd Int., IEEE (2011) 1–7.

[A26] M. Lallart, D. Guyomar, An optimized self-powered switching circuit for nonlinear energy harvesting with low voltage output, Smart Mater. Struct. 17 (2008) 035030.

[A27] A.K. Abdelsalam, A.M. Massoud, S. Ahmed, P.N. Enjeti, High-performance adaptive perturb and observe MPPT technique for photovoltaic-based microgrids, Power Electron., IEEE Trans. 26 (2011) 1010–1021.

[A28] A. Dolara, R. Faranda, S. Leva, Energy comparison of seven MPPT techniques for PV systems, J. Electromagn. Anal. Appl 3 (2009) 152–162.

[A29] K. Hussein, I. Muta, T. Hoshino, M. Osakada, Maximum photovoltaic power tracking: an algorithm for rapidly changing atmospheric conditions, IEE Proc. Gene., Transm Distrib. 142 (1995) 59–64.

[A30] A. Safari, S. Mekhilef, Simulation and hardware implementation of incremental conductance MPPT with direct control method using Cuk converter, Ind. Electron., IEEE Trans. 58 (2011) 1154–1161.

第12章　RF能量采集

近年来，集成电路的功耗越来越低，有望通过能量采集器为无线传感器节点供能，这为自主式传感器节点的开发奠定了基础，同时也可以明显延长传感器节点的单次工作时间。这些自主式传感器可以在低功耗条件下工作，实现感知、处理和无线传输，如温度、湿度、位置和识别等信息。

在许多应用中，当光照、机械振动和热梯度等能源不可用时，传感器可以通过 RF 能量采集器供能。

远场⊖射频能量采集（radio frequency energy harvesting，RFEH）适用于长距离无线能量传输，例如高频片上天线可以用于厘米水平的能量采集，而片外天线则可以采集几米范围的能量。在无线传感器网络（WSN）中，一些无源传感器可以利用 RFEH 通过 HUB 远程供能。RFEH 适用于多种应用场景，如智能家居、智能电网、物联网（Internet of things，IoT）和无线体域网（wireless body area network，WBAN）。尤其是在近几年，随着人们卫生保健意识的增强，再加上鉴别和预防一些高发的慢性病需要进行连续监测，因此 WBAN 的应用越来越受到重视。典型的 WBAN 实例包括将传感器阵列用于 ExG（EEG、ECG、EOG 和 EMG 等图谱的总称）信号监测[1,2]，以及一次性无源贴片式传感器[3]等。

WBAN 应用一般要求传感器的功耗在微瓦级别，具体要求取决于传感器的工作方式。例如，在大多数应用中温度的变化比较平缓，因而温度传感器并不需要频繁地更新检测值。而另一方面，占空比传感器的峰值功耗要明显大于平均功耗。在这种情况下，RFEH 提供的能量需要先存储在电容或电池内部，然后周期性地提供给传感器。图 12-1 是典型的能量分布图，传感器需要消耗大量能量，然后收集输出的能量，如此循环。在这个例子中，RFEH 周期性地与电容性负载相连，在电容充电过程中必须进行高效的能量传递以最小化能量损失和充电时间。显然，由 RFEH 提供的能量应该大于传感器消耗的能量。

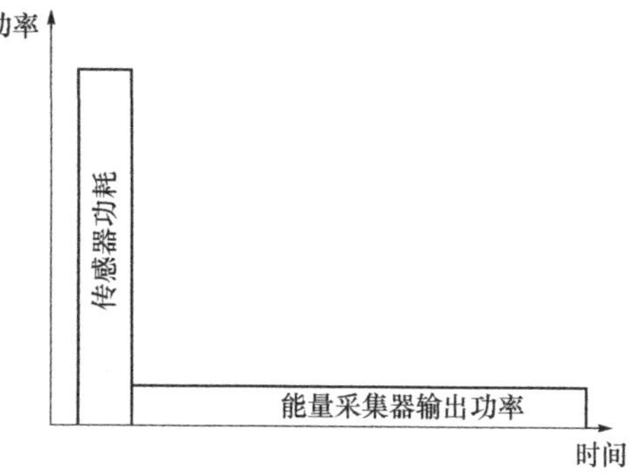

图 12-1　传感器和 FREH 的能量分布图

本章讨论了 RF 能量采集的基础和实际局限性。随后给出了不同的整流器拓扑结构和各类电路实现方式，以及其优缺点和面临的挑战。接着介绍了 RF 能量采集器在实际环境中维持鲁棒性的补偿机制。最后给出了一个通过天线-整流器协同设计来实现高性能 RF 能量采集器的例子，并在电波暗室中验证了这项设计收集周围 RF 能量的能力。

⊖ 在远场区域，发射器的辐射场主导非辐射反应场。当与天线的距离大于 $2D^2=\lambda$ 时，物体处于天线的远场区域，其中 D 为天线的最大尺寸，λ 为波长。

12.1 RF 能量采集基础和实际局限性

RF 能量采集器的设计主要是实现电磁辐射场和电路的接口。为了优化这一接口以得到最优性能，设计者需要同时具备电磁辐射和电路两个领域的知识。本节介绍天线的基础特性，以及它们与功率密度、阻抗、电压和电流之间的关系。

12.1.1 波传播、天线有效面积和可用能量

为了理解接收天线终端的电压和电流是如何与发射天线的辐射功率相关联的，我们从派生的弗里斯方程开始介绍。发射端的信号产生器通过天线结构形成一个随时间变化的电流，同时会产生电磁辐射，任何天线的辐射机制都是由电荷加速产生的。辐射功率的空间分布取决于辐射模式。假定辐射体是各向同性的，其在各个方向上的辐射均匀，这使得以辐射体为中心的每个虚拟球面上的功率都是均衡分布的。事实上，天线辐射和接收功率在某些方向上是占优的。定义辐射方向系数 D 为某个给定方向上的辐射密度与各向同性的天线辐射密度的比值，因此与 RF 源距离为 d 处的功率密度 $S[\mathrm{W/m^2}]$ 可等于总辐射功率除以直径为 d 的球面表面积[4]，即

$$S=\frac{P_{\mathrm{TX}}}{4\pi d^2}D_{\mathrm{TX}}=\frac{P_{\mathrm{EIRP}}}{4\pi d^2} \tag{12-1}$$

$P_{\mathrm{EIRP}}=P_{\mathrm{TX}}D_{\mathrm{TX}}$，指等效各向同性辐射功率（equivalent isotropic radiated power，EIRP）。

接收天线在远场区域采集的功率可以用天线的有效面积来表示。天线有效面积 A_{eff}定义为可用功率 P_{av}与天线上平面波功率密度的比值，即

$$A_{\mathrm{eff}}=\frac{P_{\mathrm{av}}}{S} \tag{12-2}$$

可用功率是指从天线中提取并传递到负载的最大功率（如 RF 能量采集器的输入功率）。如果天线与电路接口之间是无损的，并有最优阻抗匹配，则实际在天线负载上消耗的功率就是 P_{av}。对于任何接收天线，最大的天线有效面积与其最大辐射方向系数 D_{RX}密切相关[4]。

$$A_{\mathrm{eff}}=\frac{\lambda^2}{4\pi}D_{\mathrm{RX}} \tag{12-3}$$

当使用无损且完美匹配的接收天线时，RF 能量采集器在自由空间的可用功耗可以表示为

$$P_{\mathrm{av}}=A_{\mathrm{eff}}S=\left(\frac{\lambda}{4\pi d}\right)^2 D_{\mathrm{RX}}P_{\mathrm{EIRP}} \tag{12-4}$$

式（12-4）为弗里斯传输方程，用距离、功率、频率和天线增益的函数给出了可用功率。$(\lambda/4\pi d)^2$是指自由空间的“路径损耗”。从表达式来看，自由空间会通过减小波长和增大距离来削弱传播的电磁波。但这其实是一种错觉。因为辐射功率并没有随距离的增大产生损耗，只是在更大的表面积上传播开来。而且，将波长引入方程只是为了表示天线有效面积。波长越短，有效天线面积就越小，所以在捕获入射波能量时效率较低。为了在短波长时捕获相同的功率，需要增大天线的物理面积。

12.1.2 天线-整流器接口电压

RF 能量采集器的设计中除了要考虑可用功率，还要考虑可用电压幅度。这是因为实际用于整流的电子元件（如二极管和 MOS 晶体管）本身都是电压控制器件。因此，设计高灵敏度的 RF

能量采集器首先要考虑的是在整流器的输入端产生一个足够大的电压来激活整流器。

为了将天线终端电压与可用功率联系起来，可使用图 12-2 所示的天线-整流器等效电路模型。暂时假设天线的阻抗只有实部（即纯电阻）。当然，假设天线阻抗是实部和虚部同时存在的也是可行的。无论哪种假设都不会影响接下来的分析。

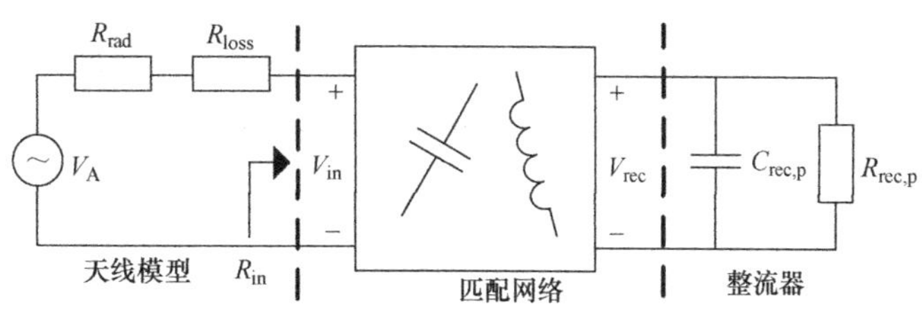

图 12-2 阻抗匹配网络构成的天线-整流器接口

天线终端电压和电流的比值可以用戴维南等效电路或诺顿等效电路来建模分析。在这里，电场感生电压用戴维南等效电压源 V_A 表示，辐射阻抗 R_{rad} 将电压和电流的比值与可用功率联系起来，天线辐射效率 η_A 与传导损失阻抗 R_{loss} 有关，η_A 可以表示为

$$\eta_A = \frac{R_{rad}}{R_{rad}+R_{loss}} \tag{12-5}$$

天线总串联阻抗记为 $R_A = R_{rad}+R_{loss}$，与天线输入阻抗的实部一致。整流器的输入用 $R_{rec,p}$ 和 $C_{rec,p}$ 并联来模拟。在这个模型中，在 $R_{rec,p}$ 上消耗的功率可以看作是整流器 DC 输出端的实际传输功率。该阻抗指无损电阻，用来建立理想整流器模型[5]。

为了将 V_A 与 P_{av} 关联，模型假设了一个低损耗的阻抗耦合网络。在这种情况下 $V_{in} = V_A/2$ 且 $R_{in} = R_{rad}+R_{loss}$。因此，天线和共轭阻抗匹配接口的功率关系可以写作

$$\eta_A P_{av} = \frac{(V_A/2)^2}{2(R_{rad}+R_{loss})} \tag{12-6}$$

将 $R_A = R_{rad}+R_{loss}$ 代入式（12-6），可以得到

$$V_A = \sqrt{8\eta_A R_A P_{av}} \tag{12-7}$$

式（12-7）表示的是天线电压的期望值。例如，标准的 50Ω 天线，辐射效率为 90%，$P_{av} = -20\text{dBm}(10\mu\text{W})$，其终端开路电压仅为 60mV。这很难克服标准 CMOS 晶体管的阈值电压（90nmIC 技术中阈值一般为 450mV）。将式（12-4）代入式（12-7）可以得到 V_A 和晶体管辐射功率的关系为

$$V_A = \sqrt{\frac{R_A\eta_A D_{RX} P_{EIRP}}{2}}\frac{\lambda}{\pi d} \tag{12-8}$$

式（12-8）是一个通用方程，适用于各种类型的天线。天线等效电路元件之间的关系见表 12-1。

表 12-1 天线等效电路元件之间的关系

戴维南等效电压	$V_A = \sqrt{8\eta_A R_A P_{av}}$
辐射电阻	$R_{rad} = \eta_A R_A$
传导损失阻抗	$R_{loss} = (1-\eta_A) R_A$
天线阻抗	$R_A = R_{rad}+R_{loss}$
辐射效率	$\eta_A = \frac{R_{rad}}{R_{rad}+R_{loss}}$

一般来说，天线电压 V_A 并不是整流器输入端的电压幅值。通常需要用阻抗匹配网络将整流器的高输入阻抗转换成与天线阻抗匹配的阻抗。这个接口阻抗转换可以提供显著的被动电压增益，即输入功率相同的情况下，整流器输入端的电压幅值将增加，因此 RF 能量采集器的灵敏度也会增加。

为了计算给定的天线-电子接口的被动电压增益，可以使用图 12-2 的等效电路。如果使用的是无损匹配网络，并且确保是共轭匹配的接口，就可以认为从 R_{in} 输入的功率等于整流器传输的功率。

$$\frac{(V_A/2)^2}{2R_{in}}=\frac{V_{rec}^2}{2R_{rec,p}} \tag{12-9}$$

当 $R_{in}=R_A$ 时，被动电压增益 $G_{V,boost}$ 为

$$G_{V,boost}=\frac{V_{rec}}{V_A}=\frac{1}{2}\sqrt{\frac{R_{rec,p}}{R_A}} \tag{12-10}$$

必须注意的是 $G_{V,boost}$ 与匹配网络无关，只取决于电压源和负载条件。将式（12-10）代入式（12-7）可以得到整流器输入终端的可用电压幅值为

$$V_{rec}=\sqrt{2\eta_A R_{rec,p} P_{av}} \tag{12-11}$$

对于给定的天线辐射效率和输入功率，电压幅值只与天线负载 $R_{rec,p}$ 有关。因此，对于给定电压源和负载阻抗的接口，如果要求同时满足共轭匹配，就不可能通过电路设计来实现电压增加和无线范围的扩大。设计者需要设计尽可能大的 $R_{rec,p}$，并且相应地设计用于共轭匹配的天线阻抗。这一结论非常关键，在设计过程中必须要考虑到。同时为了提高灵敏度，整流器输入阻抗的设计需要使输入电压波动最大化。

为了进一步阐明被动电压增益的原理，图 12-3 给出了详细的天线-整流器等效电路。带有电容性负载的 N 阶整流器直接与环形天线相连。假设环形天线低于其基本的并联谐振频率，阻抗元件 jX_A 代表储存在近场的能量，并且 jX_A 是电感性的。通过使用环形天线可以在不需要其他外部元件的情况下补偿整流器电容。整流器的输出通过戴维南等效电路模拟，而输入阻抗主要是容抗。$R_{rec,s}$ 和 $X_{rec,s}=1/(\omega C_{rec,s})$ 分别代表输入阻抗的实部和虚部。

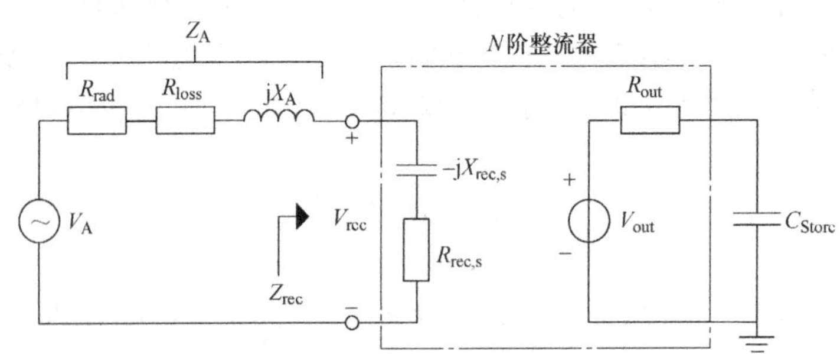

图 12-3　被动增压的天线-整流器等效电路

对于带电容性负载的 N 阶整流器而言，输出的稳态电压为

$$V_{out}=V_A G_{V,boost} N\eta_V \tag{12-12}$$

式中，$G_{V,boost}$ 为从 LC 谐振网络获得的被动电压增益；η_V 为单阶整流效率。当 $X_{rec,s} \gg R_{rec,s}$，且接口在 $X_{rec,s}=X_A$ 时达到共振，则

$$G_{V,boost}=\left|\frac{V_{rec}}{V_A}\right|\approx\frac{X_{rec,s}}{R_{rec,s}+R_A} \tag{12-13}$$

值得注意的是，式（12-13）与式（12-10）表达方式不同。从式（12-13）看来，增加 $X_{rec,s}$或减小 $R_{rec,s}$都会使被动电压增量变大。这一点实际上是与并联电阻 $R_{rec,p}$的增加一致，在同一频率下由串联阻抗变为并联阻抗就会产生这一变化。

$$R_{rec,p}=R_{rec,s}\left[1+\left(\frac{X_{rec,s}}{R_{rec,s}}\right)^2\right] \tag{12-14}$$

因此，增加 $X_{rec,s}$或减小 $R_{rec,s}$（从而增加品质因数 Q 和并联负载 $R_{rec,p}$）就会导致整流器输入端可用电压的幅值增加。

灵敏度的增量可以用接口阻抗、整流器特性和整流器输出电压来描述。使用表 12-1 给出的天线参数，再结合式（12-12）和式（12-13），针对 V_{out}所需的最小可用功率可以表示为

$$P_{av}=\frac{(R_{rec,s}+R_A)^2}{8\eta_A R_A}\left(\frac{V_{out}}{X_{rec,s}N\eta_V}\right)^2 \tag{12-15}$$

从式（12-15）可以看出，选择合适的天线-整流器接口阻抗对于优化高灵敏度的 RF 能量采集器至关重要。整流器的输入电阻 $R_{rec,s}$和感抗 $X_{rec,s}$取决于整流器的实现方式，并且随阶数增加而下降。使用标准技术时，由于体效应的存在，过多的阶数会间接导致效率下降。这些问题将在整流器技术的相关章节讨论。例如，图 12-4 的曲线是设计参数为$\eta_A=0.8$，$X_{rec,s}=400\Omega$，$N=3$ 和 $\eta_V=0.8$ 时，对于 3 种不同的 $R_{rec,s}$值，1.5V 的电容性负载电压所需的最小可用功率与天线电阻 R_A 的函数。

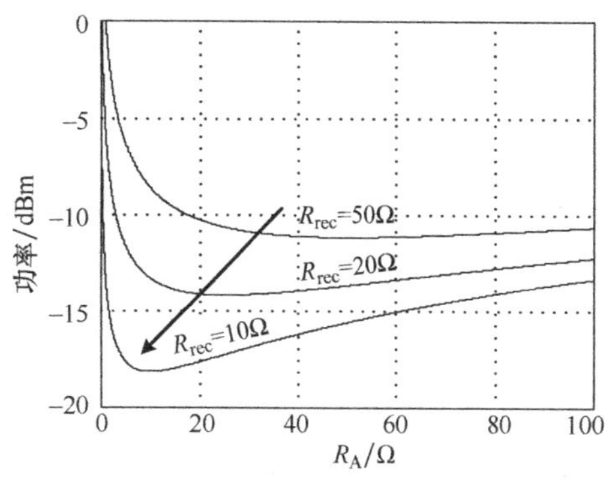

图 12-4　产生 1.5V 的电容性负载电压所需的最小可用功率值与天线电阻 R_A 的函数关系

低电阻的天线-整流器接口通过被动电压增益可以显著增加灵敏度，从图 12-4 中可以看出最小值一般是在 $R_A=R_{rec,s}$处取得。在这个特例中，在接口电阻 $R_A=50\Omega$ 时针对 1.5V 电压所需的最小可用功率为-11.2dBm(76.29μW)，而当 $R_A=10\Omega$，这一功率降为-19.9dBm(10.17μW)，可以获得 8.7dB 的灵敏度增量。

12.1.3　实际局限性

在能量采集过程中存在一些实际的限制因素，会对传感器节点的可用 DC 功率产生较大影响。考虑到一些实际情况，式（12-4）中的可用功率可以扩展为

$$P_{av,DC}=G_{RX}(\theta,\varphi)P_{EIRP}\left(\frac{\lambda}{4\pi d}\right)^n(1-|\Gamma|^2)|\cos\Psi|^2\eta_{PCE} \tag{12-16}$$

式中：

1）增益 $G_{RX}(\theta,\varphi)=\eta_A D_{RX}(\theta,\varphi)$ 是方位角 θ 和俯仰角 φ 的函数，函数关系与使用的天线类型有关。

2）n 是传播指数，在反射视距环境下 n 值在 0.8~1.8 之间，在非视距环境中 n 值可以高达 8.6[6]。

3）$1-|\Gamma|^2$ 是接口阻抗不匹配效率，其中 $\Gamma=(Z_L-Z_A^*)/(Z_L+Z_A)$ 是反射系数。

4）$|\cos\Psi|^2$ 是极化损失因子，它取决于传输方向与接收天线方向的夹角，以及两者之间的极化。

5）η_{PCE}是 RF-DC 功率转换效率（power conversion efficiency，PCE），它高度依赖于输入功率和频率。

12.2 阻抗不匹配、功率损失和采集效率

如果 $R_A \neq R_{rec,s}$或者 $X_A \neq X_{rec,s}$，就会出现阻抗不匹配。在这种情况下，天线无法将全部的可用功率传递给整流器。这一点设计者需要特别注意，因为在体天线引起的阻抗变化会导致功率转换效率大幅下降。在高品质因数的接口电路中，要求电路可以实现接口自动调整，从而使阻抗不匹配降至最低。

此外，还有一部分功率损失来自匹配网络、天线和整流器实际的实现方式。通过正交方式优化，整流器电压效率 η_V 一般可以达到 80%以上。PCE 很大程度上取决于整流器的拓扑结构和输入功率。辐射效率 η_A 则取决于天线尺寸，当天线表面积大幅度减小时 η_A 会下降。单阶整流器效率 η_V 取决于使用的元件及其拓扑结构。

12.2.1 可用的器件和技术

实际用于整流的元器件一般有最小导通电压，达到这一临界电压以后才能传导电流。典型肖特基二极管的临界电压约为 0.3V，而普通二极管和 CMOS 晶体管的临界电压则略高于这个值，具体值取决于所使用的技术。为了达到整流器的临界电压所需要的最小功率为

$$P_{power\text{-}up} = \frac{V_{rec,threshold}^2}{2\eta_A R_{rec,p}} \tag{12-17}$$

必须注意 $V_{rec,threshold}$不需要等于二极管或晶体管的临界电压，它是关于整流阶数和电路拓扑结构的函数。对于单个肖特基二极管和等效并联输入电阻的实现方式，如果 $R_{rec,p} = 1\text{k}\Omega$ 且 $\eta_A = 0.8$，则整流所需的最小功率为 12.5dBm（56.25μW）。当二极管两端的电压仅仅等于二极管的正相偏压，PCE 可能低至上述功率阈值。而输入功率越高，整流器的效率也越高。

例如，如果 $V_{rec,threshold}$降至 0.7V，启动阈值功率将低至-22dBm，灵敏度增量为 9.5dB。通过电路技术或使用先进的元器件如低阈值或零阈值电压的晶体管，上述情况就有可能实现。但是先进的元器件通常成本较高，所以这种情况下设计者更倾向于使用特殊的电路技术。下一节将讨论这些技术。

12.2.2 设计规定和最小的可达距离

RF 能量采集器与 RF 源的工作距离实际上是由最大辐射功率决定的。无须许可证的 ISM 频带通常用于 RF 采集应用，因为他们允许小范围天线设备辐射较高的 EIRP。尽管目前没有国家标准限制，但欧洲无线电通信委员会（European Radiocommunications Commission，ERC）限制了在 868MHz 频带的最大 P_{EIPR} 为 3.28W，在 2.45GHz 频带最大 P_{EIRP} 为 4W[7]。联邦通信委员会（Federal Communications Commission，FCC）则将 915MHz 和 2.5GHz 频带的 P_{EIRP}都限制为 4W[8]。

图 12-5 中的实例是在欧洲 868MHz 频带的最大允许传输功率下有效 DC 功率和距离之间的关系曲线。假设视距方案的参数为 $P_{EIRP} = 3.28\text{W}$，$\lambda = 0.345\text{m}$，$G_A = 1.25$，$1 - |\Gamma|^2 = 0.9$ 且 $|\cos\psi|^2 = 0.8$，PCE 分别为 50%和 100%时的有效功率如图 12-5 所示。启动阈值决定了最大可达范围的上限。在这个方案中，整流器阈值电压从 0.3V 降为 0.1V，使最大可达距离从 5m 增加到 14.7m（$\eta_{PCE} = 50\%$）。这就说明了在不允许增加辐射功率的情况下，最小化 $P_{power,up}$的重要性。

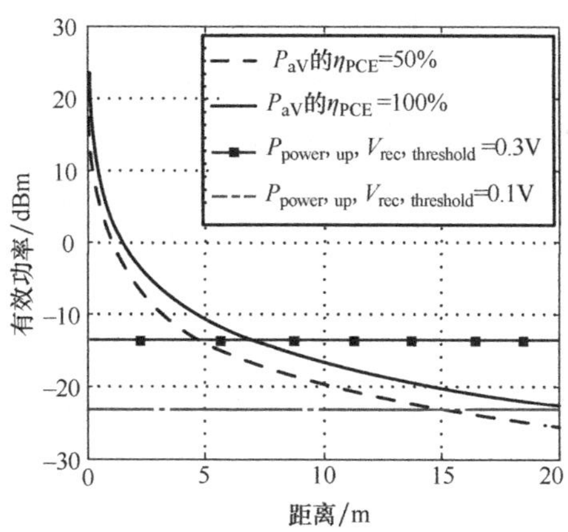

图 12-5　有效功率和启动阈值与距离的关系

12.3　实际环境中采集功率的分布

由于传播通道上存在许多未知变量，采集功率在实际环境中会有明显改变。图 12-6 所示为在一间办公室（24m^2）利用 3 种不同方案测试采集到的能量，Powercast P2110-EVAL-02 RF 能量采集工具包放在距离 3W 的 EIRP RF 源 3.5m 的地方进行采集。每种方案都是在 30min 内测试 1000 个样本。

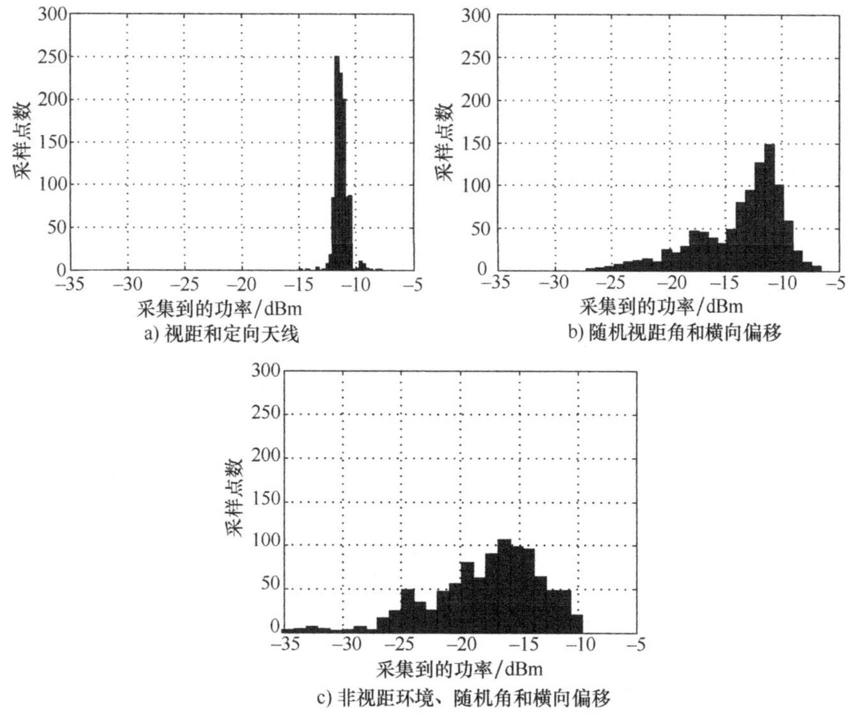

图 12-6　3 种不同方案采集功率的分布

图 12-6a 所示方案为视距和定向天线用于静态办公室环境，功率均值和标准差分别为 −11.26dBm 和 0.57dBm。图 12-6b 是在随机视距角和横向偏移情况下采集功率，测得的功率均值为−13.7dBm，标准差为 3.86dBm。图 12-6c 方案是非视距环境、随机角和横向偏移，且

处于高度动态的办公室内，人在发射器和 RF 采集器之间走动，功率均值和标准差分别为 -17.68dBm 和 4.67dBm。尽管这些测量都依赖于环境变化和 RFEH，但实验结果也说明了在环境和 REFH 一致时可用功率也可以发生明显变化。这些波动需要在系统层面加以考虑。此外，上述测试也说明了使用智能 RF 源的重要性。智能 RF 源能追踪传感器节点，发送高定向波束至传感器，以便在任何方案下都可以给 RF 采集器提供足够的可用功率。

环境 RF 功率

采集环境中的 RF 能量（如电视、GSM 网络和 WLAN 网络基站）似乎非常有前景，因为这些信号在城市环境中无处不在，而且可以被真正自发式无线传感器识别。不幸的是，这些能量的可用功率通常非常低且不可靠，所以只有很少的应用可以使用这些能量。参考文献［9］做了一个实验来测试在城市和郊区收集 800~900MHz 信号的强度和可能性。在城市，收到信号的强度为-40~-20dBm，峰值概率为 31%，峰值为-33dBm。在人口密度较低的郊区环境中，这个峰值概率大约为 27%，峰值为-37dBm。参考文献［10］也有相同的实验结果，来自 GSM-900 网络的环境 RF 能量在 200m 距离处接近-30dBm。这些功率水平低于或接近启动阈值，所以通常被认为太低而无法用于 RF 采集。

12.4 充电泵整流器拓扑结构

整流器可以将 AC 转换为 DC，是常见的功率转换装置。在 20 世纪初期，整流器通常用于高电压和高功率的应用。电流和电压的整流原理也可以被用于 RF 能量采集，整流器将天线捕获的 AC 功率转换为 DC 功率，并持续供给负载。一般来说，整流电压也会增加到较高水平。这样整流器就完成了充电泵的工作，在 RFEH 的相关文献中经常提及充电泵整流器（charge pump rectifier，CPR）。

图 12-7 是一个 CPR 的例子。这个电路仅由二极管和电容构成，是最简单的 CPR 拓扑结构之一。在正弦电压的正半周期，二极管导通，可以将电子传递给与阴极相连的电容表面，在电容两端积累电荷，从而产生 DC 电压。由于这个电路有两个二极管，每个半周期电压都可以被整流。二极管可以看作一个串联电压源（V_D）开关。正弦输入的两个半周期的等效电路如图 12-8 所示，二极管上的电压降用 V_D 表示，V_D 限制了 CPR 的输出电压，也限制了 PCE。这种拓扑结构的稳态输出电压如式（12-18）所示，V_{IN}表示输入的峰值电压。

图 12-7 单阶二极管-电容 CPR 拓扑结构

$$V_{OUT}=2V_{IN}-2V_D \quad (12\text{-}18)$$

从式（12-18）可以看出，为了获得更好的转换功率，需要尽量减小 V_D。一些技术和拓扑结构可以实现减小 V_D、增加 PCE 和 CPR 的灵敏度，这里将简单讨论这些技术。肖特基二极管是一种特殊类型的二极管，它由金属半导体基底制成，可以有低至 0.15~0.4V 的 V_D[11-12]。一种方法就是将图 12-7 中的普通二极管换成肖特基二极管。这种电路拓扑结构与图 12-7 无异，但减小了二极管上的电压降。

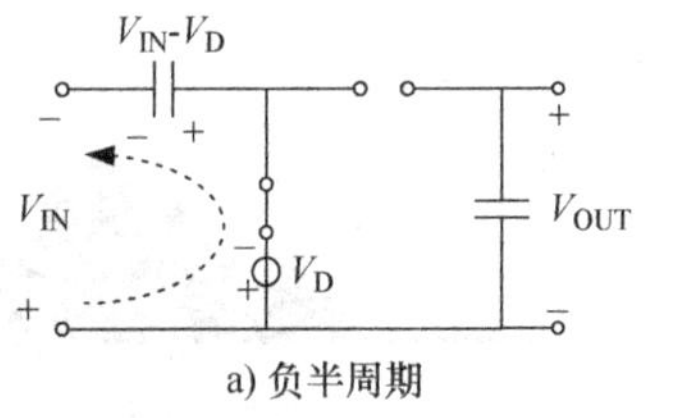

a) 负半周期

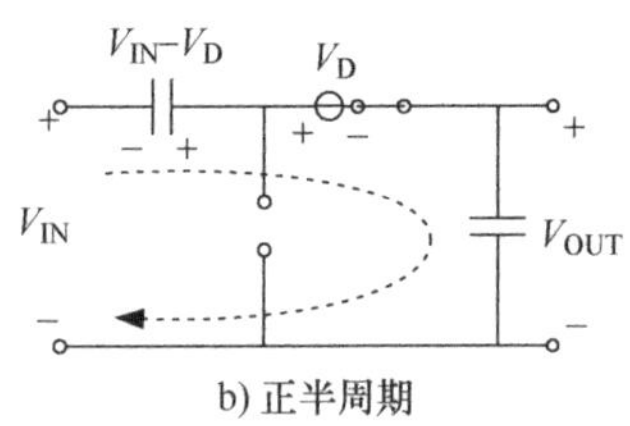

b) 正半周期

图 12-8 等效电路

二极管的优势在于它们只能单向传导电流，因此 CPR 接收到较高电压时也不会发生回流电流损失。肖特基二极管的主要缺陷在于它的高生产成本。因此，在 CMOS 技术中不常使用这类二极管。

考虑到肖特基二极管在成本和加工方面的缺点，许多研究团队都在致力于寻找使用标准 CMOS 加工方式来减小 CPR 损失的方法。相比于单独的肖特基二极管，集成的 CMOS 整流器有明显的优势，它体积小，并且有 4 个终端。这就促进了更多关于不同拓扑结构和电路技术的设计方法的产生，这些方法可以有效地优化整流器的输入阻抗。

图 12-9 用 MOS 晶体管代替了二极管。但是，MOS 晶体管上依然有电压降，电压降的大小取决于 MOS 晶体管的阈值电压 V_{TH}。因此，研究者开发了一些减小阈值电压的技术。一个比较常见的技术是浮栅阈值电压补偿[13]。这项技术是像二极管连接电容一样，在 MOS 晶体管的漏极和栅极间连接一个电容。假设电容上的初始电压为零，在运行前，电容必须用接近于 V_{TH} 的电压充电。然后，如图 12-9b 所示，电容起到串联电压源的作用，因而晶体管上的传导损失减小，并且栅极电压增加。额外的电压使得晶体管通道反向，栅-源电压减小，因而减小了 V_{TH} 效应。

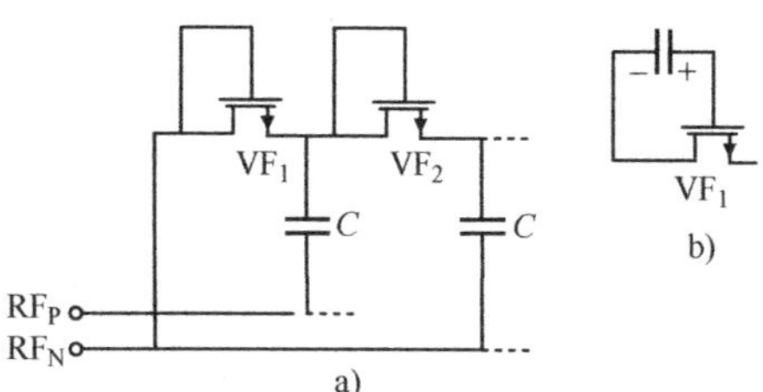

图 12-9　a）二极管连接的 MOS 电路
b）电容用于增加漏-栅电压

这种拓扑结构的优点是实现方式简单并且有较好的 V_{TH} 补偿。另一方面，需要准确控制电容的预充电，以避免过高的额外电位产生负向导通电压。导致的结果是回流电流引起的损失变得非常明显。此外，预充电还需要准备一块电池，这就使得这项技术在众多解决方案里并不具备吸引力。

其他的 V_{TH} 补偿技术在图 12-10a ~ c 中有所展示[14-16]。图 12-10a 的补偿方法是将下一层的输出电压反馈给被补偿层。这种方法不需要给栅极预充电，电路复杂程度一般。但是，它需

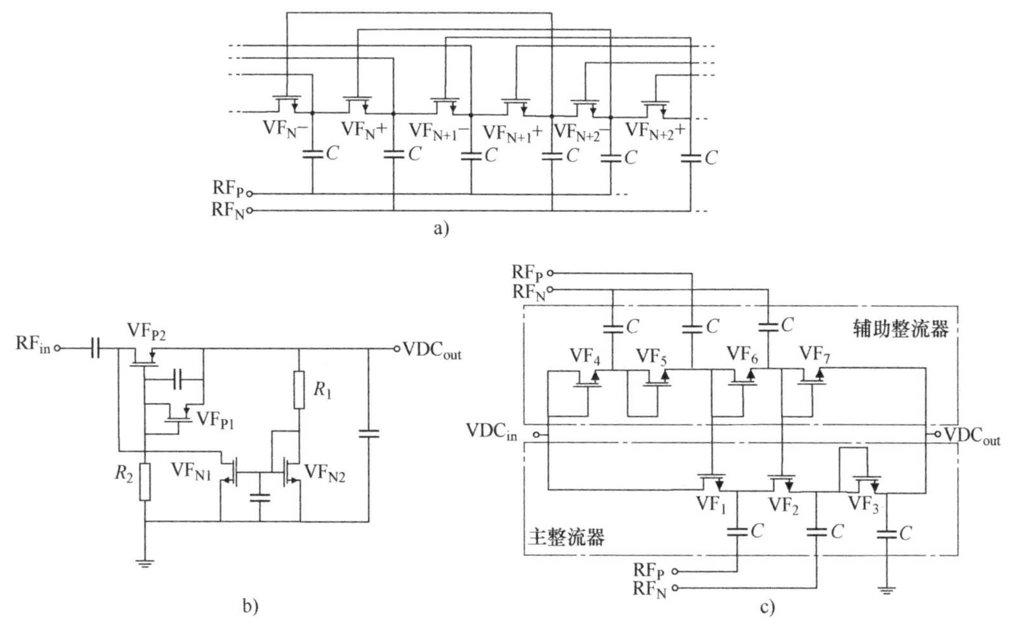

图 12-10　静态 V_{TH} 补偿

要大量的电路阶数来提供足够的电压补偿。图 12-10b 的技术中，VF_{N1}的阈值电压通过偏置电路减小，VF_{N2}传导的是通过 R_1 限流的电流，并且在 VF_{N2}两端产生了一个栅-源电压。VF_{N2}的栅-源电压阈值低于 VF_{N1}。对于 VF_{P2}，其阈值补偿方法与 VF_{N1}相同。这项技术也需要大量的电路阶数，并且需要额外元器件（如电阻器和电容器）来建立补偿方案。在上述两种方法中，输入功率较高时都会有回流电流，从而产生更多的电压损失。图 12-10c 的技术使用了辅助的 CPR 链来实现 V_{TH}补偿。这种补偿的效率很高，但是会导致芯片体积增加，并且接收功率被分散在主链和辅助链上。

文献报道的另一项技术由动态 V_{TH}补偿和电压增益组成，以辅助 MOS 晶体管打开和关闭[17]。图 12-11 为其原理图，包含一个增压网络和一个 CPR。CPR 与增压网络提供的 4 条支路相连。V_{b+}和 V_{b-}是开关信号，V_{r+}和 V_{r-}与整流器的输入端相连。图 12-12 详细描述了增压网络和一阶整流器电路。图 12-12b 中的 PMOS 晶体管被设置成压控开关的工作模式，以减小电压降。在每一阶电路中，输出电压通过 R_{DC}和 C_{DC}反馈到晶体管的栅极。电容 C_C 将来自增压网络的 AC 电压耦合到 PMOS 晶体管的栅极。于是，PMOS 晶体管的栅极连有两种元件，一是用于阈值补偿的 DC 元件，二是用于正/负半周期晶体管开/关的 AC 元件。这种结构的好处在于减少了电路阶数，无须预充电，且降低了回流损失。另一方面，这种电路实现方式更加复杂，而电路效率取决于增压网络的品质因数。考虑到其他的技术也需要匹配网络，品质因数也影响电路的效率。参考文献［17］详细比较了这些方法。

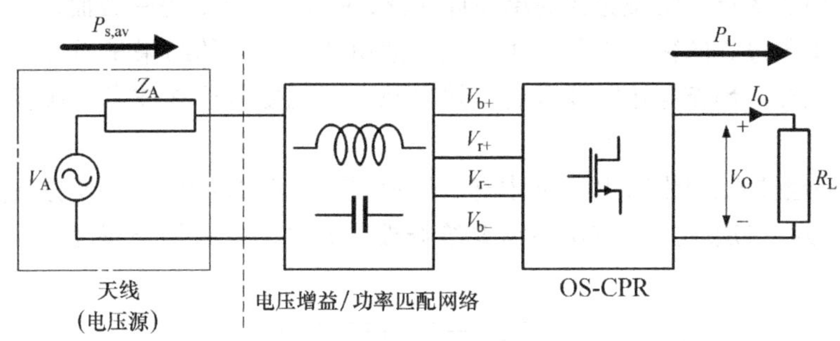

图 12-11　开关整流器框图

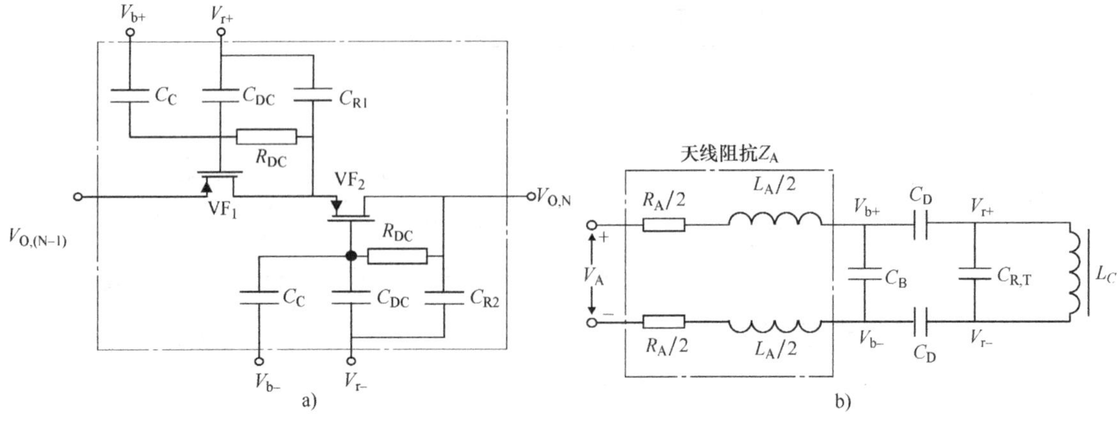

图 12-12　a）增压网络　b）整流器

12.5 负载和电源变化的效应

12.4 节介绍了用于提高效率和灵敏度的 CPR 技术。本节将讨论负载变化和输入功率的差异对 CPR 效率（PCE）和阻抗（Z_{in}）的影响。

假设电阻负载与 CPR 的输出相连。当输入功率增加时，输入电压预计将增加，输出电压也增加。由于负载是定值电阻，输出电流也会增加。输出电流反映到输入就是更多的电荷被转移到整流器的电容上，引起输入电流的增加。尽管输入电压和电流增加了，但很难确定整流器的输入阻抗变化，因为电压电流比是高度非线性的。因此，为了得到更加准确的估计值，Z_{in}一般是通过瞬态仿真或测量来确定的，有时也通过解析分析来确定，但为了简化问题通常会引入数学降维，这一过程会使准确度下降。

除了输入功率偏差，负载偏差也会影响输入阻抗和效率。PCE 和 Z_{in}都是关于负载阻抗的非线性函数，这一函数关系随拓扑结构和 V_{TH}补偿的不同而改变。图 12-13 是恒定电阻负载的效率和输入功率 P_{in}的关系。P_{in}增加时，PCE 也随之增加，直到达到最大值，然后随着 P_{in}的继续增加，PCE 下降。Z_{in}变化时，电压下降的损失和回流损失都是引起 PCE 下降的原因。此外，不同技术、拓扑结构和补偿方式会引起峰值效率、最小 PCE 和灵敏度的差别。

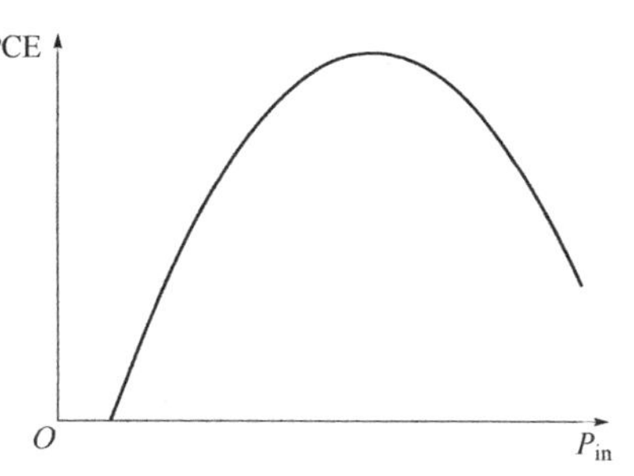

图 12-13 PCE 与输入功率的关系

优化功率传输技术

高品质因数的被动增压方法来提升灵敏度有一项明显不足，那就是天线-整流器接口对很微弱的阻抗变化响应非常灵敏。在体天线引起的过程不匹配、输入功率水平变化或环境变化，都会引起上述变化。在许多关于印刷天线的文章[18-20]中都对此做了广泛报道。与此同时，整流器的非线性也给设计者带来了挑战。因此，一个鲁棒性强的 RF 能量采集器需要有关于上述效应的补偿机制。一种常见的补偿方法是 MPPT，这在参考文献［21-22］中有介绍。MPPT 优化了整流后的 DC-DC 能量传递过程。另一种解决方案是用图 12-14 的谐振控制环调整天线-整流器的接口阻抗[23-24]。

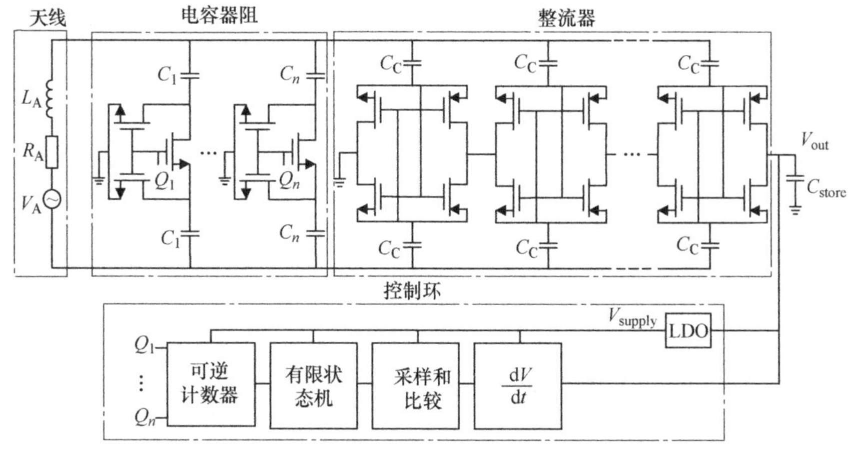

图 12-14 使用谐振控制环的多阶 RF 能量采集器电路

控制环的原理如下：采集器初期给存储电容 C_{store} 充电达到环路的开启电压后，通过差分网络可以得到 V_{out} 的斜率信息。随后，采样和比较电路将斜率信息与之前的样本信息做比较，确定斜率增大还是减小。这一信息被提供给有限状态机，以决定可逆计数器应该继续计数还是改变计数方向。n 位可逆计数器用来控制接口处的 n 位二进制加权电容。通过这种方式，控制环持续使 V_{out} 的斜率最大，也用最少的充电时间得到最大的能量传输。一旦控制环被校准，它就会被关闭，从而使其在低功率时不会加载整流器。

采集器的核心由一个传统的 n 阶交叉耦合桥式整流器组成。在这种结构中，输出电压和整流过程中产生的共模栅极电压能提供额外的偏置，并且有效地降低所需的开启电压。与其他相似的拓扑结构相比，由于 V_{TH} 的自消除，整流器可以在更低的输入功率水平下被激活。另外一个好处就是电路的对称性，由于电路取消了所有偶数阶谐波电流的重复辐射，所以功率效率可以得到提高。通过分析不同输入电压下的充电时间和输入阻抗来决定所需的晶体管宽度，然后在最小的充电时间、最大的电压增压和输出电压之间取得一个平衡。

电容器组由（2^n-1）个电容器开关单元组成。每个单元由一个主开关晶体管、两个用于增加品质因数的小偏压晶体管和两个特制的金属电容器组成。调整范围和准确度可以通过位数来设置。低压差线性稳压器（low-dropout regulator，LDO）为控制环提供稳定的电压。当充电时间相对较慢时，控制环所需的带宽在 kHz 范围。因此，大多数数字环的平均功耗可以忽略不计。

图 12-15a 中的仿真结果验证了控制环的优化效果，$P_{av}=-20\text{dBm}$，为了缩短仿真时间此处使用一个相对较小的负载电容（10pF）。二进制的“CountDirection”是有限状态机的输出，用于控制计数方向。只要 V_{out} 的斜率持续增加，控制环就会保持向上或向下计数（取决于初始计数方向）。当电容器组超过最佳电容值后，斜率开始下降。在这种情况下，“CountDirection”从“1”变为“0”，并且控制环改变计数方向。在最佳电容值编码下“CountDirection”随时钟频率在“1”和“0”之间切换。

这种设计保证了在实际环境中产生的小阻抗变化可以通过控制环补偿，增加了 RF 能量采集器的鲁棒性，这得益于高品质因数的天线带来的被动电压增益。如图 12-15b 所示，为了模拟天线环境变化，天线的电感在 $80\text{nH} \leqslant L_A \leqslant 160\text{nH}$ 之间变化。控制环可以处理这些变化，并得到最大的 V_{out}。

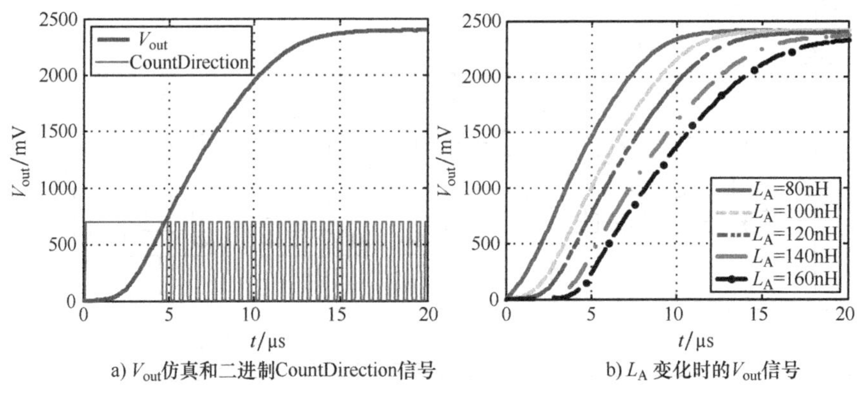

a) V_{out}仿真和二进制CountDirection信号

b) L_A 变化时的V_{out}信号

图 12-15 控制环优化

12.6　天线-整流器协同设计

整流器和天线协同设计可以优化天线的性能。本节介绍的设计方法需要高感抗的天线与整流器的输入阻抗共轭匹配。如图 12-16 所示，通过改进的折叠偶极天线实现天线的高感抗。这种紧凑的环形天线需要有额外的短路臂，以实现天线感抗的进一步调整。

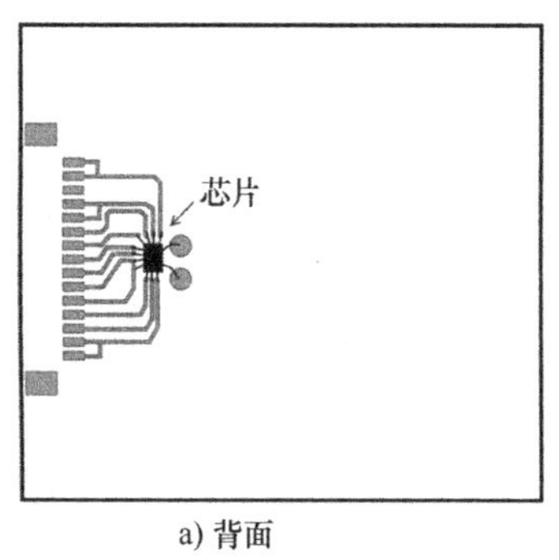

a) 背面

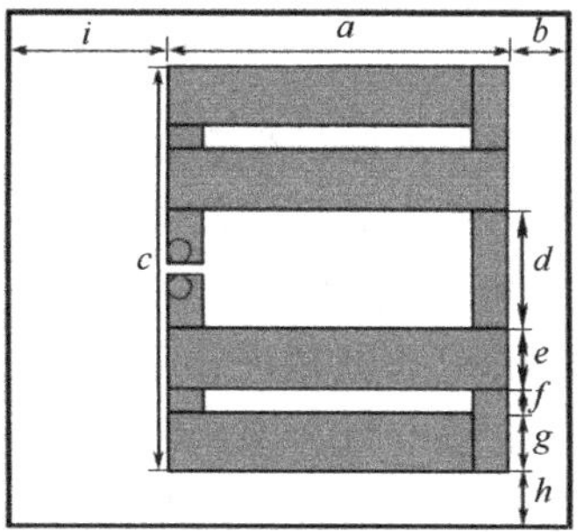

b) 正面

参数	长度/mm
a	2.5
b	5.25
c	34
d	10
e	5
f	2
g	5
h	4.5
i	13.75

c) 维度

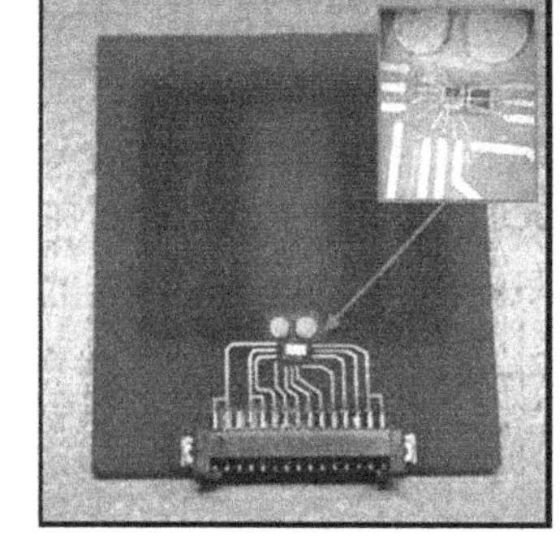

d) 集成芯片

图 12-16　天线

有研究在 1.6mm 的 FR4 基底上构建了一种标准天线。天线阻抗在 SCT Microwave Studio 中进行仿真，在 868MHz 处收敛到（11+j398.8）Ω，从而保证了仿真过程的置信度和准确度。这种天线的辐射效率和最大方向性分别是 46.5%和 1.55dBi，与最大天线增益-1.78dBi 一致。

整流器芯片被集成在天线的背面，以使其对天线性能的影响最小化。RF 输入端通过与天线馈电点相连的通孔（直径为 2mm）封装接入。其他控制信号与控制逻辑和测量电路相连，以评估性能。所有的片外连接（通孔、键合线、PCB 走线、连接器）都经过了仿真，从而准确地确定天线馈电点对应的输入阻抗（见图 12-17）。

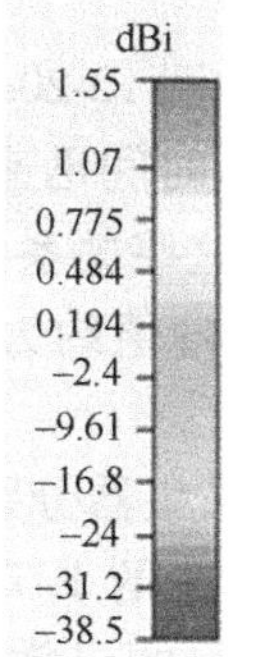

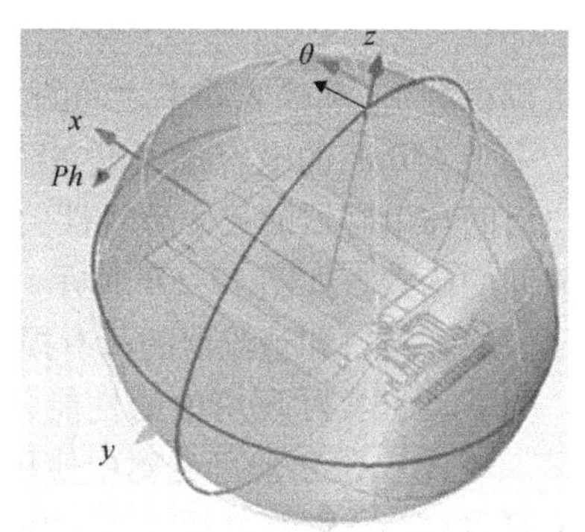

图 12-17　天线辐射方向图和方向性

测量和验证

在设计和装配后，天线的性能需要通

过测试实验来评估。通过标准的测试，可以将性能与最新的技术做比较。为此，RF 采集器首先在电波暗室进行测试来模拟自由空间条件。设备（见图 12-18）在 868MHz 条件下使用两个频带完全一致的对数周期天线（HG824 11LP-NF）进行校准，两个天线间隔 3.6m 以保证远场条件。由于采集天线的尺寸（$a=\lambda/11.3$，$c=\lambda/9.8$）远小于波长，天线性能检测时可以将可用的输入功率定义为各向同性天线（$G_A=0\text{dBi}$）的最大功率。利用这一定义，RF-DC 功率转换效率可以描述为

$$\text{PCE}=\frac{P_{\text{load}}}{P_{\text{av,iso}}}=\frac{V_{\text{out}}^2}{R_{\text{load}}P_{\text{av,iso}}} \tag{12-19}$$

各向同性的可用功率是通过检测接收功率来确定的，使用采集器位置的参考天线并且将参考天线增益加到 $P_{\text{in}}=P_{\text{av,iso}}$上。测得的功率在±0.5dB 以内，与式（12-4）计算的理论值一致。如果控制环在片外，那么它在校正过程中的功耗不包括在测量值中。

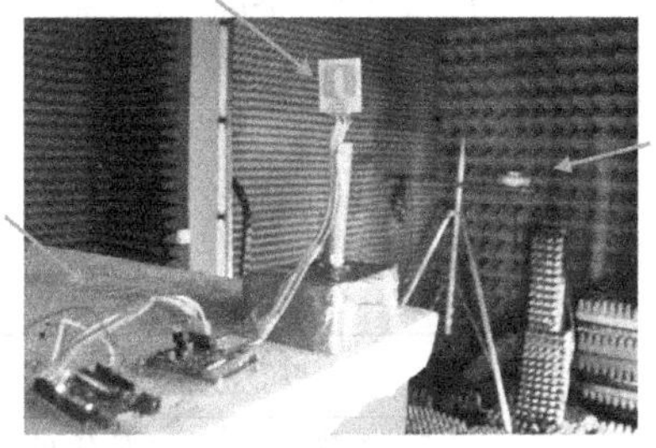

图 12-18 电波暗室中的测试装置

为了阐明谐振控制环的适应性，在闭环和开环情况下测得的输出电压如图 12-19a 所示，此处 $R_{\text{load}}=1\text{M}\Omega$，$P_{\text{in}}=-20\text{dBm}$。开环时，控制环持续从最小到最大电容值计数。很显然，最佳电容值对应最大功率。闭环时，回路优化在 0.5s 时被激活，并且使负载的功率损耗最大化。对于 450nF 的电容器，充电时间与 P_{in}的关系如图 12-19b 所示。

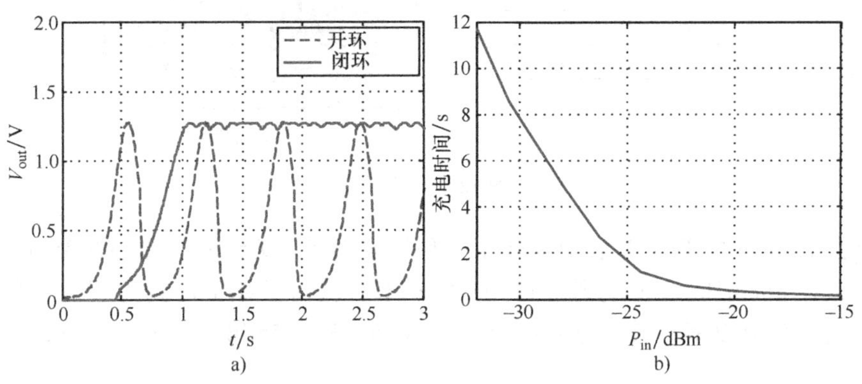

图 12-19 a）电容周期的 V_{out} b）充电时间与 P_{in}的关系

测得的 V_{out}和输入功率之间的关系如图 12-20a 所示，可以看出在低功率水平时灵敏度非常好。一个 450nF 的电容器可以在约 2s 的时间迅速充电到 1V，输入功率只需−26.3dBm。由于充电时间与电容器的尺寸呈线性关系，这些关系曲线间接给出了可用能量关于输入功率和充电时间的函数。如图 12-20b 所示，PCE 峰值约为 31.5%，在−15dBm 附近出现。这个结果包含了天线、接口和整流器的所有损失。

为了验证实际环境中的性能，RF 采集器分别用专门的 RF 源和环境 RF 源进行能量采集测试。首先，在办公室走廊中使用视距内的 1.78W EIRP RF 源测试。在这个实验中，距离 25m 可以产生 1V 的电压，与−26.3dBm 的灵敏度一致。使用 GSM-900 移动电话模拟环境 RF 源，并在距其 2m 处用测得的输出电压来描述能量采集效果（见图 12-21）。尽管在一次

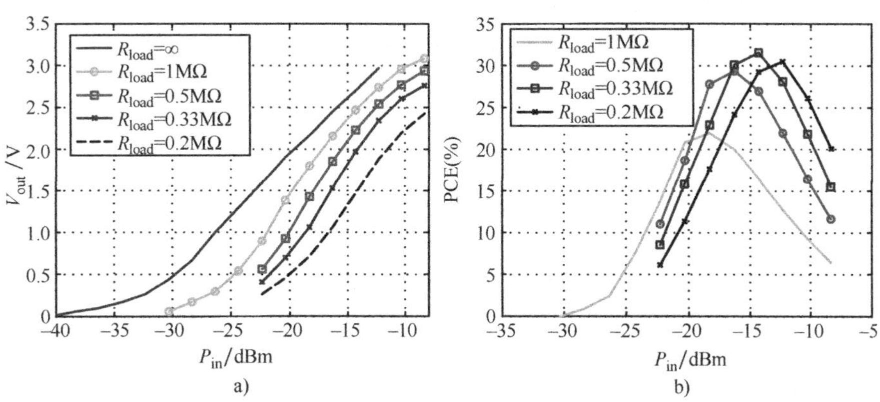

图 12-20　a) V_{out}与 P_{in}的关系　b) PCE 与 P_{in}的关系

通话过程中频率和功率水平波动较大（在 886~907MHz 之间测得功率峰值约为-4.6dBm），RF 采集器也可以将电容器充电至 2.2V。这两个实验都说明了 RF 能量采集能在多个领域中灵活应用。

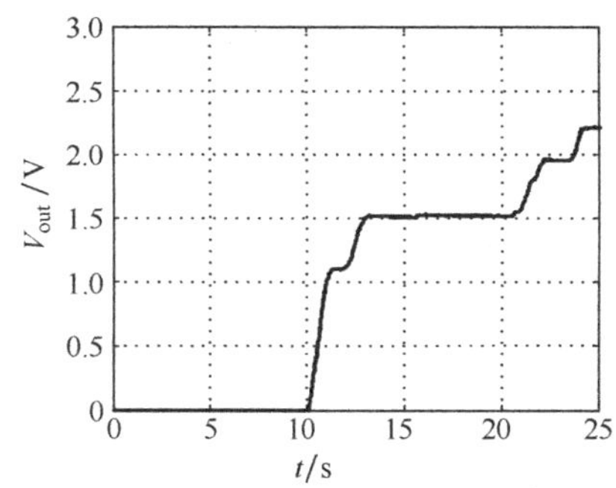

图 12-21　距离 GSM-900 移动电话 2m 处测得的环境 RF 能量

12.7　总结

随着 RFID、自主式无线传感器和穿戴式设备的引入，RF 能量采集这一研究课题的热度正进一步增加。这里介绍了包括波传播、天线效率和天线-整流器界面在内的 RF 能量采集的基础。可以看出，选择合适的天线-整流器接口阻抗对于优化 RF 能量采集器的灵敏度至关重要。

实际的限制包括阻抗不匹配、各项损失、政府条例和采集功率在实际环境中的分布，这些因素都会影响 RF 采集性能，必须在设计时加以考虑。本章还介绍了减少损耗的整流器拓扑结构和技术。比较简单的方案是使用肖特基二极管和电容器。虽然这一方案能极大地减少功率损失，但肖特基二极管价格昂贵，并且无法用于 IC 技术。因此，在多数研究中都使用了基于 CMOS 的解决方案，可以在较低成本下获得较优的性能。

除了整流器拓扑结构，优化功率传输技术也可以提高灵敏度，并且在天线和整流器之间高效地传输能量。本章介绍了一个天线-整流器协同设计的 RFEH 案例，并给出了测试结果。在-15dBm 处获得峰值效率（31.5%），说明 RF 能量采集的高性能需要使用谐振控制环来实现。

本章介绍了基础 RF 能量采集的特性、挑战、技术和设计过程，为设计者提供了全面的基础知识，可以用于优化和实现穿戴式设备应用中的高性能 RF 能量采集器。

参考文献

[1] J. Yoo, Y. Long, S. Lee, K. Yongsang, Y. Hoi-Jun, A 5.2 mW Self-configured wearable body sensor network controller and a 12 u W wirelessly powered sensor for a continuous health monitoring system, IEEE J.Solid State Circuits 45 (1) (2010) 178–188.

[2] Z. Yanqing, Z. Fan, Y. Shakhsheer, J.D. Silver, A. Klinefelter, M. Nagaraju, et al., A Batteryless 19 uW MICS ISM-band energy harvesting body sensor node SoC for ExG applications, IEEE J.Solid State Circuits 48 (1) (2013) 199–213.

[3] S. Lee, Y. Long, R. Taehwan, H. Sunjoo, Y. Hoi-Jun, A 75W Real-time scalable body area network controller and a 25W ExG sensor IC for compact sleep monitoring applications, IEEE J.Solid State Circuits 47 (1) (2012) 323–334.

[4] C.A. Balanis, Antenna theory, Analysis and Design, 2nd ed., Wiley, New York, NY, USA, 1997.

[5] S.S. Singer, A pure realization of loss-free resistor, IEEE Trans. Circuits Syst.-I 51 (8) (2004).

[6] H.J. Visser, R.J.M. Vullers, RF energy harvesting and transport for wireless sensor network applications: principles and requirements, Proc. IEEE 101 (6) (2013) 1410–1423.

[7] ERC Recommendation 70-03 Relating to the Use of Short Range Devices (SRD), (2009). ERC/REC 70-03, European Radiocommunications Committee.

[8] Federal Communications Commission (2009), Code of Federal Regulations, Title 47, Part 15.

[9] Salter, T.S., (2009). Low Power Smartdust Receiver with novel applications and improvements of an RF Power Harvesting Circuit. PhD Thesis, University of Maryland, Maryland, Washington, D.C. USA.

[10] H.J. Visser, A.C.F. Reniers, J.A.C. Theeuwes, Ambient RF energy scavenging: GSM and WLAN power density measurements, Proc. Eur. Microw. Conf. (2008) 721–724. Amsterdam, the Netherlands.

[11] http://powerelectronics.com/site-files/powerelectronics.com/files/archive/powerelectronics.com/images/SchottkyDiodes.pdf, (Last Accessed: 27.06.14).

[12] F. Kocer, M.P. Flynn, A new transponder architecture with on-chip ADC for long-range telemetry applications, IEEE J. Solid State Circuits 41 (5) (2006) 1142–1148.

[13] T. Le, K. Mayaram, T. Fiez, Efficient far-field radio frequency energy harvesting for passively powered sensor networks, IEEE J. Solid State Circuits 43 (5) (2008) 1287–1302.

[14] G. Papotto, F. Carrara, G. Palmisano, A 90-nm CMOS threshold compensated RF energy harvester, IEEE J. Solid State Circuits 46 (9) (2011) 1985–1997.

[15] H. Nakamoto, et al., A passive UHF RF identification CMOS tag IC using ferroelectric RAM in 0.35- technology, IEEE J. Solid State Circuits 42 (1) (2007) 101–110.

[16] H. Lin, K.H. Chang, S.C. Wong, Novel high positive and negative pumping circuits for low supply voltage, Proc. IEEE Int. Symp. Circuits Syst. (ISCAS) 1 (1999) 238–241.

[17] A. Mansano, S. Bagga, W. Serdijn, A high efficiency orthogonally switching passive charge pump rectifier for energy harvesters, IEEE Trans. Circuits Syst. I 60 (7) (2013) 1959–1966.

[18] D'errico R., Rosini R, Delaveaud C., A et al (2011). Final report on the antenna-human body interactions, around-the-body propagation, www.WiserBAN.eu, (Last Accessed: 27.06.14).

[19] D. Masotti, A. Costanzo, S. Adami, Design and realization of a wearable multi-frequency RF energy harvesting system, Proc. 5th Eur. Conf. Antennas Propag. (2011) 517–520.

[20] K. Koski, E. Marodi, A. Vena, et al., Characterization of Electro-textiles using wireless reflectometry for optimization of wearable UHF RFID tags, Proc. Prog. Electromagnet. Res. Symp. (2013) 1188–1192.

[21] A. Dolgov, R. Zane, Z. Popovic, Power management system for online low power RF energy harvesting optimization, IEEE Trans. Circuits Syst. I: Reg. Pap. (2010) 1802–1811.

[22] P.-H. Hsieh, T. Chiang, An RF energy harvester with 35.7%, Symp. VLSI Circuits (VLSIC) (2013) C224–C225.

[23] M. Stoopman, W.A. Serdijn, K. Philips, A robust and large range optimally mismatched RF energy harvester with resonance control loop, IEEE Int. Symp. Circuits Syst. (ISCAS) (2012) 476–479.

[24] M. Stoopman, S. Keyrouz, H.J. Visser, K. Philips, W.A. Serdijn, A self-calibrating RF energy harvester generating 1V at −26.3 dBm, Symp. VLSI Circuits (2013).

第13章 用于穿戴式电生理信号检测系统的低功耗集成电路设计

13.1 简介

穿戴式传感系统需要在极其有限的电源条件下实现长期的自主供电。电路设计技术往往决定了整个系统的能耗情况。但是在实现最低功耗的同时，不能以牺牲系统性能为代价。系统方案的整体考虑对实现智能化低功耗的穿戴式传感器至关重要。

在设计低功耗高性能的传感器时，首先要对待测的电生理信号和在体电极接口有深入的了解。因此，本章的前两节综述了电生理信号和在体电极接口的基本知识。

以下列出了对实现穿戴式传感器低功耗电路来说至关重要的几点考虑和要求：

1）低输入参考噪声（1-5μV_{rms}）。

2）低功耗（<100μW），并优化噪声能效（noise energy efficiency，NEF）。

3）根据使用情况选择信号增益（1~1000），以及在某些应用下增益可变。

4）中到高的信号动态范围（40~80dB）。

5）明显高于在体电极接口的输入阻抗（>10GΩ）。

6）中到低的频率范围（0.1Hz~10kHz），以及在某些应用下，带宽可根据情况进行配置。

7）直流阻断，或不受电极偏置电压影响的直流耦合。

8）消除运动造成的影响。

9）高共模抑制比（common-mode rejection ratio，CMRR）（CMRR>80dB）。

10）高电源抑制比（power supply rejection ratio，PSRR）（PSRR>80dB）。

11）正确地接地。

12）抑制电源干扰。

13）较小的芯片面积（<10mm^2）。

14）外围器件没有或很少。

上述这些要求都相互关联。因此在设计电路时，需要对上述问题和挑战有深入的理解。上述基础问题以及结构设计拓扑将会在以下的章节中进行阐述。之后也会对低功耗放大器和ADC的设计进行详细的阐述。本章的最后将会对传感器设计过程中出现的实际的问题和相应解决方案进行介绍。

13.2 电生理信号及其特点

电生理信号包括脑电、心电、肌电信号等，由细胞电位变化产生电流后的传导而成。脑电信号是大脑中大量的神经元集体活动产生的电位信号，心电信号由心肌细胞的动作电位产生，而肌电信号由骨骼肌收缩产生。其他各种电生理信号（眼电信号、视网膜电信号、胃电信号等）也均由体内大量的可产生电信号的细胞或分布离子的集体效应而产生。

几乎所有的电生理信号，包括脑电、心电和肌电信号，频率都很低，通常均小于1kHz。脑电、心电和肌电信号的特点如图13-1所示。这些信号的幅值很低，用表面电极测量时通常只有几十到几百微伏。由于脑电和心电信号的频率小于1Hz，而电极偏置电压会随时间缓慢变化，幅值可达到100mV，这使得电极偏置电压会影响对这些信号的记录。此外，电路中的一些闪变噪声也刚好处在心电信号的范围，这将在13.3.2节进行阐述。电源中的共模干扰以及不相关的电生理信号在测量时也需要进行有效的抑制。

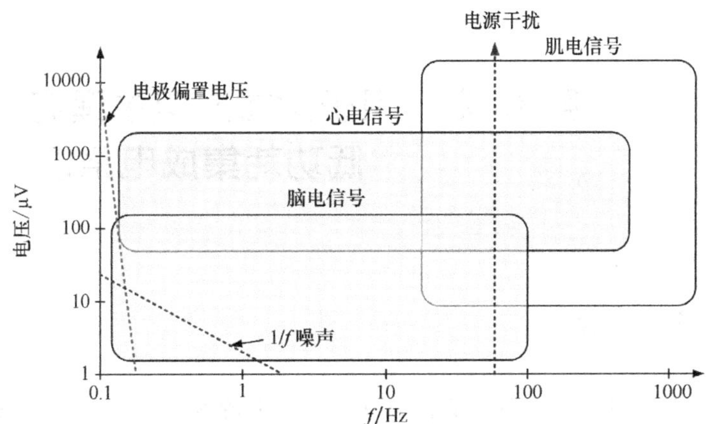

图13-1　脑电、心电和肌电信号的特点以及其与电源干扰和噪声的关系[1-3]

13.3　在体电极接口和电极噪声

13.3.1　在体电极接口

电生理信号从人体到前端放大器的耦合是通过电极实现的。人体内的电流经过电极接口后，转换为后续电子仪器内部相应的待检测电流。实际使用过程中，由于电极构成信号链的第一阶段，它的性能将会决定采集系统整体的噪声和性能，这使得电极接口的设计和选择十分关键。

一般来说，文献中常见的有3类不同的检测电生理信号的电极：湿电极、干电极以及非接触电极（见图13-2）[3-4]。所有类型的电极均能精确地测量电生理信号，并在很大程度上由凝胶的存在和由此产生的身体接触阻抗来区分。

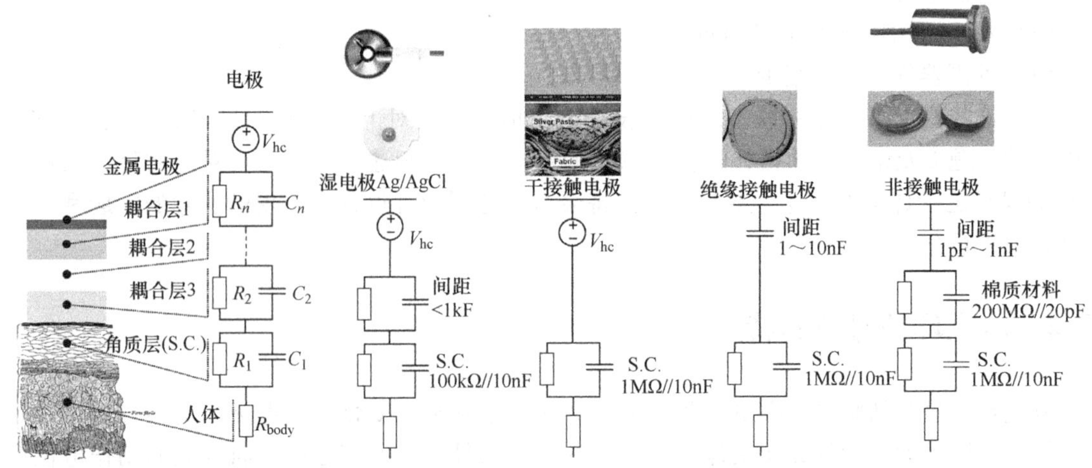

图13-2　各类电极与皮肤接触时的电气耦合模型，包括基于凝胶的Ag/AgCl湿电极、MEMS或金属片干电极、薄膜绝缘电极以及通过毛发或棉质材料耦合的非接触金属电极

湿电极是最常见的电极类型，也是临床和研究应用中测量的金标准。典型的湿电极由 Ag/AgCl金属电极组成，并且电极由液态或固态的含氯化物的凝胶覆盖。如果电极对于直流电流稳定性的要求不严格，那么可以采用其他金属（金电极在 EEG 测量中经常使用）。湿电极最主要的缺点是它的寿命和使用舒适度。由于凝胶所含的水分蒸发，湿电极的使用寿命最长只有几天时间。此外许多用户反馈与皮肤接触的凝胶和黏合剂会对皮肤产生刺激，并带来不适感。

干电极在使用时无须使用凝胶等耦合介质。电极上的金属与皮肤直接接触以检测电生理信号。然而在实际应用中，几乎所有的干电极在检测信号时仍一定程度的依赖于水分，这些水分是由周围环境或身体产生（如汗液）。与湿电极相比，干电极的性能通常随着时间增加而越来越好，这是由于越来越多的水分渗透到与皮肤接触的电极接口处。当与皮肤直接接触时，干电极的接触阻抗通常高于湿电极。干电极接触阻抗为几百千欧，而湿电极接触阻抗只有几十千欧[5]。但是对于高输入阻抗运算放大器（运放）而言，这些都不是问题。当配合湿电极使用时，Ag/AgCl 接触材料往往拥有最佳性能，尤其是在噪声偏移上，这在对 ECG 诊断时非常重要。

目前也有干接触电极，其在电极和皮肤之间使用电容耦合，而不是之前的电流传导耦合。电容式接触电极利用薄介电层形成与身体的绝缘接触。与标准的干电极相比，电容式电极提供了一个电流隔离且具有化学惰性的表面，并最大限度地提高了用户的安全性，延长了电极寿命。但是电容接口阻碍了直流电位的测量，并可能导致较长的沉降时间，这取决于偏置电阻和与本体的耦合量。在其他方面，电容接触式电极的操作与一般干电极类似。

最后一种电极是非接触电极，可视为干电极的一个特例。这种电极使用时不仅无须使用凝胶，而且可以通过衣服等绝缘层实现信号的采集，而无须与皮肤直接接触。正是由于这一特点，耦合阻抗可以很高，可以看作是几十皮法的电容并联数百兆欧的电阻。为了获得可用的信号，需要使用拥有非常高的输入阻抗的特殊活性电极。由于没有直接接触皮肤，人的运动造成的测量误差是该电极最主要也是尚未完全解决的问题，特别是当该电极应用于动态测量时。非接触电极对周围环境如湿度、绝缘材料等十分敏感。非接触电极在天然织物材料（如棉）上工作良好，这是由于高湿度环境下织物会拥有一定的导电性，从而提供了一条电极与皮肤之间的导电通路。相反，该电极在高绝缘性的人造织物材料（如聚酯纤维）上难以获得较好的信号，这是由于摩擦静电效应等原因。

13.3.2　电极噪声

除了放大器产生的电路噪声，电极是信号来源中一个重要的噪声源[4,6]。与电路噪声不同，普遍适用的电极噪声模型并不存在，一部分原因是电极噪声的机理并不十分明确。通常，电极噪声与接触阻抗密切相关，但实际电极噪声明显高于接触阻抗上产生的热噪声。

电极噪声源汇聚后会造成很大的噪声，数量级在 μV/Hz。即使是湿电极，其电极噪声也是如此。电极噪声远远超过了电路元件产生的噪声，这说明了选择合适电极的重要性。由于集成电路的噪声，湿电极和干电极都拥有尖锐的 $1/f^2$ 频谱，这在时域上表现为基线的漂移。

非接触电极会在金属电极和皮肤之间的绝缘材料上产生额外的噪声。例如，在纺织衣物上的电极获得的信号噪声会非常大，这是由于纺织材料固有的高电阻（>100MΩ）特性。这相当于在运放的输入端串联一个大电阻，使信号带宽内增加了一个显著的噪声。

13.4 电生理信号传感器的低功耗模拟电路设计

电路的功耗可以通过将所有电路单元的供电电压 V_{DD} 与其电流相乘后的总和来估计。因此，所有低功耗设计的主要策略是降低电压或电流。然而，在不影响系统性能的前提下，追求系统低功耗有以下几个注意事项和限制。噪声、带宽、动态范围以及其他的事项都需要经过权衡和考虑，同时对电路的基本原理也需要有深入的理解。本节将讨论电生理信号传感器的基本使用方法和相关的低功耗模拟电路设计技术。

13.4.1 MOS 晶体管弱反型（亚阈值）工作模式

图 13-3a 给出了集成电路中 NMOS 和 PMOS FET 的 CMOS 工艺的横截面示意图。两者都有 4 个接线端：栅极（G）、源极（S）、漏极（D）和衬底（B）。图 13-3b 给出了这两种 FET 的图形符号。根据栅极和源极间的电压，MOSFET 的工作模式可分为两种：强反型和弱反型（亚阈值）工作模式（见图 13-3c）。

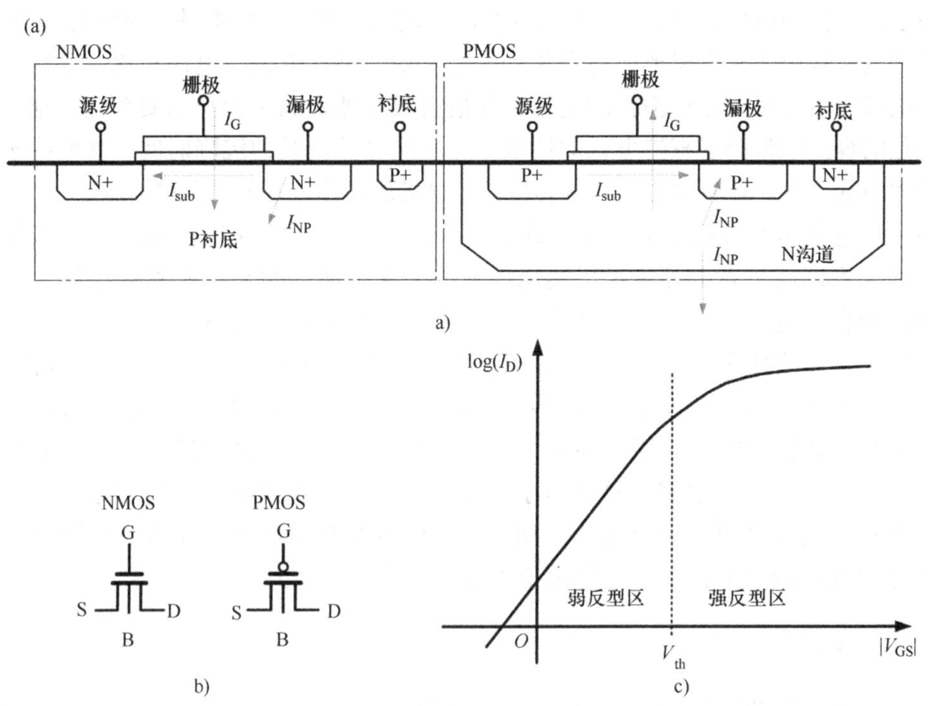

图 13-3 a）NMOS 和 PMOS FET 的截面示意图 b）NMOS 和 PMOS FET 的图形符号 c）漏电流 I_D 的对数值与栅-源电压间的函数关系

与模拟 CMOS 电路设计的标准规范相反，工作在弱反型（亚阈值）模式时的 CMOS 是低功耗电路设计时一个较好的选择。在传统的电路设计中，特别是高速电路应用时，该模式在截止区被认为是非理想的，产生的电流也被视为漏电流。但近年来，该工作模式变得越来越重要，这是由于其拥有较低的功耗和带宽以及优越的跨导特性，特别适用于生物医学或其他低功耗传感器的应用。此外，采用深亚微米技术的晶体管在该模式下工作时，并不会受到对强反型区内超过阈值电压造成影响的问题的困扰，例如电子和空穴迁移饱和速率造成的增益限制效应。

弱反型工作模式下的晶体管模型公式更加简单明了，应用范围也比强反型工作模式更广。该工作模式下的晶体管能量是完全基于玻尔兹曼分布，与过程无关。通过晶体管的漏电流并不是靠漂移，而是靠扩散，并且随着栅极电压呈指数变化。因此，弱反型工作模式更加适合用来实现跨导线性电路和对数域滤波器。

弱反型工作模式下漏电流 I_{DS}、跨导 g_m 和单位增益频率 f_t 的计算公式为[8]

$$i_{DS}=i_{DS0}\frac{W}{L}e^{v_{GS}/(nV_t)}(1-e^{-v_{DS}/V_t}) \tag{13-1}$$

$$g_m=\frac{I_{DS}}{nV_t} \tag{13-2}$$

$$f_t=\frac{I_{DS}}{2\pi nV_t(C_{gs}+C_{gd}+C_{gb})}\propto I_{DS} \tag{13-3}$$

正是由于 g_m 和 f_t 与 I_{DS} 线性正相关，电流和带宽之间的关系就变得简单明了：电流越大，带宽越宽。

在饱和区和弱反型区下的热噪声正比于漏电流，即[9]

$$\overline{i_{n,th}^2}=2q\overline{I_{DS}}\Delta f \tag{13-4}$$

式中，Δf 是信号的带宽。而相对噪声（信噪比的倒数）与漏电流成反比，即

$$\frac{\overline{i_{n,th}^2}}{\overline{I_{DS}^2}}=2q\frac{\Delta f}{\overline{I_{DS}}} \tag{13-5}$$

因此，弱反型工作模式下信噪比与偏置电流 I_{DS} 线性正相关。对于大多数小信号带宽的生物医学应用而言，弱反型工作模式下的弱电流仍能在最大能耗效率下提供足够的信噪比。

闪烁噪声也可称为 $1/f$ 噪声或尖刺噪声，是低频段一个重要的噪声源。在 Si/SiO_2 界面随机捕获的载流子和一些其他机制被认为是 $1/f$ 噪声的主要来源[10-11]，公式为

$$\overline{i_{n,f}^2}=\frac{g_m^2K}{C_{ox}WL}\frac{1}{f}\Delta f \tag{13-6}$$

式中，K 为过程相关常数；W 和 L 为 MOS 晶体管的宽度和长度；C_{ox} 为栅极氧化层电容。PMOS 晶体管的 $1/f$ 噪声小于 NMOS 晶体管，因此在低噪声、低频的生物传感应用领域使用 PMOS 时，应该用在前端放大器的差分输入端。增大 MOS 器件的尺寸也可以减小 $1/f$ 噪声。

$1/f$ 噪声的拐角频率 f_c 可作为 $1/f$ 噪声和热噪声在频谱上所占比例的重要指示参数。拐角频率 f_c 定义为当 $1/f$ 噪声和热噪声幅值大小相等时的频率，在弱反型工作模式下可表示为

$$\begin{gathered}\overline{i_{n,th}^2}=\overline{i_{n,f}^2}\\ 2nkTg_m\Delta f=\frac{g_{VF}^2K}{C_{ox}WL}\frac{1}{f_c}\Delta f\\ f_c=\frac{K}{C_{ox}WL}g_m\frac{1}{2nkT}\end{gathered} \tag{13-7}$$

$1/f$ 噪声拐角频率根据工艺过程的质量，其范围从几百赫兹到几兆赫兹。同时，它也取决于偏置电流：偏置电流越小，$1/f$ 噪声拐角频率也越小，因此 $1/f$ 噪声对于总体噪声的影响也就越小。

为进一步降低 $1/f$ 噪声，斩波稳定技术在低噪声的生物医学应用中被广泛使用，如采集

EEG。为了使结果更加有效，斩波频率需要显著高于 $1/f$ 噪声的拐角频率，在这些应用中通常在100Hz~10kHz之间。其他技术如自动调零和相关双采样等也可用于降低 $1/f$ 噪声。

3 种类型的 MOS 晶体管电流在生物医学应用的电路设计时需要仔细考虑。这 3 种电流分别是亚阈值电流 I_{sub}、栅极漏电流 I_G 以及 PN 结反向偏置漏电流 I_{NP}[12]（见图 13-3a）。

13.4.2 仪表放大器的设计要求

在穿戴式生理监测系统的设计过程中最具挑战的是仪表放大器（instrumentation amplifiers, IA）的实现。该放大器从电极处采集电生理信号，并执行模拟信号处理和调节。

如 13.1 节所述，IA 面临几乎所有具有挑战性的设计规范。作为参考，表 13-1 给出了目前一些 IA 的测量性能。

表 13-1 目前 IA 的测量性能

	Harrison 2003[13]	Yazicioglu 2008[14]	Zou 2009[15]	Verma 2010[16]
应用领域	神经	EEG	多体态	EEG
V_{DD}/V	5	3	1	1
功率/μW	80	6.9	0.337	3.5
带宽/kHz	7.2		0.292	
低频截止频率/Hz	0.025		0.005~3.6	
输入参考噪声/μV_{rms}	1.6 (0.025~7.2kHz)	0.59 (0.5~100Hz)	2.5 (0.05~460Hz)	1.3 (0.5~100Hz)
噪声系数 (noise efficiency factor, NEF)	4.0	4.3	3.26	
CMRR/dB	≥83	>120	≥71.2	>60
PSRR/dB	≥85		≥84	
输入阻抗/MΩ	(~20pF)	>1000	(~8pF)	>700
面积/mm²	0.16	0.45	<0.5	0.3

13.4.3 基本仪表放大器

典型的三运放 IA 足以实现高输入阻抗、高 CMRR 和高增益。但是由于它需要使用 3 个运放，所以消耗功率和所占面积较大[17]。对于微生理信号采集前端，图 13-4 给出了使用最广泛的运放配置[13]。交流耦合输入电容 C_C 能够隔断电极的偏置电压，这归功于集成电路中电容良好的匹配性能。

在 MOS 工艺中，增益可以精确控制。一个大电阻 R_f，通常可用有源电阻或开关电容电路代替（见图 13-10），同时在运放的输入节点建立了直流偏置电压，并呈现出高通滤波器的特性。电容值不匹配会导致 CMMR 的降低。电路中实际的 CMMR 大概是 60~70dB。此外，C_C 会主导输入电阻值的大小。因此，可以根据 CMMR 和输入阻抗来确定 C_C 的值。

IA 的传递函数为[13]

$$A_V(s)=\frac{C_C}{C_f}\frac{1-\frac{sC_f}{g_m}}{\left(1+\frac{1}{sR_fC_f}\right)\left(1+\frac{s(C_C+C_L+C_CC_L/C_f)}{g_m}\right)} \tag{13-8}$$

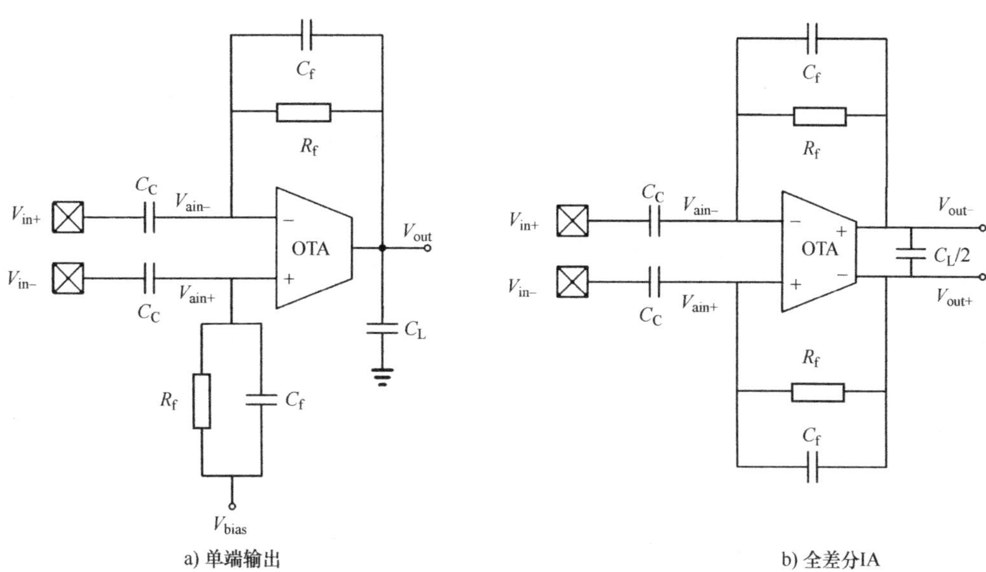

图 13-4　单端输出和全差分 IA 的结构示意图[13]

式中，g_m 为跨导运算放大器（operational transconductance amplifier，OTA）的跨导。其通带增益是由 C_C 与 C_f 的比值决定。高通截止频率 f_{HP} 为

$$f_{HP}=\frac{1}{2\pi R_f C_f} \tag{13-9}$$

低通截止频率 f_{LP} 由负载电容 C_L 决定，其可近似表达为

$$f_{LP}\approx\frac{g_m C_f}{2\pi C_C C_L} \tag{13-10}$$

式中，$C_L \gg C_f$，$C_C/C_f \gg 1$。可以通过加入一个与 C_f 串联的$1/g_m$电阻来消除在 $g_m/2\pi C_f$ 处的右半平面的零点。但这在许多情况下可以忽视，这是由于其所处频段高于生物医学应用领域信号的频段。

单级 IA 的主要噪声来源是 OTA 和反馈电阻 R_f。由于这些原因产生的输入参考噪声为

$$\sqrt{\overline{v_{ni,R_f}^2}}=\sqrt{\frac{4kT}{R_f}}\frac{1}{2\pi f C_{in}}$$

$$\sqrt{\overline{v_{ni,A_{amp}}^2}}=\sqrt{\overline{v_{ni,sys}^2}}\left(\frac{C_f+C_{in}+C_C}{C_C}\right) \tag{13-11}$$

式中，C_{in}为 OTA 输入节点 V_{in1}和 V_{in2}处的寄生电容[17]。R_f 处产生的噪声主要在低频段，因此为了减少 R_f 处的噪声贡献，必须满足[18]

$$C_C \ll \frac{2}{3}\frac{f_{LP}}{f_{HP}} \quad f_{LP}\approx\frac{g_{m1}C_f}{2\pi C_C C_L},\ f_{HP}=\frac{1}{2\pi R_f C_f} \tag{13-12}$$

在实际电路中，OTA 产生的噪声通常在 R_f 的噪声中占主导地位[18]。

作为设计低噪声、低功耗的 IA 前端的一个基准，NEF 被用来比较电流噪声性能，有

$$\mathrm{NEF}=V_{rms,in}\sqrt{\frac{2I_{tot}}{4kT\pi V_t \mathrm{BW}}} \tag{13-13}$$

式中，$V_{rms,in}$为输入参考总噪声；I_{tot}为系统总电流消耗；V_t 是热电压；BW 为系统的−3dB 带

宽[19]。NEF 对应的归一化供电电流与单个理想电流负载的 BJT（双极结型晶体管）相当，拥有相同的噪声级别，并定义为理论极限（NEF=1）。实际应用中，差分输入的差分 IA 在相同的跨导下会产生双倍的电流，此时 NEF 的值大于 2。目前，最先进的 IA 的 NEF 值通常为 2.5~10。值得注意的是，NEF 是用于权衡带宽、噪声和电流的指标，而不是功率。

13.4.4 放大器设计技术

OTA 是 IA 中最重要的模块。图 13-4a 给出了单端结构，图 13-4b 给出了差分结构。在种类众多的运放中，最常见的两类运放是对称 OTA（电流镜像 OTA）和折叠共源共栅 OTA，如图 13-5 所示[13,16]。这两种运放在 V_{out} 处都只有一个高阻抗节点，所以都是一阶运放。两种运放的增益是输入跨导和输出阻抗的乘积。全差分运放需要共模反馈，从而增加了设计的复杂度，但是相比单端运放提供了更优越的 CMRR 和 PSRR。

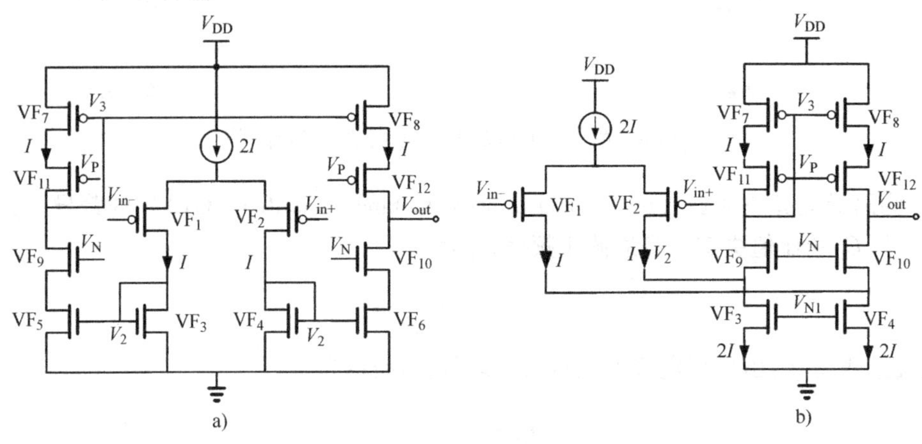

图 13-5 a）对称 OTA b）折叠共源共栅 OTA

1. 噪声和功率

生物医学领域应用的前端放大器的噪声是影响电路性能的关键因素。当 VF_1-VF_2 跨导为 g_{m1}，VF_3-VF_6 跨导为 g_{m3}，VF_7-VF_8 跨导为 g_{m7} 时，则图 13-5 中每个运放的输入参考噪声为[13]

$$\overline{v_{ni,sym}^2}=\frac{16kT}{3g_{m1}}\left(\frac{3}{4}n+2\frac{g_{m3}}{g_{m1}}+\frac{g_{m7}}{g_{m1}}\right)\Delta f \tag{13-14}$$

$$\overline{v_{ni,folded}^2}=\frac{16kT}{3g_{m1}}\left(\frac{3}{4}n+\frac{g_{m3}}{g_{m1}}+\frac{g_{m7}}{g_{m1}}\right)\Delta f \tag{13-15}$$

式中，n 依赖于耗尽层和氧化层之间的电容比，其值通常在 1.2~1.8 之间。在上述公式中，VF_1 和 VF_2 被认为是工作在弱反型模式，而其他则工作在强反型模式。共源共栅 MOSFET 的噪声影响可以忽略不计。上述公式清楚地说明了为了获得更好的信噪比，g_{m1} 应该越大越好。当偏置电流一定，输入晶体管 VF_1、VF_2 应该工作在弱反型模式，以获得更高的 g_m/I_D 效率。相反，VF_3~VF_8 需要工作在强反型模式以获得更低的 g_m。由于 g_{m1} 远高于 g_{m3} 和 g_{m7}，输入参考噪声可近似简化为

$$\overline{v_{ni,sym}^2}\approx\overline{v_{ni,folded}^2}\approx\frac{4nkT}{g_{m1}}\Delta f=\frac{4n^2kTV_t}{I_1}\Delta f\propto\frac{1}{\text{电流}} \tag{13-16}$$

当运放拥有合适的尺寸时，在电路设计时只有一个因素需要考虑：电流。因此，功耗和

噪声之间的权衡变得十分简单：电流越大，噪声越小。

当功耗有更为严格的约束时，套筒式运放优于其他运放，因为其只有两个分支。然而，输出浮动范围也比之前提到的双运放窄很多。

g_m/I_D 设计理论

g_m/I_D 设计理论在低功耗和低噪声设计上非常实用[20-21]。跨导效率 g_m/I_D 表示晶体管以较小电流获得高增益时的效率。如图 13-6a 所示，g_m/I_D 效率值在弱反型模式下高于强反型模式。这意味着晶体管在弱反型模式下工作时更具效率。如图 13-6b，当偏置电压一定时，晶体管工作区域可以通过调节尺寸大小来实现，并获得理想的跨导效率。然而，由于大尺寸获得的高跨导效率会占据更大的面积，从而导致更大的寄生电容。

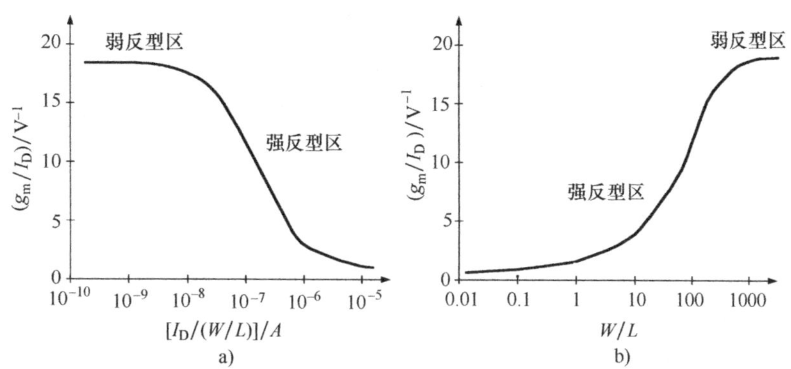

图 13-6　a）固定尺寸（$W/L=100$）的偏置电流与跨导效率间的关系
b）给定偏置电流（100nA）下器件尺寸与跨导间的关系

2. 稳定性

为了获得精确的增益，几乎所有的运放都使用了负反馈。同时随着带宽增加和噪声抑制，可以通过线性无源器件设置独立的开环增益。然而高增益系统里的反馈会受到外界干扰而不稳定，这在设计时需要仔细考虑。由于生物医学应用中感兴趣的信号频带很低，通常小于1kHz，其 IA 并不需要很宽的带宽，但是考虑到低功耗的限制，电流通常只有几十到几百纳安。而晶体管为了得到较好的匹配和低噪声性能，需要较大的尺寸，这都会导致低电导和大寄生电容，从而降低稳定性。

图 13-7 显示了一阶开环放大器的波特示意图。V_{out}是唯一的高阻抗节点，因此其位置在低频处。反馈建立在图 13-7 中用水平虚线标注的闭环增益处。反馈的闭环增益和运放的开环增益的交汇处决定了单位环路增益频率f_K。其相位裕度计算公式为

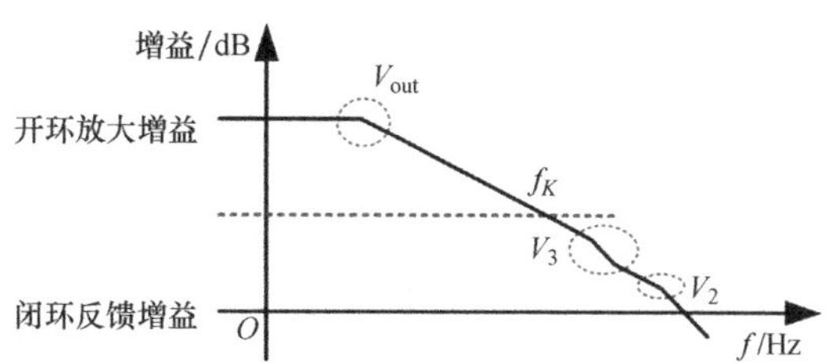

图 13-7　一阶开环放大器的波特示意图

$$相位裕度=90°-\tan^{-1}\frac{f_K}{f_{p2}} \qquad (13\text{-}17)$$

式中，f_{p2}为第二个极点频率。在相位裕度中第二极点的位置也十分重要。如果图 13-5a、b 中的 VF_3～VF_8 具有相同的电压，V_3 节点由于尺寸较大而拥有较大的栅极电容，这将可能产生第二极点。然而由于双信号通路的存在，这一极点往往伴随着零点存在，所以它并不会严重影响相位裕度。此外，一个全差分运放在 V_3 节点处并不会引起零极点对。V_2 处极点可能小于零

极点对，这是由于 VF_1 和 VF_2 间有较大的结电容，使输入跨导增大，$1/f$ 噪声减小。在某些情况下，这可能会生成一个偶极子，使得建立时间增长，但这在生物医药应用领域是可以接受的。

13.4.5 采样电容噪声

根据 Nyquist-Johnson 噪声[22-23]，电阻的热噪声可以被认为是串联在电压源或并联在电流源上的噪声，则

$$\begin{cases}\overline{v_{\mathrm{n},R}^{2}}=4kTR\Delta f\\ \overline{i_{\mathrm{n},R}^{2}}=\dfrac{4kT}{R}\Delta f\end{cases}\tag{13-18}$$

热噪声是由随机电子运动引起的，与绝对温度成正比。

一个理想的电容不产生任何噪声，但是由于与附近的电阻元件如开关之间的电阻耦合，采样电容会产生集成噪声，表达式为

$$\overline{v_{\mathrm{n},C}^{2}}=\frac{kT}{C}\tag{13-19}$$

该噪声取决于电容的大小，而不是绝对温度。这也意味着噪声电压与电容的二次方根成反比，即为了降低噪声电压到原来的1/10，需要扩大电容值至原来的100倍。其中 kT/C 噪声限制了系统的性能，仅仅通过扩大电容的尺寸很难解决这一问题。

图 13-8a 描述了一个典型的电生理信号传感器结构的主要功能部件，包含一个信号放大器和一个拥有采样保持输入的 ADC。图 13-8b 给出了由于采样保持电路中 kT/C 噪声引起的输入参考噪声与电容尺寸以及增益 A_V 间的关系，图中水平虚线是指检测不同类型的电生理信号所需的噪声等级。为了避免片外元件，电容通常限制在几皮法。因此，对于一个有采样保持输入的 ADC，为了避免 kT/C 噪声的影响，前端运放是必要的。需要注意的是如果 ADC 没有采样-保持功能，如连续 ΔΣ ADC，前端运放则不是必要的。

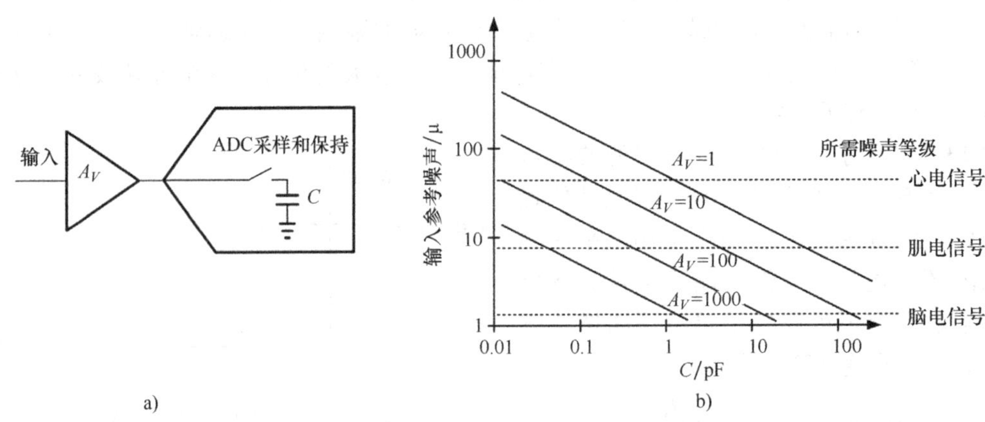

图 13-8 a）电生理信号传感器的简化结构 b）输入参考噪声与电容以及增益间的关系

对前端交流耦合的自动调零技术可以用于解决旁路电极电压失调问题以及消除 $1/f$ 噪声[24]。但是 1~10pF 的采样电容产生的 kT/C 噪声约为几十微伏，如图 13-8b 中 $A_V=1$ 曲线所示，因此通常使用其他不依赖于电容采样的电路技术，如稳定斩波，来减少低频噪声。

13.4.6 稳定斩波技术

斩波调制技术对于减小 $1/f$ 噪声和其他低频噪声如跳跃噪声、电压偏移和漂移等至关重要。该技术特别适用于对弱电生理信号进行高灵敏采集，如脑电信号，这需要非常低的输入参考噪声，一般不超过 1~2μV_{rms}。

斩波调制技术的原理如图 13-9 所示[24-27]。低频和带宽受限的输入信号 V_{in}在运放之前利用方波斩波信号进行调制。由此产生的波形是 V_a：现在的信号经过斩波频率f_{ch}调制后，低频的干扰信号将不再落入信号频带。经过斩波信号的放大和调制后，放大后的输入信号回到直流上，而干扰信号落入斩波频率段f_{ch}。当所有没用的干扰信号和谐波干扰均通过低通滤波器滤除后，所需的输入信号就呈现在输出端 V_{out}处。

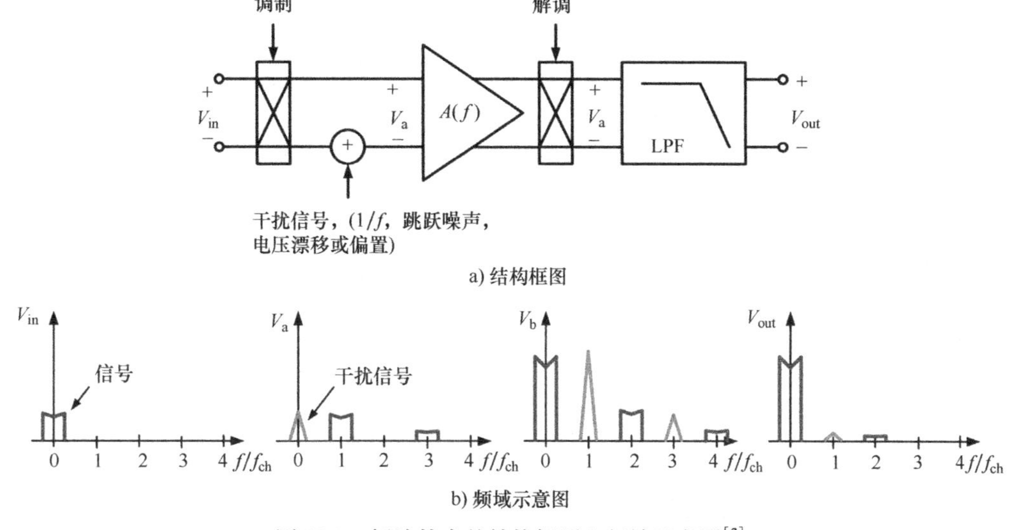

图 13-9 斩波技术的结构框图和频域示意图[3]

在设计稳定斩波运放时要面临两个主要的问题：残余偏置和输出纹波[28]。

残余偏置主要由非理想斩波调制器造成。时钟反馈和输入斩波中的电荷注入的不匹配会产生尖峰，这使解调出的输出斩波中含有残余偏置。为了减小偏置，首先需要仔细设计和布局。连续[14,16,28-29]或数字[30]直流伺服回路能减小残余偏置，并减轻由于运放带宽有限而引起的信号失真问题。此外，滤波技术[31-33]也可用于解决上述问题。

输出纹波是由运放的输出偏置引起的，偏置也会被放大，使输出信号中出现纹波信号。该纹波可以通过连续纹波降低回路[28]和数字前校准[30]来降低。

13.4.7 次赫兹高通截止有源电阻

高通截止频率需要远低于典型的生物医学信号如心电信号和脑电信号，一般为 1Hz。图 13-4 中 IA 的高通截止频率是由耦合电容 C_C 和反馈电阻 R_f 构成的时间常数决定的。如果用片上电容和电阻实现次赫兹的时间常数，需要用片上较大的面积才能实现。使用 1~10pF 的电容和基于 PMOS 的有源电阻是目前解决该问题的主要方法。一种实现高电阻的替代方法是使用基于开关电容的逻辑。

如上文所述，最常见的解决方法是使用基于 PMOS 的有源电阻，如图 13-10a~f 所示。这些有源电阻最基本的结构是 PMOS 晶体管，其栅极和衬底相互连接，如图 13-10a 所示[34,13]。

与栅极连接的漏极建议安置在漏电流灵敏的一端，如 OTA 的浮动输入端。两节点 V_A 和 V_B 间的电阻当 $V_A=V_B$ 时达到最大值。当 $V_A>V_B$ 时，正向 PN 结流过电流。当 $V_A<V_B$ 时，电流则是由基底漏电流决定。这两个电流是不平衡的，电阻也是如此。两个不同配置的 PMOS 晶体管形成的有源电阻如图 13-10b ~ d 所示[35-36]。如图 13-10e 所示，PMOS 晶体管中栅极与偏置电压的连接会导致通过控制栅极电压可改变电阻值[36-38]。

但当撤离施加的电压时，图 13-10a ~ e 的有源电阻值会迅速下降，引起电压动态范围内与信号相关的失真[39]。图 13-10f 中的有源电阻结构，在平衡电阻的作用下，拥有更宽的线性范围，最高至几百毫伏。使用辅助运放后可以实现更宽的线性范围[40]。

开关电容也可用于实现片上高阻抗，如图 13-10g 所示。该结构中，开关频率 f_s 精确控制着阻抗，即

$$R=\frac{1}{f_s C}$$

式中，C 为中央电容的电容值。为了使阻抗大到 1TΩ，f_s 和 C 都必须足够小，$C=1\text{fF}$，$f_s=1\text{kHz}$。然而 1fF 的电容太小而难以制造，而且 1kHz 的时钟接近有用信号的频率段，也不能满足生物医学领域应用的要求。图 13-10h 中的开关电容有源电阻通过在电容电路中实现电荷共享，使阻值扩大了 10 倍[16]。该结构减轻了制造和干扰等问题。

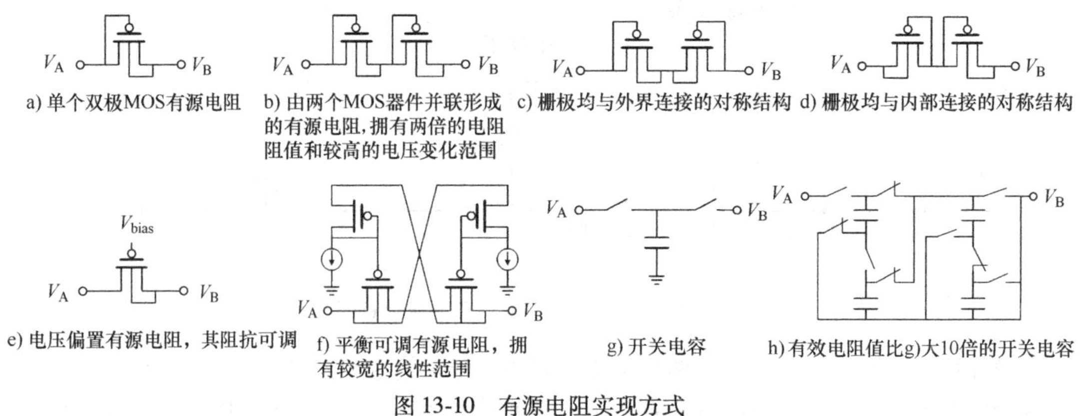

图 13-10　有源电阻实现方式

13.4.8　CMRR 增强技术

共模干扰对于生物医学信号传感系统来说是个难题。干扰主要来源于直接与人体耦合的供电电线。系统中需要较高的 CMRR 来抑制共模干扰，从而确保信号的质量。

差分信号间和不同通道间的精确元件匹配是实现高 CMRR 最基本的要求。良好的匹配包括精心布局和巧妙的结构设计。例如，电流源中可调节的共源共栅镜像电流[41]和固定输出 V_{DS} 可以提高 CMRR，这是由于该技术能够在宽的动态范围内降低不同信号之间的不匹配程度。此外，电源干扰可以通过陷波滤波器来抑制[42]。

最有效且最常见的提高 CMRR 的技术是有效接地的右腿驱动（driven right leg，DRL）技术和输入阻抗提升技术。

1. DRL 技术

DRL 技术通过一个附加电极，将放大后的共模电压反馈回体内，该电极一般放在右腿处用于心电信号测量。这种负反馈会减小反馈回路的阻抗，在传感器输出处通过反馈回路增益

来减小共模干扰电压[43-44]。

图 13-11 所示为电容 DRL 电路实例，使用了 4 个 OTA。V_{CM}代表两电极输入的共模电压。DRL 电路通过到体内的高增益反馈驱动该共模电压到虚拟地。为了限制流入人体的电流，R_o通常为 MΩ 级。

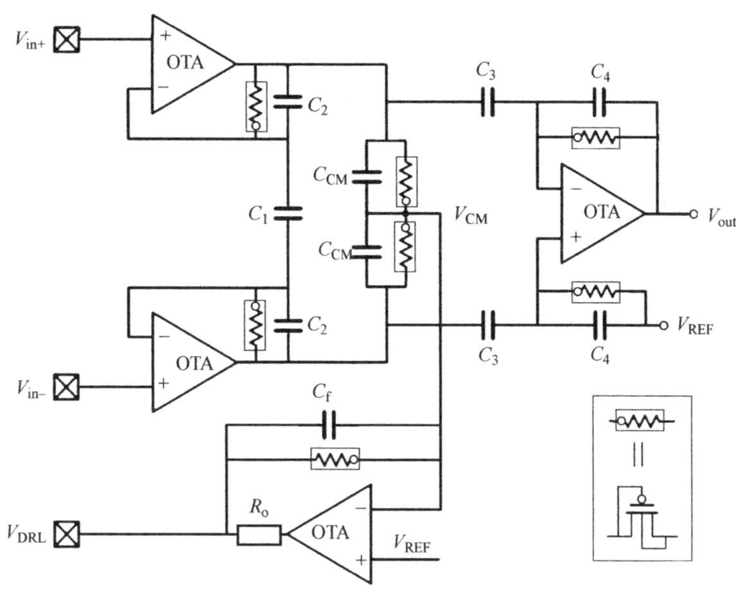

图 13-11　含有 DRL 的 IA 示意图

从两个电极的输入 V_{in+}和 V_{in-}到 DRL 电极 V_{DRL}之间的负反馈回路的增益 $A_{V,DRL}$可以简化为

$$A_{V,DRL}=-\frac{C_f}{2C_{CM}} \tag{13-20}$$

通过反馈，电极阻抗和共模电压可以降低 $1+A_V$。为了在 DRL 电路中获得较大增益，需要采用开环放大器[45]。然而，有 DRL 反馈的电路需要仔细设计以确保稳定性。由于电极阻抗容易发生变化，所以通常需要高达几纳法的大电容 C_f[46]来确保电路的稳定性。数字辅助 DRL 电路在主要频段拥有较大的增益，可用来提高抑制能力，而在其他频段则增益较小，以确保稳定性[47]。在使用干电极时，前端的差分输入的一端使用共模反馈可以提高 CMRR，并确保其稳定性不受电极阻抗变化的影响[30]。

2. 输入阻抗提升技术

电极阻抗的变化和不匹配也会降低 CMRR 和信号幅值，使系统在运动测量时更不准确。因此，电生理信号传感器的输入阻抗应远高于电极的阻抗和人体与电极间的阻抗。许多情况下，电生理信号传感器的输入阻抗受限于输入斩波的寄生电容[14,29,33]或交流耦合输入电容[13,15-16]。正反馈能够提高交流耦合输入电容以提高输入阻抗，从而使输入阻抗增加到 GΩ 级。为了进一步提高输入阻抗至 TΩ 级，可以采用具有主动屏蔽功能的单位增益运放来提高输入晶体管和其他寄生电容的电容值[50]。

13.5 ADC 低功耗设计

模拟信号的数字化记录和处理对于后续数字信号处理和数字射频通信来说十分必要。有限的功率和低噪声的限制要求使用低频率（1～10kHz）和超低功率 ADC，同时不能降低噪声抑制的性能。与此同时对于使用的 ADC，要求对静态电流的消耗少，并且功率消耗可根据多模态采集应用的采样速率进行调节。逐次逼近寄存器（successive-approximation-register，SAR）ADC 和过采样 ΔΣ ADC 是实现低功耗要求的两种常见的结构。

SAR ADC 结构简单，只包括几个模拟电路，以及其在低频时功率较低且无须静态功耗，所以它是低功耗、中等分辨率（8～10 位）的生物医学应用的主要结构[16-17,45,51-56]。典型的 SAR ADC 包括 SAR 逻辑、时钟控制比较器和一个电容输入的 DAC，如图 13-12 所示。它在采样时通过控制开关电容器 DAC 的输入逻辑，执行基于二进制搜索的逐次逼近方法，且在从 MSB 到 LSB 的每个时钟产生一位量化结果[57-58]。

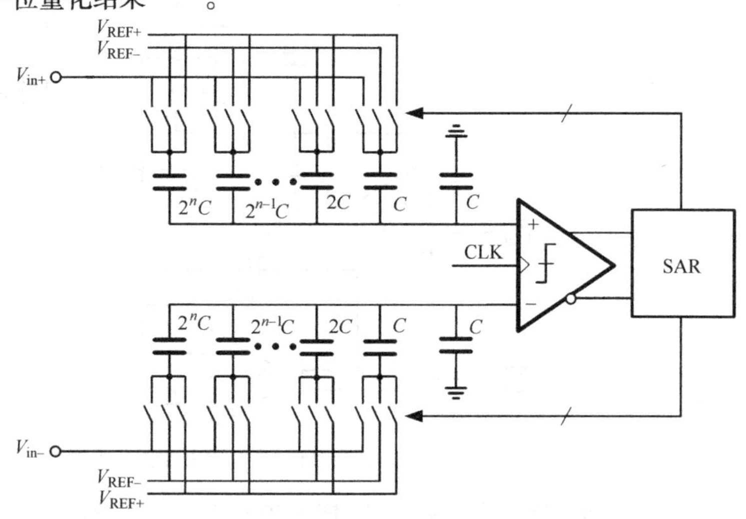

图 13-12　差分 SAR ADC 结构示意图

现在有许多技术和结构可以降低 SAR ADC 的功耗。采用带串联衰减电容的主副二进制加权的 DAC 阵列能减少电容阵列的大小，从而减小 ADC 驱动的功耗[59]。同时，折叠电容 DAC 结构结合独立参考电压能够减小电容 DAC 的尺寸，也能实现降低功耗的目的[52]。使用电荷再循环开关的方法可以节约电容 DAC 在开关时产生的电荷消耗[60]。

一般认为 SAR ADC 是中等精度低采样速率最节能的方案。但是，大多数 SAR ADC 处理的信号水平远高于电生理信号水平（3~4 个数量级）（见图 13-1）。因此，在 A/D 转换前需要一个运放来将信号放大至次 μV 级。此外，采用奈奎斯特频率采样时需要抗混叠滤波。放大和抗混叠滤波的成本通常不占用 ADC 能耗。最重要的是，由于电容上 kT/C 采样噪声的存在，对 μV 级的电生理信号采样会产生许多问题；需要承受几十微伏电压同时也会限制 pF 级电容在集成电路上的尺寸。

ΔΣ ADC 是另一种解决方案，它有以下几点优势[61-65]：

1）分辨率和采样速率可动态调整，功耗也会随着采样速率而变化，因此它可以用于多模态的电生理信号传感器的诸多应用。

2）ΔΣ ADC 只包含几个简单模拟器件。

3）ΔΣ ADC 可在低功率、低电压情况下工作。

4）ΔΣ ADC 无需复杂的电路技术即可实现高精度（12~16 位）转换。

5）对于连续 ΔΣ ADC 结构，不会产生 kT/C 采样噪声。

图 13-13 给出了一个拥有可广泛配置的分辨率和采样速率的 G_m-C 增益 ΔΣ ADC[61]。跨导（G_m）单元将差分输出电压信号转换成电流，近似典型电生理信号的线性电压范围。将该电流与反馈电流间的差进行积分，并将所得电压与三级量化的反馈电流进行比较，从而实现连续的一阶 ΔΣ 调制器。连续的过采样 ADC 不需要抗混叠滤波和采样保持电路。此外，反馈中的占空比特性提供了精确的可编程数字增益，范围为 1～4096。

图 13-14 给出了另一个用于无创电生理信号记录的增益 ΔΣ ADC[62]。它只需要单个 OTA

即可接收无缓冲的电生理信号并执行放大、信号处理和数字化操作。

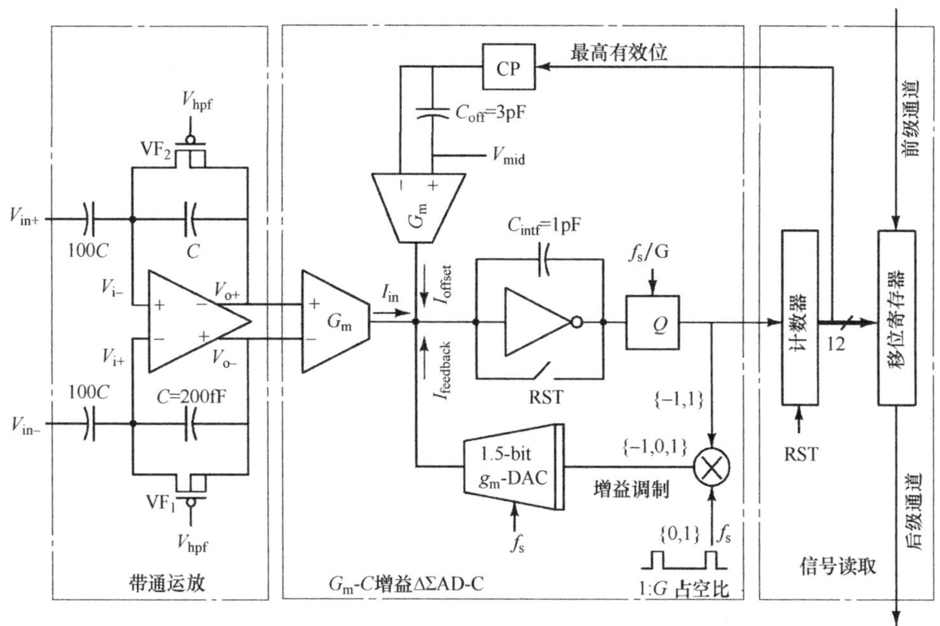

图 13-13　利用 G_m-C 增益 ΔΣ ADC 的电生理信号采集系统[61]

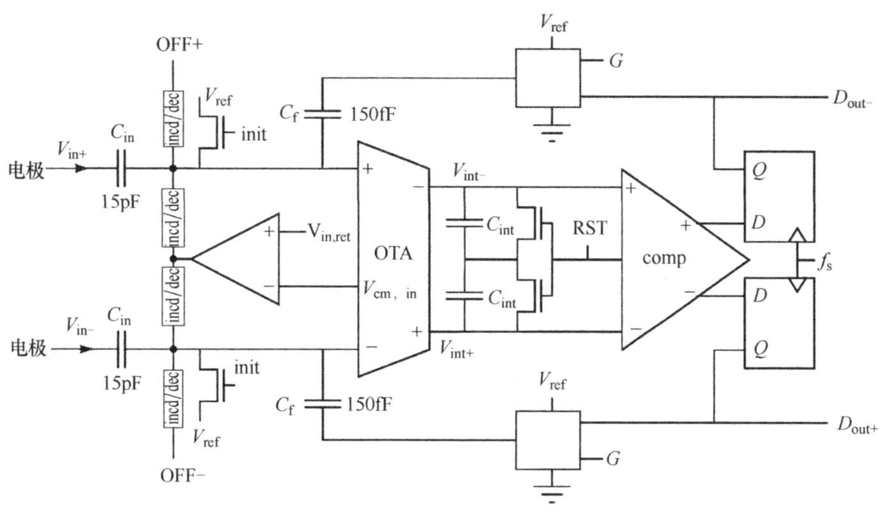

图 13-14　直接采集处理电生理信号的增益 ΔΣ ADC[62]

用于实现低功耗高分辨率的另一解决方案就是将 SAR 和 ΔΣ 结构结合，如图 13-15 所示[63]。它在第一阶段先执行逐次逼近转换，然后在下一阶段利用之前留下的数据再执行 ΔΣ 转换。因此它可以得到比传统 SAR ADC 更高的分辨率，同时拥有比传统 ΔΣ ADC 更短的转换时间。

除了上述两种 ADC 外，还有其他的 ADC 结构，如异步交叉 ADC[66] 和拥有连续整合脉冲操作能力的仿生 ADC[67]。

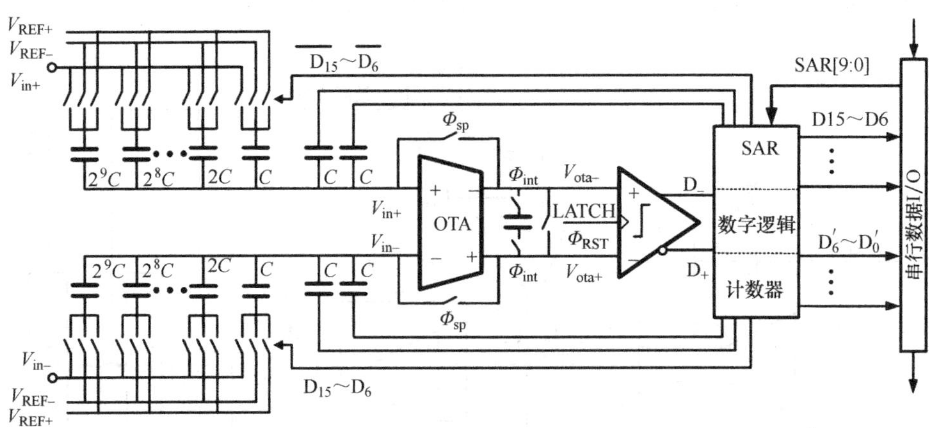

图 13-15　SAR-ΔΣ混合结构[63]

13.6　低功耗数字电路设计技术

数字电路的集成使可编程功能可应用于无线传感器。数字化处理后的信号将明显降低数据量，从而降低数据通信过程中的功耗。例如，集成在穿戴式传感器上的数字模式识别能够检测癫痫发作，并且无须通过无线连接传输所有数据，从而降低了整个系统的功耗[18,68]。此外，各种数字反馈和控制信号为传感器的工作提供自适应功能和更好的性能。

数字电路中与功耗相关的 4 个因素为：开关事件概率相关的活性因子 α、电路电容 C、时钟频率 f_{CLK} 以及供电电压 V_{DD}。

$$P_{avg}=\alpha CV_{DD}^2f_{CLK} \tag{13-21}$$

因此根据式（13-21），减小数字电路功耗的策略很简单，即减小以上 4 个因素的数值。

最小能耗设计方案

降低供电电压 V_{DD} 大幅度减小了数字电路中电流，同时降低了处理速度。对于执行给定的操作，供电电压低的数字电路通常消耗的能量少，但是由于工作时间长，漏电流会变大。因此，优化的供电电压即最小能耗点（minimum energy point，MEP）存在于消耗能量最少且漏电流最小处[69-70]。活性能耗为

$$E_{active}=C_{eff}V_{DD}^2 \tag{13-22}$$

式中，C_{eff} 为每次给定指令的平均有效开关电容。每个指令的漏电流能耗为

$$E_{leak}=\beta C_{eff}L_{DP}V_{DD}^2\mathrm{e}^{-\frac{V_{DD}}{n\phi_t}} \tag{13-23}$$

式中，β 为常数；L_{DP} 为关键通路的逻辑深度。总能耗是上述两个能耗的总和，即

$$E_{total}=C_{eff}V_{DD}^2\left(1+\beta L_{DP}\mathrm{e}^{-\frac{V_{DD}}{n\phi_t}}\right) \tag{13-24}$$

图 13-16 说明了 MEP 的位置，其作为活性能耗和漏电流能耗的平衡点使系统总能耗最小。MEP 的位置会根据温度和工作量而发生变化。

目前已经开发出了应用在数字电路上用于平衡高性能和低功耗这对矛盾关系的其他技术。我们简要地列出了一些主流技术，每种技术都针对一个或多个因素来对功率性能进行优化。

1）V_{DD}：动态电压调整、电压域设计等。

2）活性因子 α：禁用未使用的逻辑、门控时钟等。

3）电容 C：CMOS 技术、栅极尺寸、版图规划减小走线长度等。

4）时钟频率 f_{CLK}：动态调整频率等。

5）结构设计：并行处理、流水线、定时、展开/折叠技术等。

6）漏电流功率：利用多阈值电压设备的多样性、功率门控等。

上述这些技术和其他低功耗数字电路及其结构设计的细节本章不做介绍，可以参考其他书籍和参考文献［68，71-75］。

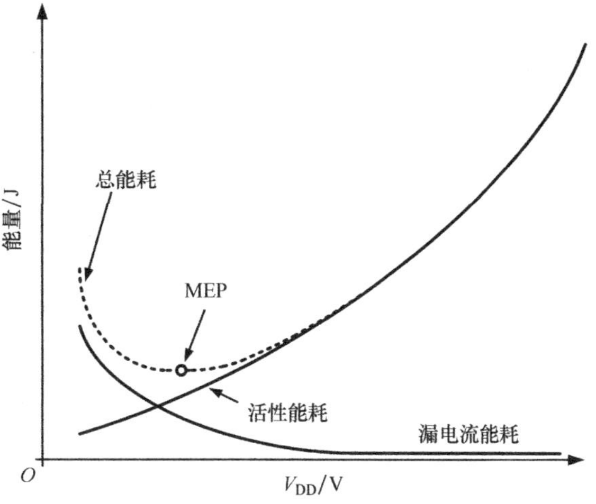

图 13-16　数字电路能耗与 V_{DD} 的关系

13.7　低功耗电生理信号采集电路结构设计

系统的结构设计可以在不影响系统性能的情况下显著降低功耗。功能区域的整体设计应该在每个功能块优化之前优先考虑。这一节将介绍低功耗电生理信号采集系统的结构设计选择。

13.7.1　结构设计策略

系统中功能模块的智能化分配能显著减小功耗并提高整个系统的性能。典型的穿戴式电生理信号采集系统结构如图 13-17 所示，其包括了模拟前端、ADC、数字信号处理器、RF 发射器以及电源管理单元。

在传感器内部对数据进行预处理比将所有原始数据都传输出来更具优势，特别是在高维或高带宽的应用上，这些应用中有用信息的数量会显著少于原始数据的传输速率要求。传输处理后的数据而不是原始数据会减小 RF 传输的能耗。前文中提到的心电传感用于癫痫检测的实例中，18 个电极产生 200Hz 12 位的数据，使得数据传输速率为 43.2kbit/s。采用特征提取的数字处理会减少数据带宽至 2kbit/s，使得功耗减小为之前的 1/10[18,68]。

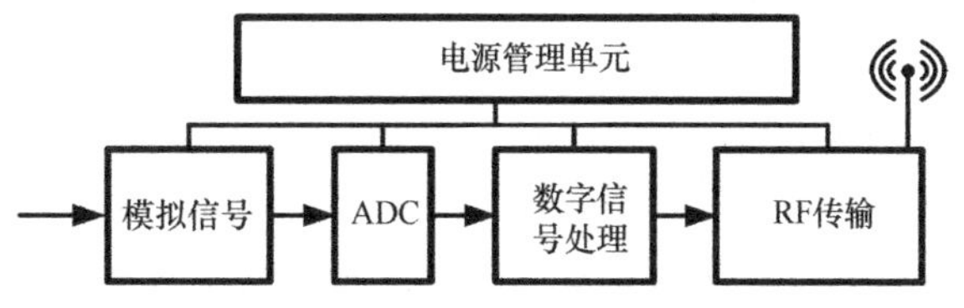

图 13-17　无线电生理信号采集系统结构示意图

同样重要的是，节能模拟预处理会明显降低数据带宽和 ADC 以及数字模块的功耗。低功耗的 ADC 和数字模块可以替代高性能的 ADC 和数字信号处理器。例如，典型的基于 EEG/皮层脑电图（electrocorticogram，ECOG）脑机接口（brain-computer interface，BCI）不需要原始数据，只需要记录信号频谱特征图。因此提取模拟前端所需频带的功率谱能降低能耗和其他模块处理的复杂度[76]。还有许多其他类型的可用于低功耗、高性能生物信号处理的模拟预处理解决方案，如 ECG 检测中的 QRS[77]。

模拟模块内的功能操作对于保证在性能最优化的同时功耗最小化十分重要。针对各种应用的具体要求，模拟模块有各种各样的模块级设计。每个模块内的分离功能可以分别对每个功能进行优化，并最大化增益和带宽的可编程能力[17]。图 13-18a 显示了一个包括了 IA、可变增益/带宽放大器以及连接 ADC 的 ADC 驱动器的结构。与将所有功能分离在每个模块相反的方法是将所有模拟信号处理模块和 A/D 转换集成在一个模块中，如图 13-18b 所示。该结构去除了 VGA/滤波器阶段和 ADC 驱动中不必要的能耗。此外，它通过改变集成时钟的占空比和过采样率实现了数字控制带宽和增益[62]。

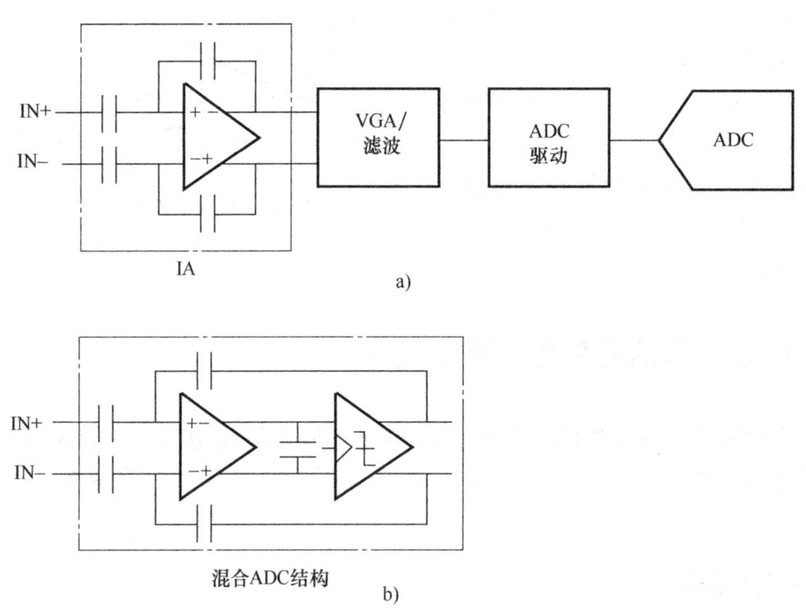

图 13-18　a）含有信号放大、滤波和 ADC 的标准信号采集结构　b）将所有功能集成到单个模拟单元的信号采集结构

13.7.2　电源设计

相比其他电路技术，系统中电源的设计会对系统性能和减少功耗做出更大的贡献。大多数穿戴式传感器是通过电池供电的。所以在任何情况下，电力都是有限的。因此电源需要得到妥善管理。电源管理的第一步是要对系统电源进行设计。

系统中只有一个最低等级的电源供电的方案是最可取的，这么做使系统不会包含复杂的电源管理方案和等级转换。然而如果系统拥有不同的功率等级，对于将来进一步降低能耗会更加有利。每个模块需要不同的供电电压。电压动态范围窄的模块可以在低供电电压下工作，从而功率更低。而高供电电压对于宽动态范围的模块而言是必需的。此外，高供电电压对于一些应用而言，会使其性能更好，例如开关，它需要最低的导通电阻[78]。在一个多电源的系统中，对于不同功率等级的接口需要更加仔细地设计。许多技术如功率等级迁移、交流耦合，都可用于该接口的设计。

多电源设计有许多方法：①多等级的功率可以从功率采集电路直接生成[79]。该方法满足了不同模块对于供电电压的需求，并优化了功率消耗。但是它需要更加复杂的能量采集模块设计。②多功率等级可以通过调节器从高供电电压生成。该方法能降低一些模块的电流消耗，但是总体而言还是有所浪费。③与方法②相反，高电压可以利用电源管理模块（power management unit，PMU）如电荷泵从低电压获得。该方法可以对功耗方面进行优化，但是由于 PMU 的引进，会增加电路的复杂性[80]。

13.8 电路设计时的实际考虑

在实验室控制条件下，最大的噪声源可能是电磁干扰（electromagnetic interference，EMI）和人体运动。最常见的 EMI 现象是 50Hz/60Hz 工频干扰。受试者运动过程中产生的摩擦静电也是一个较大的干扰源，尽管目前对这类干扰的研究并不深入。随着受试者移动，由于电荷的生成和身体间接接地，身体相对于环境的电位发生了变化。这可以像 EMI 一样耦合到系统中，并且经常被误认为是皮肤电极位移产生的干扰。

EMI 可以通过简单的技术减小和去除。共模干扰通过 DRL 技术可以很容易去除。该技术很好理解，其利用负反馈向身体施加一个相对于电路参考电位的偏置电位，这可以减少运放产生的共模干扰的幅值。EMI 的差分干扰可以通过将运放放置在电极附近来减轻。除此之外，使用屏蔽导线也是十分有效的方法，可以减小高阻抗区域的面积，从而减小其受外部电场的影响。

由于人体运动引起的噪声缺乏量化指标和清楚的解决设计方案，因此克服该噪声是一项艰难的挑战。电极和皮肤之间的任何物理位移必然会产生噪声，有时幅值大于实际信号几个数量级。运动产生的噪声可以通过增加电极与皮肤之间的物理耦合来消除，但是这可能与受试者使用时的舒适度和设备的可穿戴性冲突。减小人体运动噪声很大程度上依赖于机械和工业设计，并且解决方案都需要根据具体的应用而定。此外，电极组织间的阻抗测量和信号处理技术可用于量化和抑制人体运动产生的噪声[3,48,81-86]。

13.9 总结

本章回顾了穿戴式生理监测系统中用于无创电生理信号传感的模拟和数字集成电路的设计原理。采用工作在亚阈值和弱反型模式下的 MOS 晶体管的 g_m-C 电路设计方案，提供了较高的能源效率，抑制了噪声，且分辨率和带宽范围与功耗呈近似线性关系。同时列举实例说明了该方法在前置放大、带宽滤波以及 A/D 转换上的设计方案。穿戴式生理信号检测仪器性能的关键在于电极接口，并对电极本身进行了简单的介绍。本章最后对前端电路设计的实际考虑也做了阐述。

参考文献

[1] J.G. Webster, Medical Instrumentation: Application and Design, forth ed., John Wiley & Sons, New York, 2010.

[2] R.F. Yazicioglu, C. van Hoof, R. Puers, Biopotential Readout Circuits for Portable Acquisition Systems, Springer, The Netherlands, 2009.

[3] S. Ha, C. Kim, Y.M. Chi, A. Akinin, C. Maier, A. Ueno, et al., Integrated circuits and electrode interfaces for noninvasive physiological monitoring, IEEE Trans. Biomed. Eng. 61 (2014) 1522–1537.

[4] Y.M. Chi, T.-P. Jung, G. Cauwenberghs, Dry-Contact and Noncontact Biopotential Electrodes: Methodological Review, IEEE Rev. Biomed. Eng. 3 (2010) 106–119.

[5] A. Baba, M. Burke, Measurement of the electrical properties of ungelled ECG electrodes, Int. J. Biol. Biomed. Eng. 2 (2008) 89–97.
[6] E. Huigen, A. Peper, C.A. Grimbergen, Investigation into the origin of the noise of surface electrodes, Med. Biol. Eng. Comput. 40 (2002) 332–338.
[7] C. Mead, Introduction to VLSI Systems, Addison Wesley, 1979.
[8] R. Sarpeshkar, Ultra Low Power Bioelectronics: Fundamentals, Biomedical Applications, and Bio-Inspired Systems, Cambridge University Press, Cambridge, 2010.
[9] R. Sarpeshkar, T. Delbruck, C.A. Mead, White noise in MOS transistors and resistors, IEEE Circuits Devices Mag. 9 (1993) 23–29.
[10] Mcworther, A. L. (1955). $1/f$ noise and related surface effects in germanium, Sc. D. Thesis, Cambridge: Massachusetts Institute of Technology.
[11] A. Van der Ziel, Unified presentation of $1/f$ noise in electron devices: fundamental $1/f$ noise sources, Proc. IEEE 76 (1988) 233–258.
[12] K. Roy, S. Mukhopadhyay, H. Mahmoodi-Meimand, Leakage current mechanisms and leakage reduction techniques in deep-submicrometer CMOS circuits, Proc. IEEE 91 (2003) 305–327.
[13] R.R. Harrison, C. Charles, A low-power low-noise CMOS amplifier for neural recording applications, IEEE J. Solid State Circuits 38 (2003) 958–965.
[14] R.F. Yazicioglu, P. Merken, R. Puers, C. van Hoof, A 200 μW Eight-Channel EEG Acquisition ASIC for Ambulatory EEG Systems, IEEE J. Solid State Circuits 43 (2008) 3025–3038.
[15] X.D. Zou, X.Y. Xu, L.B. Yao, Y. Lian, A 1-V 450-nW Fully Integrated Programmable Biomedical Sensor Interface Chip, IEEE J. Solid State Circuits 44 (2009) 1067–1077.
[16] N. Verma, A. Shoeb, J. Bohorquez, J. Dawson, J. Guttag, A.P. Chandrakasan, A Micro-Power EEG Acquisition SoC With Integrated Feature Extraction Processor for a Chronic Seizure Detection System, IEEE J. Solid State Circuits 45 (2010) 804–816.
[17] M.J. Burke, D.T. Gleeson, A micropower dry-electrode ECG preamplifier, IEEE Trans. Biomed. Eng. 47 (2000) 155–162.
[18] R.R. Harrison, The design of integrated circuits to observe brain activity, Proc. IEEE 96 (2008) 1203–1216.
[19] M.S.J. Steyaert, W.M.C. Sansen, Z.Y. Chang, A Micropower Low-Noise Monolithic Instrumentation Amplifier for Medical Purposes, IEEE J. Solid State Circuits 22 (1987) 1163–1168.
[20] C.C. Enz, F. Krummenacher, E.A. Vittoz, An analytical MOS transistor model valid in all regions of operation and dedicated to low-voltage and low-current applications, Analog Integr. Circuits Signal Process. 8 (1995) 83–114.
[21] F. Silveira, D. Flandre, P.G.A. Jespers, A g_m/I_D based methodology for the design of CMOS analog circuits and its application to the synthesis of a silicon-on-insulator micropower OTA, IEEE J. Solid State Circuits 31 (1996) 1314–1319.
[22] H. Nyquist, Thermal agitation of electric charge in conductors, Phys. Rev. 32 (1928) 110–113.
[23] J.B. Johnson, Thermal agitation of electricity in conductors, Phys. Rev. 32 (1928) 97–109.
[24] C.C. Enz, G.C. Temes, Circuit techniques for reducing the effects of op-amp imperfections: Autozeroing, correlated double sampling, and chopper stabilization, Proc. IEEE 84 (1996) 1584–1614.
[25] K.C. Hsieh, P.R. Gray, D. Senderowicz, D.G. Messerschmitt, A Low-Noise Chopper-Stabilized Differential Switched-Capacitor Filtering Technique, IEEE J. Solid State Circuits 16 (1981) 708–715.
[26] C.C. Enz, E.A. Vittoz, F. Krummenacher, A CMOS chopper amplifier, IEEE J. Solid State Circuits 22 (1987) 335–342.
[27] C. Menolfi, Q.T. Huang, A low-noise CMOS instrumentation amplifier for thermoelectric infrared detectors, IEEE J. Solid State Circuits 32 (1997) 968–976.
[28] R. Wu, K.A.A. Makinwa, J.H. Huijsing, A Chopper Current-Feedback Instrumentation Amplifier With a 1 mHz 1/f Noise Corner and an AC-Coupled Ripple Reduction Loop, IEEE J. Solid State Circuits 44 (2009) 3232–3243.
[29] T. Denison, K. Consoer, W. Santa, A.T. Avestruz, J. Cooley, A. Kelly, A 2 μW 100 nV/$\sqrt{}$Hz chopper-stabilized instrumentation amplifier for chronic measurement of neural field potentials, IEEE J. Solid State Circuits 42 (2007) 2934–2945.
[30] J.W. Xu, R.F. Yazicioglu, B. Grundlehner, P. Harpe, K.A.A. Makinwa, C. Van Hoof, A 160 mu W 8-Channel Active Electrode System for EEG Monitoring, IEEE Trans. Biomed. Circuits Syst. 5 (2011) 555–567.
[31] C. Menolfi, Q.T. Huang, A fully integrated, untrimmed CMOS instrumentation amplifier with submicrovolt offset, IEEE J. Solid State Circuits 34 (1999) 415–420.
[32] R. Burt, J. Zhang, A micropower chopper-stabilized operational amplifier using a SC notch filter with synchronous integration inside the continuous-time signal path, IEEE J. Solid State Circuits 41 (2006) 2729–2736.
[33] R.F. Yazicioglu, P. Merken, R. Puers, C. Van Hoof, A 60 μW 60 nV/$\sqrt{}$Hz Readout Front-End for Portable Biopotential Acquisition Systems, IEEE J. Solid State Circuits 42 (2007) 1100–1110.
[34] T. Delbruck, C.A. Mead, Adaptive photoreceptor with wide dynamic range, Proc. 1994 IEEE Int. Symp. Circuits Syst. 1994 (4) (1994) 339–342.

[35] H. Wu, Y.P. Xu, A 1 V 2.3/spl mu/W Biomedical Signal Acquisition IC, 2006 IEEE Int. Solid State Circuits Conf. Dig. Tech. Papers (2006) 119–128.

[36] W. Wattanapanitch, M. Fee, R. Sarpeshkar, An Energy-Efficient Micropower Neural Recording Amplifier, IEEE Trans. Biomed. Circuits Syst. 1 (2007) 136–147.

[37] R.H. Olsson, D.L. Buhl, A.M. Sirota, G. Buzsaki, K.D. Wise, Band-tunable and multiplexed integrated circuits for simultaneous recording and stimulation with microelectrode arrays, IEEE Trans. Biomed. Eng. 52 (2005) 1303–1311.

[38] M.S. Chae, Z. Yang, M.R. Yuce, L. Hoang, W.T. Liu, A 128-Channel 6 mW Wireless Neural Recording IC With Spike Feature Extraction and UWB Transmitter, IEEE Trans. Neural Syst. Rehabil. Eng. 17 (2009) 312–321.

[39] X. Zou, X. Xu, L. Yao, Y. Lian, A 1-V 450-nW Fully Integrated Programmable Biomedical Sensor Interface Chip, IEEE J. Solid State Circuits 44 (2009) 1067–1077.

[40] M.T. Shiue, K.W. Yao, C.S.A. Gong, Tunable high resistance voltage-controlled pseudo-resistor with wide input voltage swing capability, Electron. Lett. 47 (2011) 377–378.

[41] E. Sackinger, W. Guggenbuhl, A High-Swing, High-Impedance MOS Cascode Circuit, IEEE J. Solid State Circuits 25 (1990) 289–298.

[42] J.L. Bohorquez, M. Yip, A.P. Chandrakasan, J.L. Dawson, A Biomedical Sensor Interface With a *sinc* Filter and Interference Cancellation, IEEE J. Solid State Circuits 46 (2011) 746–756.

[43] B.B. Winter, J.G. Webster, Reduction of Interference Due to Common-Mode Voltage in Biopotential Amplifiers, IEEE Trans. Biomed. Eng. 30 (1983) 58–62.

[44] B.B. Winter, J.G. Webster, Driven-Right-Leg Circuit-Design, IEEE Trans. Biomed. Eng. 30 (1983) 62–66.

[45] L. Fay, V. Misra, R. Sarpeshkar, A Micropower Electrocardiogram Amplifier, IEEE Trans. Biomed. Circuits Syst. 3 (2009) 312–320.

[46] T. Degen, H. Jackel, Enhancing interference rejection of preamplified electrodes by automated gain adaption, IEEE Trans. Biomed. Eng. 51 (2004) 2031–2039.

[47] M.A. Haberman, E.M. Spinelli, A Multichannel EEG Acquisition Scheme Based on Single Ended Amplifiers and Digital DRL, IEEE Trans. Biomed. Circuits Syst. 6 (2012) 614–618.

[48] N. Van Helleputte, S. Kim, H. Kim, J.P. Kim, C. Van Hoof, R.F. Yazicioglu, A 160 μA Biopotential Acquisition IC With Fully Integrated IA and Motion Artifact Suppression, IEEE Trans. Biomed. Circuits Syst. 6 (2012) 552–561.

[49] Q.W. Fan, F. Sebastiano, J.H. Huijsing, K.A.A. Makinwa, A 1.8 mu W 60 nV/$\sqrt{}$Hz Capacitively-Coupled Chopper Instrumentation Amplifier in 65 nm CMOS for Wireless Sensor Nodes, IEEE J. Solid State Circuits 46 (2011) 1534–1543.

[50] Y.M. Chi, C. Maier, G. Cauwenberghs, Ultra-High Input Impedance, Low Noise Integrated Amplifier for Noncontact Biopotential Sensing, IEEE J. Emerg. Sel. Top. Circuits Syst. 1 (2011) 526–535.

[51] N. Verma, A.P. Chandrakasan, An ultra low energy 12-bit rate-resolution scalable SAR ADC for wireless sensor nodes, IEEE J. Solid State Circuits 42 (2007) 1196–1205.

[52] L. Yan, J. Yoo, B. Kim, H.J. Yoo, A 0.5-μV_{rms} 12-μW Wirelessly Powered Patch-Type Healthcare Sensor for Wearable Body Sensor Network, IEEE J. Solid State Circuits 45 (2010) 2356–2365.

[53] S. Lee, L. Yan, T. Roh, S. Hong, H.J. Yoo, A 75 μW Real-Time Scalable Body Area Network Controller and a 25 mu W ExG Sensor IC for Compact Sleep Monitoring Applications, IEEE J. Solid State Circuits 47 (2012) 323–334.

[54] J. Yoo, L. Yan, D. El-Damak, M.A. Bin Altaf, A.H. Shoeb, A.P. Chandrakasan, An 8-Channel Scalable EEG Acquisition SoC With Patient-Specific Seizure Classification and Recording Processor, IEEE J. Solid State Circuits 48 (2013) 214–228.

[55] M. Khayatzadeh, X. Zhang, J. Tan, W.S. Liew, Y. Lian, A 0.7-V 17.4-uW 3-Lead Wireless ECG SoC, IEEE Trans. Biomed. Circuits Syst. 7 (2013) 583–592.

[56] Y.-J. Min, H.-K. Kim, Y.-R. Kang, G.-S. Kim, J. Park, S.-W. Kim, Design of Wavelet-Based ECG Detector for Implantable Cardiac Pacemakers, IEEE Trans. Biomed. Circuits Syst. 7 (2013) 426–436.

[57] J.L. Mccreary, P.R. Gray, All-MOS Charge Redistribution Analog-to-Digital Conversion Techniques-Part I, IEEE J. Solid State Circuits 10 (1975) 371–379.

[58] R.E. Suarez, P.R. Gray, D.A. Hodges, All-MOS Charge Redistribution Analog-to-Digital Conversion Techniques-Part II, IEEE J. Solid State Circuits 10 (1975) 379–385.

[59] A. Agnes, E. Bonizzoni, P. Malcovati, F. Maloberti, A 9.4-ENOB 1 V 3.8 μW 100 kS/s SAR ADC with Time-Domain Comparator, 2008 IEEE Int. Solid State Circuits Conf. Dig. Tech. Papers (2008) 246–610.

[60] B.P. Ginsburg, A.P. Chandrakasan, An energy-efficient charge recycling approach for a SAR converter with capacitive DAC, Proc. 2005 IEEE Int. Symp. Circuits Syst. (2005) 184–187.

[61] M. Mollazadeh, K. Murari, G. Cauwenberghs, N. Thakor, Micropower CMOS Integrated Low-Noise Amplification, Filtering, and Digitization of Multimodal Neuropotentials, IEEE Trans. Biomed. Circuits Syst. 3 (2009) 1–10.

[62] Y.M. Chi, G. Cauwenberghs, Micropower integrated bioamplifier and auto-ranging ADC for wireless and implantable medical instrumentation, 2010 Proc. Eur. Solid State Circuits Conf. (2010) 334–337.

[63] S. Ha, J. Park, Y.M. Chi, J. Viventi, J. Rogers, G. Cauwenberghs, 85 dB dynamic range 1.2 mW 156 kS/s biopotential recording IC for high-density ECoG flexible active electrode array, 2013 Proc. Eur. Solid State Circuits Conf. (2013) 141–144.

[64] J. Garcia, S. Rodriguez, A. Rusu, A Low-Power CT Incremental 3rd Order Sigma Delta ADC for Biosensor Applications, IEEE Trans. Circuits Syst. I Regul. Papers 60 (2013) 25–36.

[65] J.R. Custodio, J. Goes, N. Paulino, J.P. Oliveira, E. Bruun, A 1.2-V 165-mu W 0.29-mm(2) Multibit Sigma-Delta ADC for Hearing Aids Using Nonlinear DACs and With Over 91 dB Dynamic-Range, IEEE Trans. Biomed. Circuits Syst. 7 (2013) 376–385.

[66] L. Yongjia, Z. Duan, W.A. Serdijn, A Sub-Microwatt Asynchronous Level-Crossing ADC for Biomedical Applications, IEEE Trans. Biomed. Circuits Syst. 7 (2013) 149–157.

[67] H.Y. Yang, R. Sarpeshkar, A Bio-Inspired Ultra-Energy-Efficient Analog-to-Digital Converter for Biomedical Applications, IEEE Trans. Circuits Syst. I Regul. Papers 53 (2006) 2349–2356.

[68] A.P. Chandrakasan, R.W. Brodersen, Minimizing power-consumption in digital CMOS circuits, Proc. IEEE 83 (1995) 498–523.

[69] A. Wang, A. Chandrakasan, A 180-mV subthreshold FFT processor using a minimum energy design methodology, IEEE J. Solid State Circuits 40 (2005) 310–319.

[70] Y.K. Ramadass, A.P. Chandrakasan, Minimum energy tracking loop with embedded DC-DC converter enabling ultra-low-voltage operation down to 250 mV in 65 nm CMOS, IEEE J. Solid State Circuits 43 (2008) 256–265.

[71] A.P. Chandrakasan, S. Sheng, R.W. Brodersen, Low-power CMOS digital design, IEEE J. Solid State Circuits 27 (1992) 473–484.

[72] J.M. Rabaey, A. Chandrakasan, B. Nikolic, Digital Integrated Circuits: A Design Perspective, second ed., Prentice Hall, 2003.

[73] C. Piguet, Low-Power Electronics Design, first ed., CRC Press, 2005.

[74] N. Weste, D. Harris, CMOS VLSI Design: A Circuits and Systems Perspective, forth ed., Addison-Wesley, 2010.

[75] P.R. Panda, A. Shrivastava, B.V.N. Silpa, K. Gummidipudi, Power Efficient System Design, first ed., Springer, 2010.

[76] F. Zhang, A. Mishra, A.G. Richardson, B. Otis, A Low-Power ECoG/EEG Processing IC With Integrated Multiband Energy Extractor, IEEE Trans. Circuits Syst. I Regul. Papers 58 (2011) 2069–2082.

[77] Y.-J. Min, H.-K. Kim, Y.-R. Kang, G.-S. Kim, J. Park, S.-W. Kim, Design of Wavelet-Based ECG Detector for Implantable Cardiac Pacemakers, IEEE Trans. Biomed. Circuits Syst. 7 (2013) 426–436.

[78] D. Park, S. Cho, Design Techniques for a Low-Voltage VCO With Wide Tuning Range and Low Sensitivity to Environmental Variations, IEEE Trans. Microw. Theory Tech. 57 (2009) 767–774.

[79] K. Chen, Y.-K. Lo, W. Liu, A 37.6 mm^2 1024-channel high-compliance-voltage SoC for epiretinal prostheses, 2013 IEEE Int. Solid State Circuits Conf. Dig. Tech. Papers (2013) 294–295.

[80] D. Han, Y. Zheng, R. Rajkumar, G. Dawe, M. Je, A 0.45 V 100-channel neural-recording IC with sub-μW/channel consumption in 0.18 μm CMOS, Trans. Biomed. Circuits Syst. 7 (2013).

[81] S. Kim, R.F. Yazicioglu, T. Torfs, B. Dilpreet, P. Julien, C. Van Hoof, A 2.4 μA continuous-time electrode-skin impedance measurement circuit for motion artifact monitoring in ECG acquisition systems, Proc. Symp. VLSI Circuits Digest Techn. Papers (2010) 219–220.

[82] R. Yazicioglu, S. Kim, T. Torfs, H. Kim, C. Van Hoof, A 30 μW analog signal processor ASIC for portable biopotential signal monitoring, IEEE J. Solid-State Circuits 46 (2011) 209–223.

[83] D. Buxi, S. Kim, N. van Helleputte, M. Altini, J. Wijsman, R.F. Yazicioglu, et al., Correlation between electrode-tissue impedance and motion artifact in biopotential recordings, IEEE Sens. J. 12 (2012) 3373–3383.

[84] A. Griffiths, A. Das, B. Fernandes, P. Gaydecki, A portable system for acquiring and removing motion artefact from ECG signals, J. Phys. Conf. Ser. 76 (2007) 012038.

[85] S. Kim, H. Kim, N. Van Helleputte, C. Van Hoof, R.F. Yazicioglu, Real time digitally assisted analog motion artifact reduction in ambulatory ECG monitoring system, Proc. 34th Annu. Int. Conf. IEEE Eng. Med. Biol. Soc (2012) 2096–2099.

[86] H. Kim, S. Kim, N. Van Helleputte, T. Berset, G. Di, I. Romero, et al., Motion artifact removal using cascade adaptive filtering for ambulatory ECG monitoring system, Proc. 2012 IEEE Biomed. Circuits Syst. Conf (2012) 160–163.

第 5 部分

模/数信号处理、模式识别和数据分析

第 14 章　穿戴式设备算法：多学科交叉问题的概述

14.1　简介

穿戴式传感器正在迅速成为一种无处不在的新一代人体检测设备。如图 14-1 所示，这些高度小型化的传感器节点被连接到人体上，用于记录一种或多种生理参数，记录下来的传感器信号通过无线传输至基站，如智能手机、个人计算机或其他计算机工作站。

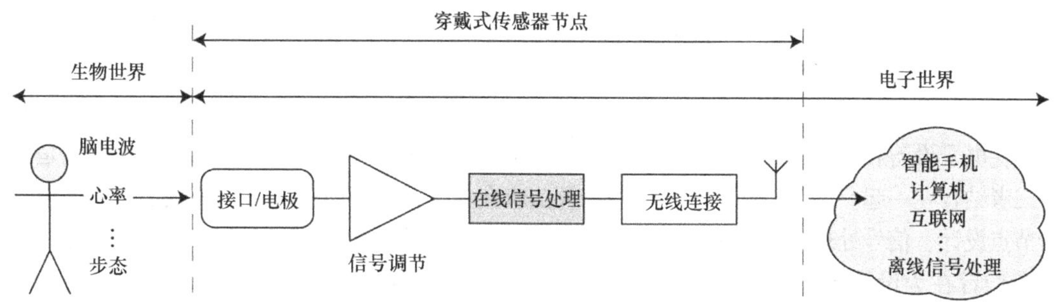

图 14-1　穿戴式传感器节点连接生物世界和电子世界，包括接口/电极、放大和信号处理以及收集的生理数据的无线传输。在线信号处理功能有利于下一代设备具有更强大的功能和更长的工作寿命

对终端用户而言，成功的穿戴式传感器应该具有几个特点：简单易用、大众接受度高并且工作寿命长。传感器节点的功耗是实现上述特点的关键因素，因为传感器的电流消耗决定了其电池的大小，电池的大小进而决定整个设备的尺寸和工作寿命，从而影响设备的易用性。

表 14-1 列举了 10 组 2013 年最先进的测量人类 EEG 的穿戴式设备的性能[1]。可以看出，很多高质量、高集成化设备已经商用化，并且具有超过 8h 的记录时间。而一些处于研究阶段的设备已经具有 24h 记录的能力。该等级的功耗表现足以应对任何 EEG 检测实验。

表 14-1 2013 年最先进的用于可穿戴 EEG 监测的低通道数脑电图系统的大致规格

设备	Actiwave[2]	Emotiv[3]	B-Alert[4]	Neurosky[5]	Sleep zeo[6-7]	Enobio[8]	Cognionics[9]	Quasar[10]	Mindo[11]	IMEC[12-13]
通道	4	14	4	1	1	8	16	12	4	8
采样频率/Hz	128	128	256	512	128	500	500	240	512	1000
分辨率/bit	8	14	16	12	12	24	24	16	16	16
尺寸/mm	37×27×8.5	—	127×57×25	225×115×165	—	225×115×165	46×56×—	—	165×145×50	165×145×50
质量/g	8.5	116	110	90	24	65	75	500	100	100
电池寿命/h	13	12	8	8	8（一晚）	8	4	24	20	20
是否无线	否	是	是	是	是	是	是	是	是	是
是否是干电极	否	否	否	是	是	是	是	是	是	是
状态	商业									研究

注：许多设备有不同的型号和配置，这里只介绍其中一种配置。物理尺寸由制造商提供，没有直接的可比性：一些是单独的记录仪单元，而另一些是完整的记录仪加上电极系统。

然而，该功率水平远远不够用于简单的穿戴式设备。要实现一个可以可靠地重复使用且不必担心电池耗尽的设备，就需要对系统功耗进行实质性的改进。这是穿戴式设备在用户中受挫的主要原因，有限的电池寿命是影响穿戴式传感器系统广泛应用的主要障碍。因此，最大化下一代设备的使用寿命至关重要。

本章将探索如何将低功耗分析算法应用于穿戴式设备以提高其工作时间。尽管文献中已经有很多低功耗电子设备和自动化算法的例子，但创建一个能成功用于穿戴式设备的算法并非仅仅是简单地将二者结合在一起。相反，新的穿戴式设备算法应在多学科层面综合考量，依赖于应用需求、传感器节点设计、信号处理设计和电路设计的紧密融合，以实现更低的功耗和更长的工作时间。

我们旨在为设计新的穿戴式设备算法提供实际启发。14.2 节主要介绍了基于 Texas 仪器公司 MSP430 处理器芯片的传感器节点的具体功耗情况[14]。这项研究论证了传感器设计中的权衡和传感器节点上信号处理功能的优势——如何扩大特定传感器的电池应用范围并延长工作时间。基于此，14.3 节讨论了穿戴式设备算法背后的理论基础，以及建立一个成功的算法及其硬件实现所必需的要素。这部分的研究使我们可以在 14.4 节中探究如何利用超低功耗专用电路实现穿戴式设备算法。本章最后对 2013 年最先进的穿戴式设备算法进行了总结，并就未来实现穿戴式设备算法的前景进行了展望。

14.2 为什么穿戴式设备需要算法

我们首先调研了利用现有设备制作小型化穿戴式设备时所面临的挑战和问题。我们的目标是在有限的硬件条件下尽量缩小设备体积并延长其工作时间。我们将在第三节看到在目标实现过程中如何促进在线实时信号处理技术的应用，以及其如何引申出穿戴式设备算法。

穿戴式设备成功的关键在于如何最小化其体积和重量，这两者会影响设备的组件和舒适

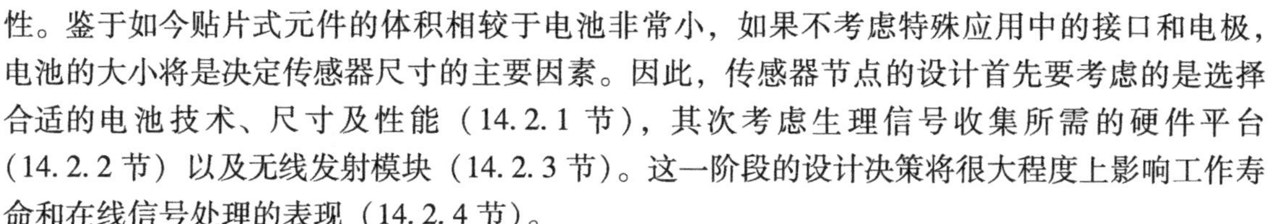
性。鉴于如今贴片式元件的体积相较于电池非常小，如果不考虑特殊应用中的接口和电极，电池的大小将是决定传感器尺寸的主要因素。因此，传感器节点的设计首先要考虑的是选择合适的电池技术、尺寸及性能（14.2.1 节），其次考虑生理信号收集所需的硬件平台（14.2.2 节）以及无线发射模块（14.2.3 节）。这一阶段的设计决策将很大程度上影响工作寿命和在线信号处理的表现（14.2.4 节）。

14.2.1　电池选择

表 14-2 总结了 4 种有可能应用于穿戴式设备的现有电池，这些电池可以根据尺寸类型分为 3 类。表中还给出了低功耗设计主要考虑的 5 个电池参数。决定设备体积的物理尺寸和以 mA · h 为单位的电池容量是比较常见的两种特性。除此之外，每种电池具有不同的内阻，这意味着并非电池存储的所有能量都能被负载使用。内阻的存在引出了我们下面要讨论的其他重要特性。

表 14-2　4 种一次性非充电电池的规格，可能适用于不同物理尺寸和电池技术的可穿戴传感器节点

ID	类型	名称	类型	标称电压/V	最大持续电流/mA	标称电流/mA	标称容量/(mA · h)	(直径/mm)×(高度/mm)
B1	圆柱形电池	Xeno XL-050F (1/2 AA)[15]	$LiSOCl_2$	3.5	50	1.0	1200	14.5×25.2
B2	纽扣电池	Duracell DA675 (Size 675)[16]	$Zn(OH)_4$	1.4	16	2.0	600	11.6×5.4
B3	纽扣电池	Duracell DA13 (Size 13)[17]	$Zn(OH)_4$	1.4	6	0.9	290	7.9×5.4
B4	硬币电池	Renata CR2430[18]	$LiMnO_2$	3.0	4	0.5	285	24.5×3.0

注：电池尺寸分为 3 类：圆柱形电池（CYC）、纽扣电池（BC）和硬币电池（CC）。可充电锂聚合物电池（LiPo）的能量密度比这里列出的化学电池要高，但可用的最小物理尺寸通常更大。

1. 供电电压

电池的供电电压必须满足穿戴式设备的工作需求。然而，由于内阻的存在，电池内部有电压降，从而导致供电电压不同于电池的标称电压，二者的差别取决于电流的变化。现有的多数低功耗微控制器和传输器的工作电压在 1.8~3.6V 之间，超出这个范围则需使用DC-DC转换器或将电源串联以改变供电电压。然而，外部电路额外功耗的存在以及内阻的增加都会减少电池寿命。

2. 最大持续电流

最大持续电流（也称为最大平均供应电流）记为 $I_{avg(max)}$，限制了电池的平均供应电流。理论上一个 200mA · h 的电池可以以 1mA 的电流工作 200h，或者以 200mA 的电流工作 1h。而实际上，每个电池都有可支持的最大电流。如果供电电流大于这个值，电池最终所能提供的电量无法达到标称的 200mA · h。系统所需的最大电流应小于所选电池的 $I_{avg(max)}$。另外，如果多个电池并联使用，应使用二极管防止非充电电池被意外充电。电池提供的电流不能因为内阻而显著下降。

3. 最大脉冲电流能力

电池的电流能在短时间内超过 $I_{avg(max)}$，在此期间最大能达到的脉冲电流记为 $I_{pulse(max)}$。当电流消耗增加时供电电压会下降，因此 $I_{pulse(max)}$ 应该足够大以保证供电电压不会超过穿戴式设备中任何电路的工作范围。$I_{pulse(max)}$ 是脉冲持续时间的函数。图 14-2a 显示了表 14-2 所列的电池典型最大脉冲电流随脉冲宽度变化的情况。从图中可以清楚地看到，最大脉冲值随着脉冲时间的增加而减小。这一点在选择无线收发模块及其协议时尤为重要，因为它们通常决定了最大峰电流和其所需的持续时间。

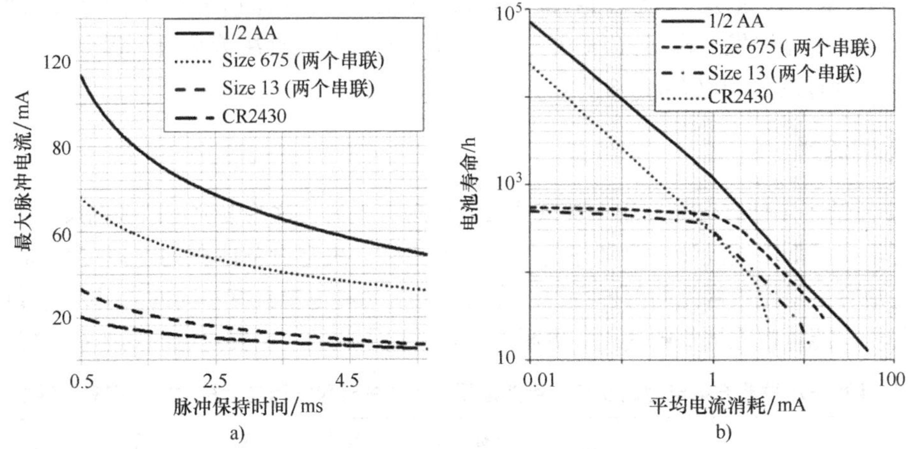

图 14-2　从表 14-2 中测量的小型电池放电特性。在没有空气的条件下对两个串联的锌空气电池进行测试，放电电压为 2.1V

4. 有效电量和寿命

上述特性可推导出电池有效电量 C_{eff}。这是长期监测应用中一个重要的参数，除非系统平均电流消耗 I_{sys} 符合生产厂家推荐的值（又称额定标准电流或标准放电电流），否则电池有效电量一般会小于标称值。C_{eff} 是 I_{sys} 的函数，当 I_{sys} 大于额定值时 C_{eff} 低于额定值。

基于这一点，一个电池能否作为特定系统可行的供电选择，不仅需要在尺寸和供电电压上符合系统需求，同时还需考虑系统工作时的平均和最大动态电流。在满足必要条件的情况下，电池寿命 LT（I_{sys}）为

$$LT(I_{sys}) = \frac{C_{eff}(I_{sys})}{I_{sys}} \tag{14-1}$$

图 14-2b 还显示了测量到的 $LT(I_{sys})$ 和 I_{sys} 的关系。从中可以清楚地看到，尽管 CYC 电池体积较大，但它在其他方面提供了更好的性能。相比之下，锌空气 BC 电池在电流消耗超过 1mA 时有类似的表现。这是由于当锌空气 BC 电池暴露于空气中时，其具有高程度的自放电特性，同时在应用中具有超低功耗（即 I_{sys}<1mA）。锌空气电池在应用时需对空气进行控制，以保证只有有限（但必须）的空气进入电池中。另一方面，当连续电流不是限制因素时，因为 CC 电池在自放电速率和脉冲电流能力两方面表现较好，所以它是更好的选择。

14.2.2　硬件平台

穿戴式传感器节点的硬件平台用来收集生理信号并将其传送至无线发射器。它还需控制发射器的工作，因此有许多设计要素需要研究。

1. 数据采集

如图 14-1 所示，一般的穿戴式传感器包括信号调理电路（典型信号调理电路包括一个放大器、一个 ADC）和一些可选的信号处理模块以降低无线传输的数据量。在信号调节模块中，至少有一个抗混叠滤波器在信号输入 ADC 前用以限制输入信号的带宽。为了尽可能缩小穿戴式设备的体积，抗混叠滤波器可以用一阶 RC 电路实现。一阶 RC 电路的物理尺寸非常小，但

相应地需要 ADC 具有更高的采样率，以保证输入的模拟信号被正确地转化成数字信息。反过来，这意味着系统数据量增加，进而导致系统功率增加。如果有必要，如 14.2.4 节所述，可在数字域中执行数据的下采样，从而对数据进行压缩。同样，可以采用 SAR 的 ADC 替代基于过采样原理的 ΔΣ ADC 来减少数据量。此外，SAR 转换器的动态峰电流更低。

2. 无线传输控制器

采集到的生理数据暂时被存储在缓存中并被打包送至无线发射器。这个过程中的控制器是由传输协议决定的，协议包括包帧大小 L_{frame} 和报头大小。两者共同决定了每个无线数据包能够携带的生理数据的数量 L_{data}，并且无线发射器的满额传送速率并不能被完全用于传输有用的生理数据。协议的传输效率 $\eta_{protocol}$ 可以用式（14-2）计算。

$$\eta_{protocol}=\frac{L_{data}}{L_{frame}+T_{latency}R_{air}} \tag{14-2}$$

式中，R_{air} 为无线数据传输速度；$T_{latency}$ 为数据采集、包封装和收发器接口本身的总延时。

需要注意的是，尽管增加数据包长度可以增加数据吞吐量并缓解通信开销，但会增加传输时间，从而成倍增加在传输时受到 RF 干扰的风险。具体错误率将在下文中详细阐述。此外，为了避免造成额外的控制复杂度和资源开销，每个数据包长度应该与收发器中的缓冲器长度相匹配。这可以防止缓存溢出，在这里我们只考虑这种最佳数据包大小。

14.2.3　无线发射器

打包好的生理数据被送至无线发射器，无线发射器将其传送至传感器基站。这一部分影响功耗的因素有 3 个：封包传送的质量、硬件开销以及无线数据传输速率。

1. 封包传送的质量

不稳定的传送会导致额外的重传开销，甚至数据包丢失。数据成功传输率 η_{tx} 可以用式（14-3）计算。

$$\eta_{tx}=(1-\mathrm{PER})\varphi_{QOL}=(1-\mathrm{BER})^{N}\varphi_{QOL} \tag{14-3}$$

式中，PER 为封包错误率；BER 为位出错率；N 为数据包位长度；φ_{QOL} 为链路质量，表示传输过程中信道畅通的概率，随着传输时间的增加而减小。

由式（14-3）可知不建议使用大尺寸数据包。此外，无线传输的链路质量也受传输范围和功率影响。长距离传输会削弱 RF 信号进而降低链路质量。一般来说，传输射频功率可以在链路质量和功耗之间进行权衡。

除此之外，为了弥补误码率并提高链路质量，芯片厂家在收发器中加入不同特性以加强其容错率。例如，前向纠错（forward error correction，FEC）和自动应答（automatic acknowledgement，auto-ack）是两种适用于下述测试的机制。然而，这些方法会带来额外的消耗，如消耗最大的是 FEC，它会牺牲一半的带宽来实现冗余。

2. 硬件开销

为了让无线发射器和接收器互相识别并同步，发射器会自动在每个数据包前附上报头（长度为 $L_{preamble}$）和特有的身份识别数据（长度为 L_{txid}）。数据包被接收器接收后，这些额外的位会被数据包处理硬件识别并删除。这说明并非所有的无线传输速率都被用于传输有效数据。其中的关键参数硬件效率 η_{hw} 可通过式（14-4）计算。

$$\eta_{hw}=\frac{L_{data}}{L_{frame}+L_{preamble}+L_{txid}+(T_{cal}+T_{switch})R_{air}} \tag{14-4}$$

式（14-4）分母中的最后一项说明了传输前 RF 合成器中的锁相环（phase-locked loop，PLL）模块调整所用的固定时间开销：T_{cal}是在电池供电系统中为了防止供电电压变化所造成的频率漂移所用的时间，T_{switch}是发射器不同低功耗状态之间转换所用的时间。

3. 无线数据速率与有效数据速率

根据前述参数可以算出有效数据传输速率，传输速率需满足应用需求。此外，对于相同的数据量，数据传输速率越快，有效功率越低，因为大多数时间发射器处于关闭状态。然而，前面章节所提到的硬件开销会降低有效数据速率，同时电源管理也是不可忽视的因素。传输过程中的有效带宽可以通过式（14-5）计算。

$$R_{eff}=\eta_{protocol}\eta_{tx}\eta_{hw}R_{air} \tag{14-5}$$

14.2.4 数据压缩与应用实例

现将 14.2.1～14.2.3 节中所述的设计约束条件应用于真实的传感器平台，展示它们如何影响传感器节点的设计和表现。此外，我们还将展示传感器节点信号处理对提高工作寿命的实际影响。系统基于 MSP430 微处理器搭建，这在许多现代传感器节点设计中具有代表性。其框架如图 14-3 所示。

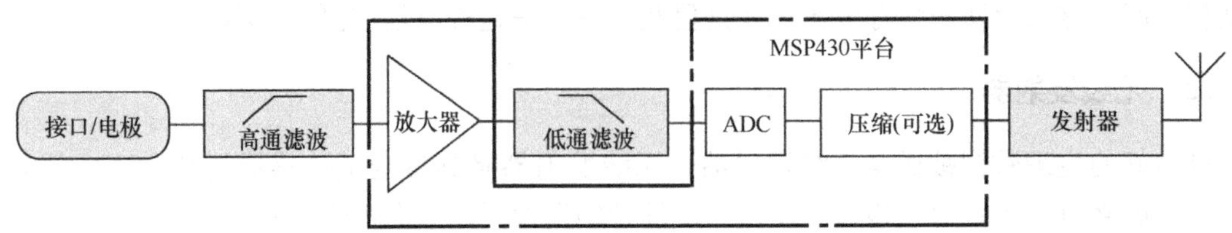

图 14-3　设计示例中使用的基于 MSP430 的无线传感器节点示例。该平台可以与图 14-1 所示的通用节点体系结构进行对比。在此例子中，使用德州仪器的 CC2500 和北欧的 RF24L01+作为合适的低功率发射器

1. 节点设计

单通道系统前端是一个高通滤波器，用来滤除电极漂移等低频分量。之后连接一个放大器为后续模块放大非常微弱的信号。后续模块包括一个抗混叠低通滤波器（使用贴片元件构成的一阶 *RC* 电路）和一个 MSP430 芯片（MSP430F2274）上的 10 位 SAR ADC。

此处我们探讨该系统的两种变形形式：一种使用 Texas 仪器公司的 CC2500 芯片作为收发器，另一种使用 Nordic RF24L01+收发器。两者都工作于 2.4GHz 频段，通过串行外围接口（serial peripheral interface，SPI）与 MSP430 芯片连接，两者的最大时钟频率分别为 10MHz 和 8MHz。CC2500 具有 FEC 功能，而 RF24L01+在硬件上提供自动应答功能。

尽管最初 Texas 仪器公司的 SimpliciTI 堆栈协议仅仅是为 CC2500 设计的，我们仍用它作为两个芯片共同的协议。SimpliciTI 是为需要长时间工作的电池供电的设备设计的低功耗、轻量级无线网络协议。该协议的非加密数据报头长度为 96 位。鉴于 RF24L01+的缓存器大小是 CC2500（256 位）的一半，报头中定义用户数据长度的部分在应用于 RF23L01+时被重新定义。我们在定义用户数据长度的位置加入了一个长度为 20 位的栈用于记录时间，作为额外的报头添加到每个包中。考虑到 MSP430 的内存限制，数据包中的剩余空间足够 CC2500 传输 34 个数据样本（340 位），而 RF24L01+可以传输 18 个样本（180 位）。总之，CC2500 数据包长度是 456 位，RF24L01+是 294 位。

为了最大化数据吞吐量，降低延时并允许发射器进入工作循环状态以减小平均功耗，无

线传输速率设为允许的最大值：CC2500 为 500kbit/s，RF24L01+为 2Mbits/s。如参考文献［20］所建议的，CC2500 的报头长度设为 96 位。RF24L01+的报头长度为固定的 8 位[21]。CC2500 和 RF24L01+都有额外的硬件生成的身份识别数据，前者为16 位，后者为19 位。综上所述，假设 QOL 值为 100%，根据式（14-2）~（14-5）可知，CC2500 和 RF24L01+的有效数据传输速率分别为 106kbits/s 和 338kbits/s。

2. 选择性数据压缩

为了覆盖生理信号范围，假设带宽约为 1kHz。然而，由于使用了一阶 *RC* 抗混叠滤波器，我们将采样频率设置为 4kHz。在过采样的情况下，我们将探讨系统的两种情形：第一种情况为传送所有采集到的数据，第二种情况为首先将数据进行因数为 2 的下采样。这样做可以帮助我们探索适度的数据压缩对节点工作时间的影响。

通过 MSP430 上运行一个十阶 Kaiser 窗数字低通滤波器（FIR）实现下采样。为了减少这个过程的计算负担，我们的 MSP430 模型没有硬件乘法器。

3. 能耗表现

表 14-3 展示了除无线发射器以外核心系统每个模块的电流消耗。两个收发器的典型电流分布如图 14-4 所示，A 表示传输开销，B 表示实际无线传输时间，C 表示可选的自动应答接收。

表 14-3　测量的硬件平台及其组成部分的电流消耗，不包括无线发射器

模块	峰值电流/mA	占空比	有效电流/mA
传感器	0.27	100%	0.27
放大器	0.36	100%	0.36
10 位逐次逼近型模/数转换	1.10	19.8%（每个样本 45μs）	0.22
通过下采样方式进行压缩（可选）	2.50（CC2500 系统）	57.5%（每个样本 130μs）	1.44
	2.10（RF24L01+系统）	71.9%（每个样本 163μs）	1.51
全部	4.23（CC2500 系统）	—	2.29
	3.83（RF24L01+系统）		2.36

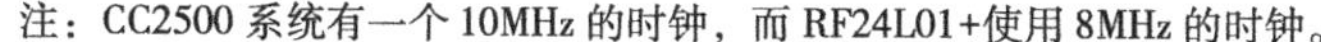
注：CC2500 系统有一个 10MHz 的时钟，而 RF24L01+使用 8MHz 的时钟。

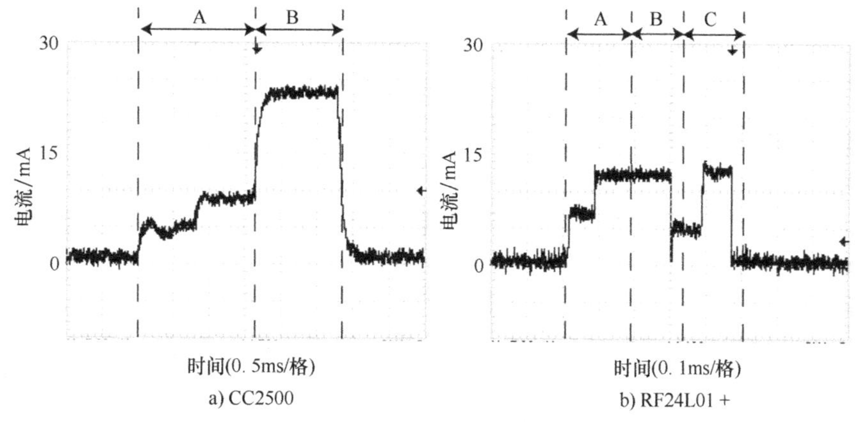

a) CC2500　　b) RF24L01+

图 14-4　V_{dd} = 2.4V 时两个收发器的实测电流消耗分布

注：图 14-4a 为 CC2500，没有 FEC，带开销的数据包大小是 568 位，34 个样本。图 14-4b 为 RF24L01+，具有自动确认功能，带开销的数据包大小是 321 位，18 个样本。

将两个系统与无线发射器连接，使用表 14-2 中不同电池供电，并对系统的电流消耗进行 24h 测试，对其比较见表 14-4。可以看到，只有某些配置通过了 24h 测试。因此，并非所有的微型电池都适合长期使用。这会直接影响在具体的设计中应该如何选择电池的种类及尺寸。使用 3V 锂锰电池 CR2430，采样速率配置为 22kbits/s 的 24h 监控的情况下，可以实现最小尺寸的无线设备。

表 14-4 启用和禁用压缩时传感器节点的当前消耗

发射器	配置	有效电流/mA	峰值电流/mA	电池通过
CC2500	压缩关闭，FEC 关闭	15.8	24.3	B1
	压缩关闭，FEC 开启	18.5	24.3	B1
	压缩开启，FEC 关闭	7.4	25.6	B1，B2
	压缩开启，FEC 开启	13.5	25.6	B1，B2
RF24L01+	压缩关闭，自动确认关闭	4.5	14.3	B1，B2，B3
	压缩关闭，自动确认开启	5.6	15.2	B1，B2，B3
	压缩开启，自动确认关闭	3.5	15.1	B1，B2，B3，B4
	压缩开启，自动确认开启	3.8	16.1	B1，B2，B3

注：只有表 14-2 中列出的一些微型电池能够为系统供电 24h。

数据压缩会大幅度减小有效电流，减小幅度达到 20%~30%。在使用 CC2500 并关闭 FEC 时减小幅度可达 53%。这可以让我们更自由地选择表 14-2 中提供的电池，并优化设备尺寸。在最优情况下，整个系统的电流消耗可以达到 3.5mA，相当于 480nJ/bit 的净功耗。需要强调的是，数据压缩仅仅减小了有效电流，峰电流并没有实质性差异。在一些情况下，这可能成为系统设计的制约因素。

14.2.5 小结

穿戴式传感器节点的设计应权衡好电子元器件的使用、电池的选择以及实时信号处理。在选择电池时，应同时考虑峰电流和平均电流。在确定系统所需尺寸、运行时间的情况下，我们的研究可以作为电池选择的指导。此外，对于两个发射器的定量测量证明了实时信号处理对提升系统运行时间是有帮助的。目前的挑战在于实现更先进的信号处理方法以进一步延长工作时间。

14.3 什么是穿戴式设备算法

14.2 节阐述了通过采用因数为 2 的向下采样可以使系统的整体功率下降 53%，这个下降比例是在 MSP430 激活率高达 72%情况下的。显然，如果数据可以进一步压缩，或者 MSP430 处于休眠状态的时候更多，可以预见能耗将会更低，相应的系统工作时间将会延长。

实现这一点的挑战在于如何在有限的功率预算下实现精确的数据简化算法。穿戴式设备算法的命名也说明了它在这方面的尝试，它在 3 个方面有别于传统算法。在这一节，我们将探索其中细节，并试图建立穿戴式设备算法的理论基础和需求。

14.3.1 功率与工作时间的权衡

14.2 节的例子表明，数据压缩可以让系统的能耗更低，进而增加工作时间、电池的可选择范围，缩小物理尺寸。现在我们考虑更普遍的情况，预测系统需要达到的性能边界以提供有利于降低能耗的数据处理算法，并根据参考文献［1，22-23］中的内容进行分析。

考虑图 14-1 所给的系统，整体的功耗可由式（14-6）计算。

$$P_{\text{system}}=NP_{\text{sc}}+P_{\text{alg}}+CP_{\text{t}} \tag{14-6}$$

式中，P_{sc}为前端放大器和 ADC 等其他信号调制的功耗；N 为具有一个前端的并行信号记录通道数量；P_{alg}为算法可用的功率预算；P_{t} 为发射器的功耗；C 为原始生理数据长度和发射器发送的数据长度的比值。如果系统将所有采集到的数据送至发射器，则 $C=1$，数据压缩率越高，C 值越小。

发射器效率通过传输每位数据所消耗的能量 J 来衡量，P_{t} 由式（14-7）计算。

$$P_{\text{t}}=Jf_{\text{s}}RN \tag{14-7}$$

式中，f_{s} 为采样频率，R 为 ADC 的分辨率，两者共同决定所收集到的生理数据的位数。

作为结论，如果

$$P_{\text{alg}}<Jf_{\text{s}}RN(1-C) \tag{14-8}$$

成立，则具有数据压缩的系统比不具有数据压缩的系统能耗小。例如，当上述参数都选用典型值时[1,22]，即 $f_{\text{s}}=200\text{Hz}$，$R=12\text{bits}$，$J=5\text{nJ/bit}$，$N=8$，得出最大可能功率预算值为 96μW（$C=0$ 即数据被完全压缩，没有数据发送）。

在实际应用中，C 值总大于 0，所以功耗预算比理论值低。为了确保工作时间可以得到适当延长，功耗预算实际上可能会减小为 1/10 左右，为 1~10μW。相较于 14.2 节所提到的单通道系统，考虑到多通道穿戴式传感器节点有更多的前端，需要发送更多的生理数据，这个值实际上已经非常低了。

正如我们在 14.2 节所证明的一样，功耗的最低化并不是我们唯一设计准则：使用更大物理体积的电池虽然能提供更多的能量，但同时也会导致更大的设备体积。体积为 V、能量密度为 D 的电池，在工作时间 T 内的系统功率预算为

$$P_{\text{system}}=\frac{VD}{T} \tag{14-9}$$

联立式（14-6）、式（14-8）和式（14-9），我们可以综合考量数据压缩率、算法的功率预算以及系统的工作时间 3 个因素。具体情况如图 14-5 所示，其中 $P_{\text{sc}}=25\mu\text{W}$。标准化的工作时间 T_{n} 为

$$T_{\text{n}}=\frac{T}{VD} \tag{14-10}$$

在图 14-5 中用 T_{n} 代替 T，可以使曲线不受所选电池的技术类型影响。

图 14-5 表明，如果嵌入式信号处理算法提供 50%的数据压缩率且功率预算在 10μW 以下，8 通道穿戴式传感器节点的工作时间将会增加 15%。如果数据压缩率上升至 80%（$C=0.2$），工作时间相应减少 28%。

这些数据都是近似值，具体数值应结合具体情况进行考虑，但无论在什么情况下，功率预算都是相当低的。2010 年的 *IEEE Signal Processing* 杂志发表了题为《超低功耗意味着什么?》的文章，并得出结论：电源寿命实际上会超过产品的有效生命周期[24]。这正是穿戴式传感器工作时间最大化所需要的。然而，为了达到这个目标，仍需在功率表现方面有巨大的技术进步。穿戴式设备算法的目标就是逾越这道鸿沟，使功耗降至 mW 级，甚至 μW 级。

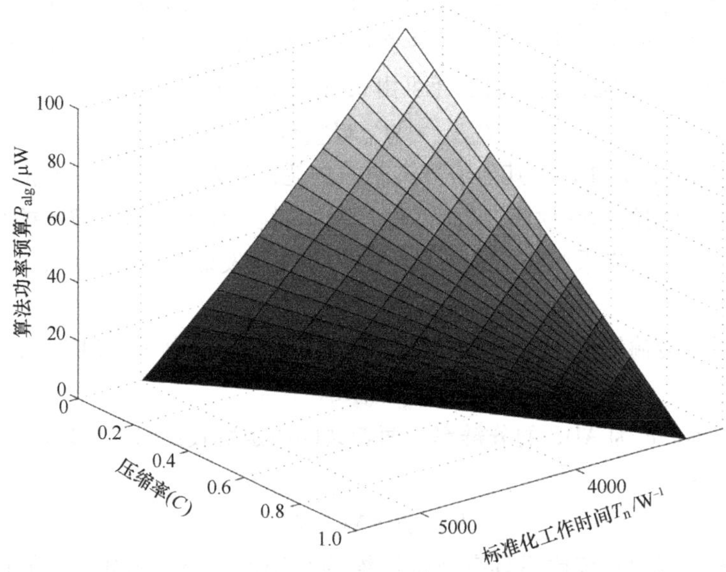

图 14-5　如果算法不需要传输所有的原始生理数据，并且算法可以在所示的功率预算内运行，那么嵌入式在线信号处理算法就可以用来增加设备的运行时间

14.3.2　大数据性能测试

传统信号处理算法通过其性能和所需的开销进行评估。很多参数可以量化这两类指标，但人类生理信号的高度多变性导致算法需要平衡性能与开销。例如在跌倒检测时，收集到正确信号的同时也会收集大量的无效信号。如图 14-6 所示，不同的算法和同一个算法的不同版本都有不同的侧重点。

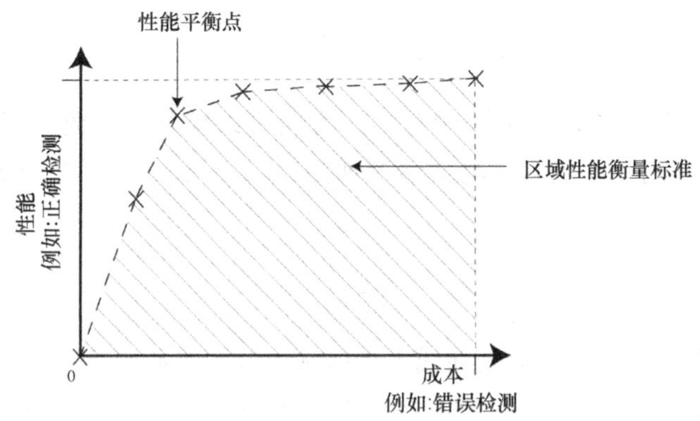

图 14-6　算法性能是性能和成本之间不可避免的权衡。在本例中，展现了对事件的正确检测的数量，以及对已发生事件的错误、不正确检测的数量。通常算法可以使用不同的检测阈值，以允许在这种权衡中使用不同的点。在这种情况下，性能曲线下的面积可以用来衡量算法的整体成功度

不幸的是，保证性能测试的准确性以及能准确反映算法的实际性能是很大的挑战。这里我们举一个具体例子来证明这一点，不经意间的偏倚会导致对算法的评价与实际情况不符。

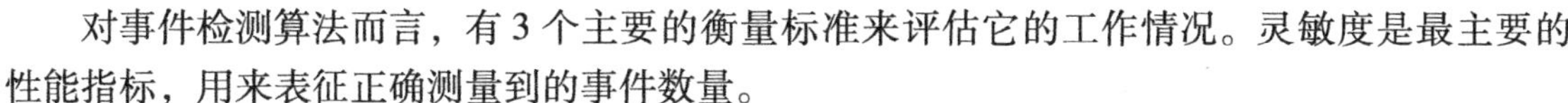

对事件检测算法而言，有 3 个主要的衡量标准来评估它的工作情况。灵敏度是最主要的性能指标，用来表征正确测量到的事件数量。

$$\text{灵敏度}=\frac{\mathrm{TP}}{\mathrm{TP}+\mathrm{FN}}\times 100\% \tag{14-11}$$

式中，TP 为正确检测的数量（真阳性）；FN 为未被检测或者错误检测的数量（假阴性）。

特异性和选择性是不同的度量概念。特异性表征不应被检测出的事件未被检出的数量。

$$\text{特异性}=\frac{\mathrm{TN}}{\mathrm{TN}+\mathrm{FP}}\times 100\% \tag{14-12}$$

式中，FP 为错误检测的数量（假阳性）；TN 为不应被检出的数量（真阴性）。一般情况下真阴性并不好定义。选择性表征正确检出的比例，则

$$\text{选择性}=\frac{\mathrm{TP}}{\mathrm{TP}+\mathrm{FP}}\times 100\% \tag{14-13}$$

然而，式（14-11）~式（14-13）并没有考虑到大数据时代所采集的样本往往来自不同的记录、不同的地点、不同的时间以及不同的事件。为了画出图 14-6 中的相关曲线，我们需将来自不同记录的数据放在一起综合考量。这一步可以通过多种方式完成。

假设共有 M 个待测试记录，分别来自不同的人或同一个人在不同时间点的测试记录。每个记录以角标 i 来区分。可以通过计算每个记录中的敏感度并求平均值来计算平均敏感度，即

$$\text{平均敏感度}=\frac{1}{M}\sum_{i=1}^{M}\frac{\mathrm{TP}_i}{\mathrm{TP}_i+\mathrm{FN}_i}\times 100\% \tag{14-14}$$

另一方面，可以分别计算正确检出数和漏检数，分别求和来计算总敏感度，即

$$\text{总敏感度}=\frac{\sum_{i=1}^{M}\mathrm{TP}_i}{\sum_{i=1}^{M}(\mathrm{TP}_i+\mathrm{FN}_i)}\times 100\% \tag{14-15}$$

这种算法实际上是将所有记录当作一个连在一起的长记录来处理。

图 14-7 展示了一个 EEG 动作电位检测算法关于上述两个度量值的相关曲线[25-26]。可以看到在 20%~40%的区域二者具有比较大的差异，这主要是因为其中的一个测试组比另一个的样本多很多。然而，两者的数学方法实际上都是正确的。那么，究竟用哪一个衡量算法性能更合适？

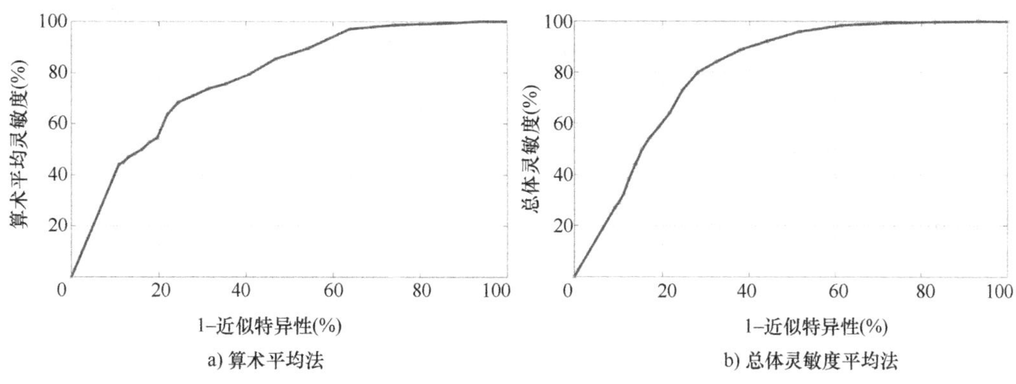

a) 算术平均法　　b) 总体灵敏度平均法

图 14-7　用不同的方法报告来自同一算法的结果，可以给出不同的算法性能的表观水平的图片

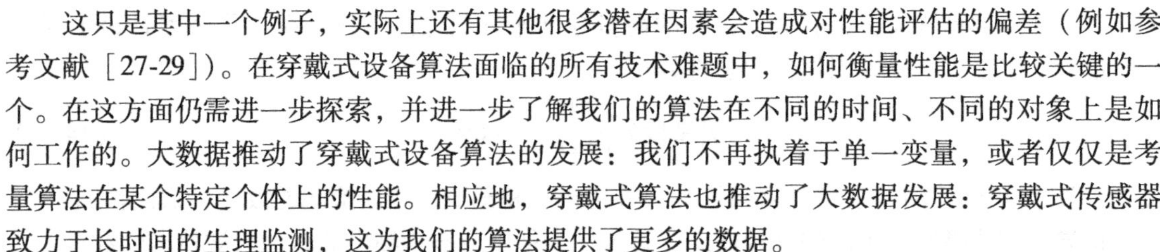
这只是其中一个例子，实际上还有其他很多潜在因素会造成对性能评估的偏差（例如参考文献［27-29］）。在穿戴式设备算法面临的所有技术难题中，如何衡量性能是比较关键的一个。在这方面仍需进一步探索，并进一步了解我们的算法在不同的时间、不同的对象上是如何工作的。大数据推动了穿戴式设备算法的发展：我们不再执着于单一变量，或者仅仅是考量算法在某个特定个体上的性能。相应地，穿戴式算法也推动了大数据发展：穿戴式传感器致力于长时间的生理监测，这为我们的算法提供了更多的数据。

14.3.3 性能与功耗的权衡

14.3.1 节证明了穿戴式设备算法需要以最低功耗水平运行，理想状况下为 μW 级。然而，14.3.2 节的性能指标讨论中没有考虑功耗。真实的穿戴式设备算法应在性能、成本和功耗三方面进行权衡。

系统设计者需要在三者之间做出困难的抉择：更好的性能，更低的成本，还是更小的功耗？一个超低功耗但性能较低的算法，是否优于高功耗但高性能的算法？这些选择因穿戴式传感器的具体应用情况不同而不同，其中有许多设计选项可供选择。这导致穿戴式设备算法与以前的算法有显著的关键性差异。穿戴式设备算法涵盖了 4 个层面：人体监测应用设计、数据处理设计、性能测试设计以及电路设计。这 4 个层面互相交叉，使穿戴式设备算法成为一个真正的多学科问题。

14.3.4 小结

穿戴式设备算法是以超低功耗硬件应用、大数据测试以及功耗性能测试为特征的新型学科。穿戴式算法设计涵盖了 4 个层面：人体监测应用设计、数据处理设计、性能测试设计和电路设计，以及对所有层面的综合权衡。这自然而然造就了一个有待探索的巨大领域，而这个领域还是一块待发掘的新大陆。然而，有越来越多的技术出现来帮助实现穿戴式设备算法。这些技术将在 14.4 节中介绍。

14.4 穿戴式设备算法：先进的新兴技术

设计实例中所使用的信号处理技术是基于十阶 FIR 滤波器的下采样技术。所采用的 MSP430 没有硬件乘法器，因此通过调节占空比节省功耗，MSP430 的工作时间仍高达 72%。在占空比相对适合的信号处理的平台上，总体的功耗降低约 53%。采用更复杂的算法，并与更先进的硬件耦合，会使传感器节点的工作时间进一步延长。下面介绍实现这个目标的一些可能途径。

14.4.1 开发信号处理算法

1. 信号处理步骤

穿戴式传感器在线信号处理可采用两种形式：

1）数据压缩应用于所有的生理数据，像实时生成 zip 文件一样。

2）传感器节点采用智能信号处理。

多数现有的穿戴式算法将重点集中在第二种形式。核心模块如图 14-8 所示。原始输入信号 y 首先被传送到特征提取模块用于提取感兴趣的信号：该部分信号处理的工作是将输入信号中我们感兴趣的成分相对不感兴趣的成分加强。例如，在 ECG 心率监测中，需要在 QRS 信号出现时提高信号强度。

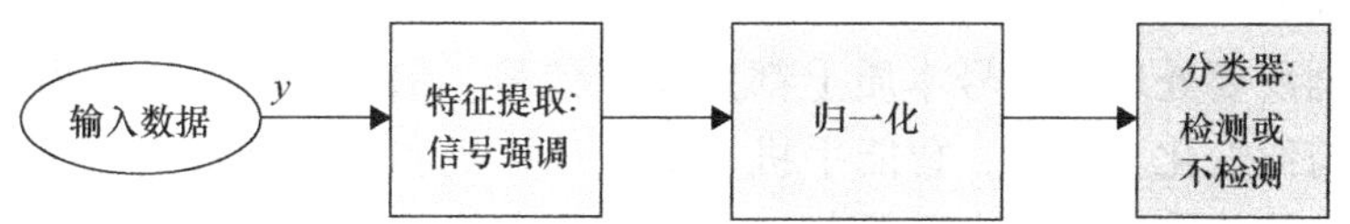

图 14-8　低计算复杂度算法的 3 个主要阶段：特征提取、归一化和分类

鉴于不同人的生理信号或同一个人不同时期的生理信号在很大范围内变化，我们需要归一化模块来规范信号中的特征。造成信号变化的原因可能有潜在的生理病变、年龄的不同（如心电信号[30]），或接口/电极接触随着时间变化而变化。归一化模块的目的是修正这些变化，使算法具有更好的可靠性和鲁棒性。

最后一步是生成输出信号，并利用输入的生理信号做决策。一般情况下，会由分类引擎提出一个是或否的问题：心跳是否出现在这部分数据中？受试者是清醒还是休眠？输出也有可能是一个复合问题：从这一部分数据来看，受试者是清醒、轻度睡眠、深度睡眠还是快速眼动睡眠？输出的结果可以用来优化控制穿戴式传感器节点以提升其工作时间。例如，在检测到受试者处于清醒状态时，睡眠监测装置可以进入休眠状态。又如，心电信号采样频率可以根据心率不同进行相应调整。

2. 特征提取

信号处理中有很多特征可选，选择不同的特征将会影响算法的性能。14.4.3 节中介绍的许多算法都基于频域信息。例如，睡眠初始阶段是通过判别脑电信号由 8～13Hz 降至 4～8Hz 来识别[32]。因此，对于上述信号的特征提取可采用该频段内的傅里叶变换。此外，也可采用连续小波变换或离散小波变换等时域变换[33-34]。

为了尽量节约功耗、缩减电路级数，在穿戴式传感器节点中应选择尽量少的特征。因此，在特征的选择上应仔细考量。最近一项研究考察了癫痫发作时的 63 种特征信号，研究发现基于离散小波变换的特征具有最佳的性能（性能曲线下面积为 83%），而分形维数和有界变差特征稍差（53%）[35]。然而这并不排除采用不同的特征提取方法或将若干特征组合使用，会提高算法性能的可能性。

此外，不同特征计算时的功率要求不同，这也是应该考虑的因素之一。实际上，修正了运行时间后，参考文献［35］认为时域特征线长是判别癫痫的最佳头皮脑电信号。

3. 分类引擎

最简单的决策策略是阈值法，即直接比较标准化输入特征与阈值的大小：

```
If feature>threshold
    Make detection
Else                                  (14-16)
    No detection.
```

阈值的均衡曲线很容易做出，如图 14-6 所示，且计算复杂度很小。该方法被应用于参考文献［35-36］等中的系统，以获得低复杂度的性能。

近年来，机器学习被用于自动决策，在处理多特征或聚类问题时效果尤其出色。由于高分离精度以及在电路方面的低功耗实现，支持向量机（support vector machine，SVM）迅速成为机器学习法的最佳选择。

14.4.2 硬件平台：模拟与数字、通用与自定义

1. 模拟信号处理

穿戴式传感器所要处理的信号本质上都是模拟信号。信号如心电、脑电、葡萄糖浓度都随着时间变化而持续变化。相反，智能手机、个人计算机和因特网都是数字的，由二进制数据流 0 和 1 构成。这些数字只能表示量化、有限的输入值，并在特定采样频率的离散时间点上获取。因此，在模拟域和数字域之间的转换是必要的。实现穿戴式设备算法时我们需要决定到底采用哪个域。

1990 年 Eric Vittc 发表了模拟信号处理和数字信号处理功耗的基础研究，后来也有人在研究的基础上进行了拓展[41-43]。在模拟域，理想情况下以频率 f 对跨导体充放电的积分器是其基本模块。最小功耗为[43]

$$P_{\min}=8kTf\mathrm{SNR} \tag{14-17}$$

式中，k 为玻尔兹曼常数；T 为温度；SNR 为信噪比。

相似地，数字域的最小功耗由基础操作的次数以及每个基础操作所需的功耗 E_{tr} 决定。对于单级数字滤波器而言，其功耗为[43]

$$P_{\min}=50B^2fE_{\mathrm{tr}} \tag{14-18}$$

式中，B 为信号字位长；E_{tr} 通常情况下受限于电路中所采用的 CMOS 技术，下限决定于基础噪声。

这些公式在假设情况下是功耗的基本限制条件，特别是模拟电路仅仅受限于本底噪声。其他一些限制条件也可由此导出，包括假设变量的变化、晶体管匹配以及更普遍的建模方式[44-45]。然而，参考文献［17-18］中所提到的潜在趋势是可见且可信的，如图 14-9 所示。

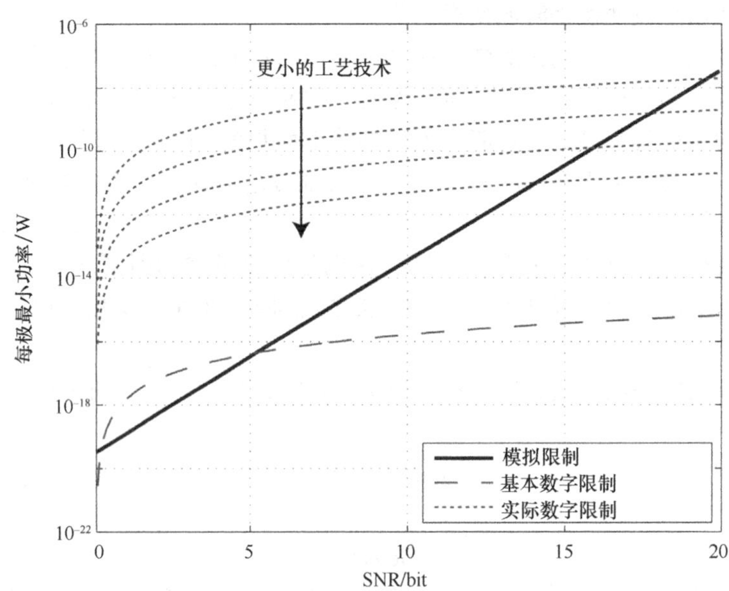

图 14-9　由参考文献［43］得到的模拟和数字滤波器功耗的基本限制。对于低 SNR 和低动态范围，应用模拟方法可能更好

从图 14-9 中可以看出，尽管数字限制理论上远低于模拟限制，但实际却高出许多。除此之外，模拟限制是 SNR 的强函数，而当信号位宽超过 6 位时，数字限制和动态范围的函数相

关性要弱许多。无论现在还是未来，众多方面都可以看到模拟信号处理的重要性（如文献[24, 45-47]）。总之，14.4.3 节中的几种信号处理算法都包含了某种形式的模拟信号处理。

抛开这些普遍趋势，在特定的拓扑电路中决定模拟信号处理和数字信号处理的交叉点并不容易。事实上，许多生理信号的动态范围仍有争议。如表 14-1 中所提到的 EEG 系统在每个地方都是 8~24 位，参考文献［48］中的系统却约为 7 位。主要问题在于，如果想要避免使用额外的 ADC 将模拟信号转换为数字信号，那么所有的信号处理过程都要在模拟域中完成。

2. 完全自定义的硬件

接下来要面临一般设计方法的抉择：是采用现成的商业化元器件，还是定制专门适用于特定算法和所需应用要求的芯片。权衡情况如图 14-10 所示。

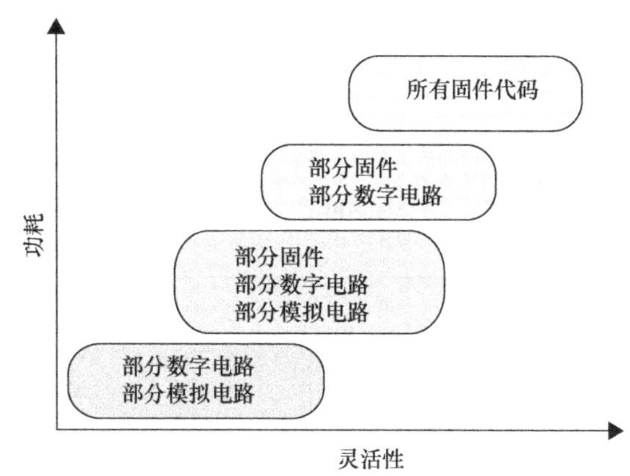

图 14-10　一般来说，在固件代码中实现算法的现成硬件在系统设计中提供了最大的灵活性，但也提供了最高的功耗。随着更多专用的数字和模拟硬件电路的添加，可以以降低灵活性为代价实现更低的功耗。这种灵活性的减少也是 14.3 节中关注绩效评估的关键动机

通常情况下，完全定制的芯片是更好的选择，因为所有部件都可以自定义，所以不存在无用模块。定制芯片将所需模块都集成于一片硅基芯片中，减小了将元器件连接在一起的 PCB 的尺寸。

需要注意的是，尽管定制芯片可以提供更好的性能，但稳定性较低、耗时较长，且成本高昂，并且定制芯片并不一定能获得更好的性能，为了减小功耗需要精心设计。例如，从图 14-9 可以看出，数字信号处理的功耗很大程度上取决于生产芯片的技术：尺寸越小，功耗越低。然而，学术研究或原型中所采用的最小化传感器节点价格非常昂贵，但是如果现有设备都采用同样的传感器，则定制芯片的方案则有了发展的潜在可能性（大量生产的情况下）。

这表示，14.4.3 节中所有的算法都在某种程度上采用了自定义芯片。毫无疑问，这虽然对设计提出了更高的要求，但仍不失为现今实现穿戴式设备算法的最佳途径。

14.4.3　穿戴式设备算法：文献研究中的实例

为了系统介绍现今最新的穿戴式设备，我们调研了 2010 年以来发表在 *IEEE Transactions* 和其他杂志中关于穿戴式设备算法的文章。表 14-5 总结了这些算法的性能，并在下文中有所讨论。（需要注意的是，有些算法应用于植入式设备[49-50]，此处不做讨论。下文介绍的有些传感器是可以同时应用于体内或者人体表面的。）

表 14-5 穿戴式系统低功耗硬件中实现的算法总结

	参考文献	目标	特征	分类器	算法性能	电路基础	功率性能
通用处理器	[51]	ECG 心率检测	频率信息（连续小波变换（CWT））	最大值检测和阈值	灵敏度 99.65% 灵敏度 99.79%	定制 CoolFlux 处理器	12.8pJ/cycle，1MHz Clock，0.4~1.2V
带加速器的通用处理器	[36]	EEG 癫痫检测	频率信息（快速傅里叶变换（FFT））	阈值	—	定制 ARM Cortex M3 处理器	0.99μW，0.8V
	[52]	EEG 频带功率提取	频率信息（FIR 滤波器）	—	—	定制有 FFT 的 MSP430 核心和 CORDIC 加速器	19.3μJ/512 样本，0.7V
		ECG 心率检测	频率信息（递归滤波器）	自适应阈值	—		16.4μJ/心率，0.7V
	[38]	EEG 癫痫检测	频率信息（FIR 滤波器）	SVM	—	自定义带有 SVM 加速的 MSP430 核心	273μJ/分类 0.55~1.2V
		ECG 检测心律失常	时域形态	SVM	—		124μJ/分类 0.55~1.2V
	[39]	ECG 检测心律失常	时域形态	SVM	—	自定义 Tensilica 处理器，添加了指令和 SVM	10.24μJ/分类 0.4V
全硬件电子	[53]	EEG 应用不可知压缩	压缩传感		10dB 信号噪声及失真比，×10 数据压缩	定制数字电路	1.9μW，0.6V
	[54]	ECG 心率检测	频率信息（离散小波变换（DWT））	最大似然类型	误差率 0.196%	标准数字电路	13.6μW，3V
	[55]	ECG 心率检测	频率信息（DWT）	最大似然类型	—	定制数字电路	0.88pJ/样本，20kHz Clock，0.32V
	[40]	EEG 癫痫检测	频率信息（FIR 滤波器）	SVM	检测率 82.7% 错误率 4.5%	定制数字电路	2.03μJ/分类 128 分类/s
		ECG 眨眼检测			检测率 84.4%		1V

（续）

	参考文献	目标	特征	分类器	算法性能	电路基础	功率性能
全硬件电子	[56]	ECG 人工移除	时域电阻抗断层扫描	自适应滤波	信号到工件功率增加 10dB	带有模拟协同处理的现成 MSP430	—
	[31]	ECG 自适应采样频率	频率信息（带通滤波器）	R 峰搜索算法	×7 数据压缩	带有开关电容模拟的现成 MSP430	30μW，2 V（使整个系统的功率降低了 25%）
	[57]	EEG 频带功率提取	频率信息（带通滤波器）	—	—	开关电容模拟处理	3. 12μW，1. 2V
	[58]	EEG 频带功率提取	频率信息（CWT）	—	—	连续时间模拟处理	60pW，1V

注：许多论文报道了多个操作点或设置，这里只总结了一个具有代表性的案例。表中“—”表示该信息未被报告或对所用案例不清楚。除非数据影响不大，否则为了避免推断，性能都由作者给出，并且没有重新处理以使其单位一致，尽管这确实使直接比较变得困难。注意，有些算法是单通道的，而有些算法可以同时分析多个通道的数据。

要获取关于算法的全部信息，并且比较不同功能的算法是很困难的。表 14-5 提供了对目前正在使用的主要方法和当前技术状态的关键见解。

一般来讲，片上算法可以分为 3 个类别：第一，通过软件实现的高度优化但是仍通用的片上算法；第二，与应用具体需求相结合旨在降低能耗的处理算法；第三，纯粹的硬件算法。

1. 通用处理器

14. 2 节中传感器节点的硬件平台 MSP430 具有易用、易获取和低功耗的特点。然而，在活动模式下 MSP430 的功耗是 5. 5mW，因而为了到达 μW 级功耗水平，MSP430 必须在很长的时间内处于休眠状态，这限制了数据处理能力。

近年来有许多文章中提出了与 MSP430 指令集兼容的算法，这些算法降低了功耗。参考文献［59］中呈现的结构在活动模式下（25MHz，0. 4V）功耗为 175μW。需要注意的是之所以能达到这个功耗，部分原因是采用了 65nm CMOS 技术，并且在超低功耗应用中漏电流会导致 1. 7μW 的功耗。该处理器并没有确切的算法应用，所以并未在表 14-5 中列出。

参考文献［51］介绍了一种基于 CoolFlux 的高性能通用处理器，用来实现一种能耗只有 13μW 的 ECG 心率监测算法（单通道）。在工作模式下，处理器的核心功耗为 1. 45mW，时钟频率高达 100MHz。

通用处理器平台同样可以进行模拟信号处理。参考文献［60］描述了一种工作电压为 2. 4V 的可编程模拟芯片。该文献展示了一种用于信号特征提取的模拟 FIR 处理器，其功率为 7μW，但并没有记载具体算法。

2. 有加速器的通用处理器

如图 14-8 所示，穿戴式算法的核心部分是信号特征提取和分类。这个部分可以通过硬件实现来提升算法在功耗方面的表现，而算法的其他部分仍在处理器上由软件来完成。参考文献［36］提出了一种用于癫痫监测的算法，算法利用 FFT 进行频带检测。使用专门的硬件来完成 FFT 过程，算法的其他过程仍在 ARM Cortex M3 芯片上进行，这种做法使功耗降为原来的 1/18，低至 1μW。可惜的是，该文献并没有描述算法的监测性能。

除此之外，参考文献［38］中使用了定制的 MSP430 处理器来提取特征，然后使用 SVM 加速器来减少分类过程的能耗。这样做的原理是因为在特定应用中，特征往往是特定的，而 SVM 作为分类引擎可以重复使用。相较于纯软件实现，SVM 加速器使分类算法的能耗下降到原来的 1/144。脑电信号处理每个分类的能耗为 273μJ。因此，如果需要很快的数据更新速率，系统能耗依然很高。类似地，参考文献［39］用同样的原理提升了系统性能。

3. 完全硬件实现与设计趋势

表 14-5 中的多数研究没有利用软件平台，而是采用高度定制的纯硬件平台来获得超低功耗。尽管有很多不同途径可以实现完全定制的低功耗电子产品，我们仍可以从中看到一些设计趋势。

第一，供电电压非常低（典型值为 0.5~1V，最低为 0.32V[55]）。这样做直接降低了功耗（因为 $P=VI$），但同时也会影响电路的运行速度。生理信号一般为不高于 1kHz 的低频信号，所以这样做是考虑到实际过程中并不需要大量采集操作。此外，芯片的不同区域会根据实际应用需求采用不同的供电电压和时钟频率。例如，参考文献［36］中有 18 个不同的电压区，参考文献［50］中有 15 个。动态电压缩放（允许快速缩放）、门控时钟（时钟断开连接以避免不必要的调整）和门控电压（关闭整个芯片区域以减少漏电流）等技术都应用于这些不同的电压区域。

第二，极少数的电路完全基于传统架构，很多的研究使用全新的简化拓扑结构。例如，参考文献［54］介绍了一种针对分类处理性能的修正方法，对分类性能影响很小，但所需电路数量减少了一半以上，参考文献［40］介绍了一种新的数字滤波拓扑结构，参考文献［55］仅仅在滤波阶段使用整系数来简化乘法运算。它们的目的都是为了最小化系统复杂度和晶体管数量，可以减少晶体管的供电，减小漏电流，进而降低能耗。

第三，利用模拟信号处理。这样做大幅度降低了信息数据收发的开销。参考文献［31，56］中使用混合方法将模拟信号处理和 MSP430 相结合，用来去除运动伪影和监测心律。参考文献［57-58］完全应用模拟信号处理方法来计算频率信息。

表 14-5 中所列的算法除了 3 个之外都引入了频域信息。这是目前为止最常见的特征提取方法之一，这强调了模拟信号处理的重要地位。特别是最近的一篇参考文献［58］展示了一种用来分析 EEG 时域和频域信号的连续小波变换电路（continuous wavelet transform，CWT），其功耗仅仅只有 60pW。这个 CWT 虽然只是特征提取部分，但其功耗远低于本章的任何电路。该电路通过极低的处理电流和完全模拟信号处理来降低功耗。这说明在未来的电路设计中模拟信号处理的重要性，让我们看到设计真正可以实现供电时间比工作寿命还长的穿戴式设备的曙光。

14.5 总结

穿戴式设备算法是一个新兴的多学科问题，它对多个领域提出了创新要求：人体监测应用设计、信号处理设计、性能测试设计以及电路设计。摆在我们面前的是一个巨大、四维、多学科融合的且还未被完全探索的设计新大陆。挑战和机遇并存，不仅仅在 4 个层面的创新会推动穿戴式设备算法的发展，4 个层面之间联系的深层次挖掘也尤为重要。

本章概述了穿戴式传感器节点的穿戴式设备算法对提高设备生命周期做出的努力：典型系统所需要的具体设计细节（14.2 节）、穿戴式设备算法的基本权衡因素（14.3 节）以及现有的低功耗电路技术（14.4 节）。每一节的内容都可以很容易地扩展出一本书的内容，但我们更想在此为读者呈现穿戴式设备中多学科之间的关联。

总之，目前穿戴式设备大范围使用的最大障碍是如何最大化其生命周期。然而，即使电池寿命在延长，穿戴式设备算法的研究并不会终止。我们确信在穿戴式传感器节点中应用穿戴式设备算法至少有以下 8 个基本优势：

1）减小系统功耗。

2）增加系统功能，如报警功能。

3）提高无线链路的可靠性和鲁棒性。

4）最小化系统的意外性。

5）减小离线需要分析的数据量。

6）使闭环记录成为可能。

7）更好的记录质量，如去除运动伪影。

8）实时数据压缩，从而提高隐私性。

实现穿戴式设备算法的主要挑战在于如何在有限的开销预算内实现精确算法。正如前文所述，近年来在这方面有许多进展，我们的例子能为设计者提供下一代系统的设计思路。虽然如此，实现更优化的智能系统仍有很长的路要走。

参考文献

[1] A.J. Casson, D.C. Yates, S.J. Smith, J.S. Duncan, E. Rodriguez-Villegas, Wearable electroencephalography, IEEE Eng. Med. Biol. Mag. 29 (no. 3) (2010) 44–56.

[2] camNtech Actiwave (2013) Home page. [Online]. Available: <http://www.camntech.com/>.

[3] Emotiv EEG systems (2013) Home page. [Online]. Available: <http://www.emotiv.com/>.

[4] Advanced Brain Monitoring (2013) Home page, B-Alert X4. [Oneline]. Available: <http://advancedbrainmonitoring.com/>.

[5] NeuroSky (2013) Home page, MindWave. [Online]. Available: <http://www.neurosky.com/>.

[6] Sleep Zeo (2013) Home page. [Online]. Available: <http://www.myzeo.com/sleep/>.

[7] J.R. Shambroom, S.E. Fabregas, J. Johnstone, Validation of an automated wireless system to monitor sleep in healthy adults, J. Sleep Res. 21 (no. 2) (2012) 221–230.

[8] Neuroelectrics (2013) Home page, Enobio. [Online]. Available: http://neuroelectrics.com/.

[9] Cognionics (2013) Home page, Mini data acquisition system. [Online]. Available: <http://www.cognionics.com/>.

[10] Quasar USA (2013) Home page, DSI 10/20. [Online]. Available: <http://www.quasarusa.com/>.

[11] Mindo (2013) Home page, 4H Earphone. [Online]. Available: <http://www.mindo.com.tw/>.

[12] IMEC (2013) Holst centre and Panasonic present wireless low-power active-electrode EEG headset. [Online]. Available: <http://www.imec.be/>.

[13] S. Patki, B. Grundlehner, A. Verwegen, S. Mitra, J. Xu, A. Matsumoto, et al., Wireless EEG system with real time impedance monitoring and active electrodes, Proc. IEEE Biomed. Circuits Syst. Conf. (2012) 108–111, Hsinchu.

[14] Texas Instruments (2013) Home page, MSP430 microcontroller. [Online]. Available: <http://www.msp430.com/>.

[15] Xeno Energy (2010) Thionyl Chloride Lithium battery XL-050F specifications. [Online]. Available: <http://www.xenousa.com/pdf/XL-050F.pdf>.

[16] Duracell (2010) Zinc air battery DA675 datasheet. [Online]. Available: <http://www.farnell.com/datasheets/6247.pdf>.

[17] Duracell (2010) Zinc air battery DA13 datasheet. Available: <http://www.farnell.com/datasheets/6248.pdf>.

[18] Renata (2010) 3V Lithium battery CR2430 datasheet. [Online]. Available: <http://www.renata.com/fileadmin/downloads/productsheets/lithium/3V_lithium/CR2430_v07.pdf>.

[19] Texas Instruments (2010) SimpliciTI: Simple modular RF network specification. [Online]. Available: <http://focus.ti.com/docs/toolsw/folders/print/simpliciti.html>.

[20] Texas Instruments (2010) CC2500 low-cost low-power 2.4 GHz RF transceiver datasheet. [Online]. Available: <http://focus.ti.com/lit/ds/symlink/cc2500.pdf>.

[21] Nordic Semiconductor (2010) nRF24L01 + single chip 2.4 GHz transceiver product specification. [Online]. Available: <http://www.nordicsemi.com/eng/content/download/2726/34069/file/nRF24L01P_Product_Specification_1_0.pdf>.

[22] D.C. Yates, E. Rodriguez-Villegas, A key power trade-off in wireless EEG headset design, Proc. 3rd Int. IEEE Neural Eng. Conf. (2007) 453–456, Kohala coast, Hawaii.

[23] A.J. Casson, E. Rodriguez-Villegas, Generic vs custom; Analog vs digital: On the implementation of an online EEG signal processing algorithm, Proc. 30th Int. IEEE Eng. Med. Biol. Soc. Conf. (2008) 5876–5880, Vancouver.

[24] G. Frantz, J. Henkel, J. Rabaey, T. Schneider, M. Wolf, U. Batur, Ultra-low power signal processing [DSP Forum], IEEE Signal Process. Mag. 27 (no. 2) (2010) 149–154.

[25] A.J. Casson, E. Luna, E. Rodriguez-Villegas, Performance metrics for the accurate characterisation of interictal spike detection algorithms, J. Neurosci. Methods 177 (no. 2) (2009) 479–487.

[26] A.J. Casson, E. Rodriguez-Villegas, Interfacing biology and circuits: quantification and performance metrics, in: Iniewski (Ed.), Integrated Bio-Microsystems, Wiley, 2011, pp. 1–32.

[27] A. Temko, E. Thomas, W. Marnane, G. Lightbody, G.B. Boylan, Performance assessment for EEG-based neonatal seizure detectors, Clin. Neurophysiol. vol. 122 (no. 3) (2011) 474–482.

[28] R. Akbani, S. Kwek, N. Japkowicz, Applying Support Vector Machines to imbalanced datasets, Proc. 15th Eur. Conf. Mach. Learn. (2004) 39–50, Pisa.

[29] L. Logesparan, A.J. Casson, E. Rodriguez-Villegas, Assessing the impact of signal normalization: Preliminary results on epileptic seizure detection, Proc. IEEE Eng. Med. Biol. Conf. (2011) 1439–1442, Boston.

[30] P.E.M. Smith, S.J. Wallace, Clinicians Guide to Epilepsy, Arnold, London, 2001.

[31] R.F. Yazicioglu, K. Sunyoung, T. Torfs, K. Hyejung, C. Van Hoof, A 30 μW analog signal processor ASIC for portable biopotential signal monitoring, IEEE J. Solid State Circuits 46 (no. 1) (2011) 209–223.

[32] A. Rechtschaffen, A. Kales (Eds.), A Manual of Standardized Terminology, Techniques and Scoring System for Sleep Stages of Human Subjects, Public Health Service, U.S. Government Printing Office, Washington DC, 1968.

[33] S. Mallat, A Wavelet Tour of Signal Processing: The Sparse Way, Third ed., Academic Press, San Diego, 2008.

[34] P.S. Addison, J. Walker, R.C. Guido, Time–frequency analysis of biosignals, IEEE Eng. Med. Biol. Mag. 28 (no. 5) (2009) 14–29.

[35] L. Logesparan, A.J. Casson, E. Rodriguez-Villegas, Optimal features for online seizure detection, Med. Biol. Eng. Comput. 50 (no, 7) (2012) 659–669.

[36] S.R. Sridhara, M. DiRenzo, S. Lingam, S.-J. Lee, R. Blazquez, J. Maxey, et al., Microwatt embedded processor platform for medical System-on-Chip applications, IEEE J. Solid State Circuits 46 (no. 4) (2011) 721–730.

[37] A. Statnikov, C.F. Aliferis, D.P. Hardin, I. Guyon, A gentle Introduction to Support Vector Machines in Biomedicine: Theory and Methods, World Scientific, Singapore, 2011.

[38] K.H. Lee, N. Verma, A low-power processor with configurable embedded machine-learning accelerators for high-order and adaptive analysis of medical-sensor signals, IEEE J. Solid State Circuits 48 (no. 7) (2013) 1625–1637.

[39] M. Shoaib, N.K. Jha, N. Verma, Algorithm-driven architectural design space exploration of domain-specific medical-sensor processors, IEEE Trans. Very Large Scale Integration (VLSI) Syst. 21 (no. 10) (2013) 1849–1862.

[40] J. Yoo, Y. Long, D. El-Damak, M.A.B. Altaf, A.H. Shoeb, A.P. Chandrakasan, An 8-channel scalable EEG acquisition SoC with patient-specific seizure classification and recording processor, IEEE J. Solid State Circuits 48 (no. 1) (2013) 214–228.

[41] E.A. Vittoz, Future of analog in the VLSI environment, Proc. IEEE Int. Symp. Circuits Syst. vol. 2 (1990) 1372–1375, New Orleans.

[42] E.A. Vittoz, Low-power design: Ways to approach the limits, Proc. IEEE Int. Solid State Circuits Conf. (1994) 14–18, San Francisco.

[43] C.C. Enz, E.A. Vittoz, CMOS low-power analog circuit design, Tutorial IEEE Int. Symp. Circuits Syst. (1996) 79–133, Atlanta.

[44] P. Kinget, M. Steyaert, Impact of transistor mismatch on the speed-accuracy-power trade-off of analog CMOS circuits, Proc. IEEE Custom Integr. Circuits Conf. (1996) 333–336, San Diego.

[45] R. Sarpeshkar, Analog versus digital: Extrapolating from electronics to neurobiology,", Neural Comput. 10 (no. 7) (1998) 1601–1638.

[46] S.A.P. Haddad, W.A. Serdijn, Ultra Low-Power Biomedical Signal Processing: An Analog Wavelet Filter Approach for Pacemakers, Springer, Dordrecht, 2009.

[47] L. Tarassenko, Interview with Lionel Tarassenko, Electron. Lett. 47 (no. 26) (2011) s29.

[48] G.L. Krauss, R.S. Fisher, The Johns Hopkins Atlas of Digital EEG: An Interactive Training Guide, Johns Hopkins University Press, Baltimore, 2006.
[49] B. Gosselin, M. Sawan, An ultra low-power CMOS automatic action potential detector, IEEE Trans. Neural Syst. Rehabil. Eng. 17 (no. 4) (2009) 346–353.
[50] M.T. Salam, M. Sawan, D.K. Nguyen, A novel low-power-implantable epileptic seizure-onset detector, IEEE Trans. Biomed. Circuits Syst. 5 (no. 6) (2011) 568–578.
[51] J. Hulzink, M. Konijnenburg, M. Ashouei, A. Breeschoten, T. Berset, J. Huisken, et al., An ultra low energy biomedical signal processing system operating at near-threshold, IEEE Trans. Biomed. Circuits Syst. 5 (no. 6) (2011) 546–554.
[52] J. Kwong, A.P. Chandrakasan, An energy-efficient biomedical signal processing platform, IEEE J. Solid State Circuits 46 (no. 7) (2011) 1742–1753.
[53] F. Chen, A.P. Chandrakasan, V.M. Stojanovic, Design and analysis of a hardware-efficient compressed sensing architecture for data compression in wireless sensors, IEEE J. Solid State Circuits 47 (no. 3) (2012) 744–756.
[54] Y.-J. Min, H.-K. Kim, Y.-R. Kang, G.-S. Kim, J. Park, S.-W. Kim, Design of wavelet-based ECG detector for implantable cardiac pacemakers, IEEE Trans. Biomed. Circuits Syst. 7 (no. 4) (2013) 426–436.
[55] O.C. Akgun, J.N. Rodrigues, Y. Leblebici, V. Owall, High-level energy estimation in the sub-V_T domain: Simulation and measurement of a cardiac event detector, IEEE Trans. Biomed. Circuits Syst. 6 (no. 1) (2012) 15–27.
[56] N. Van Helleputte, S. Kim, H. Kim, J.P. Kim, C. Van Hoof, R.F. Yazicioglu, A 160 μA biopotential acquisition IC with fully integrated IA and motion artifact suppression, IEEE Trans. Biomed. Circuits Syst. vol. 6 (no. 6) (2012) 552–561.
[57] F. Zhang, A. Mishra, A.G. Richardson, B. Otis, A low-power ECoG/EEG processing IC with integrated multiband energy extractor, IEEE Trans. Circuits Syst. I 58 (no. 9) (2011) 2069–2082.
[58] A.J. Casson, E. Rodriguez-Villegas, A 60 pW $g_m C$ Continuous Wavelet Transform circuit for portable EEG systems, IEEE J. Solid State Circuits 46 (no. 6) (2011) 1406–1415.
[59] D. Bol, J. De Vos, C. Hocquet, F. Botman, F. Durvaux, S. Boyd, et al., SleepWalker: A 25-MHz 0.4-V sub-mm^2 7 μW/MHz microcontroller in 65-nm LP/GP CMOS for low-carbon wireless sensor nodes, IEEE J. Solid State Circuits 48 (no. 1) (2013) 20–32.
[60] C.R. Schlottmann, S. Shapero, S. Nease, P. Hasler, A digitally enhanced dynamically reconfigurable analog platform for low-power signal processing, IEEE J. Solid State Circuits 47 (no. 9) (2012) 2174–2184.

第15章　人体传感器网络数据挖掘技术

15.1　简介

人体传感器网络（body sensor network，BSN）的研究正在走向成熟，并逐步从初步的传感器节点和网络评估转向到跌倒姿势检测[1-2]、远程医疗、康复和运动训练[3-4]等更加具体的应用。这些系统由轻量级穿戴式传感器组成，能够采集人体不同形式的数据，包括惯性测量、ECG、EMG、皮肤电导和血压等。应用的多样性意味着数据采集必须根据各种应用和传感器节点量身设计。此步骤可以手动执行，也可以作为受到应用限制的参数优化问题进行考虑。手动选择和放置传感器通常基于检测给定的运动或生理现象得到的传感器效率的先验知识，或基于特定传感器放置组合的先验知识进行传感器布局。

例如，在耳朵上放置外周血氧饱和度传感器可有效地减少运动伪影[5]。因为耳朵靠近人体前庭系统，它的随机运动是有限的。类似地，大臂和小臂位置的传感器可以更好地检测与食物摄入（如饮食）相关的动作[6]。传感器的布置和选择也可以自动完成，这种方法更通用，因为在某种意义上它能够适应不断变化的应用条件，但它需要额外的资源。这可能意味着传感器的布置冗余，增加了传感与处理的负荷，甚至增加了通信负载[7]。传感器布置的自动优化标准通常可分为短期和长期策略，前者意味着优化系统的质量识别，而后者对应于增加传感器网络的生命周期。短期策略方法可以通过最大化检测目标概率[8]或提高通路上的危险检测来实现[9]。当满足最小检测约束时，长期策略可以通过网络生命周期最优化的方法来实现[10]。以上所有的自动管理方法仅确定传感器的初始位置，并没有解决实验中传感器放置或位移的不精确性。

不同类型的传感器通常由研究人员配置，同时实验和传感器的监测条件受到严格仔细的控制。在实验室理想条件下均能正常使用的传感器设置、控制和监测等功能，在自然环境中往往具有挑战性。BSN也是如此，因为它往往难以确保在初始部署后传感器的配置保持不变。这个问题通常是通过使用附加传感器模态连续反馈和校准的方式解决。例如，结合两个双轴加速度计和三个双轴陀螺仪以正确评估侧倾、俯仰和运动的偏航程度，尽可能地修正取向的变化和传感器漂移[11]。类似的传感器融合算法设计用于由三轴加速度计、三轴磁力计和三轴陀螺仪组成的人体穿戴式传感器网络[12]。在惯性传感器的例子中，方向余弦矩阵（direction cosine matrix，DCM）和卡尔曼滤波通常用于校准和纠错，因为它们能够估算系统中的期望值和噪声。上述两个实例都是依靠穿戴式传感器进行估计和校正，但这并不总是可取的，因为传感器穿戴时不会完全无缝且穿在身上显得过于笨重。另外，虽然以卡尔曼滤波或DCM为基础的方法能够跟踪传感器节点方向的改变，但如果位移影响了生物力学观测的特性，这些算法的性能将会急剧下降。

例如，如果一个传感器节点从肘部上方移动到其下方，所观察到的生物力学模型将完全改变，并不能用原来的方法来评估。这个问题可以通过使用一种非穿戴的基础设施来解决。这种方法的一个例子是室内地图绘制应用，其中惯性传感器与超声、光、磁或RF传感器等环境参考传感器相融合[13]。由于结合了很多种类的可用信息，这种方法很有效果。同时，它把一些所需的功率消耗由穿戴式设备移向静态基础设施，功耗将不再是一个大问题。然而，静态基础设施也是实际部署和应用方面一个显著的限制因素，并增加了成本。情境感知数据融合是解决初始问题的另一种方式。情境感知数据融合依赖于在一个特定动作的情况下提取附加信息，而不是直接使用附加的传感器模态作为输入信息（参考文献[14-15]）。

BSN 因为其为平常环境中的受试者提供了相对廉价的收集真实、重要且定量数据的方式，所以深受大家的青睐。此外，传感器节点可以嵌入皮带、鞋或吊坠等常见的穿戴式物品中，供终端用户采用。易于使用的 BSN 节点可以快速部署并收集和处理数据。一个一直没有得到足够研究和关注的问题是如何存储和跟踪收集这些数据。从这些穿戴式系统收集的数据具有较大的医学应用价值。探求并比较 BSN 的观测结果可以发现潜在的疾病如帕金森病[16]。帕金森病是一种神经系统疾病，但是它的许多症状如自发性慢动作（眨眼）、无法完成某些动作、行走平衡功能受损、肌肉僵硬、震颤等严重影响人体行动的情况，可以由穿戴式惯性传感器来帮助观察[17]。穿戴式节点可以监护和检测疾病的发病情况。基于 BSN 的上述特性，我们设想在不久的将来，将会建立 BSN 大数据库。该数据库中的信息可以用来解决数据收集的相关问题，包括减少由于个体的独特运动而产生的错误和偏差。这可以通过提取和比较数据结构来实现。相似的运动本身具有相似的结构，因此可以比较这些信号，但必须注意它们不是完全相同的。这个概念很重要，因为它反映了因个人主体性能差异造成的数据收集伪影和变化，观察结果可能不会完全匹配，但他们还是有可区分的相似结构。

这种方法的真正挑战是在传感器节点上实现所有的逻辑，以避免通信产生的大量功耗。BSN 节点很大程度上受限于内存、处理能力和电池寿命。这意味着并非所有收集到的数据都可以存储在穿戴式设备上，无法进行无限期的无线通信，也无法在设备上处理复杂或耗时的算法。同时，穿戴式设备有可能随着时间的推移产生非常大的数据量。这表明，数据表现方法需要显著降低数据的复杂度，同时保持信号的特性，即信号结构。这项任务因为运动表现中可能出现的错误和不同对象间的多样化而变得更加复杂。这个问题（对于一个应用程序而言）可以通过使用有限的处理和只侧重于识别数据之间独特的结构块和转换来解决。在运动识别的情境中，这种方法可以进一步简化为探测转换信号，以唯一地表征每个运动。为了成功实现这一步，从系统提取的信号中捕捉这种转换特征是至关重要的。虽然其他的系统组件（如通信）冗余是可接受甚至是可取的，但 BSN 的资源和时间限制要求考虑信号特性设置最小化。考虑到这些要求，本章回顾了现有的数据挖掘技术，提出了一种全新的基于人体运动监测应用的 BSN 大数据库的数据挖掘模型。

15.2　基于机器学习的数据挖掘方法

数据挖掘的目标是确定相关对象。一个对象的关联性可以通过一些特征或参数及其和其他对象的相似性来定义。这个任务在一个结构化的索引数据库中是微不足道的。然而，当数据结构特殊时，定义其特点并比较其相似性并不容易。解决这一问题的可行技术大致可以分为两个阶段：第一阶段是信息检索，从可能有噪声的数据中提取给定应用的重要信息；第二阶段是目标总结，从第一阶段提取的相关情境信息中定义感兴趣的特征。第一阶段把信息和具体类型的对象属性相结合。第二阶段试图确定存储和解析第一阶段提取的元数据的最佳方法，以有效挖掘数据并识别相关对象。在观察 BSN 数据挖掘的细节之前，找到一套通常用于数据挖掘的基础机器学习技术是重要的。

15.2.1 数据挖掘技术

基于一组实例的最简单的分类规则称为1R或1-Rule。该方法从采集到的传感器读数中选取一个属性进行分类决策。虽然这是一个非常简单的方法，但对于一些应用非常有效[18]。分类规则描述如下：对于每个可能的属性，系统计算每一类中该属性值出现的频率，并根据出现次数最多的值进行分类。该方法可以基于交叉检验计算所有属性的误差，并选择误差最小的属性。该算法主要有两个问题：第一，它可能无法解释训练集中丢失的值；第二，当一个属性值变动很大时，很容易出现过拟合（或检测和挖掘到不期望的训练数据特异性趋势）。

统计建模是解决上述问题的一个潜在方案。假设各属性相互独立，系统可以选择所有的属性，而不是只选择其中一个。这种方法被称为朴素贝叶斯，当假设成立时效果很好[19]。这种方法有两个主要问题。第一，它假定每个属性是独立的，这在许多实际问题的案例中是不可能的。就这个问题已经进行了广泛的研究[20-21]，作者提出了一种基于实际数据依赖关系的半贝叶斯建模方法，该方法可以修正数据偏差和管理属性权重。第二，它假设属性符合正态分布，这也与很多实际应用不相符。

对于不同属性具有不同范围的问题，分治法是另一种解决方法。通常建立一个树形结构，其中每个节点对应于一个特定的属性[22]。通过这种方式，当某一个属性并不符合整个树的层次时，意味着在同一级别上，不同分支可能会使用不同的属性。这是一个自上而下的方式，在树的每个层次，它寻求最佳属性以分解剩下的数据。这种方法的难点是在树的各层次中选择合适的属性，通常采用信息增益[23]、交互信息[24]等特征选择算法和贝叶斯信息准则（Bayesian information criterion，BIC）[25]等以实用为基础的解决方案。这些方法的缺点由各自的假设确定。例如，信息增益在属性的可能值很少时很有效果，特别适用于二进制属性[26]。由于熵计算的性质，信息增益性能随着可能值的数量的增加而降低。

上述方法对标称属性最有效。然而，该方法也可以推广到数值属性。最简单和相对有效的方法是线性回归，其思想在于将类值表达为属性及各自权重的线性组合[27]。该方法是在训练过程中计算适当权重，并将分类器用于验证数据。虽然这种方法通常很好，但有一个严重的缺点：它假定数据可以用线性的方式建模，这个假设可能不一定有效。这个问题可以用逻辑回归来解决，然后用对数似然最大化来评估[28]。然而，这种方法的一个主要问题是当逻辑回归进行多类应用时，概率总和不是1。

在基于实例的学习中，通过使用距离函数，训练样本本身可以用来评估未知的样本。为达到分类的目的，系统计算一个未知的样本和训练样本之间的距离，并选择距离最短的样本。这类学习的一个简单例子是最邻近（1-nearest-neighbor，1-NN）算法。然而，这种方法如朴素贝叶斯那样认为每个属性是相同的。此外，由于无法很好地表示某一类的异常值，特定分类结果可能受到巨大影响。k-NN算法可以解决部分问题，该算法在k个最近邻中寻找共同点，而不是在训练数据中寻找最近的样本[29]，但k-NN方法非常缓慢。

在没有预先确定分类要求而只进行自然划分时，应使用聚类算法。在聚类过程中，强相似性的样本结合在一起，在检测过程中形成可以作为类的群体。实现聚类有许多方法，但主要目标是把相似的样本聚集到一起，并分离不同的样本。一个最常用的聚类方法称为k-均值[30]。它以训练样本和所需集群数量作为输入组，根据邻近性对样本进行分组。在考虑欧氏距离的情境下，k-均值迭代的方法使每个样本到聚类中心的二次方和距离最小。它一般有两个

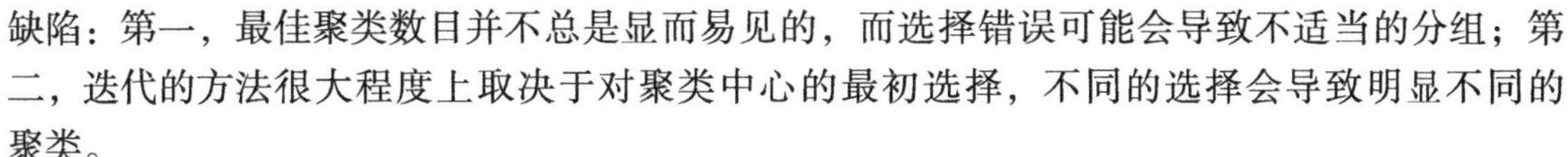

缺陷：第一，最佳聚类数目并不总是显而易见的，而选择错误可能会导致不适当的分组；第二，迭代的方法很大程度上取决于对聚类中心的最初选择，不同的选择会导致明显不同的聚类。

15.2.2　BSN 结构识别

利用 BSN 数据，参考文献［31］研究了表示和识别数据结构的方法。这种方法有一个主要的缺陷：它是基于 Levenstein 距离值（或编辑距离）进行比较和评价的[32]。编辑距离的计算为删除、插入、替换等操作分配了相同的权重。当比较的字符串有相同大小时这不是问题。然而，BSN 可以在不同速度下观察相同的运动，这意味着运动执行的速度可以决定编辑距离的值。可以手动调整 3 个编辑距离运作的权重，这产生了启发式的方法[33]。另一种处理这个问题的方法是将运动记录中的每一个原始长度归一化[34]。虽然这种方法可能在某些特定的应用中起作用，但根据整体运行速度通常很难预测局部运动。识别运动记录中的重要转换和比较基于这些转换的变化是解决这个问题的一个可能方案。在语音处理领域，类似的功能往往是由 *n*-gram 语言模型特征实现，*n*-gram 是长度为 *n* 的子串。该方法作为一种分析密码漏洞的手段由香农第一次提出[35]，现在广泛应用在语音和文字识别的领域。

n-gram 语言模型[36]被证明可以在口语识别中用于结构参数提取[37]。*n*-gram 语言模型可以用来捕捉口语情景下的音素和书面语情景下的语法结构，以识别语音或正文。*n*-gram 语言模型也可以用来分析文本摘要[38]或关于同现统计的翻译质量[36]，同时因为其善于识别主要的结构性差异，也可以用于细微拼写纠错[39]。除了保留相关字串的结构信息，*n*-gram 语言模型可以显著减少需要的信息存储和验证量。该系统可识别重要的转变并提高内存使用率和搜索的执行速度，且不需要存储大量文本。这些语言模型可以通过后缀树更好地系统化[40]，这会增加语言结构的识别速度[41]。事实上，在自然语言处理和其他领域中，后缀树通常被用于索引大量数据。例如在分子生物学领域，DNA 序列可以通过后缀树索引[42]。在参考文献[43]中，作者讨论了一个使用后缀树大量压缩正文文本的高效查询算法。参考文献［44］对后缀树在识别事件序列数据库中的局部模式时的一般有效性进行了讨论。

上述实例 BSN 收集的数据几乎无共通之处。后缀树的方法通常索引一维数据集，而 BSN 通常有一组多维度感知的传感器。结合所有数据的值并用一维单元代表它们似乎可以简单地解决这个问题[31]，但它不能识别感知每一个维度（或传感器中的独立正交传感轴，如加速度计）或观察到如信号改变的速度和幅度变化。文本数据集中的变化是一维的，就像数据本身；BSN 的多维传感器读数并非如此。此外，尚不清楚多维感知中的变化如何在一个一维单元的情景中处理。信号变化的不同组合可能阻碍原始表达合成的结构一致性。经典的数据挖掘技术不适合 BSN 数据，因为其没有捕获信号结构与关系特性的能力，且不能提供压缩数据表示。因此，需要新的数据挖掘方法来解决这些问题。

15.3　BSN 数据挖掘

15.3.1　BSN 系统

在本节中，BSN 系统由一组穿戴在人体上的传感器节点和用于 BSN 数据存储和数据组合挖掘的计算机组成，实现捕捉人体的惯性运动。这种穿戴式节点经无线射频连接到计算机。系统总体概述如图 15-1 所示，系统运作在以下各节详细描述并在第 15.7 节进行小结。

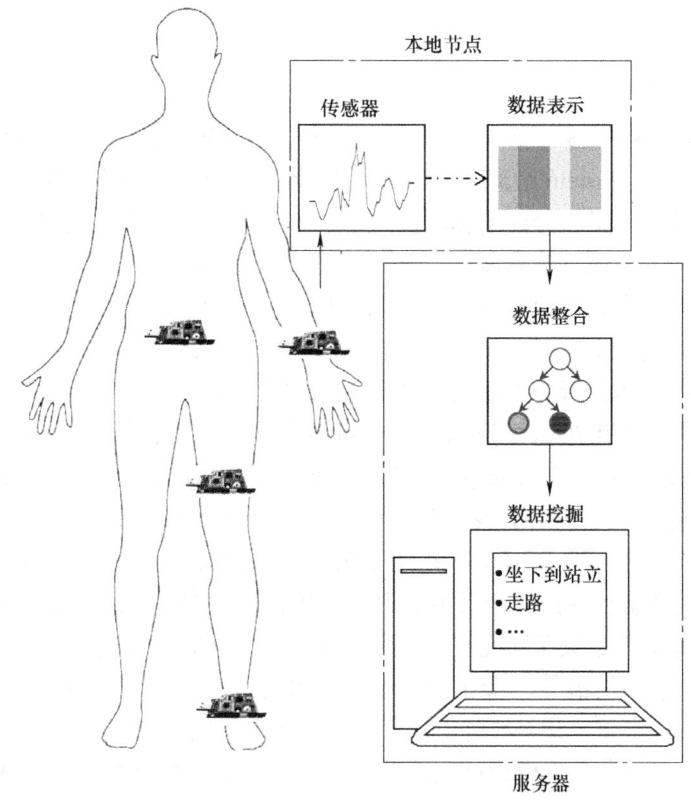

图 15-1　人体传感器网络系统总体概述

15.3.2　穿戴式传感器硬件系统

每个穿戴式传感器有一个三轴加速度计（提供 x、y、z 轴的加速度）和一个两轴陀螺仪（提供 x、y 轴的角速度），采样频率为 50Hz。根据之前对于生理运动检测应用的几项研究，该采样频率可以提供足够的运动分辨率，且已经接受了之前对于生理运动检测应用的几个调查建议[45-46]，并符合奈奎斯特准则[47]。在收集数据之后，每个节点发送数值到基站，所有前端收集到的数据通过 USB 发送至计算机进行进一步处理。

15.3.3　初步应用

在大型 BSN 存储库中，数据挖掘所提出的方法应用于惯性传感器的数据分类。其中，分类是通过挖掘惯性传感器数据库实现的。此外，挖掘方法专为大型数据集设计，目的是提高数据挖掘速度。在这种情况下，数据库由 3 个受试者的 10 个运动组成。实验动作的细节列于表 15-1。每一个受试者重复每个动作 10 次。每个受试者都会在脚踝、腿部、手腕、上臂和腰部穿戴 10 个传感器节点（见图 15-2）。

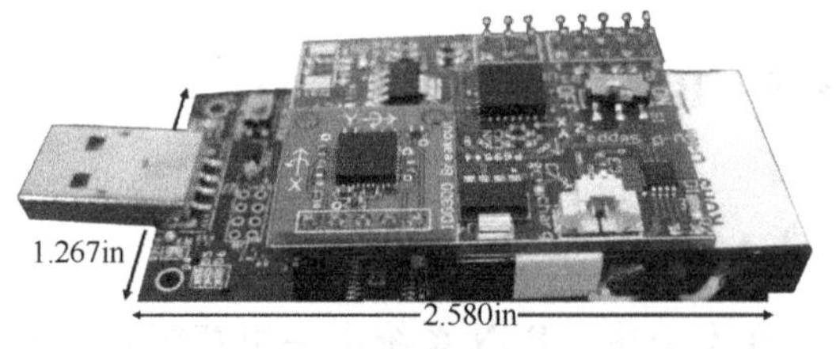

图 15-2　TelosB 传感器节点与传感器电路

表 15-1　受试者实验动作

序　号	动　作
1	站立到坐下
2	坐下到站立
3	坐下到站立到坐下
4	跪下（右腿先跪）
5	逆时针旋转 90°
6	顺时针向后看
7	向前移动（1 步）
8	向左移动（1 步）
9	向右移动（1 步）
10	跳跃

15.3.4　期望解决问题

应用于 BSN 数据库的数据挖掘技术应将原始传感器读数作为输入，在数据库中进行高效计算和搜索，以识别与输入相似的信号。由于数据库潜在容量很大，该方法需要快速且可靠。传感器读数可以看作是系统的观察值。在接收到一个观察值作为输入时，该搜索方法能够识别观察值属于哪一个动作类型，并将其存储在数据库中的适当位置。它能够比较两个动作信号并寻找可能的相似之处。此外，它应该能够识别信号相似的部分以识别异常运动。最后，它需要识别包含特定情况的动作信号（例如，识别所有躯干向前移动的动作）。

15.4　数据处理

身体的运动通常可以看作是一系列很短暂的运动的组合。通过识别运动基本单元捕捉运动结构，包括短时间的运动和它们之间的关系。参考文献［21］中介绍了一种基本的聚类方法，从信号中提取特征并聚类。聚类结果取决于提供的特征。这增加了数据挖掘的灵活性，因为不同的特征集可以从不同的角度表征信号。

15.4.1　基本架构

在应用聚类技术之前，必须确定哪些数据集可以应用聚类方法。处理这个问题的方法之一是将所有轴的感官数据结合来定义基本单元。这种方法不是最合适的，因为当多维数据合并到一维基元时，结合每个传感轴的变化会改变组合基元的结构，如动作的轻微延迟。这种情况下没有改变单独传感轴信号的结构，但由于所有轴的变化是相互独立的，随时间调整可以显著改变组合基元的结构。图 15-3 演示了相同运动的两次试验，一个轴的轻微变化没有改变该轴的信号结构，但改变了最终基元。虽然第二次的试验信号与第一次有相同的结构，但时间与第一次不一致。图 15-3 底部显示了两个独立的记录产生结合的记录。图中突出放大的垂直块对应于第一次试验与第二次试验的结合记录相比没有相关匹配的部分。这表明如果转换与原信号不一致，两次试验中这些信号的时间排列组合可能不一致。惯性数据中的噪声将成为另一个误差源。

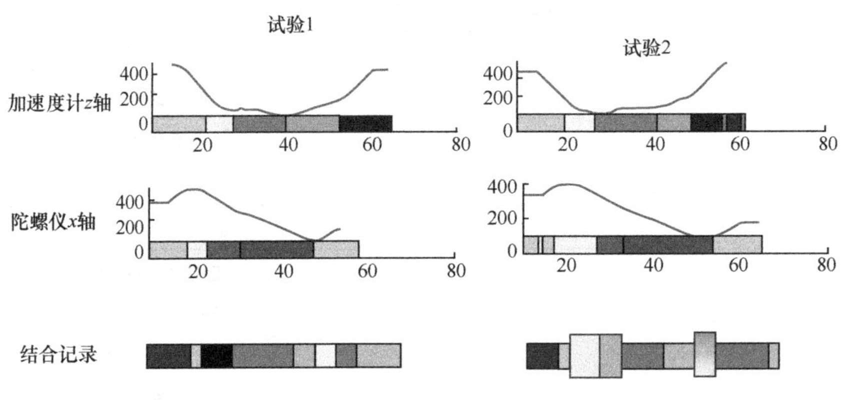

图 15-3　信号时间一致性问题

为了避免校准的问题，可以分开读取每一个传感轴的数据。每个传感轴创建一个基元并将每个传感轴作为一个单独的分类器。这种方法的一个额外的好处是提高了系统的灵活性。该系统不需要在一个实验中使用所有传感轴信息，这意味着它不需要特定的硬件配置。

数据聚类

聚类是将相似的数据分组并区分不同数据的一个非常有效的方法。当尝试聚类 BSN 数据时，聚类方法通常用于从原始信号中提取特征向量。从惯性数据中可以提取多种类型的特征。不同的方法依赖于一阶和二阶导数、信号均值、幅值、方差、标准偏差、峰值检测、形态特征等。理想情况下，确定一个小而简单的特征会产生较好的结果。由此产生的集群能够识别信号的转换，每一个感兴趣的动作具有一个独特的转换子集。一阶和二阶导数足以描述该数据集的结构。系统使用标准分数（或 z 分数）来将特征归一化，以尽量减少对主体间特征差异的影响[48]。总的来说，本章提出的方法独立于特征选择，只需要将选择的特征作为输入信号。

聚类技术包括分层、划分、概念聚类、基于密度等一系列广泛的方法。对于 BSN 数据挖掘主要考虑两种聚类方法。第一种方法为 k-均值聚类[49]。k-均值是一种分层方法，试图把每个点分配到最接近均值的聚类分区或聚类中心。第二种方法是基于高斯混合模型（Gaussian mixture models，GMM）的期望最大化[50]。这两种方法都试图识别数据的自然聚类中心，而非人工选择训练集的聚类中心点。GMM 聚类计算将给定的点分配到每一个独立的类的概率进行分配，使这种分配的可能最大化。两种聚类方法计算都比较简单，并能够在没有任何先验知识的前提下确定数据的聚类中心。两种方法从随机聚类中心开始，在每一轮分配后重新评估。一旦聚类中心在一个预定的阈值范围内，两者的算法假定已经融合到数据的自然聚类中心并返回结果。

在无监督聚类中决定产生最佳结果的一个参数是聚类数 k 的值。为了找到最佳的解决方案，k 从 2 变化到训练集中可观察的最短长度，同时评估 k-均值和 GMM 参数。k-均值基于类轮廓进行决策[51]。根据各类集的紧密度计算得出轮廓，并从其他类中分离出来。对于每一个点 i，轮廓被定义为

$$s(i)=\frac{b(i)-a(i)}{\max(a(i),b(i))} \tag{15-1}$$

式中，$a(i)$ 为 i 类中点 i 到其他所有点的平均距离；$b_j(i)$ 为 j 类中点 i 到其他所有点的平均距离，$b(i)=\min(b_j(i))$，$\forall j$。

轮廓 $s(i)$ 描述数据点 i 与相似数据点混合以及与不同数据点分离的程度。因此，具有 k 个类群以及 d 个训练点的聚类模型质量为

$$Quality(k)=\frac{\sum_{i:1}^{d} s(i)}{d} \tag{15-2}$$

轮廓平均值越大模型越好，所以选择 k 的最优值是找出 $Quality(k)$ 的最大值[51]。

最大期望值法（expectation maximization，EM）用于为 GMM 找到最好的混合参数[52]。平均值和协方差矩阵等混合参数依赖于聚类数 k。一旦选定 GMM 参数，有多种方式来评估聚类质量，如似然对数、Akaike 信息准则（Akaike's information criterion，AIC）[53] 和贝叶斯信息准则（Bayesian information criterion，BIC）[54]。表 15-2 说明了质量估计模型之间的不同，包括 k 类 GMM、估算模型 L 的最大概率和训练集中的 n 个数据点。

表 15-2　采用 EM 对基于 GMM 聚类的质量评估

似然对数	AIC	BIC
$\ln L$	$-\ln L+2*k$	$-\ln L+k*\ln n$

似然对数表示模型的似然性，AIC 和 BIC 试图使系统增加聚类数。BIC 对收集到的惯性数据处理非常严格，导致产生一个非常小的聚类数。所以，选择 AIC 为 GMM 评估工具。

15.4.2　动作记录

每一个动作都可以被描述为一系列基元的组合。当一个未标记的动作需要分类时，系统能从它的每一个数据点提取特征，并基于聚类技术给它们分配动作基元。动作记录的是一系列具有特定字母编号的动作基元。因为 BSN 中不同无线节点的数据没有可比性，所以系统必须确保使用一个独特的编号区分每一个节点。图 15-4 显示了一个产生“从躺着到坐起”运动的样本记录。每一个传感轴使用一个单独的字母，所以即使它们都显示相同的颜色，不同的基元记录也是不相关的。

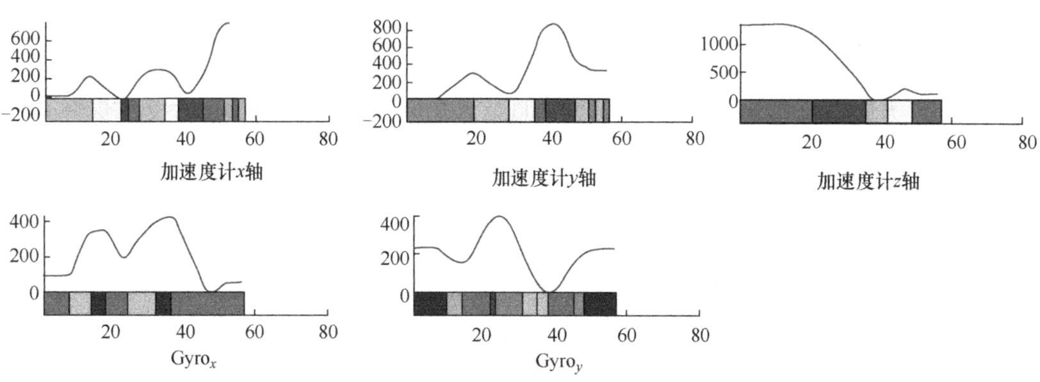

图 15-4　三轴加速度计与两轴陀螺仪记录数据样本

15.5　比较与衡量标准

当 BSN 数据转换为运动记录后，数据挖掘需要一个有效的方法对记录进行分类和搜索。

15.2 节介绍了编辑距离，它是比较字符串的常用方法。然而，编辑距离对输入有噪声和数据的长度有变化时效果不理想。此外，编辑距离的计算很缓慢，时间复杂度为 $O(n^2)$，其中 n 是字符串的长度。虽然它可能是小数据集的一个可接受的解决方案，但对于可能含有百万兆字节的大型数据库，它的速度性能无法胜任。作为替代，BSN 数据挖掘可以使用 n-gram 语言模型追踪运动基本单元中与试验长度线性相关的转变。n-gram 语言模型的目标是确定字符串记录中运动基本单元之间常见的重要转换。然而，表示重要转变的 n-gram 语言模型的识别任务并不简单，因为可以提取重叠的 n-gram 语言模型来提高识别的质量。这意味着可能从任意给定记录中选择大量的 n-gram 语言模型。

n-gram 语言模型选择

这个操作的目的是确定少量 n-gram 语言模型，可以唯一表征感兴趣的运动特征并提供从数据库中区分其他运动的方式。有多种方式从训练数据中提取合适的 n-gram 语言模型。信息增益（information gain，IG）已被证明在自然语言处理领域是有效的[55]。当每个评估特征有较大范围的数值时，IG 的计算变得更加复杂且不那么有效。然而，在我们的实验中，每个 n-gram 语言模型有两个可能的值。一个特定的 n-gram 语言模型可以在运动试验中赋“1”值，或可以作为缺省赋“0”值。虽然 IG 对所描述的数据集有效，但该方法不依赖于这个特定的 n-gram 语言模型选择技术，可以根据用户的特定需求进行修改。

在对特征进行分析后，IG 可以通过跟踪熵的变化评估特征的有效性。特征 f 对于动作集 m 的 IG 定义是

$$Gain(m,f)=H(m)-H(m|f) \tag{15-3}$$

式中，$H(m)$ 定义了运动集的熵；$H(m|f)$ 定义了相对于特征 f 的运动集条件熵。这里使用了一个稍加修改的方法，因为当系统寻找目标运动时，其他所有的运动都可以用同样的方式处理。一个特征可能善于识别某一个动作而无法区分其他动作之间的区别。这个特征会有相对较差的 IG，但如果 IG 是相对于每个运动而计算的，则合适的特征可以用于识别某一个特定的动作。实际上，这意味着相对于一个特定的运动 m_i 计算特征的 IG 时，运动组被分为两个子集，$\{m_i\}$ 和 $\{$非 $m_i\}$ 或 $\{m-m_i\}$。这种情况下，对于每一个 m_i，$H(m_i|f)$ 的值不同，需要分别计算。此意味着 IG 重新定义为

$$Gain(m_i,f)=H(m_i)-H(m_i|f) \tag{15-4}$$

式中，$H(m_i)$ 为集合 m 包含运动 m_i 的预期信息值；$H(m_i|f)$ 为条件熵，定义了集合 m 包含特征 f 和运动 m_i 的预期信息值。

一旦所有 n-gram 语言模型为每个动作分配了 IG，就可以排序 IG 列表来选择 IG 最好的 t n-gram 语言模型。这是一个非常简单的方法，因为它不考虑特征之间的相关性，这意味着一些功能是多余的。然而，即便这个方法比较简单，也可以产生良好的结果[56]。IG 的性能受到运动或特定类型信号变化的影响。例如，如果主体以一个相同的方式进行运动，这个方式不同于其他类别，IG 会选择特定类型的转变作为整个运动的特征。现实中的这些转变不会从其他类别中观察到，这代表着过度拟合。过度拟合的问题可以通过在 IG 确定之前，删去在训练试验中没有出现足够次数的 n-gram 语言模型来解决。这一步需要选择一个能够创建足够集群数的聚类技术。如果基本单元数较少，仅仅选择出现最频繁的 n-gram 语言模型，在 IG 确定之前可能会导致几乎每一个动作都选择了相同的 n-gram 语言模型子集。

15.6 分类器

当 *n*-gram 语言模型选定后，需要一种对快速运动分类和搜索的方法。这种方法不应该依赖于完整的数据结构知识，而是能基于局部信息独立完成分类和搜索。这些属性表现在后缀树中[57]；更具体地说，我们使用了 Patricia 树。Patricia 树用于表示字符串集，它把字符串集拆分成子串，并分配子串到边缘。这个想法很自然地与子串 *n*-gram 语言模型相匹配。一旦每个动作都分配了 *n*-gram 语言模型，它们将被结合并分配到 Patricia 树的边缘。所有从根节点到叶节点的路径对应所有可能排列的 *n*-gram 语言模型集。这种想法如图 15-5 所示，其为由 6 个动作组成的简单 Patricia 树。路径 BBB、AEE 和 EBB 对应“坐下到站立”的动作。

当 Patricia 树创建后，它的每一片叶子对应于一个动作的子集。在测试过程中，测试试验的 *n*-gram 语言模型用于遍历树并返回相应的动作集。结果可能是一个空集，也可能包含一个或多个动作。如果没有足够 *n*-gram 语言模型遍历树的每一片叶子，算法返回遍历终止时以该节点为根的子树的所有叶节点，并分配所有动作。例如，在图 15-5 中，如果遍历终止在节点 2，则集合｛坐下到站立，站立到坐下，坐下到躺下到坐起，弯曲和抓握｝作为输出答案。如果遍历终止在节点 5，只有集合｛坐下到躺下到坐起，弯曲和抓握｝被输出。最后，如果遍历终止在一个叶节点，如节点 1，那么系统只把后退一步的集合作为输出。

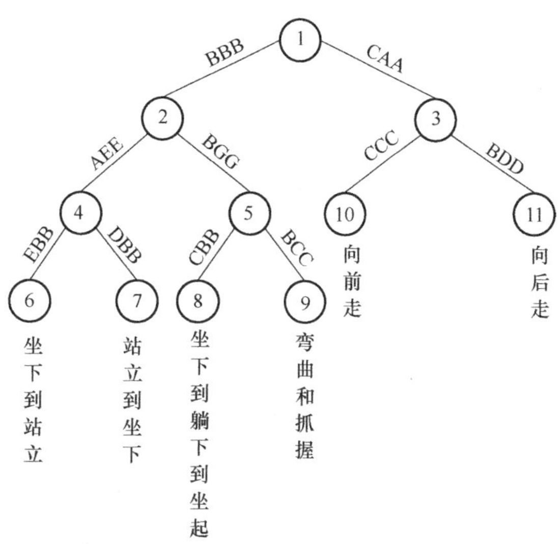

图 15-5 包含 6 个动作的 Patricia 树

15.7 数据挖掘模型

基于前面定义的结构，提出了一种 BSN 数据挖掘方法。该方法有两个不同的部分：训练和查询处理。

15.7.1 训练

在训练的执行阶段，系统可以获取查询处理过程中使用的参数。选择一部分可用的训练试验数据开始训练。然后从试验的每一个传感轴提取一阶和二阶导数。为了消除同一动作交互主体的变化，根据每一类型使用标准分数（或 *z*-分数）使特征标准化[48]。然后如 15.4.1 节所述，归一化的特征用来定义数据集群。一旦定义了数据集群，从每次训练的数据点中提取基本单元，并联合定义运动记录，如 15.4.2 节所述。下一步从训练样本生成的每一个记录中提取 *n*-gram 语言模型。因为 *n*-gram 语言模型的数量非常多，系统根据 15.5 节所述的 IG 选择少量 *t* *n*-gram 语言模型。最后，如 15.6 节所述，根据边缘选定的 *n*-gram 语言模型和树叶上的动作类别构建 Patricia 树。整个过程如图 15-6 所示。训练过程中定义的参数包括每个传感轴的数据集群、根据 IG 标准选择的 *n*-gram 语言模型和 Patricia 分类树。集群由聚类中心的坐标表示，根据每个传感轴的每个微小动作选择重要特征并结合和存储。

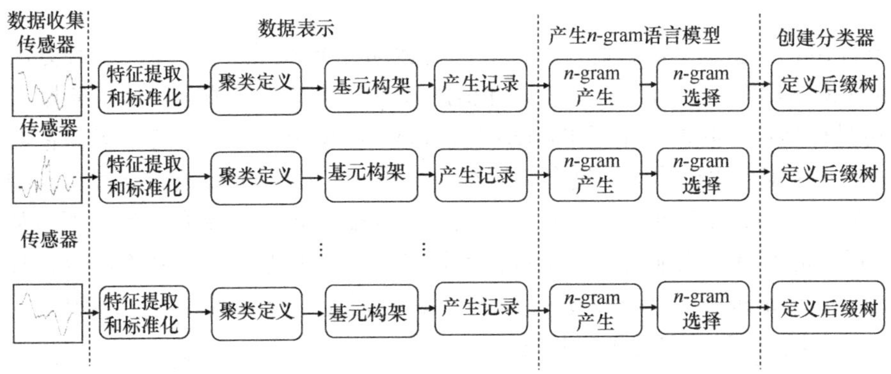

图 15-6　系统训练流程

15.7.2　查询处理

当系统需要搜索一个查询或运动时，它以传感器读数的形式接收输入。从每个传感轴的传感器读数中提取一阶和二阶导数。基于系统训练过程中定义的特征和集群，每个训练数据点标记一个基元。基元与运动记录时间一致性相结合。系统遍历试验记录并验证它是否包含训练中选择的重要 *n*-gram 语言模型。利用这些信息，系统遍历在训练期间由该传感轴定义的 Patricia 树，并返回遍历终止时叶节点对应的动作集。如果遍历终止节点 p 不是叶节点，算法返回以节点 p 为根的子树的叶节点所对应的所有运动。系统可以避免引入某个轴上两个不同的运动由同一信号表示而带来的偏差。由于这些操作都是由单个传感轴定义，需要一种结合本地决策方法。用一个简单的投票方案可以很好地表示这个数据集的情境。这种方法可以通过把每一个传感轴作为一个单独的分类器来提高效果。为了确定最终的决策，每一个独立的分类器可以和一个智能算法如 AdaBoost 算法相结合[58]。查询处理流程如图 15-7 所示。

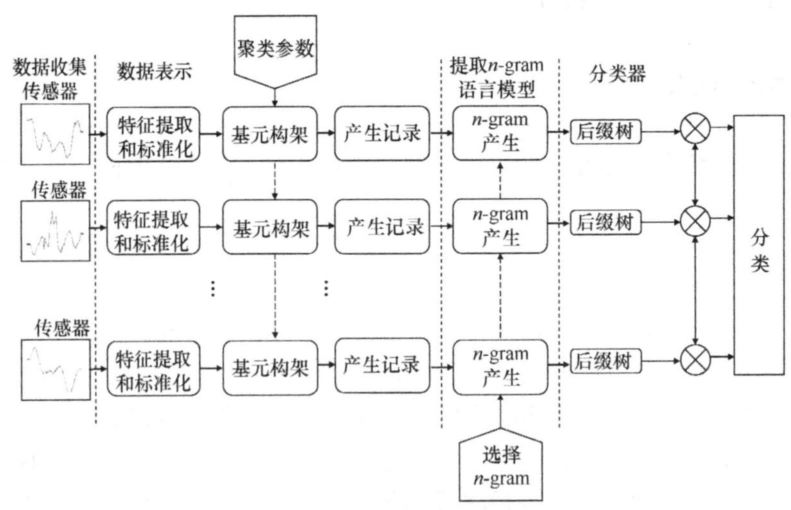

图 15-7　查询处理流程

由于系统最初单独处理每个传感轴，查询可能只对系统中某一个子轴可用。这可能对一个不能提供给所有用户的特定传感器是有用的。例如，一个用户可以使用一个三维陀螺仪，

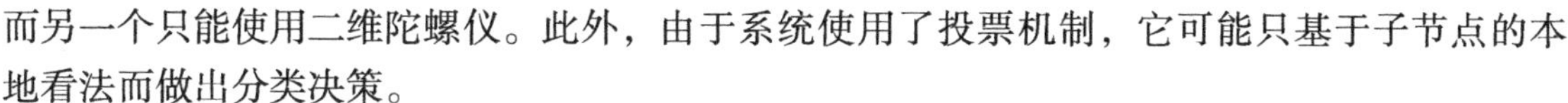

而另一个只能使用二维陀螺仪。此外，由于系统使用了投票机制，它可能只基于子节点的本地看法而做出分类决策。

15.8　实验结果

为了验证所提出的数据挖掘方法的性能，将其应用在 15.3.3 节讨论的试点中。验证步骤分为两个阶段。第一阶段包括在数据库中定位正确位置，用于存储一个未知试验的信号。为了实现这一目标，可用的数据被分成相等的两个集合。一半数据用于训练系统，另一半数据验证分类精度。第二阶段是创建一个有代表性的信号模板，搜索整个数据库中与该模板一致的试验数据。

最初的数据挖掘算法是对整个数据集进行训练。在训练过程中，算法选择特定于每一个动作的 n-gram 语言模型或模板。该模板接下来用于在整个数据库中搜索相关试验。当评价分类结果时，使用 k-均值聚类方法和 GMM 聚类方法进行分类结果比较。该方法的精度取决于 n-gram 语言模型的长度 n 和选择的特征数量 t。最后，由 n 和 t 权衡精度。对于第二部分的分析，评估数据库中模板出现的平均频率。在单独试验情境下考虑计算模板。如果一次试验中给定模型含有足够的 n-gram 语言模型，它将代表该运动。否则，此次试验无效。每个运动模板都将进行试验分类精度报告。

15.8.1　k-均值与 GMM

由 k-均值与 GMM 聚类产生的运动记录用于比较 3-gram 的两种聚类方法。其一是从每一个传感轴选择的 1~6 个 3-gram 语言模型，见表 15-3。其二是从每一个传感轴选择的一个 1-6 gram 语言模型，见表 15-4。两个表格都表明了 t 或 n 的增大会提高两种方法的精确率与查全率，直到达到过拟合点。相对于不同的 n 和 k，GMM 方法明显优于 k-均值方法，因此 GMM 是实例应用的一个更好的候选方法。

表 15-3　k-均值与 GMM 一个 3~7 gram 语言模型平均特性对比

n	GMM		k-均值	
	精确率	查全率	精确率	查全率
3	0.93	0.98	0.75	0.86
4	0.99	1.00	0.76	0.84
5	0.99	1.00	0.83	0.89
6	1.00	1.00	0.89	0.93
7	0.95	0.99	0.91	0.93

表 15-4　k-均值与 GMM 1~6 个 3-gram 语言模型平均特性对比

n	GMM		k-均值	
	精确率	查全率	精确率	查全率
1	0.93	0.97	0.75	0.86
2	0.96	0.98	0.88	0.94
3	0.96	0.98	0.89	0.95

（续）

n	GMM		k-均值	
	精确率	查全率	精确率	查全率
4	0.95	0.96	0.90	0.94
5	0.94	0.96	0.91	0.96
6	0.94	0.96	0.85	0.92

15.8.2 分类精度

为了评估分类精度，通过使用GMM 聚类模型评估 $n=3$ 的 n-gram 语言模型和特征数 $t=\{1,2,\cdots,5\}$ 来验证运动分类的精确率和查全率。该数据集的一半用于系统训练，另一半用来测试。分类的结果见表 15-5。该表中的 F-分数定义为 $2PR/(P+R)$，其中 P 是分类精确率，R 是分类查全率。该表证明添加更多的 n-gram 语言模型将提高平均精确率和查全率，直到达到过度拟合点。注意当选择一个额外的特征时，动作的个体值有时会减少。这是由于数据集含有大量的噪声，而当 n-gram 语言模型提高总体分类精度时，它可能会混淆一些试验出现的噪声和不重要的过渡分类。表 15-5 显示每个传感轴提取的 n-gram 语言模型个数，所以通过传感器节点提取的 n-gram 语言模型总数应该乘以 5。然而即使如此，对考虑的特征数量来说，分类精度相当高。

表 15-5 选择特征数与分类精确率

动　作	每个传感轴的特征				
	$t=1$	$t=2$	$t=3$	$t=4$	$t=5$
站立到坐下	1.000	1.000	0.958	0.958	0.857
坐下到站立	1.000	1.000	0.958	0.958	0.925
坐下到站立到坐下	1.000	1.000	1.000	1.000	0.958
跪下（右腿先跪）	0.800	0.857	0.907	0.907	0.958
逆时针旋转 90°	0.925	1.000	0.958	0.958	0.958
顺时针向后看	0.958	0.925	1.000	0.958	0.958
向前移动	1.000	1.000	1.000	1.000	1.000
向左移动	0.958	1.000	1.000	1.000	1.000
向右移动	0.857	0.868	0.907	0.830	0.868
跳跃	1.000	1.000	1.000	1.000	1.000
平均	0.950	0.965	0.969	0.957	0.958

15.8.3 参数权衡

在所提出的数据挖掘方法中，分类精度取决于两个参数：子串长度 n 和分类选择的语言模型数 t。随着 t 的增加，在没有达到过拟合前精度也随之增加。在达到过拟合之后，该方法的精度将不再因额外的特征而改善。很显然，n 值大本质上能够捕捉到更多的结构信息。然而，当移动窗口用于 n-gram 语言模型提取时，一个简单的错误基元比更多的语言模型（即更大的 n 值）影响更严重，相当于更早地出现过拟合。当 n 值较大时，算法有望更快地收敛到最佳精度，但它也意味着过度拟合会发生得更快。表 15-6 显示精度 F-分数与 n 值不同的语言模型数 t。

表 15-6　精确率与 n-gram 语言模型大小和数量的相关性

n	每个传感轴的特征				
	$t=1$	$t=2$	$t=3$	$t=4$	$t=5$
3	0.95	0.97	0.97	0.96	0.95
5	1.00	0.97	0.97	0.99	0.98
7	0.99	0.99	0.99	0.98	1.00
9	0.98	0.97	0.97	0.97	0.96

从表 15-6 中可以明显看出在过拟合前 n 值越大越好，即应根据原始信号中的预计噪声确定 n 值。当噪声量较低时，更高的 n 值会有更好的效果；当噪声量较大时，较低的 n 值将使过度拟合的风险降低，这是更安全的解决方案。在这个例子中，从 $n=3$ 到 $n=5$ 精确率提高，从 $n=5$ 到 $n=7$ 相对平稳，最后当 $n=9$ 时性能降低。事实上，也要考虑更大的 n 值需要花费更多的时间在训练中定位。该系统可以评估在训练过程中的多种可能性并产生曲线，根据精度和速度的权衡来确定最佳操作点。

15.8.4　运动模板评估

基于 15.8.3 节中所选取的参数，T_i 定义为动作 M_i 训练处理中，从每一个传感轴选择的 3-gram 语言模型结合集。整个数据集用于训练模板。一旦训练完成并生成模板，将对每个 T_i 的平均质量指标进行评估，通过检查 n-gram 语言模型中每次实验的每个动作出现 T_i 的频率来完成。直观地说，在 M_i 中 T_i 语言模型出现的次数应该比在其他模板动作出现的次数更多，因此更有效。表 15-7 显示了每个模板大小标准化的评估结果，其中 51%的 T_1 出现在试验 M_1 中，而只有 36%的 T_1 出现在试验 M_2 中。

表 15-7　标准化样本大小的平均模板评估

T_i	出现频率									
	M_1	M_2	M_3	M_4	M_5	M_6	M_7	M_8	M_9	M_{10}
T_1	0.51	0.36	0.40	0.37	0.32	0.29	0.37	0.35	0.34	0.22
T_2	0.33	0.49	0.34	0.37	0.33	0.27	0.42	0.38	0.41	0.29
T_3	0.39	0.41	0.54	0.42	0.30	0.29	0.37	0.34	0.36	0.33
T_4	0.22	0.23	0.27	0.57	0.37	0.21	0.37	0.31	0.36	0.27
T_5	0.25	0.28	0.24	0.36	0.55	0.28	0.35	0.37	0.40	0.31
T_6	0.42	0.40	0.40	0.44	0.46	0.56	0.46	0.46	0.47	0.26
T_7	0.23	0.25	0.21	0.40	0.35	0.24	0.66	0.42	0.50	0.26
T_8	0.31	0.30	0.25	0.33	0.33	0.26	0.43	0.61	0.40	0.23
T_9	0.27	0.27	0.23	0.39	0.35	0.26	0.48	0.41	0.59	0.25
T_{10}	0.23	0.25	0.23	0.27	0.24	0.18	0.26	0.26	0.27	0.57

根据表 15-7 可以得出两个结论。首先，T_i 的 n-gram 语言模型明显比在 M_i 中出现得更多。这个结论与一个好的模板预期一致。虽然该 T_i n-gram 语言模型出现的频率比在各自的 M_i 平均多 10%，但它们还出现在很多其他动作试验中且次数相当多。这些结果表明，需要在每一个试验的基础上进行更仔细的观察，从而评估模板质量。解决这个问题的直观方法是搜索整个模板试验。然而，在现实中系统试验含有噪声，这个解决方案是不现实的，因为许多试验不可能是完美的。表 15-7 证实了这一点：每个 T_i 的最高平均值接近 50%而不是 100%。这个问题通过引入一个变量 α 解决，根据在试验中出现的需要被分到 M_i 的 T_i，它定义了 n-gram 语言模型数量的比例。如果 α 值太低，一些试验很可能被错误地识别为 M_i，增加了假阳性的比例并降低了模板的精确率。如果 α 值太高，M_i 的一些试验将不被识别，增加了假阴性的比例并降低模板的查全率。此外，较低的 α 值可以加快计算速度，可以用在数据库中含有大量潜在运动的问题中。为了实现精确率和查全率之间的平衡，并促进更快的数据挖掘，α 取 0.5。50%的值由表 15-7 显示，从与模板相关的 T_i 标识运动 M_i，平均存在超过 50%的语言模型。表 15-8 显示了每个模板 T_i 被识别为 M_i 动作的标准化试验数，例如模板 T_1 选择 87%的试验属于 M_1。

表 15-8　每个动作的试验数量与标准化独立试验模板评估

T_i	α									
	M_1	M_2	M_3	M_4	M_5	M_6	M_7	M_8	M_9	M_{10}
T_1	0.48	0	0	0	0	0	0	0	0	0
T_2	0	0.41	0	0	0	0	0	0	0	0
T_3	0	0	0.78	0.03	0	0	0	0	0	0
T_4	0	0	0	0.96	0	0	0	0	0	0
T_5	0	0	0	0	0.93	0	0	0	0	0
T_6	0	0	0	0.18	0.18	0.89	0.14	0.14	0.22	0
T_7	0	0	0	0.03	0	0	1	0	0.44	0
T_8	0	0	0	0	0	0	0.07	0.96	0	0
T_9	0	0	0	0	0	0	0.22	0	1	0
T_{10}	0	0	0	0	0	0	0	0	0	0.96

当 $\alpha=0.5$ 时，每一个 T_i 基本上正确定义了自身运动比任何其他运动更多的试验。这个较低的 α 值也增加了 50%的搜索速度，因为只有 50%的试验在模板需要被定位。然而，在某些模板中观察到较高的假阳性和假阴性误差，这表明静态 α 值是不合适的。模板的 T_1 和 T_2 在确定各自运动的试验中效果良好。然而，不到一半的适当试验是确定的，这表明 $\alpha=0.5$ 对这些模板来说还是较大。同时，T_6 和 T_7 对于各自的运动有更好的识别速率，但它们验证其他运动的试验是错误的，这表明对这些模板而言 $\alpha=0.5$ 太低。基于训练集为每个模板定义特定的动态的 α_i 值可以减少系统错误数量。

15.9　总结与展望

本章介绍了一种用于穿戴式传感器获取运动数据库的数据挖掘方法，能够捕捉观察到的动作结构属性。该挖掘算法具有简化大型数据库部署和管理的潜力，因为其无须对样本进行逐个训练。本章表明该方法已经在初步测试中拥有合适的性能，并探索获得最佳分类结果所提取的 *n*-gram 语言模型长度和所需特征数之间的权衡。虽然结果是令人鼓舞的，但仍有两方面可以继续改进。首先，对数据挖掘算法各部件的性能需要详细分析，可以修改实现细节以提高性能和降低计算复杂度。其次，为了对类似运动进行分组，该方法依赖于使用类似的传感器配置。

在实际应用中，即使一个很小的扰动可能导致 MEMS 惯性传感器输出发生变化。此外，在长时间的传感器部署中，传感器可能发生松动或错位。先进的数据挖掘技术可以帮助识别轻微的方向变化或位移；然而，变化可能随时间推移而变得更显著，对于一个给定对象的数据可能会变得与库中的原始数据不一致。解决这个问题有两个可能的方向。所提出的数据挖掘方法需要根据传感器位移进行评估。这一步将回答“多少位移算太多?”的问题，这将是跟踪和补偿传感器位置和方向角的基础。不额外增加感官角度跟踪传感器位移是具有挑战性的，因为目前所有的传感器收集数据考虑的是本地参考框架。额外的信息可以从补充设备中提取，例如照相机或其他类型的穿戴式传感器。这些设备可以用来跟踪变化的方向，并开发一种智能算法不断校准运动传感器。例如，当每一个用户通过时，在家里可以用一个摄像头来校准运动传感器。这些周期性校准保证系统性能的一致性。

本章介绍的初步应用以基于穿戴式惯性传感器为例介绍了所提出的挖掘方法。同样的方法也适用于其他类型的穿戴式传感器，例如心电或 GSR 传感器可以以类似的方式进行分析。读者需要按照本章所述的概念和步骤进行操作。首先，从原始传感器信号中提取特征，用于突出数据的结构特性。然后，利用提取的特征创建信号记录。最后，用信号记录作为输入执行该数据挖掘方法。需要注意的是，一些其他的应用可能有在本章未考虑到的限制。

参考文献

[1] B. Lo, J. Wang, G. Yang, From imaging networks to behavior profiling: ubiquitous sensing for managed homecare of the elderly, in: Adjunct Proceedings of the 3rd International Conference on Pervasive Computing, 2005.

[2] A. Volmer, N. Kruger, R. Orglmeister, Posture and Motion Detection Using Acceleration Data for Context Aware Sensing in Personal Healthcare Systems, in: World Congress on Medical Physics and Biomedical Engineering, September 7–12, 2009, Munich, Germany. Springer, 2009, pp. 71–74.

[3] D. Brunelli, E. Farella, L. Rocchi, M. Dozza, L. Chiari, L. Benini, Bio-feedback system for rehabilitation based on a wireless body area network, March 2006, pp. 5, pp. 531–536.

[4] M. Lapinski, E. Berkson, T. Gill, M. Reinold, J. Paradiso, A Distributed Wearable, Wireless Sensor System for Evaluating Professional Baseball Pitchers and Batters, in: 2009 International Symposium on Wearable Computers. IEEE, 2009, pp. 131–138.

[5] B. Lo, L. Atallah, O. Aziz, M. El ElHew, A. Darzi, G.-Z. Yang, Real-time pervasive monitoring for postoperative care, in: 4th International Workshop on Wearable and Implantable Body Sensor Networks (BSN 2007). Springer, 2007, pp. 122–127.

[6] O. Amft, H. Junker, G. Troster, Detection of eating and drinking arm gestures using inertial body-worn sensors, in: Wearable Computers, 2005. Proceedings. Ninth IEEE International Symposium on. IEEE, 2005, pp. 160–163.

[7] N. Xiong, P. Svensson, Multi-sensor management for information fusion: issues and approaches, Inf. Fusion 3 (2) (2002) 163–186.

[8] D.E. Penny, The automatic management of multi-sensor systems, in: Proceedings of the International Conference on Information Fusion, 1998, pp. 748–755.

[9] W.K. Krebs, J.S. McCarley, T. Kozek, G. Miller, M.J. Sinai, F. Werblin, An evaluation of a sensor fusion system to improve drivers' nighttime detection of road hazards, in: Proceedings of the Human Factors and Ergonomics Society Annual Meeting, vol. 43, no. 23. SAGE Publications, 1999, pp. 1333–1337.

[10] M.A. Perillo, W.B. Heinzelman, Optimal sensor management under energy and reliability constraints, in: Wireless Communications and Networking, 2003. WCNC 2003. 2003 IEEE, vol. 3. IEEE, 2003, pp. 1621–1626.

[11] J. Vaganay, M.-J. Aldon, A. Fournier, Mobile robot attitude estimation by fusion of inertial data, in: Robotics and Automation, 1993. Proceedings., 1993 IEEE International Conference on. IEEE, 1993, pp. 277–282.

[12] K.Y. Lim, F.Y.K. Goh, W. Dong, K.D. Nguyen, I.-M. Chen, S.H. Yeo, et al., A wearable, self-calibrating, wireless sensor network for body motion processing, in: Robotics and Automation, 2008. ICRA 2008. IEEE International Conference on. IEEE, 2008, pp. 1017–1022.

[13] E.M. Foxlin, Generalized architecture for simultaneous localization, auto-calibration, and map-building, in: Intelligent Robots and Systems, 2002. IEEE/RSJ International Conference on, vol. 1. IEEE, 2002, pp. 527–533.

[14] A. Padovitz, S.W. Loke, A. Zaslavsky, B. Burg, C. Bartolini, An approach to data fusion for context awareness, Modeling and Using Context, Springer, 2005, pp. 353–367.

[15] M. Nakamura, J. Nakamura, G. Lopez, M. Shuzo, I. Yamada, Collaborative processing of wearable and ambient sensor system for blood pressure monitoring, Sensors 11 (7) (2011) 6760–6770.

[16] V. Shnayder, B. Chen, K. Lorincz, T. Fulford-Jones, M. Welsh, Sensor networks for medical care, in: SenSys 05: Proceedings of the 3rd international conference on Embedded networked sensor systems. Citeseer, 2005, pp. 314–314.

[17] D. Gelb, E. Oliver, S. Gilman, Diagnostic criteria for Parkinson disease, Arch. Neurol. 56 (1) (1999) 33–39.

[18] I. Witten, E. Frank, Data Mining: Practical Machine Learning Tools and Techniques, Morgan Kaufmann Pub, 2005.

[19] E. Frank, M. Hall, B. Pfahringer, U. of Waikato. Dept. of Computer Science, Locally weighted naive Bayes. Citeseer, 2003.

[20] D. Lewis, Naive (bayes) at forty: The independence assumption in information retrieval, Machine Learning: ECML-98, pp. 4–15, 1998.

[21] I. Kononenko, Semi-naïve Bayesian classifier, Machine LearningEWSL-91, Springer, 1991, pp. 206–219.

[22] J. Quinlan, Induction of decision trees, Mach. Learn. 1 (1) (1986) 81–106.

[23] J. Kent, Information gain and a general measure of correlation, Biometrika 70 (1) (1983) 163–173.

[24] I. Sethi, G. Sarvarayudu, Hierarchical classifier design using mutual information, Pattern Analysis and Machine Intelligence, IEEE Transactions on, no. 4, 1982, pp. 441–445.

[25] W. Chou, W. Reichl, Decision tree state tying based on penalized Bayesian information criterion, in icassp. IEEE, 1999, pp. 345–348.

[26] M. Rogati, Y. Yang, High-performing feature selection for text classification, Proceedings of the Eleventh International Conference on Information and Knowledge Management, ACM, 2002, pp. 659–661.

[27] I. Naseem, R. Togneri, M. Bennamoun, Linear regression for face recognition, IEEE transactions on pattern analysis and machine intelligence, 2010, pp. 2106–2112.

[28] A. Genkin, D. Lewis, D. Madigan, Large-scale bayesian logistic regression for text categorization, Technometrics 49 (3) (2007) 291–304.

[29] S. Rasheed, D. Stashuk, M. Kamel, Adaptive fuzzy k-nn classifier for emg signal decomposition, Med. Eng. Phys. 28 (7) (2006) 694–709.

[30] J. Hartigan, M. Wong, A *k*-means clustering algorithm, J. R. Stat. Soc. C 28 (1) (1979) 100–108.

[31] H. Ghasemzadeh, V. Loseu, R. Jafari, Collaborative signal processing for action recognition in body sensor networks: a distributed classification algorithm using motion transcripts, Proceedings of the 9th ACM/IEEE International Conference on Information Processing in Sensor Networks, ACM, 2010, pp. 244–255.

[32] V. Levenshteiti, Binary codes capable of correcting deletions, insertions, and reversals, Soviet Physics-Doklady 10 (8) (1966).

[33] S. Kurtz, Approximate string searching under weighted edit distance, in: Proc. of Third South American Workshop on String Processing. Citeseer, 1996, pp. 156–170.

[34] A. Marzal, E. Vidal, Computation of normalized edit distance and applications, IEEE Trans. Pattern Anal. Mach. Intell. (1993) 926–932.

[35] C. Shannon, Communication theory of secrecy systems, MD Comput. 15 (1) (1998) 57–64.

[36] G. Doddington, Automatic evaluation of machine translation quality using *n*-gram co-occurrence statistics, Proceedings of the Second International Conference on Human Language Technology Research, Morgan Kaufmann Publishers Inc., 2002. p. 145.

[37] A. Adami, H. Hermansky, Segmentation of speech for speaker and language recognition, in: Eighth European Conference on Speech Communication and Technology, 2003.

[38] C. Lin, E. Hovy, Automatic evaluation of summaries using *n*-gram co-occurrence statistics, in: Proceedings of hlt-naacl, vol. 2003, 2003.

[39] K. Kukich, Techniques for automatically correcting words in text, ACM Comput. Surv. (CSUR) 24 (4) (1992) 439.

[40] U. Manber, G. Myers, Suffix arrays: a new method for online string searches, Proceedings of the First Annual ACM-SIAM Symposium on Discrete Algorithms, Society for Industrial and Applied Mathematics, 1990, pp. 319–327.

[41] F. Pereira, Y. Singer, N. Tishby, Beyond word n-grams, in: Proceedings of the Third Workshop on Very Large Corpora, 1995, pp. 95–106.

[42] S. Burkhardt, A. Crauser, P. Ferragina, H. Lenhof, E. Rivals, M. Vingron, Q-gram based database searching using a suffix array (QUASAR), Proceedings of the Third Annual International Conference on Computational Molecular Biology, ACM, 1999. p. 83.

[43] K. Sadakane, Compressed text databases with efficient query algorithms based on the compressed suffix array, Algorithms Comput. 295–321.

[44] X. Jin, L. Wang, Y. Lu, C. Shi, Indexing and mining of the local patterns in sequence database, Intell. Data Eng. Automated Learn. IDEAL (2002) 39–52.

[45] N. Ravi, N. Dandekar, P. Mysore, M. Littman, Activity recognition from accelerometer data, in: Proceedings of the National Conference on Artificial Intelligence, vol. 20, no. 3, 2005, p. 1541.

[46] R. Mayagoitia, A. Nene, P. Veltink, Accelerometer and rate gyroscope measurement of kinematics: an inexpensive alternative to optical motion analysis systems, J. Biomech. 35 (4) (2002) 537–542.

[47] N. Stergiou, Innovative Analyses of Human Movement, Human Kinetics Publishers, 2004.

[48] G. Milligan, M. Cooper, A study of standardization of variables in cluster analysis, J. Classif. 5 (2) (1988) 181–204.

[49] J. MacQueen, et al., Some methods for classification and analysis of multivariate observations, in: Proceedings of the Fifth Berkeley Symposium on Mathematical Statistics and Probability, vol. 1, no. 281–297. California, USA, 1967, p. 14.

[50] H. Friedman, J. Rubin, On some invariant criteria for grouping data, J. Am. Stat. Assoc. (1967) 1159–1178.

[51] P. Rousseeuw, Silhouettes: a graphical aid to the interpretation and validation of cluster analysis, J. Comput. Appl. Math. 20 (1987) 53–65.

[52] G. McLachlan, T. Krishnan, The EM Algorithm and Extensions, Wiley, New York, 1997.

[53] K. Yamaoka, T. Nakagawa, T. Uno, Application of Akaike's information criterion (AIC) in the evaluation of linear pharmacokinetic equations, J. Pharmacokinet. Pharmacodyn. 6 (2) (1978) 165–175.

[54] G. Schwarz, Estimating the dimension of a model, Ann. Stat. (1978) 461–464.

[55] Y. Zhang, S. Vogel, Measuring confidence intervals for the machine translation evaluation metrics, Proceedings of TMI, vol. 2004, pp. 85–94, 2004.

[56] M. Masud, L. Khan, B. Thuraisingham, A scalable multi-level feature extraction technique to detect malicious executables, Inf. Syst. Front. 10 (1) (2008) 33–45.

[57] S. Inenaga, H. Bannai, A. Shinohara, M. Takeda, S. Arikawa, Discovering best variable length don't care patterns, in: Discovery Science, Springer, pp. 169–216.

[58] P. Viola, M. Jones, Fast and robust classification using asymmetric adaboost and a detector cascade, Adv. Neural Inf. Process. Syst. 2 (2002) 1311–1318.

第 16 章　运动行为改变建模

16.1　简介：人体运动监测能力

在过去 20 年左右的时间内，包括我们团队在内的多个研究团队已经将人体传感器（一个由无线加速度计和其他测量生理参数的传感器构成的网络系统）应用于人们的身体运动如走路、锻炼监测中，这类实验大多数在小样本人群中进行，其中大部分是在大学生身上，实验时间相对较短，而且描述这些研究的文献极为分散，有些发表在工程类出版物（*IEEE Transactions on Biomedical Engineering*、*IEEE Transactions on Systems*、*Man* 和 *Journal of Biomechanics* 等）上，有些发表在康复类出版物（*Occupational Therapy* 和 *Sports Medicine* 等）上。这些小规模的人体传感器实验很少走出实验室并应用到现实中。

尽管如此，人体传感器仍然具有很大的潜力，有望提供越来越详细的运动评估。除了简单的腰戴式计步器和加速度计，采用多种穿戴式传感器和不同形态的传感器相互通信方式，能为一个人的身体活动提供丰富的观察视角。例如，将加速度计固定在人体不同位置能判断出身体姿势并识别活动类型；心率、呼吸和皮肤电反应传感器能在运动时评价健康水平；GPS 和其他类型传感器能提供时间-位置信息，从而给出运动进行的时间和地点。

此外，手机的无线技术和集成传感器使这些评估结果以一种更创新、更互动、更有意义且更高效的方式进行交互，激励人们继续进行运动以提高健康水平。在整合多样化的传感器数据和如何处理这些数据中的信息方面仍有很多困难。这些信息应该以何种方式反馈给用户，或者如何与用户的社交网络（个人以及健康专家）沟通，才能使他们尽可能地继续坚持运动？事实上，Clarke 和 Skiba[1]认为目前“缺乏一种引导长期训练计划设计的纵向研究”。这种说法适用于目前大部分观察人体活动的研究，并能为干预提供正确的引导。

如何提供反馈信息并不仅仅是一个技术问题，也是一个以人为中心的技术难题。技术是收集数据的方式，数据最终要向人们提供有意义的信息，告知他们采取新行为的效果。新行为本质上是一种更主观的认知和心理过程，并不像身体运动行为那样容易客观监测。关于人们如何采取新行为已经提出了许多理论。事实上，这些行为改变理论——尤其是其中一个阶段变化模型[2]——已经被应用到许多健康问题如戒烟[3]、成瘾[4]、减肥[5]和体育运动[6]中。难点在于如何将集成无线人体传感器和这些理论相结合。

本章的目标是阐述这些难点，重点考虑以下 3 点：

1）利用传感器为个体进行个性化行为改变提供干预措施的必要性。

2）在干预情况下使用人体传感器对身体运动精确量化和建模的必要性。

3）行为改变的阶段变化模型及如何将其与身体运动模型整合。

传感器能为个性化行为改变提供干预措施

2008 年，美国卫生与公众服务部发布了一份《美国国民体育运动指南》[7]，该指南针对不同年龄段的人群提供具体的科学指导，帮助人们通过体育运动来提高健康水平。该指南建议儿童和青少年每天至少进行 60min 的体育运动，成年人至少进行 150min 的中等强度运动或 75min 的高强度运动，老年人进行运动的时间应尽量与年轻人相同。虽然这些建议都是基于大量人口健康研究的科学证据提出的，但从个人的角度看，如果某个人已经达到了建议的运动时间或者感觉达到这个时间几乎没有希望，那么这些建议对增加他的运动量来说毫无意义。

在某些情况下，这样的分组标准可能弊大于利。不符合健康指南的人可能会被社会排斥[8]，这可能会导致他们对健康行为产生负面情绪或矛盾心理。这表明，尽管以人口为基础的国家层面的指南能为大部分人服务，但我们要把更多的精力放在“个性化”的行为干预上。在干预项目中，人们应该被视为个体。每个人对运动的积极活跃度涉及许多因素，包括他们的个人动机和参加运动面临的障碍。因此，个性化的干预计划比简单盲目地鼓励人们进行运动的干预方案更可能成功[6]。事实上，最近的心血管健康协会的“行动呼吁”意识到了行为改变干预的重要性，尤其是将个人水平与基于大量人口的健康促进计划结合的必要性[9]。

与个性化的行为干预相关的是“自适应性”干预。Collins 等[10]提出了一个概念性框架，干预并不“固定”：每个人接收到的干预形式或程度相同，但是干预针对每个人时会因人而异，这能保证干预根据个人水平的特点及时调整。

人体传感器能测量、采集身体运动的数据，对个人针对性的干预起到十分重要的作用。具体来说，使用人体传感器可以监测干预前身体运动的基线水平、干预期间身体运动发生的变化以及干预后身体运动取得的进步。这些测量可能成为对人们有用的反馈，甚至可能会鼓励周围人群也改变他们的行为。传感器的使用正在得到越来越多的认可，使人们告别传统的行为评估，传统的行为评估仅仅基于少数的、不常见的、模糊的概念，通常是问卷或者定性的访谈，而不是连续、明确定义的客观测量[11]。事实上，在使干预从“一成不变”的形式到一种以人为中心的自适应形式的变化过程中，传感器可能发挥着重要作用。

16.2　人体运动传感器技术

本节中我们将讨论行为改变干预计划涉及的人体传感器网络所必需的传感器硬件和软件部分。

第一，目前已有许多可用的无线人体传感器，如用于测量物理/运动学和动力学参数的传感器：加速度计、力和位置传感器；用于生理测量的传感器：测量皮肤电导率、排汗、呼吸强度、EMG、EEG、心跳、血压等的传感器。此外，还有用于环境测量的传感器，如照相机、录音机、污染检测传感器、GPS、超声和基于电话或互联网的传感器。

第二，如何安全可靠地在人体上使用这些传感器，包括技术和可用性方面的考虑，既要考虑传感器的数量，又要考虑它们的位置。由于传感器在体表会随着人的身体移动，所以要补偿这种移动，并要考虑并非每个传感器的位置都会被准确识别。对于现实生活中的应用，我们需要知道对于特定运动的可靠测量所需的最少传感器数量。同时，如果使用已有传感器，如人们随身携带的手机中内置的传感器，怎样才能保证用户使传感器保持正确的方向？此外，在众多用户尤其是老年人中，总会有人忘记定期给传感器电池充电。所以，信号并不能总是被可靠地采集，而且数据缺失的原因并不总是显而易见。

第三，正如 16.1 节所述，我们想要的是个人的运动数据，但个性化会带来许多技术难题。我们需要了解个人运动能力的极限。不同的人运动能力不尽相同，这意味着要为每个人做校准。这潜在地要求测量更加精确，而更精确的测量需要更可控的条件。这是一个难题，因为你不能强迫每个人都进入实验室或者不断地让他们进行重新校准。

第四，成本的考虑。要做到实用，则在家中或者非研究环境中进行运动监测应使用低成本传感器，并配有易操作的界面。我们发现，如果使用现成的低成本传感器如常用的手机内置传感器或微软公司的 Kinect 等家用摄像传感器，会影响评估的质量，导致较低的分辨率和不准确的数据。因此，需要量化误差并推断出正确的运动模型参数，以提供合理、适当的干预。此外，手机和 Kinect 等通用设备并不一定适用于所有人，有些人（如幼儿、老年人、残疾人）甚至接触不到这些设备。

第五，人体传感器的数据需要经过处理才能易于理解。信号处理的第一个挑战是识别和过滤异常值，第二个挑战是数据来自不可靠的设备（包括硬件和软件）和用户不可预测的行为（包括没有穿戴、不遵守使用说明、故意错误使用传感器）。为了解决不可靠设备的问题，我们需要对相同的现象进行多次测试，以检查出导致不可靠现象的原因。例如，如果检测到手机数据的缺失，则可以推测是手机电池没电了，内部存储空间不足（如果数据存储在本地），或者手机处于偏远地区，在信号塔覆盖范围以外（如果数据是远程存储的）。在这些情况下，手机中的其他传感器对于监测人体传感器网络是否故障十分有效。

相比而言，用户不可预测的行为是一个更难以解决的挑战。在某种程度上，可以通过向用户询问进行验证，如“你今天运动了吗?”或者“你什么时候进行了运动?”但得到的答案可能跟数据冲突而造成其他问题。心理学认为，人们有时对他们的成就/活动会产生不同的看法。人们有时真的想不起来，有时会因为前面所说的关于运动伦理问题造成的羞愧和尴尬而故意错报或滥用设备。人体传感器有可能完全准确，但由于它们令人恼火，愤怒的用户可能会把它们扔进垃圾桶。最后，对于更具社交性的人体传感器，用户出于缺乏信任或/和隐私方面的考虑而可能并不想把自身运动的数据分享给别人。此外，对于这类传感器的信任程度可能因数据是否被传输给专业医护人员、家庭成员、朋友或者公众而有较大差别。

16.3 人体运动建模

即使我们能够解决上述问题，还存在一个挑战，即对感兴趣的运动方式使用概念模型或数学模型来整合数据。由于对所有这类模型进行介绍超出了本章的范围，我们只着重对其中两个模型进行概述。我们发现，在传感器数据的校准模型中，黄金准则是找到适合特定使用人群的通用、易操作的“正确”参数。这些参数最好能解释个体水平所需的所有因素。

回顾一下前面提到的 Clarke 和 Skiba 的研究[1]，他们描述并详细评价了两个模型：临界功率（critical power，CP）模型和 Banister 脉冲响应（impulse-response，IR）模型。这两种模型都得到了运动生理专业人士（如临床运动生理学家、私人训练和教练）的认可。我们相信这些模型也同样适用于设计各种个性化的康复和体育锻炼计划，因为它们都基于性能模型，并允许适当的反馈和干预。理论上来说，有了这些模型和随后可以监测指导运动进展的协议，就能够监测和监督运动的进展，促使受试者改变自己的行为。

建模取决于对进展过程的了解、参数的选择、如何从测量中提取出参数、参数的拟合和优化、仿真和灵敏度分析等。实际上，关于性能建模的相关文献对这些方面都有介绍（如参考文献［12-13］）。

16.3.1　CP 模型

CP 模型把个体维持特定工作速率的能力描述为时间 t 的函数。采用这种方法，模型为个体呈现了运动强度和持续时间的关系。CP 定义为可以长时间维持且不会感到疲劳的功率。那么我们可以定义功率 P = 工作量/时间，并定义 W' 为可用于除 CP 以外的有限能量，即

$$W' = (P - CP)t \tag{16-1}$$

Morton[14] 为 CP 模型提出了 4 个假设条件：

1）功率输出是一个关于两个能量源（有氧和无氧）的函数。

2）有氧能量具有无限的容量（一个人可以在等于或小于 CP 的条件下进行无限长时间的运动），但转化速率有限。

3）无氧能量的转化速率是无限大的（如最大功率或速度无穷大），但是其容量有限。

4）当 W' 耗尽时就会出现疲劳。

该模型对于描述以最大运动强度持续 2~30min 的功率十分有用。因此，CP 模型在制定短时间竞技比赛的步调和战术策略中是一种有用的工具。但它也为训练、锻炼和康复过程中的个性化运动强度提供了依据。而且，该模型也适用于人体传感器测量。例如，CP 以上和以下的运动最大耗氧量会有区别。

CP 模型也有一些局限性，尤其是考虑间歇性运动并需要优化间隔锻炼方法时。Morton 和 Billat[15] 把原来仅有两个参数的 CP 模型扩展为

$$t = n(t_w + t_r) + \{W' - n[(P_w - CP)t_w - (CP - P_r)t_r]\} / (P_w - CP) \tag{16-2}$$

式中，t 为总耐久时间；n 为间隔次数；t_w 和 t_r 分别为运动和每次休息的持续时间；P_w 和 P_r 分别为运动和休息时的功率。

16.3.2　Banister IR 模型

CP 模型适用于单次或时间间隔短的运动，但我们还需要一种模型以考虑长时间运动（如长期训练）造成的影响。IR 模型考虑了一段时间内现有训练量对运动能力积累的影响。它描述了单次运动量与反应的关系，并解决了单个框架中非线性时间依赖性和个体性。

该模型是一个一阶微分方程，描述了一个人的运动能力与时间的函数关系。运动能力 $p(t)$ 的解等于初始时的运动能力 $p(0)$ 加上训练正面效应（PTE= “锻炼”）减去训练负面效应（NTE= “疲劳”）。PTE 和 NTE 都是一阶微分方程的指数型解，且对于特定的人和运动有不同的权值系数。运动能力是关于训练的一个非线性函数。人体传感器对于监测长时间和多次训练的运动能力变化十分有用，能为这种模型提供合适的经验数据。

总之，CP 模型和 IR 模型分别对选择锻炼方式和设计长期训练计划有效。性能模型可以作为专业化和系统化的“尝试-纠错”调整的一种途径。此外，这些模型还有助于识别哪些反馈和干预应该被管理（如个体在某一次锻炼计划中是否已经达到了 CP 模型的预期或者个体是否在以最有效的方式进行训练）。

不幸的是，这些模型都假设人们想要优化自己的运动。对于刚刚开始尝试健康生活方式的人或者正在制定行为干预计划的医疗服务人员，并不一定能满足这些假设。所以，接下来开始讨论行为改变模型。

16.4 关于运动干预的行为改变理论

尽管现在有许多理论尝试解释影响人们的因素以及人们改变行为方式时他们的认知和心理变化，但其中最流行的模型应该是 Prochaska 的阶段变化模型（transtheoretical model, TTM）[16]。TTM 是一个概念性模型（并不是纯数学模型），它是基于描述人们接受和保持健康行为的过程和方式的核心结构。该模型结构描述了人们生活方式改变的 6 个“阶段”，以及受到的 10 个“过程”影响[1]，同时提出了一些关于人类行为的基本假设[18]。该模型的简要定义如下。

行为变化的阶段大致按时间顺序罗列，人体从前预期阶段开始，经过干预，最终到达终止阶段。

以下是改变的各个“阶段”：

1）前预期阶段：人体对健康行为完全不了解也不感兴趣。他在此阶段或不久的将来无意采取健康的生活方式。

2）预期阶段：人体开始意识到健康问题，并且有了在近期（如半年内）做出一些改变的打算，但现阶段采取健康生活方式的弊（如太忙、太贵或不确定是否真能改变什么）大于利。

3）准备阶段：人体已经准备好做出改变（如先尝试一个月）。也许他们已经制订了一个计划，设定了目标，咨询了训练师或者已经报名参与了一个干预计划。此时，在他们的心中健康生活方式已经利大于弊。

4）行动阶段：在这一阶段可以观察他们的行为。他们运动方面的改变可以测量并进行量化。

5）维持阶段：这一阶段，人体已经从尝试健康生活、偶尔做运动转而进入规律自然的健康生活状态。在这段时间，他可能会有“放弃”的想法，并恢复以前不健康的生活方式。

6）终极阶段：这是顺利改变行为的最后一步。此时，人体已经完全相信现在的行为是健康有益的，而且没有任何兴趣回到原来不健康的生活习惯中。

以上各个阶段描述了个体意识状态变化的时间顺序，此外各个阶段间个体还经历了一些变化过程。这些改变过程有：

1）意识提升：这涉及对问题的认识和以新行为解决问题的潜意识。

2）情感共鸣：这涉及用情感经历来说服别人接受健康的生活方式。

3）自我评价：这涉及一个人如何看待有没有不健康行为习惯的自己（自我形象）。

4）环境评价：这涉及一个人如何看待自己的不健康行为习惯给他人造成的影响。

5）自我解放：这涉及一个人有多相信自己能够做出改变（意志力）。

6）社会解放：这涉及弱势群体的权利，他们能从宣传、服务、健康的选择中获益。

7）对抗性条件反射：这涉及抵制和改变不健康行为。

8）刺激控制：这涉及去除不健康行为的刺激，并用促进健康行为的刺激或提醒来代替。

9）应急管理：这涉及对好和坏的行为分别进行奖励或惩罚。

10）互助关系：这涉及通过同伴、家人或专业的社会支持等鼓励健康状况的改善。

改变的各个过程会影响改变的各个阶段之间的过渡，而这个过程受到认知和心理变化的调节。首先，过程会影响一个人心中健康生活方式“利和弊”的权重，即决策平衡[19]。此外，改变的各个过程可能会改变一个人的自我效能（self-efficacy），即他们成功做出健康行为改变的信心[20]。最后，改变过程还会影响一个人对不健康行为或回到以前不良习惯“诱惑”的抵制能力。

16.4.1　运动行为改变干预的量化模型框架

由于与前面提到的许多核心结构相反，行为改变本身是一个十分艰难的过程。个体的进步可能并不与这些阶段呈线性关系，而有可能随着意识和身体的改变而进步或退步。如前所述，各阶段的变化过程可能是帮助个体改变行为而进行特定干预的结果。在我们的研究中，我们与健康指导教练合作，他们通过一个叫作“激励访谈”的过程帮助个体改变行为，这一过程包括通过沟通和倾听的策略利用共情以及共同商讨设定行为改变的目标等[21]。这是一种实现个性化自适应性行为干预的方法。

以图 16-1 为例，图中描述了一种体育运动干预计划，在一段时间（如 6 个月）内，健康指导教练用激励访谈的方式与受试者互动。在这段时间内有一个反馈循环，健康指导教练对有不同特点（性别、年龄、种族、文化、环境等）的受试者进行激励访谈，这又反过来会影响受试者的运动（由传感器测量）和意识（自我效能、均衡决策、抗诱惑能力，由问卷调查评估）。健康指导教练会根据受试者锻炼和意识的变化结果改变激励访谈的类型。因此，这种反馈使这种运动干预具有自适应性。

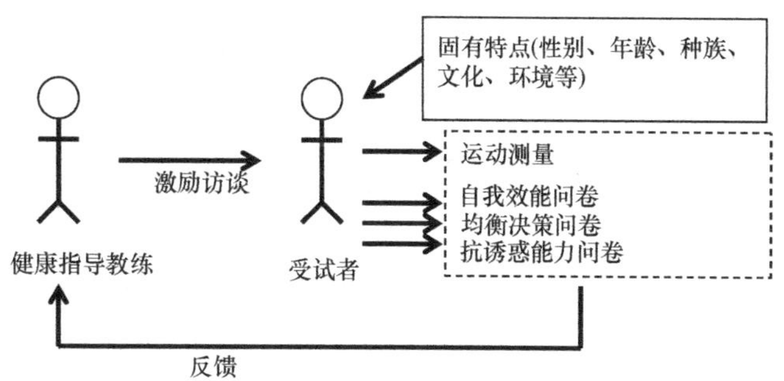

图 16-1　自适应的个性化体育运动干预示意图

同时要考虑从研究设计和时间序列角度来看，自适应干预的数据是什么样的（见图 16-2）。受试者招募到干预研究中后，在所有干预行动开始之前会进行一次基线评估。基线评估的目的是确定他们对体育运动的认知状态（如弄清楚他们所在的改变阶段）。在基线评估期间，受试者也要佩戴传感器以确定个体运动能力的“正常”水平。这一过程可能需要数周，以得到可靠的基线评估。我们假设健康指导教练发现个体对体育运动或对改变自己的体育运动水平毫无兴趣，那么受试者处于前预期阶段。干预开始后，健康指导教练向受试者提供基于人体传感器数据和由问卷得到认知评估结果的反馈。使用人体传感器持续评估体育运动水平是一种十分新颖的方法，且相比 TTM 干预更准确，后者只使用运动自我报告问卷（如 7 天体育运动回顾）[6]。

根据受试者所在的改变阶段，健康指导教练可进行激励访谈以帮助其确定改变的一个或多个进程，并帮助其进入改变的下一个阶段。问卷也能用于评估受试者目前所处的阶段。此外，意识评估可用于评估中介变量（自我效能、均衡利弊、抗诱惑能力）的改变。具体的问卷和评估将在后文介绍。教练的访谈可以根据评估的结果而做出调整。随着时间的推移，通过这种个性化和阶段化的干预，教练能帮助受试者建立一个锻炼计划，使受试者进入准备阶段。当受试者开始运动后，其运动中的各种进步都会被人体传感器记录。最终，将结束时受试者的体育运动水平与基线相比较之后，本研究会评估受试者体育运动方面的变化。

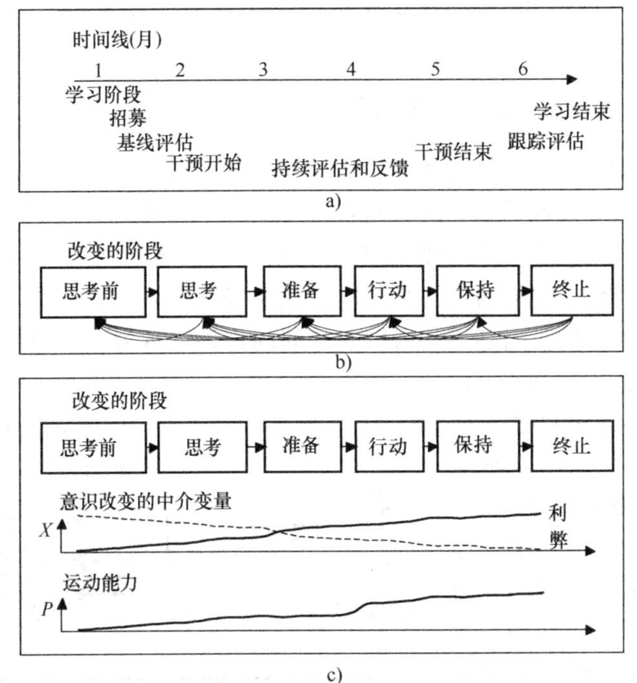

图 16-2 a）一个为期 6 个月的假设行为改变研究计划，在整个干预期间以及随后的跟踪调查阶段对运动能力和意识方面进行评估，整个干预期间，健康指导教练都可利用激励访谈技巧提供反馈 b）在研究开始时，健康指导教练先判断受试者所在的改变阶段，在整个研究期间，健康指导教练可以认为受试者成功进入下一阶段或退回前一阶段 c）理想情况下，高效利用传感器数据和激励访谈技巧，健康指导教练就能帮助受试者持续进入后面的阶段，提升意识中介变量 X（如认为规律进行体育运动利大于弊），并观察到受试者运动能力 P 的显著提升

16.4.2 改变阶段的评定

为了监测一个人在改变过程中各阶段的进展，我们需要一些方法来评定他所处的阶段。目前已经开发出了多种适用于运动改变阶段的算法，包括 Marcus 和 Simkin 的算法[22]，他们研究出了一种叫作运动行为改变阶段（stage of exercise behavior change，SEBC）的问卷，把受试者按阶段分类。还有一种叫作运动规模阶段（stage of exercise scale，SOEC）的方法，由 Cardinal 等人[23-25]提出，其要求个体用一个 5 级阶梯评估自己的状态，并以此确定他们所处的阶段。在各个阶段，如果个体的运动量随着他们的进步而增加，则这些问卷的有效性将会被重新评估。这种身体运动和阶段变化的关系随时间的变化与我们在图 16-2 中描述的框架一致。

除了改变阶段的评估，也有一些基于问卷的中介要素的评估方法。例如，均衡决策[17]、自我效能[26]、抗诱惑能力[27]的评估均已开发。这些问卷可分别用于根据这些要素来估计各个阶段之间过渡的概率。

这些问卷的结果，都是二选一或者按等级排序。此外，尽管这些问卷已经经过各种有效性研究，但当其在个体层面应用时，它们都只能作为一种参考，而不是绝对的评估[28]。

举个例子，以下是摘自 Marcus 和 Rossi 等人[17]的问卷，旨在评定改变的阶段。

请对下面的说法选择你同意的程度：

1. 我现在热衷于运动。

0—完全反对　1—反对　2—既不反对也不同意　3—同意　4—完全同意

2. 我打算在接下来的 6 个月中更热衷于运动。

0—完全反对　1—反对　2—既不反对也不同意　3—同意　4—完全同意

3. 我现在规律地进行体育运动。

0—完全反对　1—反对　2—既不反对也不同意　3—同意　4—完全同意

4. 我已经规律地进行了 6 个月的体育运动。

0—完全反对　1—反对　2—既不反对也不同意　3—同意　4—完全同意

注意，这些问题都会按照得分制选择回答。在收集大量问卷后，我们发现每个问题的得分数大致满足正态分布。根据得分的阈值可以划分各个阶段，则在问题 1 和问题 2 得分低的人属于前预期阶段；问题 1 得分低而问题 2 得分高的人属于预期阶段；问题 1 得分高而问题 3 得分低的人属于准备阶段；问题 1 和问题 3 得分高而问题 4 得分低的人属于行动阶段；问题 4 得分高的人属于维持阶段。

虽然这些评估方法在传统干预过程中并不频繁使用，但新技术可能有助于更频繁（如每天）的评估方法出现。例如生态瞬间评估这样的方法[29]，需要受试者在随机或固定的间隔时间立刻回答他们此时的感受和态度，这些方法能用更普遍的技术如个人计算机、手机和平板计算机进行。

16.4.3　使用行为改变模型指导干预计划

在过去几年中，应用工程控制理论方法来理解行为改变干预的挑战取得了很大进展。如图 16-2 所示，来自行为干预的数据能按时间顺序浏览。此外，对于会随着时间变化的自适应干预，更多关于控制系统反馈的研究有益于反馈过程（见图 16-1）的建模。目前有许多文献，如 Rivera 等人[30]的研究，他们将常微分方程应用于自适应行为干预中，Böckenholt[28]测试了马尔可夫模型与行为改变进程相关阶段情况下的应用。

由于改变阶段本质上是状态，因而可以使用马尔可夫模型。在此模型中，一个人在给定时间具有给定的状态，两个状态间的过渡由概率进程控制，未来的状态只取决于现在的状态。Böckenholt[28]结合了两种主要的模型并提出了一种行为变化的连续时间马尔可夫（CT-LM）模型。第一种模型中，对于典型的行为调查，二进制或者排序得分的回答取决于一个人所处的潜在（不能直接观察得到）状态。第二个模型中，回答的变化采用随机过程建模，由此决定状态间的过渡。详细的介绍请参见参考文献［28］。下文中将会进行简单介绍。

基于 Samejima 的前期工作[31-32]，Böckenholt 提出调查问卷的二选一或按等级排序回答的随机性是一个关于个体所处潜在状态的函数，即

$$Pr(y=j\mid s)=\Phi\left(\frac{\tau_{j+1}-\mu_s}{\sigma_s}\right)-\Phi\left(\frac{\tau_j-\mu_s}{\sigma_s}\right) \tag{16-3}$$

式中，潜在状态为 s 的情况下变量 y（如问卷中的一个问题）的值取为 j 的概率为两个正态累积分布函数 Φ 的差，该正态分布的平均值为 μ_s，标准差为 σ_s，其下限和上限分别为 τ_j 和 τ_{j+1}。

由于前面提到的收集和处理人体传感器数据方面的困难，身体运动数据也会出错。因此，它们也能像问卷回答数据一样用概率处理，由传感器测量确定体育活动等级并进行排序。

由于问卷回答依赖于个体所处的状态，所以我们需要定义状态之间转换的概率。一个人在某一时刻只能处于一种状态。在 CT-LM 模型中，状态是离散的，由 μ_s 和 σ_s 两个参数决定。

状态之间的转换遵循马尔可夫过程，且取决于所处状态已持续的时间。

$$\alpha(d)=\theta(1-e^{-\eta d}) \tag{16-4}$$

式中，$0<\theta<1$ 且 $\eta>0$，所以如果所处状态持续的时间较短，则转换的概率 $\alpha(d)$ 较低。这被称为转换概率。

如果一个人处于状态 s_l 的时间为 $1/\omega_{s_l}$，则 ω_{s_l}为单位时间内状态的终止率，状态 l 和 h 之间的转换率表示为 $\omega_{s_l s_h}$。

$$\omega_{s_l}=\sum_{h,h\neq l}\omega_{s_l s_h} \tag{16-5}$$

状态转化概率大致遵循

$$\tau_{s_l s_h}=\frac{\omega_{s_l s_h}}{\omega_{s_l}} \tag{16-6}$$

假设在一段时间内对许多受试者的反应和身体活动进行了纵向追踪，则数据可用于参数化 CT-LM 模型。Böckenholt 将上述关系加入了 CT-LM 模型，观察到第 i 个对象在 $t=t_0^i$，t_1^i，…，t_T^i 时刻有特定响应模式的概率：

$$Pr(y_{t_0^i},y_{t_1^i},\cdots,y_{t_T^i})=\sum_{s_u=1}^{S}\sum_{s_v=1}^{S}\cdots\sum_{s_r=1}^{S}\sum_{s_w=1}^{S}\pi_{s_u}(t_0^i)P_{y_{t_0^i}\mid s_u}\pi_{s_u s_v}(t_0^i,t_1^i)P_{y_{t_1^i}\mid s_v}\cdots\pi_{s_r s_w}(t_{T-1}^i,t_T^i)P_{y_{t_T^i}\mid s_w} \tag{16-7}$$

式中，$\pi_{s_u s_v}(t_0^i,t_1^i)$ 为 t_0^i和 t_1^i之间状态从 s_u 转化为 s_v 的概率，$\pi_{s_u}(t_0^i)$ 为在 t_0^i时刻处于 s_u 状态的概率，$P_{y_{t^i}\mid S}$为 t 时刻观察到第 i 个人处于状态 s 的概率。

这导致方程类似于指数函数，如果记录的受试者在各个状态间转换的数据足够多，则其中有用的参数（u,σ,τ,π）可以用最大似然估计（maximum likelihood estimate，MLE）法估计得到。

有了这个框架，需要解决的问题只剩下两个。第一个问题是如何考虑个体水平的因素。在 MLE 法中，如果个体水平的协变量缺失，则需要根据提供的数据估计人群平均参数。如果所提供的数据就是针对特定人群，则这些参数会非常有用。然而，对于更大、更普遍的人群，如果有个体水平的协变量，如与状态转换概率或某状态持续时间有关的量，则相关的参数也需要估计。

第二个问题是健康指导教练如何向受试者反馈。与激励访谈一样，教练的反馈只与受试者的状态相关。假设健康指导教练对受试者的激励反馈为 K，可以用以下函数描述：

$$K(t^i)=f[E(s(t^i))] \tag{16-8}$$

式中，K 取决于对象状态的预期，最终得到一个二进制向量（是/否），每个元素代表在改变的某个特定干预策略中对象是否应该进行改变而进入下一个阶段。在干预策略匹配阶段的研究中，个体都根据他们所处的阶段匹配特定的改变进程，来自该研究成功的证据辅助定义了函数 f。此外，如果此函数是参数化的，则此函数可纳入上面提到的转换概率并服从于 MLE。

尽管将这种模型应用到现实的人体传感器数据中还未完全实现，但这些研究中描述的概念和方法基础将很快使数值模拟广泛应用于传感器的行为干预研究中。例如，在行为干预研究中，如果这种模型的参数可以估计，则我们将有可能更准确地估计个体目前所处的状态，从而使得健康指导更加个性化。

16.5 总结

本章阐述了使用人体传感器进行个性化行为改变干预的动机，同时讨论了用人体传感器进行运动建模的机遇与挑战，也简述了一些不以运动能力为导向而基于行为改变的心理和意识进行建模的运动模型。

在实践和伦理方面，现在仍存在许多的问题亟待解决。我们只探索了一组有限的反馈选项。一种反馈只提供给受试者自己，还有一种反馈存在于受试者和健康指导教练之间。其实还有很多方案可选，如一起参与干预计划的同伴之间的反馈或者提供给能提供精神支持的家人和朋友的反馈。正如本章简介中提到的，新型无线通信方式使这些形式的反馈都能实现。然而，目前我们还没有解决这些反馈（时间频率、符号/文本/语音、计算机自动或人工手动反馈等）存在的问题。有了这些形式的反馈，来自人体传感器的精确实时的数据将有望通过分析帮助人们改变行为，形成更好的生活方式。但我们需要在推进行为改变计划所需的广度及深度与个人隐私和可用性所能忍受的风险之间进行权衡。随着越来越多的人体传感器系统从科研领域转移到实际应用中，我们需要进一步探讨这些实践和伦理的问题。

参考文献

[1] D.C. Clarke, P.F. Skiba, Rationale and resources for teaching the mathematical modeling of athletic training and performance, Adv. Physiol. Educ. 37 (2) (2013) 134–152.
[2] J.O. Prochaska, C.C. DiClemente, Stages and processes of self-change of smoking: toward an integrative model of change, J. Consult. Clin. Psychol. 51 (3) (1983) 390–395.
[3] L. Spencer, et al., Applying the transtheoretical model to tobacco cessation and prevention: a review of literature, Am. J. Health. Promot. 17 (1) (2002) 7–71.
[4] J.P. Migneault, T.B. Adams, J.P. Read, Application of the Transtheoretical Model to substance abuse: historical development and future directions, Drug. Alcohol. Rev. 24 (5) (2005) 437–448.
[5] L. Spencer, et al., The transtheoretical model as applied to dietary behaviour and outcomes, Nutr. Res. Rev. 20 (1) (2007) 46–73.
[6] L. Spencer, et al., Applying the transtheoretical model to exercise: a systematic and comprehensive review of the literature, Health Promot. Pract. 7 (4) (2006) 428–443.
[7] US Department of Health and Human Services, Physical Activity Guidelines for Americans, 2008.
[8] S.J. Salvy, et al., Influence of peers and friends on children's and adolescents' eating and activity behaviors, Physiol. Behav. 106 (3) (2012) 369–378.
[9] B. Spring, et al., Better population health through behavior change in adults: a call to action, Circulation 128 (19) (2013) 2169–2176.
[10] L.M. Collins, S.A. Murphy, K.L. Bierman, A conceptual framework for adaptive preventive interventions, Prev. Sci. 5 (3) (2004) 185–196.
[11] W.J. Nilsen, M. Pavel, Moving Behavioral Theories into the 21st Century: Technological Advancements for Improving Quality of Life, Pulse, IEEE 4 (5) (2013) 25–28.
[12] J.R. Fitz-Clarke, R.H. Morton, E.W. Banister, Optimizing athletic performance by influence curves, J. Appl. Physiol. (1985) 71 (3) (1991) 1151–1158.
[13] P. Hellard, et al., Assessing the limitations of the Banister model in monitoring training, J. Sports. Sci. 24 (5) (2006) 509–520.
[14] R.H. Morton, The critical power and related whole-body bioenergetic models, Eur. J. Appl. Physiol. 96 (4) (2006) 339–354.
[15] R.H. Morton, L.V. Billat, The critical power model for intermittent exercise, Eur. J. Appl. Physiol. 91 (2-3) (2004) 303–307.
[16] J.O. Prochaska, Systems of Psychotherapy: a Transtheoretical Analysis. The Dorsey Series in Psychology, Dorsey Press, Homewood, Ill, 1979. xv, 407 p.
[17] B.H. Marcus, et al., The stages and processes of exercise adoption and maintenance in a worksite sample, Health. Psychol. 11 (6) (1992) 386–395.
[18] Prochaska, Johnson, and Lee, Chapter 4: The Transtheoretical Model of Behavior Change, in The Handbook of Health Behavior Change. 2009, The Springer Publishing Company: New York.
[19] I.L. Janis, L. Mann, Decision Making: A Psychological Analysis of Conflict, Choice, and Commitment, Free Press, 1977.
[20] A. Bandura, Self-Efficacy in Changing Societies, Cambridge University Press, Cambridge; New York, 1995. xv, 334 p.

[21] S. Rollnick, W.R. Miller, C.C. Butler, Motivational Interviewing in Health Care: Helping Patients Change Behavior, Guilford Publications, 2012.

[22] B.H. Marcus, L.R. Simkin, The stages of exercise behavior, J. Sports Med. Phys. Fitness 33 (1) (1993) 83–88.

[23] B.J. Cardinal, The stages of exercise scale and stages of exercise behavior in female adults, J. Sports Med. Phys. Fitness 35 (2) (1995) 87–92.

[24] B.J. Cardinal, Construct validity of stages of change for exercise behavior, Am. J. Health. Promot. 12 (1) (1997) 68–74.

[25] B.J. Cardinal, M.L. Sachs, Prospective analysis of stage-of-exercise movement following mail-delivered, self-instructional exercise packets, Am. J. Health Promotion 9 (6) (1995) 430–432.

[26] B.H. Marcus, et al., Self-Efficacy, Decision-Making, and Stages of Change: An Integrative Model of Physical Exercise, J. Appl. Soc. Psychol. 24 (6) (1994) 489–508.

[27] H.A. Hausenblas, et al., A missing piece of the transtheoretical model applied to exercise: Development and validation of the temptation to not exercise scale, Psychol. Health 16 (4) (2001) 381–390.

[28] U. Bockenholt, A latent markov model for the analysis of longitudinal data collected in continuous time: states, durations, and transitions, Psychol. Methods 10 (1) (2005) 65–83.

[29] A.A. Stone, S. Shiffman, Ecological momentary assessment (EMA) in behavorial medicine, Ann. Behav. Med. (1994).

[30] D.E. Rivera, M.D. Pew, L.M. Collins, Using engineering control principles to inform the design of adaptive interventions: A conceptual introduction. Drug and Alcohol Dependence, 88 (2007) S31–S40.

[31] F. Samejima, Estimation of latent ability using a response pattern of graded scores, Psychometrika Monogr. Suppl. (1969).

[32] F. Samejima, Graded Response Model, in Handbook of Modern Item Response Theory, Springer, 1997. p. 85–100.

第 6 部分

在体通信和体域网

第 17 章　人体通信实现高速率的传感器网络

17.1　人体的容性耦合通信

人体通信（human body communication，HBC）作为一种新型的通信技术最早由 Zimmerman[1-3]提出，它在体域网（body area network，BAN）内的电子装置间交换数据。其应用不仅限于数据传输，还扩展到了电能传输[4]，电子设备在接收数据的同时接收操作所需的电能。与有线和无线方法不同，HBC 使用容性耦合传输信道，发射器和接收器均通过穿过人体的电场进行容性耦合。然后发射器根据要发送的数据调制该电场，接收器检测调制后的电场，并恢复所发送的数据[2]。这样的容性耦合之所以可行，是因为人体是由具有高介电常数的各种组织组成的。发射器和接收器都使用一个电极来代替天线。该电极被连接到人体，并在发射器端形成调制电场或在接收器端检测调制电场。

相比 HBC，有线连接具有数据传输速率更高并容易建立连接的优点。但是，用户的行动会受到电缆缠绕的约束。无线连接去除了这样的约束，但在功耗方面存在固有的限制，因为它将一个基带信号调制到载波频率以便通过空气来传输数据。无线设备应该有自己的能量源，而且无线传输会消耗更多的功率来发送和接收信息。在无线连接中，发射的信号会经历由多种因素引起的路径损耗，如信道中的自由空间损耗、折射、衍射和吸收。这样的传播环境降低了接收信号的质量。此外，无线连接的配置和建立更为复杂。

HBC 具有有线和无线连接方法的优点。HBC 使用体内的容性耦合传输信道，因此，它不需要任何线缆来连接装置，并且对体外的传播环境不太敏感。用户可以简单地通过触屏设备配置通信网络，并且它提供了一个直观的服务，不要求为网络设置提供一个复杂的程序。最近，BAN 的物理层（physical layer，PHY）已经由 IEEE 802.15 工作组进行了标准化[5]。除了窄带（narrowband，NB）和超宽带（ultra-wide band，UWB）无线通信，HBC 作为用于短距离通信的方案被包括在标准中。在 IEEE 标准中，通过人体发送的数据使用一组非连续频率调制的数字编码在选定的频域传播。因此，HBC 具有较低的电路复杂性和更低的功耗。表 17-1 为参考文献［5］中 HBC PHY 与其他无线通信的 PHY 的比较。

表 17-1 HBC 和其他无线 PHY

名　称	HBC	ZigBee	Bluetooth	WiFi
PHY 标准	802.15.6	802.15.4	802.15.1	802.11n
频带	5~50MHz	900MHz 2.4GHz	2.4GHz	2.4GHz/5GHz
调制	频率选择性数字传输	直接序列展频	频率自适应跳频展频	正交频分复用
数据速率	2Mbit/s	250kbit/s	1Mbit/s	150Mbit/s
范围	<3m	100m	10m	100m
能耗	非常低	低	中等	高
复杂度	非常简单	简单	复杂	非常复杂
启动时间	<100ms	30ms	几秒	几秒
易用性	容易	容易	一般	难
主要应用	BAN	传感器网络，工业控制	线缆替代	局域网

17.2 人体的信道特性

图 17-1 展示了 HBC 的基本原理。每个发射器和接收器具有一个连接到人体的信号电极。在 HBC 中，在发射器和接收器之间形成用于它们之间容性耦合的电场。为此，发射器的信号源在信号电极之间以及接收器的负载上产生一个电压差。此外，发射器和接收器的接地层之间形成另一个电压差，使闭环总的电压差等于信号源电压，这里闭环由发射器端的信号源、接收器上的负载和体内与空气中的耦合（分别包括通过人体的信号电极之间的耦合和另一个通过空气的接地层间的耦合）组成。最终，由于体内形成的电场，信号电极之间的电压差会导致人体内部产生小电流。人体由各种组织构成，它们都具有有损介电材料的性能（例如，每个组织都具有不同的介电常数和电导率，这些参数值取决于信号频率[6]）。人体内的电流有两种类型：位移电流和导电电流，它们分别与介电常数和电导率有关。人体组织具有很大的介电常数[6]，特别是在 HBC 使用的低频带（<100MHz）[7-11]。因此，位移电流主要有助于电信号通过人体传输。在 HBC 中，低频带的电信号通过高介电常数材料在人体内短距离传送。由此，HBC 通道具有一个独特的性质：电信号的发送受电极结构和体外电磁环境的强烈影响。

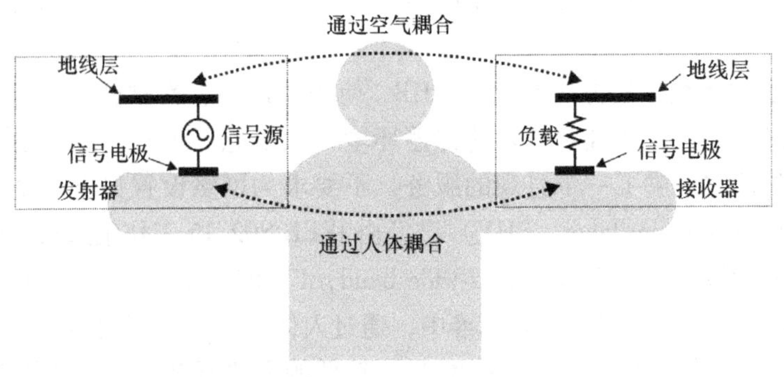

图 17-1 人体通信的基本原理

17.3　电极结构的影响

在 HBC 中，和接收器容性耦合的发射器调制电场，接收器检测调制后的电场。这等同于产生和检测电压差：电压差由发射器在人体表面生成，然后由接收器检测[11]。电压差的产生及其检测可以通过贴在人体上的电极实现[12-15]。为了实施简便，电极表面可以像一次性 ECG 电极一样使用黏合剂或者使用金属表面。如果是金属表面，可以利用附加的辅助（如橡皮筋或必要时用手触摸）与人体接触。电极应具有小的接触电阻，以尽量减少信号损失。HBC 使用两种类型的电极：信号电极和接地电极，如图 17-1 所示。发射器和接收器的每个信号电极都连接到发射器的信号源或接收器中的负载，而每个接地电极都连接到发射器或接收器的接地层。电极的结构影响通过人体的电信号传输。尤其是，接地电极在身体上的附着影响信道的信号损失，因为它会增加或减少电信号经由身体传输时的信号损失[12-14,16-17]。

在两项研究（参考文献［13-14］）中，当发射器的接地电极连接到人体时，信号损失会减少，但另一项研究[17]检测结果表明，接地电极的附着会使信号损失增大。另外，随着发射器和接收器之间传输距离的增加，由接地电极的附着引起的信号损失的降低逐渐减小[14]。根据 HBC 应用，发射器可位于手腕或手指，其位置会影响接地电极的工作。图 17-2 显示了当发射器位于手腕和手指，频率为 30MHz 时由接地电极引起的信号损失的变化[17]。在图 17-2a 中，发射器位于手腕，由于接地电极连接到人体，所测量的信号损失降低。然而，如图 17-2b 所示，发射器位于手指，接地电极对信号损失具有相反的作用效果，即信号损失增加。接地电极对信号损失的各种作用效果可以通过体内电场的分布进行分析。

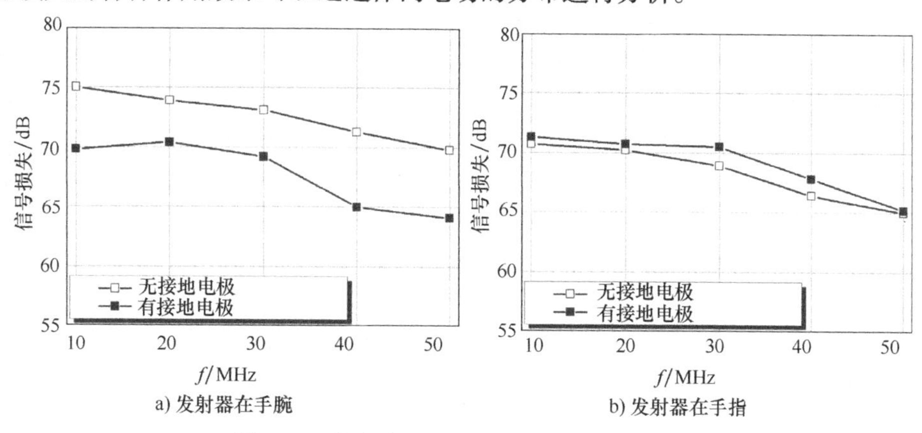

图 17-2　频率为 30MHz 时所测量的信号损失

图 17-3 显示了发射器附近的电场分布，其中电场采用长方体人体模型进行模拟。仿真模型具有不同大小的横截面，它分别取决于手腕和手指建模的位置。如图 17-3a、b 所示，由于信号电极与接地层的场耦合，在体内的电场根据位置分布在不同的方向上。当 $x<-2$cm，体内电场分布在与接收器相反的方向上（如电场指向接地层），因为该电场与接地层强耦合。然而，随着发射器距离的增加，与接地层的耦合会变弱，因此，当 $x>0$cm 时，体内电场分布在接收器方向。与接地层的场耦合程度取决于发射器的位置。当发射器位于手指时，靠近发射器的人体体积较小，因为手指比手腕细且短。这意味着与接地层的耦合通路上介电材料的体积很小。在这种情况下，与接地层的耦合就会变得太弱而使该电场轻松地分布在接地层的反方向即接收器方向上。当接地电极附着在人体更大的部位时，电场的分布采用图 17-3c、d 所示的形式。

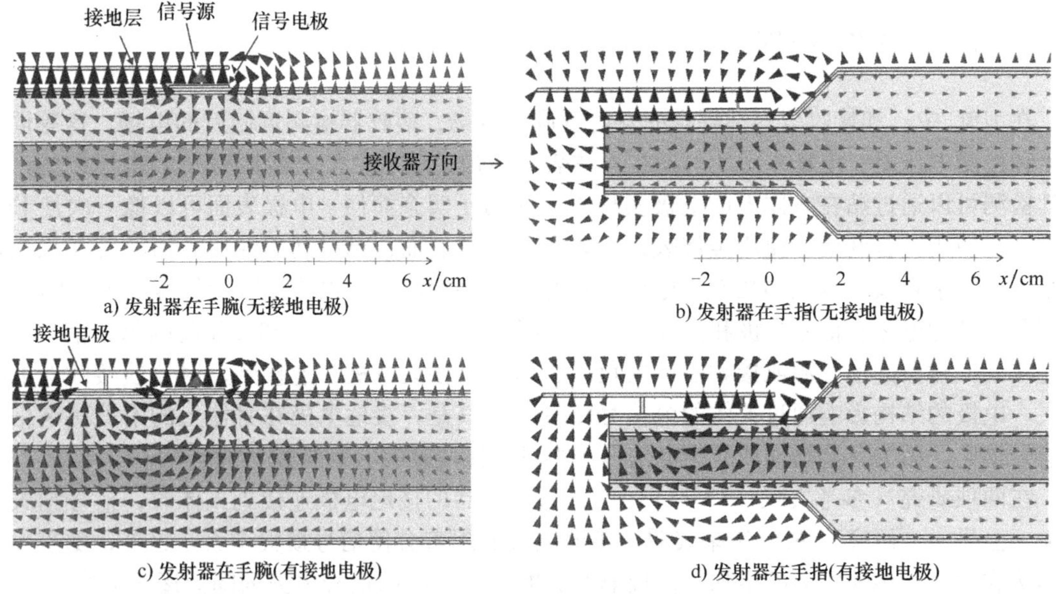

图 17-3 频率为 30MHz 时的电场分布

与图 17-3a、b 中所示的分布相比，更多的场分布在与接收器相反的方向上，因为接地层是通过接地电极与身体接触，因此与接地层的耦合变得更强。由此，在接收器方向上的净电场形成于体内，因为场强取决于不同方向的场之间的抵消效应。场耦合的增加引起了信号和接地电极之间电压差的增加和发射器输出电流（即信号源的输出电流）的增加。手腕的输出电流从 1.8mA 增加至 8.9mA，手指的输出电流从 1.4mA 增加至 5.0mA。当发射器位于手腕时，输出电流的增加较大是因为到接地层的耦合路径上的电介质材料体积较大，使得通过接地电极与接地层的耦合更强。即使存在抵消效应，接地电极连接所引起的输出电流的大幅增加也使接收器方向上的净电场增加，同时，净电场的增加又使人体表面的电压差增加。这降低了信号损失，如图 17-2a 所示。然而，当发射器位于手指时接地电极的连接不会引起输出电流大幅度增加。因此，在接收器方向上的净电场由于抵消效应而减小，相应地，信号损失也增加，如图 17-2b 所示。

综合以上结果，发射器的接地电极通过两种作用影响信号损失。第一个作用是增加输出电流，第二个作用是增加电场与接地层的场耦合。当发射器的接地电极连接到人体时，输出电流增大。当输出电流非常大时，在接收器方向上的净电场相应增加，因此信号损失减小[13-14]，如图 17-2a 所示。然而，接地电极也增加了与接地层的场耦合，导致相反方向的电场增加，并随之产生抵消效应。因此，当输出电流的增加较小时，接收器方向上的净电场减小，信号损失相应地增加[17]，如图 17-2b 所示。此外，随着传输距离的增加，这种抵消效应降低了由于接地电极附着而产生的信号损耗的减小效应[14]。

17.3.1 体外电磁环境的影响

人体由许多在低频带[6]，特别是 100MHz 以下，具有高介电常数的组织构成，由于低频信号在体内有效波长较短，所以很容易地就可以耦合到人体上[18-20]。在体外，各种类型的电子装置都会发射低频带电磁波[17]。由于所发射的电磁波具备天线功能，其与人体耦合，并在体内产生干扰信号，所以接收器接收到了由体外电磁环境所造成的干扰信号和从发射器发送的数据信号。为了说明这个影响，在各种电磁环境中测定了在接收器处接收到的干扰信号，如图 17-4 所示。受试者暴露于图 17-4b 所示的常规电磁环境中，而接收器的信号电极附着在受试者的手臂上。人体的天线功能所造成的干扰信号使用图 17-4a 所示的测量装置在信号电极端测量。

a) 测量设备 b) 测量环境

图 17-4 在电磁环境中干扰信号的测量

图 17-5 展示了在建筑物和地铁内测量干扰信号的示例，其中干扰信号的功率在频谱中表示。干扰信号在建筑物内的一些测量点不具有显著功率，但其他测量点在一个宽带区功率高，如图 17-5a 所示。与建筑环境不同，在地铁内的绝大多数测量点干扰信号功率高，并且由于地铁系统中使用的高压导电弓架，高功率分布在 30MHz 以下。在 HBC 中的干扰信号具有动态特性，使它的功率和频率根据位置而变化。然而，干扰信号主要分布在 HBC 使用的低频带。任何发射低频电磁波的电子设备都可以是干扰源。因此，HBC 的发射器也是明显的干扰源。一个用户的 HBC 发射器发送的电信号由于人体的天线功能在体外以电磁波的形式发射，并且发射的电磁波继而会耦合到附近其他用户的身体上。在这种情况下，干扰信号的功率取决于 HBC 的用户数以及每个用户之间的距离。这特别类似于当用户靠近彼此时接收 HBC 信号[18]。因此，在通过人体传送的电信号所占据的相同频带中，HBC 干扰信号的功率高，这使误码率（bit error rate，BER）（用来指示所接收数据流错误数的度量单位）性能严重退化。

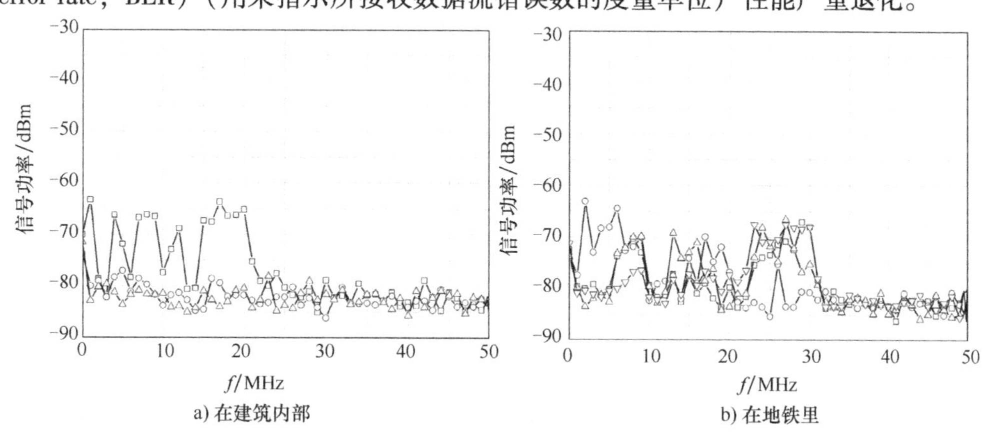

a) 在建筑内部 b) 在地铁里

图 17-5 干扰信号测量示例

17.3.2 HBC的信道模型

信道模型用来设计HBC的传输机制和模拟前端。HBC的IEEE标准已经发布[5]，它的PHY结构基于早期研究中提出的信道模型[21]。该信道模型包括信道滤波器和干扰信号发生器，如图17-6所示。信道滤波器表示电信号通过人体传送时所经历的信号损失。要通过人体传送的电信号被信道滤波器滤波，并将干扰信号发生器中产生的干扰信号添加到滤波后的信号中。在热噪声加入后，即可获得信道的输出信号。

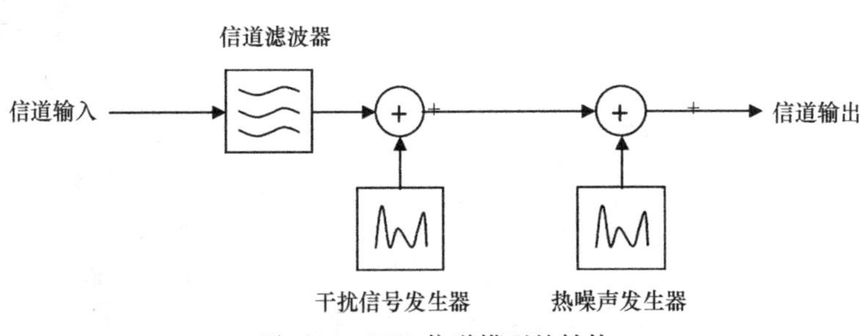

图17-6 HBC信道模型的结构

许多研究人员已经研究了人体引起的信号损失[22-25]。为了精确测量信号损失，将发射器和接收器接地层与大地隔离，因为接地层之间的耦合强烈影响着信号损失。然而在以往的研究中，测量设备被连接到地面[22-23]，或使用极大的接地层测量信号损失[24-25]。为了测量信号损失而保持接地层之间的隔离状态，使用如图17-7所示的测量装置[26]。由电池供电的发射器模块产生脉冲信号，并将该信号通过人体传送。传送的脉冲被接收器模块接收并使用示波器测定。脉冲信号宽度很小，因此有高频分量以获取宽频带信号损失。发射器模块同时生成与脉冲信号同步的信号，并且该信号以光学方式传输到使用光缆的同步模块。同步模块恢复同步信号，然后当脉冲信号在发射器模块产生时触发示波器；因此，在接收器模块的接收信号能够利用同步的发射器和接收器模块进行测量。此外，接地层之间在测量过程中保持隔离状态，因为这两个模块是光学而不是电学连接。脉冲信号和接收信号使用傅里叶变换变换到频域，然后信号损失通过在频域从脉冲信号中减去接收信号计算得出。将计算得出的信号损失转换到时域后，图17-6中信道滤波器的脉冲响应可通过式（17-1）得到[21]。

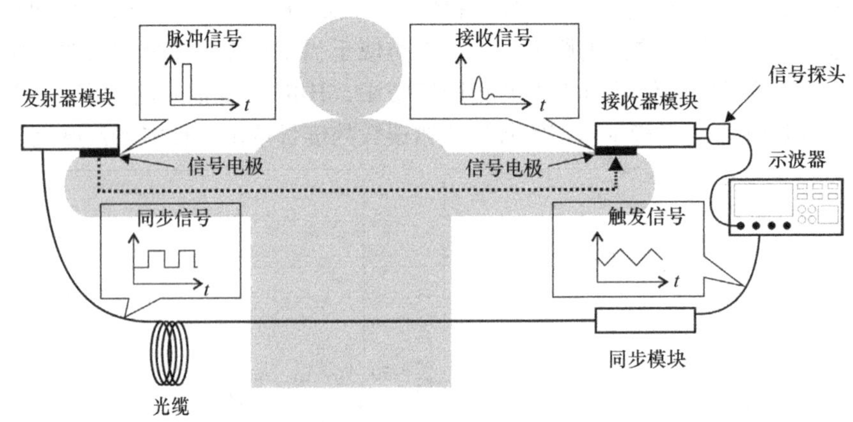

图17-7 隔离接地的测量设备

$$h(t)=h_R(t)C_h \tag{17-1}$$

式中，$h_R(t)$ 为基准脉冲响应；C_h 为与接地层大小以及发射器和接收器之间的距离相关的系数，即

$$C_h=(0.0422G_T-0.184)(0.0078G_R+0.782)\left(\frac{120.49}{d_{body}+d_{body}\left(\frac{d_{air}}{d_{body}}\right)^5}\right)^2 \tag{17-2}$$

G_T 和 G_R 分别是发射器和接收器端的接地层面积，单位为 cm^2，d_{air}和 d_{body}是关于发射器和接收器之间通过两种介质耦合的距离，如图 17-1 所示，d_{air}是发射器和接收器之间以 cm 为单位的通过空气的距离，d_{body} 是发射器和接收器之间通过人体的距离，单位为 cm。仅当 $G_T \geqslant 10cm^2$，$G_R \leqslant 270cm^2$，且 $d_{air} \geqslant 10cm$，$d_{body} \leqslant 200cm$ 时 C_h 才有效。基准脉冲响应是当系数 $C_h=1$ 时的脉冲响应，即

$$h_R(t)=A_v A e^{-\frac{t-t_r}{t_0}}\sin\left[\frac{\pi(t-t_r-x_c)}{w}\right] \tag{17-3}$$

每个 HBC 用户具有与信道相关的不同物理参数，这些参数解释了不同身体大小和组织如脂肪和肌肉的组分比。HBC 的信号损失受这些物理参数影响，因此每个用户具有不同的信号损失。在式（17-3）中，A_v 是一个用来表示信号损失中这种类型变化的随机变量，它遵循高斯分布，平均值为 1，方差为 0.16^2。A、t_r、t_0、x_c 和 w 是与基准脉冲响应形状有关的常数[21]。

在发射器端，电信号通过人体发送之前，由掩模滤波过滤除去谐波分量和在其他频带的可能干扰[5]，从而占据约 6MHz 的窄带。干扰信号仅在占据频带建模，因此可以用加性高斯白噪声近似，它有一个与频率无关的功率。测得的干扰信号具有高斯分布，这是合理的，因为包括 HBC 发射器在内的多个电子设备会发射电磁波，并且这些电磁波相当于接收器端的干扰信号。在独立随机变量求和之后，根据中心极限定理它遵循高斯分布。根据 HBC 使用的位置不同，干扰信号具有不同的方差；因此，参考文献［21］中的干涉信号发生器依据干扰信号的最大方差建模，测得的最大方差为 2.55×10^{-5}。

17.4 人体通信的传输机制

BAN IEEE 802.15 工作组最近发表了使用 HBC 的 PHY 标准[5]。发射器由信号发生块组成，它产生前同步码、启动帧定界符（start-frame delimiter，SFD）/速率指示符（rate indicator，RI）、报头、物理层服务数据单元（physicallayer service data unit，PSDU）和导频信号。每个块中产生的信号在多路复用器（multiplexer，MUX）上相加，然后发送到发射滤波器实现，并遵守文献［5］定义的频谱屏蔽。发射器使用频率选择性数字传输（frequency selective digital transmission，FSDT）方案；与一般的无线通信不同，数字信号使用 Walsh 码和频率选择码（frequency selective code，FSC）在频域中传播，从而形成的基带信号通过传输信道（如人体）进行传播，在不需要调制的情况下，可以将基带信号转化为中频或 RF 频段的通带信号。基带信号的传输是可能的，因为人体支持基带信号分布的低频带的信号传输[7-11]。发射滤波器滤波后的基带信号通过人体传送到接收器。接收器端的 BER 性能受信道的信号损失和由 HBC 用户周围电磁环境产生的干扰信号影响[7]。为了防止干扰信号引起的 BER 退化，发射器在通过人体传送信号之前在频域扩展数据信号。如图 17-8 所示，数据信号在发射滤波器之前使用频率选择性（frequency-selective，FS）扩展器扩展，并将所得的基带信号通过人体传送。串行输入数据通过串行/并行（serial-to-parallel，S2P）转换器转换为 4 位符号，并且每一个符号根据图 17-8 中的映射表被映射为一个 16 片的 Walsh 码。然后 Walsh 码中的每一片被映射到两个 FSC 中的一个，FSC 码片序列以“0”或“1”开始，并且在一个 FSC 长度内重复“0”

和“1”，如图 17-8 中的映射表所示。该映射表显示了 Walsh 码的每一片何时被映射到 8 个码片长度的 FSC。FSC 的长度根据串行输入数据的数据速率进行控制，以保持 FS 扩展器输出的码片速率，即 42Mcps（片每秒）[5]。每个 Walsh 码具有不同的基本频率[8]，使扩展后的数据信号分布在特定频带（即为 FS），以避开干扰信号主要分布的频段。因此，由于其频率选择性特点和扩展提供的处理增益，FSDT 方案对干扰具有良好的耐受性。然而，参考文献［5］中的 HBC PHY 尚未实现。相反，具有类似 PHY 的 HBC 调制解调器已经实现，其中 Walsh 码被用于产生无 FSC 的 FS 数据信号[8]。本节将说明 HBC 使用最初提出的 HBC 调制解调器的传输方案[8]。

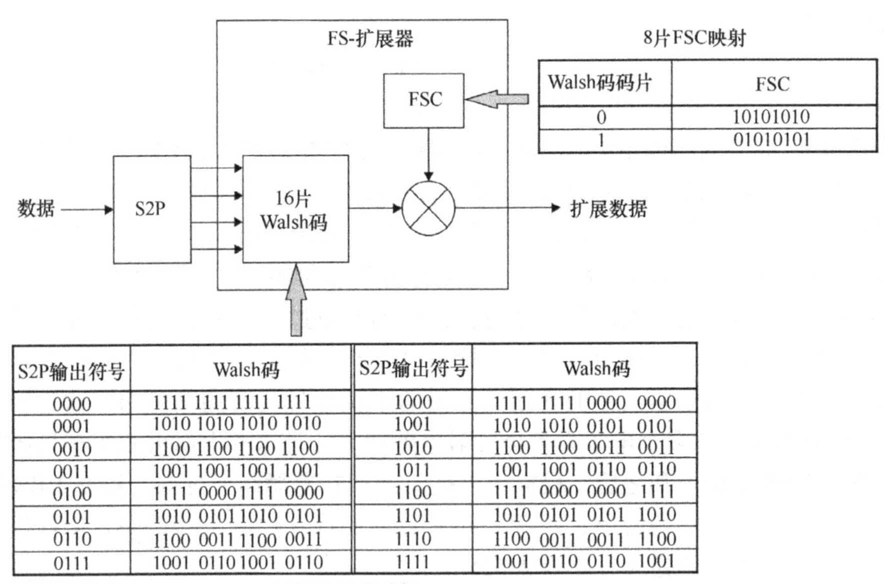

Walsh码码片	FSC
0	10101010
1	01010101

S2P输出符号	Walsh码	S2P输出符号	Walsh码
0000	1111 1111 1111 1111	1000	1111 1111 0000 0000
0001	1010 1010 1010 1010	1001	1010 1010 0101 0101
0010	1100 1100 1100 1100	1010	1100 1100 0011 0011
0011	1001 1001 1001 1001	1011	1001 1001 0110 0110
0100	1111 0000 1111 0000	1100	1111 0000 0000 1111
0101	1010 0101 1010 0101	1101	1010 0101 0101 1010
0110	1100 0011 1100 0011	1110	1100 0011 0011 1100
0111	1001 0110 1001 0110	1111	1001 0110 0110 1001

图 17-8　FS 扩展器的结构

17.4.1　Walsh 码

这里有必要理解扩展码的特征，从而进一步全面了解传输方案。

Walsh（-Hadamard）码的独特在于每个非零码字具有确切的 Hamming 权值 2^{n-1}，这意味着代码的距离也是 2^{n-1}。在标准编码理论符号中，这意味着 Walsh-Hadamard 码是一个［$2^n,n,2^n/2$］码。Hadamard 码可以看作是 Walsh-Hadamard 码稍微改进的版本，因为它实现了相同的块长度，和消息长度为 n+1 的情况下的最小距离，即它可以在每个码字上多发送一个信息位，但这种改进以更复杂的结构为代价。

Walsh-Hadamard 码是通过选择 Hadamard 矩阵的各行作为码字得到的。Hadamard 矩阵 $\boldsymbol{M}_n$ 是一个由 1 和 0 组成，具有所有行 $n/2$ 个位置都不同于其他行的特征的 $n \times n$（n 是偶数）矩阵。矩阵中一行全零。其他行包含 $n/2$ 个 0 和 $n/2$ 个 1。

当 $n=2$ 时，Hadamard 矩阵为

$$\boldsymbol{M}_2=\begin{bmatrix}0 & 0\\ 0 & 1\end{bmatrix} \tag{17-4}$$

此外，Haramard 矩阵 $\boldsymbol{M}_{2n}$是由 $\boldsymbol{M}_n$ 根据如下关系生成：

$$\boldsymbol{M}_{2n}=\begin{bmatrix}\boldsymbol{M}_n & \boldsymbol{M}_n\\ \boldsymbol{M}_n & \bar{\boldsymbol{M}}_n\end{bmatrix} \tag{17-5}$$

式中，$\bar{\boldsymbol{M}}_n$ 是 $\boldsymbol{M}_n$ 的补集（0、1 互换）。例如，建立 $\boldsymbol{M}_4$ 矩阵，有

$$\boldsymbol{M}_4=\begin{bmatrix}0 & 0 & 0 & 0\\0 & 1 & 0 & 1\\0 & 0 & 1 & 1\\0 & 1 & 1 & 0\end{bmatrix} \tag{17-6}$$

尽管它实际上有许多的频率分量，每个码都有一个基本频率。在 $\boldsymbol{M}_4$ 矩阵的实例中，第一行没有变换，第二行有三个变换并且具有最高的基频分量。第三行和第四行分别具有一个和两个变换。如果矩阵根据变换数量重新排列，指数越高，其基频 Walsh 码数就会越高。这意味着，每个 Walsh 码的最大功率在它的基频处。

17.4.2　FS 数字传输

数字波形传输的数据可以使用 Walsh 码在选定的频域扩展。HBC 使用 64 片 Walsh 码。64 片 Walsh 码是根据变换的数量重新排列的，因此每个码的索引对应于变换的数量。例如，一个索引号为 48 的 64 片 Walsh 码，即 W48，有 48 个变换。使用各码的索引将其分成 4 组，每组 16 个码。64 片 Walsh 码的第 4 分组有 16 个码，具有最高转换数量，因此也具有最高基频。如果假设该系统使用的是 32MHz 的时钟，则最大基频为 16MHz。在这个实例中，64 片 Walsh 码第 4 分组占用的频带如图 17-9 所示，其展示了第 4 分组的简化频谱、通过人体所接收的信号和由人体的天线功能所造成的干扰信号的归一化噪声功率。如果使用该组的码字传播信号，要被发送的最高信号功率存在于第 4 分组，主要分布在 12~16MHz 的频带。

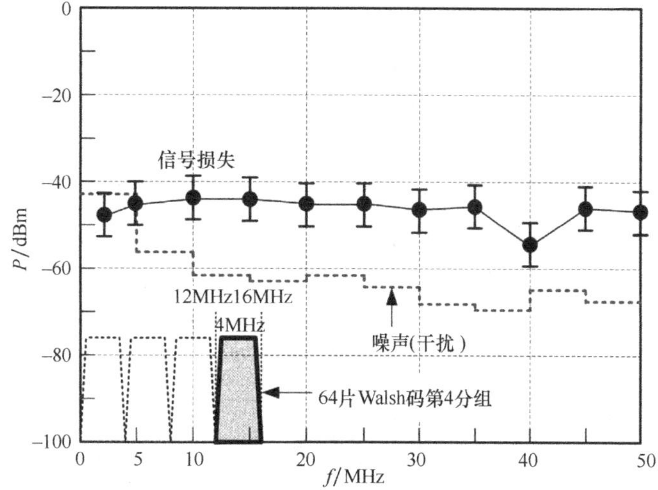

图 17-9　64 片 Walsh 码第 4 分组占用的频带、信号损失和归一化噪声（干扰）功率

另外，如图 17-9 所示，5MHz 带宽的标准化噪声功率随频率成比例地降低。早先的研究[27]也报道了在 10~20MHz 之间存在窄窗口，其中的干扰信号功率相对较低。在所研究的人体信道的频率响应中，频率低于 40MHz 时，人体信道的信号损失正比于频率，高于 40MHz 时，信号损失相比于频率增加得更快。

虽然传统的扩频系统具有更宽的带宽，类似于白噪声，但 64 片 Walsh 码分组产生的发送信号类似于载波频率调制的信号。输出频谱显示为 4MHz 带宽的基带信号，被 14MHz 的载波频率调制。通过一组 Walsh 码，可以将信息扩展到所选择的频率，而无须使用载波频率连续的频率调制。扩频具有通过增加对来自各种器具的人体干扰的抗性，来保证通信质量的优点。工作中的 HBC 调制解调器[8]使用 64 片 Walsh 码中基频最高的 16 码，即图 17-9 中的第 4 分组（W48~W63）。图 17-10 展示了 HBC 调制解调器的框图和 FS 数字传输的操作。串行输入数据通过 S2P 块变成一个 4 位符号。这 4 位符号成为 64 片 Walsh 码中 16 码索引。如果源数据速率为 2Mbit/s，则 S2P 转换之后符号速率为 0.5Msps（符号每秒）。FS 扩展器后的最终码片速率

是 32Mcps。FSDT 方案具有数据速率高和结构简单的优点。先前的系统[28]利用曼彻斯特编码，它总是在每个比特周期的中间变换，因此变换的错误将直接导致误码。然而在 FSDT 方案中，64 片 Walsh 码的最小距离是 32，因此即使 15 位丢失，接收器仍可以进行解码。扩展基带信号仅具有两个连续相同的片，00 或 11。其结果是，在时钟频率为 32MHz 时，它的基频范围为 12~16MHz。通过使用具有最高基频的 16 个扩频码，基带像是被 14MHz 的载波频率进行调制。FSDT 方案可以在发射器端没有 DAC、ADC 和 RF 相关的电路块的情况下实现，这确保了极低的功耗，并实现了小尺寸。

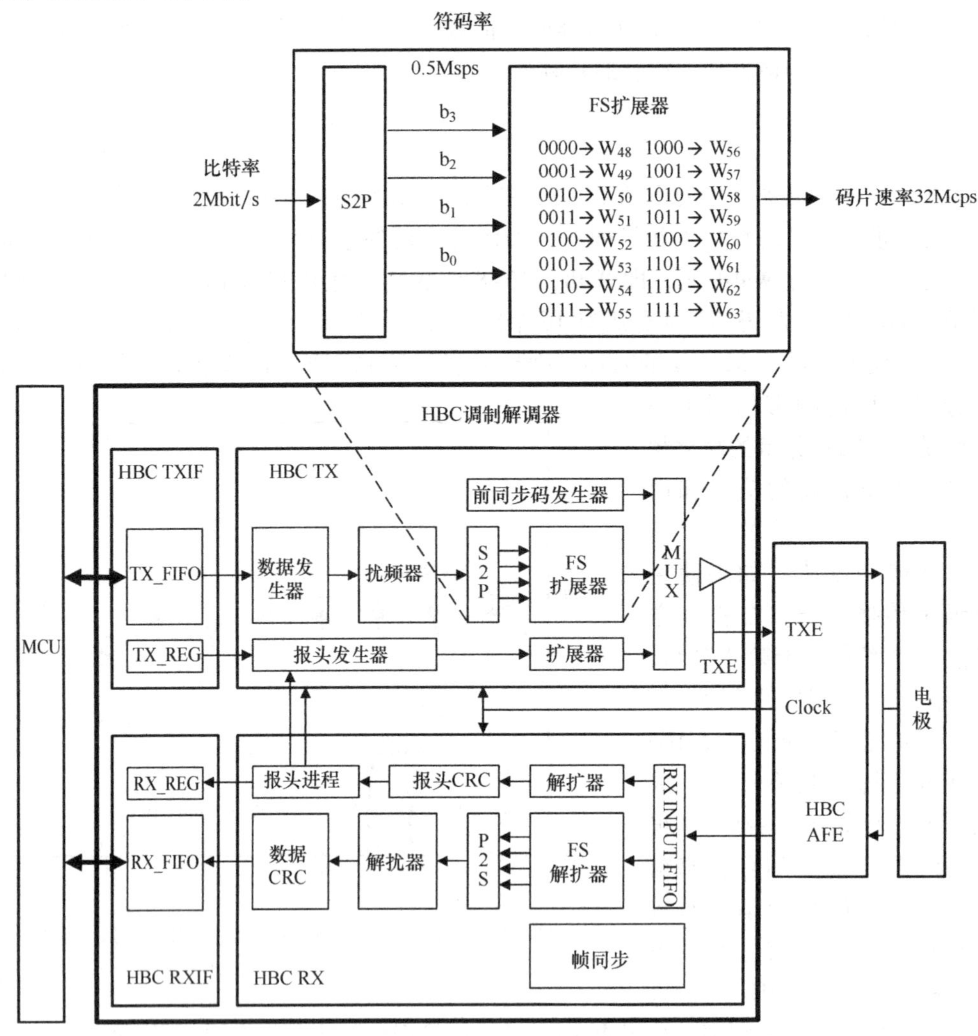

图 17-10　使用 FS 扩展器的 HBC 调制解调器

CRC—循环冗余校验

如图 17-10 所示，HBC 调制解调器由 4 个主要模块组成：接口模块（HBC IF），发射器模块（HBC TX），接收器模块（HBC RX）以及模拟前端模块（HBC AFE）。HBC IF 是微控制器单元（micro-controller unit，MCU）和 HBC 调制解调器之间的接口模块。在一个 HBC 的 IF 中，有为所有子块存储控制信息的寄存器组、用来存储要发送或接收通信数据的缓冲器、中断控制器和串行接口模块。HBC TX 是发射器模块，包括一个扰频器、一个 S2P 转换模块和一个 FS 扩展器。HBC 的 TX 输出被直接连接到信号电极。HBC RX 是接收器模块，它包括一个同步块（搜索帧的开始）、一个 FS 解扩器、一个 P2S 模块和一个解扰器。HBC AFE 为模拟前端模块，包括降噪滤波器、放大器、时钟恢复以及数据重定时模块。

在 HBC PHY 的 IEEE 标准中，为了防止由于时钟漂移造成的同步损失，一个可选的“导频”的序列可以和数据一起插入 PSDU[5]。根据预定的插入周期的值，导频信号与分割数据块交错周期性地插入。根据信息数据速率，存在 3 重导频插入间隔。另一种方法是使用时钟和数据恢复（clock and data recovery，CDR），以便恢复与输入数据流同步的时钟。因此，所恢复的时钟重新定时接收数据。使用 CDR 实现的接收器不需要导频信号，这改善了数据吞吐量性能。此外，它可以恢复所传送的数据，而无须一个高采样频率的 ADC，从而降低了功耗。HBC PHY 的 IEEE 标准还没有导频插入模式。

使用 CDR 实现的 FSDT 方案的帧结构是由一个下行链路子帧（或数据包）和上行链路子帧（或数据包）组成的，如图 17-11 所示[29]。一帧的长度为 10ms，支持 3 个子帧比率。下行链路与上行链路的子帧比率是 8∶2、5∶5 和 2∶8。下行链路子帧由 2μs 的锁定时间、128 位的前同步码和 64 位的报头组成。该数据如图 17-11 中所示。伪信号用于锁定时间，其具有在 2μs 期间以最高码片速率 32Mcps 重复 0 和 1 的模式。伪信号用来给 CDR 电路近似基准频率，使得它在 2μs 内减少相位调整的时间。上行链路子帧由 2μs 的锁定时间、64 位的报头和数据组成。每一个子帧有 2μs 的保护时间，这是接收模式和发射模式之间的变换时间。从 250kbit/s 到 2Mbit/s 提供了 4 个可变数据速率。

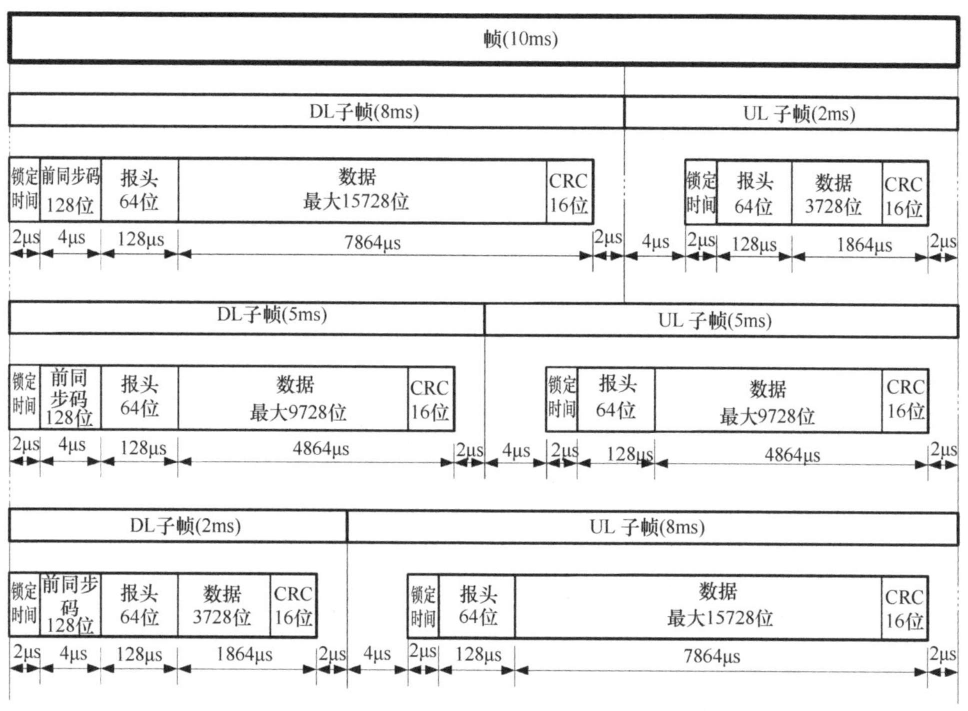

图 17-11　采用 FSDT 方案的 HBC 帧结构

17.5　人体通信的模拟前端

图 17-10 中的模拟前端用来接收通过人体传送的数据信号，并恢复发送的数据信号。本节介绍一种结构简单并与早期工作的 HBC 调制解调器[8]兼容的 HBC 模拟前端[11]。

17.5.1 接收信号

所述模拟前端的设计需要分析信号通过人体的传播。在17.3.2节中提到的信道模型可用于性能分析，但不适用于模拟前端的设计，因为模拟前端的性能，如滤波器的截止频率或者比较器的延迟，在使用信道模型的仿真中无法精确建模。因此，基于信号测量的模拟前端设计更实用。接地层的尺寸影响信道中的信号损失。较大的接地层增强了电耦合，从而使接收器接地层的大小取决于不同的应用，如移动电话。在该实验中，接收器电极尺寸被设计为5mm×5mm，参照了手持电话机典型按钮的大小；接地层面积为50mm×100mm，这是典型的电话尺寸。与使用信号和接地两个电极的方式相比，采用单一电极会更加方便用户使用。发射器位于一只手上，并由电池供电的移动终端（即超便携个人计算机）使用USB电缆供电。由现场可编程门阵列（field-programmable gate array，FPGA）产生的发送信号穿过人体并转移至位于另一只手上的接收器电极。发射信号由2μs的伪信号和4μs的曼彻斯特编码的报头组成。伪信号在2μs以32M码片速率重复0和1，因而给CDR电路提供近似基准频率来将对齐相位的时间减少到2μs内。曼彻斯特编码的报头在4μs长度内有128位。

传输距离约为150cm，接收器电极被连接到有源探头以最大化接收器和地之间的隔离。测量设备和被测量信号如图17-12所示，它具有主要在50kHz左右110mV_{pp}的强低频。图17-12还给出了A点的放大曲线图，这是分组的起点。

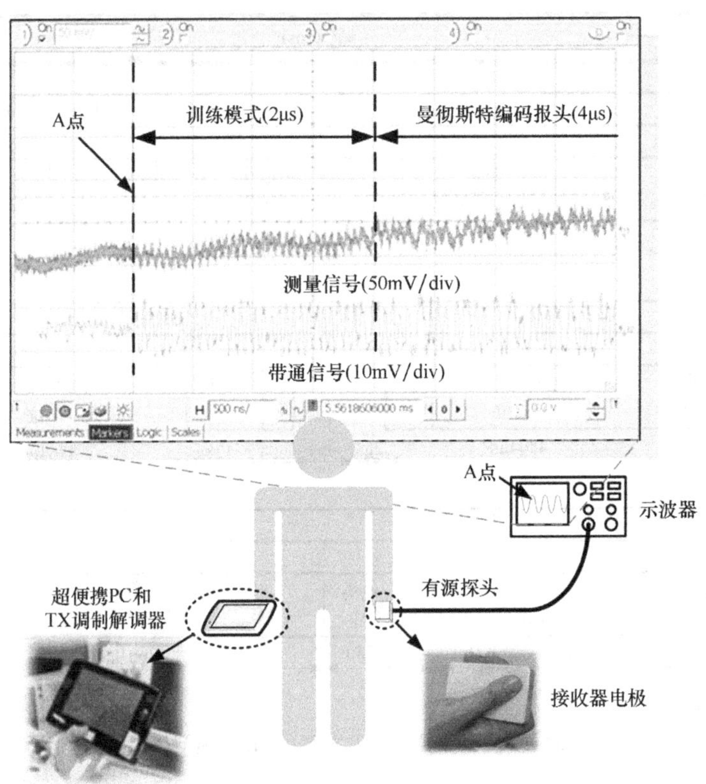

图17-12 测量设备和通过人体的被测信号

所测量的信号使用示波器的数学功能，通过高通滤波器（截止频率为8MHz）和低通滤波器（截止频率为30MHz）组合进行带通滤波。带通信号幅值约为10mV_{pp}。

17.5.2　模拟前端设计

模拟前端是基于人体测量的接收信号而设计的。信道中的信号损失 L_P 以 dB 为单位。它的计算式为

$$L_P = 20\lg\frac{V_{RX}}{V_{TX}} \tag{17-7}$$

式中，V_{RX}为接收的电压；V_{TX}为发射器的输出电压。如果发射器的输出电压为 3.3V_{pp}且通过人体的信号损失大约为 60dB[27,30]，那么接收器必须具有至少 3.3mV_{pp}的灵敏度。如参考文献［28］中介绍，接收器从信道感应的其他信号中分离出所需信号，将它放大到适于进一步处理的水平，并利用比较器确定了它的二进制状态。CDR 电路可以使二进制数据与时钟对齐。图 17-13 显示了模拟前端的框图。

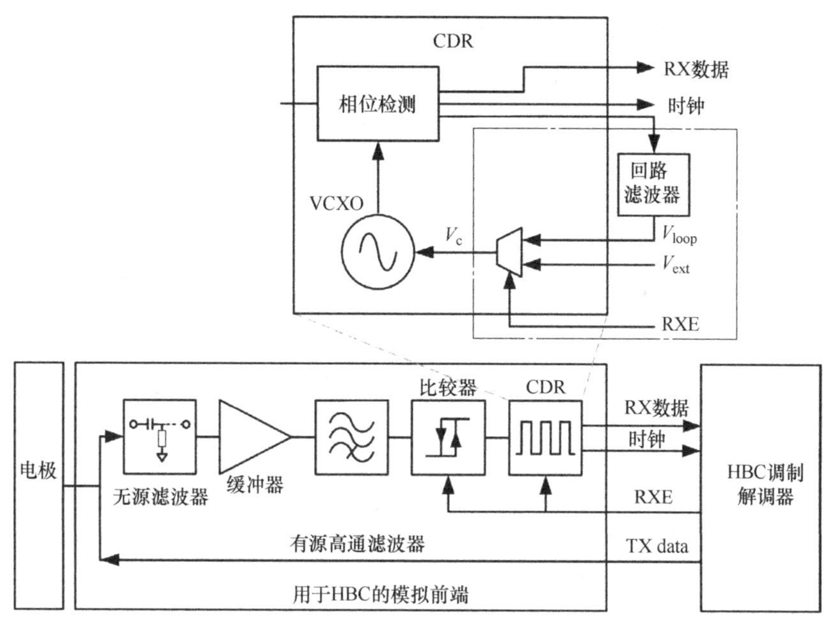

图 17-13　使用 FSDT 方案的模拟前端框图

第一步是定义所述放大器的增益。接收器的增益基于比较器的最小驱动电压和可以接收信号的最小振幅之间的关系来确定。图 17-14 给出了 HBC 系统的简化图，它具有一个带有三态输出缓冲器的发射器、信道（即人体）和一个带有放大器和比较器的接收器前端。由无源和有源元件实现的高通滤波器被省略，因为它们对通带中的信号幅度几乎没有影响。由于人体暴露在各种电磁环境中，所接收的信号不仅有强的低频干扰，而且还有相对低振幅的高频干扰。应该使用正反馈产生滞后并提高对高频噪声的抗干扰能力。根据不同的身体位置，参考文献［27］报道了最大的信号损失 L_p 可达−70dB。

为了定义放大器的增益 G_A，信道和放大器被视为一个单独的功能块，如图 17-14 中点划线框所示。功能块的增益与发射器的输出电压 V_{TX}和比较器的输入驱动电压 V_{COMP}有关，有

$$G_A = 20\lg\frac{V_{COMP}}{V_{TX}} - L_p \tag{17-8}$$

如果信号的最大路径损耗 $L_P = -80$dB 并且比较器可被 33mV_{pp}的输入信号驱动，放大器应

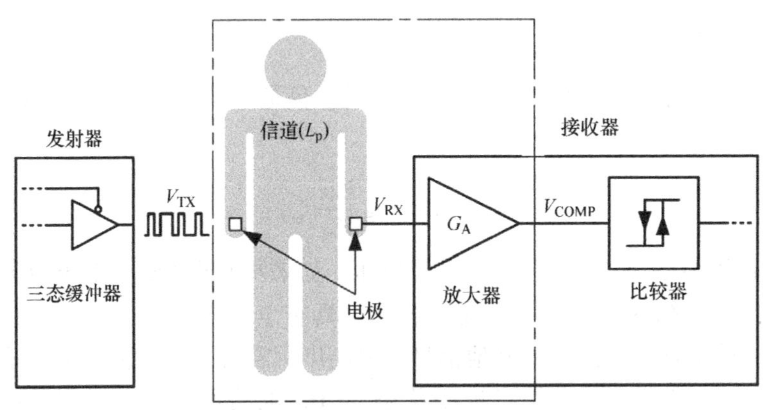

图 17-14　HBC 系统的简化示意图

有的增益 $G_A = 40\text{dB}$。接收器具有 $330\mu V_{pp}$ 的灵敏度。考虑到各种身体位置，最大信号损失为 −70dB[15]，损耗变化为−5dB，接收器余量为−5dB。

第二步是定义有源滤波器（见图 17-13）。这里使用了具有最大平坦群延迟的贝塞尔滤波器，因为它保留了通带内的波形。因为 FSDT 方案的扩展基带直接通过人体传输，所以它的频谱较宽。为了找到滤波器类型的特性，使用 Agilent 先进设计系统在测得数据的基础上进行了瞬态分析。根据该模拟，设计采用了一个截止频率为 8MHz 的四阶有源高通滤波器。利用比较器的滞后作用和运算放大器 IC 的 200MHz 的增益带宽乘积可除去接收信号中的高频噪声，因此允许使用高通滤波器来代替前面描述的实验中的带通滤波器。

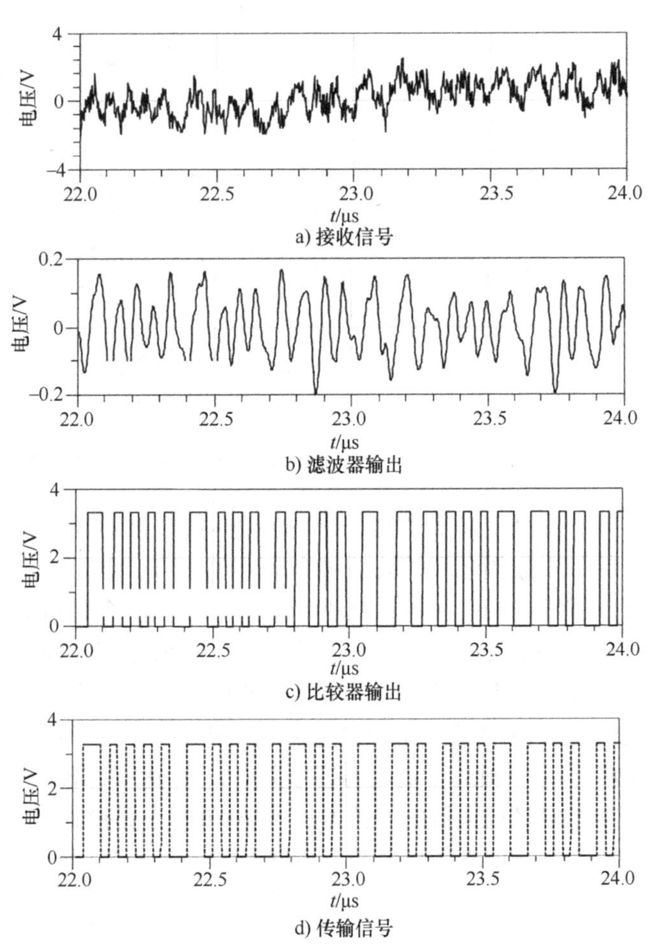

图 17-15　根据测量数据从电极到比较器的模拟信号

由电力传输和荧光照明引起的 50Hz 或 60Hz 交流电的感应噪声可在人体上达到数十伏。这种噪声很可能使 3.3V 电源电压下模拟前端所使用的的有源电路饱和，因此应将其降低到一个点，低至在不饱和情况下接收器能够容纳的信号。使用一个串联电容和两个电阻连接在电源电压和地之间实现一个无源二阶高通滤波器，提供电源电压的一半，其提供所接收信号的最大摆动范围，且是不饱和的。图 17-15 表示了基于测量数据的从电极到比较器的模拟信号。处理后信号具有均方根

（root-mean-square，RMS）为 4.6ns 的眼图抖动。这源于噪声、感应干扰、码间干扰、信号传输过程中频带限制的信道和电路转换速率与比较器滞后的物理限制。接收的信号被放大、滤波，然后在两个电平之间快速切换，数据最终利用 CDR 电路从处理后带抖动的信号中恢复。发射信号是由使用一组 Walsh 码的扩频信号和曼彻斯特编码的前导码组成，它是通过一个单极不归零（non-return-to-zero，NRZ）的电平由 0 与 3.3V 来表示，只有两个连续的相同码片。这使得所提出的方案可以在异步通信中使用。当在 2 码片延迟内接收信号时，通过 CDR 电路从接收到的数据提取定时信息并再生码片流。压控振荡器（voltage-controlled oscillator，VCO）是一种振荡频率由电压输入控制的振荡器。所施加的输入电压被命名为控制电压 V_c，决定了瞬时振荡频率。在传输过程中 CDR 被用作本地振荡器，以产生标称频率或通过设定控制电压 V_c 到特定电压，通常为电源电压的一半，产生 VCO 的中心频率（见图 17-13 中的 V_{ext}）。在一帧中，主机和从机应该交换一次数据。这种技术可以周期性初始化主站和从站之间的时钟频率偏移，误差在 ppm 以内，并防止时钟频率漂移。在 HBC 中，数据传输不能被故意启动或停止，从而需要快速锁定时间。CDR 中使用的锁相环的传统频率锁定时间通常为几百微秒。从机在下行链路期间作为接收器，在上行链路期间作为发射器。为了在下行链路时段作为接收数据追踪所传输的信号，回路滤波器的输出电压 V_{loop} 被图 17-13 中的 RXE（接收器使能信号）用作 VCXO 的控制电压 V_c。当在下行和上行链路中没有接收到的数据时，外部电压 V_{ext} 被用作 V_c 来使用 CDR 作为本地振荡器。主时钟和从时钟仅存在有限时间内的相位差，即无缓冲存储器的帧长度。此外，由 32Mcps 周期数据组成的 2μs 伪信号被用于训练 CDR。在传输过程中该伪信号和振荡模式可以在 2μs 内设置控制电压。

17.5.3　CDR 操作

相比使用导频信号的方案，使用 CDR 的接收器具有数据吞吐性能高的优势。帧中的信息可用于控制 CDR，以便 HBC 设备之间的同步，降低功率消耗。图 17-16a 给出了与子帧比和所接收数据的长度相关的控制信号。标为 Rx_valid 的控制信号表示下行链路与上行链路的子帧比，并在下行链路中被设置为“逻辑高”。标为 RXE 的信号表示接收到的数据长度。当主机发送数据时，从机在它通过人体后开始接收数据。这点在图 17-16a 中被标记为①。处于接收模式的从机的 CDR 将相位和频率锁定到接收信号，该接收信号用发射器的时钟信息表示为单极 NRZ。VCXO 的控制电压根据接收信号的频率而变化，这几乎与发射器的频率相同。这段在图 17-16 中被标记为②。如果接收的数据小于允许的最大大小，RX 数据在 Rx_valid 结束之前结束，如图 17-16a 所示。这点在图 17-16a 中被标记为③。一般在所接收数据的最后，应注意在相当数量的时钟周期中接收信号没有电平转换。只要接收的信号不存在，CDR 就会被信号丢失（loss-of-signal，LOS）控制信号保持空闲，控制信号是通过 CDR 的输入级产生的。大多数 CDR 有在 LOS 条件下设置 VCXO 控制电压的功能。用于 FSDT 方案的 CDR 具有 LOSIN 终端控制该控制电压。LOS 输出信号通常是“逻辑低”，并在接收的信号没有转换的 256 个连续时钟周期之后被设为“逻辑高”。LOS 信号不仅可用于标志外部报警电路，也/或用于驱动 CDR 的 LOSIN 输入。当 LOSIN 被设定为“逻辑高”时，VCXO 控制电压被切换至一个内部电压，通常为电源电压的一半，以产生标称频率。一旦有接收信号转换，LOS 信号就会被复位到“逻辑低”。

然而在 HBC 中，从人体接收到的随机噪声由接收器链处理，最终成为任意脉冲宽度的二进制数字数据。其结果是，在接收数据的末端和下行链路子帧的末端或上行链路子帧的首端之间（标记为图 17-16a 中的④），即将输入的信号相位和 CDR 本地振荡器的相位存在随机差异。经处理的随机噪声会引起 CDR 失锁。

当从机发送数据标记为图 17-16a 中的⑤时，所发射的信号泄漏到从机的接收路径。反馈回路形成：①CDR 提供发射信号的时钟频率；②该发射信号通过电极泄漏到接收路径；③处理发射信号的泄漏信号，并且比较器使它成为带发射器频率的二进制波形；④然后该信号被连接到所述的 CDR；⑤最后，反馈回路形成，VCXO 的控制电压收敛到一个常数，一般为产生 VCXO 标称频率的电源电压的一半。当所发射的信号低于最大允许周期时也会发生相同的问题，如图 17-16a 中的⑦所示。

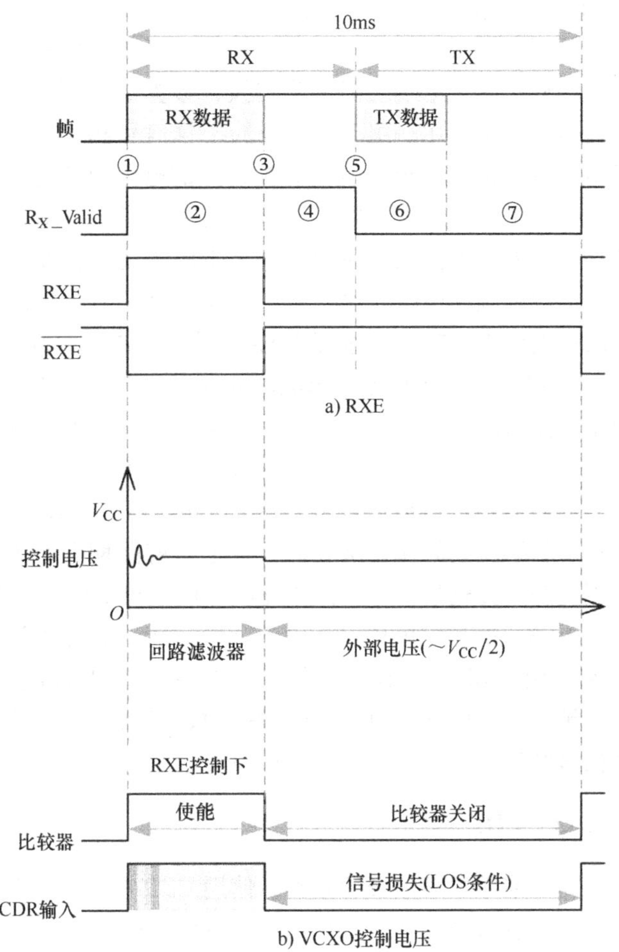

图 17-16　RXE 和 VCXO 控制电压的操作

在 HBC 中，用户通过触摸设备迅速建立网络连接。CDR 的快速锁定时间是必要的，与一般的无线通信相比这表征了 HBC。为了降低锁定时间，主机和从机的频率应同步或保持在标称频率，然后进行相位锁定的获取和获得的相位配时的追踪。同步或保持主机和从机频率的简单解决方案是最大化所有子帧的数据大小。这可以通过为主机和从机所发送的数据添加伪信号来完成。伪信号波形具有 0 和 1 的重复模式，且具有最高码片率（如在锁定时间中使用的）。通过添加伪信号，即使当数据尺寸小于最大值时也不存在接收信号无转换的周期。因此，人体产生的随机二进制信号不会被引进 CDR。但是，由于需要额外模式，这种方法会消耗额外的功率。

另一种方法是管理 VCXO 的控制电压，如图 17-16b 底部所示。在接收数据存在的情况下，标在图 17-16b 中的 RXE 信号被设定为“逻辑高”，并且$\overline{RXE}$信号是 RXE 的互补信号。RXE 信号是用于在环路滤波器的输出和外部电压之间切换 VCXO 的控制电压的控制信号。当接收数据存在时，VCXO 由环路滤波器的输出电压控制。除了接收信号存在的情况，VCXO 的控制电压在整个帧的所有周期被设定为外部电压。外部电压通常为电源电压的一半，以产生标称频率，如图 17-16b 中间所示。另外，RXE 或$\overline{RXE}$信号可以作为比较器使能或禁止的控制信号。根据比较器需要被使能的极性，使用这两个信号中的一个。如果比较器关闭，则位于比较器后面的 CDR 就接收不到信号转换，如图 17-15 所示。通过 RXE 对比较器的操作如图 17-16b 所示。其结果是，图 17-16b 中记为 CDR 输入的输出信号直观地描述了 CDR LOS 的条件。在 LOS 条件下，CDR 中

VCXO 的控制电压产生标称频率，CDR 继而准备好在发送期间发挥本振的作用。

17.6 模拟前端的性能

表 17-2 总结了使用 FSDT 方案的模拟前端的性能[11]。用于 FSDT 方案的传输器具有-78dBm 的高灵敏度和为 82dB 的宽动态范围。FSDT 传输器不需要复杂的电路如发射器的模拟块、用于双工的开关电路、用于频率转换的混频器、用于减少高频噪声的低通滤波器和具有高速采样频率的 ADC。它可以降低功耗以及电路的复杂程度。虽然传输器具有这些优势，并且可以利用现成的组件来实现，但是消耗了太多能量。

相比前面两个例子，FSDT 方案还提供了较低的数据速率[7,27]。在保持模拟前端结构不变的情况下，通过修改扩展方案可以提高数据传输速率。如果传输方案使用有两倍扩频因子的 Walsh 码的半长，它会在发射器的输出端有相同的码片速率。因此，没有必要修改模拟前端的任何电路。从理论上讲，数据速率加倍，其信噪比就会下降 3dB。如表 17-2 所示，使用 FSDT 方案的模拟前端在低输入功率下提供了更好的 BER 性能。因此 FSDT 方案可以在降低扩频信号的处理增益的同时，提高数据速率并维持目标 BER。

表 17-2 各种 HBC 模拟前端的性能总结

技　术	FSDT'12[11]	FSK'09[7]	Wideband Digital Transmission'09[27]
频带	8~22MHz	30~120MHz	1~30MHz
调制	无	FSK	无
抗干扰技术	可选频率 Walsh 传播	自适应跳频	输入夹紧
数据速率	2Mbit/s	10Mbit/s	8.5Mbit/s
灵敏度	$250\mu V_{pp}$(-74dBm)	$503\mu V_{pp}$(-65dBm)	$350\mu V_{pp}$
动态范围	>82dB	—	—
BER	$<10^{-6}$@$250\mu V_{pp}$	$<10^{-5}$@$710\mu V_{pp}$	$<10^{-3}$@$450\mu V_{pp}$
功耗	194.7mW	4.6mW	2.75mW

17.7 人体通信的商业化及其挑战

为了 HBC 的商业化，各种传输技术和应用模型相继出现，HBC 标准化也在同步推进。与用于健康监测传感器的通常使用几百兆赫的一般无线通信（如医疗植入通信服务（Medical Implant Communication Service，MICS）频带[5]）相比，HBC 使用非常低的小于 100MHz 的频率，因为人体作为传输介质支持低频带的信号传输。此特点给了 HBC 与性能相关的优势：支持高数据速率传输，同时保持低功耗水平。由于 HBC 使用低频信号传输，传输过程中的传播延迟不明显[26]。因此，可以在不补偿传播延迟的情况下提高数据速率。参考文献［29,31-32］已经提出 HBC 可以支持高达 10Mbit/s 的高数据传输速率。此外，已经为 HBC 提出了基带传输技术[5,8-11]，它可通过人体传输基带信号而不是通过模拟调制将基带信号转换成通带信号，这使得调制解调器和模拟前端的功耗减小。由于功耗低，HBC 已经被应用到胶囊型内窥镜的数据通信[33]，它可以使用 HBC 捕捉肠管内部的高质量图像并发送所捕获的图像到身体表面的一个接收器上。多家公司已经发布了使用 HBC 的原型模块或系统解决方案[34-36]。原型模块和系统解决方案可以应用于各种类型的数据传输如识别信息的发送，但使用穿戴式传感器的医疗保健服务也被认为是模块和解决方案的主要应用之一。在 IEEE 802.15 工作组，使用 FSDT 方案的 HBC PHY 已被采用为用于人体表面短程通信的标准[5]。此外，HBC 的接口被 IEC TC47 标准委员会进行了标准化[37]。接口标准定义了电极的规格，包括大小和材料，以及保证接口正常操作所需的操作条件。

然而，在提高 HBC 的实用性并继而实现其用于穿戴式传感器的潜力之前，仍然存在一些挑战。早期研究中的信道模型[21]仅可适用于体表传感器间的信号传输，但它应该扩展到体表和体内传感器或者体内传感器之间的信号传输。要做到这一点，应该研究模拟由各种组织构成的人体的建模技术和测量人体内信道特性的测量技术。参考文献［5］中的 HBC PHY 仅支持单一的传输信道，因此不能被应用于传感器网络中集线器和多个节点之间的通信。为了 HBC 支持多节点通信，应该引入多通道技术以及避免相邻信道干扰的技术。

参考文献

[1] Zimmerman, T. G. (1971). Personal area networks (PAN): near-field intra-body communication. M.S. thesis, MIT Media Laboratory, Cambridge, MA.
[2] T.G. Zimmerman, J.R. Smith, J.A. Paradiso, D. Allport, N. Gershenfeld, Applying electric field sensing to human-computer-interfaces, Comput. Human Interface Conf. (1995) 280–287.
[3] T.G. Zimmerman, Personal area networks: near-field intrabody communication, IBM Syst. J. 35 (3-4) (1996) 609–617.
[4] E.R. Post, M. Reynolds, M. Gray, J. Paradiso, N. Gershenfeld, Intrabody buses for data and power, Int. Symp. Wearable Comput. (1997) 52–55.
[5] IEEE Standard Assoication (2012). IEEE Standard for local and metropolitan area networks – Part 15.6: Wireless Body Area Networks.
[6] IFAC-CNR website: <http://niremf.ifac.cnr.it/tissprop>, (Last Accessed: 27.06.14).
[7] N.J. Cho, Y. Jerald, S.J. Song, et al., A 60 kb/s-10 Mb/s adaptive frequency hopping transceiver for interference-resilient body channel communication, IEEE J. Solid Stat Circuits 44 (3) (2009) 708–717.
[8] H.I. Park, I.G. Lim, S.W. Kang, W.W. Kim, Human body communication system with FSBT, IEEE 14th Int. Symp. Consum. Electron. (2010).
[9] T.W. Kang, J.H. Hwang, C.H. Hyoung, et al., Required transmitter power for frequency selective digital transmission on the effect of the human body channel, Int. Conf. Info. Commun. Technol. (2010) 17–19.
[10] T.W. Kang, J.H. Hwang, C.H. Hyoung, et al., Performance evaluation of human body communication system for IEEE 802.15 on the effect of human body channel, IEEE 15th Int. Symp. Consum. Electron. (2011).
[11] C.H. Hyoung, S.W. Kang, S.O. Park, Y.T. Kim, Transceiver for human body communication using frequency selective digital transmission, ETRI J. 34 (2) (2012) 216–225.
[12] K. Fujii, K. Ito, S. Tajima, Signal propagation of wearable computer using human body as transmission channel, IEEE Antennas Propagation Soc. Int. Symp. (2002) 512–515.
[13] K. Fujii, K. Ito, S. Tajima, A study on the receiving signal level in relation with the location of electrodes for wearable devices using human body as a transmission channel, IEEE Antennas Propagation Soc. Int. Symp. 3 (2003) 1071–1074.
[14] J.B. Sung, J.H. Hwang, C.H. Hyoung, et al., Effects of ground electrode on signal transmission of human body communication using human body as transmission medium, IEEE Antennas Propagation Soc. Int. Symp. (2006) 491–494.
[15] M.S. Wegmueller, A. Kuhn, J. Froehlich, et al., An attempt to model the human body as a communiation channel, IEEE Trans. Biomed. Eng. 54 (10) (2007) 1851–1857.
[16] J.A. Ruiz, S. Shimamoto, A study on the transmission characteristics of the human body towards broadband inter-body communications, IEEE 9th Int. Symp. Consum. Electron. (2005) 99–104.
[17] J.H. Hwang, H.J. Myoung, T.W. Kang, et al., Reverse effect of ground electrode on the signal loss of human body communication, IEEE Antennas Propagation Soc. Int. Symp. (2008).
[18] J.H. Hwang, J.B. Sung, C.H. Hyoung, et al., Analysis of signal interference in human body communication using human body as transmission medium, IEEE Antennas Propagation Soc. Int. Symp. (2006) 495–498.
[19] J.H. Hwang, T.W. Kang, S.W. Kang, Receptive properties of the human body of emitted electromagnetic waves for energy harvesting, IEEE Antennas Propagation Soc. Int. Symp. (2012).
[20] J.H. Hwang, C.H. Hyoung, K.H. Park, et al., Energy harvesting from ambient electromagnetic wave using human body as antenna, Electron. Lett. 49 (2) (2013) 149–151.

[21] J.H. Hwang, Channel model for body area network (BAN), IEEE (2010), P802.15-08-0780-10-006.
[22] K. Fujii, D. Ishide, M. Takaashi, et al., A study on the frequency characteristic of a transmission channel using human body for the wearable devices, Int. Symp. Antenna Propagation (2005) 359–362.
[23] J. Wang, D. Ishide, M. Takaashi, et al., Characterization and performance of high-frequency pulse transmission for human body area communications, IEICE Trans. Commun. E90-B (6) (2007) 1344–1350.
[24] K. Fujii, M. Takahashi, K. Ito, et al., Study on the transmission mechanism for wearable for wearable device using the human body as a transmission channel, IEICE Trans. Commun. E88-B (6) (2005) 2401–2410.
[25] K. Fujii, M. Takahashi, K. Ito, Electric field distributions of wearable devices using the human body as a transmission channel, IEEE Trans. Antenna Propagation 55 (7) (2007) 2080–2087.
[26] J.H. Hwang, T.W. Kang, S.W. Kang, Measurement Results of Human Body's Signal Loss with Multiple Subjects for Human Body Communication, IEEE Antennas Propagation Soc. Int. Symp. (2011) 1666–1669.
[27] A. Fazzi, S. Ouzounov, J.V.D. Homberg., A 2.75 mW wideband correlation-based transceiver for body-coupled communication, IEEE Int. Solid State Circuits Conf.-Dig. Tech. Pap. (2009) 204–205, 205a.
[28] C.H. Hyoung, J.B. Sung, J.H. Hwang, et al., A novel system for intrabody communication: touch-and-play. Circuits and Systems, IEEE Int. Symp. Circuits Syst. (2006) 1343–1346.
[29] Hyoung, C. H. (2012). Analog Front-End for Human Body Communications and Feasibility Study for Medical Services. Ph. D. Dissertation, Korea Advanced Institude of Science and Technology, Korea.
[30] J.H. Hwang, J.B. Sung, S.E. Kim, et al., Effect of load impedance on the signal loss of human body communication, IEEE Int. Symp. Antenna Propagation (2007) 3217–3220.
[31] M. Shinagawa, M. Fukumoto, K. Ochiai, H. Kyuragi, A near-field-sensing transceiver for intrabody communication based on the electrooptic effect, IEEE Trans. Instrum. Meas. 53 (6) (2004) 1533–1538.
[32] S.J. Song, N.J. Cho, S.Y. Kim, H.J. Yoo, A 4.8-mW 10-Mb/s wideband signaling receiver analog front-end for human body communication, 32nd Eur. Solid Stat Circuits Conf. (2006) 488–491.
[33] Intromedic web-site: <www.intromedic.com/eng/sub_products_2.html>, (Last Accessed: 27.06.14).
[34] Renesas web-site: <www.renesas.com/edge_ol/features/08/index.jsp>, (Last Accessed: 27.06.14).
[35] NTT web-site: <https://www.ntt-review.jp/archive/ntttechnical.php?contents=ntr201003sf1.html>, (Last Accessed: 27.06.14).
[36] Sony web-site: <www.sonycsl.co.jp/IL/projects/wearable_key/>, (Last Accessed: 27.06.14).
[37] IEC web-site: <www.iec.ch/dyn/www/f?p = 103:23:0::::FSP_ORG_ID,FSP_LANG_ID:1251,25 Hyong>, (Last Accessed: 27.06.14).

第 18 章　在体通信的通道建模

18.1　简介

在医疗远程监护系统中采用穿戴式系统一直被认为是实现高水平生活质量的挑战。现有最先进的可穿戴计算、无线医疗平台和无线传感器技术可以轻松且隐蔽地测量一些重要的信号，并且在患者需要状态监控时，不管何时何地均可获得其健康状况。这些测量数据可以存储在本地穿戴式监测设备上用于稍后传输或直接传输（如通过公共通信网络）给医疗中心。图 18-1 描述了这样的体系结构，其中在体网络固定在被监测的人体上。

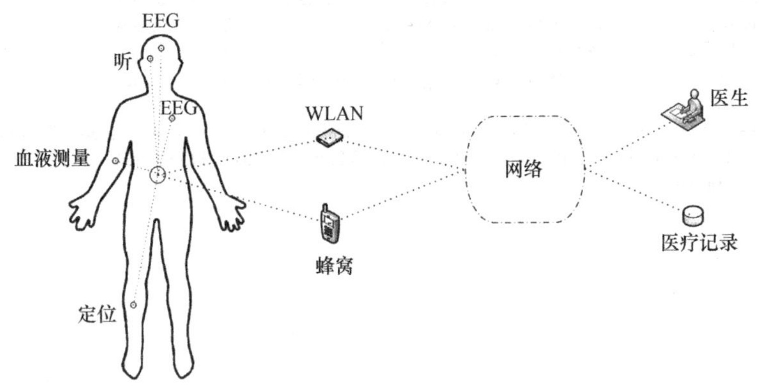

图 18-1　使用穿戴式传感器的患者监护系统的典型架构。在体穿戴式传感器通过无线方式与移动（手机）或固定（WLAN）的网关设备进行通信，将传感器数据传输到远程位置

人体中的波传播被认为是一个复杂的过程。在无线体域网（WBAN）中，传播现象包括：与频率相关的电磁传输、人体组织的强吸收和散射、非视距内链接的高损失以及频繁遮蔽效果[1]。找到可靠并简化 WBAN 运行的大多数频带的模型，是近年来许多研究的热门话题[2]。

信道模型可分为两大类：分析模型和经验模型。分析模型需要传播环境的详细描述，并试图获得一个特定位置上的功率衰减的精确建模。经验模型则相反，基于给定的一组测量结果，试图预见其传播特性。因此，它们更适合于复杂的环境和应用，如 BAN[3]。

WBAN 中的传输受人体组织影响很大，并且与频率相关。传输过程中，信号会有很大程度上的衰减和延迟，并且经过多条路径到达接收器。凭借经验方法捕获信号衰减机制的最简单公式是第一传递公式，即

$$PL(d)_{\mathrm{dB}}=10n\lg d+C \tag{18-1}$$

式中，$PL(d)_{\mathrm{dB}}$为传输距离 d 上的路径损耗，单位为 dB；n 为路径损耗指数；C 为常数。

由于人体的运动及周围环境的影响，可能会出现遮蔽现象。此外，多径反射使信道响应看起来像一系列脉冲。由于能量吸收、反射和衍射机制，以及由于周围环境产生的多径效应，

传播路径可出现衰落[3,5]。

根据操作频带的不同，上述现象对 WBAN 行为有不同程度的影响。一般，WBAN 都设计在 400MHz、600MHz、900MHz、2. 4GHz 和 3. 1～10. 6GHz 的频带运行。由于上述各频带的信道特性不同，在每种情况下都需要适当的信道建模。

本章旨在总结穿戴式 WBAN 的文献中所介绍的基本信道模型。基本模型由 IEEE 802. 15. 6 子组提出，为了开发用于 BAN 的标准[6]。它们中的大多数模型能提供足够的性能，并且是在许多室内环境中正确测试后产生的。模型中不同的信道建模场景取决于通信节点，即植入体内和外部贴放的位置。

本章特别关注了由 IEEE 或研究人员独立提出的在体通信的基本信道模型，基本的实验装置将在下文中详细介绍。对视距和非视距信道进行了研究，两者的区别在于电磁波通信节点的传播方式。鉴于上述情况，这一章可以成为工作在这个领域想要建立自己的 WBAN 的研究人员和设计师的一个有价值的工具。

18. 2　IEEE 802. 15. 6 TG6 标准模型

2007 年以来 IEEE 802. 15. 6 标准已经在开发中。TG6 工作组的目标是开发可以放置在人体内或皮肤上的医疗和非医疗低功率设备的优化 BAN 标准[6]。

标准中的通信定义广泛，包括窄带和超宽带通信。窄带适合电子医疗应用，因为生物信号的频率在人体有较少的衰减。然而，它们带宽小，容易因多径效应造成符号间干扰。IEEE 802. 15. 6 中的超宽带需要较大的带宽，约为 499MHz。表 18-1 展示由 IEEE 组提出的 WBAN 的载波频带和信道带宽[7]。

表 18-1　频带和带宽

窄　带		超　窄　带	
频率范围/MHz	带宽/kHz	频率范围/GHz	带宽/MHz
402～405	300	3. 2～4. 7	499
420～450	300	6. 2～10. 2	499
863～870	400		
902～928	500		
950～956	400		
2360～2400	1000		
2400～2483. 5	1000		

许多文献已提出许多建模模型，并提交给信道建模子组或者在 IEEE 802. 15. 6 会议中讨论[8]。最有代表性的在体通信的传播模型内容将在以下小节中讨论。

18. 2. 1　Aoyagi 模型

IEEE 802. 15. 6 子组的一个基本信道模型由 Aoyagi 等人提出。它基于简单 Friis 公式，其中加入了一个附加的用来描述遮蔽的术语[9]。此附加项 N 是高斯分布函数，平均值为 0dB，

标准偏差为 σ_NdB，该值可以基于统计拟合来确定[4]。在距发射器 d 的接收节点观察到的路径损耗可表示为

$$PL(d)_{dB}=\alpha \lg d+b+N \tag{18-2}$$

式中，α 和 b 为线性拟合的系数。

基于该模型，作者提供一组测量值来考虑适合 WBAN 操作的若干频带。测量设置、推导和数据分析的更多细节可参见参考文献［9］。实验发生在不同的环境如病房和电波暗室。电波暗室提供了理想的传输条件，因为其消除了周围任何可能的反射。

在实验过程中，一些天线分布于人体如左手、左上臂、左耳、头、肩、胸、右肋骨、左腰部、大腿和脚踝。接收的测量数据包括了一组用最小二乘法可较好拟合的线性模型实验数据。测量还考虑了可能的人体转向，即视距和非视距情况。

发射器和接收器之间的传播距离是按比例缩放的，为 100～1000mm。不同频带所获得的结果列于表 18-2 中。粗略地说，分为 5 个子模型，分别为 A、B、C、D 和 E，这是指实验的 5 个频段，对应为 400～450MHz、608～614MHz、950～956MHz、2. 4～2. 5GHz 和 3. 1～10. 6GHz。每个子模型的参数 A、B 和 σ_N 在两个环境（病房和电波暗室）下均不相同。这表明，由于墙壁反射电波暗室内人体的存在所引起的路径损耗比病房大。

表 18-2　模型参数

模　型	参　数	医院病房	电波暗室
A (400～450MHz)	A	3	22. 6
	B	34. 6	-7. 85
	σ_N	4. 63	5. 60
B (608～614MHz)	A	16. 7	17. 2
	B	-0. 45	1. 61
	σ_N	5. 99	6. 69
C (950～956MHz)	A	15. 5	28. 8
	B	5. 38	-23. 5
	σ_N	5. 35	11. 7
D (2. 4～2. 5GHz)	A	6. 6	29. 3
	B	36. 1	-16. 8
	σ_N	3. 80	-31. 4
E (3. 1～10. 6GHz)	A	19. 2	34. 1
	B	3. 38	-31. 4
	σ_N	4. 40	4. 85

18. 2. 2　Dolmans 和 Fort 模型

Dolmans 和 Fort 提出了更复杂的模型[10]。在办公室环境下测量数据——频带频率为 915MHz 和 2. 45GHz。

信道参数是将接收节点放置在人体前后测量而获得的。发射器放在肩部。对几个路径损耗模型进行测试，以拟合测量数据，发现合并的指数式线性饱和模型与测量数据拟合最好。

这是因为路径损耗随人体周长呈指数衰减并且随着距离增加变得平缓[8]。

该模型的路径损耗表示为

$$PL(d)_{\mathrm{dB}}=-10\lg(P_0^{-m_0 d}+P_1)+\sigma_P n_P \tag{18-3}$$

式中，P_0 为靠近天线时的平均损失；m_0 为围绕身体周边移动的表面波的平均衰减率，单位为 dB/cm；P_1 为部件发射至人体并反射回接收器的平均衰减；σ_P 为在不同人体和房间位置时变化的平均对数正态分布方差，单位为 dB；n_P 为零均值和单位方差的高斯变量。

作者还提供了在测得的数据中观察到的扁平小尺度衰落模型。用最大似然参数估计测试了多个分布如瑞利分布、对数正态分布、Nakagami-m 分布和莱斯分布，发现莱斯分布反映了最适当的模型。莱斯分布的特点是一个参数 K，定义为镜面反射分量和随机多径分量的功率的比值[10]。当接收器移走时，该参数减小。K 因子以 dB 为单位，公式为

$$K_{\mathrm{dB}}=K_0-m_K P_{\mathrm{dB}}+\sigma_K n_K \tag{18-4}$$

式中，K_0 为与低路径损耗的 K 因子的测量数据拟合的参数；m_K 为路径损耗和 K 因子之间的线性关系斜率；P_{dB}为路径损耗，单位为 dB；σ_K 为路径损耗和 K 因子测量数据之间的对数正态方差；n_K 为具有零均值和单位方差的高斯变量。

关于窄带系统，其频率选择性衰减时，作者用 15cm 和 45cm 天线间隔的累积密度函数估计延迟扩展。延时扩展采用正态分布模型。表 18-3 总结了该模型两个频带的参数值。

表 18-3　模型参数

模　型	参　数	915MHz	2.45GHz
路径损耗	P_0/dB	-1.9	-25.8
	m_0/(dB/cm)	2.1	2.0
	P_1/dB	-59.4	71.3
	σ_P/dB	3.2	3.6
扁平小尺度衰落	K_0/dB	40.1	30.6
	m_K/(dB/cm)	0.61	0.43
	σ_K/dB	2.4	3.4
小尺度衰落频率选择			
延迟传播的平均值	距离/cm	t_{rms}/ns	t_{rms}/ns
	15	3	6
	45	9	16
延迟传播 90%的累积值	15	5	11
	45	15	22

18.2.3　Miniutti 模型

该模型涉及频率为 820MHz 和 2.36GHz 的在体窄带无线信道的测量[11]。该实验在办公室环境中进行，其中多个天线被放置于人体。这样做的目的是在 3 种不同的人类活动（站、走和跑）下估计路径损耗。如作者所述，他们的研究相比其他人的创新点在于人体无线信道上连续移动时的监测。表 18-4 列出了身体的位置和使用的发射器和接收器的位置情况。

表 18-4　接收器与发射器之间的距离　（单位：cm）

接收器位置	发射器位置					
	胸	右腕	左腕	右踝	左踝	背
右臂	38	11	30	90	93	45
胸		36		115		25(50)

身体周围的多径传输和周围环境也会导致路径衰减现象。此外，由于人体的运动，也会出现明显衰减现象。使用最匹配所有场景的概率密度函数对归一化的接收功率的分布进行说明。伽马分布被证明用以拟合平均衰落持续时间最为合适。此外，dB 标度的伽马分布最适合用来拟合衰减幅度[8]。

实验过程的分析说明和仪器设备在参考文献［11］中提供。在给定时间 t 的路径损耗为

$$PL(d)_{\mathrm{dB}}=P_{\mathrm{TX}}-P_{\mathrm{RX}}+G_{\mathrm{amplifiers}}-L_{\mathrm{cable}} \tag{18-5}$$

式中，P_{TX}为发射功率；P_{RX}为 RMS 接收功率；$G_{\mathrm{amplifiers}}$为放大器增益；L_{cable}为电缆损耗。表 18-5 给出了每个动作的平均路径损耗以及天线在两个频带下的摆放位置。在一般情况下，2.36GHz 的路径损耗比 820MHz 大。

表 18-5　平均路径损耗　（单位：dB）

频率	动作	发射器位置（接收器在右臂部）						接收器位置（发射器在胸部）		
		胸部	右腕	左腕	右踝	左踝	背部	背部	右腕	右踝
820MHz	站立	57.4	50.2	59.8	54.3	68.7	61.8	66.3	54.5	54.3
	行走	52.9	38.4	63.6	48.1	55.5	57.1	63.8	51.3	56.9
	奔跑	44.1	37.2	60.2	48.9	54.2	62.3	66.3	49.4	54.1
2.36GHz	站立	65.3	44.5	74.7	60.9	70.7	75.3	73.0	70.5	66.3
	行走	59.1	47.3	59.8	53.9	58.5	67.4	72.0	64.9	62.4
	奔跑	55.9	36.3	52.5	55.0.	59.0	68.5	71.7	57.4	63.3

18.2.4　Astrin 模型

Astrin 对人体信道在 13.56MHz 下进行了测量，以便用于 IEEE 标准中[12]。人体信道在该频率具有类似于自由空间的路径损耗，可用于 BAN 的应用。然而，由于可用带宽小，只有几 kbit/s 的低数据速率可被发送。因此，在这些频率使用的 BAN 可以发布紧急信号或发送可靠的“唤醒”信号到休眠 BAN 节点[12]。

该测量是在人体特定的位置上完成的，结果见表 18-6。在各种距离下接收的信号被列于表 18-7 中。

表 18-6　测量结果

描　述	信号衰减幅度（%）	与空气相关的损耗/dB
穿过手	3.3	-0.15
穿过腕	2.8	-0.12
躯干，前胸至后背	3.4	-0.15

（续）

描　　述	信号衰减幅度（%）	与空气相关的损耗/dB
穿过大腿	1.9	−0.08
穿过踝	2.8	−0.12
左耳到右耳	2.0	−0.09
左耳到右耳，戴着眼镜	1.5	−0.07

表 18-7　信号值与距离

距离/in	3	4	5	6	7	8	9	10	11	12
接收的信号峰峰值/mV	6.93	4.74	2.93	1.86	1.25	0.837	0.633	0.471	0.384	0.305

18.2.5　Aoyagi 功率延迟分布模型

功率延迟分布（power delay profile，PDP）模型是由 Aoyagi 等人提出的一种工作在 3.1～10.6GHz 的模型[9]。一个信道的功率延迟分布表示所接收的信号中相对于多径传输中第一到达路径的延迟的平均功率。由于 WBAN 中的信号通常沿着多条路径传输，信道响应看起来是一系列脉冲。这主要出现在能观察到高度具有频率选择性的信道的频带[9]。

该 PDP 模型的特征为

$$\begin{cases} h(t)=\sum\limits_{l=0}^{L-1}\alpha_l \mathrm{e}^{\mathrm{j}\phi_l}\delta(t-t_l) \\ 10\lg|\alpha_l|^2=\begin{cases}0 & l=0\\ \gamma_0+10\lg\mathrm{e}^{-\frac{t_l}{\Gamma}}+S & l\neq 0\end{cases} \\ p(t_l|t_l-1)=\lambda\mathrm{e}^{-\lambda(t_l-t_{l-1})} \\ p(L)=\dfrac{\overline{L}^L\mathrm{e}^{\overline{L}}}{L!}\end{cases} \tag{18-6}$$

式中，ϕ_l 为第一个路径的相位并遵循均匀分布（$0,2\pi$）；α_l 为第一个路径的路径振幅；t_l 为路径的到达时间；L 为到达路径数；$\delta(t)$ 为狄拉克函数；Γ 随着莱斯因子 γ_0 指数衰减；S 为零均值、标准偏差为 σ_S 的正态分布；λ 为路径到达率；$\overline{L}$ 为 L 的平均值。相应参数列于表 18-8 中。

表 18-8　PDP 模型参数

α_1	γ_0	−4.6dB
	Γ	59.7
	σ_S	5.02dB
t_1	$1/\lambda$	1.85ns
L	$\overline{L}$	38.1

18.2.6　Dolmans 和 Fort Wideband 模型

Dolmans 和 Fort 在 3～10GHz 的范围内提出了一种满足 IEEE 标准的 UWB 模型[10]。宽带模型比窄带模型更复杂，因为在信道上会发生多次反射。在 UWB 范围内穿过身体的传播忽略不计，并且信号传输通过周围环境衍射和反射来实现。

作者在电波暗室中进行实验。一组天线被放置在测试者身上。测量在沿躯干的垂直轴相隔 7cm 的 6 个平面上进行。读者可以参见参考文献［10］获取实验的更多细节。

使用经验功率衰减模型，并用拟合得到结果，即

$$PL(d)_{\mathrm{dB}}=P_0[\mathrm{dB}]+10n\lg\frac{d}{d_0} \tag{18-7}$$

表 18-9 给出了相应的参数。可以清楚地看出，当传播沿着前方（3 例），而不是周围的躯干（6 例）时，测量获得指数低得多。

表 18-9　不同的天线-人体分离路径损耗参数

	环绕躯干			沿着躯干	
	0mm	5mm	10mm	0mm	5mm
n	5.8	5.9	6.0	3.1	3.1
d_0/m	0.1	0.1	0.1	0.1	0.1
P_0/dB	56.1	48.4	45.8	56.5	44.6

18.2.7　Kang 模型

Kang 等人提出了分别在 3.1～5.1GHz 和 7.25～8.5GHz 频段的 UWB 身体表面模型[13]。为了研究身体姿势的影响，发射器天线放在左腰部，接收器天线放在身体的各个位置。测量在电波暗室和办公室环境中进行。其结果见表 18-10 和表 18-11，表中的所有值都以 dB 为单位。

表 18-10　3.1～5.1GHz 时不同身体姿势的结果　　（单位：dB）

	动作	左耳	右耳	左腕	右腕	右腰部	左踝	右踝
消声室	站立	62.2	61.6	64.9	67.5	64.2	72.8	69.1
	坐	71.9	65.7	55.6	69.9	65.9	76.3	73.9
办公室	站立	73.8	70.4	61.4	70.9	74.3	76.4	68.3
	坐	62.3	72.1	65.6	76.3	74.7	79.8	75.7

表 18-11　7.25～8.5GHz 时不同身体姿势的结果　　（单位：dB）

	动作	左耳	右耳	左腕	右腕	右腰部	左踝	右踝
消声室	站立	81.7	83.9	69.3	63.9	76.1	76.8	77.1
	坐	84.4	85.2	73.6	75.5	82.38	79.8	95.2
办公室	站立	75.5	75.6	80.6	66.4	71.9	74.4	75.8
	坐	67.1	84.5	67.0	67.1	67.5	70.6	83.4

然后对身体运动的影响进行了实验，例如在测量过程中，一只臂和一条腿向前或向旁边移动。表 18-12 和表 18-13 总结了实验结果。

表 18-12　3.1~5.1GHz 时不同动作的结果　　（单位：dB）

		消声室		办公室	
		平均值	标准差	平均值	标准差
左腕	正向	65.7	4.3	71.7	5.8
	侧向	70.9	6	76.6	7.7
右腕	正向	72.9	4.4	73.6	2.3
	侧向	71.8	5.9	75.1	3.1
左踝	正向	74.6	2.5	76.4	0.1
	侧向	67.9	6.8	70.4	8.4
右踝	正向	70.8	2.5	69.9	2.3
	侧向	72.8	5.3	69.6	1.9

表 18-13　7.25~8.5GHz 时不同动作的结果　　（单位：dB）

		消声室		办公室	
		平均值	标准差	平均值	标准差
左腕	正向	76.9	6.6	74.1	3.4
	侧向	77.4	10.1	78.1	4.7
右腕	正向	79.7	7.1	73.0	7.1
	侧向	79.5	8.1	75.9	6.0
左踝	正向	82.4	7.9	75.9	2.2
	侧向	77.4	0.8	75.7	1.9
右踝	正向	85.4	11.7	77.5	2.5
	侧向	82.0	6.9	78.1	3.3

18.2.8　Kim 模型

Kim 等人为 IEEE 802.15.6 提出了一种动态统计信道模型[14]。该测量在电波消声箱内使用实时通道探测系统在频率为 4.5GHz 和带宽为 120MHz 下进行。测量重点为捕获由于人体的运动出现的衰落效应。发射器被固定在肚脐周围，接收器则是放置在表 18-14 中的 10 个特定位置。

表 18-14　发射器与接收器的距离

位　置	距离 d/mm
右腕	440~525
右上臂	360
左耳	710
头	650
肩	310
胸部	230
右肋	183
左腰部	340
大腿	340
踝	815~940

作者试图通过一些知名的概率密度函数如正态分布、对数正态分布和 Weibull 分布，来找到最拟合的函数。在一般情况下，可以观察到正态分布提供了静止姿势的最佳拟合，对数正态分布在静止姿势和小幅度运动的情况下表现出良好的匹配，而 Weibull 分布可以更好地代表剧烈运动行为。表 18-15 总结了上述结果。

表 18-15　适合的分布

位　置	静　止	行　走	蹲　起
右腕	正态分布	Weibull 分布	Weibull 分布
右上臂	对数正态分布	Weibull 分布	Weibull 分布
头	Weibull 分布	对数正态分布	对数正态分布
右耳	正态分布	对数正态分布	Weibull 分布
肩	对数正态分布	Weibull 分布	Weibull 分布
胸部	对数正态分布	对数正态分布	Weibull 分布
右臀部	对数正态分布	对数正态分布	Weibull 分布
左腰部	正态分布	对数正态分布	Weibull 分布
右大腿	对数正态分布	对数正态分布	Weibull 分布
右踝	对数正态分布	Weibull 分布	Weibull 分布

表 18-16~表 18-18 给出了 3 个分布的各个参数。表 18-16 中的对数正态分布以 dB 为单位。括号内的值是通过该最佳拟合分布得到的负对数似然值（值越小，拟合度越好）。

表 18-16　正态分布 $f(x\mid\mu,\sigma)=\frac{1}{\sigma\sqrt{2\pi}}e^{-\frac{(x-\mu)^2}{\sigma^2}}$ 的拟合结果

位　置	静止 μ/s[dB](−lgL)	行走 μ/s[dB](−lgL)	蹲起 μ/s[dB](−lgL)
右腕	1.0000/0.1279(−6303)	−3.0875/4.4063(28972)	8.9461/5.1576(30220)
右上臂	1.0000/0.1500(−4735)	3.2443/1.7012(19332)	7.3374/6.1415(32061)
头	1.0000/0.0666(−12706)	0.4477/0.2445(4535)	0.9058/1.2629(16207)
右耳	1.0000/0.1349(−5826)	0.7303/0.3014(101)	0.8205/0.8232(12148)
肩	1.0000/0.0335(−19782)	2.6849/1.4627(2153)	1.5437/1.3265(17519)
胸部	1.0000/0.3481(3600)	3.6360/2.4688(17849)	7.1082/9.2594(36609)
右臀部	1.0000/0.1654(−3812)	0.8572/0.2744(1256)	4.7043/2.9597(24784)
左腰部	1.0000/0.0399(−17978)	0.7264/0.1609(−4018)	0.5458/0.3105(2456)
右大腿	1.0000/0.0964(−9254)	0.6500/0.4388(5831)	1.1357/0.6949(10272)
右踝	1.0000/0.0787(−11025)	1.6070/0.9968(14248)	1.2489/1.2220(16122)

表 18-17　对数正态分布 $f(x\mid\mu,\sigma)=\frac{10\ln 10}{x\sigma\sqrt{2\pi}}e^{-\frac{(10\lg x-\mu)^2}{\sigma^2}}$ 的拟合结果

位　置	静止 μ/s[dB](−lgL)	行走 μ/s[dB](−lgL)	上下 μ/s[dB](−lgL)
右腕	−0.0652/0.9531(−1114.1)	−3.9908/11.7727(14948)	8.4456/3.4836(31047)
右上臂	−0.0491/0.6544(−4800.9)	4.4491/2.4972(18735)	6.3009/5.6692(31093)

（续）

位　置	静止 μ/s[dB](-lgL)	行走 μ/s[dB](-lgL)	上下 μ/s[dB](-lgL)
头	-0.0100/0.2969(-12476)	-3.5392/3.2052(2983.8)	-3.6932/5.3385(7601)
右耳	-0.0400/0.5921(-5815.6)	-4.1465/2.4654(-1005.5)	-3.3130/5.2458(8384.1)
肩	-0.0024/0.1453(-19806)	-1.8011/2.0549(2507.8)	0.2165/4.1023(14537)
胸部	-0.2359/1.4019(2315)	3.6360/2.4688(16779)	5.0788/6.4077(29907)
右臀部	-0.0470/0.6043(-5657.3)	-0.8883/1.3994(818.79)	5.7033/3.2101(24051)
左腰部	-0.0035/0.1742(-17942)	-1.4965/0.9770(-4109.5)	-3.5588/3.3466(3337.8)
右大腿	-0.0191/0.4017(-9717)	-2.6924/2.6453(2970.7)	-0.5995/3.7712(11098)
右踝	-0.0131/0.3352(-11251)	0.9424/3.7030(14861)	-1.1303/4.7167(12357)

表 18-18　Weibull 分布 $f(x \mid a,b)=\frac{b}{\alpha}\left(\frac{x}{\alpha}\right)^{b-1}e^{-\left(\frac{x}{a}\right)^{b}}$ 的拟合结果

位　置	静止 a/b[dB](-lgL)	行走 a/b[dB](-lgL)	蹲起 a/b[dB](-lgL)
右腕	1.0478/7.7411(-5770.3)	1.4690/0.4510(14629)	10.0006/1.7319(29786)
右上臂	1.0655/7.3618(-4529.3)	3.6759/2.0325(18625)	7.5368/1.0787(29631)
头	1.0297/17.9473(-13029)	0.6360/1.5519(3061.7)	0.8015/0.8228(8458.3)
右耳	1.0594/7.7870(-5394.6)	0.5071/1.9516(-840.12)	0.8224/1.0055(7959.7)
肩	1.0165/29.8877(-18940)	0.8237/2.6536(1913.3)	1.6534/1.2203(14452)
胸部	1.1203/2.9913(3487.2)	3.0419/1.9575(16909)	6.3808/0.8247(29393)
右臀部	1.0742/4.9107(-1979.2)	0.9539/3.2009(1357.2)	5.2709/1.6440(23654)
左腰部	1.0190/28.9055(-17946)	0.7915/4.957-(-3903.2)	0.6117/1.7907(1823.7)
右大腿	1.0464/9.6410(-7951.2)	0.7325/1.6297(3867.9)	1.2626/1.6251(9539.3)
右踝	1.0478/7.7411(-5770.3)	1.4690/0.4510(14629)	10.0006/1.7319(29786)

18.3　独立研究模型

由于 BAN 是一个很有吸引力的研究课题，最近几年大量的个人独立研究也出现在参考文献中。体表通信的精确传播模型源自世界各地的研究小组，这些模型可以适用于任一通用或特定用途 WBAN 架构。这里无法将所有模型一一列举出来，因此本节讨论一些标志性的研究模型。

18.3.1　CWC 奥卢大学模型

芬兰奥卢大学的无线通信中心（the Centre of Wireless Communications，CWC）在奥卢大学附属医院进行了广泛的测量，其专注于 UWB 频段[15]。这项工作的目的是研究出供医院使用的现实 WBAN 信道模型。该研究所获得的结果与 IEEE 组提供的结果进行了比较。

测试在电波暗室、教室和医院的不同房间进行。对 3 个医院场景进行了测试，分别是手术室、常规病房和走廊。后两个环境考虑具体的传播环境，而电波暗室用于验证测量系统的性能。频率范围为 3.1~10GHz，并且用一个适当的矢量网络分析仪测量 100 个连续的频率响应[15]。表 18-19 介绍了实验过程中使用的参数。

表 18-19　实验参数

参　数	数　值
频带	UWB
带宽	6.9GHz
VNA 中频带宽	3kHz
采样点数	1601
最大检测延迟	231ns
扫描时间	800ms
平均噪声	-120dBm
发射功率	0dBm
接收与发射电缆损耗	7.96dB

患者在两种情况（平躺或站立）下进行了测试。相关实验过程和测量设置方案的详细信息，读者可见参考文献［16］。粗略地讲，分两种情况进行了检查，A_1 和 A_2，称为 on-on-links 和 on-off-links。在 A_1 情况下，天线的位置发生了变化，以覆盖更多的链路。

信道模型由双簇模型的测量数据推导得出。快速衰减的第一簇对应于人体的影响，第二簇来自周围的反射[17]。路径振幅衰减被定义为

$$10\lg|\alpha_l|=\begin{cases}0 & l=0\\ \gamma_{01}+10\lg e^{-\frac{\tau_l}{\Gamma_1}} & 1\leqslant l\leqslant l_1\\ \sum\limits_{m=1}^{M}(\gamma_{02m}+10\lg e^{-\frac{\tau_l}{\Gamma_{2m}}}) & l_2\leqslant l\leqslant L-1\end{cases} \tag{18-8}$$

式中，γ_{01}、γ_{02m} 为莱斯因子；Γ_1、Γ_{2m} 为指数衰减因子；M 为子群集第二簇中的数量；l_1 和 l_2 为多径分量的数量，分别对应在第一和第二组。振幅变化为具有零均值和标准差为 σ 的对数正态分布。连续到达路径之间的时间差遵循指数分布，即

$$p(t_l|t_{l-1})=\begin{cases}\lambda_1 e^{-\lambda_1(t_l-t_{l-1})} & 1\leqslant l\leqslant l_1\\ \lambda_2 e^{-\lambda_2(t_l-t_{l-1})} & l_2\leqslant l\leqslant L-1\end{cases} \tag{18-9}$$

式中，t 为到达时间，遵循泊松分布；λ 为在集群路径到达的速率。最后，到达路径 L 的数量也服从泊松分布，即

$$p(L)=\frac{\mu_L^L e^{\mu_L}}{L!} \tag{18-10}$$

式中，μ_L 为 L 的平均值。表 18-20 给出使用最小二乘法求得的参数值。

表 18-20　参数值

	普通病房				走廊	
	站立		躺下		站立	
	A_1	A_2	A_1	A_2	A_1	A_2
γ_{01}/dB	-61	-74	-64	-65	-47	-27
γ_{02}/dB	-91，-82，19，-87，-6，-99	-83	-85	-84	-82	-82
Γ_1	1.11	6.67	3.12	4.14	0.77	1.47

（续）

	普通病房				走廊	
	站立		躺下		站立	
	A_1	A_2	A_1	A_2	A_1	A_2
Γ_2	30.30，31.25，2.44，29.41，4.55，108.70	31.25	32.26	29.41	24.39	24.39
$\sigma_{\chi 1}$/dB	2.45	4.41	6.31	4.86	3.75	1.96
$\sigma_{\chi 2}$/dB	2.07，2.21，1.62，1.44，1.2，0.91	2.80	3.50	2.79	4.04	2.46
$1/\lambda_1$	3.717	8.000	4.764	6.024	6.024	6.024
$1/\lambda_2$	6.125	5.430	6.369	8.000	1.667	1.667
μ_L	324	323	324	323	324	324

18.3.2　Wang 模型

Wang 等人提出在 UWB 频段上用于在体通信的信道模型。该模型考虑了几种身体姿势和动作引起的变化[18]。这是基于现实人体模型和电磁场分析技术导出的。偶极发射器放置在左胸，而 5 个接收器分别位于右胸部、左右腰部和左右耳。使用了 9 个站立姿势、10 个行走和奔跑姿势、6 个坐姿。为了表征 UWB 模型，作者采用适当修改的 Saleh-Valenzuela 模型[19]。详细分析可见参考文献［2,18］。

首先，根据一个简单的路径损耗公式对 5 条链路的路径损耗进行估计，结果见表 18-21。

表 18-21　路径损耗与距离

接收器位置	距离/m	路径损耗/dB
右耳	0.31	61.7
左耳	0.26	58.8
右胸部	0.56	71.4
右腰部	0.56	71.4
左腰部	0.53	70.5

然后，平均 PDP 显示出指数衰减，而对数正态分布给多路径的功率分配提供了最佳的拟合。作者发现有关两个连续路径之间的时间延迟符合逆高斯分布，即

$$f(x,\mu,\lambda)=\left(\frac{\lambda}{2\pi x^3}\right)^{\frac{1}{2}}\mathrm{e}^{-\frac{\lambda(x-\mu)^2}{2\mu^2 x}} \tag{18-11}$$

该模型的参数位于表 18-22 中，其中 γ 为功率衰减的时间常数，σ 为功率分布的标准偏差，τ_0 为常数，表示第一路径的平均到达时间，$\tau_k-\tau_{k-1}$ 为逆高斯分布的路径延迟，Ω_0 为第一路径的平均功率增益。

表 18-22　模型参数

参　数	右耳	左耳	右胸部	左腰部	右腰部
γ/ns	0.38	0.26	0.21	0.30	0.47
σ/dB	7.50	12.56	15.60	8.46	7.87

（续）

参　数	右耳	左耳	右胸部	左腰部	右腰部
τ_0/ns	1.46	0.92	0.68	1.89	2.01
$\tau_k-\tau_{k-1}$(ns)μ_τ	0.30	0.56	0.37	0.38	0.33
$\tau_k-\tau_{k-1}$(ns)λ_τ	1.08	0.45	1.43	0.75	0.85
Ω_0/dB	-60.70	-62.10	-53.30	-71.50	-69.90

离散时间脉冲响应函数应用于 5 个传输链路，具有相应的参数值，基于修改后的 Saleh-Valenzuela 模型，即

$$h(t)=\sum_{k=0}^{K}\alpha_k\delta(t-t_k) \tag{18-12}$$

式中，α_k 为多路径功率增益；t_k 为相应于第一路径到达时间的第 k 个多路径分量的延时。该模型的实现在参考文献［18］中有深入探讨。

18.3.3 Reusens 模型

Reusens 等人研究了在 2.45GHz 上两个半波长偶极子之间的传输信道[20]。在多路径环境中对人进行身体不同部位的传输测量。路径损耗通过仿真定量确定。信道的参数分别来自测量和仿真的数据。

对于手臂的测量，发射器位于手腕上，接收器位于肩部的不同位置。通过把发射器放在肩高的不同位置而接收器放在发射器下方移动的方法测量背部和躯干。对于腿部的测量，发射器放在脚踝而接收器向膝盖移动。此外，通过拟合所有测量数据获得整个人体的平均路径损耗模型。式（18-7）用于估计发射和接收天线之间的路径损耗，利用距离的函数。表 18-23 给出了拟合路径损耗模型的参数值。

表 18-23　测量值

参　数	手臂	脚	背	躯干	全身
d_0/cm	10	10	10	10	10
$P_{0,\mathrm{dB}}$/dB	32.2	32.5	36.8	41.2	35.2
N	3.35	3.45	2.18	3.23	3.11
σ/dB	4.1	5.3	5.6	6.1	6.1

实际人体模型的仿真与测量结果一致。测量的路径损耗和模型偏差的累积分布函数遵循对数正态分布。

18.3.4 贝尔法斯特女王大学模型

贝尔法斯特女王大学的无线通信研究小组在在体通信的信道建模研究方面相当活跃。多年来，该小组进行了广泛研究，以检验在一系列环境下穿戴式通信系统的传播问题[21]。大部分关于 WBAN 应用的研究一直集中在未经许可的 ISM 频段（868MHz 和 2.45GHz）。

参考文献［22］中对 868MHz 处的固定和移动用户在体通信的情景进行了调查。对位于

上部躯干和四肢的 12 个在体传播路径进行了测试。测试在电波暗室、开放式办公区和走廊环境下进行。作者着重于衰减效应现象。他们确定了 2/3 的路径是 Nakagami 分布，剩余路径为莱斯分布。当用户静止时，大多数发生的路径为 Nakagami 分布。参考文献［23］对两分支空间在体分集系统的 3 种分集组合方案的性能进行了研究。

参考文献［24］提出了室外环境 2.45GHz 下 WBAN 的衰减特性。对固定和移动用户进行了检查。当用户静止时，仅发现少量衰减；当用户移动时，小尺度衰减显著增加，其特征符合 Nakagami 分布。

还有一些其他研究，有兴趣的读者可访问参考文献［25］中的网站。

18.3.5 伯明翰大学和伦敦玛丽女王大学模式

伯明翰大学和伦敦玛丽女王大学的研究小组也对在体通信进行了实验[3]。参考文献［26］讨论了这样一个实验，即测定 2.45GHz 下在体信道的传播路径损耗。首先，将天线连接到人体多个位置和方位，并在电波暗室内测量。接下来，在实验室内进行测量，显示了在路径损耗上存在显著差异。最后，对在伯明翰大学内行走时进行测量。运动引起天线间的距离变化，使信道衰减非常严重。

参考文献［27］在一些真实的场景中测试了路径增益和变化，研究了短期和长期衰减情况。结果表明，短期衰减符合结合对数正态分布的莱斯分布，而长期衰减符合伽马分布。

18.4 总结

信道建模对于评价 WBAN 的性能是必要且重要的任务。本章介绍了一些出现在文献中关于这一主题最主要的研究。其中绝大多数模型符合 IEEE 802.16.6 建议或是在 IEEE BAN 会议上提出的。大多数 IEEE 以及其他模型来源于特定频带下一组若干身体位置使用穿戴式传感器的实验，这些实验结果使得模型尽可能逼真。

模型的提出可以帮助设计人员预测他们希望设计的网络性能。有些模型如 Aoyagi 模型非常简单和通用；在他希望建立的网络环境中，必须确定主要操作的次数。更详细的信息是由其他模型给定的，但设计人员应注意其特定环境特征、参数和网络拓扑。当然，参考文献［28］中简要介绍的在物理层和 MAC（介质访问控制）层的其他几个要求应该被满足。如在功率有限的环境中操作、适当的数据传输速率、与其他无线网络设备共存等。

选取适当的信道模型是 WBAN 性能评估的第一步。通过检查合适的指标如误码率和通过上述信道模型所建议的路径损耗点对点链路的中断概率，获得物理层性能最清晰的视图。考虑上述情况，以上详细分析是必要的。

然而，本章中所讨论的传播 WBAN 模型的普遍的缺点是：它们只适用于特定的节点拓扑、特定的环境，如电波暗室，并且它们只在其适应的特定频带进行测试。因此，广义模型的推导似乎是一个具有挑战性的研究方向。应该通过拟合收集到的适当的大量不同人体位置的测量数据来获得该模型。该模型的推导过程应符合一般准则和已经在 RF 通信领域使用的专有技术。例如，该模型应当尽可能简单且包含最低限度的必要参数，如传输距离、工作频率、环境因素等。在这种情况下，根据离散步骤下的频率增加来调节路径损耗行为的规则将会非常有趣。

参考文献

[1] D.J. Cook, W. Song, Ambient intelligence and wearable computing: sensors on the body, in the home and beyond, J. Ambient Intell. Smart Environ. 1 (2009) 83–86.

[2] J. Wang, Q. Wang, Body Area Communications: Channel Modeling, Communication Systems, and EMC, John Wiley, 2013.

[3] P.S. Hall, Y. Hao, Antennas and Propagation for Body-Centric Wireless Communications, Artech House, 2006.

[4] A. Goldsmith, Wireless Communications, Cambridge University Press, 2005.

[5] S. Ullah, et al., A comprehensive survey of wireless body area networks: on PHY, MAC, and network layer solutions, J. Med. Syst. 36 (2012) 1065–1094.

[6] 802.15.6-2012 - IEEE Standard for Local and metropolitan area networks - Part 15.6: Wireless Body Area Networks, 2012.

[7] D.B. Smith, D. Miniutti, T.A. Lamahewa, L.W. Hanlen, Propagation Models for Body Area Networks: A Survey and New Outlook, <http://www.nicta.com.au/pub?doc = 5775>.

[8] K.Y. Yazdandoost, K. Sayrafian-Pour, Channel model for body area network. IEEE P802.15-08-0780-09-0006, 2009.

[9] T. Aoyagi, et al., Channel model for wearable and implantable WBANs. IEEE 802.15-08-0416-04-0006, 2008.

[10] G. Dolmans, A. Fort, Channel models WBAN-Holst centre/IMEC-NL. IEEE 802.15-08-0418-01-0006, 2008.

[11] D. Miniutti, et al., Narrowband channel characterization for body area network. IEEE 802.15-08-0421-00-0006, 2008.

[12] A. Astrin, Measurements of body channel at 13.5 MHz. IEEE 802.15-08-0590-00-0006, 2008.

[13] N.-G. Kang, C. Cho, S.-H. Park, E.T. Won, Channel model for WBANs. IEEE 802.15-08-0781-00-0006, 2008.

[14] M. Kim, et al., Statistical property of dynamic BAN channel gain at 4.5 GHz. IEEE 802-.15-08-0489-01-0006, 2008.

[15] M. Hämäläinen, A. Taparugssanagorn, J. Iinatti, On the WBAN radio channel modelling for medical applications. Proceedings of the 5th European Conference on Antennas and Propagation (EUCAP). Rome Italy, 2011, pp. 2967–2971.

[16] A. Taparugssanagorn, A. Rabbachin, M. Hämäläinen, J. Saloranta, J. Iinatti, A review of channel modelling for wireless body area networks in wireless medical communications. Proc. 11th Int. Symp. on Wireless Personal Multimedia Communications (WPMC) 2008, Lapland Finland, 2008.

[17] H. Viittala, M. Hämäläinen, J. Iinatti, A. Taparugssanagorn, Different experimental WBAN channel models and IEEE802.15.6 models: Comparison and effects. 2nd International Symposium on Applied Sciences in Biomedical and Communication Technologies, (ISABEL 2009). Bratislava, Slovakia, 2009.

[18] Q. Wang, T. Tayamachi, I. Kimura, J. Wang, An on-body channel model for UWB body area communications for various postures, IEEE Trans. Antennas Propagation 57 (2009) 991–998.

[19] A.F. Molisch, et al., A comprehensive standardized model for ultrawideband propagation channels, IEEE Trans. Antennas Propagation 54 (2006) 3151–3166.

[20] Reusens, et al., Characterization of on-body communication channel and energy efficient topology design for wireless body area networks, IEEE Trans. Inf. Technol. Biomed. 13 (2009) 933–945.

[21] S.L. Cotton, W.G. Scanlon, Wireless body area networks - technology, implementation and applications, in: M. Yuce, J. Khan (Eds.), Wireless Body Area Networks, CRC Press Taylor & Francis Group, 2012, pp. 323–348.

[22] S.L. Cotton, W.G. Scanlon, A statistical analysis of indoor multipath fading for a narrowband wireless body area network. IEEE 17th International Symposium on Personal, Indoor and Mobile Radio Communications (PIMRC). Helsinki Finland, 2006.

[23] S.L. Cotton, W.G. Scanlon, Characterization and modeling of on-body spatial diversity within indoor environments at 868 MHz, IEEE Trans. Wireless Commun. 8 (2009) 176–185.

[24] S.L. Cotton, W.G. Scanlon, Characterization of the on-body channel in an outdoor environment at 2.45 GHz. 2009. EuCAP 2009. 3rd European Conference on Antennas and Propagation. Berlin Germany, 2009, pp. 722–725.

[25] <http://www.ee.qub.ac.uk/wireless/index.html>, (Last Accessed: 27.06.14).

[26] P.S. Hall, et al., Antennas and propagation for on-body communication systems, IEEE Antennas Propagation Mag. 49 (2007) 41–58.

[27] Y.I. Nechayev, Z.H. Hu, P.S. Hall, Short-term and long-term fading of on-body transmission channels at 2.45 GHz, 2009. LAPC 2009. Loughborough Antennas & Propagation Conference. Loughborough UK, 2009, pp. 657–660.

[28] J.Y. Khan, M.R. Yuce, G. Bulger, B. Harding, Wireless Body Area Network (WBAN) design techniques and performance evaluation, J. Med. Syst. 36 (2012) 1441–1457.

第19章　无线体域网中信任机制的建立

19.1　简介

近年来，WBAN 技术已经越来越多地应用于医疗领域。许多穿戴式或植入式医疗设备，已经集成到 WBAN 中用于监测患者的健康状况，配合自动疗法治疗患者等。这样的 WBAN 设备包括心脏起搏器，植入型心律转复除颤器（implantable cardioverter defibrillator，ICD），植入式药物泵，ECG、EMG、EEG 监测设备等。最近的调查显示，至今有超过 300 万台心脏起搏器和超过 170 万台 ICD 正在使用中[1]。WBAN 的应用已经扩展到体育、军事以及安全领域。但是，随着 WBAN 应用的流行，WBAN 设备存在着巨大的隐私和安全风险，这可能会阻碍 WBAN 技术在真实生活中的广泛应用。这些风险包括泄漏个人敏感信息、无线劫持攻击、入侵者操控合法设备之间的生理数据或命令传输，这些物理设备的漏洞可能纵容了 WBAN 设备的攻击和替换等。为了应对这些风险，必须建立基本的安全机制，以确保每一台 WBAN 设备在与合法的配对设备进行通信，并且保证每一次生理测量结果或命令毫无修改地发送到可信的 WBAN 设备上，同时避免被其他设备监听。为此，重要的是设计安全和实用的安全机制，允许 WBAN 设备相互认证（即验证每个设备是有效和可信的）并创建密钥（即生成共享密钥）以保护后续通信。建立 WBAN 安全通信中存在的主要难题有以下 3 个方面：

1）资源受限或 WBAN 多样化。

2）用户缺乏专业知识从而难以完成复杂的安全保密操作。

3）与市场上众多商用 WBAN 设备的兼容性。

本章主要介绍 WBAN 安全技术的最新发展现状。

19.2　无线体域网设备认证技术

在各种各样的安全对策中，认证是在 WBAN 中建立初始信任（如密钥生成）以及随后的安全通信的基本步骤。有了有效的认证，入侵者就无法伪装成有效的传感器节点并加入 WBAN 进行与私人信息相关的通信，从而避免入侵者发起的可能造成患者安全风险的错误报告或虚假命令。不幸的是在目前的实践中，WBAN 设备在设计时并没有足够的关于安全方面的考虑。这种情况对于涉及患者信息的医疗应用可能更为严重，已经证实在这种情况下，安全解决方案的缺乏可能导致致命的后果。在参考文献［2］中，研究人员利用无线接入，从普通的心脏除颤器中窃取个人信息，并证明致命的心律失常可被诱导。在参考文献［3-4］中，黑客通过泵的序列号信息远程操控胰岛素泵的剂量水平，这样可以杀死戴着胰岛素泵的患者。食品及药物管理局（Food and Drug Administration，FDA）已经意识到了数据的隐私和安全风险，并开始敦促制造商加强无线医疗设备的安全措施[5]。因此，有效的节点认证机制是保证 WBAN 和用户安全的关键。

尽管我们已经在无线网络认证中做出了巨大的努力，但是由于WBAN独特的特点和严格的应用级别需求，其安全问题仍然是一项挑战。传统上，认证是通过在网络中传感器节点之间预分配密钥的方式来实现的。无线传感器网络（WSN）中的此类密钥分配在参考文献［6-11］中有广泛的介绍。但是，如果将这个方法直接应用于WBAN中，终端用户需要信任整个分配过程链，其中不值得信任的用户可能会妨碍建立信任关系甚至发动攻击。此外，WBAN设备的普通用户一般对WBAN技术不了解，这意味着我们需要实现高可用性，即理想的“即插即用”。具体来说，认证过程应该是简化、自动的，并且对用户是透明的。因此，在WBAN节点之间没有任何先前的安全相关信息的情况下，建立和评估节点的可靠性是非常必要的。

WBAN设备无处不在，它们很有可能遭到物理性破坏。因此，设备中的预共享秘密信息如密钥，可能会泄露给入侵者。这使得入侵者可以把自己伪装成网络中合法的传感器节点并且进一步导致传统的加密认证机制失效。从这个方面来说，WBAN中的节点认证机制不应该过于依赖加密机制。

最后，低端WBAN传感器设备的硬件、能源和用户接口等资源极其有限。这就在通信和计算成本方面对认证机制增添了额外的需求。此外，大多数现有的非加密认证机制需要先进的硬件如多个天线[12]，或对系统软件进行重大修改。要注意的是在WBAN中硬件需求应该最小化，这是非常重要的，这不仅仅是因为额外的成本需求，这还关系到与原有系统的兼容性。

本节将介绍WBAN中的加密和非加密认证机制。

19.2.1 WBAN中的加密认证机制

在这一小节中，我们将根据加密的类型探讨WBAN中的加密认证机制。现有的加密认证方案可以分为基于对称密钥的认证方式和基于公共密钥的认证方式。尽管非对称加密的高计算成本使对称加密成为更可行的选择，但是对称加密中密钥分配是一个难题。

1. 对称密钥认证

作为WBAN中分布式访问控制的一种有效选择，SKC-based的认证依赖于先前的安全上下文建立的信任关系[13-17]。通过预分配的密钥信息，可以很容易地在用户和任何授权的实体之间产生成对密钥。然后，认证就可以通过使用认证密钥（authenticated secret key，ASK）来实现。

但是，对称密钥认证方案也存在一些缺点[18]。首先，由于受损节点对系统有害，最好能够及时地检测和撤销受损节点。对于大多数方案来说，在撤销节点中存在的问题涉及高计算开销或复杂的密钥管理，因此很难实现细粒度的安全访问控制。其次，此类方案会受到用户的影响，入侵者相互串通交换并从中获得密钥和其他敏感信息，或者在认证过程中进行商定。最后，如果一台WBAN设备受到物理损害，存储在其中的数据和先前的相关信息可能会泄漏给未经授权的用户。

值得注意的是，我们有替代对称密钥认证的方式，这种方式不需要预共享密钥和额外的硬件设备，同时具有更强的实用性[19-20]。例如，参考文献［19］中的设备允许一组WBAN设备基于对称密钥密码创建一个共同的组密钥。每个设备通过人力视觉辅助鉴定认证自身是否为整个小组的有效成员。但是，该组装置的配对技术假设存在一个额外的带外（out-of-band，OOB）安全通道，以促进人力辅助鉴定，这使用起来可能不直观方便。

为了避免上述问题，参考文献［21］提出了一个针对WBAN的路由框架使用散列链技术

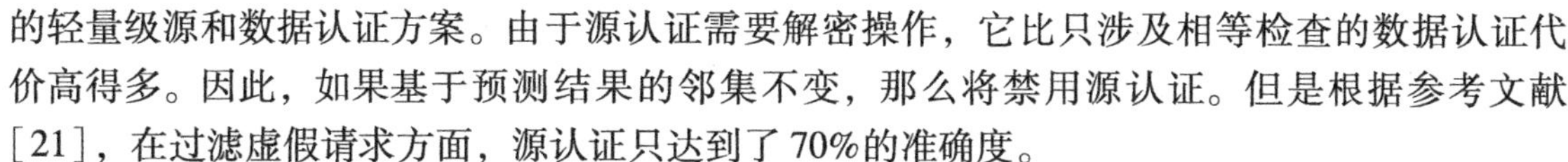

的轻量级源和数据认证方案。由于源认证需要解密操作，它比只涉及相等检查的数据认证代价高得多。因此，如果基于预测结果的邻集不变，那么将禁用源认证。但是根据参考文献［21］，在过滤虚假请求方面，源认证只达到了70%的准确度。

2. 公共密钥认证

在公共密钥认证方案中，基于属性的加密（attribute-based encryption，ABE）和基于身份的加密（identity-based encryption，IBE）是最常用的技术。

ABE 实现了基于属性的灵活的一对多加密。只有用户密钥的属性集和密文的属性相匹配，才有可能实现密文的解密[22]。通过这种方式，只有满足某一访问协议的一组用户才可以读取密文。ABE 的一个重要的安全特性是抗共谋性，因此任何用户的密钥都无法通过共谋得到。ABE 的特性使其在 WBAN 认证成为一个很好的选择。

参考文献［23］中提出了 ABE 密文策略，它提供基于角色的访问来控制 WBAN 中的加密数据。密文在属于用户所拥有的不同属性的密钥组件中进行拆分，这是为了防止共谋。通过采用 ABE 密文策略，将参考文献［24］提出的基本功能用于实现密文共享方案，这保证了信息的真实性。在参考文献［25-26］中，ABE 用来确保 WBAN 和外部用户之间的安全通信。参考文献［26］中通过模糊 ABE 实现了数据控制器和外部用户之间的安全通信，而参考文献［25］将基本 ABE 用在移动设备和离线通信中的自保护电子病历（electronic medical record，EMR）上。

此外，我们已经开始对 ABE、IBE 进行积极地研究并广泛应用于密码学，其中，用户的公共密钥携带着 ASCII 字符串形式的关于用户身份的唯一信息。IBE 方案的一个共同特征是不需要个人用户之间的预先信任或是密钥预分配。传统的 IBE 原型计算量大，且不能在 WBAN 中的传感器设备上有效地实现。为了解决这个问题，参考文献［27-28］提出了一种轻量级的 IBE 访问控制方案，用于平衡 WBAN 中的安全性和隐私性，这建立在椭圆曲线加密体制（elliptic curve cryptography，ECC）上。参考文献［27-28］的局限在于，如果超过一定限额的密钥被释放，那么主密钥会变得非常容易受到攻击。在参考文献［29］中通过 Boneh-Franklin IBE 算法，使用较少的能量消耗和最优的内存需求，以实现针对 WBAN 的更加快速的认证密钥建立和加密方案。

但是值得注意的是，我们信任的认证授权机构（称为私钥生成器）参与到了私钥的生成中，它能够未经授权就解密消息。因此，私钥生成器必须具有高可信度。如果私钥生成器被攻破，那么所有受公私密钥对保护的消息也会受到损害，这使得生成器成为入侵者的目标。

19.2.2　WBAN 中的非加密认证机制

从另一个角度看，非加密方法提供另一种无密钥预分配和非直观的用户参与的认证方式。此外，大多数非加密方案使用计算复杂度较低的更为简单的协议。一般情况下，当前的非加密认证机制根据技术类型主要分为：生物特征识别认证、信道认证、近距认证以及多种认证方案的组合。

1. 生物特征识别认证

因为传统认证方法的安全性相关信息很容易被盗、共享或伪造，所以对生物测定系统进行了探索，使用生理上和用户相关联的独特特征以提供更为可靠的认证。一般的特征包括解剖学特征如指纹、虹膜、ECG、EEG 等，以及行为特征如签名、步态等。为了协助认证，生物识别特征的生理值是通过使用适当的传感器测得的，并且从测量结果提取特征，以创建存储在系统数据库中的模板。当用户设备需要进行认证的时候，将其当前对应的生理值与特定模板进行对比从而验证身份[12,30]。也可以采集相同生物识别特征的生理值，并在位于身体不同部位的发送方和接收方进行对比。为了获得更好的安全性，而不是静态的模板，参考文献［31］中从心电信号中提取时变特征，随后用于消息认证。在参考文献［32］中的认证过程使用了从躯体运动中提取的加速度数据，但是每个传感器都需要专门的传感检测硬件。

虽然这些方法不依赖于预共享密钥，但是生物特征识别认证在以下两个方面仍然易受攻击。第一，人体传感器很难实现在不同的位置以相同的精度测量相同的生理信号。第二，使用从仿真人身上获取的伪造的生物识别特征可以发起欺诈攻击，例如胶状手指、照片、面部面具，甚至是从一个合法用户身上肢解的手指。

2. 信道认证

最近，对于接收信号强度（received signal strength，RSS）用于认证的兴趣日渐增长[33-35]。一般来说，由于移动性和信道环境，RSS 往往会随时间变化。基于信道的解决方案利用 RSS 的这种变化以不同的方式实现身份认证。Zeng 等人在参考文献［36］中提出，可以通过比较一系列暂时的 RSS 变化来处理基于身份的攻击。使用这种方式，用户可以侦测到试图模仿另一用户与自己进行通信的入侵者。为保护两个设备之间的通信，参考文献［35］中提出了安全设备配对方案，利用差分 RSS 来执行邻近检测，以根据距离限制恶意发送方，但该方法需要额外的硬件，即至少两根接收器天线。另外，入侵者通过使用可以发射波束形式的攻击的阵列天线以进行位置欺诈，从而可以破坏认证中使用的 RSS。换句话说，通过在不同接入点的方向发送不同强度的信号，入侵者试图伪装成另一个相似的节点，而不是它自己的实际位置。此外，链接的 RSS 可能会被窃听。

除了利用 RSS，其他信道认证方案为每个设备的无线信道署名。例如，参考文献［37］中的时间链路署名使用信道脉冲响应（channel impulse response，CIR）信息以识别发射器和接收器之间的联系。然后，如果不同位置的入侵者伪装成发射器，由于链路差异，物理信道上的变化会被探测到。从节点之间的相互作用推断链路署名测量值也是很困难的。不过，这种方法需要一个学习的阶段和先进的硬件平台，如 GNU 无线电。

3. 近距认证

几种近距认证方案都是基于协同定位检测的。Amigo 在参考文献［38］中使用协同定位设备认证扩展了 Diffie-Hellman 密钥交换。具体来说，在由 Diffie-Hellman 密钥交换产生一段共享密文之后，这两种设备会监视短时间内的无线电环境，并且和其他设备交换包括该环境中的 RSS 在内的署名。然后在每个设备上独立地进行所接收的署名和其自身的署名之间的相似性检测，以确定接近度。集合预报技术[34]通过监测传输和分析 RSS 来提供近距认证。同样地，为了安全地匹配彼此接近的无线设备，Mathur 等人[39]通过利用共享的时变环境信号提出了一种基于协同定位配对的方案，这些信号用于产生一个共同的密钥，以认证设备之间的物理相似性，以进一步进行机密通信。但是，参考文献［34，38-39］中方法的主要缺点是：设备要求彼此之间的距离在半波长之内，这对部署在 WBAN 中的传感器设备是很受限的。

还可以利用安全测距技术如距离边界[40]的方法，来确定设备的接近度。例如，在参考文献［41］中，根据超声波距离边界，植入式医疗设备可以限制只有靠近它的设备才能访

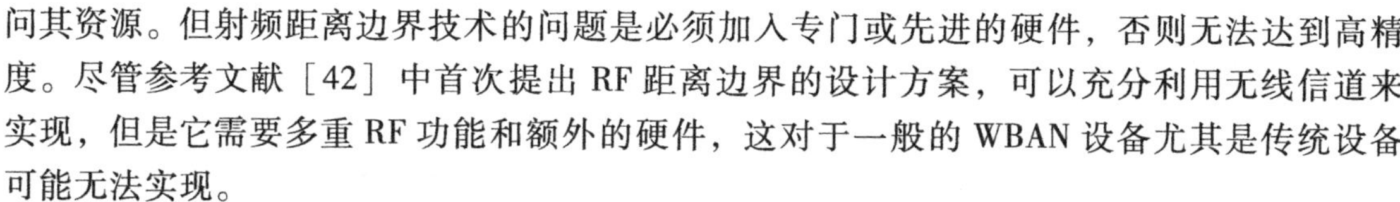

问其资源。但射频距离边界技术的问题是必须加入专门或先进的硬件，否则无法达到高精度。尽管参考文献［42］中首次提出 RF 距离边界的设计方案，可以充分利用无线信道来实现，但是它需要多重 RF 功能和额外的硬件，这对于一般的 WBAN 设备尤其是传统设备可能无法实现。

4. 其他认证方案

为了区分 WBAN 设备和冒充设备，参考文献［43-44］提出了一种基于信道和近距的认证方案：基于离体入侵者与在体传感器具有明显不同的 RSS 变化行为。该方案的优点在于其结构简单、重量轻，并且不需要任何额外的硬件，但在实际生活场景中具有有效性、高效率和适用性的特点。要特别注意的是该方案需要记录身体运动情况以获得唯一的信道特性进行认证。

19.2.3 认证方法概要

由于 WBAN 的特性，我们需要有效、高效的认证技术，以保证在 WBAN 应用中的安全和隐私。

表 19-1 提供了 WBAN 中当前认证方法的概要。每个加密或非加密认证方案都有其优点和缺点，这也意味着存在改善的潜力。加密认证方案可能最适合自部署 WBAN 的性质，但是它们一般需要大量的计算，并且依赖于预共享密文，如果受到物理性损害这可能会泄露给未授权的用户。随着生物测定技术和信道特性综合研究的发展，基于非加密方法的认证方案已经经过了充分的研究。复杂的人体特征为认证提供了一个理想的方式，但它们也会增加用户对隐私的担忧。无线信道也很复杂，并且很难预测，很大程度上受环境干扰的影响，所以信道认证方案的性能是受信道条件影响的。在近距认证方案中，WBAN 设备必须靠近才能进行认证，但是入侵者伪造位置可能会破坏安全性。虽然以前的密文在非加密的解决方案中不再是必需的，但是在现实生活场景中要实现它们仍有可能存在额外需求，如先进的硬件、人工干预等。

表 19-1 WBAN 中当前认证方法概要

	对比标准	加密认证依据		非加密认证依据		
		SKC	PKC	生物特征识别	信道	近距
安全性	预共享密文	有	部分	无	无	无
	易损性	密钥管理、共谋、物理性损坏	必须高度信任 PKG	伪造生物识别特征	波束形成攻击，位置欺诈攻击	
可用性	人际交互	部分	有	无	部分	部分
成本	额外硬件配置	无	无	需要专门的传感硬件	可能需要	可能需要
	其他需求	可能需要 OOB 信道		连贯的生理信号	信道互易	在半波长距离内

在认证方案中需要考虑不同的安全级别。例如，在医疗应用中，危及生命的请求应该和其他请求区别开，并给予最高的安全优先级。认证需要适当的隐私保护措施。

19.3 无线体域网中密钥的创建

为了保护生理数据和 WBAN 中发送的命令消息，应当在 WBAN 设备之间创建密钥。创建密钥一个直接的方法是在部署 WBAN 之前预先加载设备共享的密钥。但是在实践中，这种方法可能会失效，原因有四点：第一，在同一 WBAN 中的设备可能由不同的制造商制造，并且在制造时对这些设备预载相同的密钥是不切实际的；第二，让缺乏必要的专业知识的普通用户来加载密钥到 WBAN 设备上是不实际的；第三，WBAN 设备可能缺乏用于加载密钥的必要接口（如 USB），特别是对于微型装置；第四，一旦 WBAN 中的任一设备被破坏，预先加载相同的密钥将使整个 WBAN 受到威胁。考虑到 WBAN 的实际应用，研究一直聚焦在根据工作中的 WBAN 中的各种资源创建密钥，例如患者的生物信号和身体运动、无线信道特性等。

19.3.1 根据生物特征或动作创建密钥

我们已经提出了许多方案测量并比较传感器所收集的生理信息，如 ECG、PPG 图、虹膜和指纹，以在无密钥材料的先验分布条件下协助认证和创建密钥。对于结合了认证在内的密钥来说，参考文献［45-48］中的方案是创建设备之间基于生理数据的密钥用于验证。例如，参考文献［45］中提出使用一个安全的环境值作为随机密钥信息的来源。安全环境值的具体例子有脉冲间间隔（inter-pulse-interval，IPI）的生理数据和心率变异性。密钥可以从在体心电传感器[48-50]测量的 ECG 数据或 PPG 图和 ECG 组合的信号[46]中提取出来。在参考文献［47］中血糖、血压、体温等生理变量被认为是为了保护数据进行模糊处理的任意密钥。由于其唯一性、随机性和时间敏感性，生理数据可以作为这两种设备认证和密钥提取的可靠来源。但是，生物特征识别技术的主要缺点是从生理特性得到的生物识别特征通常伴随着信号中固有的高度噪声和变异性。我们也难以保证位于人体不同位置的传感器测量生理信号具有相同的精度。此外，并非所有用于密钥生成的生理参数都具有相同水平的信息熵。例如根据参考文献［51］，心率不是一个很好的选择，因为它的信息熵水平不是很理想。

参考文献［32，52-53］中的方案利用设备的运动模式进行认证，并且根据振动过程中测得的加速度数据生成共享密钥。类似于生物特征识别方法，这些方案需要专门的检测硬件和人力干预。

19.3.2 根据无线信道特性创建密钥

最近，使用无线信道进行认证和/或生成密钥引起了人们的极大兴趣[54-55]。这一领域中一个重点研究课题是改善密钥生成率。Lai 等人[56]利用无线网络中与中继节点相关的随机信道作为附加随机源，在具有单跳中继节点的两个节点之间生成密钥。

19.3.3 WBAN 中认证密钥的创建

1. 面临的挑战

尽管设备认证和密钥创建对于 WBAN 的安全非常重要，但是在实际应用中需要对这两者同时实现，即 WBAN 设备需要与经过认证的对等方建立共享密钥，以实现安全通信。许多现有的方法利用非无线信道在受约束的情况下可实现这一点。例如，生理数据可同时用于设备认证和密钥提取[45-48]。WBAN 设备可以利用运动模式进行认证和密钥提取[32,53]。但是，由于检测生物识别特征或运动数据需要额外的硬件设备，这些解决方案不能够支持一般的商用 WBAN 设备。与商用现成设备兼容的 ASK 提取解决方案应当最小限度地依赖于硬件设备，并且仅利用如无线信道检测等广泛可用的资源。但是，仅使用无线信道同时实现认证和密钥生成是非常困难的。特别是存在一种两难的情况：认证通常需要邻近，而快速密钥生成需要的信道衰落则无法实现邻近性。

2. ASK-BAN：利用信道特性为 WBAN 创建认证密钥

为了同时实现设备认证和快速密钥提取，ASK-BAN 利用在体设备无线信道的以下特点：

1）在体信道表现出明显不同的变化（见图 19-1，其中 WBAN 的控制单元（control unit，CU）放在身体正面并与传感器节点 1、2 和 3 处于清晰的视线位置）。

2）视距内在体设备之间的信道往往比在非视距内的更加稳定。例如，传感器 3 对传感器 4 的信道比其他节点的信道具有更稳定的 RSS，因为 3 和 4 都在检测对象的背部，并且在彼此视距靠近的位置。

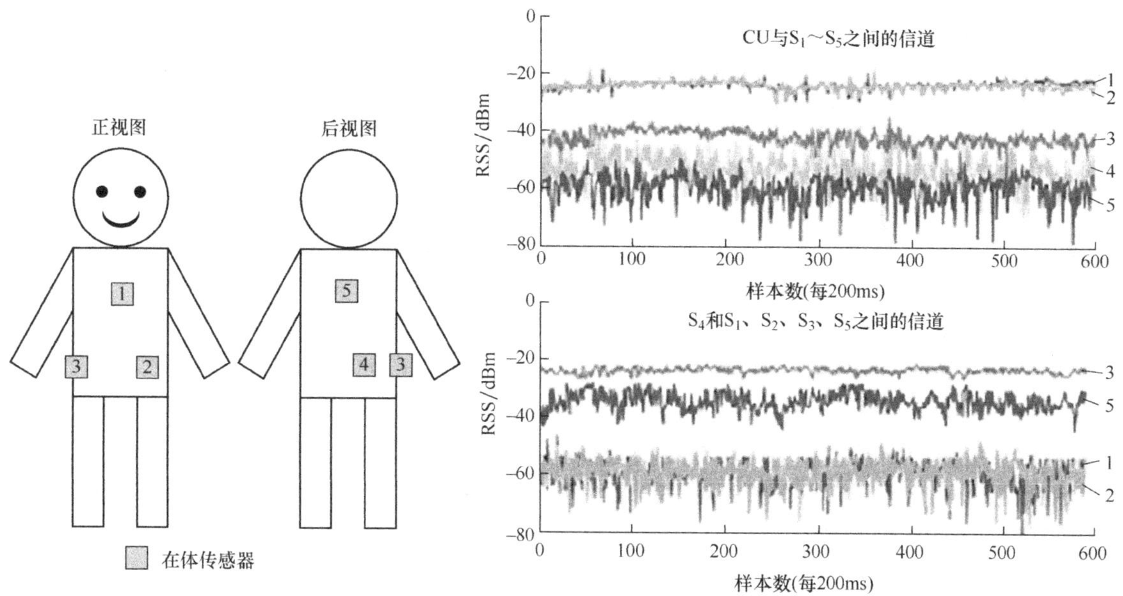

图 19-1　WBAN 传感器位置部署情况和检测的 RSS 值

基于信道的这些特性，ASK-BAN 借助传感器作为中继节点，提出了在 CU 和在体传感器之间一种多跳的 ASK 提取方案。对于多跳认证，ASK-BAN 指出，信任关系是可传递的：如果 A-B 之间和 B-C 之间的 RSS 变化是稳定的，即 A 信任 B 并且 B 信任 C，那么 A 可以高度信任 C，而 A-B-C 是 A 和 C 之间的“信任路径”。因此，要验证一个节点，ASK-BAN 需要查找 CU 和这个节点之间的多跳“信任路径”。对于密钥提取，主要的挑战是在认证过程中实现较高的密钥生成率。为了达到这个目标，在每个在体传感器和 CU 之间，ASK-BAN 利用呈现相对大的 RSS 变化的可能的多跳路径。因此，ASK-BAN 采用几个步骤进行 ASK 提取：

1）成对密钥生成和初始认证。通过让每个节点广播一条已知消息，每对节点为相互间接收到的数据包测量 RSS，并且获取一个共享密钥，其长度用来估计该对节点之间信道的保密能力。同时，每个节点使用所测量的 RSS 值认证所有的其他节点[43-44]。

2）广播认证保密能力。在此步骤中的每个节点广播关于每个其他节点 i 的信息：①节点 i

的信任值（是或否）；②节点 i 和自身之间信道的保密能力。

3）发现具有最大多跳保密能力的多跳可信路径。一旦接收到所有其他节点在步骤 2）中的广播消息，每个节点会获得一个加权图，每个边表示所连接的一对节点的信任关系和权重，这代表该信道的保密能力。通过运行最大流算法，每个节点能够发现自身和 CU 之间的具有最大保密能力的多跳可信路径。

4）广播聚合密钥。对于每个最大流路径，各个节点（如果它在路径上）分别广播与其前一跳和下一跳的共享密钥（在步骤 1 中获得）的异或值。在收集最大流路径上所有异或值后，每个节点和 CU 能够生成具有最大长度的共享密钥。

19.3.4 WBAN 中无线带内的信任建立

ASK-BAN 信道特性认证方法假定所有在体或近体的设备都是可信的。但是，这不是在所有情况下都能保证的。例如，细心的入侵者可能偷偷地在患者身体附近放置恶意传感器或将其他传感器安放到患者的身体上。在这样的情况下，恶意设备可以很容易地加入 BAN。为了解决这个问题，除了证明设备的邻近，我们需要实现一个更高的安全目标——用户或患者应该能够鉴别形成 BAN 的设备确实是指定的设备。这里我们假设所指定的设备都是完好无损的，否则无法保护创建的密钥。此外，用户要正确地确定设备的数量。

1. 相关研究

众所周知，因为未保护的无线信号会受到恶意修改（如信号位翻转和消息掩蔽[57]），简单的 Diffie-Hellman 密钥在无线信道中的交换容易受到中间人的攻击。因此，在过去的 10 年中，研究人员已经提出了以安全信道为基础的方法来解决这个问题，这通常被称为“安全设备配对”[58]。安全设备配对以某种方式依赖于一些辅助的 OOB 信道的安全（身份认证）特性。例如，著名的 OOB 信道包括 USB 连接[59]、红外[60]、视频[61]、音频、法拉第笼[62]等。然而，这些方案都需要专业人员的参与，并且要进行配对的设备应具备通用的附加硬件，如 USB 端口、屏幕、键盘、指示灯、加速度计等。这个需求通常是不切实际的，因为这些方案通常使用起来很突兀并且不可扩展，违背器件小型化趋势。而且通常认为，人力实现的 OOB 信道只能承受最多 10 台设备[61]。人力实现的 OOB 通道和先进的硬件需求已经成为阻碍实际采用这些协议的主要障碍。

人们对仅使用无线带内通信来实现身份认证和保护消息的完整性越来越感兴趣。完整性代码（I-code）由 Capkun 等人提出[57]，而防篡改配对由 Gollakota 等人提出[63]。I-code 原语保护通过不安全的无线信道上发送的每条消息的完整性。它假定信号消除是不可行的，并且利用单向检错码来提供消息篡改的标志。I-code 方法可应用于创建密钥、卫星信号的认证等。另一方面，防篡改配对是一种针对 802.11 设备的带内设备配对协议，它采用了防篡改通告通过将加密认证信息（如散列）嵌入到物理信号保证消息的完整性，使得任何篡改它的行为都会被接收器发现。

虽然上述概念很有吸引力，但是它有两个局限。第一，I-code 和防篡改配对的安全性是基于能量消除的不可行性的。但是这些方法只能实现一个较弱的安全保证，因此 Popper 等人[64]提出用一对定向天线消除攻击方式。第二，由于可扩展性问题，很难将这些方法用来安全地初始化多台受限设备如医用传感器。I-code 和防篡改通告都是适于成对通信的一对一的消息认证原语。如果在传感器平台上以 250kbit/s 的传输速率执行，假设时隙长度为 5ms，一条I-code 消息在 ZigBee 传感器平台上需要 0.5s 发送 50bit[57]。在防篡改标识上每个同步数据包必须至

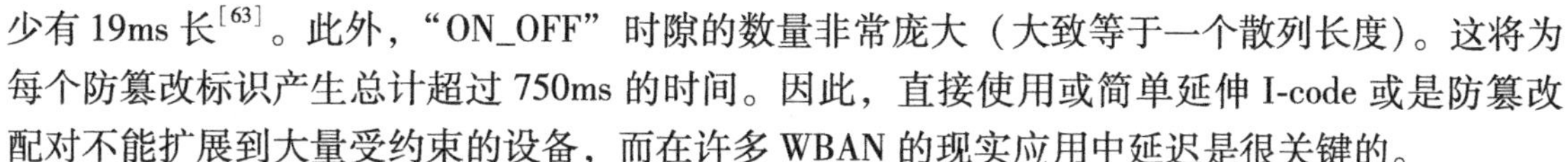

少有 19ms 长[63]。此外，“ON_OFF”时隙的数量非常庞大（大致等于一个散列长度）。这将为每个防篡改标识产生总计超过 750ms 的时间。因此，直接使用或简单延伸 I-code 或是防篡改配对不能扩展到大量受约束的设备，而在许多 WBAN 的现实应用中延迟是很关键的。

2. “Chorus”：无线信道上的认证消息对比

为了使信任机制初始化工作严格地在带内实行并且可扩展到其他设备，引入一个叫作“Chorus”的新颖物理层原语，它实现了在不安全无线信道上已认证的消息的对比，并用它来构造安全组认证密钥协商协议。Chorus 一部分是受到由 I-code 和防篡改配对的启发，因为它利用了信号消除和单向检错码的不可行性。但是，它也将类似于 I-code 的思想与在消息认证协议中使用的经验性 OOB 信道的概念结合起来，以实现密钥认证和确认。在大多数的消息认证协议中，OOB 信道的作用是实现安全的对比：认证字符串（authentication string，AS）通常来自协议副本（需要认证的消息）中的每个设备；当所有节点的认证字符串彼此相等时，所有设备都应该接受所接收的消息，并且当任意节点的认证字符串不相等时，所有设备都应该拒绝所接收的消息。

Chorus 的核心思想是让 N 台设备通过同时发射特殊编码的信号，比较它们固定长度的字符串是否相等，使得所有设备可以探测到字符串中的任何差异。Chorus 只输出 1bit 的信息（接受：所有字符串相等；拒绝：某些字符串不同）。由于无线信道的单向性（入侵者只能将“0”翻转为“1”，反之是不行的），将对比结果从拒绝转变为接受是不可能的。这使得 Chorus 可以理想地替代传统的 OOB 信道。详细步骤如下：

1）Chorus 开始于由一个节点（称为协调器）发送的同步数据包，其中包含随机内容并且比通常的数据包长。其他节点通过阈能量检测检测到这个数据包的存在。

2）在同步数据包结束后的短时间内，协调器广播一个长度为 T_{cts} 的 CTS_TO_SELF 数据包，它通过抑制来自其他共存设备的干扰，在这段时间内保留信道直到 Chorus 结束。

3）对比阶段：每个节点 i 使用曼彻斯特编码对自己的比特串 s_i（长度为 l）编码，以获得 $2l$ 比特串（0→01 和 1→10），并分别映射每个经过编码的比特（1/0）为 ON/OFF 时隙（相同的持续时间 T_s）。在每个时间时隙 $1 \leqslant j \leqslant 2l$ 内，如果对于一个节点它是一个 ON 时隙，那么同时与其他设备（Chorus）发送一个包含随机内容的短数据包；但是，如果 j 对于一个节点是 OFF 时隙，它将保持沉默并且监听信道。如果 $\forall 1 \leqslant j \leqslant 2l$，一个节点 i 在任意自身的 OFF 时隙中没有检测到能量，那么它将接受所接收的消息，否则拒绝所接收的消息。

一次 Chorus 运行的采样时序图如图 19-2 所示，其中节点 N 的字符串是“1110...”，与其他节点的字符串（“1100...”）相差 1bit。该编码字符串分别是“10101001...”和“10100101...”。这可以被所有节点（包括 N 本身）检测到，因为节点 N 将在其第 6 个 OFF 时隙中检测其他节点的聚合信号，而其他节点在它们的第 5 个 OFF 时隙中检测到能量。

不同于 I-code，在 Chorus 中当每个节点发送自己的信号时，它不能接受其他节点的信号（我们假设不是全双工收发器）。这看起来像丢失了一半信息。因此，问题是非欺骗性是否仍然可以实现。因为入侵者只能将“0”翻转为“1”而不能反过来翻转（即如果信号消除是不可行的），所以我们就可以证明它的确如此[65]。此外，当我们考虑入侵者只能注入本身产生的信号时，同样可以证明，针对这种类型的攻击，基本 Chorus 的实现是安全的[65]。

我们还需要对相关信号消除的攻击进行防范，在这种类型的攻击中入侵者不会产生自己的信号。Popper 等人[64]提出一种实用的攻击方式。它是基于信号中继的，即入侵者位于离发送者和接收者一段距离的地方，并且使用一对定向天线将发送方的信号发送给接收方。如果

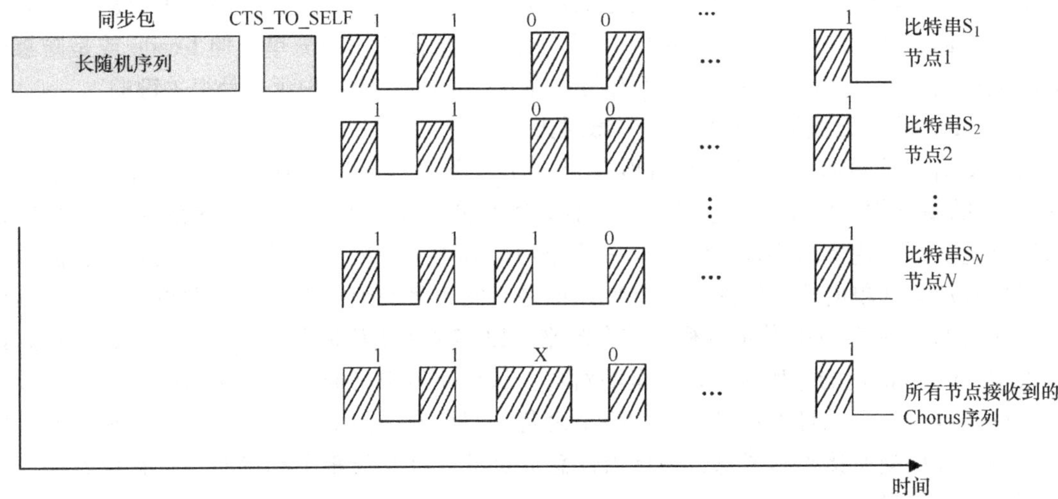

图 19-2 使用曼彻斯特编码的基本 Chorus 执行示例

入侵者为中继信道上的载波信号设置了 π 的倍数且具有相同的信号幅值的相位延迟，那么接收信号的强度可以被完全衰减。这种攻击不依赖于数据包的内容和调制，而且其主要工作在稳定和可预测的信道环境（如静态室内环境）。

参考文献［65］中提出了使用不协调跳频（uncoordinated frequency hopping，UFH）[66]保护 Chorus 免受上述类型的攻击。其基本思路是，通过在每个时隙内多个频率（微时隙）随机跳频使消除概率任意小。这是因为入侵者成功的关键因素是创建 $\Delta\phi=(2k-1)\pi(k=1,2,\cdots,)$ 的相位差，这可以通过改变频率来克服。我们假设入侵者的处理延迟可以忽略不计。对于每个节点，在每个 OFF 时隙，只要其在至少一个微时隙中检测到能量，这个节点就会拒绝所接收的消息。如果它在任何 OFF 时隙中都没有检测到能量，它输出“接受”。

基于 Chorus，我们设计了安全的带内信任初始化协议[65]，在这个协议中所有要认证的消息都是使用正常的高带宽无线传输进行交换的，在协议末尾只运行一次 Chorus。这样的协议比以前的解决方案具有更大的可扩展性并且适合于受限的设备。具体而言，在 BAN 的设定中，只要用户对于指定设备有一个正确的设备计数，他就可以把它输入到控制器中，并启动信任初始化协议。由于 Chorus 的使用使得它可以抵抗中间人的攻击，因此即使入侵者通过了 BANA 的邻近认证，也不能成功地伪装成一台合法的设备（任何试图阻止或篡改来自一台合法设备的消息的尝试都可以被检测到）。

19.4 总结

在本章中，我们主要讨论了在 WBAN 中建立初始信任的重要问题。它是保护 WBAN 中安全和隐私的前提条件，如果没有它，患者的安全可能受到威胁。这也非常具有挑战性，因为它同时要求高安全性、高效率和高可用性。我们调查了建立信任的最先进的解决方案，并且分析了它们在 WBAN 背景下的优点和弱点。然后，我们确定了只需要根据无线信道建立信任，而不使用 OOB 的任何安全信道。这对于简化用户的参与以及实现“即插即用”是非常必要的，同时也无须额外的硬件接口。我们在这个方向上提出了两个最初的解决方案，即 ASK-BAN 和 Chorus。前者认证 BAN 设备，并利用信道特性根据它们的共同位置/与人体的邻近程度在其中产生密钥。后者根据在无线信道中信号消除的最新进展，通过创建已认证的字符串对比，认证任意一组由用户指定的设备。这两种解决方案很少或几乎没有涉及用户。其安全性可以通过分析和实验进行评估。

在 WBAN 中安全机制实现方法的选择取决于各种因素。没有哪一种方法是适合所有情景的。人们需要综合考虑应用级别的功能、系统的安全性需求、硬件/软件/功率/物理条件、可用性需求以及它们之间的权衡。例如，传统的加密方法可能无法在一些旧的医疗设备如植入式设备上实现，因为软件更新需要将设备取出。本章提出的基于信道的建立信任关系的方法可能更适合于资源受限穿戴式传感器设备，它们不具有针对生物识别的一般传感能力，但是具有水平相似的可用性。

未来，研究可以专注于减轻身体上可信设备的负担，因为传感器设备可能会受到损害。例如，研究受损设备相关的受损检测机制和建立信任关系的协议。

参考文献

[1] Implantable Medical Devices: Hacking Humans, <https://www.blackhat.com/us-13/briefings.html>, (Last Accessed: 01.07.14).

[2] Scientists work to keep hackers out of implanted medical devices, <http://www.cnn.com/2010/TECH/04/16/medical.device.security/index.html>, (Last Accessed: 01.07.14).

[3] Medical Device Hacking Prompts Concern, <http://www.cyberprivacynews.com/2011/08/medical-device-hacking-prompts-concern/>, (Last Accessed: 01.07.14).

[4] Black Hat: Insulin pumps can be hacked, <http://www.scmagazine.com/black-hat-insulin-pumps-can-be-hacked/printarticle/209106/>, (Last Accessed: 01.07.14).

[5] How hackers can kill you, <http://situationroom.blogs.cnn.com/2013/06/15/how-hackers-can-kill-you/>, (Last Accessed: 01.07.14).

[6] L. Eschenauer, V.D. Gligor, A key-management scheme for distributed sensor networks, Proc. 9th ACM conference on Computer and communications security, ACM, New York, NY, USA, 2002, pp. 41–47.

[7] H. Chan, A. Perrig, D. Song, Random key predistribution schemes for sensor networks," in Security and Privacy, 2003, Proc. 2003 Symp (2003) 197–213.

[8] W. Du, J. Deng, Y.S. Han, P.K. Varshney, J. Katz, A. Khalili, A pairwise key predistribution scheme for wireless sensor networks, ACM Trans. Inf. Syst. Secur. 8 (2) (2005) 228–258.

[9] D. Liu, P. Ning, Establishing pairwise keys in distributed sensor networks, Proc. 10th ACM conference on Computer and Communications Security, ACM, New York, NY, USA, 2003, pp. 52–61.

[10] D. Liu, P. Ning, W. Du, Group-based key predistribution for wireless sensor networks, ACM Trans. Sen. Netw. 4 (2) (2008) 11:1–11:30.

[11] A. Perrig, R. Szewczyk, J.D. Tygar, V. Wen, D.E. Culler, Spins: security protocols for sensor networks, Wirel. Netw. 8 (5) (2002) 521–534.

[12] A.K. Jain, K. Nandakumar, Biometric Authentication: System Security and User Privacy, Computer 45 (11) (2012) 87–92.

[13] K. Malasri, L. Wang, Addressing security in medical sensor networks, Proc. 1st ACM SIGMOBILE International Workshop on Systems and Networking Support for Healthcare and Assisted Living Environments, ACM, New York, NY, USA, 2007, pp. 7–12.

[14] S.A. Devi, R.V. Babu, B.S. Rao, A new approach for evolution of end to end in wireless sensor network, Int. J. Comput. Sci. Eng. 3 (6) (2011) 2531–2543.

[15] M. Mana, M. Feham, B.A. Bensaber, A light weight protocol to provide location privacy in wireless body area networks, Int. J. Netw. Secur. Appl. 3 (2) (2011) 1–11.

[16] O. Delgado-Mohatar, A. Fuster-Sabater, J.M. Sierra, A light- weight authentication scheme for wireless sensor networks, Ad Hoc Netw. 9 (5) (2011) 727–735.

[17] T. Zia, A. Zomaya, A lightweight security framework for wireless sensor networks, J. Wireless Mobile Netw. Ubiquitous Comput. Dependable Appl. 2 (2011) 53–73.

[18] M. Li, W. Lou, K. Ren, Data security and privacy in wireless body area networks, Wireless Commun. IEEE 17 (1) (2010) 51–58.

[19] M. Li, S. Yu, W. Lou, K. Ren, Group device pairing based secure sensor association and key management for body area networks, INFOCOM 2010 Proc. IEEE (2010) 1–9.

[20] M. Li, S. Yu, J.D. Guttman, W. Lou, K. Ren, Secure ad-hoc trust initialization and key management in wireless body area networks, ACM Trans. Sens. Netw. (TOSN) (2012).

[21] X. Liang, X. Li, Q. Shen, R. Lu, X. Lin, X. Shen, et al., Exploiting prediction to enable secure and reliable routing in wireless body area networks, INFOCOM 2012 Proc. IEEE (2012) 388–396.

[22] <http://en.wikipedia.org/wiki/Attribute-based_encryption>, (Last Accessed: 01.07.14).

[23] J. Bethencourt, A. Sahai, B. Waters, Ciphertext-Policy Attribute-Based Encryption, Proc. IEEE Symp. Secur. Priv. (2007).

[24] C. Hu, F. Zhang, X. Cheng, X. Liao, D. Chen, Securing communications between external users and wireless body area networks, Proceedings of the 2nd ACM Workshop on Hot Topics on Wireless Network Security and Privacy (HotWiSec '13), ACM, New York, NY, USA, 2013, pp. 31–36.

[25] J. Akinyele, M. Pagano, M. Green, C. Lehmann, Z. Peterson, A. Rubin, Securing electronic medical records using attribute-based encryption on mobile devices, pages 75–86. Proceedings of the 1st ACM Workshop on Security and Privacy in Smartphones and Mobile Devices, ACM, 2011.

[26] C. Hu, N. Zhang, H. Li, X. Cheng, X. Liao, Body area network security: A fuzzy attribute-based signcryption scheme. to appear in IEEE Journal on Selected Areas in Communications (JSAC), Spec. Issue Emerg. Technol. Commun. (2012).

[27] C.C. Tan, H. Wang, S. Zhong, Q. Li, Body sensor network security: an identity-based cryptography approach, Proceedings of the First ACM Conference on Wireless Network Security (WiSec '08), ACM, New York, NY, USA, 2008, pp. 148–153.

[28] C.C. Tan, H. Wang, S. Zhong, Q. Li, IBE-Lite: A Lightweight Identity-Based Cryptography for Body Sensor Networks, Info. Technol. Biomed. IEEE Trans. 13 (6) (2009) 926–932.

[29] C. Rong, H. Cheng, Authenticated health monitoring scheme for wireless body sensor networks, Proceedings of the 7th International Conference on Body Area Networks (BodyNets '12), ICST (Institute for Computer Sciences, Social-Informatics and Telecommunications Engineering), ICST, Brussels, Belgium, Belgium, 2012, pp. 31–35.

[30] X. Hei, X. Du, Biometric-based two-level secure access control for implantable medical devices during emergencies, 30th IEEE Int. Conf. Comput. Commun. (INFOCOM 2011) (2011) 346–350, Shanghai, China.

[31] Z. Zhang, H. Wang, A.V. Vasilakos, H. Fang, ECG-Cryptography and Authentication in Body Area Networks, Info. Technol. Biomed. IEEE Trans. 16 (6) (2012) 1070–1078.

[32] R. Mayrhofer, H. Gellersen, Shake Well Before Use: Intuitive and Secure Pairing of Mobile Devices, Mobile Comput. IEEE Trans. 8 (6) (2009) 792–806.

[33] A. Varshavsky, A. Scannell, A. LaMarca, E. De Lara, Amigo: proximity-based authentication of mobile devices, Proc. 9th Inter- National Conference on Ubiquitous Computing, Springer-Verlag, Berlin, Heidelberg, 2007, pp. 253–270.

[34] A. Kalamandeen, A. Scannell, E. de Lara, A. Sheth, A. LaMarca, Ensemble: cooperative proximity-based authentication, Applications, and Services. Proc. 8th International Conference on Mobile Systems, ACM, New York, NY, USA, 2010, pp. 331–344.

[35] L. Cai, K. Zeng, H. Chen, P. Mohapatra, Good neighbor: Ad hoc pairing of nearby wireless devices by multiple antennas, Netw. Distributed Syst. Secur. Symp. (2011).

[36] K. Zeng, K. Govindan, P. Mohapatra, Non-cryptographic authentication and identification in wireless networks [security and privacy in emerging wireless networks], IEEE Wireless Commun. 17 (2010) 56–62.

[37] N. Patwari, S.K. Kasera, Robust location distinction using temporal link signatures, Proc. 13th Annual ACM International Conference on Mobile Computing and Networking, ACM, New York, NY, USA, 2007, pp. 111–122.

[38] A. Varshavsky, A. Scannell, A. LaMarca, E.D.e. Lara, Amigo: proximity-based authentication of mobile devices, Proc. 9th Inter-National Conference on Ubiquitous Computing, Springer-Verlag, Berlin, Heidelberg, 2007, pp. 253–270.

[39] S. Mathur, R. Miller, A. Varshavsky, W. Trappe, N. Mandayam, Proximate: proximity-based secure pairing using ambient wireless signals, applications, and services. Proc. 9th International Conference on Mobile Systems, ACM, New York, NY, USA, 2011, pp. 211–224.

[40] S. Brands, D. Chaum, Distance-bounding protocols, Workshop on the Theory and Application of Cryptographic Techniques on Advances In Cryptology, Springer-Verlag New York, Inc., Secaucus, NJ, USA, 1994, pp. 344–359.

[41] K.B. Rasmussen, C. Castelluccia, T.S. Heydt-Benjamin, S. Capkun, Proximity-based access control for implantable medical devices, Proc. 16th ACM Conference on Computer and Communications Security, ACM, New York, NY, USA, 2009, pp. 410–419.

[42] K.B. Rasmussen, S.C. apkun, Realization of rf distance bounding, Proc. 19th USENIX Conference on Security, USENIX Association, Berkeley, CA, USA, 2010, pp. 389–402.

[43] L. Shi, M. Li, S. Yu, J. Yuan, BANA: body area network authentication exploiting channel characteristics, Proceedings of the fifth ACM conference on Security and Privacy in Wireless and Mobile Networks (WISEC '12), ACM, New York, NY, USA, 2012, pp. 27–38.

[44] L. Shi, M. Li, S. Yu, J. Yuan, BANA: Body Area Network Authentication Exploiting Channel Characteristics, Selected Areas, Commun. IEEE J. 31 (9) (2013) 1803–1816.
[45] K. Singh, V. Muthukkumarasamy, Authenticated key establishment protocols for a home health care system. In Intelligent Sensors, Sensor Networks and Information, 2007, ISSNIP 2007. 3rd Int. Conf. (2007) 353–358.
[46] K. Venkatasubramanian, A. Banerjee, S. Gupta, Pska:Usable and secure key agreement scheme for body area networks, Info. Technol. Biomed. IEEE Trans. 14 (1) (2010) 60–68.
[47] K.K. Venkatasubramanian, S.K.S. Gupta, Physiological value-based efficient usable security solutions for body sensor networks, ACM Trans. Sen. Netw. 6 (4) (2010) 31:1–31:36.
[48] F. Xu, Z. Qin, C. Tan, B. Wang, Q. Li., Imdguard: Securing implantable medical devices with the external wearable guardian. In INFOCOM, 2011 Proc. IEEE (2011) 1862–1870.
[49] C. Poon, Y. Zhang, S. Bao., A novel biometrics method to secure wireless body area sensor networks for telemedicine and m-health, IEEE Commun. Mag. 44 (4) (2006) 73–81.
[50] S. Bao, C. Poon, Y. Zhang, L. Shen, Using the timing information of heartbeats as an entity identiffer to secure body sensor network, IEEE Trans. Inf. Technol. Biomed. 12 (6) (2008) 772–779.
[51] S. Cherukuri, K. Venkatasubramanian, S. Gupta., Biosec: a biometric based approach for securing communication in wireless networks of biosensors implanted in the human body, Parallel Process. Workshops 2003 Proc. 2003 Int. Conf. (2003) 432–439.
[52] D. Bichler, G. Stromberg, M. Huemer, M. Low, Key generation based on acceleration data of shaking processes, Proceedings of the 9th International Conference on Ubiquitous Computing, UbiComp'07, Springer-Verlag, Berlin, Heidelberg, 2007.
[53] R. Mayrohofer, H. Gellersen, Shake well before use: authentication based on accelerometer data, Proceedings of the 5th International Conference on Pervasive Computing, Pervasive'07, Springer-Verlag, Berlin, Heidelberg, 2007.
[54] S. Mathur, W. Trappe, N. Mandayam, C. Ye, A. Reznik., Radio-telepathy: extracting a secret key from an unauthenticated wireless channel, pages 128–139. Proceedings of the 14th ACM International Conference on Mobile Computing and Networking, MobiCom '08, ACM, New York, NY, USA, 2008.
[55] S. Jana, S. Premnath, M. Clark, S. Kasera, N. Patwari, S. Krishnamurthy, On the effectiveness of secret key extraction from wireless signal strength in real environments, pages 321–332. Proceedings of the 15th Annual International Conference on Mobile Computing and Networking, Mobicom'09, ACM, 2009.
[56] L. Lai, Y. Liang, and W. Du. Phy-based cooperative key generation in wireless networks. In Communication, Control, and Computing (Allerton), 2011 49th Annual Allerton Conference on.
[57] S. Capkun, M. Cagalj, R. Rengaswamy, I. Tsigkogiannis, J.-P. Hubaux, M. Srivastava, Integrity codes: Message integrity protection and authentication over insecure channels, IEEE Trans. Dependable Secure Comput. 5 (4) (2008) 208–223.
[58] M. Li, W. Lou, K. Ren, in: H. Tilborg, S. Jajodia (Eds.), "Secure Device Pairing," in Encyclopedia of Cryptography and Security, Second ed., Springer, 2011.
[59] F. Stajano, R.J. Anderson., The resurrecting duckling: Security issues for ad-hoc wireless networks, IWSP '00 (2000) 172–194.
[60] D. Balfanz, D.K. Smetters, P. Stewart, H.C. Wong, Talking to strangers: authentication in ad-hoc wireless networks, NDSS '02 (2002).
[61] C.-H. O. Chen, C.-W. Chen, C. Kuo, Y.-H. Lai, J.M. McCune, A. Studer, et al., Gangs: gather, authenticate 'n group securely, MobiCom '08 (2008) 92–103.
[62] C. Kuo, M. Luk, R. Negi, A. Perrig., Message-in-a-bottle: user-friendly and secure key deployment for sensor nodes, SenSys '07 (2007) 233–246.
[63] S. Gollakota, N. Ahmed, N. Zeldovich, D. Katabi, Secure in-band wireless pairing, pages 16–16. USENIX, SEC'11, USENIX Association, Berkeley, CA, USA, 2011.
[64] C.P. opper, N.O. Tippenhauer, B. Danev, S. Capkun, Investigation of signal and message manipulations on the wireless channel, ESORICS'11 (2011) 40–59.
[65] Y. Hou, M. Li, J.D. Guttman, Chorus: Scalable In-band Trust Initialization for Multiple Constrained Devices over the Insecure Wireless Channel, The sixth ACM Conf Secur Priv Wireless Mobile Netw. (ACM WiSec 2013) (2013) 17–19, Budapest, Hungary.
[66] M. Strasser, S. Capkun, C. Popper, M. Cagalj, Jamming-resistant key establishment using uncoordinated frequency hopping, IEEE S & P (2008) 64–78, IEEE.

第 20 章　无线体域网

20.1　简介

设备和人员的位置信息被认为是情境感知系统的主要组成部分[1-4]，它的主要应用领域之一是环境辅助生活（ambient assisted living，AAL）。实际上，用户的位置可用于检测用户活动、激活装置、开门等。目前室外全球导航卫星系统（global navigation satellite systems，GNSS）提供了可靠、简便的位置获取技术，而室内 GNSS 在很多情况下不可用。

室内环境缺乏一个像室外 GNSS 一样，具有全球覆盖、精度高、延时短、可用性高和成本低等优良性能的系统。某些室外环境因为天空视野不够开阔，也不能被 GNSS 很好地覆盖。

因此，室内定位问题可以由点对点的方案解决，其中最有希望的一种依赖于穿戴式技术。研究室内定位可以创造许多商机。但是，系统的性能会根据环境的不同而有所差异。室内环境对定位系统特别具有挑战性，其原因有：

1）信号在墙壁和家具间的反射而形成的严重的信号的多种传播途径。

2）视线观察不到的情况。

3）由于障碍物高密度而形成的高衰减和信号散射。

4）人的出现和门的开关引起的信号传输时间变化。

5）对精度和准确度有较高需求。

另一方面，室内环境在许多方面也有利于定位和导航：

1）覆盖区域范围小。

2）气温影响小。

3）环境几何状况较为简单，墙壁与地面之间基本相互垂直。

4）由于运动速率较低而造成动态变化较小。

室内定位系统可以基于信号类型或信号技术（红外线、超声波、UWB、RFID、分组无线电）、信号指标（到达角（angle of arrival，AOA）、到达时间（time of arrival，TOA）、到达时间差（time difference of arrival，TDOA）、RSS）和信号处理方法（基于范围和与范围无关的算法）进行分类[5]。每个解决方案都有优点和缺点，在大多数情况下，可以折中一些指标（如精度、安装复杂度等）来选择解决方案。

下面将讨论室内定位系统、定位技术和主要定位算法中重要的评价指标。

20.2　评估标准

为了评价该定位系统，必须根据其相关性和重要性对于给定的应用定义一套标准加权。不同指标的组合能够评估定位系统的整体性能。

通过竞争基准评估的 AAL 系统（evaluating AAL system through competitive bechmarking，

EvAAL)[6] 在不断改进，是一个为比较环境辅助生活解决方案建立基准和评价指标的系统。为了完整评价 AAL 系统的长期目标，每年都会组织多个国际比赛。室内定位的国际比赛已经举办了 3 年并且确定了 5 个指标。

准确性和可用性是其中两个客观可测量的（硬）指标。准确性是基于系统定位用户所在的位置和用户实际位置之间的距离来评价（距离误差），是一个衡量定位系统好坏的传统指标。误差系数应减少到一个标量分数，在文献中有大量的方法来实现这个结果。2010 年第一届室内定位和导航会议（Indoor Positioning and Indoor Navigation，IPIN）的 195 篇论文中，有 115 篇描述了通过测量某项指标进行评估的真实或模拟系统。这些工作考虑的指标是视觉路径比较，通常选用的指标是用图形比较实际和所估计的路径（32%的论文）、平均误差（31%的论文）、累积分布函数（20%的论文）、分位值（11%的论文）和最终误差的方差（5%的论文）。

可用性对实验或原型系统尤其重要，是系统在执行定期间隔测量表现好坏的指标，即可用性是用来衡量系统提供连续更新数据的能力。因此，它被简单地计算为接收到的样本数量和预期的采样数（每隔 0.5s 进行一次 EvAAL 竞争）之间的比率。

除了硬指标，一些软指标如安装复杂度、用户接受程度和 AAL 系统的交互性也需要考虑。

安装复杂度是家中安装 AAL 定位系统所需工作量的度量。它用完成安装所需的工作时间来衡量。

用户接受程度表示定位系统影响用户日常生活的程度并由此带来的用户感知影响。其可以通过一个简单的问卷（可参见 EvAAL 网站）来估计，问卷可涉及标签的存在和侵入性、环境中安装的可视度以及维修程序的复杂性。

交互性表示为系统与其他系统集成的难易程度。该参数取决于对定位系统进行评估的方案，因为定位可以被其他应用程序利用，以提供先进的服务。考虑到 API（应用程序接口）和文档的可用性，许可方案和测试工具的存在以及不同操作系统的便携性，EvAAL 交互性也可以通过一个问卷来衡量。

这些评价标准必须在讨论室内定位系统性能时都考虑到。这些指标的选择理由是多方面的。准确度是评估一个定位和跟踪系统性能的最重要指标。一般室内应用程序并不需要很高的精度，过分重视准确度会削弱性能评价对于现实生活系统的意义。可用性也是一个重要的指标，因为系统不响应和不准确同样难以处理。因此，提供这些硬指标的权重不应超过与给定的系统主要利益相关者（系统集成商、安装人员和最终用户）交互相关的指标权重。

20.3　技术

可用于定位的技术有很多种。大部分技术需要用户穿戴或携带某种设备才能进行定位。

如果在体设备需要和外部（非在体）设备进行通信或做出响应，我们称之为在体主动系统。外部设备通常是一些部署在环境并能够追踪用户的基础设施一部分。基于基础设施，这些系统功能很强大：它们可以与其他系统以各种方式相互作用，提供用户界面（如图形化的网页界面），对在体设备所接收的数据进行复杂的计算。

如果在体设备收集来自环境的信息并对其进行解释，而不需要与任何设备通信或对某些外部设备响应，我们称之为在体被动系统。在体系统收集的信息可以由一些允许定位的外部设备生成，或从环境和身体移动中收集。

最后，我们讨论不需要在体设备来实现定位的无设备系统。在这种情况下其与主动系统相同，外部基础设施会检测用户的位置和移动。

在下面的章节中将介绍上述每个类别使用的多种技术。目前，还没有足够准确或通用的低成本方法能提供令人满意的性能。实际系统需要融合多个子系统创建的信息，以便能在低成本的情况下获得令人满意的性能，这个主题将在下节中进行讨论。

20.3.1 穿戴式主动传感器

主动传感器包括对外部刺激做出响应和自动产生某种被外部设备读取和解读的信标信号的传感器，它们通常是外部（非在体）基础设施的一部分。

接下来将说明 3 种技术：超声胶囊、RFID 标签和 UWB。在这些技术中 RFID 最不显眼，因为标签非常小并且容易嵌入到衣服。超声波受限于胶囊的大小、所需相关硬件的功率以及信号被身体本身阻碍的影响。UWB 系统还不够成熟，需要笨重的设备，但更新的系统可以在使用小型低成本设备的基础上保证高精密度。

1. 超声系统

有许多不同的方法可实现超声系统。最常见的一种是测量安装在环境（墙壁、天花板或家具）中的固定设备和用户携带的一个或多个设备之间交换脉冲的 TOA。用户携带的设备可以是一个发射器或接收器。发射器和接收器之间的时间同步是通过使用一个辅助无线电信道来实现的。选择把接收器放在用户身上增加了在体设备所需的计算能力，但解决了隐私问题。iLoc[7] 系统采用的是这种方法。

其他方法不需要任何无线电连接，并利用 TDOA。

2. RFID 标签

RFID 是一种使用相对笨重、高功率的读取器和许多小型且便宜的标签的技术。标签是微小的，可以嵌入衣服或鞋子中。当读取器发送一个无线电信号时，标签发送一个无线电签名响应，能唯一地识别每个标签。标签可以是主动的（电池供电）或被动的（无供电），后一种情况的工作原理是积累由读取器通过谐振电路发射的能量的一小部分，并使用读取器传回它们的 ID。

有在体标签的 RFID 系统一般用作距离传感器。该系统可以对距离进行非常粗略的估计，通过测量 RFID 标签的 RSS 而获得，但这一般不足以计算用户位置。它也可用作融合多个子系统信息的定位系统的元素。

在本章中，基于各种 RSS 方法的更精确的定位将被进一步研究。许多 RFID 标签可安装在环境中，由用户携带读取器，但由于现在的读取器过于笨重，以至于不被视为在体设备。

3. 超宽带（UWB）

遵循标准化的 IEEE 802.15.4a 协议的 TOA 定位方法的设备将会上市。这样的设备只要用户携带一个在体兼容设备就能使用三边测量技术进行准确定位。

20.3.2 分组无线系统（主动和被动）

分组无线方法对于主动和被动定位是最灵活的方法。它们将在下一节做更详细的介绍。技术包括专有系统和基于低功耗蓝牙（IEEE 802.15.1）和 ZigBee MAC（IEEE 802.15.4）标准的系统。

分组无线技术主要用于通信，而不是定位。发射器和接收器都不是由用户定制的，而是标准的通信节点。因此，仅基于 RSS 和在某些情况下飞行时间的方法是可能的。尽管有这些缺点，基于分组无线的方法在研究领域很受欢迎，并且通用性和准确性较好。这些设备之所以有吸引力，是因为它们批量生产，具有价格低、体积小、电池寿命长的特点。此外，在过去的 10 年里，这些特性都在不断提高，并且有趋势表明，它们将在未来继续改善。这也意味着，通过分组无线进行通信的小型设备将广泛应用于室内和室外环境。因此在将来，功能丰富的智能环境中的定位是由已经存在的设备提供的服务，而不需要任何特定的硬件安装。

分组无线电系统一般采用基于 RSS 的方法，因为所有接收器提供每个包的测量值，用来评价链路质量。虽然在原理上可以使用飞行时间定位，但是当前的设备通常没有可用和准确的方法来估计。

蓝牙和 IEEE 802. 15. 4 是短距离上中低等带宽通信标准。它们工作在 2. 4GHz 频段，这是全世界公开通用的无线电频段，并且两者都设计成能抵抗工作在同一公开通用无线电频段的其他设备的干扰。WiFi 原则上也能达到相同的目的，但它通常不被穿戴式系统采用，因为目前的 WiFi 功率要求比竞争标准高得多。然而，智能手机的广泛使用可能会改变这一趋势；事实上，一个无线网络丰富的环境（如办公室）有许多可用的无线接入点，可以通过以智能手机为基础的被动系统加以利用。

通过与外部设备交换包，操作所交换包的 RSS 测量值并使用这些测量值作为不同基于 RSS 的方法的基础数据的分组的无线主动穿戴式系统将在下面讨论。绝大多数被提出的系统都属于这一类。

另一方面，被动分组无线系统仅接收包。原则上，它们可以仅从环境中监测网络流量，而不与外部设备交换任何数据进行匿名工作。为了使它能工作，在体设备需要发射装置安装在环境中位置的先验知识。

20. 3. 3 被动穿戴式系统

被动系统可基于各种技术。其中一个是 20. 3. 2 节中所讨论的分组无线技术。另一个被动技术可被描述为用在包含不同身体部位光反射器的高级手势识别系统的在体技术。

在本节中，我们讨论惯性系统（加速度计和陀螺仪）、指南针和大气压力传感器。这些低功耗传感器都可以在当今的高端智能手机上找到，并且可以预测在不久的将来被应用在所有的智能手机以及许多便携式和可穿戴或嵌入式设备。这些低价传感器是最近基于硅的 MEMS 制造工艺进步的结果。

惯性传感器能够测量三维线性加速度和角速度，因此在原理上可以实现一个完整的 3D 航位推算定位系统，即一个结合速度来计算从出发点位置变化的系统。然而，这些廉价传感器的精度，尤其是它们的输出漂移特性，需要更多的努力以获得可靠的定位而不是简单地整合它们的输出。在另一方面，行人航位推算（pedestrian dead reckoning，PDR）算法的最新进展提供了几年前无法想象的准确度和精度，并使 PDR 成为至少在室内环境系统中的主要结构单元。

电子罗盘是对惯性系统的补充。线性加速计提供垂直方向（地球重力）上的绝对参考，罗盘提供基于地球磁场的绝对水平参考。但是，磁性参考是不可靠的，因为磁场在室内环境中受到用于建筑和家具的许多金属材料的强烈干扰，从而难以得到北向的可靠测量。有些系统使用扰动作为稳定指纹识别方法[8]。

在便宜好用的消费端设备 MEMS 阵列中加入了大气压力传感器，其灵敏度足以可靠地检测快速的高度变化，例如由用户在建筑物不同楼层移动引起的高度变化。

20.3.4 无设备的定位

无设备系统不需要用户佩戴或携带任何设备，因此不能说它是穿戴式传感器。我们只提供无设备定位技术的简要概述。

其中最简单的是基于传统的红外线（presence infra-red，PIR）传感器的系统。这些可以标记在其视野中移动的人。

UWB 定位系统是基于已被证明的雷达原理，使用一个发射器和两个接收天线（或其他方式）收集由用户身体反射的信号。这些系统需要特意建造，因此价格昂贵[9]。

摄像机通过区分用户提供非常精确的定位和用户检测的可能性。使用这些系统应特别注意隐私。

在环境中部署多个传声器可以识别噪声的来源。它们可以用来检测大声讲话的人的位置。

基于激光的系统加上摄影机已经找到了向大众市场提供实惠价格的方向。最典型的设备是 Kinect 和类似的设备，其包括用于测距和姿势识别的软件。

无线电断层成像（radio tomographic imaging，RTI）是 Wilson 和 Patwari 提出的一种技术，能够利用廉价的分组无线传感器阵列精确地确定用户在室内环境中的位置[10]。

20.3.5 混合技术

以上技术不一定单独使用：每种技术的响应可以使用数据融合技术组合在一起。事实上，除了供实验室研究外，任何工作系统使用一种以上的方法都能获得可接受的性能。

1. 数据融合

数据融合技术包括 3 个主要的数学技术：卡尔曼滤波、贝叶斯推理和粒子滤波。实际上，每种方法都是一类广泛的方法，必须根据具体需要进行调整。

卡尔曼滤波使用连续变量递归算法，被广泛应用于导航领域，特别是被称为扩展卡尔曼滤波的非线性版本。对于高度非线性问题如室内定位中的常见问题，通常使用无迹卡尔曼滤波来代替。

贝叶斯推理是一大类使用贝叶斯规则的统计技术，通过每个时间点获取一些新信息（证据）更新位置的估计值，在某种程度上依赖于信息可靠性。

粒子滤波是一种在个人定位信息的数据融合方面引起广泛关注的方法，尤其是在室内环境中。该技术诞生于机器人领域。它基于应用在离散位置的贝叶斯更新规则，其中一个粒子群由几十甚至几百个点组成。时间是离散的：在每个周期中每个粒子独立于其他粒子以随机速度和方向移动。然后给它分配一个属于位置分布概率的权重。低权重的颗粒被去除，在幸存的粒子附近创建新粒子。粒子滤波概念简单，易于实现，可用新的约束和信息进行修改。然而，它们的计算量很大，所以不适合在小型设备中实现。近日，在 WiFi 接入点定位或人工干预等的外部帮助下，PDR 粒子滤波器已经在智能手机上实现（参见参考文献［11］）。

2. 同时定位和绘图（Simultaneous Location and Mapping，SLAM）

与上文所讨论的粒子滤波相同，这种技术来自机器人技术。它的原理为通过检查环境绘出它的图片；然后，在环境中移动时，通过用外部基准和惯性传感器追踪移动，同时绘制环境地图。每次再访位置时调整过去和现在完成的位置估计，从而结束动作的循环。

这种技术计算非常密集，因此目前在小型便携设备上是不可用的，但它可以用于接收由穿戴式传感器提供数据的外部设备上。最近提出一种在室内环境中实现 SLAM 的方法，它只需把一个传感器放在用户鞋子中[12]。作者希望通过改进算法使用户携带的智能手机可以使用该传感器。

20.4　穿戴式无线电设备

基于穿戴式的解决方案能估计移动传感器（下文称为移动端）相对于一组位置已知的固定传感器（称为锚）的位置。移动端的位置估计可以通过使用两种不同的方法来实现，一种是基于距离，另一种是距离无关。前者包括使用点至点的绝对距离估计的协议来计算位置。后者不作任何关于此类信息的可用性和有效性的假设。这两种定位方法的有效性取决于通过使用该位置信息的应用程序所需的精确度。距离无关的解决方案精度较低[13]，这些技术不适合定位精度作为主要要求的应用。另一方面，基于距离的定位采用涉及在移动端和锚之间交换的信标分组的物理量测量。无线电信号一般测量 RSS、AOA、TOA、TDOA。尽管 AOA 或 TDOA 可以保证较高的定位精度，但它们需要特定和复杂的硬件。深入参与用户的监控是特定 AAL 应用的一个主要缺点，因而可能受到复杂和侵入性硬件的限制。

有至少两种可能的情况，RSS 技术比其他无线电信号的测量技术更适合。在第一种情况下，无线传感器普遍存在于环境和身体健康监测的用户身上。在这种情况下，不需要额外的设备去定位用户。在第二种情况下，各种传感器（即陀螺仪、加速度计、指南针和压力传感器）放置于用户身上以识别动作。在常见的使用无线通信传感器的情况下，利用 RSS 测量在不增加设备成本的情况下可以得到额外的信息（如用户的位置）。由于这些原因，在本章的以下部分，我们将只涉及基于 RSS 的定位技术。

20.4.1　与距离无关的定位方案

在本小节中，我们提出使用无线电连接来推断附近的一组锚节点的最常用和最常被引用的与距离无关的定位方案。这些方案不做关于点至点距离估计的可用性或有效性假设。

1. 重心

重心方案在参考文献［14］中被提出。这个定位方案假定一组锚节点（$A_i, 1 \leqslant i \leqslant n$）与覆盖区域重叠，存在于无线传感器网络的部署区域中。其主要思想是把位于（X_i, Y_i）具有同等质量的锚节点作为平等的大规模物理点，并找到所有同质量物理点的重心。

$$(X_G, Y_G) = \left(\frac{\sum_{i=1}^{n} X_i}{n}, \frac{\sum_{i-1}^{n} Y_i}{n} \right) \tag{20-1}$$

重心方案工作的一个示例如图 20-1 所示，其中一个传感器节点 N_k 在 4 个锚节点 $A_1 \sim A_4$ 通信范围内。节点 N_k 位于四边形 $A_1A_2A_3A_4$ 的重心（四边形的重心是在连接相对边的中点的直线的交点）。

2. APIT

近似三角形内点测试（APIT）[15]是一种基于区域的与距离无关的定位方案。它假定有少数节点（锚），它们配备了高功率的发射器，并通过 GPS 或其他机制知道其位置。使用这些锚的信标，APIT 采用了新颖的基于区域的通过在锚节点之间标记三角形区域的方法执行位置估计，如图 20-2 所示。节点在这些三角形区域内部或外部，允许节点来缩小它潜在的驻留区域。通过使用锚节点的不同组合，减小节点所在估计区域的大小，以提供一个良好的定位估计。

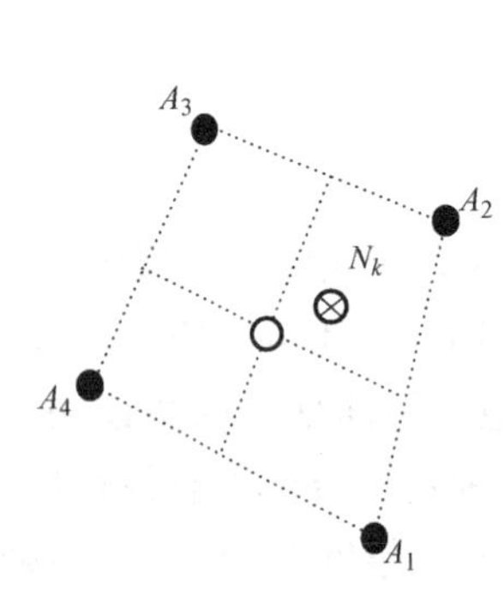

图 20-1　重心定位节点 N_k 作为四边形 $A_1A_2A_3A_4$ 重心来定位

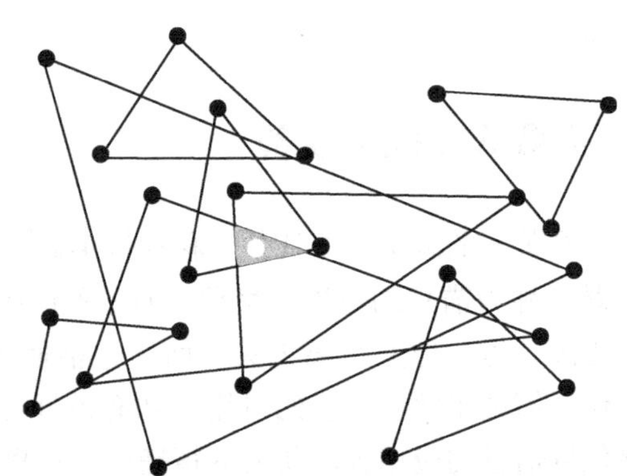

图 20-2　基于区域的 APIT 算法概述

用来缩小一个目标节点可能驻留的区域的方法称为三角形内点测试（point-in-triangulation，PIT）。对于三个给定锚 A、B 和 C，PIT 判定未知位置的点 M 是否在 $\triangle ABC$ 内部。APIT 重复使用不同锚组合的 PIT，直到所有组合都耗尽或达到了所要求的精度。此时，APIT 计算这个节点驻留的所有三角形的交点的重心，找到其估计的位置。参考文献［16］的作者在室外实验测试平台实现了 APIT 系统，表明至少 80%的节点位于其估计区域内。仿真和实验结果验证了 APIT 是一种在大型户外传感器网络与距离无关定位的很有前途的技术。

3. SeRLoc

SeRLoc[17]是另一种基于区域的距离无关定位方法。SeRLoc 假定两种类型的节点：普通节点和定位器（即锚）。普通节点都配有全向天线，而定位器配备定向扇形天线（定位器的位置已知）。在 SeRLoc 中，传感器基于由定位器发送的信息估计其位置。图 20-3 给出了该方法主要的思路，节点 N_k 在定位器 A_1、A_2 和 A_3 的无线电范围内。

SeRLoc 定位传感器节点需要 4 个步骤。第一，定位器发送一个扇形区域定向信标。每个信标包含定位器的位置和与扇区边界线的角度。一个普通的节点收集它能收到的所有定位器信标。第二，它基于接收到的定位器坐标位置确定一个近似搜索区域。第三，采用多数表决机制计算重叠区域。第四，SeRLoc 估计的节点位置为重叠区域的重心。

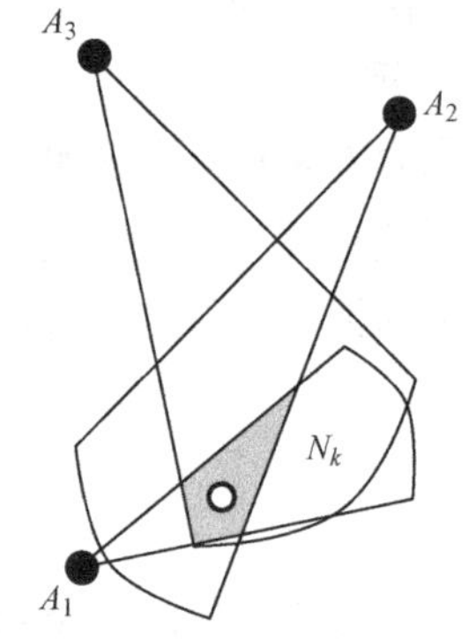

图 20-3　SeRLoc 定位

我们注意到，SeRLoc 的安全性设计独一无二。它能够处理各种攻击，包括虫洞和 Sybil 攻击。这里不描述它的安全特性，只要注意的是，作者在参考文献［17］中证明，他们的方法在攻击面前更加安全、可靠、准确，其他最先进的解决方案在很大程度上忽略了这一问题。

20.4.2　基于距离

在本小节中，我们参考 20.4 节的第一个场景，环境中部署了丰富的传感器，它们不仅仅是为了定位，同时也是为了利用这些传感器的 RSS 测量值。

主要的基于距离的室内定位方法是基于指纹和信号传播模型的 RSS。在这两种情况下，移动传感器定位通过一组锚与移动端交换的信标分组以收集 RSS 值序列的方式实现。特别是在给定的瞬间，系统计算的一组用于估计此时移动传感器的位置 RSS 值（从每个锚中获得一个 RSS 值）。指纹识别方案也被称为模式匹配，需要一个初步的系统校准程序（离线阶段[18-22]）。这个阶段执行在锚的部署之后，并包括环境中一组点的 RSS 测量值。这些点对应于应该定位的移动传感器的可能位置。每个点产生一组 RSS 值，并把它们存储在数据库中。在定位过程（联机阶段）中，每次产生一个新的关联到移动端的 RSS 时，定位系统将其与存储在数据库中的 RSS 进行比较，以找到移动端最可能的位置。

1. 指纹

指纹定位不同于其他定位原则。用户的位置通过在一个无线映射图中比较获得的 RSS 值来确定，而不是计算用户与锚之间的距离然后再三角测量用户的位置。无线映射图在离线阶段形成，它包含在某些位置所测量的 RSS 模型。用这种方式捕捉室内环境中信号传播的特性，避免复杂信号传播建模。指纹方法的特点是，它不需要任何发射器位置或环境特性的先验知识，仅需要测量表明环境特性的值，即 RSS 值。然而，离线阶段是计算密集型的，而且无线映射图必须要存储在存储器中。

（1）无线映射图　在平面图的帮助下，把感兴趣的区域划分成网格，开始构建无线映射图。在一定的时间段内，把由接入点发送的无线电信号的 RSSI 值收集在网格内的校准点，并存储在无线映射图中。无线映射图的第 i 个元素表示为 $M_i=(B_i,\boldsymbol{a}_{ij},\theta_i)$，$i=1$，…，$M$，其中 B_i 为第 i 个网格，其中心 p_i 为第 i 个校准点。矢量 $\boldsymbol{a}_{ij}$ 包括从锚 j 测得的 RSSI 值。参数 θ_i 包含位置估算阶段所需的任何其他信息。例如在雷达系统中，移动物体方向 $\theta_i=d_i\in\{东,西,南,北\}$[23]。第 i 个指纹由 R_i 表示，所有指纹由 $\boldsymbol{R}=\{R_1,\cdots,R_M\}$ 组成，所以无线映射图的第 i 个元素是 $M_i=(B_i,R_i)$。

无线映射图应用于位置估算阶段之前可以修改或进行预处理。这样做是为了减少无线映射图的存储器需求或位置估计的计算成本。此外，对于每个发射器的直方图或更简化的参数如平均值或方差，指纹可以包括它们的分布信息。一旦指纹数据库存在，设备就会通过记录指纹"匹配"到数据库中计算出的位置。这通常包括所测量的 RSS 指纹和数据库中每个指纹之间的"距离"。

（2）位置估计　对给定的无线映射图，位置估算阶段的目标是从接收到的测量值向量 $\boldsymbol{y}$，包括从几个锚测量到的 RSSI 样本 y_j，来推断移动设备的状态（位置）。

1）确定性方法。在确定性方法中，状态 $\boldsymbol{u}$ 被假定为一种非随机矢量[23]。其主要目的是在每一步计算估计 $\hat{\boldsymbol{u}}$ 的状态。通常，估计是校准点 p_i 的线性组合，即

$$\hat{\boldsymbol{u}}=\sum_{i=1}^{M}\frac{w_i}{\sum_{j=1}^{M}w_j}p_i \tag{20-2}$$

式中，所有的权重 w_i 是非负的。一个可能的权重 w_i 是 RSSI 更新值的范数的倒数[24]，即

$$w_i = \frac{1}{\| \boldsymbol{y} - \boldsymbol{a}_i \|} \tag{20-3}$$

式中，$\boldsymbol{y}$ 为测量向量；$\boldsymbol{a}_i$ 为每个 AP 的第 i 个校准点的 RSSI 值的向量，范数是任意的。可能的范数列于表 20-1。欧几里得范数（2-范数）被广泛使用，曼哈顿范数（1-范数）也是常见的范数[23-25]。

表 20-1　可能的范数

名　称	$\|\boldsymbol{u}\|(\boldsymbol{u} \in \boldsymbol{R}^n)$
p-范数[23]	$\|\boldsymbol{u}\|_p = \left(\sum_{i=1}^{n} \mid u_i \mid^p \right)^{\frac{1}{p}}$
修改的 p-范数[24]	$\|\boldsymbol{u}\|_{mp} = \left(\sum_{i=1}^{n} \frac{1}{w_i} \mid u_i \mid^p \right)^{\frac{1}{p}}$
无穷大范数	$\|\boldsymbol{u}\|_{\infty} = \max_i(\mid u_i \mid)$
马氏范数（$\boldsymbol{S}$ 是协方差矩阵）	$\|\boldsymbol{u}\|_M = \sqrt{\boldsymbol{u}^{\mathrm{T}} \boldsymbol{S}^{-1} \boldsymbol{u}}$

估计器保持 K 个最大权值，并设置其他权重为零，称为加权 K 近邻（weighted K-nearest neighbor method，WKNN）法[24]。具有相等权重的 WKNN 称为 K 近邻（KNN）法[23]。最简单的方法是设 $K=1$，被称为近邻法（NN）[27]。在一般情况下，KNN 和 WKNN 比 NN 更好，特别是在参数值 $K=3$ 和 $K=4$ 时[24]。然而，如果无线映射图的密度高，NN 法与复杂的方法效果相同。

2）概率方法。在概率（或统计）方法中，状态 $\boldsymbol{u}$ 被假定为一个随机矢量[28]。该概率框架的方法是计算状态 $\boldsymbol{u}$ 在给定的测量值 $\boldsymbol{y}$ 中的条件概率分布函数 $p_{u \vee y}(\boldsymbol{u} \mid \boldsymbol{y}) \triangleq p(\boldsymbol{u} \mid \boldsymbol{y})$（后验概率）。后验概率包含计算任意估计值的状态的所有必要信息。使用贝叶斯法则，得

$$p(\boldsymbol{u} \mid \boldsymbol{y}) = \frac{p(\boldsymbol{y} \mid \boldsymbol{u}) p(\boldsymbol{u})}{p(\boldsymbol{y})} \tag{20-4}$$

式中，$p(\boldsymbol{u} \mid \boldsymbol{y})$ 为概率函数；$p(\boldsymbol{u})$ 为先验概率；$p(\boldsymbol{y})$ 为归一化常数。先验概率常规的选择是均匀分布的[28]，即

$$p(\boldsymbol{u}) = \frac{\sum_{i=1}^{M} \psi_{B_i}(\boldsymbol{u})}{\sum_{j=1}^{M} \mid B_j \mid} \tag{20-5}$$

式中，$\mid \boldsymbol{B}_i \mid$ 为 B_i 的面积。

$$\psi_{B_i}(\boldsymbol{u}) = \begin{cases} 1 & \boldsymbol{u} \in B_i, \\ 0 & \boldsymbol{u} \notin B_i \end{cases} \tag{20-6}$$

假设在校准点收集的测量结果表明 RSSI 分布在整个网格中（即每个网格 B_i 内的概率函数是常数），概率函数表示为

$$p(\boldsymbol{y} \mid \boldsymbol{u}) = \sum_{i=1}^{M} p(\boldsymbol{y} \mid \boldsymbol{i}) \psi_{B_i}(\boldsymbol{u}) \tag{20-7}$$

式中，$p(\boldsymbol{y} \mid \boldsymbol{i}) = p_{\boldsymbol{v}_i}(\boldsymbol{y} - \boldsymbol{a}_i)$，$\boldsymbol{v}_i = \boldsymbol{y} - \boldsymbol{a}_i$。我们假设随机矢量 $\boldsymbol{v}_i$ 的元素是独立的。因此

$$p(\boldsymbol{y} \mid \boldsymbol{i}) = \prod_{j=1}^{n} p_{v_{ij}}(y_j - a_{ij}) \tag{20-8}$$

式中，$\boldsymbol{y} \in \boldsymbol{R}^n$。

有几种方法用于计算概率函数 $p(\boldsymbol{y}\mid\boldsymbol{i})$。这些实施方法列于表 20-2[31]。

表 20-2　概率函数

方法名称	$p(\boldsymbol{y}\mid\boldsymbol{i})=\prod_{j=1}^{n}p_{v_{ij}}(y_j-a_{ij})$
高斯分布[29]	$p_{v_{ij}}(x)=\frac{1}{\sqrt{2\pi\hat{\sigma}_{ij}^2}}\exp\left(\frac{-x^2}{\hat{\sigma}_{ij}^2}\right)$
对数正态分布[30]	$p_{v_{ij}}(x)=\frac{1}{x\sqrt{2\pi\hat{\sigma}_{ij}^2}}\exp\left(\frac{-\lg x-u^2}{\hat{\sigma}_{ij}^2}\right)$
反函数	$p_{v_{ij}}(x)=\begin{cases}\frac{2-\lvert x\rvert}{2\lg t+3} & \lvert x\rvert\leqslant 1\\ \frac{1}{(2\lg t+3)\lvert x\rvert} & 1<\lvert x\rvert\leqslant t\\ 0 & t<\lvert x\rvert\end{cases}$
指数函数	$p_{v_{ij}}(x)=\frac{1}{2}\exp(-\lvert x\rvert)$

把先验概率和概率函数的等式替换到后验概率的等式中得

$$p(\boldsymbol{u}\mid\boldsymbol{y})=\sum_{i=1}^{M}\beta_i\frac{\psi_{B_i}(\boldsymbol{u})}{\lvert B_j\rvert}\tag{20-9}$$

从这个后验概率可以计算出状态 $\boldsymbol{u}$ 的估计。一种可能的估计是最大后验概率（maximum a posteriori，MAP）估计。在这种情况下，它和 MLE 相同，因为先验概率是均匀分布的。后验概率是分段常数，因而 MAP 估计是不明确的。如果后验概率只在一个网格中具有最大值，即 B_i，使用网格的中心作为 MAP 估计是合理的，即

$$\hat{u}_{\mathrm{MAP}}=p_i\tag{20-10}$$

另一种常用的估计是后验概率的平均值，即

$$\hat{u}_{\mathrm{MEAN}}=\sum_{i=1}^{M}\beta_i p_i\tag{20-11}$$

显然，指纹要权衡网格点的数量（数目越大，定位精度越高）与离线阶段的额外计算量。在实践中，这一方法的主要缺点是在离线阶段创建数据库时需要大量广泛和精确的测量。事实上，数据库不是自动创建的：它是一种基于人的耗时过程，这是一个在实际中广泛应用的障碍，因此它使得该方法不适合于快速或特设部署。由于上述原因，使用信号传播模型方法替代指纹，它们涉及 RSS 距离测量的分析模型[14,23,26,32]。

2. 传播模型

RSS 取决于环境是因为无线频率信号受到反射、衍射和多径效应影响，使信号强度受损。因此，基于信号传播模型的定位系统需要校准传播模型的参数。校准分为两个阶段：训练阶段和估计阶段。在训练阶段，在感兴趣的区域测量一组点的 RSS 值；在估计阶段，该信息用于估计传播模型参数。由校准传播模型的方式设立 RSS 和锚以及移动设备之间的相互距离之间的关系。

一旦提供了许多可用的移动设备和锚之间的距离估计，最常用的算法是基于多点来推断移动设备位置。至于指纹技术，基于信号传播模型的定位在校准时间方面是昂贵的，因为校

准不是自动的。此外，所描述的校准技术不能解决时间依赖性的问题，因为无线信道的变动影响传播模型参数，它显著影响定位系统的质量。然而，最近的工作已经解决了这一问题，其通过一个仅基于锚之间 RSSI 测量并且可定期自动执行（即无须人工干预）的信号传播模型的自动校准程序（称为虚拟校准）[33]。

（1）室内信号传播模型　信号传播受多种因素影响，如天线高度、天线增益、天线辐射图形、发射器和接收器之间的距离、反射、多径传输、非视距、障碍物、植被散射和衍射、RSS 测量的不确定性等[34]。当从信号强度测量计算距离估计值时这些因素都需要考虑。几个传播模型已被提出[35]。它们具有不同的复杂程度，这取决于有多少物理现象被考虑。基本上，当环境特性接近理想条件时，可以使用更简单的模型。然而在大多数情况下，有必要考虑无线信道信号传播的特征。在文献中大多数研究者建立室内路径损耗单斜率模型[36]，其中假定路径损耗（dB）和发射器与接收器之间的距离 d 的对数之间呈线性关系，即

$$L(d)\mid_{\mathrm{dB}}=l_0+10\alpha\lg d \tag{20-12}$$

式中，l_0 为 1m 的基准距离的路径损耗；α 为功率衰减指数（也称为路径损耗指数）。单斜率的扩展模型是近似双射线传播模型的双斜率模型[37]。通常在城市环境中，双斜率模型的特征是断点分隔相对于发射器的远近区域的各种传播属性：当距离 d 大于断点时，路径损耗指数改变。作者在文献［37］中描述了过渡区域的存在，其中断点 b 是

$$\frac{\pi h_t h_r}{\lambda}<b<\frac{4\pi h_t h_r}{\lambda} \tag{20-13}$$

式中，h_t 为发射器天线高度；h_r 为接收器天线高度；λ 为无线电信号的波长。然而，在典型的传感器网络的情况下，断点距离为几百米。因此在实际中，单斜率和双斜率模型在房间面积只有几平方米的室内场景下是相同的。虽然单斜率模型使用简单，但它没有充分考虑在室内环境中的传播特性。事实上，单斜率模型的改进添加了由于通过直接路径穿透墙壁和地板引入损失的衰减项，即

$$L(d)\mid_{\mathrm{dB}}=l_0+10\alpha\lg d+\mathrm{WAF}\mid_{\mathrm{dB}}+\mathrm{FAF}\mid_{\mathrm{dB}} \tag{20-14}$$

式中，$\mathrm{FAF}\mid_{\mathrm{dB}}$为地板衰减因子；$\mathrm{WAF}\mid_{\mathrm{dB}}$为墙壁衰减因子，它表示为

$$\mathrm{WAF}\mid_{\mathrm{dB}}=\sum_{i=1}^{N}k_i l_i \tag{20-15}$$

式中，k_i 为穿透 i 类墙壁的数目；l_i 为穿透 i 类墙壁的衰减。没有一般性损耗的情况下，假设传感器都位于同一楼层，不同楼层之间的传播衰减项可以被忽略。一个类似的模型在参考文献［38］中被提出，其中一个多墙壁部件被引入，包括由直接路径遇到普通门和防火门的数目和它们的状态（开/关）。获得的接收功率 RSS 为发送的功率 P^t 和 $L(d)$ 的差，即

$$\mathrm{RSS}=P^t-L(d)\mid_{\mathrm{dB}}=P^t-l_0-10\alpha\lg d-\sum_{i=1}^{N}k_i l_i \tag{20-16}$$

令 $r_0=P^t-l_0$ 作为 1m 基准距离的 RSSI，则

$$\mathrm{RSS}=r_0-10\alpha\lg d-\sum_{i=1}^{N}k_i l_i \tag{20-17}$$

式（20-17）在校准过程中用于估计传播模型参数（r_0,α,l_i）。参考文献［33］的作者表明，他们能够利用锚之间通信来估计所选择的传播模型参数，不需要进行初步测量。

（2）多边算法　在过去的 20 年里，许多用于无线传感器网络应用的定位技术已经被开发出来[39-40]。其中，多边技术被看作是最流行的定位技术之一。多边定位技术是在许多更复杂

的定位算法如迭代和协作的多边技术的基础上形成的[39,41]。多边技术是基于从多个锚节点到传感器节点的距离测量进行定位的简单定位技术。

传感器节点的位置通过最小化一个虚拟传感器的位置到所有锚的位置的距离的二次方和的多边定位技术来估计。多边技术是一个非线性优化问题，虽然次理想的线性优化方法可以使用。经典多边定位方法的主要限制之一是它假定锚位置没有误差，唯一的误差在距离测量上。这种假设在实际中是无效的，因为锚节点的位置总是不准确的。在一般情况下，锚定位误差有两个来源。第一个来源是锚节点的测量误差，第二个来源是锚节点的位置源于估计。一些定位方法如 AHLoS（特设定位系统）[39]使用迭代过程。例如在 AHLoS 中，网络中的某些传感器节点首先基于广播信标位置估计自己的位置。然后它们变成锚，传输它们的估计位置来定位附近其他节点。迭代过程可能会导致误差传播，从而在传感网络的发展中造成较大的传感器位置估计误差。经典多边定位算法不考虑锚位置误差，即使它们存在。最近，已经提出了许多方法来处理锚定位不确定性的多点定位问题。在参考文献［42］中，作者使用约束最小二乘法（constrained least square，CTLS）表示多边技术锚定位置误差。然后使用牛顿迭代算法解决问题。在参考文献［43］中，为表示传感器定位中锚位置不确定性因素，半定规划（semi-definite programming，SDP）算法被提出，并派生出相应的克拉美-罗下界（Cramér-Rao lower bound，CRLB）。在参考文献［44-45］中，提出了一种基于二阶锥规划松弛方法的分布式定位算法。参考文献［46］提出了一种期望最大化（expectation-maximization，EM）估计，通过反复提炼锚位置估计传感器的位置来实现拥有锚位置误差的传感器节点的定位。上述方法的一个共同缺点为它们都涉及求解非线性优化问题。

图 20-4 给出了进行定位的锚和节点之间的几何关系，其中 M 为锚。在该图中，(x,y) 是该传感器节点的未知坐标，(u_m,v_m) 是第 m 个锚的已知坐标，d_m 是传感器节点和第 m 个锚之间的估计距离。锚位置和距离测量都被假定为包含误差。多边定位方法通过给出 $\{u_m,v_m,d_m; m=1,2,\cdots,M\}$ 来估算 (x,y)。其表示为

$$g_m(\underline{x})=\sqrt{(x-u_m)^2+(y-v_m)^2} \tag{20-18}$$

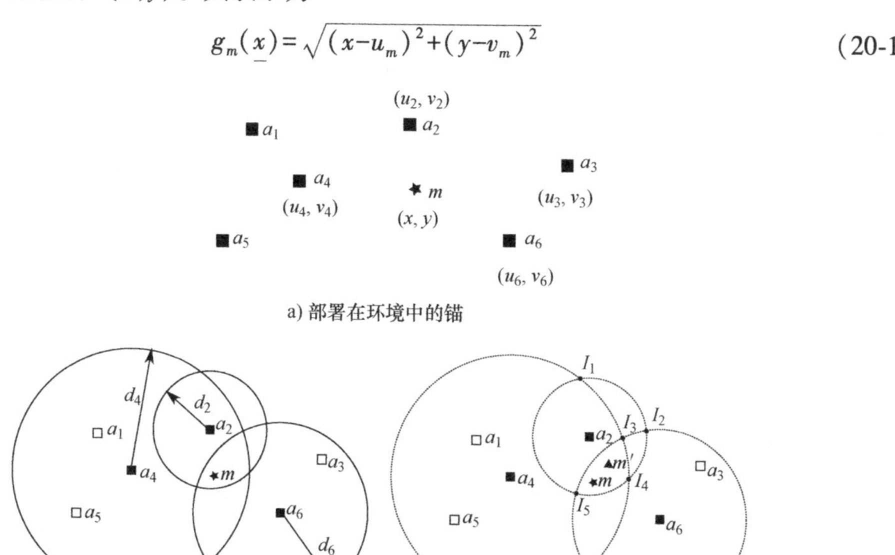

a) 部署在环境中的锚

b) 评估每一个锚和移动设备之间的估计距离　　c) 移动端m′的位置估计

图 20-4　锚和节点的定位

在一般情况下，多边技术最小化所测量的距离和基于未知传感器节点定位的假想距离之间的误差二次方和为[47]

$$\min_{x} \sum_{m} (g_m(\underline{x}) - d_m)^2 \tag{20-19}$$

另一种技术[48]计算以点 a_1、a_2 和 a_3 为圆心的三个圆之间的交点，交点最多可达 6 个。然后，它估计的移动设备 $\{x,y\}$ 的位置是这些交点的重心，即

$$(x,y)=\left(\frac{\sum_{i=1}^{n} X_i}{n},\frac{\sum_{i=1}^{n} Y_i}{n}\right) \tag{20-20}$$

在参考文献［29］中定位算法利用部署在环境中的智能设备提供的信息，改善定位误差方面的性能。在参考文献［49］中，作者提出决策树算法来选择候选交叉点，以更好地提供移动设备的位置。

（3）距离 MLE 和克拉美-罗界　克拉美-罗界可用于计算利用 RSS 测量的定位系统理论上可达到的性能。在这里，我们得出移动设备和锚之间的距离估计的 MLE 和克拉美-罗界（CRB）的表达式。定位误差的属性绑定可以帮助设计高效的定位算法；此外，它通过揭示与系统部署相关联的误差趋势提供了一种用于定位系统的设计建议。我们推导出用于单个 RSS 值和多个感兴趣 RSS 值的情况下的距离估计表达式。

1）RSS 信息：单个样本案例。移动装置周期性地接收由锚发出的信标信号，并且存储它的 RSS 值 r，这可以被建模为高斯随机变量。因此，我们得到

$$r\mathrm{N}(R,o^2) \tag{20-21}$$

并且，从在（1）点已经解释的 RSS 距离之间的关系即式（20-17）得到，以移动设备与锚之间的距离 d 为条件的 r 的概率密度函数为

$$f_d(r) \propto \frac{1}{d}\exp\left[\frac{(r-R)^2}{-2o^2}\right] \tag{20-22}$$

d 的 MLE 为

$$\hat{d}=\underset{d}{\mathrm{argmax}} f_d(r) \tag{20-23}$$

为了评估这种 MLE，对似然函数取对数然后微分，得

$$\frac{\partial}{\partial d}\ln f_d(r)=A\sum_{i=1}^{N}\frac{r-R}{o^2 d} \tag{20-24}$$

其中 $A=10\alpha\lg e$，因此

$$\frac{\partial}{\partial d}\ln f_d(r)=0 \Rightarrow r-R=0 \tag{20-25}$$

所以

$$\hat{d}=10^{(r_0-r-L_w)/10\alpha} \tag{20-26}$$

Fisher 信息 I 测量一个携带未知参数的随机变量。随机变数 r 和 d 是未知参数。Fisher 信息的倒数称为 CRB，是使用任何无偏估计量估计 d 时可以达到的最小方差。通过评估 RSS 测量值的 Fisher 信息（计算 Fisher 信息的过程参见参考文献［36］），可以找出距离估计的最小理论误差。与 RSS 测量相关的 Fisher 信息为

$$I_d=E_d\left(\frac{\partial}{\partial d}\ln f_d(r)\right)^2=\frac{A^2}{\sigma^2 d^2}E_d(r-R)^2=\left(\frac{A}{\sigma d}\right)^2 \tag{20-27}$$

因此，CRB 是

$$\sqrt{\operatorname{Var}(\hat{d})} \geqslant \frac{\sigma d}{A} \tag{20-28}$$

2）RSS 信息：多个样本案例，为了提高定位精度，通常用多个 RSS 样本估计锚和移动设备之间的距离。如前所述，我们假设的 RSS 值 r 是独立同分布随机变量。假设移动设备在其 RSS 样本收集的测量时间跨度没有显著移动，$(r_1,\cdots,r_N)$ 是独立随机变量，联合 PDF 在距离为 d 条件下为

$$f_d(r_1,\cdots,r_N) \propto \prod_{i=1}^{N} \frac{1}{d}\exp\left[\frac{(r_i-R)^2}{-2o^2}\right] \tag{20-29}$$

按照与前面的情况相同的步骤，可得

$$\frac{\partial}{\partial d}\ln f_d(r_1,\cdots,r_N) = A\sum_{i=1}^{N}\frac{r_i-R}{o^2 d} \tag{20-30}$$

因此

$$\frac{\partial}{\partial d}\ln f_d(r_1,\cdots,r_N) = 0 \Rightarrow \sum_{i=1}^{N} r_i - R = 0 \Rightarrow \frac{\sum_{i=1}^{N} r_i}{N} = R \tag{20-31}$$

距离的 MLE 为

$$\hat{d} = 10^{(r_0-r_i-L_w)/10\alpha} \tag{20-32}$$

Fisher 信息为

$$I_d = E_d\left(\frac{\partial}{\partial d}\ln f_d(r_1,\cdots,r_N)\right)^2 = \frac{A^2}{o^2 d^2}E_d\left[\sum_{i=1}^{N}(r_i-R)^2\right] = \left(\frac{A}{od}\right)^2 No^2 = \left(\frac{A}{od}\right)^2 N \tag{20-33}$$

因此，CRB 为

$$\sqrt{\operatorname{Var}(\hat{d})} \geqslant \frac{od}{A\sqrt{N}} \tag{20-34}$$

20.5　总结

使用穿戴式设备或完全无设备的个人定位在全球迅速发展，目前还没有出现一种解决方案可以成为杀手级应用。基于分组无线电信号，超声波和 MEMS 的 RSS 测量结果的商业或原型设计解决方案，能满足在室内环境中实际使用，如智能手机中的上述应用。融合多种技术是常用的，但最强大的融合系统无法在穿戴式设备上运行。相反，它们需要在基础设施的外部服务器上运行。

这一规则的例外也陆续出现：PDR 系统已经达到了成熟水平，它们能够运行在智能手机上，即使没有环境辅助，也可以在满足精度的水平上导航，但也可以选择融合当地的基础设施中获得的信息。

由于研究的快速发展，廉价的商业产品逐渐涌现，导致目前任何技术都有可能被淘汰。例如，需要检验考虑了评估基于智能手机的 PDR 系统的标准。由于这些系统是资源密集型系统，在 CPU 功率、传感器有效性以及最重要的电池消耗方面，验证智能手机上的应用程序所规定的要求是重要的。应优先考虑不需要一个初步训练阶段的系统，如果该应用程序需要偶尔使用如可供访问，这个考虑可以变成一个要求，它应该有可以下载环境完整地图的选择，以供离线使用，或可以根据需要获取部分地图，以加快启动时间并最小化存储器和网络使用

情况。一些系统即使没有地图也可以跟踪位置：一旦用户获得环境地图，或者创建未知环境地图，这将对回顾个人走过的路径或叠加所记录的路径是有用的。系统将更多更好的资源的信息融合在一起，例如一个应用程序可以利用环境中的 WiFi 接入点，以较低的精确度和较高的电池消耗为代价，运行在没有指南针或压力传感器的少数智能手机上。

在未来，我们预见在不同设备上同时会使用多种方法，并且根据便携式或穿戴式设备的计算能力使用不同的信息源。更具体地讲，我们看到了两个趋势。第一，随着越来越强大的智能手机的推广，将推动融合了指南针和大气压力信息的 PDR 方法在智能手机上的使用。第二，由于设备通过智能环境中的分组无线进行通信的方式的普及，将推动在小型设备上通过与当地基础设施合作，实现基于 RSS 的方法。两种趋势将通过灵活的方式合并共存，这取决于穿戴式设备的能力和当地基础设施提供的服务。

参考文献

[1] R. Want, A. Hopper, V. Falcao, J. Gibbons, The active badge location system, ACM Trans. Info. Syst. 10 (1) (1992) 91–102.

[2] G.D. Abowd, C.G. Atkeson, J. Hong, S. Long, R. Kooper, M. Pinkerton, Cyberguide: a mobile context-aware tour guide, Wireless Netw. 3 (5) (1997) 421–433.

[3] Y. Sumi, T. Etani, S. Fels, N. Simonet, K. Kobayashi, K. Mase, C-map: Building a context-aware mobile assistant for exhibition tours, Community Computing and Support Systems, Lecture Notes in Computer Science, Springer- Verlag, London, UK, 1998, pp 137–154.

[4] K. Cheverst, N. Davies, K. Mitchell, A. Friday, C. Efstratiou, Developing a context-aware electronic tourist guide: some issues and experiences, Proceedings of the SIGCHI conference on Human factors in computing systems (CHI '00), ACM Press, New York, NY, USA, 2000, pp 17–24.

[5] A.R. Jiménez Ruiz, F. Seco Granja, J.C. Prieto Honorato, J.I. Guevara Rosas., Accurate pedestrian indoor navigation by tightly coupling foot-mounted imu and RFID measurements, IEEE T. Instrum. Meas. 61 (1) (2012) 178–189.

[6] Paolo B, Stefano C, Francesco F, Francesco P, Evaluating AAL solutions through competitive benchmarking: the localization competition, IEEE Pervasive Comput Mag 12 (No. 4) (2013) 72–79.

[7] S. Knauth, L. Kaufmann, C. Jost, R. Kistler, A. Klapproth, The iLoc Ultrasound Indoor Localization System at the EvAAL 2011 Competition. Evaluating AAL Systems Through Competitive Benchmarking, Indoor Localization Track. Commun. Comput. Info. Sci. 309 (2012) 52–64.

[8] Robertson P, Frassl M, Angermann M, Doniec M, Julian, B.J, Garcia Puyol M. Simultaneous Localization and Mapping for pedestrians using distortions of the local magnetic field intensity in large indoor environments, Indoor Positioning and Indoor Navigation (IPIN), 2013 International Conference on, vol., no., pp.1,10, 28-31 2013.

[9] Pietrzyk M.M, von der Grun T. Experimental validation of a TOA UWB ranging platform with the energy detection receiver, Indoor Positioning and Indoor Navigation (IPIN), 2010 International Conference on , vol., no., pp.1,8, 15-17, 2010.

[10] J. Wilson, N. Patwari., Radio Tomographic Imaging with Wireless Networks, IEEE Trans. Mobile Comput. 9 (5) (2009) 621–632.

[11] <http://movea.com>, (Last Accessed: 03.07.14).

[12] M. Angermann, P. Robertson, FootSLAM: Pedestrian Simultaneous Localization and Mapping Without Exteroceptive Sensors Hitchhiking on Human Perception and Cognition, Proc. IEEE 100 (2012) 1840–1848.

[13] G. Giorgetti, S.K.S. Gupta, G. Manes, Localization using signal strength: to range or not to range? MELT '08, Proceedings of the First ACM International Workshop on Mobile Entity Localization and Tracking in GPS-Less Environments, ACM, New York, NY, USA, 2008, pp. 91–96.

[14] N. Bulusu, J. Heidemann, D. Estrin, GPS-less low cost outdoor localization for very small devices, IEEE Pers. Commun. Mag. 7 (5) (2000) 28–34.

[15] T. He, C. Huang, B. Blum, J.A. Stankovic, T. Abdelzaher, Range-Free localization schemes in large scale sensor networks, ACM Int. Conf. Mobile Comput. Netw. (2003) (Mobicom).

[16] V R. Chandrasekhar, W K.G. Seah, Z. A. Eu and A P. Venkatesh. (2010). Range-free Area Localization Scheme for Wireless Sensor Networks. Wireless Sensor Networks: Application - Centric Design, Chapter 17, 14, ISBN 978-953-307-321-7.

[17] Lazos, L., and Poovendran, R. SeRLoc: Secure range-independent localization for wireless sensor networks. In ACM Workshop on Wireless Security (WiSe) (2004).

[18] T. Christ, P. Godwin, R. Lavigne, A prison guard duress alarm location system, Int. Carnahan Conf. Secur. Technol. (1993) 106–116.
[19] K. Lorincz, M. Welsh, Motetrack: a robust, decentralized approach to RF-based location tracking, Pers. Ubiquitous Comput. 11 (6) (2006) 489–503.
[20] King T, Kopf S, Haenselmann T, Lubberger C, Effelsberg W. (2006). Compass: a probabilistic indoor positioning system based on 802.11 and digital compasses. Proceedings of the First ACM International Workshop on Wireless Network Testbeds, Experimental evaluation and Characterization (WiNTECH), Los Angeles, CA, USA.
[21] M. Youssef, A. Agrawala, The WLAN location determination system. 0MobiSys '05, Proceedings of the 3rd International Conference on Mobile Systems, Applications, and Services, ACM, New York, NY, USA, 2005, , pp. 205–218.
[22] A. Papapostolou, H. Chaouchi, Wife: wireless indoor positioning based on fingerprint evaluation, 8th Int. IFIP-TC 6 Netw. Conf. (2009) 234–247.
[23] P. Bahl, V.N. Padmanabhan., Radar: An in-building RF-based user location and tracking system, in INFOCOM 2000, Nineteenth Annu. Joint Conf. IEEE Comput. Commun. Soc. 2 (10) (2000) 775–784.
[24] B. Li, J. Salter, A. G. Dempster, and C. Rizos, (2006). "Indoor positioning techniques based on wireless LAN," School of Surveying and Spatial Information Systems, UNSW, Sydney, Australia, Tech. Rep.
[25] P. Prasithsangaree, P. Krishnamurthy, and P. Chrysanthis. (2002). "On indoor position location with wireless LANs," Telecommunications Program, University of Pittsburgh PA 15260, Tech. Rep.
[26] W.M. Yeung, J. Zhou, J.K. Ng, Enhanced fingerprint-based location estimation system in wireless LAN environment, in: M.K. Denko, C.-S. Shih, K.-C. Li, et al. (Eds.), Emerging Directions in Embedded and Ubiquitous Computing, Springer, 2007, pp. 273–284.
[27] S. Saha, K. Chauhuri, D. Sanghi, and P. Bhagwat, (2003). "Location determination of a mobile device using IEEE 802.11b access point signals," Department of Computer Science and Engineering, Tech. Rep.
[28] T. Roos, P. Myllymaki, H. Tirri, P. Misikangas, J. Sievanen., A probabilistic approach to WLAN user location estimation, Int. J. Wireless Info. Netw. 9 (3) (2002) 155–163.
[29] A. Haeberlen, E. Flannery, A.M. Ladd, A. Rudys, D.S. Wallach, L.E. Kavraki., Practical robust localization over large-scale 802.11 wireless networks, MobiCom'04 (2004).
[30] K. Kaemarungsi, Distribution of WLAN received signal strength indication for indoor location determination, National Electronics and Computer Technology Center, Thailand, 2006, Tech. Rep.
[31] R.O. Duda, P.E. Hart, D.G. Stork., Pattern Classification, John Wiley, Sons Inc., 2001.
[32] X. An, J. Wang, R.V. Prasad, I.G.M.M. Niemegeers, Opt: online person tracking system for context-awareness in wireless personal network, Proceedings of the 2nd International Workshop on Multi-Hop Ad Hoc Networks: From Theory to Reality (REALMAN '06), ACM, New York, NY, USA, 2006, , pp. 47–54.
[33] P. Barsocchi, S. Lenzi, S. Chessa, F. Furfari, Automatic virtual Calibration of Range-Based Indoor Localization Systems, Wireless Commun. Mobile Comput. 12 (17) (2012) 1546–1557.
[34] T. Stoyanova, F. Kerasiotis, A. Prayati, G. Papadopoulos, A Practical RF Propagation Model for Wireless Network Sensors, Third Int. Conf. Sens. Technol. Appl. SENSORCOMM '09 (2009) 194–199.
[35] T. Rappaport, Wireless Communications: Principles and Practice, second Edition, Prentice Hall, 2001.
[36] N. Patwari, I.A.O. Hero, M. Perkins, N. Correal, R. O'Dea, Relative location estimation in wireless sensor networks, IEEE Trans. Signal Process. 51 (8) (2003) 2137–2148.
[37] E. Green, M. Hata, Microcellular propagation measurements in an urban environment, IEEE Int. Symp. Pers. Indoor Mobile Radio Commun. (1991) 324–328.
[38] A. Borrelli, C. Monti, M. Vari, F. Mazzenga, Channel models for IEEE 802.11b indoor system design, IEEE Int. Conf. Commun. 6 (2004) 3701–3705.
[39] A. Savvides, C.C. Han, M.B. Srivastava., Dynamic fine-grained localization in ad hoc networks of sensors, Proc. 7th Annu. ACM/IEEE Int. Conf. Mobile Comput. Netw. (MobiCom'01) (2001) 166–179, Rome, Italy.
[40] G. Mao, B. Fidan, B.D.O. Anderson., Wireless sensor network localization techniques, Comput. Netw. 51 (issue 10) (2007) 2529–2553.
[41] A. Savvides, H. Park, and M. B. Srivastava. (2002). The bits and flops of the N-hop multilateration primitive for node localization problems. Proc. the First ACM International Workshop on Wireless Sensor Networks and Applications, pp. 112-121, Atlanta, Georgia, USA.
[42] J. Wan, N. Yu, R. Feng, Y. Wu, C. Su., Localization refinement for wireless sensor networks, Comput. Commun. 32 (Issues 13-14) (2009) 1515–1524.
[43] K.W.K. Lui, W.-K. Ma, H.C. So, F.K.W. Chan, Semi-definite programming algorithms for sensor network node localization with uncertainties in anchor positions and/or propagation speed, IEEE Trans. Signal Process. 57 (2) (2009) 752–763.
[44] S. Srirangarajan, A.H. Tewfik, Z.Q. Luo, Distributed sensor network localization with inaccurate anchor positions and noisy distance information, Proc. 2007 IEEE Int. Conf. Acoust. Speech Signal Process. (ICASSP'07) 3 (2007) 521–524, Honolulu, HI, USA.
[45] S. Srirangarajan, A.H. Twefic, Z.Q. Luo, Distributed sensor network localization using SOCP relaxation,", IEEE Trans. Wireless Commun. 7 (12) (2008) 4886–4894.
[46] M. Leng, Y.-C. Wu, Localization of wireless sensor nodes with erroneous anchors via EM algorithm,", Proc. 2010 IEEE Global Telecom-Munications Conf. (GLOBECOM'10) (2010) 1–5, Miami, Fl, USA.

[47] Y. Zhou, J. Li, L. Lamont, Multilateration Localization in the Presence of Anchor Location Uncertainties, Globecom 2012-Ad Hoc Sens. Netw. Symp. (2012).
[48] P. Barsocchi, S. Chessa, F. Potortì, F. Furfari, E. Ferro., Context Driven Enhancement of RSS-based Localization Systems, IEEE Symp. Comput. Commun. (ISCC) (2011) 463–468.
[49] Khalid K. Almuzaini and T. Aaron Gulliver. (2010). Range-based Localization in Wireless Networks using Decision Trees. IEEE Globecom 2010 Workshop on Heterogeneous, Multi-hop Wireless and Mobile Networks.

第 7 部分

穿戴式设备应用

第 21 章　穿戴式传感器用于监测日常生活中生理和心理状态变化的基本原理

21.1　简介

本章综述了穿戴式传感器用于监测日常生活中生理和心理状态变化的原理及应用。

由此产生一个问题：所有的物理和生理传感器都应该是可穿戴的吗？表 21-1 为根据生物信号监测的测量频率对其进行的分类，很多类型的生物信号的检测并不需要 24h 的连续测量。几乎没有用户会想要知道自己每走一步时的体重变化。除此之外，监测的原因也不限于“健康体检以发现异常迹象”，而是随着应用目标变化而变化。例如，检查健康水平、获得日常生活中疾病状态的变化以及作为临床诊断治疗的一部分都是临床监测的一部分。工作场合中，“除了与健康相关的监测活动，监测健康状况以防意外事故也可以是流动监测的一个重要的方面”“定量评估新工业产品的舒适/不适程度”以及“适用于盲人或听觉障碍人的人机接口”，这些都很容易被想象为穿戴式传感器的应用。穿戴式传感器在日常生活中变得越来越重要。

表 21-1　生物信号监测的分类

监测频率	应　用	监测目的
每天一次~每年一次	体检、周期性的医学监测	健康体检以发现异常迹象
每天几分钟	血压计	健康体检以发现异常迹象
每天几小时	步数计算、健康监测	检测健康目标达到的水平
	监测心血管系统、睡眠监测	健康体检以发现异常迹象
	对衣着和鞋子的评估	定量评估舒适/不适
活动时	预测心脏衰竭	监测疾病发作以预防事故
	检测心脏异常	健康体检以发现异常迹象
	检测疲劳驾驶	—
	检测气体泄漏	

（续）

监测频率	应　用	监测目的
某一段时间内全天监测	动态 ECG 监测	提供每日的健康数据以供临床诊断
	定量评估药效	监测病情用于持续治疗
持续监测	脑机接口	新的人机接口

图 21-1 为穿戴式数字生物检测设备及其近期发展方向。如图 21-1b 所示，这种移动监测的目的是实现“虚拟医生”系统，这种系统会监测我们 24h 的健康状况，并向医生发送紧急通知。图 21-1a 为一项近期研究，是一个基于商用智能手机的健康监测装置。智能手机的广泛使用，使得通过利用生物传感器进行移动监测成为可能。传感器可通过广泛使用的数据接口如 USB 连接到智能手机上。因此，生物传感器数据的数字化非常重要。

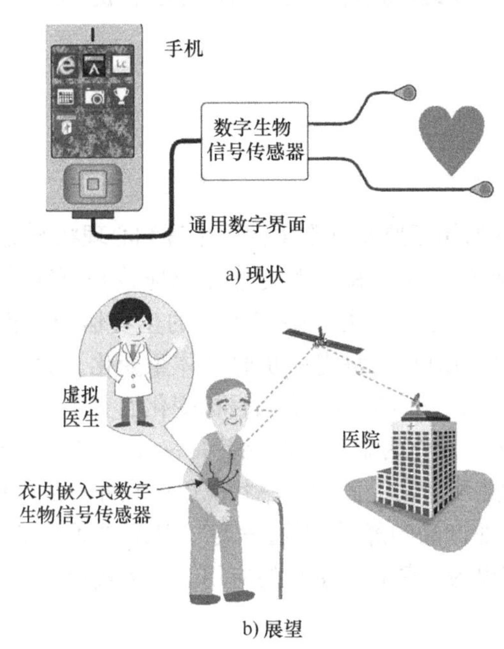

a) 现状

b) 展望

图 21-1　移动数字生物信号监测

21.2　用于生理信号测量的穿戴式传感器

本节介绍日常生活中用于健康监测的穿戴式生物传感器。除此之外的运动传感器和身体活动检测传感器在其他章节中介绍。

21.2.1　电极的基本原理以及用于心电信号检测的非接触式电极

电极在测量生物电活动如心脏活动和肌肉活动时是不可或缺的。表 21-2 为电极的分类，有 3 种类型的电极：应用最广泛的皮肤电极、最近才开始应用的电容耦合式电极和处于皮肤电极与电容偶联式电极之间的有介质的干电极。此处省略了针电极，因为这种电极是侵入性的，且会使用户产生不必要的疼痛。

表 21-2　3 种类型的电极

类　型	用　途	缺　点
皮肤电极	这是应用最广泛的电极，用于测量 ECG、EMG 和 EEG。在皮肤和电极之间需要导电的耦合剂起连续的黏附作用	耦合剂会刺激皮肤 长时间测量时耦合剂会变干
电容耦合式电极	近几年开始实际使用。能隔着衣服测量 ECG	电极与皮肤之间有空气时不能使用
干电极	皮肤电极与电容耦合式电极之间有介质，不需要耦合剂，皮肤刺激性可以忽略	需确保粘在皮肤上 皮肤表面的电极会给使用者带来不适

图 21-2 为皮肤电极、电容耦合式电极、干电极的等效电路。如图所示，尽管实际电路相对复杂，皮肤电极可以近似为带有信号线的电阻与皮肤连接。对于电容耦合式电极，电容为耦合部件，而干电极由电阻和电容并联组成耦合电路。如图 21-2c 所示，在干电极表面有许多小突起来增加黏附，因为这种电极没有导电用的耦合剂。开发这种干电极是用来长时间监测生物信号，由于没有由于耦合剂产生的皮肤刺激性，不会使皮肤发红，也不会产生耦合剂干涸的情况。

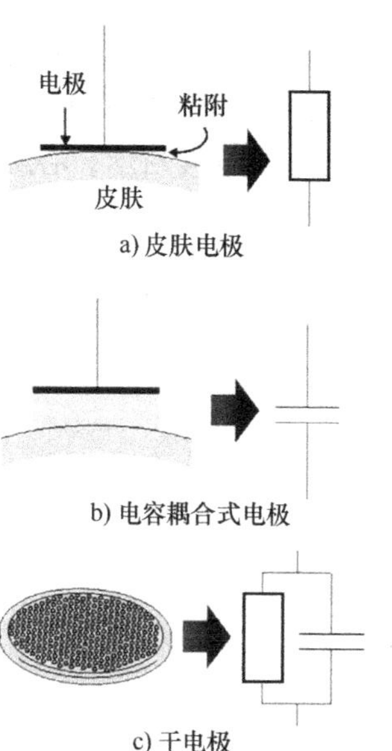

图 21-2　电极及其等效电路

图 21-3 为电容耦合式电极的工作原理。作为电磁学中的电容，这种电极的原理是在金属表面产生电荷以响应在远处产生的电波。实际应用中，电容可以假定在金属底盘与身体信号源如心脏之间。

图 21-3b 显示了一个系统的等效电路图，包括生物信号源 V_{heart}、前置放大器的输入阻抗（电阻 R_{in} 和电容 C_{in}）、电容耦合式电极与信号源之间的电容 C_E，身体与地之间的电容 C_G。因此，前置放大器输入端的电压 V_{in} 的计算公式为

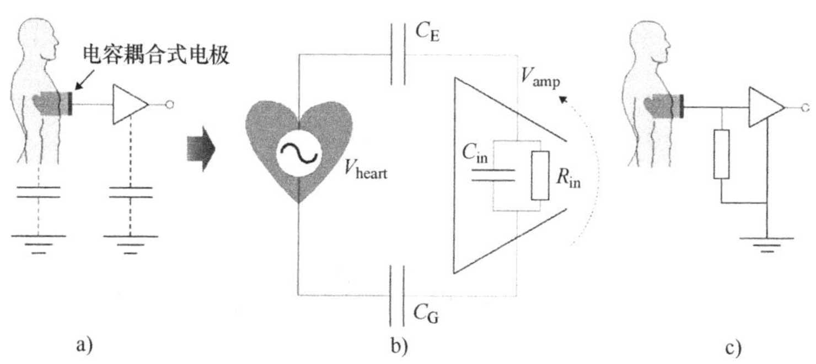

图 21-3　电容耦合式电极的工作原理

$$\frac{V_{in}}{V_{heart}}=\frac{1}{\dfrac{1}{j\omega C_E R_{in}}+\dfrac{C_{in}}{C_E}+\dfrac{1}{j\omega C_G R_{in}}+\dfrac{C_{in}}{C_G}+1} \tag{21-1}$$

如果前置放大器的输入足够大，电容就会足够小，即 $C_{in} \ll C_E$，$C_G \gg 1$，$R_{in} \gg 1$，电压 V_{in} 近似等于信号源的电压 V_{heart}，即

$$\frac{V_{\mathrm{in}}}{V_{\mathrm{heart}}} \approx 1 \tag{21-2}$$

实验室所用运算放大器的阻抗和电容分别为 10TΩ 和 1pF。这样的输入阻抗比普遍的具有代表性的运算放大器如 741（2MΩ 和 1.4pF）大几个数量级。随着技术的发展，现在可以对生物电信号进行间接测量。

电容耦合式电极的缺点是衣服与电极之间因摩擦产生的静电在电极表面上积累，而且放大器的输出电压通常处于饱和状态。为了消除饱和，在电极与地之间插入电阻以释放静电，如图 21-3c 所示。这个电阻使式（21-2）不再成立。因此，电阻的选择非常重要。除此之外，根据经验皮肤与电极之间形成的电容应该至少为 30pF，否则生物信号将会消失在环境噪声中。

图 21-4 为由电容耦合式电极和皮肤电极同时测量的 ECG，图 21-4a、b 为用差分放大器进行的双导联测量，所有的电极都为电容耦合式电极。图 21-4b 中没有使用接地电极。图 21-4c 为用单端放大器进行的单电极测量。尽管图 21-4c 中的噪声很强，但是 R 波的峰值还是能够检测到。如图 21-4 所示，心脏活动可以由放置在人体上的金属电极得到。根据经验，皮肤和电极之间若有 1mm 厚的空气就无法进行测量，因为空气的介电常数稍大于真空，即略大于 1。但是在皮肤和电极之间若有更高介电常数的绝缘体（如衣服或塑料薄膜）却可以测量。例如，当皮肤和电极之间放置一叠厚约为 5.0mm 的复印纸时，可以测得 ECG。

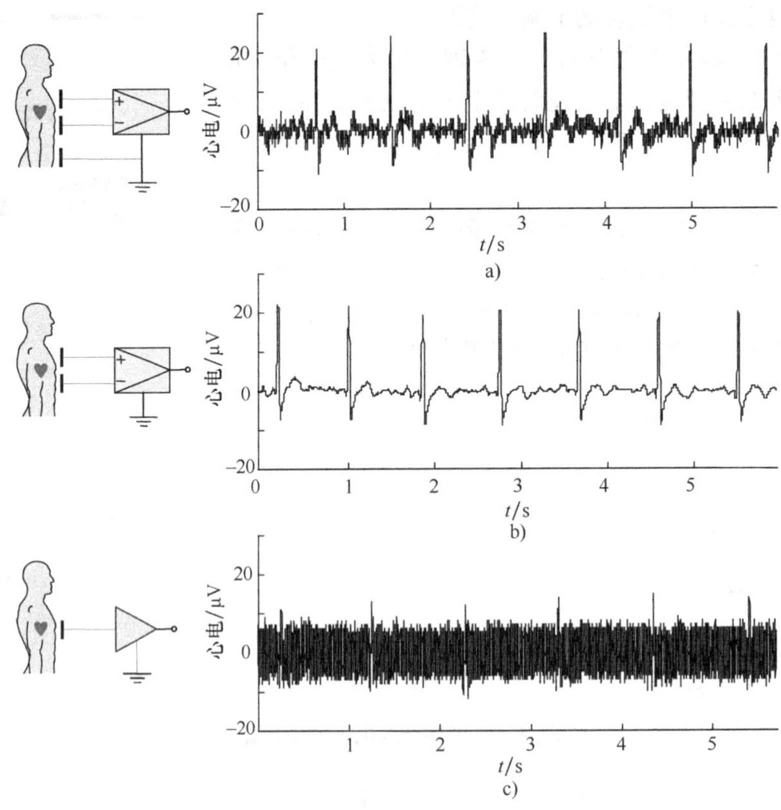

图 21-4　电容耦合式电极测量 ECG 的例子

图 21-5a 为一个测量驾驶人开车时的 ECG 的系统示意图。在驾驶人座位表面放置一块导电的布作为间接电极即电容耦合式电极，导电的方向盘作为地电极。因此，在这个系统中人穿着正常衣服且在处于开车状态，其心电信号可由单端型放大器测量和放大。驾驶时座位表

面是皮肤和电极表面最好的接触位置，方向盘是身体和电极之间唯一的接触位置，而且车内处于电学无噪声状态，如同隔离的房间，因此可以用单端放大器。图 21-5b 为由此系统测量的心电信号，中间的图为原始数据，上下两图为两个阶段的放大图，上图为汽车处于颠簸道路上的情况，而下图为驾驶人转方向盘时的情况。虚线为用 10~60Hz 的数字带通滤波器进行处理后的数据。如图 21-5 所示，除驾驶人用手紧握方向盘时，驾驶员的 ECG 都可以被检测到，因为这时，地面不稳定会造成噪声干扰 ECG。

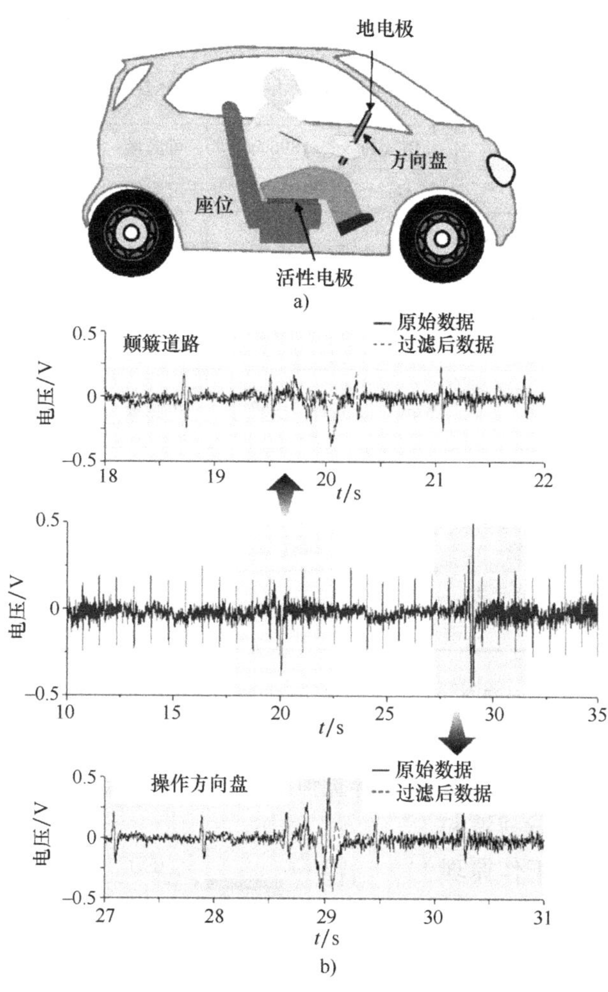

图 21-5　用于驾驶人的非接触式且无意识的 ECG 监测系统

21. 2. 2　用于心血管系统监测的生物信号传感器

本小节将介绍用于测量日常生活中生理状态的传感器。生理上有一系列的生物信号需要测量，但是在日常生活中需要测量的生物信号并不多。本小节要介绍的传感器主要用于测量血压、脉搏、血流，氧饱和度（SPO_2）、呼吸和体温等。

1. 血压的测量

血压即动脉的压力，随着心脏呈周期性的搏动。高血压是心血管疾病的病因，与糖尿病、高胆固醇血症被认为是中风的主要潜在诱因之一。因此，测量血压的重要性很早被认识到，它是 4 个临床生命体征之一。血压的测量有两种方法：一种是不侵入人体的间接测量，另一种是将导管插入动脉的直接测量。直接测量法不适用于常规的血压监测。

表 21-3 为具有代表性的间接血压测量方法。这些方法的原理相同：都是通过增加和减小缠绕在手臂上的可充气袖带（Riva-Rocci 袖带）内的压力来测量动脉血压。表中省略的第一次测量血压的试验是由 E. J. Marey 于 1876 年完成的。他通过检测由袖带传送的心跳来测量心脏的收缩压。

表 21-3　不同的间接血压测量方法

计量学方法	设计者	收缩压	平均血压	舒张压	血压脉搏图
袖带-示波法：检测传送到袖带的血管搏动	Marey，1876 年	可估算	可估算		
触诊法：检测袖带远端的血管搏动	Riva-Rocci，1896 年	可测量			
Flash 法：检测皮肤颜色的变化	Gaertner，1899 年	可测量			
听诊法：检测随着动脉出现的 Korotkoff 音的音调。水银血压计	Korotkoff，1905 年	可测量			
示波法：检测袖带的振动而非 Korotkoff 音。家庭血压监测	Mauck 等，1980 年	可测量		可测量	
超声心动图：通过测量血流速度中的超声波改变	Ware、Laenger，1967 年	可测量		可估算	
恒定容积示波法：加压后立即监测容积脉搏波	Yamakoshi 等，1982 年	可测量	可测量	可估算	
动脉血压计：利用动脉壁的压力平衡	Mackay，1962 年	可估算	可估算	可估算	可测量
容积补偿法：通过控制使动脉壁处于去负荷状态	Yamakoshi 等，1980 年	可测量	可测量	可测量	可测量

图 21-6 为容积补偿法的测量原理，此方法也用到了袖带，但是袖带压力产生的回路以及用于精确控制袖带压力的控制回路和广泛运用的听诊法不同。手指血容量通过光学传感器和 LED 来检测，通过改变袖带压力来保持血容量恒定，其中袖带压力对应于血压的改变。

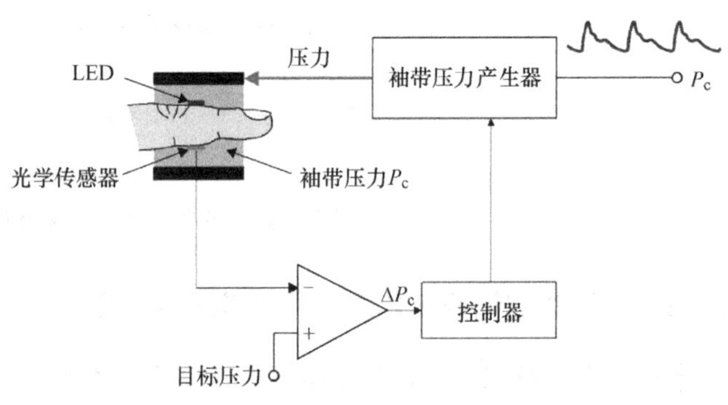

图 21-6　容积补偿法的测量原理

图 21-7 介绍了一种用脉搏波和 ECG 测量血压的方法。其工作原理是流体动力学中流量和流速的关系。例如，水管中的流量和水压成比例。因此，血压能由血流的速度估算出来。图 21-7 为一种能通过即时测量脉搏波和 ECG 估算血压的方法。如图 21-7a 所示，血流速度能从 ECG 的 R 波和脉搏波的峰值时间得到，R 波的峰值时间反映了血液从心室流出的时间，脉搏波的到达时间反映了血流到达外周的时间。图 21-7c 显示了脉搏波传播速度（pulse wave velocity，PWV）和收缩压之间的关系。如图所示，脉搏波的传播速度随着血压升高而增加。图 21-7b 为一家日本公司的商用血压测量手表。这款手表配置了含有光学传感器和光源的脉搏波传感器，同时正面和背面各有一个电极。当用户的手碰到电极时就可以测

量 ECG。

然而，这种方法也有一个严重的问题。只有动脉建模为一个严格意义上的管道，才有可能检测收缩压的绝对值。但是，动脉实际上是一个弹性体，其弹性模量随着动脉硬化而改变，而动脉硬化能显著影响血流速度。若随着年龄增长动脉特征变化很小，可以对每个用户进行相应的校正后使用此方法测量。这种方法不适用于日常监测，但若只注重血压的变化而非其准确值，此种方法适用于长期监测。

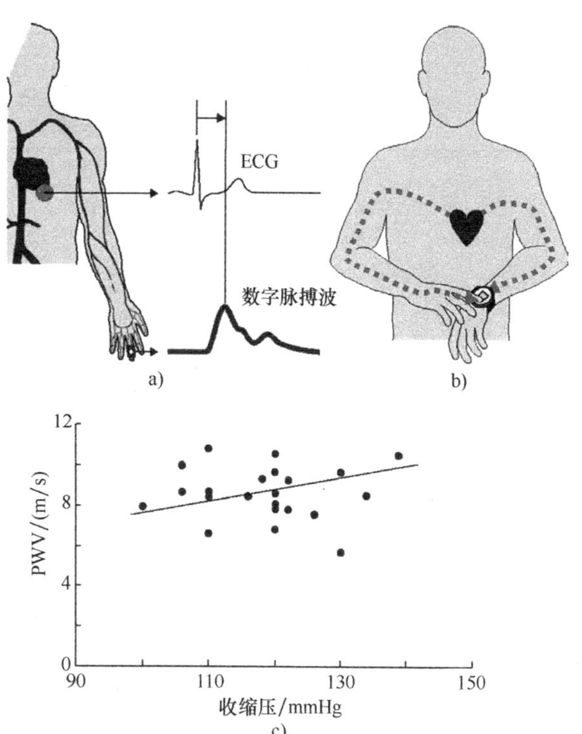

图 21-7 通过同时测量脉搏波和 ECG 进行血压估算

2. 脉搏波图和血氧计

不同于血流，脉搏波由心室收缩产生的压力波及其外周血管反射组成。主动脉的血流速度约为 1m/s，脉搏波的速度约为 10m/s，即脉搏波的速度是血流速度的 10 倍。图 21-8 为脉搏波测量系统的组成。如图所示，实际的脉搏波使用近红外光在毛细血管处测量血流体积的改变，波形显示了指尖的脉搏波图，图中由 LED 发出的红外光透过指尖，由另一端的光电晶体管接收。红细胞中的血红蛋白吸收红外光，因此可以获得一个和心跳同步的信号作为光电晶体管的输出（见图 21-8）。P_1 为心跳产生的压力波，P_2 为外周的反射波。当动脉硬化时，P_2 会随 P_1 变大，因此脉搏波常用作动脉硬化的表征。

指尖脉搏波图的测量电路如图 21-8 所示，成年人的测量部位通常位于耳垂、前额、手腕部。新生儿测量部位通常为脚趾、手掌和脚踝。

脉搏波图利用了血液吸收红外光的原理。如果波长不同如何测量呢？图 21-9b 为脱氧血红蛋白和氧合血红蛋白的消光系数与波长的关系曲线。血红蛋白是中心含有铁原子的蛋白质，铁原子可以携带氧气并使血红蛋白呈现红色。如图 21-9b 所示，脱氧血红蛋白和氧合血红蛋白的消光系数不同，脉搏血氧测定法利用这种现象来测定血液中的氧饱和度。该系统使用两种不同波长的光源，即 910nm 的近红外光和 660nm 的红光。血液中的氧饱和度可以根据对这两种波长吸收的不同而估计。通过观察这两种波长处脉冲的幅度比，可以判断出照射处毛细血管血液中血红蛋白的相对氧饱和度。脉搏血氧测定仪不仅可用于医院手术室或 ICU 的患者，还可用于家庭氧疗和户外登山血氧监测。

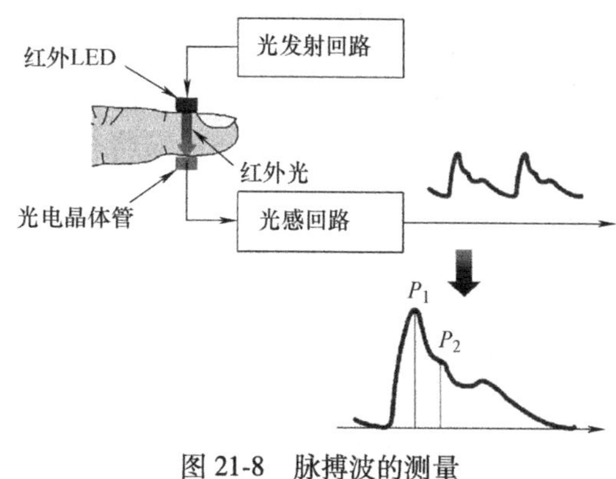

图 21-8 脉搏波的测量

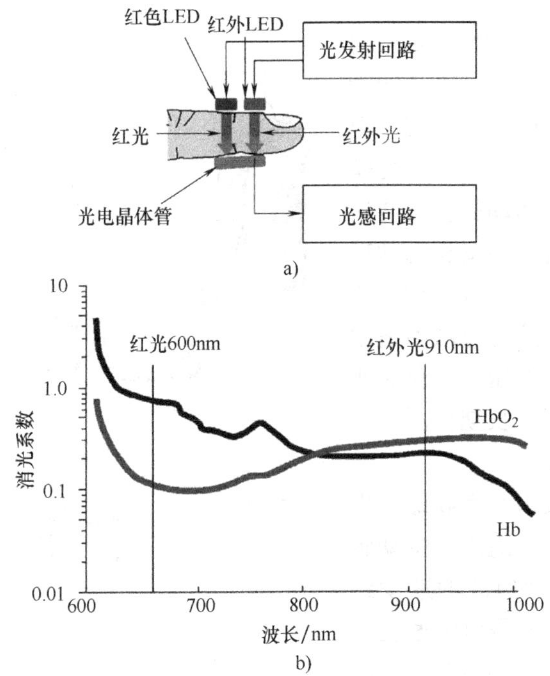

图 21-9　a）脉搏血氧测定法　b）脱氧血红蛋白和氧合血红蛋白对每个光波长的消光系数

3. 呼吸运动计量法

呼吸速率在临床上非常重要，它也是四个临床生命体征之一。日常生活中的呼吸测量或呼吸运动计量有两种不同的测量手段。一种是在日常活动如工作中测量，另一种是在睡眠时测量。呼吸传感器根据测量目的及其放置位置不同而不同。

图 21-10a 展示了一种呼吸测量带，图 21-10b 中放置在鼻孔处的呼吸传感器用于呼吸模式的监测。呼吸测量带由一根装着导电油墨和导线的塑料管构成，将其缠绕在胸腔以记录由于呼吸造成的胸围变化。鼻呼吸传感器的顶端放置一个热敏电阻。热敏电阻能检测吸入和呼出空气的温度变化。可以通过这两个传感器所测得的实际呼吸波形检测呼吸速率和呼吸暂停现象。因此，这些传感器在日常监测中得到广泛使用。图 21-10c 中的生物传感器薄膜适用于睡眠时的呼吸监测。睡眠中的呼吸测量是不受限制和无意识的，因此传感器应该柔软、灵活，能安装在枕头中或床单下面。下一节将会详细讨论这类传感器薄膜。

4. 体温的测量

体温也是 4 个临床生命体征之一。温度传感器分为接触型（如热敏电阻和热电偶）和非接触型（基于黑体辐射原理检测体表发出的红外光）。图 21-11 为广泛采用的测量体温的热敏电阻。热敏电阻利用了半导体或金属氧化物的阻抗随温度变化而改变的特性。如图 21-11a 所示，热敏电阻体积小、价格低廉，因此广泛用于常规活动时对人体体温的测量。图 21-11b 为热敏电阻测量体温常用的桥式回路。

人体核心温度不同于体表温度，人是恒温动物，核心温度处于恒定状态，而体表温度会随着环境有很大的变化。因此，在日常监测中有必要测量核心温度。直肠温度可以代替核心温度，但不便长期观察测量。通常选用鼓膜温度、食管温度、舌下温度、腋下温度来近似核心温度。然而，考虑到日常生活中食管、舌下、腋下温度测量有一定的侵入性且对身体活动有影响，所以现在已有一种商用的耳机式耳温测量仪。

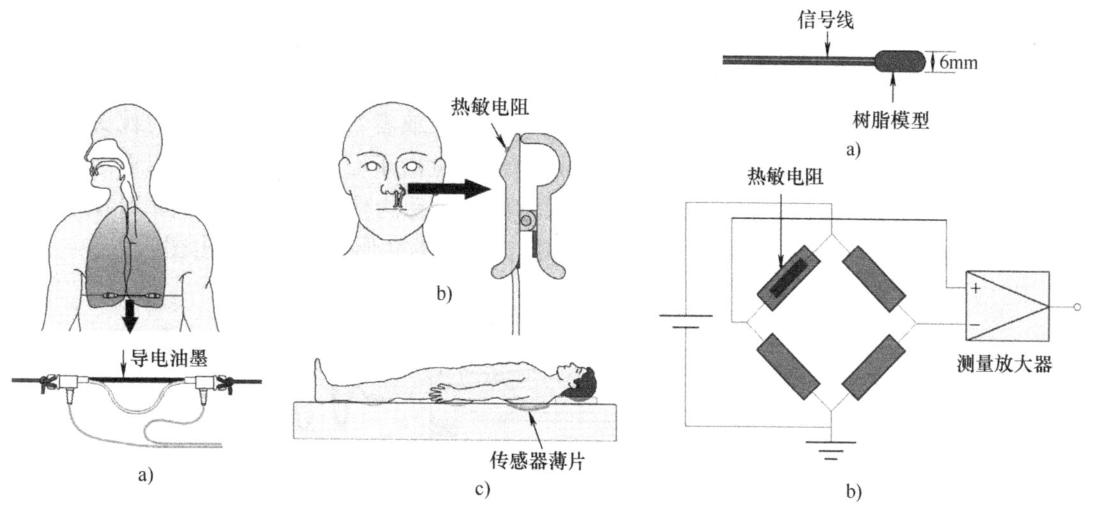

图 21-10　呼吸传感器

图 21-11　热敏电阻传感器及其状态回路

图 21-12 为另一种具有代表性的温度传感器，即热电偶和由几个热电偶组成的热电堆。如图 21-12a 所示，两种不同的金属导线的两端相连，根据 Seebeck 效应，当导线两个接点的温度不同时，会产生一个热电压，这就是热电偶的测量原理。然而，这种传感器很难用于日常监测。图 21-12b 为热电堆的结构，其中按顺序放置了 100 个热电偶，使热连接点处很小的升温也能被检测到。此类传感器很小，质量轻、低功耗，可用于日常监测。图 21-12c 为一个穿戴式体温监测装置，将热电堆放置在耳膜内就可检测耳温。

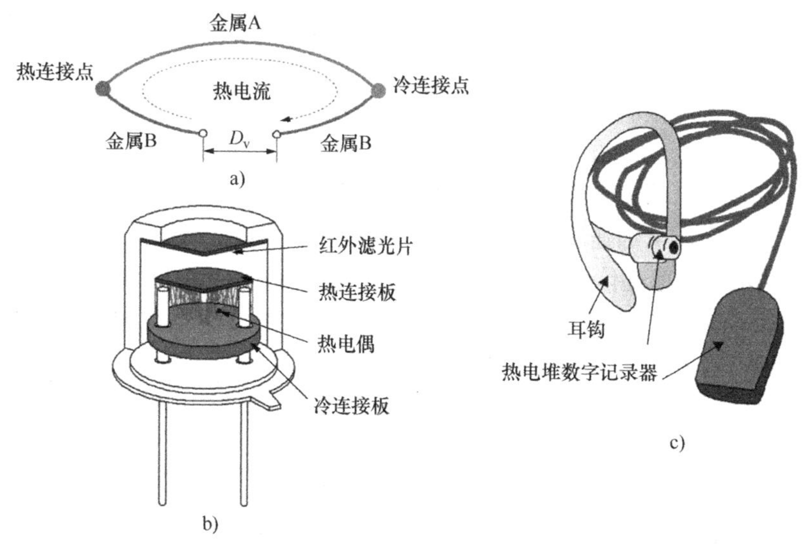

图 21-12　热电偶和热电堆

21.2.3　用于睡眠监测的传感器

人类每天三分之一的时间都花在了睡眠上，而睡眠对于维持健康的身体机能也是非常必要的，每天长期监测睡眠时的身体状况和睡眠质量对于健康管理非常重要。本小节将分别介绍心冲击图、非接触式 ECG、呼吸和身体活动监测薄片式传感器以及摄像机监控。

1. 心冲击图

很多种方法可以检测卧位时的静息心率。近年来，已经开发了许多新的传感器，安装和操作都相对简单。目前有一种测量呼吸和心率的方法，基于由呼吸和心脏活动造成的身体运动引起的空气垫的内压改变。通过贴附在空气垫上的薄片或者带有呼吸传感器的枕头进行呼吸和心率的测量。这种方法称为心冲击法，可以用来测量由于心脏活动和血管内血液流动造成的精细的身体运动。通常，仰卧位时传送到人背面的运动测得的心冲击图如图 21-13 所示。体重和身体运动、腹腔内脏器的移动以及脂肪和肌肉组织的变形会影响心冲击图。

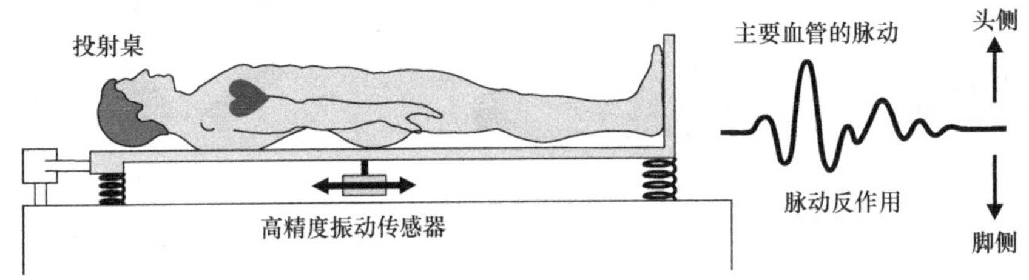

图 21-13　心冲击图的基本组成

2. 心率测量

长期监测心率对于健康管理来说是非常重要的，心率是第 4 个临床生命体征。对心率变异性的分析有助于早期发现很多疾病和异常。例如，高血压、糖尿病和肥胖常伴有心率异常，心理压力、缺乏锻炼及其他因素都是已知的会影响心率的因素。心脏疾病尤其是心肌梗死的预后已经有相关研究。在很多情况下，研究人员会用静息心率来分析心率的变化，因为静息心率的改变是交感或副交感神经作用的结果。为了分析这种和生活方式相关的疾病的预后，我们应该测量长期的静息心率。下面介绍一种放置在羽绒被中的加速度传感器测量心率的方法。这种方法在家里使用很方便。

该系统用来测量仰卧位静息心率。图 21-14 为系统描述。加速度传感器被安装在羽绒被的中间层。当人躺下并盖上羽绒被时，由于人心脏活动引起的机械振动传递到羽绒被时，加速度传感器会采集此振动。此加速度传感器被缝在羽绒被中，位于前胸左侧上方，正对心脏的位置。该系统采用一个压电加速度传感器，该传感器的敏感轴（z 轴）为地球引力方向。

如图 21-14 所示，加速度传感器的敏感轴安装在羽绒被中，并和羽绒被的表面保持垂直，从而当人处于侧卧位时，加速度传感器的敏感轴仍然对着心脏。用此项实验系统进行测量的灵敏度更多地依赖于心脏和传感器的距离，而不是人的位置。

图 21-15 是加速度传感器实物图和压电加速度传感器（MA3-01Aa，Micro Stone Co.，Ltd）的技术参数。该传感器有一个内置的放大器，而且对于每 $1\mathrm{m/s^2}$ 的加速度都有 1.9V 输出。在响应频率高于 0.8Hz 时，该传感器还有较高的线性度，这样可以防止心脏跳动和呼吸引起的振动相互重叠。而且该传感器小且轻，即使安装在羽绒被中也不会被察觉，只需要 0.5mA 的低功耗就可以进行长期的测量。原始共振频率为 10~15kHz，远高于心脏活动引起的机械振动频率。由此加速度传感器获得的心脏活动数据由一个 12 位 ADC（PCI-3153，Interface Corp）通过 200Hz 采样频率进行记录。

图 21-16 为用该系统检测 30s 仰卧位心率信号的例子。如图所示，实验中高频噪声覆盖了心率信号，但是和 ECG-R 波在同一个位置得到了峰值信号。

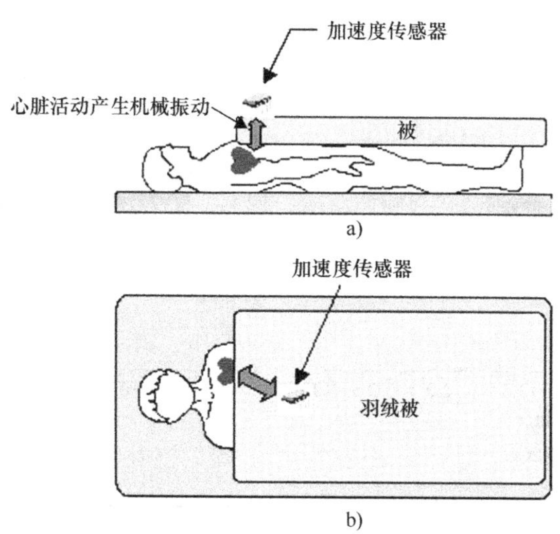

图 21-14　羽绒被中运动心率检测系统概述

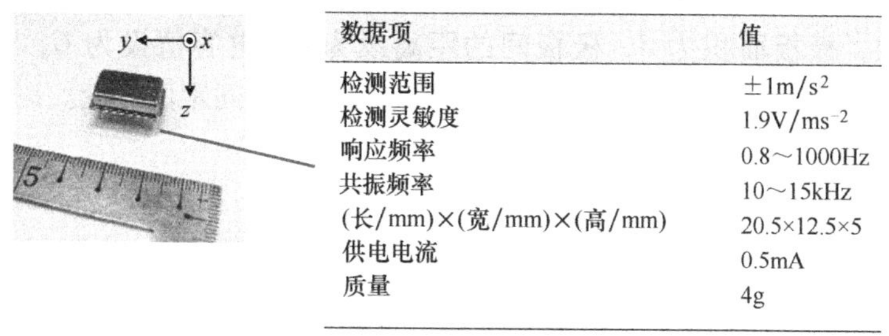

数据项	值
检测范围	±1m/s²
检测灵敏度	1.9V/ms⁻²
响应频率	0.8～1000Hz
共振频率	10～15kHz
(长/mm)×(宽/mm)×(高/mm)	20.5×12.5×5
供电电流	0.5mA
质量	4g

图 21-15　加速度传感器实物图及加速度的规格

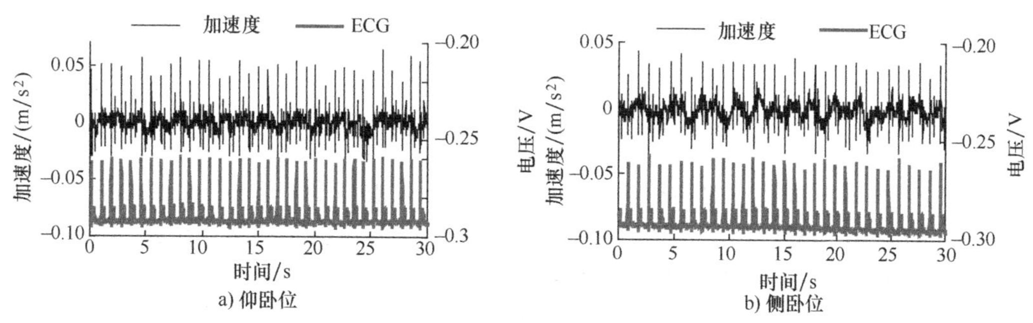

图 21-16　30s 内的 R-R 间期

用此方法使得整夜进行非限制性心率检测成为可能，图 21-17 显示了睡眠时计算出来的 R-R 间期。

3. 薄片式呼吸和身体运动传感器

为了确保医院患者安全，监测患者睡眠状况的系统是必要的。近年来开发的通过测量患者睡眠时的呼吸运动和心率来反映身体状况的系统非常有用，该系统采用的是放置在床上的高灵敏度的压力传感器。这些技术因为它们不会影响患者睡眠而显得格外有效。

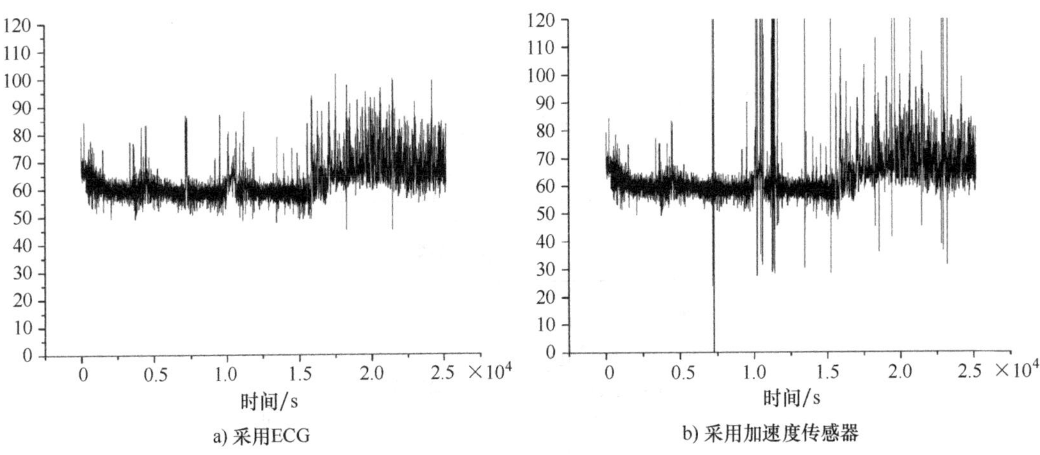

a) 采用ECG　　b) 采用加速度传感器

图 21-17　测量夜间 R-R 间期的结果

现介绍一种基于静电电容的测量心率、呼吸和身体运动的薄片式传感器。图 21-18 为该薄片式传感器的示意图。在一块绝缘隔板两面放置一个引导电极就形成了一个电容。由于人的心跳、呼吸运动和身体运动造成微小压力而形成移位，转换为电极间电容的改变。图 21-18 中，ε 为介电常数，极板面积为 S，极板间的距离设为 d，电容值设为 C，计算电容可参见式（21-3）。如果极板间距离为常数，电容值 C 将会随着极板间距而改变。

$$C=\frac{\varepsilon S}{d} \tag{21-3}$$

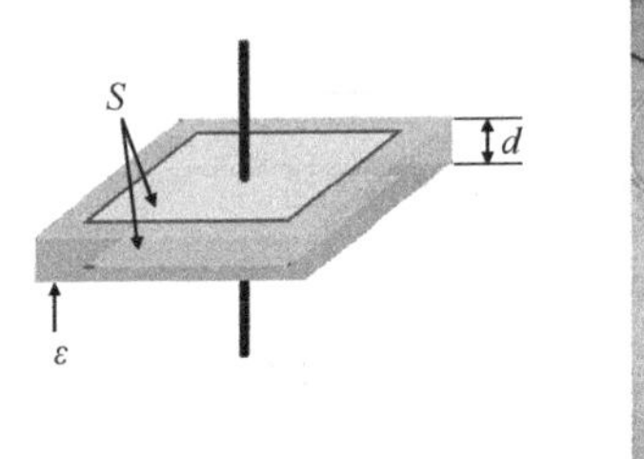

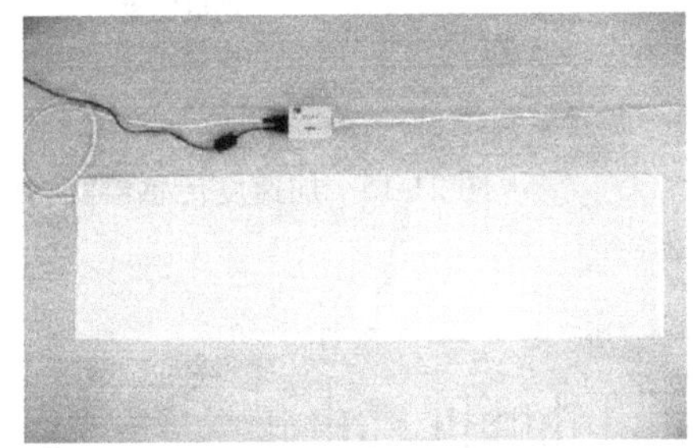

图 21-18　基于静电电容的薄片式传感器

相对来说身体和呼吸造成的移动是较大的位移，可以被测量。但心跳所造成的位移非常小，很难检测到心跳信号。为了在足够精度下检测到由于心跳引起的微小位移而造成的电容改变，采取 *LC* 振荡电路。该电路将微小振动转换到频域中。图 21-19 为一个检测心率信号和呼吸运动的例子。

4. 摄影检测方式

穿戴上传感器时，即使是成年人也会觉得受到了限制和束缚，对于小孩而言是更明显的约束。因此，有必要开发新的测量和评估系统来实现日常睡眠状态下无干扰的监测。我们研发了一种方法，可以通过摄影机和图像分析来监测睡眠。这种方法通过记录的视频图像中获取的身体运动监控睡眠状态。用这种方法可以完全实现非接触式监测以及评估整晚的睡眠状态如清醒、慢波睡眠（slow-wave sleep，SWS）、快速动眼（rapid eye movement，REM）睡眠。此方法着眼于睡眠状态与身体运动之间的紧密联系。Fukumoto 等人将睡眠状态下身体运动分

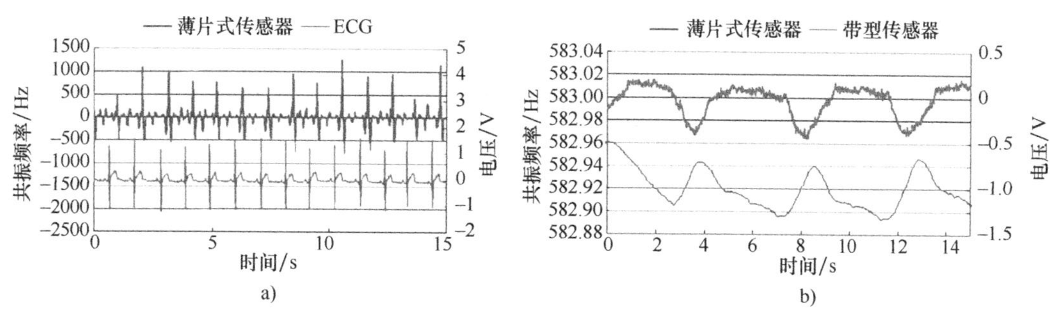

图 21-19　心率信号和呼吸运动的测量

为 3 种状态：抽动（twitch movement，TM）、局部运动（localized movement，LM）和全身运动（gross movement，GM）。在这 3 种运动中，GM 为发生时间较长的运动，如翻身通常持续超过 2s。GM 通常和醒睡周期相关。

图 21-20 为视频监测的流程图，视频输出被转化为 BMP 格式的静态图像进行分析。如前所述，GM 持续超过 2s，帧率值取 1fps 比较合适。感兴趣的区域（the region of interest，ROI）被选择进行高速处理，用来将必要区域从整幅图像上区分出来。ROI 处理能够通过消除额外的噪声和降低图片的大小来实现高速处理。ROI 处理后，图像被转换为灰度图像，用图像处理能检测到帧之间的灰度值变化。

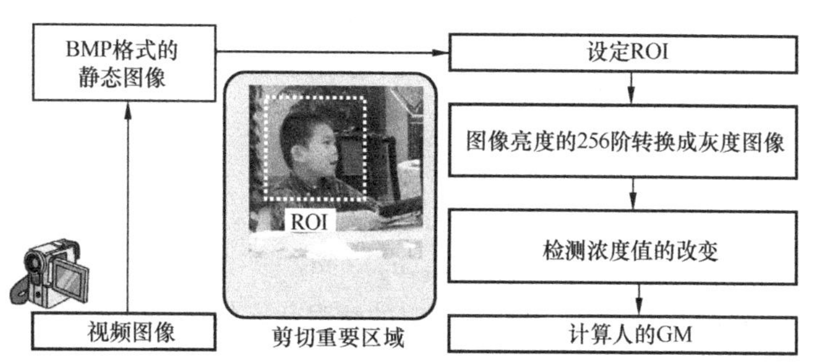

图 21-20　视频监测的图像处理流程图

在 SWS 状态下，GM 会受到抑制。因此，我们预测能够通过提取非运动状态的持续时间来对 SWS 进行分类。根据 GM 数据，部分身体运动被定义为从 GM 受到抑制时开始，然后激活，再受到抑制。在每一部分，激活的 GM 受到抑制的时间为 t_0，GM 从抑制状态到被激活的时间为 t_{MTin}，到再次受到抑制的 GM 时间为 t_{MTout}。这样，每部分在时间 t 处的非运动状态的持续时间的表达式为

$$\mathrm{MT}_{\mathrm{rest}}=\begin{cases}t_{\mathrm{MTin}}-t_0 & t_0\leqslant t\leqslant t_{\mathrm{MTin}}\\0 & t_{\mathrm{MTin}}\leqslant t\leqslant t_{\mathrm{MTout}}\end{cases}\tag{21-4}$$

清醒状态能通过与不可控的 GM 的次数相关的参数来提取。基于睡眠状态和 GM 状态的概念，可以计算简单的 60s 间期的运动。运动的参考部分设为此状态前的 60s。

通过视频图像处理，利用线性判别函数方法从睡眠时的身体运动中估算睡眠状态。线性判别分析能用来区分至少两组数据集。在最近的分析中，独立变量为非运动状态的持续时间以及身体运动数量的运动平均值，响应变量为清醒状态、REM 状态和 SWS 状态。

式（21-5）和式（21-6）定义了线性判别函数。其中，x_1 和 x_2 分别为非运动状态的持续

时间和身体运动的运动平均值。通过求解相关系数 $a_1 \sim a_4$ 和常数 const_1、const_2 可以区分这三组数据。此外，式（21-7）和式（21-8）定义了另一种线性判别函数。式（21-6）区分了清醒的判别函数和除了清醒外的其他种类，而式（21-8）区分了 SWS 和其他非 SWS 类的判别函数。在这些方程中，z_1 和 z_2 为线性判别值，z_1 和 z_2 的正负值决定了分类。

$$0=a_1x_1+a_2x_2+\text{const}_1 \tag{21-5}$$

$$0=a_3x_1+a_4x_2+\text{const}_2 \tag{21-6}$$

$$z_1=a_1x_1+a_2x_2+\text{const}_1 \tag{21-7}$$

$$z_2=a_3x_1+a_4x_2+\text{const}_2 \tag{21-8}$$

下面解释式（21-5）中 a_1、a_2、const_1 的计算方法。如式（21-9）和式（21-10）所示，我们计算了判别值 z_1 与所有判别组 z_{all} 均值之间的差值的二次方和 S_{T}，也计算了判别值 z_1 与所有判别组 z_{wake} 均值之间的差值的二次方和 S_{wake}。参数 n_{all} 反映了所有组的线性判别值，n_{wake} 反映了觉醒判别组的判别值。S_{T} 反映了所有数据的变异性，S_{wake} 反映了觉醒判别组的变异性。

$$S_{\text{T}}=\sum_{i=0}^{n_{\text{all}}}(z_i-\bar{z}_{\text{all}}) \tag{21-9}$$

$$S_{\text{wake}}=\sum_{j=0}^{n_{\text{make}}}(z_j-\bar{z}_{\text{wake}}) \tag{21-10}$$

$F(a_1,a_2)$ 为变异率，由 S_{wake} 除以 S_{T} 决定，如式（21-11）。为了实现最优区分清醒判别组和其他组，需要计算决定变异率 $F(a_1,a_2)$ 最大值的 a_1 和 a_2。因此，如式（21-12）所示，当 $F(a_1,a_2)$ 分别对 a_1、a_2 求偏微分时，设 a_1、a_2 的初始为 0。a_3、a_4 和 const_2 的计算方法相同。

$$F(a_1,a_2)=\frac{S_{\text{wake}}}{S_{\text{T}}} \tag{21-11}$$

$$\begin{cases}\partial F(a_1,a_2)/\partial a_1\\ \partial F(a_1,a_2)/\partial a_2\end{cases} \tag{21-12}$$

图 21-21 为通过多导睡眠图和线性判别确定的睡眠状态估算示例。

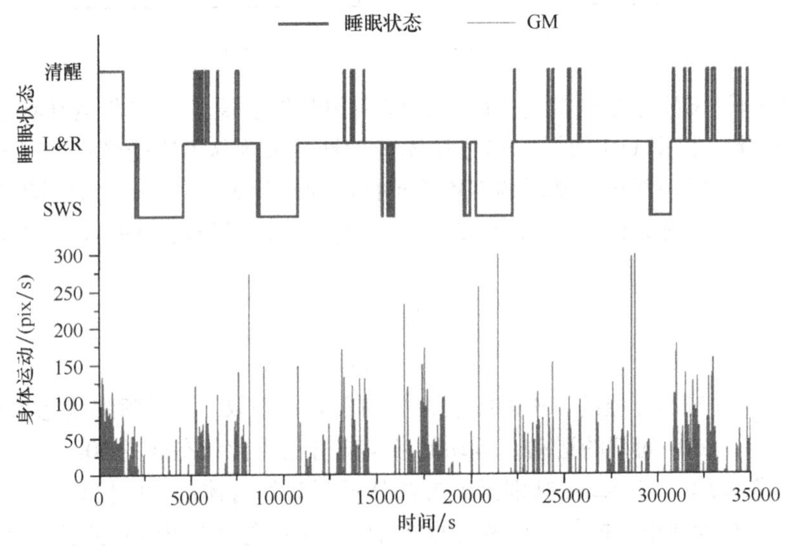

图 21-21　由多导睡眠图决定的睡眠状态（清醒、轻微 REM、SWS）以及由不同图像处理决定的全身运动

21.2.4　用于身体活动测量的穿戴式传感器

日常生活中的身体活动是最常见的监测目标，因为人会移动，而且日常活动也和健康息息相关。有很多种运动型传感器可以测量身体活动，如加速度计、陀螺仪、角度计、GPS 传感器等。然而上述传感器在本书的其他章节中有进行讨论，因此本节介绍 3 种新型传感器。第一种为“弹性角度计”，第二种为“采用放置在关节两侧的两个加速度计来测量关节运动”，最后一种为“测量行走过程的柔性压力传感器”。

1. 用于关节运动的弹性角度计

如图 21-22a 所示，Morimoto 研发了一种弹性角度计作为关节运动的传感器，该传感器并不利用旋转编码器来测量人的关节运动。图 21-22b 为一个单轴弹性角度计的配置和操作方法。如图所示，该角度计弹性片的末端两侧各贴附一个应变计。根据两个末端之间的角度 θ 不同它会产生一个数值。该弹性角度计的操作方法如图 21-22c 所示。当两端之间的角度为 θ，位移 s 处的轨迹被认为是 $\mathrm{d}s$ 时，曲率半径为 $r(s)$，中心角度为 $\mathrm{d}\theta$。在伸缩过程中，圆弧的顶部 $\mathrm{d}s_1$、底部 $\mathrm{d}s_2$、中心 $\mathrm{d}s$ 为

$$\begin{cases}\mathrm{d}s_1=[r(s)+b/2]\mathrm{d}\theta\\ \mathrm{d}s=r(s)\mathrm{d}\theta\\ \mathrm{d}s_2=[r(s)-b/2]\mathrm{d}\theta\end{cases} \tag{21-13}$$

顶部和底部的伸展 ε_1 和 ε_2 为

$$\begin{cases}\varepsilon_1=\dfrac{\mathrm{d}s_1-\mathrm{d}s}{\mathrm{d}s}=\dfrac{b}{2r(s)}\\ \varepsilon_2=\dfrac{\mathrm{d}s_2-\mathrm{d}s}{\mathrm{d}s}=-\dfrac{b}{2r(s)}\end{cases} \tag{21-14}$$

相应的，伸展和收缩量 $\Delta\ell_1$、$\Delta\ell_2$ 为

$$\begin{cases}\Delta\ell_1=\displaystyle\int_0^{\ell}\varepsilon_1\mathrm{d}s=\int_0^{\theta}\frac{b}{2r(s)}r(s)\mathrm{d}\theta=\frac{b}{2}\theta\\ \Delta\ell_2=\displaystyle\int_0^{\ell}\varepsilon_2\mathrm{d}s=\int_0^{\theta}-\frac{b}{2r(s)}r(s)\mathrm{d}\theta=-\frac{b}{2}\theta\end{cases} \tag{21-15}$$

整个测量部分的伸展量 $\Delta\ell$，对于顶部和底部来说，与两侧固定端形成的角度 θ 成比例。基于此，固定端的伸展和收缩即被测部分整体的伸缩，可能会被误认为是角度 θ 的改变。而且，测量部分的纵轴扭曲也会引起角度的误算。可以通过用 4 个应变计构成桥式电路来准确地测量角度，如图 21-22d 所示。弹性角度计的应用可以延伸到通过贴附应变计到顶部和底部来测量双轴的旋转角度，也可以连接到弹性方杆的左右两侧，如图 21-22e 所示。

2. 采用放置在关节两侧的两个加速度计来测量关节运动

这个设计是一种独特的关节运动监测方法，该方法采用之前讨论的加速度计。图 21-23a 所示为测量单轴关节如肘关节角度改变的装置和原理图。此方法中，关节两侧都各放置一个加速度计，并尽可能靠近关节轴。

加速度计 1 上的加速度 $\boldsymbol{a}_1$ 和加速度计 2 上的加速度 $\boldsymbol{a}_2$ 大致相同的条件是：①关节周围的旋转半径很小，加载在传感器 1 上的离心力和转向力可以视为零；②当这个系统中两肢与其关节在其他中心处旋转，这两个传感器收到相同大小的离心力和转向力。

在图 21-23 中，加速度 $\boldsymbol{a}_1$ 在 x 轴和 y 轴的分量为(a_{x1},a_{y1})，加速度 $\boldsymbol{a}_2$ 的分量为(a_{x2},a_{y2})，关节角度为 θ。使用 θ 的旋转矩阵，(a_{x1},a_{y1}) 与 (a_{x2},a_{y2}) 之间的关系可以描述为

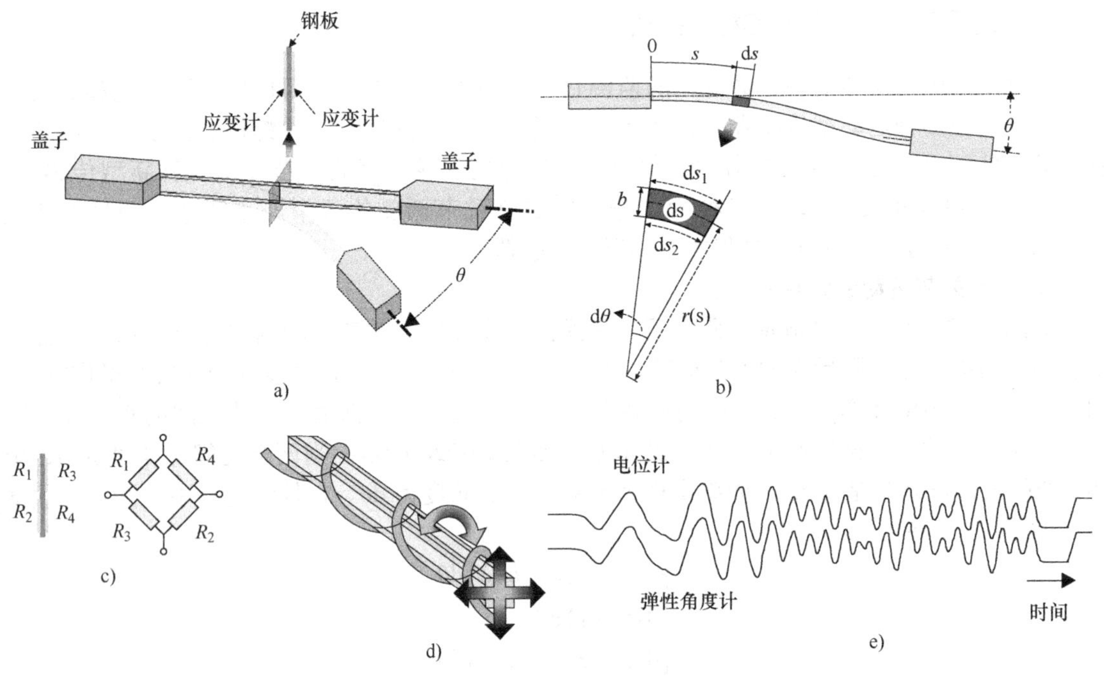

图 21-22　弹性角度计

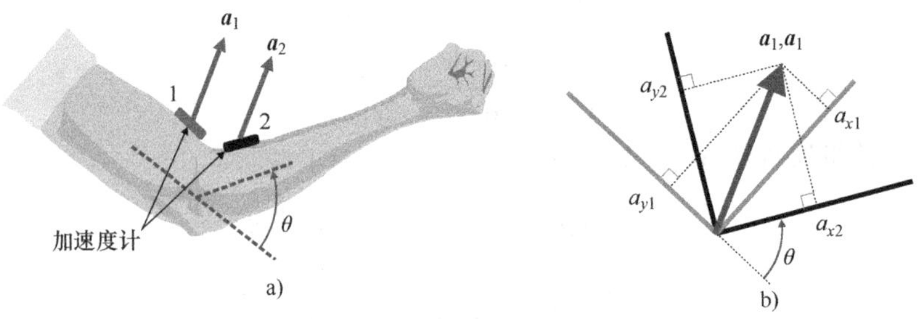

图 21-23　测量单轴关节运动的方法和装置

$$\begin{pmatrix} a_{x1} \\ a_{y1} \end{pmatrix} = \begin{pmatrix} \cos\theta & -\sin\theta \\ \sin\theta & \cos\theta \end{pmatrix} \begin{pmatrix} a_{x2} \\ a_{y2} \end{pmatrix} \tag{21-16}$$

因此，关节角度 θ 可以很容易地表示为

$$\tan\theta = \frac{a_{x2}a_{y1} - a_{x1}a_{y2}}{a_{x1}a_{x2} - a_{y1}a_{y2}} \tag{21-17}$$

图 21-24 显示了测量三轴关节如肩关节运动的方法。以与单轴关节相同的方法进行监测，两个加速度计 1 和 2 被放置在关节的两侧。调整身体上的加速度计，使 z 轴在垂直方向，y 轴在纵向方向，x 轴在水平方向。调整放置在上肢上的加速度计，使得 x、y、z 轴对应身体上的加速度计。

放置在肩部的加速度计测量的加速度在 x、y、z 轴上的分量为（a_{x1}, a_{y1}, a_{z1}），放置在上肢的加速度分量为（a_{x2}, a_{y2}, a_{z2}）。在这种情况下，放置在肩部的加速度计的加速度和上肢的相

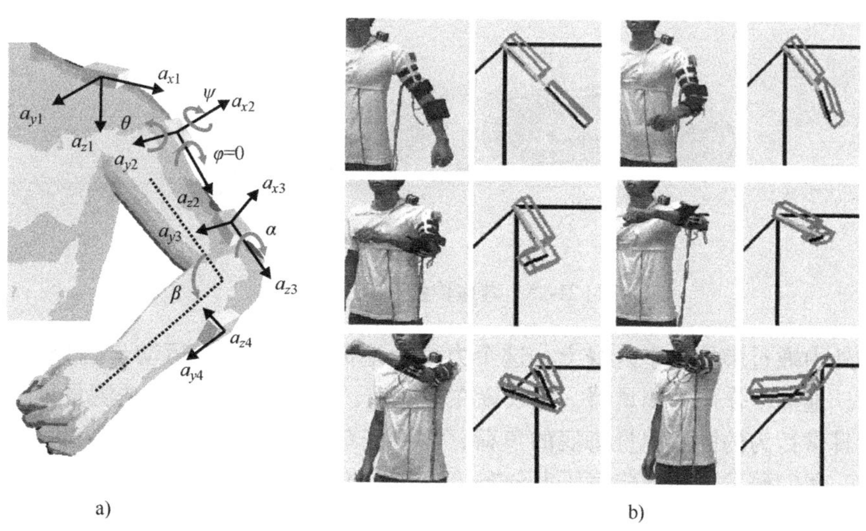

图 21-24　a）测量三轴关节运动的方法和装置　b）上肢运动监测的例子

同，采用与单轴关节相同的方法监测。分量（a_{x1}, a_{y1}, a_{z1}）和（a_{x2}, a_{y2}, a_{z2}）的关系可用以下旋转矩阵 $\boldsymbol{R}_{xyz}$ 进行描述：

$$\begin{pmatrix} a_{x1} \\ a_{y1} \\ a_{z1} \end{pmatrix} = \boldsymbol{R}_{zyx} \begin{pmatrix} a_{x2} \\ a_{y2} \\ a_{z2} \end{pmatrix} \tag{21-18}$$

旋转矩阵为 $\boldsymbol{R}_{xyz}$ 为

$$\begin{aligned} \boldsymbol{R}_{xyz} &= \begin{pmatrix} 1 & 0 & 0 \\ 0 & \cos\psi & -\sin\psi \\ 0 & \sin\psi & \cos\psi \end{pmatrix} \begin{pmatrix} \cos\theta & 0 & -\sin\theta \\ 0 & 1 & 0 \\ \sin\theta & 0 & \cos\theta \end{pmatrix} \begin{pmatrix} \cos\varphi & -\sin\varphi & 0 \\ \sin\varphi & \cos\varphi & 0 \\ 0 & 0 & 1 \end{pmatrix} \\ &= \begin{pmatrix} \cos\varphi \mathrm{cod}\theta & \cos\theta\sin\varphi & \sin\theta \\ -\sin\psi\sin\theta\cos\varphi - \sin\varphi\cos\psi & -\sin\theta\sin\psi\sin\varphi + \cos\psi\cos\varphi & \sin\psi\cos\theta \\ -\sin\theta\cos\psi\cos\varphi + \sin\psi\sin\varphi & -\sin\varphi\sin\theta\cos\psi - \cos\varphi\sin\psi & \cos\theta\cos\psi \end{pmatrix} \end{aligned} \tag{21-19}$$

然而，角度 ψ，ϕ，θ 不能从式（21-18）中计算出来，因为这个公式是不确定的。为了解出式（21-18），应该考虑肩关节的一个显著特征，即放置了加速度计 2 的手臂皮肤，当受试者绕 z 轴旋转其手臂时，它几乎没有任何运动。因此，旋转角度 ϕ 可被视为零，旋转矩阵 $\boldsymbol{R}_{xyz}$ 可以被修正为式（21-20），弯曲/伸展角 ψ 和外展/内收角 θ 很容易从式（21-18）中得到。

$$\boldsymbol{R}_{xyz} = \begin{pmatrix} \cos\theta & 0 & \sin\theta \\ -\sin\psi\sin\theta & \cos\psi & \sin\psi\cos\theta \\ -\sin\theta\cos\psi & -\sin\psi & \cos\theta\cos\psi \end{pmatrix} \tag{21-20}$$

另一方面，旋转角 ϕ 可以认为是上臂的扭转角 α，它可以由加速度计 2 和 3 的输出计算得出。手肘的弯曲/伸展角 β 如前所述也容易计算得出。

图 21-25b 展示了一个上肢运动监测的例子。在这种情况下，一系列肢体运动可以在个人计算机中实时测量、计算和重现，如同复制的人的图像一样。

3. 行走过程中作用力的监测

在运动学上，从力学角度解释人体的位移和运动，需要找到作用于对象的外力。行走时，

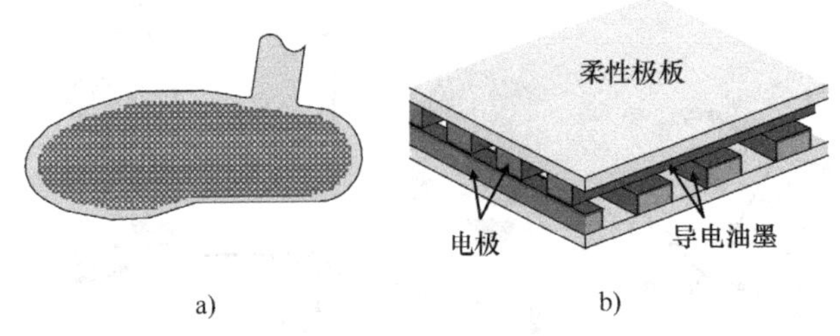

图 21-25　鞋底传感器的压力分布

地面产生的外力通过脚作用于人身上，这个力称为地面反作用力。运动步态分析时必须测量此力。然而，地面反作用力测量器一般放置在地面上，在日常生活中无法测量地面反作用力。为了在测量日常行为的同时测量脚底的负荷，需要安装传感器来测量鞋如运动鞋或拖鞋上的外力。因此，我们研发了一种鞋底压力分布传感器，如图 21-25 所示。这些传感器的电极印在柔性板的顶部和底部，它们之间能相互作用。图 21-25a 中所有电极表面涂有导电油墨。当施加压力时，油墨受压，其阻抗值降低。当网格点之间的阻抗发生改变时可以进行测量，而且能够得到每个网格点的压力数值。

21.3　总结

有各种各样的传感器可以采集临床生命体征以及其他的人体生理和身体信号。在大多数情况下，这些传感器都是可穿戴的或者不会妨碍正常生活。本章开头，我们曾提出问题：这种传感系统是否必须为可穿戴的，对于这样一个问题没有唯一的答案。它取决于如何使用传感器，更准确地说是传感器组检测到的信号。这些仪器将会对人的行为和生理造成多大的影响？在回答这个问题时，我们需要牢记一个生理测量的基本原则：确保仪器不会影响被测系统或者至少影响很小。

第22章　用于早期疾病检测的穿戴式传感器

22.1　简介

健康信息学的发展已经被美国国家工程院确立为21世纪14个重大挑战之一。其中，穿戴式传感器和穿戴式设备被认为是关键技术之一[1]。穿戴式传感器和设备可连续监测慢性疾病从而实现对病症的早期检测和突发性症状的捕捉，这些症状在偶尔的临时医院就诊期间是很难获取的。

对于疾病诊断，穿戴式传感器中最典型的例子是Holter监测仪或者动态心电监测仪。该仪器可以在24h甚至更长时间内对心脏的电位活动进行连续不断的监测[2]。由于心脏的异常情况常常毫无征兆且瞬间发生，对心电信号短时间和零散的记录不足以检测出心脏疾病，而数小时甚至数天的长期心电信号的监测则可以提供更好和更精确的诊断依据，因此该系统被广泛应用在临床检测中。Holter监测仪已经发展了50多年，穿戴式传感器的发展也非常迅速，在各个医疗领域中都显示出发展潜力。本章将论述穿戴式传感器在心血管、神经系统、胃肠道疾病方面的发展情况。本章的最后一节介绍了穿戴式传感器的发展方向，利用最近发展的柔性技术，传感器可以无创地在胃肠道内部感应信息并释放药物。

22.2　心血管疾病

心血管疾病（cardiovascular disease，CVD）是导致全球范围内人类死亡的主要原因。2008年，大约有1730万人死于心血管疾病，占全球死亡总人数的30%。死于心血管疾病的人中又有超过80%的人来自发展中国家。根据世界卫生组织的报告，预计到2030年，死于心血管疾病的人数将增加到2330万[3]。在全球范围内心血管疾病造成了巨大的社会负担和经济负担。

心血管疾病是心脏系统和血管功能紊乱的综合性疾病，包括冠心病、心房颤动（atrial fibrillation，AF）、心脏衰竭和外周动脉疾病。心血管疾病产生的原因主要是一些常规的危险因素，如不良的饮食习惯、缺乏运动、吸烟和酗酒[4]，常常表现为高血压、高血糖和高血脂。高血压被认为是导致心血管疾病的一个主要因素。在全球范围内，高血压影响着10亿人[5]。控制高血压的困难之一为高血压的发生通常没有明显的征兆或者预警。因此在严重的症状出现之前，人们通常不会意识到他们患有高血压。高血压也因此被称为“沉默的杀手”。据报道，除了血压的绝对值，血压在24h内的变化值也成为判断心血管疾病发生概率的一个独立预测指标[6]。因此，对血压的长期、连续监测可以为心源性猝死的原因带来新的见解。

预防心血管疾病的方法在于能否在早期阶段对上述危险因素进行辨别和控制。如果穿戴式传感器的设计隐蔽，就会促使人们更加频繁地使用它，从而可以增加在早期阶段检测出疾病的机会。穿戴式传感器也可以监测人体生理状态的动态变化，甚至可以对个人健康状况进行远程监控。

22.2.1 监测导致心血管疾病的危险因素

在本小节中，我们将以血压的监测为例进行讨论。现在普遍认为，24h 的动态监测相对于诊室测量有更好的预测危险的效果，它有助于对在医院诊室检测到的，而在其他情况下不易检测到的“白衣高血压”的诊断[7]。此外，连续血压测量有利于检测血压的变化。虽然袖带加压法已经被用于无创连续血压监测，但是它基于袖带的设计却不利于进行长时间测量，因此被认为是不可取的。为此，提出了一种基于脉搏波传播时间或者脉搏波到达时间的无袖带式血压测量方法[8-9]。这种方法的依据是动脉脉搏波的传播速度与动脉血管壁的机械特性相互关联，因此可以用来作为估测血压的方法。如图 22-1 所示，根据这种方法设计的传感器可以被设计为一件衣服或者是臂带来测量血压[10-11]。

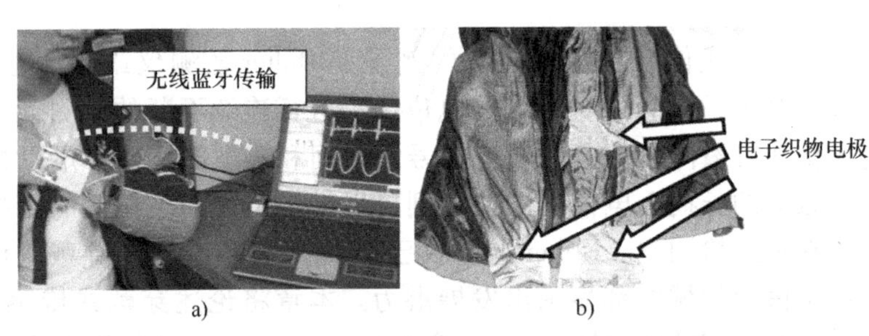

图 22-1 基于脉搏波传播时间的无袖带血压监测的穿戴式衣服

穿戴式传感器除了用于监测心血管参数外，也可用于健康控制和吸烟监督来改善用户的生活习惯，因为肥胖和吸烟是导致心血管疾病的两个主要危险因素。近年来研发的移动私人教练（mobile personal trainer，MOPET）系统[12]根据对用户的健康建议来指导健康活动。Lopez 等人[13]最近开发了一个穿戴式香烟自动跟踪器。这种跟踪器能够通过监测把香烟放在嘴中的手势来判断吸烟事件，也可以识别吸入烟雾时呼吸的特征模式。该系统是灵活、无创的，因此适合在正常生活状态下长时间使用。

总的来说，穿戴式系统和相关的无线技术可以为检测导致心血管疾病的关键危险因素提供最佳的解决方案，因为它们可以方便、舒适、低成本地在任何时间、任何地点提供连续的服务，并且可以在需要时呼叫医疗援助。

22.2.2 心血管疾病的诊断

由于心血管疾病具有突发性，穿戴式传感器及其系统可以提高心血管疾病的诊断效率。心房颤动是最常见的心律失常类型，它是由心脏的电脉冲快速而杂乱无章的传播而产生的。心房颤动可以导致中风和心衰。其在老年人中发病率较高，并且是心脏手术后的常见并发症，其发生毫无征兆[14]。心房颤动可以从 ECG 上进行判断，通常情况下表现为 P 波缺失，心率加快和心律不齐。利用一个可穿戴的心脏事件记录器可以监测和分析心房颤动的发生率、发生时间、发生征兆和危险（诱发）因素[15]。记录器上装备的自动警报系统会激活紧急系统，从而提前采取行动来预防猝死。

ECG 除了用于心房颤动的诊断外，也可以为慢性心脏疾病诊断和评估提供重要信息。目前，穿戴式 ECG 系统可以用纺织材料制作，例如智能衬衫[11]。穿戴式监测系统最重要的组件是穿戴式传感器，它可以被集成到衣服上从而附着在人身上[16]。基于织物的活动电极已经发展到可以嵌入衣服来进行心电信号的监测[17]，例如集成一块小型便携式平面电路板的衣服[18]。图 22-2 展示了一些现有的穿戴式心电信号监测系统，如 Biotex[19]、Smart Vest[20]、Lobin[21]、Wealthy[22]和 Protex[23]。这些系统中许多都集成了多种传感器，使他们不仅能测量 ECG，还可以测量其他的生理信号，如光电容积图（PPG）和呼吸信号。

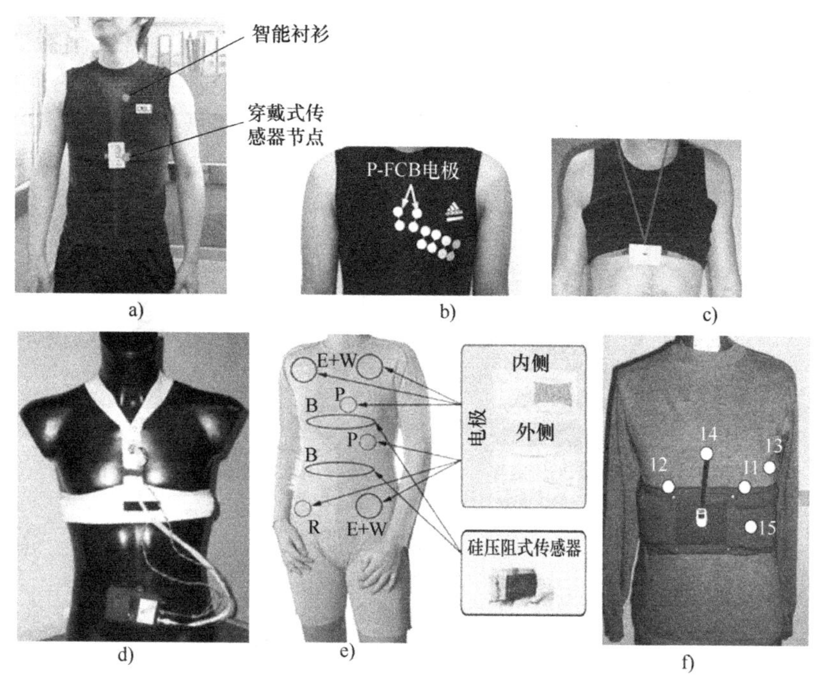

图 22-2　穿戴式心电监护服装

冠心病（coronary heart disease，CHD）也称为冠状动脉粥样硬化性心脏病，是由于心血管堵塞造成心脏血液供应不足导致的胸部疼痛即心绞痛。不受控制的心血管堵塞会使部分心脏死亡，导致心肌梗死。虽然有许多患有冠心病的人会有胸痛、气短等症状，但也有无临床症状的人由动脉粥样硬化斑块破裂导致突然死亡。冠心病的主要危险因素包括年龄、高血压、吸烟和糖尿病。对于冠心病的高危因素进行鉴定有助于制定管理计划来对这些危险因素进行控制，并进行早期干预。据报道，ECG 基线的异常[24]和脉搏压力[25]可用于冠心病风险筛查。

外周动脉疾病（peripheral arteries disease，PAD）是一种慢性疾病，其主要由动脉粥样硬化引起并影响血管如主动脉和下肢动脉。外周动脉疾病可以导致冠心病、中风、心肌梗死和其他由于血管因素死亡的疾病。高血压、糖尿病和吸烟是与外周动脉疾病相关的重要危险因素[26]。踝臂指数（ankle-brachial index，ABI）是指小腿和手臂的收缩压之比，是一种广泛使用的用于评估无临床症状的外周动脉疾病的指标。外周动脉疾病由 ABI 确定，当 ABI<0. 9 时应考虑下肢动脉供血不足。外周动脉疾病的早期确诊对于及时干预十分必要，可以改善预后的质量。随着 PPG 传感技术的成熟，建立穿戴式外周动脉疾病系统已成为可能[27]，相对于依靠连续多普勒波的 ABI 测量方法，这种系统花费更少，且更加方便。

包含 PPG 传感器的穿戴式传感器系统除了可以测量 ABI 之外，还可以测量患者的心率、血氧饱和度和心率的变化。PPG 可以表明组织中毛细血管血容量的变化。这种系统具有微型化和质量轻的特点。各种穿戴式 PPG 系统的结构是不同的，如戒指、耳机、眼镜和服装的形式。在穿戴式设备发展中的一个先驱是 Asada 等人发明的 PPG 传感器指环[28]。一些研究集中在耳戴式设备的 PPG 监测系统，如入耳式的测量系统（in-ear measuring system，IN-MONIT），这种系统由微型光学反射传感器[29]和具有自适应噪声消除方法[30]的可移动磁性耳部传感器组成，目前连接到移动电话的耳机系统[31]已经完成。将传感器嵌入帽子、手套和袜子的穿戴式系统也已经产生[32]。眼镜等设备[33]也是监测 PPG 的一个很好的平台，依靠改进眼镜的镜架和镜腿来减轻不适感。图 22-3 展示了一些最先进的测量 PPG 的穿戴式传感器。

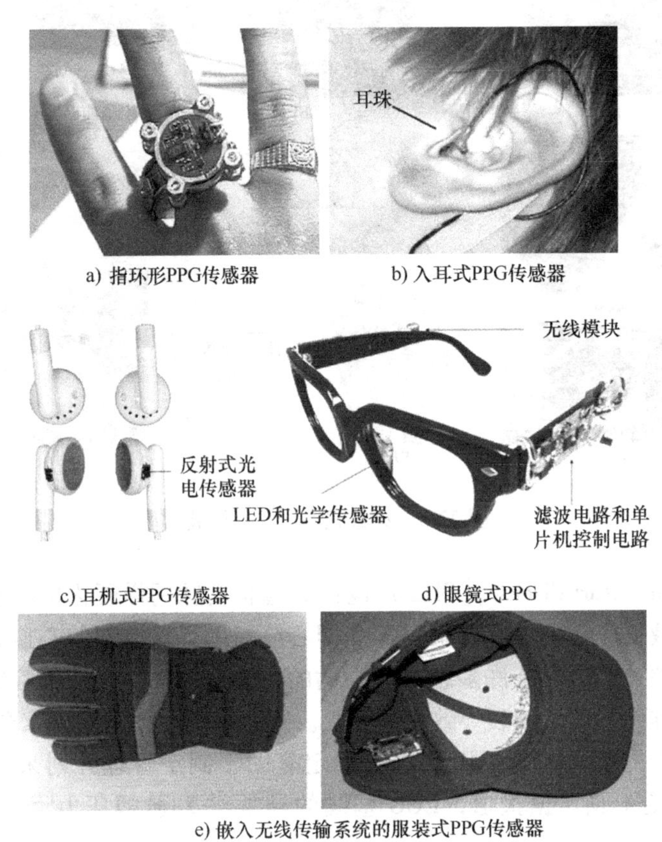

图 22-3 用于监测心电活动的具有 PPG 传感器的典型穿戴式系统

22.2.3 总结和展望

尽管现在医学技术发达，心血管疾病仍然是全球范围内导致死亡的主要原因之一。心血管疾病如心房颤动和心肌梗死都是瞬时发生的，因此在为诊断收集信息的方面，隐蔽的穿戴式传感器系统相对于只能在医院中应用的典型的笨重设备来说有明显的优势。在未来，这些传感器将紧密且不着痕迹地融合在我们的日常生活中，使我们能快速而广泛地对心血管疾病和其他许多危害健康的情况进行管理。

22.3 神经系统疾病

神经系统疾病如帕金森病和中风等是导致残疾的主要原因。神经功能康复治疗可以提供恢复性锻炼来帮助患者恢复运动功能。由于以医院为中心的康复资源较为缺乏，以家庭为基础的康复治疗受到关注。在这方面，穿戴式传感器可在家庭环境中对患有精神系统疾病的患者的运动机能和身体功能进行远程监控。这可以显著降低医疗成本，而且有助于早期症状的检测，从而使及时、有效的干预成为可能。目前评估患者身体机能的临床工具都是基于患者的自我报告或观察得出，而穿戴式传感器可以通过监测患者的日常活动来客观地评估病情。最重要的是，加上制动器的穿戴式设备（或穿戴式机器人）可以作为残疾人治疗运动障碍的康复和辅助设备。此外，穿戴式设备还可以为癫痫等慢性神经系统疾病的突然发生提供相关的预测。通过穿戴式设备的连续监测，可以捕获到与这些突发事件相关的瞬时和隐藏的相关症状，从而为病理学的研究和疾病预测提供帮助。

22.3.1 运动监测和神经系统康复的干预措施

微型机械惯性传感器如加速度计和陀螺仪等，被广泛用于监测运动活动。加速度计可以测量运动速率和位置的变化，而陀螺仪可以测量方向的变化，如转动时的位置变化、转动速度和加速度。这些传感器被广泛应用于功能性活动和运动障碍的自动连续监测[34]。如图 22-4 所示，Patel 等人首先开发了一个集成性平台 SHIMMER，该平台包括一个穿戴式系统和估计帕金森病 3 种不同症状（即颤动、运动迟缓和运动障碍）严重程度的算法[35]。在 SHIMMER 平台上，每个节点都由一个三轴加速度计传感器、一个微处理器、一个无线电发射器和一个微型 SD 卡插槽组成。在患者的 10 种不同动作任务中记录加速度计的信号，然后从其中提取方均根值、数据变化范围值和两个频域范围特征这 3 种特征来估计临床评分。这个平台的估测结果相对于从视频记录中观察得到的临床评分更准确。最近，该研究团队开发了一个基于网络的系统 MercuryLive，该系统以 SHIMMER 为基础，可以作为家用设备实现对帕金森患者的监测[36]。它包括 3 个层次，即中央服务器层、患者层和临床医生层。临床医生层可以远程访问传感器数据来估测临床评分。Rigas 采用一套穿戴式传感器来检测和评估在各种环境下的震颤情况[37]。从震颤活动（加速度计测量的信号中频率为 3～12Hz 的成分）中提取的两组特征使用 Markov 模型来识别震颤的严重程度，结果显示该传感器在震颤定量分析中有很高的精确性，在区分震颤活动和其他运动症状时，有很高的特异性。图 22-4b 所示是一个为中风患者康复设计的固定在鞋子上的穿戴式传感器[38]。

一些新的传感方法也被提出用来测量动作活动。一种利用电容式传感的穿戴式系统正在研发中，它可以用于运动的监测和分类[39]。图 22-5 所示为穿戴式应变传感衬衫，这种衬衫在手臂、前臂和肩膀处分布着导电的弹性体，目的是对神经系统康复中的运动活动进行分析[40]。为了通过姿势识别和分类来评估系统的表现，研究人员设计了一组具有代表性的康复训练，即肩膀处的盂肱关节在矢状面上侧外展和外旋。

对于各类活动的分类，加速度传感器在区分主动运动和被动运动方面存在固有的缺陷性。EMG 的值与肌肉力矩单调相关，这使得它在区别主动运动和被动运动方面有先天优势。因此，将 EMG 和加速度传感器的信息相融合将有望使运动分类的性能有显著的提高。Roy 等人研究了一个包含表面肌电传感器和加速度传感器的穿戴式系统，用于对中风患者

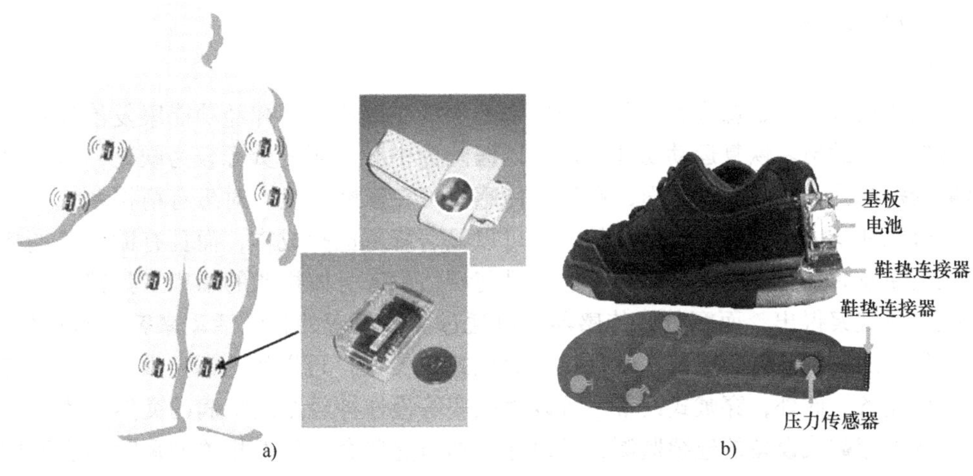

图 22-4 a）哈佛大学医学院开发的 SHIMMER 平台，该平台由位于上肢和下肢的传感器节点组成[35] b）由克拉克森大学开发的为中风患者康复而设计的固定在鞋子上的穿戴式传感器[38]

的日常活动进行自动分类[41]。该研究表明，这两种信号的组合对识别任务的灵敏度为 95%，特异性为 99.7%，对非识别任务的误差小于 10%。图 22-6 是对不同结构器件的分类性能的比较，研究结果表明，肌电和加速度信号的组合可以达到较高的分类精度。

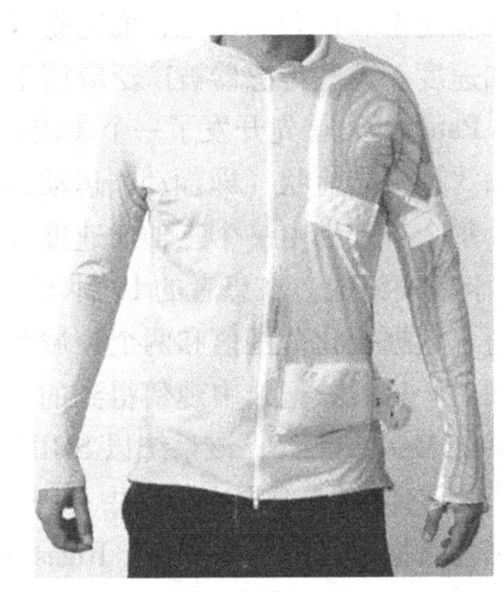

图 22-5 印制应变传感器的服装可以用于神经康复中的姿势识别[40]

除了可以监测运动活动外，穿戴式系统也可以通过实时反馈控制人机交互来协助运动障碍患者的日常活动。震颤行为被认为是由神经系统疾病引起的最常见的运动障碍，目前，已经开发了一系列用于震颤行为的评估和抑制的穿戴式传感器系统[42,43]。最近设计了一种有代表性的矫正型震颤抑制穿戴式机械外骨骼设备[44]，它使用两个放在肘关节外侧和内侧的陀螺仪来测量和抑制震颤行为。抑制震颤行为而不影响同时发生的主观运动的关键问题是如何从原始运动行为数据中提取出瞬时的震颤运动参数，从而实时对神经假体或者人的肌肉本身发出控制指令。对震颤行为进行建模，设它为有 M 次谐波的频率为 ω_0 的正弦波，其估计误差 ε_k 为

$$\varepsilon_k = s_k - \sum_{r=1}^{M} (w_{r_k} \sin r\omega_{0_k} k + w_{r+M_k} \cos r\omega_{0_k} k) \tag{22-1}$$

然后，震颤频率和幅值可通过递归的方法估算：

$$w_{0_{k+1}} = w_{0_k} + 2\mu_0 \varepsilon_k \sum_{r=1}^{M} r(w_{r_k} x_{M+r_k} - w_{M+r_k} x_{r_k})$$

式中，

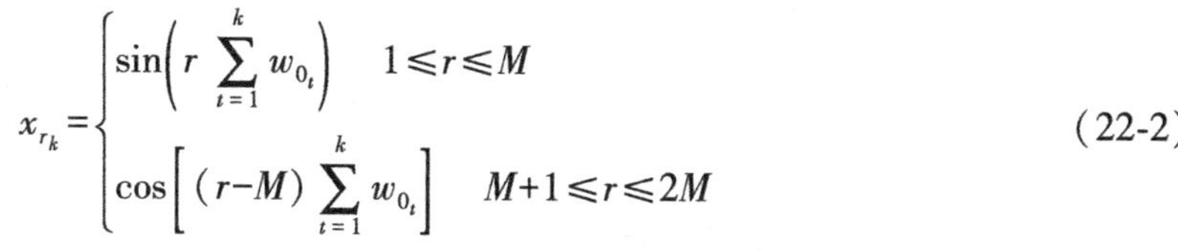

$$x_{r_k}=\begin{cases}\sin\left(r\sum_{t=1}^{k}w_{0_t}\right) & 1\leqslant r\leqslant M\\ \cos\left[(r-M)\sum_{t=1}^{k}w_{0_t}\right] & M+1\leqslant r\leqslant 2M\end{cases} \tag{22-2}$$

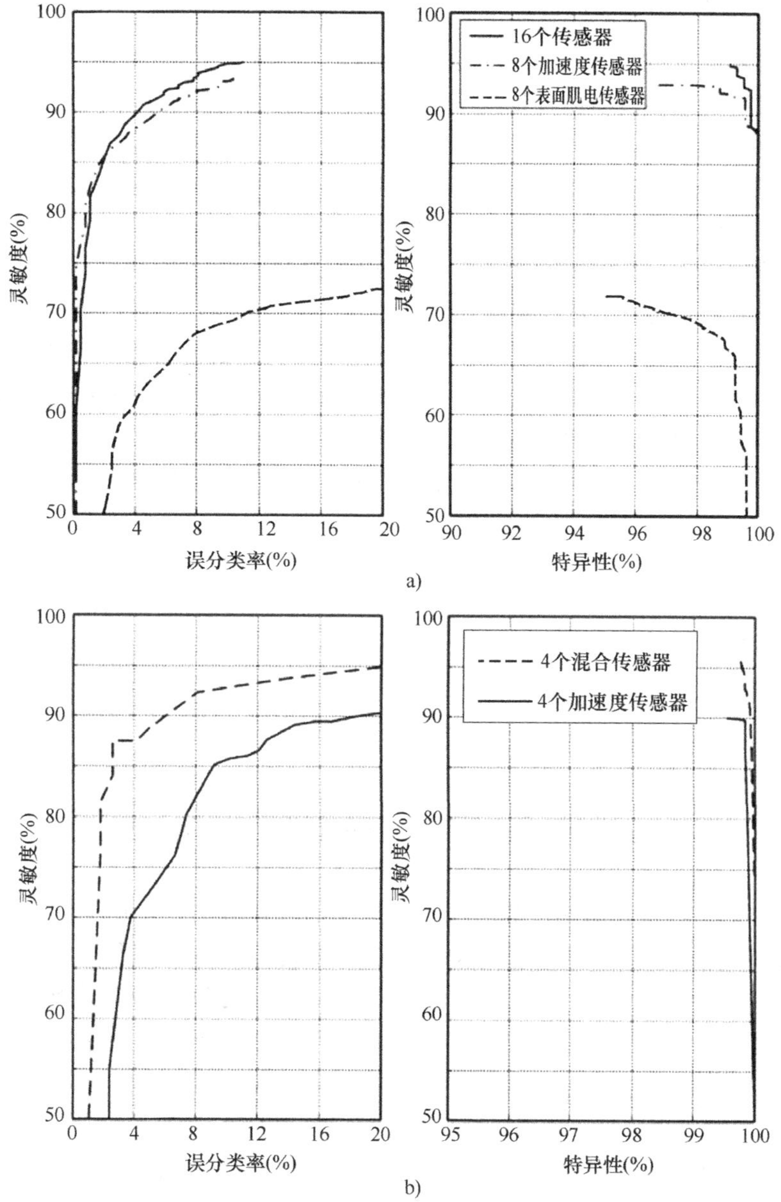

图 22-6　a）从 8 个表面肌电传感器（虚线）和 8 个加速度传感器（点画线）收集的数据以及这 16 个传感器信号的混合数据（实线）的识别任务和非识别任务的分类性能 b）从 4 个混合传感器和 4 个加速度传感器中获取的数据的分类性能[41]

在进行特征识别之前需要将震颤运动和主观运动进行区分。在系统中应用阻抗控制和陷波滤波的方法来减少主动和被动的震颤运动，这个系统可以使所有用户的震颤行为的程度减少40%[44]。相似的穿戴式生物反馈系统也已经开发出来，如用于中风后运动训练的穿戴式肌电控制的外骨骼矫形器系统[45]，用于复原和保护的训练运动[46]和姿势矫正[47]的具有实时反馈振动触觉的穿戴式智能系统。

22.3.2 癫痫患者癫痫活动的监测

医学上并不能完全解释慢性癫痫患者在癫痫发作后猝死的机制[48]。心律失常、呼吸功能障碍、全身或者脑的血液循环失调和癫痫发作引起的激素代谢变化都可能是潜在的病理机制。癫痫的发作是随机、不可预期的。对癫痫患者的发病预警经常来自医院系统的脑电视频监控，这个系统庞大、笨重，严重限制了患者的活动。带有加速度传感器和实时分析加速度信号的算法的穿戴式设备将有望替代视频监控系统来对癫痫活动进行监测。灵敏度和误报率是穿戴式系统在应用中最重要的指标。丹麦 Care Technology 公司开发了一种用户友好型腕式设备来进行癫痫检测，如图 22-7 所示，这个设备包含三轴加速度传感器、微处理器和电池[49]。大量的临床研究验证了这类穿戴式设备的可行性和准确性。在一个包含 73 个患有全身性强直-阵挛性癫痫（generalized tonic-clonic seizure，GTCS）的患者的研究中，这种腕式设备的平均灵敏度为91%，误报率为0.2次/天。另一个临床研究[50]表明一种包括三轴加速度传感器的监测癫痫的手镯式警报设备可以区分强直性癫痫、阵挛性癫痫和强直-阵挛性癫痫，和前面的腕式设备有类似的灵敏度（22 次发作中可检测出 20 次），误报率很低（1692h 的监测中有 8 次误报）。

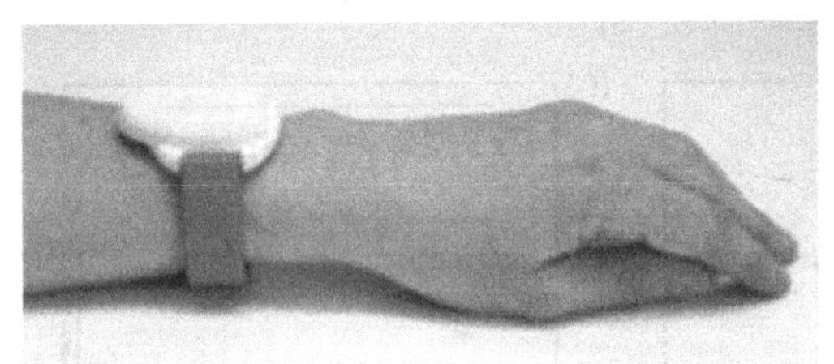

图 22-7　腕式加速度传感器和癫痫检测的控制单元[49]

患有全身性强直-阵挛性癫痫的患者受伤和猝死的风险很高，但用上述设备[49]无法检测出来。Poh 等人最近开发出一种腕带式设备，这种设备含有皮肤电导电极来长时间记录皮肤电活动（electrodermal activity，EDA），这些电活动信号可以反映出交感神经的活动[51]。这种设备和美国食品药品管理局（FDA）批准的设备在各种条件下进行了比较。对应用 Ag/AgCl 电极和织物导电电极这两种不同材料的电极的设备的性能也进行了比较。结果显示织物电极在基线状态时和 Ag/AgCl 电极性能相同，但是在应激响应下的反应不一致。这种设备为日常生活中自动监测神经活动提供了可能。这对心理和神经系统疾病的长期监测非常有意义。作者进行了一项临床研究来探索在癫痫病中记录皮肤电活动对预测猝死的临床价值[52]。如图 22-8 所示，EDA 信号的幅值和脑电信号抑制的持续时间之间有很高的相关性（$r=0.81$，$p=0.003$），这个结论在一个患有全身性强直-阵挛性癫痫的患者的猝死的研究中得到。这个研究的结果表明，癫痫猝死可能和癫痫发作后自主神经功能障碍有关，EDA 信号的幅值等机体自主的参数可以为诊断癫痫的严重程度提供重要的信息，从而迅速做出判断并采取行动。

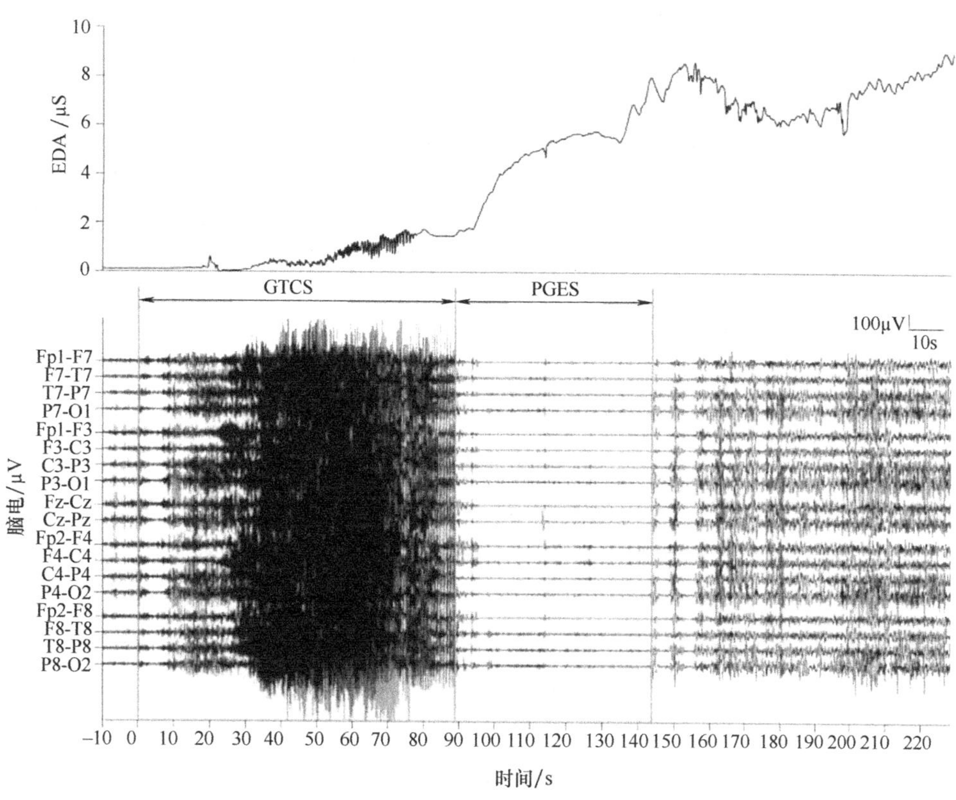

图 22-8　全身性强直-阵挛性癫痫发作时的 EDA 信号和脑电信号的记录的示例

22.3.3　总结和未来发展

本节中介绍了用于监测和干预如中风、帕金森病、癫痫等的神经系统疾病的穿戴式传感器系统近年来的发展概况。目前，系统的应用主要集中在远程监控、对行为的评估和在康复过程中的实时干预方面。在这个领域中，穿戴式设备的一个新兴应用是捕捉关键时刻来提取与紧急事件发生相关的信息以预测未来的事件发展。在未来，这些传感系统将被设计得更加方便以便在日常生活中应用。在这个领域，开展了一个由欧盟资助的领先项目，旨在开发一个隐蔽的系统，利用智能纺织品技术应用在鞋、裤子、衬衫和手套中来监测中风幸存者的日常活动，训练他们的运动功能[53]。近年来，随着柔性电子器件的发展，如表皮电极等皮肤接触设备可以测量皮肤上的肌电信号和其他生理信号[54]。另外，利用有机材料制造的电子人造皮肤也为该系统的发展提供了可行的解决方案[55]。

22.4　胃肠道疾病

虽然胃肠道（gastrointestinal，GI）是人体内部的器官，但是它们暴露在外界环境中的程度和皮肤相同。通常，利用植入式设备来感应胃肠道内部的活动情况，如食管 pH 监测计是诊断胃食管反流病（gastroesophageal reflux disease，GERD）的金标准[56]。GERD 是一种黏膜损伤的慢性疾病，是由食管下方的胃分泌的胃酸进入食管导致的。这种疾病和食管癌有关，因此受到越来越多的关注。大多数有 GERD 的患者都没有内窥镜异常的检测结果和食管运动、活体组织检查的完整评估，所以在治疗开始前经常需要监测 24h 的动态 pH 变化。一种叫作 Bravot™（Given Imaging Ltd.）的无线 pH 监测系统能固定在食管内壁，可以在一个流动的环境中连续地测量超过 48h 的 pH，因此胃酸反流过程的各种变量包括总反流时间、反流次数和 pH<4 的时间所占百分比，可以被估算和采集出来作为临床症状相关性分数来诊断 GERD[57]。几天后，这个传感器从食管内壁掉落，随粪便排出体外。为了将传感器固定在食管上，在传感器的外壳上设计了类似别针的结构。近年来，柔性光电子学的发展为穿戴式传感器的设计提供了一个新方向，即将传感器固定在不规则的皮肤表面或者胃肠壁来实现对疾病的无创、早期和快速检测。本节将对柔性穿戴式传感器的设计做出简要的论述。

22.4.1 基于柔性电子的在体穿戴式传感器的设计

穿戴式传感器可以制作在具有伸缩性的柔性材料基板上，以使其适应复杂的凹凸不平的人体皮肤表面[55]。目前，这个领域的研究主要集中在在体传感器上，如用于测量血压的基于柔性集成半导体器件的高灵敏度压力传感器[58-59]，基于柔性硅衬底的多传感器表皮电子系统（epidermal electronics system，EES）[54,60]。集成的表皮电子系统黏附在人体皮肤表面，利用温度传感器和电极来测量心电、肌电信号以监测日常生活中人体的健康状况。另外，一种用于移动电子设备、医疗保健和生物医学系统的超薄型生物传感膜也已经被提出[61]。

22.4.2 人体内部化学和生物柔性传感器和系统

化学传感器和生物传感器被广泛应用于许多医疗领域，包括检测胃肠道内的 pH[62]。化学传感器用于测量化学反应中特异性成分的浓度，生物传感器则通过理化测定来检测分析物如蛋白质（如抗体）和 DNA。图 22-9 显示了一个基于 FET 的典型传感器。

图 22-9 所示的传感器的沟道电流为[63]

$$I_{DS}=\begin{cases}\dfrac{W}{L}\mu C_i(V_G-V_t)V_{DS} & V_{DS}\leqslant V_G-V_t\\[2ex] \dfrac{W}{2L}\mu C_i(V_G-V_t)^2 & V_{DS}>V_G-V_t\end{cases} \tag{22-3}$$

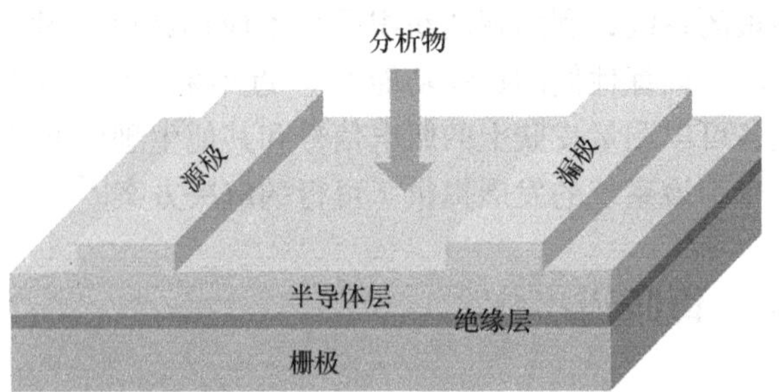

图 22-9 基于 FET 的化学和生物传感器的示意图

式中，I_{DS}、V_G 和 V_t 分别为沟道电流、栅极电压和阈值电压；W 和 L 分别为沟道的宽度和长度；μ 为载流子的迁移率；C_i 为栅极绝缘层的电容。当化学物质的浓度或者成分发生改变时，源极和漏极之间的电流 I_{DS} 将发生变化，原因是化学物质扩散到半导体层改变了载流子的迁移率 μ 和阈值电压 V_t。因此，通过化学物质的成分和浓度可以反映一个系统中化学反应的信息。有机半导体的电导率对离子掺杂很敏感，因此一些有机 FET 被用于离子传感。例如，聚（3-己基噻吩-2，5-二基）可以作为 FET 的敏感层来检测 K^+ 和 H^+ 的浓度。这种类型的传感器可以用于检测胃肠道中的酸度，其中胃酸存在于胃部形成的消化液中，由 0.1mol/L 的盐酸（hydrochloric acid，HCl）（约 0.5%）、氯化钾（potassium chloride，KCl）和氯化钠（sodium chloride，NaCl）组成。

如图 22-10 所示，传感器和其配套部件形成一个电子系统。传感器是该电子系统的关键部件，决定着系统的功能，其中内部连接线用于连接其他传感器或者触点，基板的作用是使传感器和设备成为一个整体。和集成电路相比，传感器类似于模具，基底类似于框架，连接线是丝焊的。

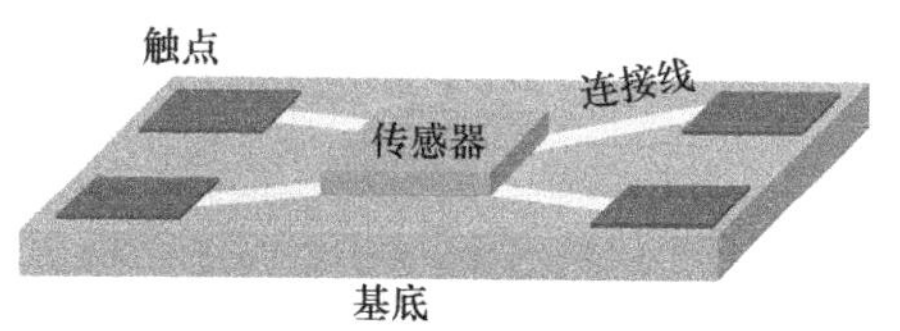

图 22-10　一个电子传感单元的组件

制造柔性传感系统面临的挑战

制造柔性电子系统面临两个最主要的挑战：①在保持系统柔韧性的同时要保证其高性能；②系统可以转移和紧密无缝地黏附在身体表面。

22.4.3　高性能柔性传感系统的设计

由于弯曲或者系统形状的变化将会影响传感器的性能，因此传感器部分采用刚性材料。尽管身体表面如人的皮肤有皱纹和凹坑，凹坑的深度为 15~100μm，尺寸为 40~1000μm，当传感器设计得足够小时，皮肤表面相对于传感器来说是一个平滑的平面。

为保持整个系统尽可能的柔韧，基底和连接线应该采用具有伸缩性的柔性材料。聚二甲硅氧烷（Polydimethylsiloxane，PDMS）是柔性基底的合适选择。人类表皮的弹性模量为 140~600kPa[54]，0.6mm 厚的 PDMS（$A:B=30:1$）的杨氏模量为 145kPa，两者的弹性模量是相似的。低弹性模量保证了 PDMS 薄膜具有较高的伸缩性。与此同时，PDMS 有良好的生物相容性，从而确保柔性系统可以在人体内部使用。

连接线的设计所面临的挑战是保持其导电性的同时要确保其伸缩性。固体材料的拉伸会使化学键延长，导致原子间距离的变化，从而降低电导率。虽然金属的晶体结构使其具有良好的导电性，但是金属键的牢固性使其难以塑造形状。因此，好的导体材料没有良好的伸缩性，可伸缩的材料又没有良好的导电性。最近有研究报道表明，可以利用层叠式超级定向碳纳米管薄膜[64]和聚合物掺杂碳纳米管色带[65]作为导体材料。还有研究报告了一种具有高导电性和伸缩性的高分子聚合物，它是在聚亚安酯中掺杂金纳米颗粒制成的，该报告还说明这种聚合物在拉伸时仍然具有高导电性是由于金纳米颗粒在压力[66]下具有动态的自组织性。同时参考文献提出了一个简单的方法，把传统的金导体的直线结构变为弯曲细丝的形状[60]。

22.4.4　柔性系统与人体表面的紧密贴附

在设计柔性电子系统时的另一个挑战是确保系统和人体表面的良好接触，以使系统可以紧密无缝地黏附在皮肤上，减少运动伪影的影响。

因为基底是柔性材料，如果它足够薄，可以设计为常用胶带，利用胶带的范德华相互作用黏附在人体表面。然而，如果没有坚实材料的支撑，薄的衬底很容易破裂。因此，提出用文身纸来作为支撑结构[67]。文身纸上覆盖了一层薄的水溶性 PVA（聚乙烯醇缩乙醛）牺牲层。图 22-11 阐述了系统黏附在皮肤上的流程。系统设备在柔性基底上制备，由文身纸将其转移到皮肤上。当用水冲洗表面时，水溶性 PVA 牺牲层将脱离文身纸而黏附在人体表面。

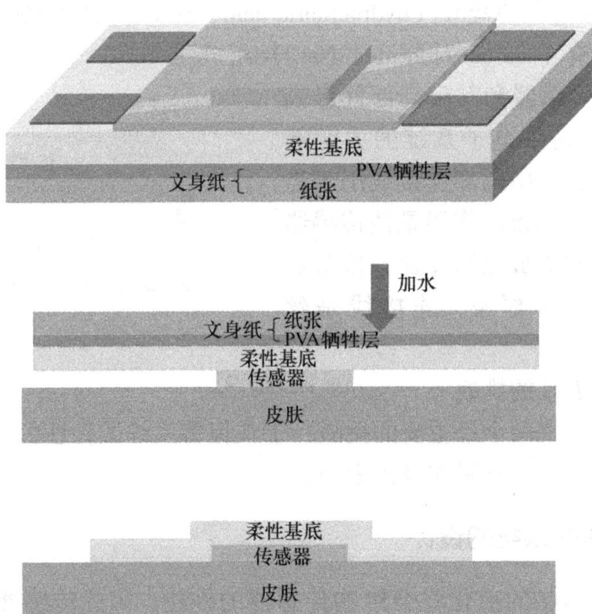

图 22-11 设备转移到人体表面的流程

这种装置传输技术特别适用于表皮电子设备，也可以用于检测人体内部的情况。例如已经被报道的在薄聚酰亚胺基底表面制造的柔性电子阵列，这种结构可用于测量活体内的大脑活动[68]。

用于检测胃肠道出血和 pH 的附着在胃肠壁的无创柔性穿戴式传感器仍然处于研究阶段。有几个主要的技术挑战需要克服。第一，为了保证设备和不规则形状的胃肠道接触良好，并且在胃肠道蠕动的情况下保持稳定的测量，制造出不同类型的柔性和延展性好的传感器是必要的，例如用来检测出血的柔性发光二极管和柔性光电传感器。第二，专门用于将柔性传感器的黏附到胃肠壁的材料需要进一步的研究。目前，市场上有几种类型的黏膜黏附材料正在出售。它们当中的一些材料的性能和以前的研究进行了比较，如羧乙烯聚合物 971P、聚卡波非、λ 型卡拉胶和羧甲基纤维素钠[69]。羧乙烯聚合物 971P 是高分子量交联的丙烯酸聚合物，是非常好的材料之一。它可以通过物理键黏附到生物黏液上[70]，其粉末状的聚合物已经长期安全地应用在化妆品和医药产品中[71]。第三，将传感器黏附到胃肠壁需要新的和成熟的内窥镜检测技术，因为这显然比它们作为表皮电子系统困难得多。总的来说，人体内部穿戴式传感器的发展是一个具有很高研究潜力的多学科问题。

22.5 总结

健康信息学特别是穿戴式传感器和系统已经成为一个有前途的研究领域。通常情况下，穿戴式传感器系统和植入式传感器系统分别可以用在人体表面和人体内部的信号检测。然而，柔性光电子学的进展使它们进入了一个新阶段，传感器可以无创地附着在人体内部尤其是胃肠道中，以检测信息和释放药物。这一发展拓宽了穿戴式传感系统的范围，并且提高了其在心血管、神经系统和胃肠道疾病的早期检测中的应用潜力。

参考文献

[1] U.S. National Academcy of Engineering. (2013). Advance Health Informatics. Available: <http://www.engineeringchallenges.org/cms/8996/8938.aspx>. (Last Accessed: 06.07.14).
[2] M. Turakhia, et al., Clinical experience and diagnostic yield from a national registry of 14-day ambulatory ECG patch monitoring, J. Am. Coll. Cardiol. 59 (2012), E646-E646.
[3] WHO. (2013). Cardiovascular diseases (CVDs). Available: <http://www.who.int/mediacentre/factsheets/fs317/en/>. (Last Accessed: 06.07.14).
[4] S. Yusuf, et al., Global burden of cardiovascular diseases Part II: Variations in cardiovascular disease by specific ethnic groups and geographic regions and prevention strategies, Circulation 104 (2001) 2855–2864.
[5] WHO. A global brief on Hypertension [Online].
[6] G. Mancia, Short-and long-term blood pressure variability present and future, Hypertension 60 (2012) 512–517.
[7] T.G. Pickering, et al., Recommendations for blood pressure measurement in humans and experimental animals-Part 1: Blood pressure measurement in humans-A statement for professionals from the Subcommittee of Professional and Public Education of the American Heart Association Council on High Blood Pressure Research, Hypertension 45 (2005) 142–161.
[8] M.H. Pollak, P.A. Obrist, Aortic-radial pulse transit time and ECG Q-wave to radial pulse wave interval as indices of beat-by-beat blood pressure change, Psychophysiology 20 (1983) 21–28.
[9] C.C.Y. Poon, Y.T. Zhang, Cuff-less and noninvasive measurements of arterial blood pressure by pulse transit time, 27th Annu. Int. Conf. IEEE Eng. Med. Biol. Soc. (2005) 5877–5880.
[10] C.H. Chan, et al., A hybrid body sensor network for continuous and long-term measurement of arterial blood pressure, Proc. 4th IEEE-EMBS Int. Summer School Sym. Med. Devices. Biosens. (2007) 121–123.
[11] Y.D. Lee, W.Y. Chung, Wireless sensor network based wearable smart shirt for ubiquitous health and activity monitoring, Sens. Actuators B Chem. 140 (2009) 390–395.
[12] F. Buttussi, L. Chittaro, MOPET: A context-aware and user-adaptive wearable system for fitness training, Artif. Intell. Med. 42 (2008) 153–163.
[13] P. Lopez Meyer, et al., Monitoring of cigarette smoking using wearable sensors and Support Vector Machines 2013.
[14] M. Funk, et al., Incidence, timing, symptoms, and risk factors for atrial fibrillation after cardiac surgery, Am. J. Crit. Care vol. 12 (2003) 424–433.
[15] C.-T. Lin, et al., An intelligent telecardiology system using a wearable and wireless ECG to detect atrial fibrillation, Info. Technol. Biomed. IEEE Trans. 14 (2010) 726–733.
[16] M.M. Baig, et al., A comprehensive survey of wearable and wireless ECG monitoring systems for older adults, Med. Biol. Eng. Comput. (2013) 1–11.
[17] C.R. Merritt, et al., Fabric-based active electrode design and fabrication for health monitoring clothing, Info. Technol. Biomed. IEEE Trans. 13 (2009) 274–280.
[18] J. Yoo, et al., A wearable ECG acquisition system with compact planar-fashionable circuit board-based shirt, Info. Technol. Biomed. IEEE Trans. 13 (2009) 897–902.
[19] S. Coyle, et al., BIOTEX—biosensing textiles for personalised healthcare management, Info. Technol. Biomed. IEEE Trans. 14 (2010) 364–370.
[20] P. Pandian, et al., Smart Vest: Wearable multi-parameter remote physiological monitoring system, Med. Eng. Phys. 30 (2008) 466–477.
[21] G. López, et al., LOBIN: E-textile and wireless-sensor-network-based platform for healthcare monitoring in future hospital environments, Info. Technol. Biomed. IEEE Trans. 14 (2010) 1446–1458.
[22] R. Paradiso, et al., A wearable health care system based on knitted integrated sensors, Info. Technol. Biomed. IEEE Trans. 9 (2005) 337–344.
[23] D. Curone, et al., Smart garments for emergency operators: the ProeTEX project, Info. Technol. Biomed. IEEE Trans. 14 (2010) 694–701.
[24] V.A. Moyer, Screening for Coronary Heart Disease With Electrocardiography: US Preventive Services Task Force Recommendation Statement, Ann. Intern. Med. 157 (2012) 512–518.
[25] S.S. Franklin, et al., Is pulse pressure useful in predicting risk for coronary heart disease? The Framingham Heart Study, Circulation 100 (1999) 354–360.
[26] R.L. Muir, Peripheral arterial disease: Pathophysiology, risk factors, diagnosis, treatment, and prevention, J. Vasc. Nurs. 27 (2009) 26–30.
[27] C.P. Oates, et al., Beyond the Ankle-Brachial Pressure Index for the Diagnosis of Peripheral Arterial Disease—Time for A New Look at Photoplethysmography, Angiology 64 (2013) 492–493.
[28] H.H. Asada, et al., Mobile monitoring with wearable photoplethysmographic biosensors, Eng. Med. Biol. Mag. IEEE 22 (2003) 28–40.

[29] S. Vogel, et al., In-ear vital signs monitoring using a novel microoptic reflective sensor, Info. Technol. Biomed. IEEE Trans. 13 (2009) 882–889.

[30] M.-Z. Poh, et al., Motion-tolerant magnetic earring sensor and wireless earpiece for wearable photoplethysmography, Info. Technol. Biomed. IEEE Trans. 14 (2010) 786–794.

[31] M. Poh, et al., Cardiovascular monitoring using earphones and a mobile device 2011.

[32] J. Spigulis, et al., Wearable wireless photoplethysmography sensors, Photonics Europe (2008), 69912O–69912O-7.

[33] Y. Zheng, et al., "A clip-free eyeglasses-based wearable monitoring device for measuring photoplethysmograhic signals," in Engineering in Medicine and Biology Society (EMBC), 2012 Annual International Conference of the IEEE, 2012, pp. 5022–5025.

[34] G. Grimaldi, M. Manto, Neurological tremor: Sensors, signal processing and emerging applications, Sensors 10 (2010) 1399–1422.

[35] S. Patel, et al., Monitoring Motor Fluctuations in Patients With Parkinson's Disease Using Wearable Sensors, IEEE Trans. Info. Technol. Biomed. 13 (2009) 864–873.

[36] B.R. Chen, et al., A Web-Based System for Home Monitoring of Patients With Parkinson's Disease Using Wearable Sensors, IEEE Trans. Biomed. Eng. 58 (2011) 831–836.

[37] G. Rigas, et al., Assessment of tremor activity in the Parkinson's disease using a set of wearable sensors, IEEE Trans. Info. Technol. Biomed. 16 (2012) 478–487.

[38] S. R. Edgar, et al., "Wearable shoe-based device for rehabilitation of stroke patients," in Engineering in Medicine and Biology Society (EMBC), 2010 Annual International Conference of the IEEE, 2010, pp. 3772–3775.

[39] B. Chen, et al., Locomotion mode classification using a wearable capacitive sensing system, Neural Syst. Rehabil. Eng. IEEE Trans. 21 (2013) 744–755.

[40] T. Giorgino, et al., Sensor evaluation for wearable strain gauges in neurological rehabilitation, Neural Syst. Rehabil. Eng. IEEE Trans. 17 (2009) 409–415.

[41] S.H. Roy, et al., A combined sEMG and accelerometer system for monitoring functional activity in stroke, IEEE Trans. Neural Syst. Rehabil. Eng. 17 (2009) 585–594.

[42] J. Kotovsky, M.J. Rosen, A wearable tremor-suppression orthosis, J. Rehabil. Res. Dev. 35 (1998) 373–387.

[43] M. Manto, et al., Evaluation of a wearable orthosis and an associated algorithm for tremor suppression, Physiol. Meas. 28 (2007) 415–425.

[44] E. Rocon, et al., Design and validation of a rehabilitation robotic exoskeleton for tremor assessment and suppression, IEEE Trans. Neural Syst. Rehabil. Eng. 15 (2007) 367–378.

[45] J. Stein, et al., Electromyography-controlled exoskeletal upper-limb-powered orthosis for exercise training after stroke, Am. J. Phys. Med. Rehabil. 86 (2007) 255–261.

[46] J. Lieberman, C. Breazeal, TIKL: Development of a Wearable Vibrotactile Feedback Suit for Improved Human Motor Learning, Robot. IEEE Trans. 23 (2007) 919–926.

[47] A.A. Gopalai, S. Senanayake, A wearable real-time intelligent posture corrective system using vibrotactile feedback, IEEE-Asme Trans. Mechatronics 16 (2011) 827–834.

[48] O. Devinsky, CURRENT CONCEPTS sudden, unexpected death in epilepsy, N. Engl. J. Med. 365 (2011) 1801–1811.

[49] S. Beniczky, et al., Detection of generalized tonicclonic seizures by a wireless wrist accelerometer: A prospective, multicenter study, Epilepsia 54 (2013) e58–e61.

[50] U. Kramer, et al., A novel portable seizure detection alarm system: preliminary results, J. Clin. Neurophysiol. 28 (2011) 36–38.

[51] P. Ming-Zher, et al., A wearable sensor for unobtrusive, long-term assessment of electrodermal activity, IEEE Trans. Biomed. Eng. 57 (2010) 1243–1252.

[52] M.-Z. Poh, et al., Autonomic changes with seizures correlate with postictal EEG suppression, Neurology (2012).

[53] (2011). Training and monitoring of daily-life physical INTERACTION with the environment after stroke (FP7-287351, EU funded project). Available: <http://www.smartex.it/index.php/en/research/projects/european-projects/22-projects/82-interaction>. (Last Accessed: 06.07.14).

[54] D.-H. Kim, et al., Epidermal electronics, Science 333 (2011) 838–843.

[55] T. Someya, Stretchable Electronics, WILEY-VCH, 2012.

[56] K.R. DeVault, et al., Updated guidelines for the diagnosis and treatment of gastroesophageal reflux disease, Am. J. Gastroenterol. 94 (1999) 1434–1442.

[57] B. Chander, et al., 24 Versus 48-hour bravo pH monitoring, J. Clin. Gastroenterol. 46 (2012) 197–200.

[58] S.C. Mannsfeld, et al., Highly sensitive flexible pressure sensors with microstructured rubber dielectric layers, Nat. Mater. 9 (2010) 859–864.

[59] G. Schwartz, et al., Flexible polymer transistors with high pressure sensitivity for application in electronic skin and health monitoring, Nat. commun. 4 (2013) 1859.

[60] W.H. Yeo, et al., Multifunctional epidermal electronics printed directly onto the skin, Adv. Mater. (2013).

[61] M. Kaltenbrunner, et al., An ultra-lightweight design for imperceptible plastic electronics, Nature 499 (2013) 458–463.

[62] P. Lin, F. Yan, Organic thin-film transistors for chemical and biological sensing, Adv. mater. 24 (2012) 34–51.
[63] G. Horowitz, Organic field-effect transistors, Adv. Mater. 10 (1998) 365–377.
[64] K. Liu, et al., Cross-stacked superaligned carbon nanotube films for transparent and stretchable conductors, Adv. Funct. Mater. 21 (2011) 2721–2728.
[65] Y. Zhang, et al., Polymer-embedded carbon nanotube ribbons for stretchable conductors, Adv. Mater. 22 (2010) 3027–3031.
[66] Y. Kim, et al., Stretchable nanoparticle conductors with self-organized conductive pathways, Nature 500 (2013) 59–63.
[67] J.R. Windmiller, J. Wang, Wearable electrochemical sensors and biosensors: a review, Electroanalysis 25 (2013) 29–46.
[68] J. Viventi, et al., Flexible, foldable, actively multiplexed, high-density electrode array for mapping brain activity in vivo, Nat. Neurosci. 14 (2011) 1599–1605.
[69] D. Dodou, P. Breedveld, P.A. Wieringa, Stick, unstick, restick sticky films in the colon, Minim. Invasive Ther. Allied Technol. 15 (2006) 286–295.
[70] L. Corporation, "Toxicology of the Carbopol Polymers as a Class," October 17, 2013.
[71] D.-H. Kim, N. Lu, Y. Huang, J.A. Rogers, Materials for stretchable electronics in bioinspired and biointegrated devices, MRS Bull 37 (2012) 226–235.

第 23 章　穿戴式和无创辅助技术

23.1　严重瘫痪个体的辅助装置

各年龄段的瘫痪人数正在不断增加。一项由 Christopher and Dana Reeve 基金会发起的研究表明，美国有 2%的人瘫痪。图 23-1 显示了这些人瘫痪的原因，其中包括从脊髓损伤（spinal cord injurie，SCI）到神经肌肉疾病等各种原因。这些人中 16%（约 100 万）无法动弹，他们的生活离不开持续的照料[1]。此外，美国国家卫生研究院报告每年有 11000 名由于汽车事故、暴力和坠落导致的严重脊髓损伤个体加入这个群体。很不幸的是，脊髓损伤个体中 55%年龄在 16~30 岁，他们的余生都需要特殊的照顾[2]。

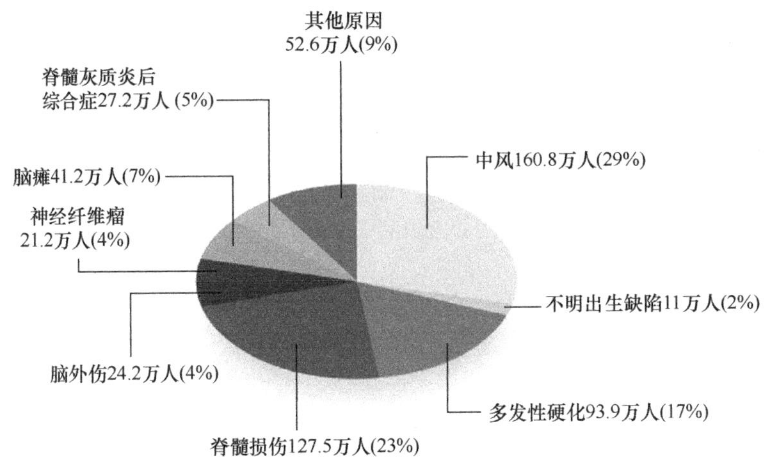

图 23-1　在美国造成瘫痪的原因[1]

辅助技术（assistive technology，AT）是指“任何可以用于改善、维持或提高残疾人身体功能的物品、设备或产品系统，可以是商业现货，也可以是经过改装或定制的设备”[3]。辅助技术可以是可穿戴的（如穿戴式头部跟踪器），也可以安装在用户的轮椅或床上，使用户可轻松使用。它们可以使不同类型的残疾人，特别是严重瘫痪的个体，将意图传达给周围的其他设备，尤其是计算机。这将缓解残疾人对接受持续照料的需求，从而减轻家庭的负担，解放他们的专用护理人员，并减少医疗保健和辅助生活费用，也可以帮助他们就业以及积累积极、独立和富有成效的生活经验。

在各种辅助技术中，能为计算机访问和轮式运动提供替代性控制的技术被认为对当今积极的生活方式最为重要，因为它们能通过化解用户的两个主要限制（有效沟通和自主移动）来提高生活质量（quality of life，QoL）[4]。人们普遍认为，一旦残疾人“能够”四处移动并能有效地访问计算机和/或智能手机，他们几乎可以做到正常人日常生活中所做的大多数事情，包括教育、管理和学业等[5-6]。这导致大量正在进行的研究转向开发新的可以充分利用残疾人所保留的任何能力的辅助技术，如利用头部运动、眼球运动、肌肉收缩甚至大脑信号，为残疾人群提供与计算机和电子产品进行互动的替代方式。但是到目前为止，很少有辅助技术能成功实现从实验室研究向严重残疾人主流消费市场应用的转型，很多商业化产品仍然存在许多不足和困难。

23.1.1　啜噗系统

啜噗（sip-n-puff）是一种简单、低成本、基于开关的辅助技术，允许用户通过吸管的吹和吸控制电动轮椅（powered wheelchair，PWC）[7]或操纵鼠标[8]（见图 23-2）。然而，该技术对于复杂指令的响应是缓慢和烦琐的，而且只能提供非常有限的灵活性、自由度（degrees of freedom，DoF）以及对用户能力的适应性。它只有数量有限的直接选择指令（4 个指令：软啜、硬啜、软噗、硬噗），并且需要以连续的方式一次输入一个指令。另一个主要限制是啜噗系统缺乏比例控制，这与操纵杆相反，操纵杆可以提供更容易和更流畅的对不同动作的控制，如电动轮椅的加速和减速。由于暴露在唾液和食物残渣的环境中，啜噗系统需要定期进行清洗和维护。它要求隔膜控制，可能无法使需要持续使用呼吸机的残疾人受益，如 C2 级严重脊髓损伤患者。

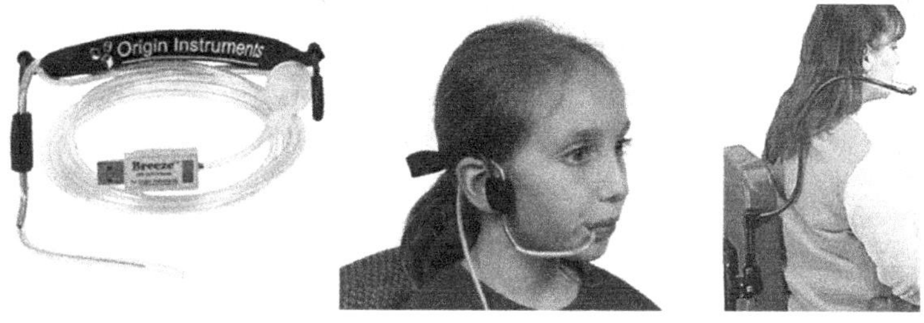

图 23-2　啜噗装置要求用户通过连接到一个气动开关或压力传感器的吸管进行吮吸和吹气来控制电动轮椅[7-8]

23.1.2　头部控制器

有一种辅助技术称为头部指针，旨在利用头部运动代替手臂和手的功能。这些设备大多致力于模仿计算机的鼠标，使其成为用户控制计算机屏幕上光标移动的一种手段[9-15]。其中一些设备也可以通过在头枕部嵌入开关传感器来操作轮椅[16]或利用惯性传感器检测头部运动[17-18]。图 23-3 所示为一系列基于不同跟踪机理的此类装置。

头部控制器的一个限制是，只有头部运动不受限制的个体可能从这类装置中受益[9]。许多四肢瘫痪和有闭锁综合征的残疾人不能进行很好的头部运动，即便能，他们的肌肉力量也相当微弱。因此，他们可能不会受益于这些装置。头部控制器的另一个限制是，用户的头部需要一直位于该装置中传感器的传感范围内，否则用户将无法使用该辅助技术。例如，当用户没有坐在计算机/网络摄像头前面或躺在床上时，头部安装的传感器、反射器、激光束甚至用户的面部特征都是无法使用的。此外，由于用户的颈部肌肉因残疾已经萎缩，长时间使用该装置会使用户非常疲劳。当轮椅运动时，他们也容易受到施加于头部的惯性力的作用。

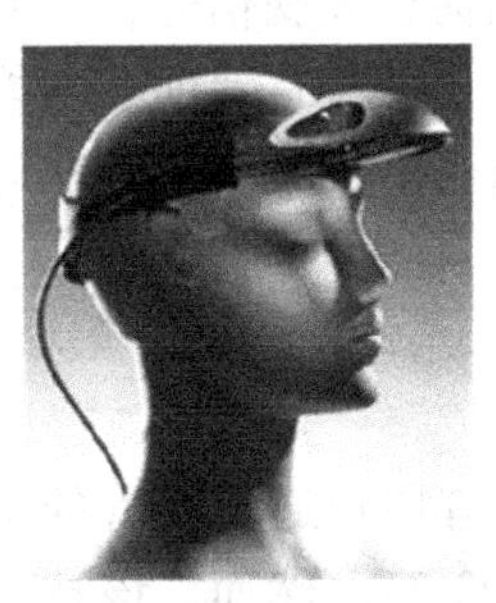
a) 基于陀螺仪测得的头部加速度信号的Boost Tracer[10]

b) 基于由3个头戴式传声器接收的超声波强度信号的Headmaster[11]

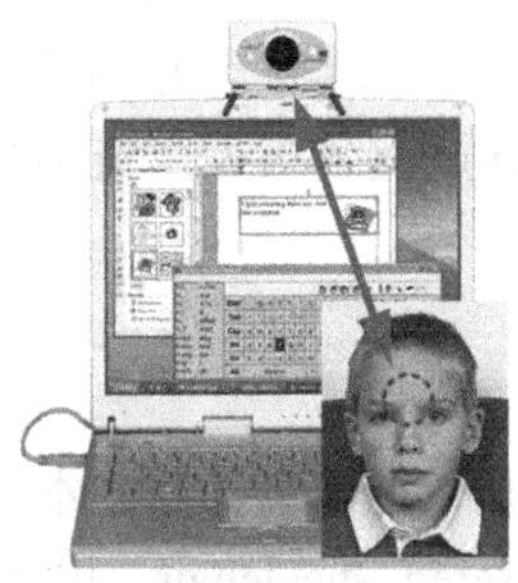
c) 基于头点红外反射的头部鼠标[12]

d) 基于类似于头部鼠标红外线反射机理的Tracker Pro[13]

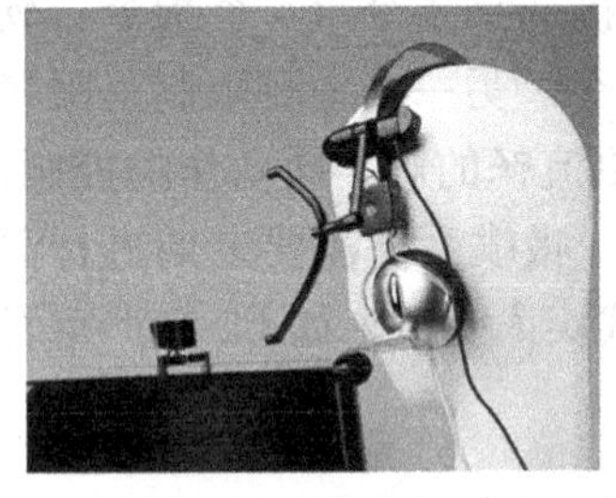
e) 基于从安装在耳机的活动单元接收的红外发射信号的TrackIR[14]

f) 基于跟踪网络摄像头视野内用户定义的面部特征的照相机鼠标[15]

g) 基于接近传感器的头阵列轮椅控制器[16]

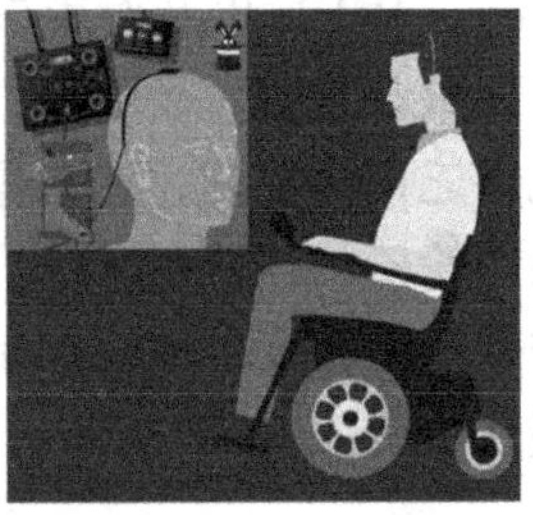
h) 基于加速度计测量的头部运动信号的Magitek轮椅控制器[17]

图 23-3　不同类型的基于头部运动的辅助装置

23.1.3　眼动追踪系统

有一种辅助装置通过追踪眼球运动和眼睛注视，更精确地说是通过检测角膜反射和跟踪瞳孔位置进行操作[19-22]。这类装置中，一个照相机放置在用户面前，或由用户佩戴一个微型光学传感器，用来捕获从角膜、晶状体或视网膜血管反射的通常是人工产生的红外光（见图 23-4）。该信息被进一步分析，用以从反射光的变化提取眼球运动，并转换成计算机屏幕上光标的移动。EOG 也被用来检测眼球运动，用于产生访问计算机和控制轮椅的指令[23-27]。

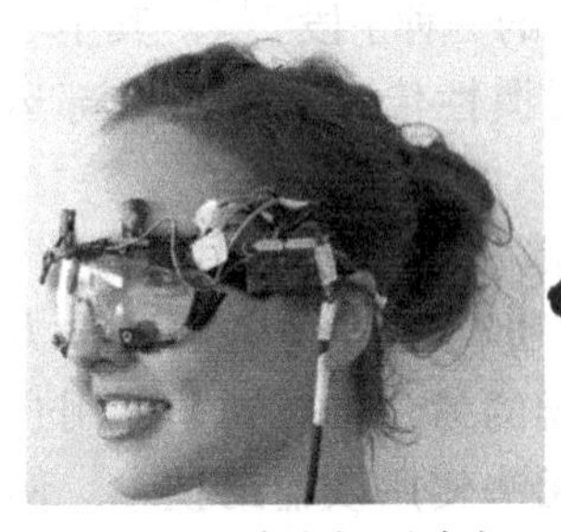
a) 基于EOG的穿戴式眼动追踪器，通过分析由附着在用户眼睛周围皮肤上的表面电极记录的生物电信号进行操作[26]

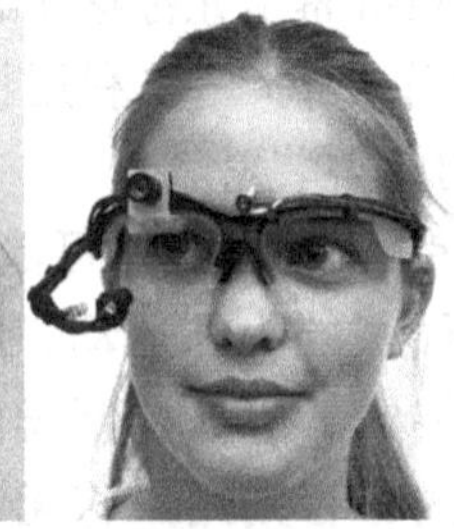
b) 轻质穿戴式眼动跟踪头戴式设备采用微透镜照相机跟踪眼球运动[20]

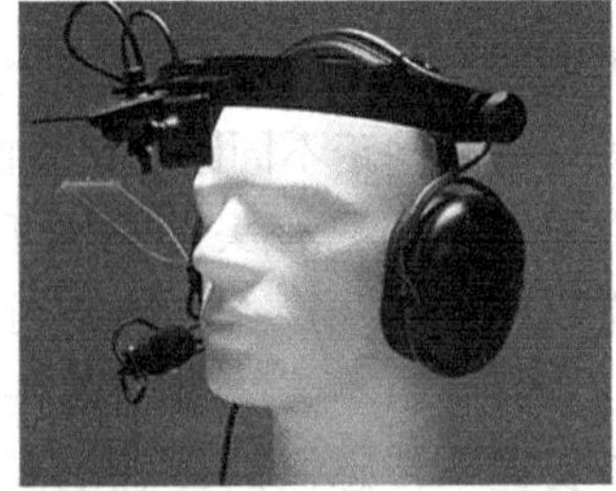
c) SensoMotoric Instruments（SMI）的iView X HED基于视频的穿戴式眼动仪，其工作原理是基于角膜反射跟踪瞳孔位置[21]

d) 基于角膜反射的安装于计算机的EyeTech TM3眼动跟踪器，其角膜反射类似于iView[22]

图 23-4　不同的眼动追踪装置

由于眼睛是我们身体的感觉器官，眼动跟踪系统的缺点是其要求额外的眼球运动从而影响用户的正常视力，这有时会干扰用户的视觉任务。尽管最近的研究取得了一些进展，但“Midas 触摸”即非预期指令的启动仍然是一个问题，当用户只是注视某个点时，会被系统认为是一个指令[27]。如图 23-4a 所示，基于 EOG 的方法需要安装于面部的表面电极和连接到护目镜的庞大的信号处理单元，这些装置不美观，并会使用户的外表看起来很奇怪，也可能使用户在公众场合感到不适。一般情况下，基于摄像头的眼动追踪器（见图 23-4b ~ d）对周围的光线条件敏感，并且用于室外环境和轮椅控制时通常是不适合或不安全的。安装于计算机的眼动追踪方法需要用户面前有摄像头或显示器以分别用于检测或视觉反馈。这个局限性类似于头控制器需要用户的头部保持在一定范围内。

23.1.4　基于 EMG 的控制器

肌电信号是指肌肉纤维收缩过程中产生的电信号[28]。基于 EMG 的控制系统监测目标肌群的肌电信号，典型的肌肉包括面部肌肉[28]、颈部肌肉[29]或肩部肌肉[30]，这些都是用户仍然能够控制的与运动或抽搐相关联的肌肉。特定的信号处理算法可以识别与每一个动作相关联的 EMG 模式，并产生一组可用于移动鼠标光标和进行人机交互选择的离散控制指令[28-29]，或用于代替操纵杆操纵轮椅的功能[30-31]。

基于 EMG 的系统较容易出错，并且需要复杂的肌肉间的相互作用[31]。这些系统需要高度专业化的硬件和复杂的信号处理算法，因此导致其可移植性较低[32]。肌电电极需要适当定位使其与皮肤接触良好，有时需要特殊的凝胶或黏合剂，而且用完需要取下电极，既耗时又麻烦。此外，面部附着电极也使用户遇到和基于 EOG 的眼动跟踪器同样的影响用户外表的问题。

23.1.5　语音控制器

有些环境控制器利用语音指令作为输入。语音识别软件如 Apple 的 Siri、Nuance 的 Dragon Naturally Speaking[33]和 Talking Desktop[34]，在计算机访问的某些特定方面有效，如文本输入或单独指令（复制、粘贴、删除等）。然而，它们在导航方面效果不佳，并且对口音、方言和环境噪声敏感。基于音量的语音控制器，如用于光标控制的 Vocal Joystick[35]，通过不同声音控制特定的光标移动方向，而声音的响度与光标的速度相关联。在这些装置中，语言特异性和口音敏感性已被去除。然而，用户在公共场所发出这样的声音时可能会感到不舒服和尴尬，尤其是在人们都应该保持安静的场合如教室或图书馆。研究人员正在开发基于语音的控制器用于电动轮椅的操作[36-37]。这些装置可提供合理的带宽和相对短的响应时间。然而，它们仍不足以安全独立地操作轮椅，因此必须依靠额外的自主导航系统避免冲撞。几乎与所有的基于语音的控制器相关联的普遍问题是它们可以在室内安静的环境中正常工作，但在嘈杂的室外环境中效率低下，甚至完全无用。此外，当用户试图在公共场所键入电子邮件或文本消息时，基于语音的系统也会引发隐私担忧。

23.1.6　脑机接口

一组称为脑机接口的辅助装置可以直接利用大脑——所有意志控制的源头。此类脑机接口有可能广泛覆盖各种残疾人。然而，在创伤和信息带宽之间总有一个折中，这取决于电极放置的位置与大脑的距离。无创脑机接口检测前额肌肉活动和 EEG 产生的表面电信号（见

图 23-5a~c)[38-44]。有限的带宽和对噪声的敏感以及运动伪影限制了这些装置应用在如室外导航电动轮椅等重要任务中，这些任务需要短反应时间和高可靠性。为了获得或维持准确的控制，基于 EEG 的脑-机接口需要先进行大量的培训和专注训练，也需要很长时间来准备头皮位点以获得良好的电极接触、妥善放置以及随后取出电极或电极帽、清洁皮肤。如果电极和凝胶留在头皮上的时间过长，还存在皮肤受损或出现过敏性反应等风险。有几个研究组正在开发干电极[45]。然而，其记录质量不如标准电极。另一方面，有创脑机接口（见图 23-5d、e）需要平面电极（ECOG）或皮质内电极记录大脑信号，其通常记录来自运动皮层区的信号，但是许多患者对于为了恢复他们融入环境的能力而接受一个复杂的脑部手术仍是犹豫不决[46-50]。而且，目前仍然没有超过 3 年的长期可靠的记录。

a) 基于EEG的无创脑表面脑机接口

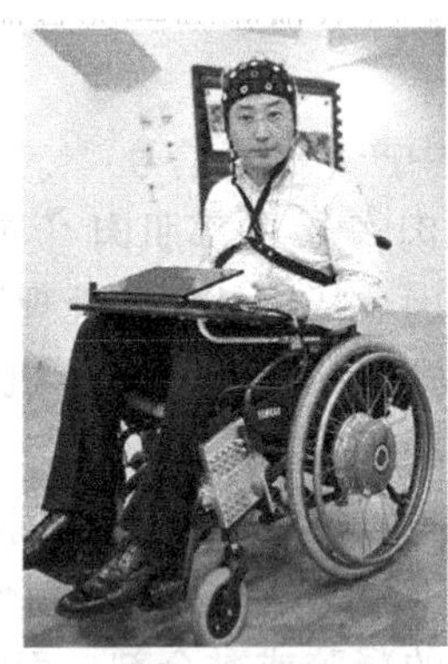

b) 用于轮椅控制的来自BSI-Toyota的基于EEG的脑机接口[42]

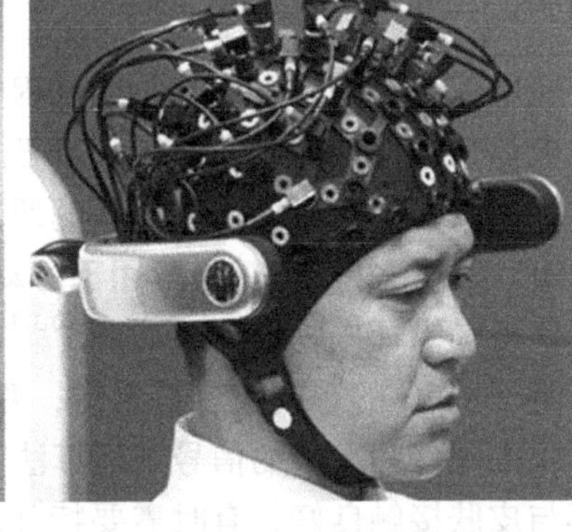

c) 结合EEG和NIR的Honda 脑机接口系统[43]

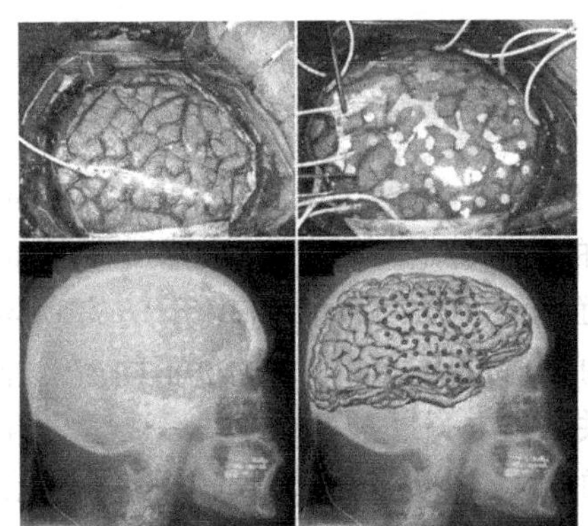

d) 利用ECOG信号的有创脑机接口[48]

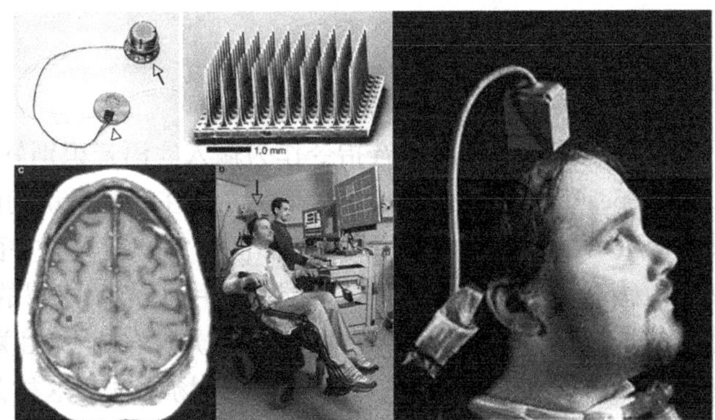

e) BrainGate的基于颅内微电极检测到的神经信号的侵入式脑机接口[46]

图 23-5　现有的一些脑机接口

23.1.7　舌操控装置

图 23-6 所示为一组基于用户自主口腔运动进行操作的辅助技术。舌触摸键盘（tongue-touch-keypad，TTK）（见图 23-6a）是一种基于开关的带有 9 个键的装置，其操作需要舌的压力[51]。舌鼠标（见图 23-6b）是一种由舌操作的类似舌触摸垫的装置[52]。舌点（见图 23-6c）和 Integra-Mouse（见图 23-6d）是一种经过改良的可用舌和嘴操控的操纵杆[53-54]，它们需要舌的压力，长期使用可能导致疲劳和过度刺激。Think-A-Move（见图 23-6e）测量耳道的压力变

化来检测舌的运动[55]，它仅提供有限自由度的一维控制。图 23-6f 所示为光学舌姿势检测器，它不需要任何加到舌上的附件[56]，该装置潜在的问题是在演讲或进食时有很大的概率出现意外指令。但也有一种电感式口腔内控制器，类似舌触摸键盘，带有 18 个通过舌上的金属单元激活的感应开关[57]。然而，这些技术需要将笨重的部件安装到用户的口腔，使用户在使用该装置时无法吃饭或说话，并且需要舌和唇的接触和压力，长期使用可能会导致疲劳和过度刺激。

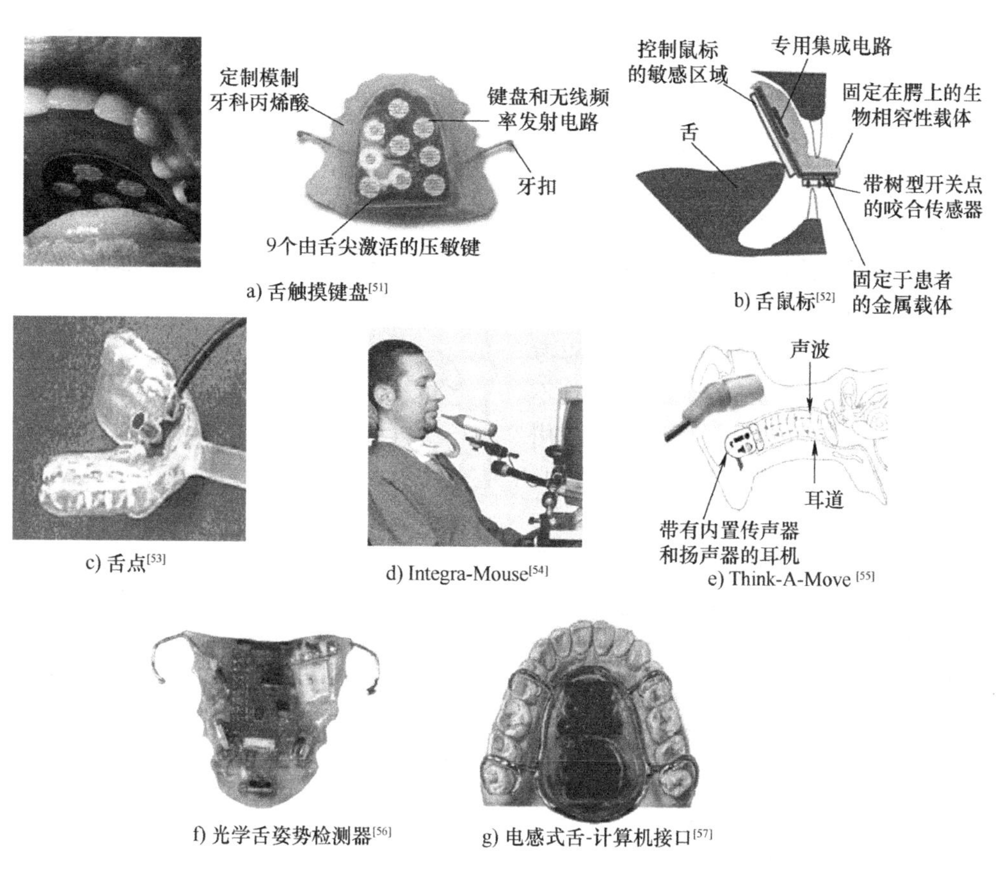

a) 舌触摸键盘[51]　b) 舌鼠标[52]

c) 舌点[53]　d) Integra-Mouse[54]　e) Think-A-Move [55]

f) 光学舌姿势检测器[56]　g) 电感式舌-计算机接口[57]

图 23-6　舌操作辅助技术

总之，现有的辅助技术只能为用户提供非常缓慢和有限的环境控制，或具有高度侵入性并处于开发的早期阶段。因此，急需开发新的穿戴式装置以满足下列要求，使其更好地帮助终端用户：

1）充分利用用户的现有能力。

2）无创或微创。

3）具有与计算机、轮椅、不同的电子装置和环境连接的强大接口。

4）用户友好，不会或很少给终端用户造成身心负担。

5）可穿戴和稳定，并且可以在不同条件下使用。

6）对用户外表、形象的影响可接受。

7）费用不至于过高。

23.2 穿戴式技术为什么使用舌

如图 23-7 的运动小人所示，舌和嘴在人脑中占据很大部分的感觉和运动皮层，与手指和手占据的部分相当。因此，它们本质上能够执行精密的运动控制和多自由度的操纵任务，这一点从它们在说话和进食中发挥的作用可以明显看出[58]。舌经由舌下神经连接到大脑，在脊髓严重损伤和大多数患有神经肌肉疾病的患者中，该神经通常可以逃脱严重的损伤。其结果是，即使患者有高级别的脊髓严重损伤，其舌的控制能力仍然完好。舌能在口腔快速、准确地移动，这表明它具有很强的与大脑进行间接通信的能力。它的运动非常直观，与基于 EEG 的脑机接口需要思考或专注不同。舌肌不容易感受到紧张并且不易疲劳。因此，基于舌的装置可以连续使用几个小时，只要允许舌在口腔内自由移动。运动神经元控制舌肌接收丰富的前庭输入，使舌体位置能随着体位的变化进行灵活的调整。因此，舌操作装置可以很容易地在任何地方以任何姿势使用，如坐在轮椅上或躺在床上。使用舌的另一个优点是口腔内的舌可以给用户提供很大的隐私，这对残疾人来说尤其重要，他们不希望被认为与众不同。最后，与一些使用运动皮层神经信号的脑机接口需要在脑表面植入电极阵列以获取神经信号不同，对舌运动的利用是无创的并且不需要穿过颅骨就能很容易获得。

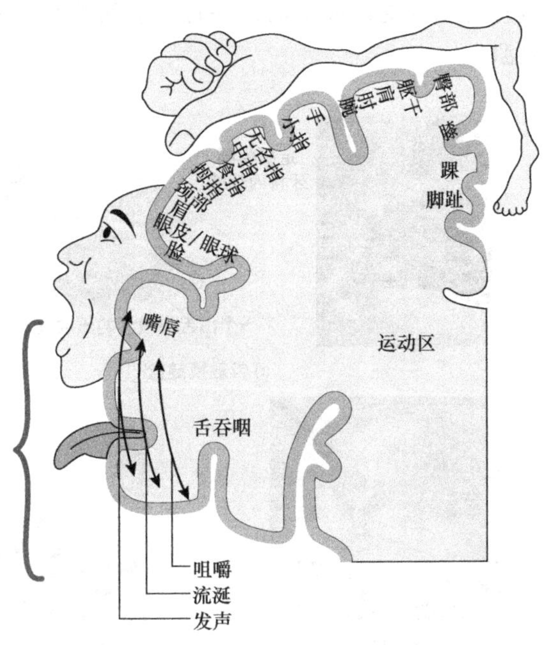

图 23-7 运动小人的舌和嘴[58]

23.3 舌运动的无线跟踪

舌驱动系统（tongue drive system，TDS）是一种微创、无干扰、舌操作、无线和可穿戴的辅助技术，可以使严重瘫痪的个体仅使用舌运动就可以控制设备，如访问计算机或驱动轮椅。该系统基于舌的自主位置、姿态和移动来推断用户的意图，并转换成用户定义的指令，同时这些指令可以实时提供给 TDS 的用户。这些指令可以用来控制个人计算机屏幕上光标的移动，从而代替鼠标或触摸板，或者代替电动轮椅操纵杆的功能[59]。

从概念上讲，舌驱动系统包括磁传感器阵列和安装在口腔内的牙齿保持器，类似于牙齿矫正器（口腔内 TDS（intraoral TDS，iTDS）），如图 23-8a 所示，或安装在口腔外的耳机，类似于一个头戴式传声器（外部 TDS（external TDS，eTDS）），如图 23-8b 所示，再加上一个小的磁跟踪器。磁性跟踪器只有米粒大小，可以用组织黏合剂临时贴于舌上使用。但是，对于长期使用的用户应接受一次舌穿刺以戴上嵌入磁跟踪器的磁舌钉。另外，跟踪器可涂覆一层生物相容性材料如钛或金，再植入舌黏膜下。跟踪器随着舌的动作在口腔内或者周围产生磁场变化。这些变化可由磁传感器检测到，并通过无线方式发送到个人计算机或智能手机，这些装置可以由用户佩戴或者安装到电动轮椅上。传感器信号处理（sensor signal-processing，SSP）算法在个人计算机/智能手机上运行，将传感器信号分类，并将其转换成用户定义的控制指令，然后将其无线地传送到用户环境中的目标设备[59]。

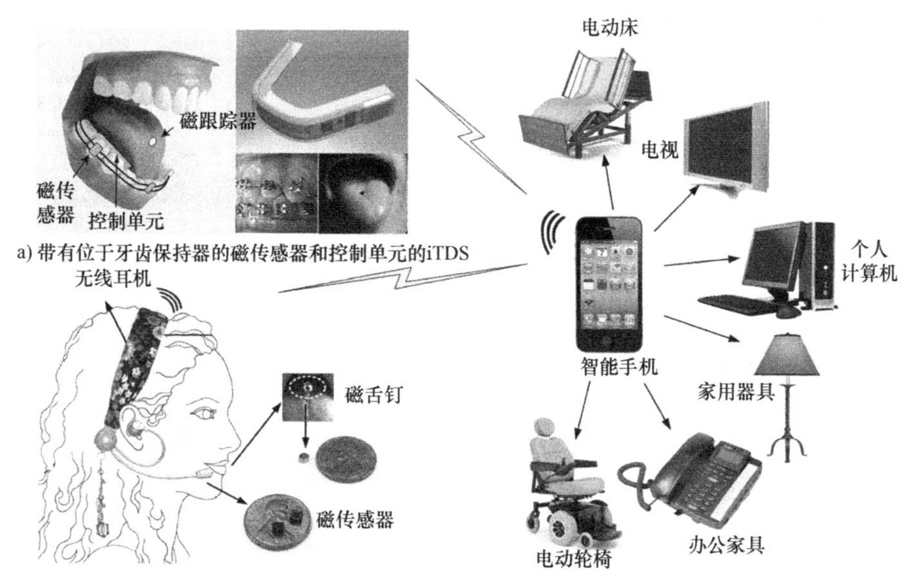

图 23-8　舌驱动系统框图

磁跟踪器也可被认为是磁偶极子，因为它的尺寸与传感器之间的距离相比要小得多。磁跟踪器在口腔内的位置和方向可利用已知位置的传感器测得的磁场强度和偶极方程被准确地跟踪。各种迭代优化算法如 Swamp Particle、Powell、DIRECT 和 Nelder-Mead，已被用于解决这类高阶非线性问题[60]。代表舌移动的磁跟踪器的轨迹可以被用来定义舌姿势指令，理论上可为用户提供无限数量的指令。它也可以用于更高级的比例控制。

TDS 的一个重要优势是几个磁性传感器和一个固有的无线小型磁跟踪器可以捕获大量的舌运动，其中每一个运动可以代表一个特定的指令。每个独立的用户可以依据自己的口腔解剖结构、偏好、生活方式及其保留的能力，定制一组专用的舌运动，并将其映射到一组访问环境的定制功能。因此，TDS 由于其灵活性和适应性的运行机制可以潜在地使多种不同类型的残疾人用户受益。通过实时跟踪舌运动，TDS 也可以为用户提供比例控制，这种控制用于复杂任务时比基于开关的控制更容易、更平滑、更自然，如在密闭空间操控电动轮椅。使用 TDS 不要求用户的舌接触或推压任何物体。这可以显著减少舌疲劳，这是影响辅助技术能否被用户接受的一个重要因素，因此可以获得更高的用户满意度和技术采用率。TDS 耳机可以配备附加的换能器，如传声器或运动传感器，并与商业语音识别软件和定制的图形用户界面（graphical user interface，GUI）结合以创建一个“单一”集成、多模式、多功能系统，可有效实现在各种环境下的多种用途[61]。

23.4　穿戴式舌驱动系统

图 23-9 所示为最新的穿戴式 eTDS 原型[59]，包括一个磁跟踪器、一个头戴式无线耳机

（以机械方式支撑4个三轴磁传感器阵列和一个控制单元，无线传输之前结合和打包获取的磁场测量原始数据）、一个无线USB接收器（接收来自耳机的数据包，并将它们传送到个人计算机或智能手机）和运行在个人计算机/智能手机上的GUI（包括高通量数据流的驱动以及用于过滤和分类磁传感器信号的SSP算法）。

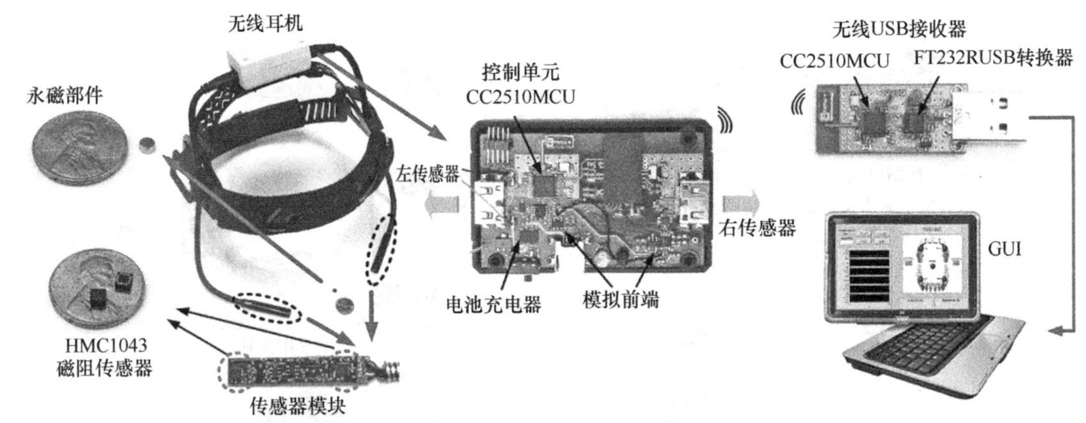

图23-9　eTDS的主要组成部分

23.4.1　永磁式跟踪器

TDS的磁跟踪器是由一种被称为稀土永磁的合金$Nd_2Fe_{14}B$磁体制成，它是磁体中剩磁强度最高的一种，从而使小尺寸的跟踪器不必牺牲信噪比（SNR）。目前，我们使用来自K&J Magnetics的一种剩磁Br=14，500G的碟形磁追踪器（Φ5mm×1.6mm）。

23.4.2　无线耳机

无线耳机配备有一对鹅颈耳塞，每个耳塞在受试者脸颊附近机械地支撑两个三轴各向异性磁阻（anisotropic magneto-resistive，AMR）HMC1043型传感器（Honeywell），传感器位置在矢状面对称，以检测由于舌运动造成的磁场变化。它也有一个用于打包和无线传送数据样本的无线控制单元和一对充电式电池。对于大多数受试者的试验，我们使用市售头套，如图23-9所示。此外，我们还开发了使用3D打印技术定制的耳机[62]。

图23-10所示为eTDS无线耳机框图，每个HMC1043传感器由3个正交的AMR惠斯通电桥组成，当周围存在的磁场与其感测方向平行时其电阻会发生变化，并产生差分输出电压。这些输出在由低噪声仪表放大器INA331（Texas Instruments）放大之前由多路开关连接，具有200V/V的增益。MCU带有一个内置的2.4GHz的RF收发器（CC2510，TI），使用芯片上的12位ADC以50Hz的频率采集每个传感器的输出，在一个时间段内只有一个传感器接通，以节省电力。每个传感器的占空比为2%，使总导通时间只有8%。为了避免在强磁场（大于20G）条件下灵敏度和线性度的降低，当磁跟踪器非常接近传感器（小于1cm）时，MCU产生短脉冲（2μs）用以在开始输出采样之前复位传感器。

如果用户保持舌靠近左后模块（小于1cm）3s，TDS的状态会在运行模式和待机模式之间切换。当系统处于运行模式时，4个传感器的输出以50Hz的频率采样，并且将结果打包成数据帧用于RF传输。在待机模式下，MCU仅以1Hz的频率对左后模块进行采样，并关闭RF收发器以节省电源。

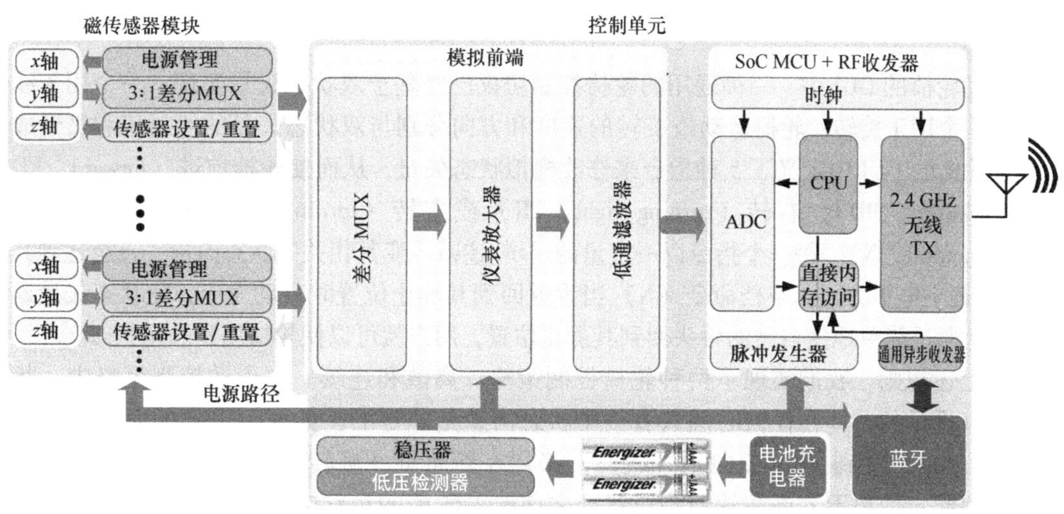

图 23-10　eTDS 无线耳机的框图

一个简单而有效的无线握手已经在耳机和无线接收器之间实现，以建立两个设备之间不受附近 eTDS 耳机干扰的专用无线连接。当 eTDS 耳机开启时，它默认进入初始化模式并以 1s 的时间间隔在 1min 内使用基本频率（2.45GHz）广播一个含有特定报头和独特网络 ID 的握手请求包。如果耳机在初始化期间内接收到来自附近 USB 接收器的响应包，它将更新其频率信道、待机阈值及响应包内的其他操作参数。然后它发送一个确认包给收发器以完成握手。耳机随后使用所接收到的参数切换到正常的工作模式。否则，耳机将进入待机模式，并通过红色 LED 的闪烁提示初始化失败和电源周期应被重置。

电源管理电路包括一对 AAA 镍-锰电池、一个稳压器、一个低压检测器和一个电池充电器。系统在 2.5V 电源供电时电流约为 6.5mA，一次完全充电后可以运行 120h 以上。

23.4.3　无线 USB 接收器

无线 USB 接收器加密保护器的原型如图 23-9 所示，它具有与 eTDS 耳机（CC2510）相同类型的单片机。接收器具有两种操作模式：握手模式和正常模式。在握手模式中，接收器首先监听所有来自周围（大约 10m 范围）的 eTDS 耳机传入的握手请求数据包。如果接收到一个带着有效网络 ID 的握手请求数据包，它将通过扫描所有可用的频率信道并选择最不拥挤的一个作为该特定耳机的通信信道。然后，接收器切换到发射模式，在切换回接收器模式并等待确认应答包之前发送一个握手响应包到耳机。如果接收机在 5s 内收到确认，它将更新其频率信道，使之与 eTDS 耳机具有相同的频率并进入接收数据包的正常工作模式。否则，它将通过个人计算机/智能手机通知用户握手失败。在正常模式下，CC2510 MCU 通过无线的 2.4GHz 链路无线接收耳机的 RF 包，从数据包提取传感器输出，然后通过 USB 接口将其发送到个人计算机/智能手机。

23.4.4　GUI

目前访问计算机的 GUI 已在 LabVIEW 环境中被开发并用于测试和演示。通常情况下，给 eTDS 用户呈现特定的 GUI 是不必要的。因为只要 SSP 引擎在后台运行，eTDS 就可以直接在

Windows 操作系统中代替鼠标和键盘的功能并使用户可以访问个人计算机上所有的应用程序或软件。

在电动轮椅的 GUI 中，一种通用的轮椅控制协议已经基于双状态矢量实现：一个用于线性运动，另一个用于旋转。轮椅运动或旋转的速度和方向分别与双状态矢量的绝对值和极性成正比。电动轮椅的 GUI 中定义了 5 种指令来修改模拟状态矢量，从而使轮椅前进（forward，FD）、后退（backword，BD）、右转（turning right，TR）或左转（turning left，TL）和停止/空档（stopping/neutral，N）。每一个指令以一定量的递增/递减改变其相关的状态向量，直至达到其预定的最大/最小电平为止。空档命令（N）当舌返回到其静止位置时自动发出，使状态矢量返回零。因此，通过简单地使自己的舌头回到其静止位置，用户就可以使轮椅回到静止状态。

基于上述规则，我们实现了两种轮椅控制策略：离散和连续。在离散控制策略中，状态矢量是相互排斥的，即在任何时间只有一个状态向量是非零的。如果一个新的命令改变了目前的状态，如从 FD 到 TR，旧向量（线性）必须在新向量（旋转）被改变之前逐渐降低/升高到零。因此，用户不允许在轮椅停止运动之前改变轮椅的运动方向。这是一种提高安全性的策略，尤其对于新手用户，其代价是降低了轮椅的灵敏度。另一方面，在连续控制策略中，状态向量不相互排斥，用户被允许在轮椅前进或者后退时操纵其向左或向右运动。因此，轮椅运动是连续的并且更加平滑，从而使轮椅有可能沿着曲线运动。

23.5 传感器信号处理算法

SSP 算法已在 C 语言中实现，它具有 3 个主要组成部分：外部电磁干扰（external magnetic interference，EMI）衰减、特征提取（feature extraction，FE）和指令分类。

23.5.1 EMI 衰减

EMI 衰减是一种预处理功能，通过尽量减少周围磁场如地球磁场（earth's magnetic field，EMF）的干扰使磁传感器关注位于舌上的磁追踪器产生的磁场，以提高信噪比。立体差分抗噪技术已经实现，并被证明其具有内在的强大抗 EMI 的能力。在该方法中，每个三轴传感器模块的输出被数学变换定向到矢状平面对侧的并行传感器模块。EMI 辐射源通常远离传感器，这会引起每个传感器模块产生共模信号以及在对侧模块产生虚拟副本。另一方面，来自位于两个传感器模块之间的磁跟踪器运动产生的信号本质上是差分的，除非跟踪器的运动相对于这两个传感器模块在矢状面上是对称的。因此，如果每个传感器的转化输出是相减的，EMI 共模信号会显著衰减，而差模将被放大。其结果是信噪比大大提高[63]。

23.5.2 FE

特征提取算法基于主成分分析（principal component analysis，PCA），用于减少输入传感器数据的维度和加速计算。在特征识别（也称为训练）环节，用户关联一个优选的舌姿势或位置到每个 TDS 指令，用户从 GUI 接收到可视提示后，使其舌从静止位置移动到所选的位置，并以 3s 的时间间隔重复命令 10 次。同时，传感器的输出在每次重复命令时被记录并被标记为执行的指令。一旦训练完毕，FE 为每个特定指令离线提取传感器波形的最显著特征以减少输入数据的维度。被标记的样本随后被用于为每个指令在虚拟的 PCA 特征空间中形成集群。在正常的 TDS 操作中，相同的 FE 算法在输入的原始传感器数据上运行并通过为每个样本实时计算主成分向量将其映射到 PCA 特征空间。这些向量含有帮助识别不同集群（TDS 指令）的最显著特征。

23.5.3　指令分类

k-最近邻（k-nearest neighbor，KNN）分类器被用于在 PCA 特征空间内计算输入数据点与训练期间形成的集群的距离。KNN 算法从输入数据点的位置在 PCA 空间膨胀一个假想的球体，直到它包含 k-最近邻分类训练点。然后，它关联新的数据点到球体内具有多数训练点的指令。目前 eTDS 原型支持 6 个独立的鼠标舌控制指令，其中包括 4 个方向指令（上、下、左、右）和两个选择命令（左选择和右选择），用户可同时做出这些指令，还有一个定义舌静止位置的中性指令。当相关的应用程序在智能手机上激活时，相同的指令（加速、减速、左转、右转）可用于轮椅导航。在此，选择指令用于控制轮椅的电动就座功能。

为了提高分类的精度，我们还采用双阶段分类算法，可以用接近绝对的精度在口腔内区分 6 个不同的控制指令[64]。第一阶段主要侧重于实现 100%准确判别左（左、上、左选）和右（右、下、右选）指令。这是通过计算即将到来的点到左和右的命令位置的欧几里得距离来完成的，该距离是来自训练试验的平均值。这些距离被归一化，以补偿用户左与右命令的任何不对称，然后进行比较以产生左/右的决定。基于第一阶段的结果，分类的第二阶段被应用在左侧或右侧口腔，在左侧用于检测和区分左、上、左选和空档指令，在右侧用于检测和区分右、下、右选和空档指令。分类的第二阶段首先使用上述的抗噪技术对原始数据进行去噪。过滤后的数据被送到一组线性和非线性分类器，这些分类器由线性、对角线性、二次、对角二次、马氏最小距离和 KNN 分类器组成。最后，所有分类器的输出通过多数表决模式进行组合以形成最终结果。

23.6　双模式舌驱动系统

23.6.1　多模式系统的优点

人们认识到，围绕只有一个输入模式设计的接口可能不够快速和灵活，难以满足最终用户当今忙碌和丰富的生活方式带来的多样化需求[65]。大多数现有的辅助装置包括我们的 TDS，在某些特定环境条件下服务于仍有一些特定剩余能力的用户，执行一组特定任务时运作良好。由于日常生活中各种各样的任务、不同类型和级别的残疾、众多的环境条件以及用户目的和偏好的多样性，辅助技术能为一组特定的任务、用户和环境完美地工作，但在其他任务或者环境中，即使是由相同的用户使用也可能表现不佳，甚至在其他用户用于其他应用时完全丧失功能。除了环境和工作条件，单模式辅助技术的性能可能会由于一些用户层面的因素如疲劳、痉挛、无力、口音等进一步降低。

另一方面，多模式装置扩展超出一个输入通道的用户访问，可以通过增加用户和计算机之间的信息传输带宽提高访问速度[66]。该事实的一个证明是多数正常人同时使用台式计算机或笔记本计算机的鼠标/触摸板和键盘。此外，多模式装置增加了可提供给用户完成特定任务的可替代途径的数量，使用户能基于其便利性、熟悉程度和环境条件在不同输入模态之间切换[67]。多模式装置也提供给用户更多的选择来应对疲劳。这是改进辅助技术可接受性的一个重要因素，会提高用户满意度和技术采纳性。

23.6.2 双模式 TDS 的概念

双模式舌驱动系统（dual-mode TDS，dTDS）的框图如图 23-11 所示，其操作基于从两个独立输入信道（自由的舌头运动和语音）采集到的信息。当被用户同时访问时，两个输入信道独立进行处理。

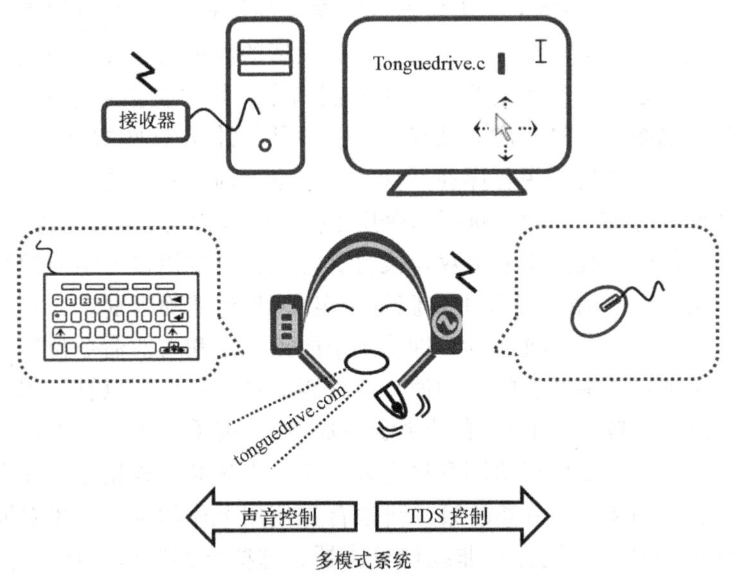

图 23-11 dTDS 的框图

初级 dTDS 输入模态涉及使用一种小型磁跟踪器跟踪舌在 3D 口腔空间中的运动，磁跟踪器类似于原始 TDS，是一种通过黏合剂、穿孔或植入舌头安装的磁传感器阵列。二级 dTDS 的输入模态基于用户的语音，使用传声器捕获，经调节、数字化后与磁传感器数据一起无线传输到智能手机/个人计算机。TDS 和语音识别（speech recognition，SR）方式都可以同时被 dTDS 的用户访问，尤其是分别针对鼠标定位和键入，它们可以为特定的任务灵活地选择所需的输入模式而无需任何外在的帮助。基于舌的初级模态总是处于激活状态并被视为默认的输入模式。另外，舌指令可以经由 dTDS GUI 被用于激活/禁止基于语音的二级模式，以降低系统的功耗和延长电池寿命。

通过结合 TDS 和 SR 这两种技术的优势，dTDS 可以为有严重残疾的人提供更有效、灵活、可靠的计算机访问工具，使之可以在更广泛的个人和环境条件下使用。具体来说，dTDS 通过以下方面帮助其用户：①为它的最佳目标任务和职能使用不同模式增加访问的速度；②允许用户根据个人和环境条件如无力、疲劳、噪声和隐私选择不同的模式[66]；③无须从一种辅助技术切换到另一种辅助技术，为用户提供更高层次的独立性，因为这种切换往往需要护理人员的帮助。

穿戴式 dTDS 原型

建立在定制的无线耳机上的 dTDS 原型是加强版的原始 TDS，带有用于获取和传输用户语音指令的双向无线音频链路的必要硬件，同时通过耳机向他们提供听觉反馈。图 23-12 所示为 dTDS 原型的主要部件，有两个对原始 TDS 的主要改进：①定制设计的无线耳机通过 3D 快速原型加工而成，它机械地支撑 4 个三轴磁传感器阵列和一个传声器及其接口电路，用来测量磁场与音频信号（控制单元用于在无线传输前结合和打包所获取的原始数据）；②作为一个双向无线网关的无线收发器，用以在耳机和个人计算机或智能手机之间交换音频/数据包。

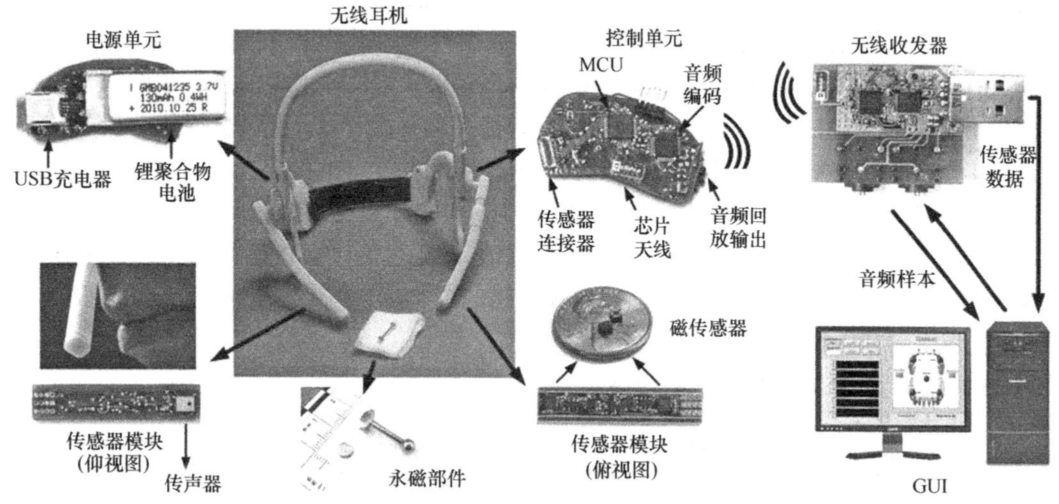

图 23-12　dTDS 原型的主要组成部件

（1）无线耳机　定制无线耳机的设计考虑了美学以及用户的舒适度、机械强度和传感器的定位。该耳机还具有灵活性和可调节性，以适应用户的头部，同时使磁传感器能适当定位以及使传声器靠近用户的脸颊[62]。

耳机具有一对可调传感器磁极，类似于 TDS，每个磁极具有靠近受试者脸颊的一对三轴磁阻抗（magneto-impedance，MI）传感器（AMI306，Aichi Steel），以测量磁场强度。带有内置 2.4GHz RF 收发器的低功耗 MCU（CC2510）通过 IIC 接口与每个传感器通信，以 50Hz 的频率采样，而一个时间段内只有一个传感器接通，以节省电力。当 4 个传感器完成采样时，采样结果被打包成一个磁数据帧为 RF 传输做好准备。

声音信号采集由音频编解码器（TLV320-AIC3204，TI）管理并通过 CC2510MCU 内置的 IC 声音（inter-IC sound，IIS）接口传递[61]。小型 SiSonic MEMS 传声器（Knowles）置于右侧传感器基板尖端附近，用以捕捉声音信号，如图 23-12 所示。数字化音频样本使用 CC2510 内置的 μ-Law 压缩硬件压缩到 8 位格式以节省 RF 带宽。在 6.75ms 内获得由 54 个样本组成的完整音频数据帧后，MCU 就会汇编包含一个音频和一个磁数据帧的 RF 包，并将其无线发送[61]。

发送每个 RF 包后，MCU 预计将收到一个返回的遥测数据包，其中包括一个数据帧和一个可选的音频帧，这取决于从收发器到耳机的上行链路音频信道是否已被激活。数据帧包含来自个人计算机/智能手机的打开/关闭语音模式的控制指令。返回的遥测数据包音频帧中含有来自个人计算机/智能手机的数字化声音信号。如果用户将耳机连接到耳机音频插孔，MCU 将从返回的遥测数据包中提取音频样本，并通过 IIS 接口将它们发送到可重现 DAC 的音频编解码器以生成可听的模拟音频信号。CC2510 MCU 可以处理 500kbit/s 的 RF 数据速率，这足够用于双向的数据和音频传输。

电源管理电路包括小型的 130mA 锂聚合物电池、稳压器、低压检测器和电池充电器。dTDS 使用 3V、6mA 或 35mA 的电源，这取决于双向音频信道是否关闭。这将允许系统在单模式 TDS 或多模式 TDS 下分别连续使用 20h 或 4h。

（2）无线 USB 收发器　收发器的原型如图 23-12 所示，该原型配备了 USB 端口和两个音频插孔，分别用于磁传感器的数据接口和个人计算机的声音信号接口。该收发器有两种工作模式：握手模式和正常模式。握手模式类似于 23.4.3 节解释的 TDS USB 接收器。正常模式略有不同，在这种模式下，收发器的工作方式类似于双向无线网关，用于在 dTDS 的耳机和个人计算机/智能手机之间交换数据和音频样本。耳机数据包内的磁数据被提取并通过 USB 端口传送到个人计算机/智能手机。同时，音频数据经由 IIS 接口导入可重现的音频编解码器，并转换为模拟音频信号，随后通过一个 3.5mm 的音频插孔传送到个人计算机/智能手机的传声器（见图 23-12）。该收发器还可以从个人计算机/智能手机的耳机插孔接收模拟音频输出，并使用相同的音频编解码器和 IIS 接口数字化音频信号。这些音频样本使用 CC2510 内置的 μ-Law 压缩硬件进行压缩，并封装在一个音频帧中。该收发器还从计算机接收数据包，其中包含 dTDS 的操作参数，其用于运行中的 dTDS 耳机编程。该数据包与音频帧结合，以形成返回遥测 RF 包，随后将其无线发送回耳机。

表 23-1 总结了 dTDS 原型的一些规格。

表 23-1　双模式舌驱动系统的硬件规格

规格		值
磁性追踪器	材料	$Nd_2Fe_{14}B$ 稀土磁铁
	尺寸	ϕ3mm×1.6mm
	残磁强度	14500G
磁传感器	类型	Aichi Steel AMI306 MI 传感器
	大小	2.0×2.0×1.0mm^3
	灵敏度/范围	600 LSB/G/6300μT
传声器	类型	SiSonic SPM0408HE5H
	尺寸	4.7×3.8×1.1mm^3
	灵敏度/信噪比	222dB/59dB
控制单元	微控制器	TI-CC2510 SoC
	无线频率/数据率	2.4GHz/(500kbit/s)
	采样率	50 sample/s/sensor
	传感器数/工作周期	4/8%
	音频编解码器/接口	TLV320AIC3204/I2 S
	音频采样率/分辨率/压缩	8ksps/16bits/μ-Law
	工作电压/总电流	3V/35mA（音频开）
		3V/6mA（音频关）
	尺寸	36mm×16mm
耳机	快速成型材料	刚性不透明灰色树脂
	总质量	90g（包含电池）

23.7　临床评估

eTDS 样机的性能通过 13 例高级别 SCI（C2～C5）患者进行评价[68]。试验包括两个独立的部分：计算机访问（computer access，CA）和电动轮椅导航（PWC navigation，PWCN）。本节只阐述实验过程和两个部分的重要结果[68]。

23.7.1　受试者

13 位 18~64 岁的 SCI（C2~C5）受试者（4 位女性和 9 位男性）是从 Shepherd Center 的住院部（11）和门诊（2）人群中招募的。所有受试者知情并同意进行试验。所有试验均在 Shepherd Center 的 SCI 单位进行，并获得来自佐治亚技术研究所和 Shepherd Center 伦理委员会的认证。

23.7.2　磁体附件

用 70%的医用异丙醇擦拭一个新的永磁体进行消毒、干燥后，使用强力胶附着于 20cm 的牙线上。磁铁的上表面加入一层医用级硅胶（NuSil 技术）进行软化，防止伤害到受试者的牙齿和牙龈。对受试者的舌头表面进行干燥以获得更好的贴附，磁铁的底部用牙科黏合剂贴附到受试者的舌头表面离舌尖约 1cm 的位置。牙线的另一端在试验期间被拴在 eTDS 耳机上，以防止追踪器从受试者的舌头脱落而被吞食或吸入。

23.7.3　指令定义

为了便于指挥分类，对于不同的指令，建议受试者尽可能多样化地选择自己的舌头位置。他们也被要求避免从口腔的中线（矢状平面上）定义 TDS 命令，因为这些位置与讲话中舌头的自然运动、呼吸和咳嗽的位置相同。推荐的舌头位置如下：用舌头接触左下牙的根部为“左”，右下牙为“右”，左上牙为“上”，右上牙为“下”，左脸为“单击”和右脸为“双击”。

23.7.4　训练部分

在该部分，一个定制的 GUI 提示受试者以 3s 的间隔通过打开与其相关联的屏幕上的指示器执行每个指令。当指令灯亮时，受试者被要求通过将自己的舌头从静止位置运动移动到相应的指令位置而发出指令，当灯灭时，再返回舌头的静止位置。此过程对 6 个指令加上舌静止位置重复 10 次，从而产生共 70 个数据点。

23.7.5　响应时间测试

该实验的目的是通过测量从用户发出一个指令到该指令被执行的速度和准确性，从而提供 TDS 性能的定量测量。该期间即 TDS 响应时间，T 与 T 内正确指令的选择概率一起，被用来计算 TDS 的信息传输速率（information transfer rate，ITR），这是一种被广泛接受的用于评价和比较不同脑-机接口性能的测试。ITR 提示的信息是用户和计算机之间在一定时间内传送的信息量。ITR 有各种不同的定义。我们用的定义在参考文献［39］中已经做了详述。

一个专门的 GUI 被开发并用于这个实验，其能够随机在 6 条指令中选择 1 条指令并打开相应的指示灯。受试者被要求通过视听提示在 T 时间内发出指令[68]。GUI 还通过改变与每个命令相关联的条带尺寸提供给受试者附加的实时视觉反馈，指示舌有多接近该特定指令的位置。在测试过程中，T 从 2s 变为 1.5s、1.2s 和 1.0s，并且在每个时间区间发出 40 条指令，记录每个 T 时间的正确选择的平均概率（probability of correct choice，PCC）。

1. 电动轮椅导航

在电动轮椅导航（PWCN）部分，受试者被转移到一个由Q6000供电的轮椅上，该轮椅带有12寸笔记本计算机，放置在他们面前的轮椅托盘上，如图23-13a所示。他们被要求定义4个指令（前进、后退、左转、右转）以控制轮椅的状态向量以及用于停止的舌静止位置（N）。随后他们被要求使用TDS导航轮椅，尽可能快地通过障碍，同时避免碰到障碍或滑出活动区域。三个略有不同的线路被采用。然而，它们都接近图23-13b所示的布局。10.9±1.0圈赛道的平均长度为（38.9±3.9）m。

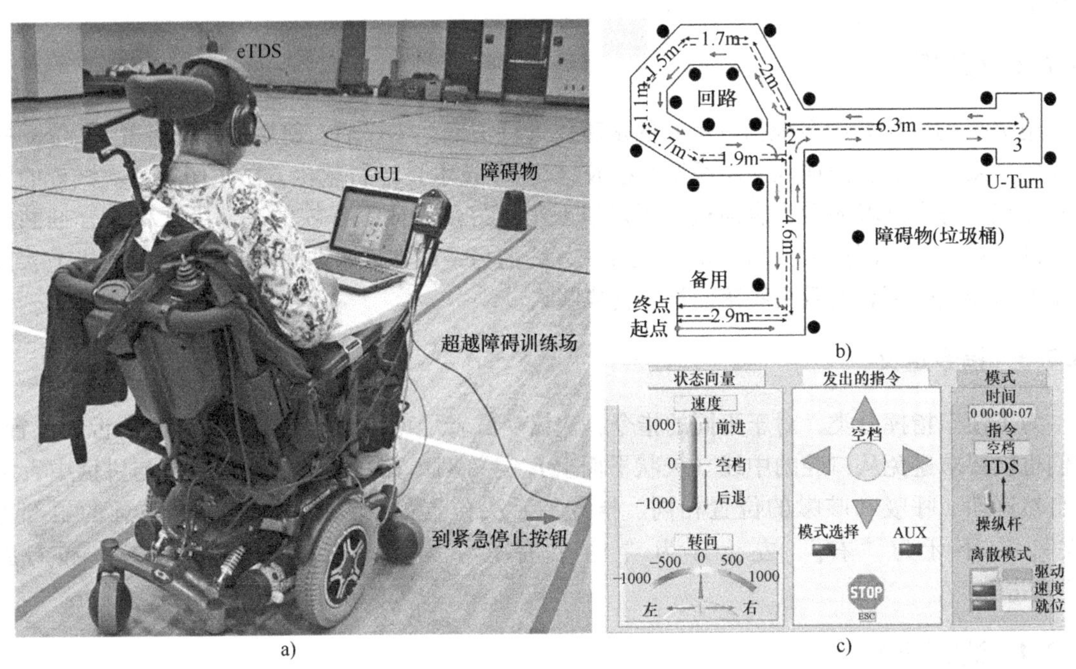

图23-13 a）级别为C4的脊髓损伤受试者穿着eTDS原型导航电动轮椅通过障碍训练场 b）电动轮椅导航轨道中行进道路的障碍物规划，显示了障碍物的尺寸、位置和近似的电动轮椅的轨迹 c）GUI提供给用户被选中命令的视觉反馈

在实验过程中，笔记本计算机的屏幕最初被打开为受试者提供视觉反馈（见图23-13c）。不过，随后它被关闭，以帮助他们更容易看到路径。受试者被要求重复离散和连续的控制策略、带有或不带有视觉反馈的每个实验至少两次。导航时间、碰撞次数和发出命令的数量在每次试验时被记录。

2. 结果

所有受试者，包括3个计算机经验非常有限的受试者，都没有困难地完成了所有必要的CA和PWCN任务。图23-14为受试者完成测量任务的响应时间。平均来说，一个合理的PCC是$T=1s$达到82%，得到ITR=95bit/min。表23-2比较了几种舌-计算机接口（tongue computer interface，TCI）和文献中报道的脑-机接口的响应时间、指令数量和计算出的ITR。由此可以看出，与BCI和TCI相比，TDS由于其快速的响应时间具有更好的ITR。图23-15显示了PWCN部分的结果，包括使用不同控制策略的95%置信区间的平均导航速度和碰撞次数。一般来说，连续控制策略比离散控制策略有效得多。在无视觉反馈时由于导航更快、冲突更少，受试者一贯表现较好。这些结果表明，受试者可以很容易记住和正确发出TDS舌指令，而不需要在他们面前放置可能会分散他们注意力或影响他们视线的计算机屏幕。在没有视觉反馈的情况下改进的性能，也可归因于学习的影响，因为它总是遵循视觉反馈的尝试。

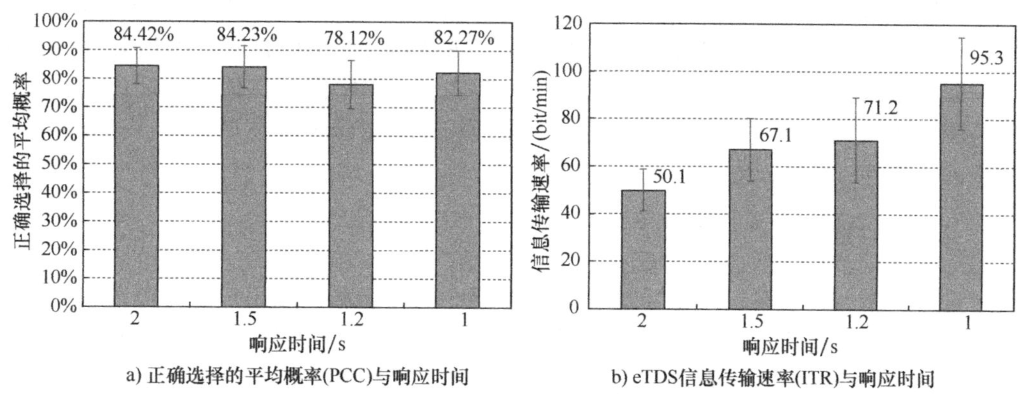

图 23-14　响应时间的测量结果

表 23-2　舌驱动系统和其他 BCI/TCI 的比较

参考文献或系统	类　型	指 令 数 量	响应时间/s	ITR/(bit/Min)
[39]	EGG-BCI	2~4	3~4	25
[69]	TTK-TCI	9	3.5	40
[57]	TCI	5	2.4	58
TDS	TCI	6	1.0	95

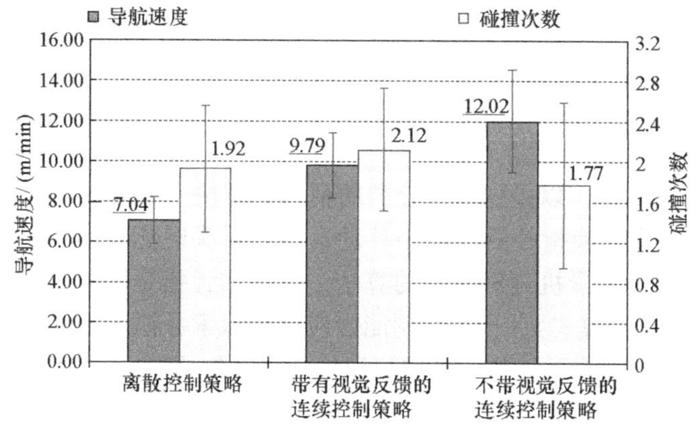

图 23-15　平均导航速度以及离散和连续控制策略在具有和不具有视觉反馈时的碰撞次数

23.8　未来方向

迄今为止的工作已经为在辅助技术背景下开发穿戴式 TDS 创造了坚实的理论和技术基础。然而，要使 TDS 的终端用户在日常生活中接受、使用并赞赏它，仍有大量的工作需要完成。

23.8.1 口腔内 TDS

口腔内版本的 TDS（iTDS）正在开发中[70]。在这新一代 TDS 中，电子部件的尺寸大幅度缩小到可以密封并嵌入到牙齿保持器的水平，以便能舒适地戴于口腔内。iTDS 牙齿保持器可以通过口腔矫正医生依据用户的口腔解剖定制，使之可以牢牢固定在他们的牙齿上，并减少移位的范围。iTDS 可以通过解决机械稳定性问题而被完全隐蔽地藏在口腔内，显著提高这种辅助技术的可靠性、性能、安全性和可接受性。

23.8.2 多模式 TDS

通过进一步增加其他输入模态可以增强当前 TDS 的性能和终端用户的覆盖范围，如使用商业化的运动传感器进行头控制。在当前的 dTDS 中，来自不同模态的指令，如舌和语音指令，用于单独操作专用设备或完成专门的任务。此外，这些指令可被整合在一起，以丰富在一段时间内对设备的控制和获得在执行苛刻任务时所需的高控制精度和带宽，比如能激活游戏控制台的多种控制方式以及不同的快捷方式。

23.8.3 数据压缩和传感器融合

RF 收发机是 TDS 功率需求最大的部分。为了减少功率消耗并延长 TDS 的电池寿命，收发器的 RF 活动时间必须减少。这可通过使用软件或硬件编解码器压缩传感器的输出（磁力计、加速度计、陀螺仪、环境光传感器、传声器和摄像机）来实现，以减少 RF 包的大小从而节约无线传输的能耗。或者，数据甚至可以在本地处理并通过集成在控制单元中的低功率数字信号处理器（digital signal processor，DSP）产生控制指令。在这种情况下，RF 收发机只需要传送控制指令，而不是传感器的原始输出，从而显著减少无线传输带宽和电源。这需要一种高效的传感器融合和处理算法，以实现一种本地 DSP。

23.8.4 SSP 算法改进

当前 SSP 算法将被优化，以提高指令分类的精度并解决“垃圾命令”问题。这些都是随机的意外指令，是用户在变换指令的过程中移动自己的舌头时无意发出的。应探索和评估新的 SSP 算法，如基于支持向量机（SVM）的算法，以增加舌指令的数量，可能从 6 个（粗略模式）增加到 12 个（精细模式）。比例控制能力应该被探索并添加到当前 TDS 以使它的终端用户能更容易、更流畅、更自然地控制计算机鼠标或电动轮椅。

23.8.5 环境控制

TDS 还可以在智能家居环境中用作电子辅助日常生活（electronic aids to daily life，EADL）的输入装置或者环境控制单元（environmental control unit，ECU）来操作和控制电子电器如电视机、收音机、CD 播放器、灯光、电风扇等。商业化的 EDAL 设备接收来自中央控制器的控制指令，即一台计算机、触摸屏终端或简单的开关阵列，然后通过 RF、红外、超声或传输线使用广为接受的 X10 协议与远程设备进行通信。在 TDS 中，运行 SSP 算法的个人计算机或智能手机，在将 TDS 指令转换成可以被这些商业设备识别的格式后，通过 USB 或无线链路与 EADL 装置通信。通过这种方式，一组新的环境控制功能稍作修改后可以被添加到 TDS。

参考文献

[1] Christopher and Dana Reeve Foundation. One degree of separation: Paralysis and spinal cord injury in the United States, Available from: <http://www.christopherreeve.org/site/c.ddJFKRNoFiG/b.5091685/k.58BD/One_Degree_of_Separation.htm>. (Last Accessed: 10.07.14).

[2] National Institute of Neurological Disorders and Stroke (NINDS), NIH. Spinal cord injury: Hope through research. Available from: <http://www.ninds.nih.gov/disorders/sci/detail_sci.htm>. (Last Accessed: 10.07.14).

[3] The US technology-related assistance for individuals with disabilities act of 1988, Section 3.1. Public Law 100-407. (Aug. 1988, renewed in 1998 in the Clinton Assistive Technology Act.) Available from: <http://section508.gov/index.cfm?fuseAction = AssistAct>. (Last Accessed: 10.07.14).

[4] Carlson, D. and Ehrlich, N. (2005). Assistive technology and information technology use and need by persons with disabilities in the United States. Report of U.S. Department of Education, National Institute on Disability and Rehabilitation, Washington, D.C.

[5] A.M. Cook, J.M. Polgar, Cook and Hussey's Assistive Technologies: Principles and Practice, third ed., St. Louis: Mosby, 2007.

[6] M.J. Scherer, Living in the State of Stuck: How Assistive Technology Impacts the Lives of People with Disabilities, forth ed., Brookline Book, MA, 2005.

[7] Therafin Corp. Sip-N-Puff. Available from: <http://www.therafin.com/sipnpuff.htm>. (Last Accessed: 10.07.14).

[8] Origin Instruments Corp. Sip and Puff Switch. Available from: <http://www.orin.com/access/sip_puff/>. (Last Accessed: 10.07.14).

[9] C. Pereira, R. Neto, A. Reynaldo, M. Luzo, R. Oliveira, Development and evaluation of a head-controlled human-computer interface with mouse-like functions for physically disabled users, Clin. Sci. 64 (2009) 975–981.

[10] Boost Technology. Boost Tracer. Available from: <http://www.boosttechnology.com/>. (Last Accessed: 10.07.14).

[11] D. Anson, G. Lawler, A. Kissinger, M. Timko, J. Tuminski, B. Drew, The efficacy of three head pointing devices for a mouse emulation task, Assist. Tech. 14 (2002) 140–150.

[12] Origin Instruments Corp. Headmouse Extreme. Available from: <http://www.orin.com/access/headmouse>. (Last Accessed: 10.07.14).

[13] Madentec Limited. Tracker Pro Wireless Head Tracking. Available from: <http://www.ablenetinc.com/Assistive-Technology/Computer-Access/TrackerPro>. (Last Accessed: 10.07.14).

[14] Natural Point. TrackIR. Available from: <http://www.naturalpoint.com/trackir>. (Last Accessed: 10.07.14).

[15] Camera Mouse. CameraMouse. Available from: <http://www.cameramouse.org>. (Last Accessed: 10.07.14).

[16] Adaptive Switch Labs Inc. ASL Head Array. Available from: <http://www.asl-inc.com/products/product_detail.php?prod=103>. (Last Accessed: 10.07.14).

[17] Magitek.com., LLC. Magitek Human Interface Drive Controls. Available from: <http://www.magitek.com>. (Last Accessed: 10.07.14).

[18] D.A. Craig, H.T. Nguyen, Wireless real-time head movement system using a personal digital assistant (PDA) for control of a power wheelchair, Proc. IEEE Eng. Med. Biol. Conf. (2005) 772–775.

[19] Y.L. Chen, F.T. Tang, W.H. Chang, M.K. Wong, Y.Y. Shih, T.S. Kuo, The new design of an infrared-controlled human–computer interface for the disabled, IEEE Trans. Rehab. Eng. 7 (1999) 474–481.

[20] J.S. Babcock, J.B. Pelz, Building a lightweight eye tracking headgear, Proc. 2004 Symp. Eye Track. Res. Appl. (2004) 109–114.

[21] SensoMotoric Instruments. IVIEW X™ HED. Available from: <http://www.smivision.com/en/gaze-and-eye-tracking-systems/products/iview-x-hed.html>. (Last Accessed: 10.07.14).

[22] Eyetech Digital System, Mesa, AZ. Available from: <http://www.eyetechds.com/assistivetech/products/qg3.htm>.

[23] R. Barea, L. Boquete, M. Mazo, E. Lopez, System for assisted mobility using eye movements based on electrooculography, IEEE Trans. Rehab. Eng. 10 (2002) 209–218.

[24] C. Law, M. Leung, Y. Xu, S. Tso, A cap as interface for wheelchair control, IEEE/RSJ Intl. Conf. Intell. Robots Syst. 2 (2002) 1439–1444.

[25] Y. Chen, W.S. Newman, A human-robot interface based on electrooculography, Proc. Int. Conf. Robot. Automation 1 (2004) 243–248.

[26] A. Bulling, D. Roggen, G. Troster, Wearable EOG goggles: Seamless sensing and context-awareness in everyday environments, J. Ambient Intell. Smart Environ. (JAISE) 1 (2009) 157–171.

[27] R. Jacob, The use of eye movements in human-computer interaction techniques: what you look at is what you get, ACM Trans. Info. Syst. (TOIS) 9 (1991) 152–169.

[28] C. Chin, A. Barreto, G. Gremades, M. Adjouadi, Integrated electromyogram and eye-gaze tracking cursor control system for computer users with motor disabilities, J. Rehabil. Res. Dev. 45 (2008) 161–174.

[29] G. Chang, W. Kang, J. Luh, C. Cheng, J. Lai, J. Chen, et al., Real-time implementation of electromyogram pattern recognition as a control command of man-machine interface, Med. Eng. Phys. 18 (1996) 529–537.

[30] I. Moon, M. Lee, J. Chu, M. Mun, Wearable emg-based hci for electric-powered wheelchair users with motor disabilities, Proc. Intl. IEEE Conf. Robot. Automation (2005) 2649–2654.

[31] T. Felzer, R. Nordman, Alternative wheelchair control, Proc. Intl. IEEE-BAIS Symp. Res. on Assistive Tech. (2007) 67–74.

[32] J. Music, M. Cecic, M. Bonkovic, Testing inertial sensor performance as hands-free human-computer interface, WSEAS Trans. Comput. 8 (2009) 715–724.

[33] Nuance. Dragon voice recognition software. Available from: <http://www.nuance.com>, cited in Oct. 2013. (Last Accessed: 10.07.14).

[34] Talking Desktop Software. Talking Desktop Voice Recognition Software. Available from: <http://www.talkingdesktop.com>, cited in Oct. 2013.

[35] S. Harada, J.A. Landay, J. Malkin, X. Li, J.A. Bilmes, The vocal joystick: evaluation of voice-based cursor control techniques, Proc. ACM Conf. Comput. Accessibility – CHI (2006) 197–204.

[36] R. Simpson, S. Levine, Voice control of a powered wheelchair, IEEE Trans. Rehab. Eng. 10 (2002) 122–125.

[37] Pacnik, G., Benkic, K., and Brecko, B., Voice operated intelligent wheelchair – VOIC. Proc. ISIE 3, 1221–1226.

[38] J.J. Vidal, Toward direct brain–computer communication, Annu. Rev. Biophys. Bioeng. 2 (1973) 157–180.

[39] J.R. Wolpaw, N. Birbaumer, D.J. McFarland, G. Pfurtscheller, T.M. Vaughan, Brain-computer interfaces for communication and control, Clin. Neurophysiol. 113 (2002) 767–791.

[40] M.M. Moore, Real-world applications for brain-computer interface technology, IEEE Trans. Rehabil. Eng. 11 (2003) 162–165.

[41] D.J. McFarland, D.J. Krusienski, W.A. Sarnacki, J.R. Wolpaw, Emulation of computer mouse control with a noninvasive brain–computer interface, J. Neural Eng. 5 (2008) 101–110.

[42] K. Choi, A. Cichocki, Control of a wheelchair by motor imagery in real time, Lect. Notes Comput. Sci. 5326 (2008) 330–337.

[43] R. Bogue, Brain-computer interfaces: control by thought, Ind. Robot Int. J. 37 (2010) 126–132.

[44] S. Coyle, T. Ward, C. Markham, G. McDarby, On the suitability of near-infrared (NIR) systems for next-generation brain–computer interfaces, Physiol. Meas. 25 (2004) 815–822.

[45] Y.M. Chi, Y.-T. Wang, Y. Wang, C. Maier, T.-P. Jung, G. Cauwenberghs, Dry and noncontact EEG sensors for mobile brain–computer interfaces, IEEE Trans. Neural Sys. Rehab. Eng. 20 (2012) 228–235.

[46] L.R. Hochberg, et al., Neuronal ensemble control of prosthetic devices by a human with tetraplegia, Nature 442 (2006) 164–171.

[47] J.P. Donoghue, Bridging the brain to the world: a perspective on neural interface systems, Neuron 60 (2008) 511–521.

[48] G. Schalk, et al., Two-dimensional movement control using electrocorticographic signals in humans, J. Neural Eng. 5 (2008) 74–83.

[49] M. Velliste, S. Perel, M.C. Spalding, A.S. Whitford, A.B. Schwartz, Cortical control of a prosthetic arm for self-feeding, Nature 453 (2008) 1098–1101.

[50] P.R. Kennedy, D. Andreasen, P. Ehirim, B. King, T. Kirby, H. Mao, et al., Using human extra-cortical local field potentials to control a switch, J. Neural Eng. 1 (2004) 72–77.

[51] TongueTouch Keypad™ (TTK), New Abilities Inc., [Online]. Available from: <http://www.newabilities.com/>. (Last Accessed: 10.07.14).

[52] W. Nutt, C. Arlanch, S. Nigg, G. Staufert, Tongue-mouse for quadriplegics, J. Micromech. Microeng. 8 (1998) 155–157.

[53] C. Salem, S. Zhai, An isometric tongue pointing device, Proc. CHI 97 (1997) 22–27.

[54] USB Integra Mouse, Tash Inc., [Online]. Available from: <http://www.tashinc.com/catalog/ca_usb_integra_mouse.html>.

[55] R. Vaidyanathan, B. Chung, L. Gupta, H. Kook, S. Kota, J.D. West, A tongue-movement communication and control concept for hands-free human-machine interfaces, IEEE Trans. Systems, Man. Cybern. A Syst. Hum. 37 (2007) 533–546.

[56] S. Saponas, D. Kelly, B.A. Parviz, D.S. Tan, Optically sensing tongue gestures for computer input, Proc. ACM Symp. User Interface Softw. Technol. (2009) 177–180.

[57] L.N.S.A Struijk, An inductive tongue computer interface for control of computers and assistive devices, IEEE Trans. Biomed. Eng. 53 (2006) 2594–2597.

[58] E.R. Kandel, J.H. Schwartz, T.M. Jessell, Principles of Neural Science, forth ed., McGraw-Hill, New York, 2000.

[59] X. Huo, J. Wang, M. Ghovanloo, A magneto-inductive sensor based wireless tongue-computer interface, IEEE Trans. Neural Syst. Rehabil. Eng. 16 (2008) 497–504.

[60] J. Wang, X. Huo, M. Ghovanloo, A Modified Particle Swarm Optimization Method for Real-Time Magnetic Tracking of Tongue Motion, Proc. IEEE 30th Eng. Med. Biol. Conf. (2008).

[61] X. Huo, H. Park, J. Kim, M. Ghovanloo, A dual-mode human computer interface combining speech and ton-

gue motion for people with severe disabilities, IEEE Trans. Neural Syst. Rehabil. Eng. (2013).
[62] H. Park, J. Kim, X. Huo, I.O. Wang, M. Ghovanloo, New ergonomic headset for tongue-drive system with wireless smartphone interface, Proc. 33rd IEEE Eng. Med. Biol. Conf. (2011) 7344–7347.
[63] X. Huo, J. Wang, M. Ghovanloo, A wireless tongue-computer interface using stereo differential magnetic field measurement, Proc. 29th IEEE Eng. Med. Biol. Conf. (2007) 5723–5726.
[64] E.B. Sadeghian, X. Huo, M. Ghonvaloo, Command detection and classification in tongue drive assistive technology, Proc. IEEE 33rd Eng. Med. Biol. Conf. (2011) 5465–5468.
[65] S. Keates, P. Robinson, The use of gestures in multimodal input, Proc. 3rd Intl. ACM Conf. Assist. Tech. (1998) 35–42.
[66] F. Shein, N. Brownlow, J. Treviranus, P. Pames, Climbing out of the rut: The future of interface technology, Proc. of the Visions Conf.: Augmentative and Alternative Comm. in the Next Decade, University of Delaware/Alfred I. duPont Institute, Wilmington, DE, 1990.
[67] M. Baljko, The contrastive evaluation of unimodal and multimodal interfaces for voice output communication aids, Proc. 7th Intl. Conf. Multimodal Interfaces (2005) 301–308.
[68] X. Huo, M. Ghovanloo, Evaluation of a wireless wearable tongue–computer interface by individuals with high-level spinal cord injuries, J. Neural Eng. 7 (2010) 497–504.
[69] C. Lau, S. O'Leary, Comparison of computer interface devices for persons with severe physical disabilities, Am. J. Occup. Ther. 47 (1993) 1022–1030.
[70] H. Park, et al., A wireless magnetoresistive sensing system for an intraoral tongue-computer in terface, IEEE Trans. Biomed. Circ. Syst. 6 (2012) 571–585.
[71] X. Huo, J. Wang, M. Ghovanloo, Using unconstrained tongue motion as an alternative control mechanism for wheeled mobility, IEEE Trans. Biomed. Eng. 56 (2009) 1719–1726.
[72] C. Cheng, X. Huo, M. Ghovanloo, Towards a magnetic localization system for 3-D tracking of tongue movements in speech-language therapy, Proc. IEEE 31st Eng. Med. Biol. Conf. (2009) 563–566.
[73] X. Huo, J. Wang, M. Ghovanloo, A magnetic wireless tongue-computer interface, Proc. Intl. IEEE EMBS Conf. Neural Eng. (2007) 322–326.
[74] A. Smith, J. Dunaway, P. Demasco, D. Peichl, Multimodal input for computer access and alternative communication, Proc. 2nd Annu. ACM Conf. Assist. Tech. (1996) 80–85.

第24章 用于检测和表征食物摄取的穿戴式传感器

24.1 简介

食物摄取是维持生命所需的能量和必要营养物质的主要来源。监测每天食物的摄入量和饮食行为对人体健康具有直接影响，能量摄入不足和过量会分别导致营养不良、体重不足和超重、肥胖等状况。了解摄食行为也是诊断和治疗进食障碍如厌食症、贪食症和暴饮暴食的关键。

食物提供重要器官的运作和执行身体活动所需的化学能，过量的能量则被存储为糖原以及脂肪组织供将来使用。对人类来说，从食物摄入的能量和身体基础代谢以及活动所消耗的能量之间的平衡是维持稳定体重的一个重要因素。这两种能量组成之间的持久性失衡是体重长期变化的原因，可能导致异常的体重降低或增加。尽管饥饿和营养不良仍然是世界上很大一部分人群的问题，但最近肥胖已超越饥饿成为一个全球性的健康威胁。

肥胖症定义为体内脂肪的过度累积，是一种由于从食物中获得的能量超过能量消耗而产生的慢性体重增加的结果。过多的食物摄入（尤其是摄入当今在全球范围内广泛供给的高热量食物）可能是肥胖流行的一个主要原因。例如在美国，2009—2010年，肥胖症的患病率在成年人中达到35.5%，在青少年中达到16.9%[1]。肥胖个体可能会面对一系列潜在的健康问题，从心血管疾病到糖尿病，并可能降低他们的预期寿命[2]。

饮食失调是由于严重精神障碍导致的饮食习惯或个体体重控制行为的紊乱[3]。神经性厌食症、暴食症和暴饮暴食是最常见的饮食失调，在美国流行率为0.6%~4.5%[4]。神经性厌食症的个体由于对体重增加的恐惧以及对自己体形和尺寸的歪曲认识，通过节食、禁食或过度的体力活动限制食物的摄入。神经性贪食症的患者有周期性的过多食物摄入（暴食），随后伴有的内疚感导致其以极端的方式（故意呕吐、崩溃节食和剧烈运动）弥补暴食。暴饮暴食在症状上与神经性贪食症类似，但不包括典型贪食症的极端代偿反应。

肥胖和饮食失调是极难治疗、可造成严重的身体和生理健康后果的病症[5]。监控食物摄取被认为是对肥胖和饮食错乱行为治疗的基础，它可以通过调整和控制饮食进行管理。因此，监控食物摄入对识别、理解和纠正个体食物摄入模式极为重要。

人类摄食行为传统上是通过自我监测的方法进行评估的。人们开发了各种自我报告的方法用于评估进食的时间点和持续时间，以及表征所消耗食物的量、能量和所摄入的营养[6]。各种方法如饮食记录、24h膳食回想、食物频率问卷以及饮食史，正被广泛使用。这些方法仅靠自身表述摄入哪些食物以及何时、何地消耗了多少食物。然而，这些方法会有漏报，漏报率平均约为20%，也可能高达50%[7-8]。食物摄入自我报告的准确度低主要由两个因素决定：首先，当个人知道自己正在被观察时，他们的饮食行为会有变化（观察效应）；其次，个人倾向于低估分量或者避免报告某些食物（报告效应）。例如，已经表明人们倾向于误报或不报告零食，而零食可能在每日能量摄取中占有很大比重[9]。

因此，迫切需要开发用于客观评估食物摄入的方法，尤其是在自由生活的条件下。

这些方法必须在受试者很少或没有刻意改变的情况下提供准确的食物摄入检测和表征。一个基本假设是，监测的客观性会减少或消除报告效应，同时消除刻意的改变将会减少观察效应。

穿戴式传感器为监控食物摄入提供了一种客观的方法。在过去的几十年里，快速的技术进步允许构建小型器件，它可以潜在地检测食物摄取的过程并进一步表征摄入的食物。穿戴式摄食传感器具有很客观地捕获所有摄食活动的潜在可能，无论摄食活动多么短或看起来多么微不足道。穿戴式传感器可能捕捉食物摄入的时机、持续时间以及摄入食物情景的细节，表征摄入率、摄入食物的质量、营养和能量，并且不会给用户造成报告负担。个体仍然需要遵守佩戴传感器的要求，但符合人体工程学的设计可使佩戴者的负担减轻到微乎其微的水平。摄食传感器可以潜在地识别它何时处于穿戴状态以及何时没有被穿戴，从而测试个体是否遵守相应的规则。

使用穿戴式传感器监测食物摄入面临着许多挑战，其中第一个挑战是人类消耗的食物种类繁多。食物是多种成分最有创意的组合，每一种成分都有自己的能量和营养含量。仅仅修改一种成分就可能会大大改变食物的营养属性（例如，从成分组合中去除黄油或其他形式的脂肪可显著降低能量含量）。食物有不同的物理性质，可以是固体、液体、半液体、干燥、潮湿、香脆、柔软、耐嚼，这里只是举几种可能性。这些物理性质不一定与食物的能量和营养含量相关联。物理性质也可能依赖于食物是否生吃或以某种方式熟食。食物的众多类型和性质使分析复杂化，即使采用最复杂的分析也不可避免地会引入误差。

第二个挑战是人的摄食行为特征的多样性。在摄食过程中，我们可能会吃单一的食物或在盛宴上吃很多不同的食物，也可能会吃一点点或一大堆。我们会用手、勺子、叉、筷子吃，甚至是喝。我们可能有相当规律的吃饭时间或者经常顾不上吃饭，或在每天不同的时间吃饭。有些人吃得快，而有一些人会慢慢吃。有些人会在一餐的不同时段之间休息，而有些人会立即开始吃下一种食物。我们可以在白天或夜晚吃。虽然我们大多数人会坐着吃饭，但吃饭也可能发生在出行中，甚至躺下时。摄食行为就和人类一样是多变和不可预测的。

这两个根本性的挑战为实现穿戴式器件监测食物摄入提出了各种技术需求。哪种传感器应该被使用？传感器有哪些能力和固有的限制？能否在给定的技术条件下实现方便、微型、轻巧和长时间穿戴？这种装置的电池寿命怎样？任何可能的食物摄入监测方案都需要回答这些问题以及一些其他的问题。

本章概述了用于食物摄入监测的穿戴式传感器和相应的方法。基于最近的研究文献进行概述，重点放在阿拉巴马大学环境和穿戴式系统计算机实验室开发的装置和方法。这里，监测饮食行为的任务被认为是由两个子任务组成：检测食物摄入和食物摄入表征。具体来说，检测食物摄入的任务包括：

1）检测每次食物摄入的时机。

2）测量每次食物摄入的持续时间和细节。

食物摄入表征的任务包括：

1）估计一餐的食物数量和类型。

2）估计所摄入食物的质量和体积。

3）估计一餐的热量和营养成分。

4）测量每次进食的摄取率。

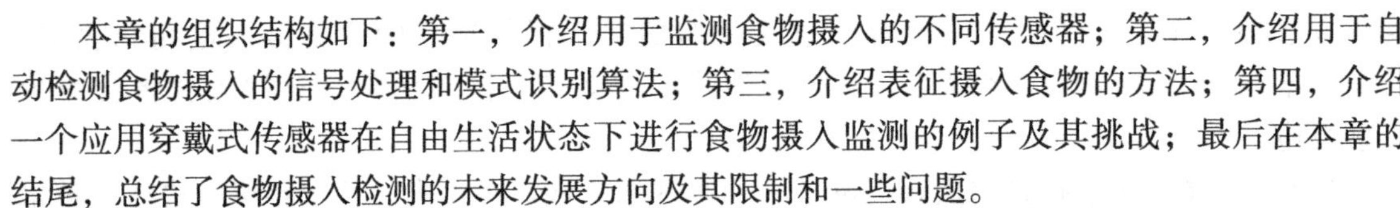

本章的组织结构如下：第一，介绍用于监测食物摄入的不同传感器；第二，介绍用于自动检测食物摄入的信号处理和模式识别算法；第三，介绍表征摄入食物的方法；第四，介绍一个应用穿戴式传感器在自由生活状态下进行食物摄入监测的例子及其挑战；最后在本章的结尾，总结了食物摄入检测的未来发展方向及其限制和一些问题。

24.2 穿戴式传感器

我们的社会越来越依赖于穿戴式和移动产品，它们能提供处理信息并与他人互动的有效方法。很多新的监测食物摄取方法是基于穿戴式传感器的。这些方法依据它们的佩戴方式可以被分为两大类：手持设备（如移动电话）和身体连接传感器。

24.2.1 手持设备

手持设备通过整合膳食软件程序（电子日记）被广泛地用于日常摄食的报告和自我监测中。在过去十年中，移动电话和个人数字助理（personal digital assistant，PDA）的使用已显著增加，这为记录食物摄取提供了新的替代途径。这些计算能力强大的设备可以随时随地连接到互联网，使基于 Web 的干预措施成为可能，从而提高临床管理水平[10-11]。其优点在于个体在大部分时间是携带手机的，从而使他们可以对食物摄入立即做出注释，这可能有助于提高合作性和准确性。

可以进行更简单和少负担的食物摄取监控的膳食软件程序已经被开发并在一些电子装置上实现应用（见图 24-1）。这种程序包括一个源数据库，该数据库含有数以千计的食物和相应的营养信息。例如，许多日记使用美国农业部数据库，它包括大约 6000 种食物项目[12]。与手写日记相比，食物数据库和一个用户友好的移动应用的集成减少了报告食物摄入所需要的时间和劳动量。受试者只需简单地记录所消耗的食物而不需要搜索并记录这顿饭的营养成分。嵌入在电子设备中的软件根据报告的食物的量和类型自动计算这顿饭的总能量消耗。电子食物日记也可以存储每个条目的日期和时间，有助于临床医师或研究人员验证报告数据。

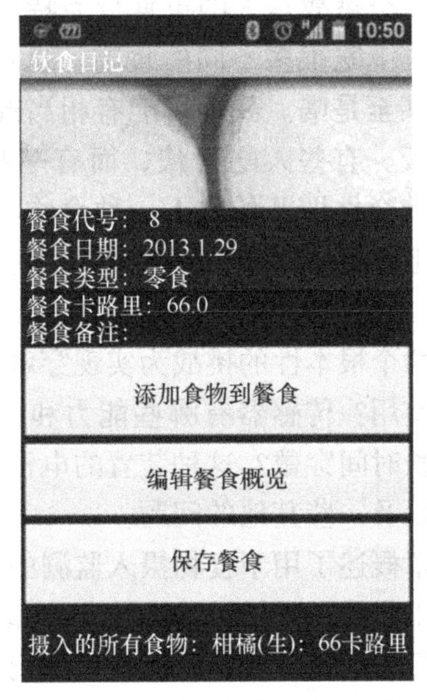

图 24-1 电子日记作为移动手机应用程序实施的一个例子（有关所摄入餐食的重要信息被记录和存储在手机中）

电子日记的另一个优点是它们可以为用户提供自身营养摄入的实时反馈，使得个体可以对食物的摄入量做出调整，以满足日常的摄入目标（例如热量、脂肪、碳水化合物等）。此外，有些程序可以连接到互联网并上传营养信息，由营养师和医生进一步分析。最后，电子日记避免了纸张记录时存在的字迹模糊问题[13]。

目前，大部分手机都配备了摄像头，允许用户拍摄餐食的高质量图像。这种技术进步通过提供关于餐食的其他信息帮助改善了电子日记。利用食物图像检测表征食物摄取是通过拍摄个体所选择食物的盘子和残渣盘子的照片完成的。选择的食物分量由受过训练的营养师在实验室通过比较个人拍摄的照片和已知分量的食物参考照片进行估计[14-15]。消耗的食物种类和量的估计还可以通过使用基于图像处理的方法自动完成（参见 24.4.2 节）。这些估计结果被输入到食物分析程序，源数据库导出所选择的食物总质量和能量消耗以及宏量和微量营养素。当以相同角度（通常是 45°）拍摄食物盘并使盘占据整个视野时，可以获得准确的结果。这种方法用来在不同的设置下衡量成人和儿童的能量摄入，可以提供可靠的结果[16-17]。但是，它可能会受到与自我报告食物摄入相同的限制，因为用户需要记住在摄取食物前后拍摄照片。

24.2.2　身体连接传感器

身体连接传感器监测体内生理过程，集中在食物消化过程中的一个或多个阶段：手到嘴的姿势、咬、咀嚼或者吞咽。

1. 手势的监测

很多时候，食物摄取开始于一个手到嘴的姿势，随后是咬。因此，摄入事件有可能通过监测发生在日常生活中的手势进行检测。研究人员已经提出了一些方法以集成不同的传感器制成穿戴式装置[18-20]。

在一种方法中，工作在射频识别带的接近度传感器被提出用于监测手到嘴的姿势。该传感器由佩戴在惯用手臂内侧的射频发射模块和射频接收机组成，射频接收机是戴在颈部的吊坠包式的一个扁环形天线（见图 24-2a）[21]。天线位置的选择基于一种策略，使得食物摄取过程中观察到一个典型的手到嘴姿势时可以获得最大幅度的信号（此时天线平行排列）（见图 24-2a）。接近度传感器的信号如图 24-2b 所示，由天线接收到的射频信号的一段（下方曲线）显示出两个手到嘴的姿势。为了帮助可视化食物摄取事件的这些手势，图 24-2b 上方波形为利用下颌运动传感器捕获手到嘴的姿势后随即发生的咀嚼序列。虽然手势传感器的信号可能不足以独立鉴别手到嘴的姿势的各种来源，但它提供了可用于模式识别算法的重要特征[22]。

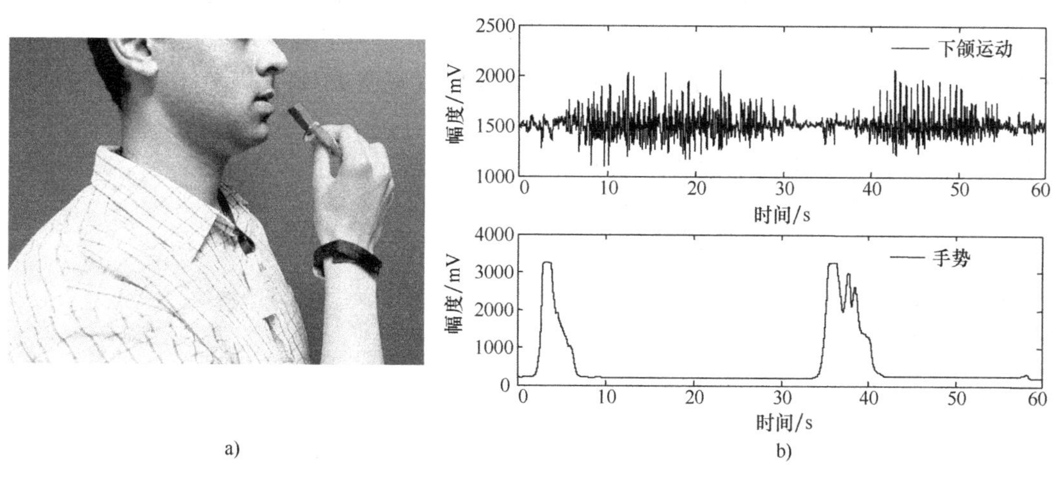

图 24-2　a）在食物摄入时出现的典型的手到嘴的姿势　b）在食物摄取时一个短时间区间内采集到的手势信号（下方曲线）。当手到嘴的姿势与咬相关联时信号幅度会升高。上方曲线图显示出了咀嚼序列（由下颌运动传感器捕获），以及随后检测到的手到嘴的姿势

在另一种方法中，一个类似手表的装置（见图 24-3）通过自动跟踪手到嘴的姿势或咬的过程中手腕的运动来检测进食[20]。该装置集成了一个微型陀螺仪，用来监测食物摄入时手腕的径向速度。该装置的主要优点是传感器的成本低并且仅需要单一的可穿戴部件（与射频传感器比较）。

最后，加速度计已经被用于手势识别[18,23]。通常情况下，实现这种类型传感器的系统采用位于手臂的 3 轴加速度计来测量加速度。所测得的信号通过蓝牙或其他无线协议被发送到个人计算机或智能手机，用于自动检测手势。

图 24-3　监测与食物摄入有关的手到嘴的姿势的穿戴式传感器集成了一个微型陀螺仪，用于捕获手腕的运动

手势监测一个常见的限制是，不仅食物摄取，许多其他活动也能产生手势，这些手势可能无法同食物摄取的手势区分开。这个限制决定了使用额外的传感器来捕获食物摄入的独立指标（如参考文献[24]），或采用为每个摄食动作开/关传感器的形式进行自我报告（如参考文献[20]）。另一个限制是，人们可以在摄入固体和液体食物时使用双手，这使得可靠地检测手势需要使用两个器件。

2. 监控咀嚼

在典型的摄食过程中，伴随的是一系列的咀嚼和吞咽，并且这一过程不断重复并贯穿整餐。因此，固体食物的摄入可以通过监测咀嚼过程进行检测。基于这个目的，几种传感方案已经得到评价。EMG 通过将电极放在皮肤表面可以感知咀嚼过程中下颌肌的激活[25]。多点片型传感器[26]和埋入式应变计[27]也可被用于测量咬和咀嚼力。然而，这些传感器由于被放置在牙齿之间，可能会使个体的正常咀嚼模式发生变化。

另一选择是基于监测在咀嚼过程中产生的声音。食物破碎期间，部分食物在牙齿之间被压碎，产生通过牙齿、下颌骨与颅骨的振动[28]。这些振动也通过耳道传播，耳道形成一个自然腔，在其中可以听见这些声音。因此，声学换能器可以被放置在接近耳道的地方用来捕捉咀嚼的声音。几个研究组已开展基于这种方法的研究[29-32]。为了减少环境噪声，一个微型耳内传声器与一个参考传声器一起使用以消除噪声的影响（见图 24-4）。声学信号随后被处理以自动检测和表征食物摄取。

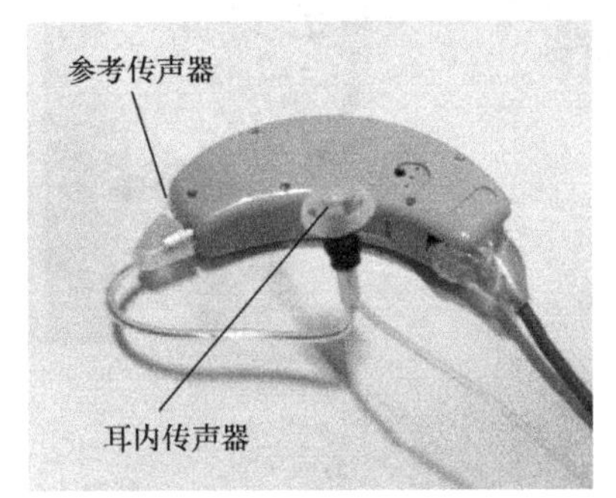

图 24-4　一种穿戴式传感器系统的组成：一个监视咀嚼和吞咽声音的耳内传声器，以及一个捕捉环境声音的参考传声器

监测咀嚼过程中发生的下颌骨（颚）运动是另一个捕捉食物摄入的可靠方法。监测下颌运动，而不是监测咀嚼的声音，可能会获得更简单和更精确的传感器系统，因为该传感器对环境噪声较不敏感。下颌运动可通过监测咀嚼时由于下颌骨和头颅颞/枕骨之间距离变化引起的皮肤曲率变化来检测。箔应变计已经通过测试，可提供合理的结果，但其能量消耗过高。一种现有的压电薄膜应变计传感器被认为是一个好的选择（见图 24-5a），它能低功耗监控动态皮肤应变[33]。皮肤曲率变化是由放置在耳垂下方的应变传感器检测的（见图 24-5b）。咀嚼应变传感器结构简

单，可能会使食物摄取的检测以更小的侵入性和更简单的方式来完成。此外，该传感器由医用胶黏剂或医用胶带简单地附着在皮肤上，并且在 24h 内脱落风险很低。应变传感器很容易在市场上以低成本获得。

咀嚼也被用于与数字影像联合，通过与微型、轻便的摄像机的集成成为穿戴式传感器，以方便评估食物摄入[34]。这些摄像机可由个人佩戴一整天，并且可以触发自动拍照，而无须用户输入，从而减少误报偏差[35]。该趋势的一个例子是一种穿戴式传感器平台[36]，它被设计为戴在耳朵上的头戴式耳机。该传感器包括一个检测咀嚼声音的传声器和一个直接指向食物被消耗的餐桌的微型摄像机。咀嚼活动触发摄像机捕捉食物容器的视频序列。此操作将创建具有一系列快照和时间戳的食物摄入日志并被保存到一个文件中，以保存食物摄入的历史记录。

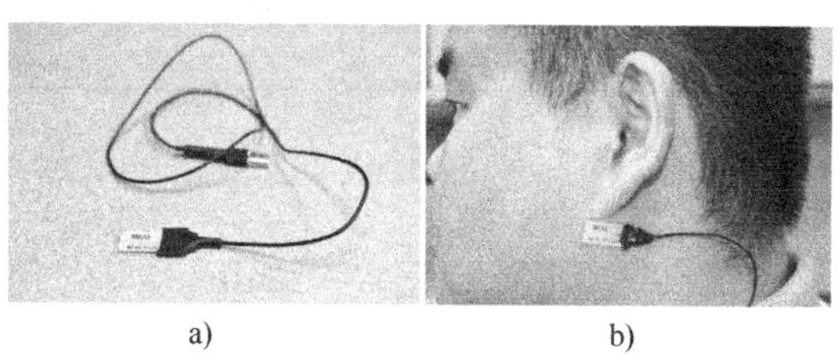

a)　　b)

图 24-5　a）下颌运动传感器由一个压电薄膜元件组成，当下颌弯曲时产生一个电压信号　b）使用医用胶黏剂或医用胶带将传感器安放在耳垂下方并附着在皮肤表面

3. 监测吞咽

吞咽过程是舌、咽和食道肌肉的一种有序、半自动的收缩和放松。自发吞咽是一种涉及唾液从口腔到胃的自动和非自愿运输的功能行为。当一个人清醒时，唾液的自发吞咽为每分钟 1 到 2 次[37-39]。在睡眠中，唾液的分泌几乎停止而且自发吞咽极少，一般与觉醒行为关联发生[40-41]。食物摄取期间，吞咽过程涉及食物（或液体）通过口腔到胃。研究已经证实，在进食时吞咽率显著升高，提示监测吞咽动作可以为检测食物摄取提供合适的信息。

视频荧光摄影和 EMG 被认为是研究吞咽的金标准方法[42-43]。然而，基于这些方法开发穿戴式监测器可能是不可行的，由于其具有侵入性（皮下 EMG）以及对体积大、价格昂贵和可能不安全的设备（视频荧光摄影）的依赖性。为了克服这个问题，设计了不同的传感器以监测在吞咽过程中出现的特殊现象。例如，颈部安装的加速度计用于捕捉喉部振动，传声器用来记录吞咽时产生的声音，电声门图装置用来监测颈部电阻抗的变化，磁传感器用来实现对甲状软骨运动的测量。本节将详细介绍这类传感器并强调它们的优势和劣势。

加速度计的使用已被提议作为研究吞咽的一种非侵入性、低成本的替代方案。加速度信号是在喉位移时产生的，该信号的幅度是吞咽时喉部标高的度量[44]。通常，微型加速度计被放在喉咙的皮肤上，并且位于受试者的甲状软骨水平线上。然而，由于脂肪在颏部的堆积，该位置可能不适用于肥胖者。此外，加速度计对身体运动的灵敏度和重力场的取向也可能会影响该传感器在自由移动个体上的实现。

通过声学手段监测吞咽一直依赖于微型传声器，传声器能够记录吞咽过程中食块穿过咽部时产生的声音。这种特有的声音可以从不同的位置捕获，包括耳道内、乳突骨和咽喉。有研究表明，放置在咽喉的传声器（见图 24-6）具有提供更强信号的优势，因为该传感器的位置更接近吞咽声的来源位置[45]。

一种检测吞咽的新方法是基于电声门图（electroglottograph，EGG）的装置。EGG 传感器在喉的水平位置测量整个脖颈处横向电阻抗的变化。EGG 信号的记录是通过施加高频信号（3MHz）到放置在颈部表面的保护环电极实现的。EGG 已经被广泛用于语音和吞咽分析[46-47]，但直到最近才被用于食物摄入的检测[48]。吞咽过程中食物碎块的通过会导致横跨喉部的电阻

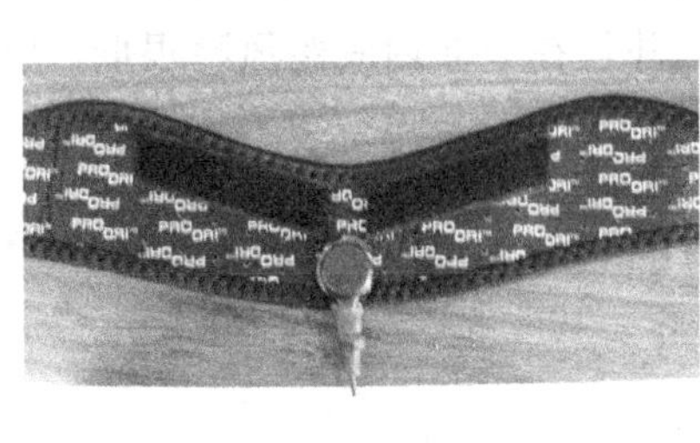

a)

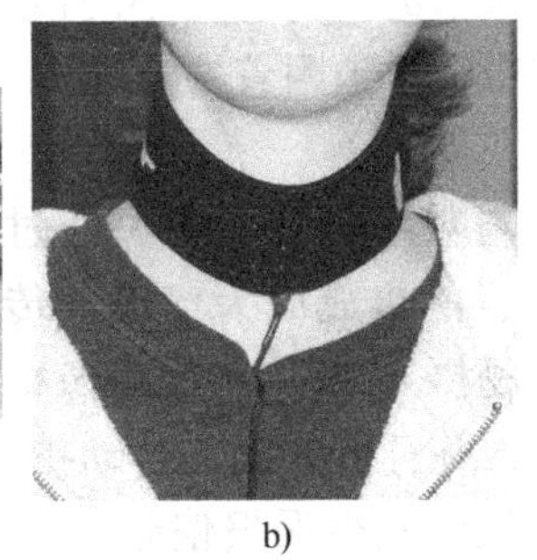

b)

图 24-6　a）用于监控吞咽事件的微型传声器　b）声学传感器用衣领放置在咽喉

抗相对于基线发生显著变化，从而使监测吞咽成为可能。该传感方式的优点是 EGG 测量中使用的物理原理使得 EGG 信号对外部噪声几乎不敏感。这种方法的缺点与自由活动期间可能发生的运动伪影相关，这可能会影响 EGG 信号。

最近，一种磁传感器系统被提出，它通过监视甲状软骨的运动来检测吞咽事件[49]。该系统还包含一个压电传声器用于检测吞咽的声音。传声器和磁线圈被安装在一个位于颈部水平位置的保持单元。安装于甲状软骨两侧的两个线圈（振荡线圈和检测线圈）之间的距离被用于检测吞咽。振荡线圈产生一个 20kHz 的磁场，在检测线圈感应出的检测电位正比于线圈之间的距离。

24.3　自动检测食物摄取的信号处理和模式识别方法

穿戴式传感器把与摄食相关的生理事件转换成电信号。大多数情况下，传感器信号不仅携带有关摄食的信息，也带有个体的其他行动信息。例如，一个声学吞咽传感器不仅会寄存自发吞咽以及与食物相关的吞咽，也会对语音、行走等活动产生响应。因此，需要专门的信号处理和模式识别算法把吞咽从其他活动中区分出来，并用于检测食物摄入时吞咽的时间序列。接下来介绍常用的用于分析由不同的传感器收集的信号和自动检测食物摄入的信号处理和模式识别方法。

24.3.1　从影像检测食物摄取

通过自身捕获被消耗食物的图像和在多媒体食物日记写下条目是一种捕捉相关事件时间信息的用于食物摄入检测的方法，并且在某些情况下也包含事件的持续时间。使用数字日记不需要专门的处理以检测食物摄取。这种简单性带来了一个主要限制：个人需要随身携带设备，并记得要给他们吃的每一个食物拍照，使该法存在与所有自我报告一样的限制。解决这个问题的一个潜在的方案是利用连续的视频监控，从中用自动图像识别来检测食物摄取。在参考文献［50］中，穿戴式装置被开发用于从图像检测食物摄取。这种方法的主要假设是来自录像的不同特征，如运动模式、周围物体的形态、环境噪声和一天中的时间，可以提供有价值的信息用来检测食物摄入。食物摄入检测面临着许多挑战，其中包括连续捕获视频的隐私问题和自动识别种类繁多食品的能力以及对食物是否被消耗或只是被用户看到做出判断。

24.3.2 检测手势

摄入的过程开始于个体拿起食物并把它送入口中。这个简单的事件需要一个手到嘴的姿势。因此，自动检测手到嘴的姿势是任何包含手势传感器的系统的一个基本组成部分。

在基于射频的系统中[21]，手势的自动检测能可靠地通过一种检测何时信号的强度高于预设阈值的简单算法实现。姿势检测的简单性是射频传感器的一个优势。

在参考文献［20］中，惯性传感器的使用证实与咬相关的信号模式可以通过更复杂的信号分析来检测。通过比较拿起食物和将食物送入口中时手腕的方向，发现在大多数情况下无论是否使用餐具或手指，手腕都会发生翻转。基于这种运动模式，一种模式识别算法被开发并在微控制器中实现自动检测咬的动作。该算法监测由传感器测得的翻转运动的速度以及单次咬的两次翻转之间的最短时间。该方法在实验室设备上进行了测试，以确定咬合检测的精度。结果显示，“咬”计数在有意控制进食动作时灵敏度为 94%，而无意控制进食动作时灵敏度为 86%。

所述的手势检测算法没有一种可以自动区分食物相关和非食物相关的手势（例如使用餐巾纸、挠头等)，因此不能直接检测食物摄取。虽然食物摄取可能具有相对高密度的手到嘴的姿势，但实验数据表明在清醒的一天内手势的高发生率使得基于手势发生率的简单区分方法不可行。然而，手势携带的重要信息可以在多传感器食物摄入检测中使用。

24.3.3 从咀嚼检测进食

除少数情况外，咀嚼是固体食物摄入的可靠指标。因此，许多方法试图通过计算机识别咀嚼来检测食物摄入。

自动识别咀嚼由模式识别算法通过处理来自压电应变传感器的信号实现[33]。下颌运动信号的频域分析显示在 1. 25~2. 5Hz 的频率范围内有一个很强的信号，这是来自于咀嚼时下颌节律性的向上、向下和一侧到另一侧的运动。下颌运动的这一特点在不活动、说话或步行时是缺失或不太明显的。从应变式传感器信号提取的频域和时域特征被用于训练基于 SVM 的不依赖于受试者的分类器。结果表明，该模型能够区分咀嚼和其他活动，平均精度大约为 81%，时间分辨率为 30s。随后的分析[51]通过整合从语音频带中 100~250Hz 范围内提取的特征进一步提高识别结果。

类似的尝试已经在自动识别咀嚼声中进行。信号处理和模式识别算法已经被开发出来以鉴别咀嚼的声音和与进食或饮水不相关的声音（即语音、环境噪声等)。一个早期的研究实现了一种利用频域特征训练的朴素贝叶斯分类器[31]。两个受试者完成的 375 次咀嚼大多数是在实验室环境下进行的，模式辨识系统实现了整体 86. 6%的食物摄入识别率。随后的咀嚼声音分析显示，大多数能量在 4kHz 以下的频率范围内被发现[32]，没有高能量含量的特征频率可以用来从其他活动中区分咀嚼过程，因此需要抗噪技术可靠地检测咀嚼的声音。基于参考文献［52］所示的来自传感器的信号，咀嚼检测由用来计算来自每个传声器的声信号能量的信号处理算法执行。能量值的比率与自适应阈值进行比较，能够以 85%的总精度辨别食物摄取声音。

总的来说，咀嚼是食物摄入的一个相当可靠的指标，可以准确地通过非侵入式可穿戴传感器检测到。这个因素使得咀嚼识别成为检测食物摄入的一种比较流行的方法。与此同时，咀嚼不是食物摄入的一个完美的预测指示。大部分液体在摄取时没有被咀嚼，因而不能通过咀嚼来检测。许多半液体（如酸奶）和一些固体的食物（如 fufu，一种非洲食物）在摄入过程中也没有被咀嚼。同时，也有一些东西可能被连续咀嚼但没有吞下（如口香糖等），可能引发误测。因此，通过咀嚼检测食物摄入可能需要额外的食物摄入指标（如吞咽或手势）进行可靠的检测。

24.3.4 从吞咽检测食物摄入

吞咽可能是食物摄取的最可靠指标，因为摄入的所有食物最终都会被吞咽。由于自发吞咽在清醒时会自然发生，从吞咽检测食物摄取是一个两步过程：第一，个体吞咽被识别；第二，从吞咽的时间序列检测食品摄入。本节介绍吞咽识别和从吞咽检测食物摄入的方法。

一些研究使用加速度计自动识别吞咽事件[53-54]。然而，他们大多集中在建立用于检测吞咽障碍的客观标准，而不是检测食物摄入。模式识别算法被用于实现对正常吞咽、吞咽困难和人工吞咽的区分，并显示出可喜的结果，这可能会被拓展至检测食物摄入的吞咽[55-57]。

基于声吞咽传感器数据的自动检测食物摄入的两步法最近被提出。第一步，使用梅尔刻度傅里叶光谱特征和 SVM 信号分类以识别个人吞咽事件[58]，其在一个数据集上有 84.7%的平均准确率，该数据集包含一个拥有超过 64h 声学数据和来自 20 例受试者的约 10000 次吞咽的数据。结果表明，识别单个吞咽事件的最高精度在没有食物摄入的安静期间被观察到（88%），最低精度在食物摄取期间被观察到（82.9%），该期间有说话和/或背景噪声存在。吞咽识别模型通过整合主成分分析（principal component analysis，PCA）和一个平滑算法进一步改善，以提高区域内和跨区域模型的识别率[59]。

第二步，基于吞咽的频率检测食物摄取。瞬时吞咽频率（instantaneous swallowing frequency，ISF）在 30s 持续时间的滑动窗口内的平均（EISF）被用作关键的预测指示用来对“摄入”和“未摄入”两类之间进行鉴别。最好的不依赖于受试者的模型使用一个由几个信号段的吞咽频率的浮点以缩放因子 α 进行平均值相乘得到的判决阈值 $T_{\mathrm{FL}}^{\mathrm{INGEST}}$。所得模型具有自校准个体吞咽速率差异的优点。这个模型的训练和验证获得了 87%的平均检测精度[39]。

另一项研究使用吞咽的时间序列作为食物摄取活动的主要预测指示[60]。吞咽发生的时间 t_i 和邻近吞咽之间的时间绝对差值 d 被用作特征以创建食物摄入检测模型。一种监督机器学习技术（SVM）被用于创建不依赖于受试者的模型，而一种无监督的聚类技术（k-均值）被用于创建个体模型。用于训练模型的吞咽数据从 18 名受试者中收集，并且包含 4045 次自发的唾液吞咽和 5811 次食物摄入吞咽。结果表明，无监督的个体模型相比不依赖于受试者的模型具有更好的性能（93.9%对 89.9%），最可能的原因是无监督方法具有适应数据中个体特征的能力。

从吞咽检测食物摄入还结合了一种电声门传感器进行研究，它是一种依赖于识别个体吞咽事件的单步骤方法[48]。一种模式识别算法以基于横跨喉的电阻抗变化检测食物摄入。由 EGG 设备捕获的信号被分为 30s 的非重叠窗口，并且通过小波分解提取特征。不依赖于受试者的食物摄入检测模型利用这些特征和人工神经网络进行训练。模型的创建使用一个从 30 个受试者在实验室环境中无限制进食四顿饭的研究中得到的数据。该研究还包括通过一个微型传声器监测吞咽的声音。将 EGG 方法的性能与使用相同的一步算法的声学方法进行比较，结果表明基于 EGG 的方法（90.1%）和基于声音的方法（83.1%）在食物摄入量的平均检测精度上存在统计学显著差异。

综上所述，从吞咽实现食物摄入识别获得的结果与咀嚼相似。另外，和咀嚼类似，信号处理和模式识别的根本挑战是把吞咽和/或食物摄入从其他的日常生活活动中区分出来。吞咽存在于所有食物（液体、半流体和固体）的摄入中，因此可以作为食物摄入的主要指标之一。

24.4 表征食物摄入的方法

成功检测食物摄取是理解摄食行为的第一步。一旦食物摄取的事实成立，摄取的过程和所消耗的膳食就需要进行表征。具体来说，一餐食物的数量和类型、摄取的质量和体积、一餐的热量和营养成分以及摄取率可以通过传感器数据的分析来估计。本节主要概述几种旨在表征食物摄取的方法。

24.4.1 识别一餐食物的数量

识别所消耗食物数量的方法是表征食物摄入重要的第一步。与其他用于食物摄取监测的技术相同，可用的方法依赖于影像分析或分析穿戴式传感器采集的生理信号。

图像处理方法试图自动分割图像，将其划分成可能归因于不同食物的多个区域，并基于图像特征识别食物[61-62]。识别过程开始于目标区域的确定，食物可能位于图像上的这个区域。这通常是通过检测圆形对象如盘、碗或杯子并分析包围于圈内的区域完成的。该过程的下一个步骤是多尺度图像分割（例如归一化切割[63]），同时使用粗略和具体的细节，以确定可能含有食物的图像区域。分割后，从图像区域提取的颜色和纹理特征用来识别该区域可能代表的特定食物。分类可通过 SVM 或一些其他分类器进行。由于图像区域可能不包含整个食物，该过程的下一步是合并在空间上相互接近并有同一类标签（属于同一个食物）的图像区域。处理的结果是在图像中发现的各种食物总量和每种食物的类型。虽然图像分割能够估计一餐食物的数量，但参考文献［61］、［62］的作者通过识别特定食物类型的准确率量化了他们的方法，其准确率对于 19 种不同食物为 56%[62]，而对 32 种食物为 44%[61]。

利用生理信号量化一餐食物的数量可以通过基于监测咀嚼和吞咽的方法[64]。所提出方法的基础假设是食物不同的物理性质导致咀嚼和吞咽的模式发生变化，允许在所消耗食物数量未知的情况下区分食物类型。为了证实这种方法的可行性，17 个受试者参加了涉及 5 种不同食物的进食实验：奶酪比萨饼、酸奶、苹果、花生酱夹心和水，咀嚼和吞咽的数据从这些受试者中收集。三种不同类型的特征被用来将一餐分割成不同的食物。第一个特征是每个吞咽的时间位置，这对于把吞咽分组关联到某种食物类型很重要。第二个特征是吞咽前时间（time to preceding swallow，TPS），这代表发生在时间 t_i 的吞咽和发生在时间 t_{i-1} 的前一个吞咽之间的时间差。最后一个特征是吞咽前咀嚼次数（chews preceding a swallow，CPS），该特征指示所观察到的两个连续吞咽之间咀嚼的次数。

对于给定的食物，咀嚼和吞咽模式可以随个体改变，因此所收集的数据采用两种不同的无监督聚类分析技术来识别一餐中的食物群：相似性传播（affinity propagation，AP）和凝聚层次聚类（agglomerative hierarchical clustering，AHC）。使用无监督学习使其能够适应个体的特质，同时保持该方法的通用性。结果表明，使用带有 AHC 技术创建的模型估计食物的数量时，可以得到95%的总精度。而AP技术创建的模型可以获得90%的精度。以上聚类方法的局限性是，食物以预定的顺序被进食并且不混合以消除由食物间差异造成的不确定性。需要进一步研究以测试聚类算法对于带有较大食物差异的无限制膳食的性能。但是，这种食物聚类方法应该直接适用于不受限制的餐点，因为食物摄入是随着进食过程不断累积的，并通常以一口一口的方式顺序进行。

无创监测咀嚼的声音是另一种可替代的用于识别一餐食物数量的方法。对一餐所吃的不同食物的识别也是可能的，因为咀嚼具有不同特性的食物（如湿的、松脆的、酥的等）可能产生特征性的声音。通过模式识别技术，具有类似咀嚼声音模式的食物可被分成相同类别，该类食物具有相似的物理特征。这一方法已在参考文献［32］中被研究，其中51位参与者摄入了7种不同类型的固体食物和一种饮料。咀嚼的声音被一个插入耳道的微型传声器监测，用隐马尔可夫模型识别咀嚼和吞咽事件。该咀嚼声音识别在测试的食物上达到了79%的分类精度。这些结果表明，咀嚼声音的分析很可能具有检测膳食中食物数量的能力，只要这些食物具有不同的物理性质并且通过咀嚼被食用。

24.4.2 通过影像估计食物摄入的质量和能量

人脑可以通过简单的视觉观察迅速辨别食物的能量含量，该过程涉及对象分类、奖励评估与决策[65]。在试图模仿该过程的尝试中，图像处理技术已被用于从图像估计食物的分量，然后使用食物数据库来计算能量摄入。

从图像估计食物分量是一个困难的任务，因为在一般的图像里缺少距离信息。同样的对象可能看起来更大或更小，这取决于摄像机的距离、角度和焦距。解决这个问题的一个典型方法是在每个画面中使用维度参照物（基准标记），从而允许计算机算法估计食物的体积。几个方法已被研究，其中包括使用不同类型的参照物如一个格子桌布、校准卡、棋盘和已知尺寸的圆板[15,66-67]。另一种选择是使用来自LED或激光二极管的灯光，用于在拍摄图像时在视野内产生聚光[68]。在大多数情况下，单一的图像用来估计食物的体积，从进食之前和之后的照片计算出的体积用来估计所消耗的食物的量。

不同的方法已经被提出，用于从单一的图片中估算食物的体积[15,68-69]。一种方法通过评估不同的算法以确定基于摄像机固有参数的物体平面的位置和方向[68]。基于获得的结果，通过在食物图像中选择各种特征点来衡量维度变量，如长度和厚度。这些变量值提供了对食物体积的一个估计。另一种方法通过评估不同图像处理算法从画面背景中分割食物项[15]。这些分割的图像被用作可自动估计食物体积程序的输入，其中涉及摄像机的标定和三维容积的重建。最近的一个研究[70]使用图像处理技术，可以自动根据手机图像估计食物的质量。对于一组19种不同食物，预测的质量和已知质量的比率为0.89~4.61，而对于一个包含9种食物的较小子集而言比率在0.8~1.2范围内。最大的误差在某些食物中被观察到，如莴苣、炸薯条和大蒜面包，而最小误差来自草莓果酱、牛奶、橙汁和汉堡三明治。将二维食物图像的形状匹配到预先构造形状的3D模型如圆柱等的方法，已经被报道可以产生更精确的结果（见图24-7）。在参考文献［71］中，对17种不同食物估算体积的误差被报告为3.7%，这被认为是高度精确的。参考文献［72］报道了另一种基于3D模型方法的类似结果（对5种食物的平均误差为7.2%）。

虽然这些方法在自动估计食物分量方面取得了很好的效果，从图像估计食物分量仍需要进一步发展。计算机算法可以使用图像来估计所消耗食物的体积；然而，结合食物自动质量

图 24-7　使用 3D 模型估计食物体积的一个例子

估计和食物识别以实现自动能量含量估计的研究还没有出现。事实上，对于可能在我们餐桌上出现的种类繁多的食物，无论是在提高体积和质量估计的精度还是在准确标识以及能量密度估计上都有许多挑战需要克服。作为一个潜在的解决方案，从图像表征食物摄取可通过半自动过程实现，其中营养学家可以通过视觉识别每种消耗的食物，而计算机算法自动估计食物的体积并通过食物数据库计算热量和营养价值。一个有望实现的新方向是使用三维摄像机或运动摄像机来评估食物的体积。

24.4.3　从咀嚼、吞咽和手势估计食物摄入的质量和能量

食物摄入表征也可以通过利用咀嚼、吞咽和手势衍生的度量进行研究。数学模型被提出用于通过穿戴式传感器捕获的咀嚼和吞咽的次数估计一餐的质量和消耗的能量。

在参考文献［39］提出的方法中，基于咀嚼和吞咽用可接受的准确度估算食物摄入的总质量的个性化线性模型假设被提出。估算总固体食物摄入质量的模型用一个摄取周期内咀嚼和吞咽的总次数作为预测变量。

$$M_{\mathrm{S}}=\frac{1}{2}(\bar{M}_{\mathrm{sw}}^{\mathrm{S}}\times N_{\mathrm{sw}}^{\mathrm{S}}+\bar{M}_{\mathrm{chew}}\times N_{\mathrm{chew}}) \tag{24-1}$$

式中，$\bar{M}_{\mathrm{sw}}^{\mathrm{S}}$为受试者每次吞咽固体食物的平均质量；$N_{\mathrm{sw}}^{\mathrm{S}}$为吞咽固体食物的总次数；$\bar{M}_{\mathrm{chew}}$为受试者每次咀嚼的平均质量；$N_{\mathrm{chew}}$是咀嚼的总次数。该模型估计液体摄取质量时只用吞咽的次数，因为液体摄入不涉及咀嚼。因此，液体的质量计算为

$$M_{\mathrm{L}}=\bar{M}_{\mathrm{sw}}^{\mathrm{L}}\times N_{\mathrm{sw}}^{\mathrm{L}} \tag{24-2}$$

式中，$\bar{M}_{\mathrm{sw}}^{\mathrm{L}}$为受试者每次吞咽液体的平均质量；$N_{\mathrm{sw}}^{\mathrm{L}}$为吞咽液体的总次数。参数$\bar{M}_{\mathrm{sw}}^{\mathrm{S}}$、$\bar{M}_{\mathrm{sw}}^{\mathrm{L}}$和$\bar{M}_{\mathrm{chew}}$的值是个体吞咽或咀嚼所消耗的食物平均质量的统计学估计。由于群体内每次咀嚼质量和每次吞咽质量参数的高差异性，使用基于个性化而不是群体的模型是必需的[39]。这些模型在一个来自 16 位受试者依次摄入 5 种不同食物的数据集上实施和评估。结果表明，质量估计模型实现了 91.8%的固体食物摄取平均准确度以及 83.8%的液体摄入平均准确度。

同一个研究小组进一步拓展了这种方法，一种类似的方法被开发用于估计一顿非限制膳食的总能量消耗[24]。这种新方法涉及两个步骤：第一，使用基于咀嚼和吞咽的个体模型估计每种食物摄入的质量；第二，通过将估计的质量乘以每种摄入食物的卡路里密度（caloric density，CD）对能量摄入进行估计，这是从营养师对食物图像的营养分析中提取的。消耗的总能量通过对每种摄入食物的估计能量进行求和计算。预测模型的开发基于训练膳食和验证膳食。由三餐分量和种类相同的食物组成的训练膳食在 3 次独立的进食活动中消耗。通过对训练膳

食中的咀嚼和吞咽进行计数来估计模型参数 $\overline{M}_{sw}^{S}$、$\overline{M}_{sw}^{L}$和 $\overline{M}_{chew}$。验证膳食是一种新的膳食，包括与训练膳食不同的固体食物和饮料。这个实验的预测模型在一个更为现实的食物摄入情形下进行评价，其中数据集包括了来自各种各样的食物（总共 45 个不同的食物）的信息并且假定食物以不受限制的方式被摄入。该模型的性能与饮食日记和记录食品的照片进行了比较，以确定所估算的能量摄入与加权食物记录（金标准）获得的估算相匹配的程度。

结果表明，该模型估计训练膳食的能量消耗的报告错误是 15.83%，这显著低于其他方法的报告错误（饮食日记为 27.86%，照片食物记录为 19.95%）。此外，该模型给出了最低报告偏倚（-8.6kcal[⊖]相比于饮食日记的-60kcal 和照相记录的 83.6kcal）。另一方面，对验证膳食的能量摄入估算与日记或者照片的方法没有显著的不同。这是由验证膳食报告错误的增高引起的，原因很可能是训练和验证膳食中所消耗的食物具有不同的物理性质。此外，在验证阶段观察到，如果只是受控环境中的一餐，自我报告方法的准确性非常高。由于自我报告的准确性随着记录的持续时间倾向于降低[7]（由于低估或受试者忘记取拍照食物），可以合理地认为，在几天的观察中，基于咀嚼和吞咽的能量估算模型可能会产生比自我报告更好的结果，因为它们不依赖受试者的参与。

使用咀嚼和吞咽进行质量估计还在基于声学检测咀嚼声音的传感器中进行了探索。在参考文献［73］中，基于 4 个从咀嚼型声音提取的特征对预测每一口食物的重量进行了尝试。在一个含有 3 种食品（薯片、莴苣以及苹果）的测试中，对于个体受试者校准模型，所报告的误差从 19%~31%不等，而不依赖于受试者的模型在 41%~62%之间。虽然这些结果是在一小部分的食物和较小的群体（8 名受试者）中获得的，但有力地证实了通过咀嚼计数表现出的食物摄取质量的个性化。

24.5 应用

24.5.1 实验室与自由生活的监控

在实验室条件下，通过基于手写、电子日记或者穿戴式传感器监测食物摄取能在食物记录和实际食用量之间得到较好的一致性。然而，实验室研究相比于日常生活中的研究显示出明显的不足[74]。这些不足大多数是由真实世界中直接影响个体饮食行为的变化引起的，而这些在实验室的设置中通常是缺失的。对食物的选择、就餐时间（如由外部日程工作或社会应酬决定）、食物摄取的环境和食物摄取的行为可能在每个人每一天的自由生活中都千差万别，而实验室的实验通常受到严格制约。此外，个体日常生活中的一天以及不同的日子里发生饮食行为的重要改变（平日与周末）在实验室的实验中可以被控制或消除[75]。最后，某些变量的重要性会被高估，同时某些重要的影响会被忽视，因为实验室的实验通常持续时间较短。因此，在自由生活中监测个人饮食行为远比实验室中的实验更具挑战性。

在真实世界中长时间的食物摄入量监测会产生比在实验室监测更复杂的数据集。开发自动化的进食检测过程方法应能够处理个体固有的以及个体之间的差异。受试者自身的差异由于个体在一天中进行的各种不同的活动（如走路、说话、吃饭、睡觉、工作等）而增大。个体之间的差异基于人群的多样性，在某些情况下，他们可能有不同的饮食模式和生活方式。

⊖ 1kcal = 4.1868kJ。

这些问题让人很难将建立在实验室实验数据上的食物摄取模型应用到实际生活中，同时还要保持可接受的性能。理想情况下，食物摄取的检测和表征方法应该利用创新的方法基于自由生活的数据来创建。

24.5.2　穿戴式设备用于自由生活的监控

一种新型穿戴式设备，自动食物摄入监控（automatic ingestion monitor，AIM）已被开发并用于评价在自由生活条件下客观监测的食物摄入（见图 24-8）[24]。与自我报告检测食物摄入相比，AIM 显示出三大好处。第一，AIM 是一种具有 24h 监测摄食行为能力的穿戴式装置，而且不依赖于自我报告或任何受试者的其他行为。AIM 无线集成 3 种不同传感器用于精确的监测：下颌运动传感器用来监控咀嚼、接近度传感器用来监测手到嘴的姿势、加速度计用于监测身体运动。第二，AIM 通过使用用于检测食物摄取的模式识别方法能够可靠地在现实生活中检测食物摄取事件。该检测方法包含传感器信息的融合、特征提取和分类等步骤。传感器信息融合步骤基于统计学规则去除部分非食物摄入的信号。例如，在中度到剧烈运动中或在睡眠时吃固体食物是非常罕见的。这两项活动（锻炼和睡眠）可以明确地从加速度计信号检测到并且相应信号的时间区间不纳入食物摄入检测的范围。特征提取步骤基于来自传感器的信号计算多个时间、频率和时间-频域特征。食物摄入检测基于人工神经网络实现不依赖于受试者的分类模型，无须个体校准。第三，AIM 装置和食物摄入检测方法在实际研究中得到了验证，达到了平均 89.8%的食物摄入识别率。来自 5 个不同国家的具有不同的生活方式和摄食行为的个体参加了验证研究。他们在 24h 的自由生活中穿戴 AIM，同时他们的饮食行为和活动没有受到任何限制。

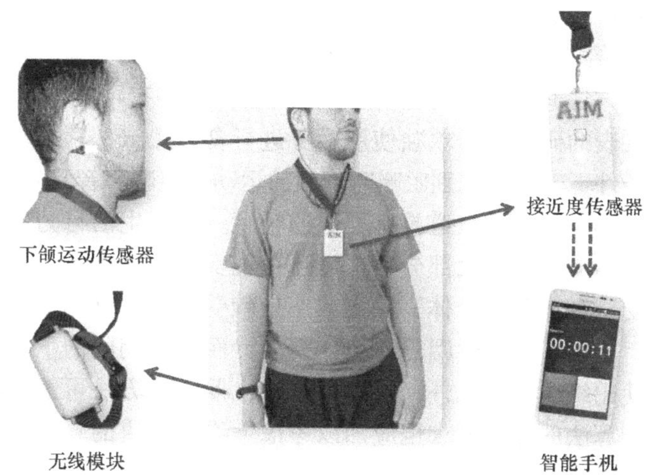

图 24-8　AIM 由 4 个主要部分组成：下颌运动传感器、无线模块、接近度传感器和智能手机

验证研究的结果表明，AIM 可对自由生活的人群一天中食品摄入的发生提供准确的预测。然而，一些问题尚待解答。其中一个问题与 AIM 检测液体摄入的能力相关。在验证研究中，结果只显示了固体食物摄取识别率。以往的研究提示可以通过下颌运动监测以检测某些液体的摄入（如迅速饮用大量的饮料）[33]，而其他行为如啜饮，可能无法检测。另一个问题与该装置是否被受试者接受有关。AIM 被设计为戴在颈部的挂绳悬垂装置，为了使它美观，该装置仍需要进一步小型化。最后，虽然进行了离线的食物摄取检测，但是 AIM 的最终目标是实时识别和鉴定食物摄入，并提供关于个体摄食行为的反馈。

24.6 总结

由于人类食物摄取行为的差异性和复杂性，食物摄入的检测和分类是一项艰巨的任务。新的方法正在不断被研发出来，试图实现对食物摄取客观精确的测量。目前的趋势是，以新的、负担更小的、受试者参与最少的方法取代依赖于自我报告的不精确方法。

从历史上看，便携式电子食物日记最先允许个体通过在移动电话或PDA上简单搜索和记录所消耗食物的方式来报告任务。电子日记发展到包含图像采集，以进一步提高对食物摄取的评估。复杂的图像处理算法正在被开发以方便图像分析。然而，即使是现代食物日记和食物图像，仍需要受试者在报告食物摄取时积极地参与，因此误报和漏报仍可能影响测量。

用于食物摄取检测和表征的穿戴式传感器的发展在最近几年获得了极大的关注。从功能上来看，本章介绍的方法表明穿戴式传感器如传声器、加速度计、压电和磁传感器能够捕获进食过程中发生的事件信息（手到嘴的姿势、咬、咀嚼和吞咽）。本章介绍的大多数传感器会对非目标的生理过程的刺激做出响应，从而需要复杂的信号处理和模式识别算法将伪影从食物摄取中区分开。未来用于监测食物摄入的穿戴式传感器的发展有赖于进一步小型化和在可靠性和功能性方面的进步，尤其是注重食物摄入的表征。

穿戴式设备的社会接受度是今后研究需要认真解决的问题。目前大多数研究主要集中在评估设备的功能性而缺少对传感器负担的综合分析。用于监测摄食行为的穿戴式传感器应该是无创、美观、舒适的，而且应该最低限度地影响人们进食的方式。如果有部分要求无法实现，人们往往会不遵守规定并放弃该设备。此外，如果摄食行为由于存在传感器而显著改变，利用这种传感器的优势可能会大大降低。

计算机算法处理由传感器捕获的信号以实现食物摄取的检测并与其他活动相区别。大多数用于食物摄入检测的方法通过识别咀嚼或吞咽进行检测，并有可能相互组合或与手势组合。迄今为止，还没有已发表的研究报告单独使用手势进行食物摄入的检测。在大多数报道的研究中，通常在实验室条件下，自动识别咀嚼时下颌的运动或咀嚼声音具有80%~90%的食物摄入检测精度。基于吞咽的方法也被报道具有类似的精度。自由生活行为的差异性可能对这些方法的准确性产生不利影响，因而大部分方法需要在现实世界中做一个完整的测试。另一个主要考虑因素是使用受试者依赖（个体）模型或不依赖受试者的（组）模型。例如，由于个体间吞咽声音的差异，从声音识别吞咽需要个体模型，而咀嚼期间的下颌运动表现出较低的变异性，从而更容易使用组模型。此外，使用无监督机器学习方法可能有助于适应传感器信号的个人特质。最后，算法的计算要求也应加以考虑。许多报道的算法依赖于计算密集的时频分解（如小波）和分类（如SVM），可能不适合穿戴式传感器有限的计算资源。未来的研究应努力开发不依赖于受试者、高效计算的食物摄取检测和表征方法。

食物摄入的表征仍然是饮食行为研究面临的最大挑战之一。食物的多样性使得通过穿戴式传感器自动和准确地捕捉能量摄入存在问题。尽管许多复杂的算法已经被研究，获得准确和可靠的算法用于估计能量摄入仍是一个热门的研究课题。从不同来源如生理传感器和食物的图像获得的信息的多模态融合和数据融合，在提高质量、热量和营养摄入估计的准确度方面是一种有前途的方法。直接或间接地通过口腔测量食物的营养成分的新型传感器可能需要被开发以提高这种估计的可靠性。与食物摄取检测类似，使用组模型而不是依赖于受试者的模型，是算法开发的一个重要考虑因素。

由于穿戴式传感器处在早期发展阶段，迄今为止，大多数研究一直依赖于实验室环境来测试所提议的方法的可行性。在自由生活中，由于存在来自真实世界活动的伪影，食物摄取的检测和表征变得更复杂，而这些影响在实验室是被控制或缺失的。在自由生活中，食物摄取也比在任何实验室或食堂环境下的研究更加多变和复杂。因此，要在自由生活的现实条件下测试提出的任何方法，这一点至关重要，预期未来的研究将越来越多地进行类似的实验。

综上所述，当下使用穿戴式传感技术对摄食行为的研究需要更多的创新方法来实现膳食评估。集成多种无创传感器的穿戴式设备的发展可能是研究人员选择的客观、准确监控食物摄入的主要途径。然而，在实现对食物摄入实际、准确、无创的监测之前，仍有许多的挑战必须先解决。这些设备和方法的成功应用对人群将产生巨大的影响，因为它们可以帮助研究和纠正与肥胖和进食障碍有关的摄食行为。

参考文献

[1] K.M. Flegal, M.D. Carroll, B.K. Kit, C.L. Ogden, Prevalence of Obesity and Trends in the Distribution of Body Mass Index Among US Adults, 1999-2010, JAMA J. Am. Med. Assoc. 307 (5) (2012) 491–497.

[2] S.J. Olshansky, D.J. Passaro, R.C. Hershow, J. Layden, B.A. Carnes, J. Brody, et al., A potential decline in life expectancy in the United States in the 21st century, N. Engl. J. Med. 352 (11) (2005) 1138–1145.

[3] C.G. Fairburn, P.J. Harrison, Eating disorders, Lancet 361 (9355) (2003) 407–416.

[4] J.I. Hudson, E. Hiripi, H.G. Pope Jr, R.C. Kessler, The prevalence and correlates of eating disorders in the National Comorbidity Survey Replication, Biol. Psychiatry 61 (3) (2007) 348–358.

[5] D. Sánchez-Carracedo, D. Neumark-Sztainer, G. López-Guimerà, Integrated prevention of obesity and eating disorders: barriers, developments and opportunities, Public Health Nutr. 15 (12) (2012) 2295–2309.

[6] F.E. Thompson, A.F. Subar, Dietary assessment methodology, Nutrition in the Prevention and Treatment of Disease, second ed., Academic Press, San Diego, CA, 2008.

[7] A.H.C. Goris, E.P. Meijer, K.R. Westerterp, Repeated measurement of habitual food intake increases under-reporting and induces selective under-reporting, Br. J. Nutr. 85 (05) (2001) 629–634.

[8] A.H. Goris, M.S. Westerterp-Plantenga, K.R. Westerterp, Undereating and underrecording of habitual food intake in obese men: selective underreporting of fat intake, Am. J. Clin. Nutr. 71 (1) (2000) 130–134.

[9] S.D. Poppitt, D. Swann, A.E. Black, A.M. Prentice, Assessment of selective under-reporting of food intake by both obese and non-obese women in a metabolic facility, Int. J. Obes. Relat. Metab. Disord. J. Int. Assoc. Study Obes 22 (4) (1998) 303–311.

[10] M.-J. Park, H.-S. Kim, K.-S. Kim, Cellular phone and Internet-based individual intervention on blood pressure and obesity in obese patients with hypertension, Int. J. Med. Inf. 78 (10) (2009) 704–710.

[11] S.-I. Kim, H.-S. Kim, Effectiveness of mobile and internet intervention in patients with obese type 2 diabetes, Int. J. Med. Inf. 77 (6) (2008) 399–404.

[12] NDL/FNIC Food Composition Database Home Page. [Online]. Available: <http://ndb.nal.usda.gov/>. (Accessed: 02.07.14).

[13] C. Johannes, J. Woods, S. Crawford, H. Cochran, D. Tran, B. Schuth, Electronic versus paper instruments for daily data collection, Ann. Epidemiol. 10 (7) (2000) 457.

[14] C.K. Martin, H. Han, S.M. Coulon, H.R. Allen, C.M. Champagne, S.D. Anton, A novel method to remotely measure food intake of free-living individuals in real time: the remote food photography method, Br. J. Nutr. 101 (03) (2009) 446–456.

[15] F. Zhu, M. Bosch, I. Woo, S.Y. Kim, C.J. Boushey, D.S. Ebert, et al., The Use of Mobile Devices in Aiding Dietary Assessment and Evaluation, IEEE J. Sel. Top. Signal Process. 4 (4) (2010) 756–766.

[16] D.A. Williamson, H.R. Allen, P.D. Martin, A.J. Alfonso, B. Gerald, A. Hunt, Comparison of digital photography to weighed and visual estimation of portion sizes, J. Am. Diet. Assoc. 103 (9) (2003) 1139–1145.

[17] J.A. Higgins, A.L. LaSalle, P. Zhaoxing, M.Y. Kasten, K.N. Bing, S.E. Ridzon, et al., Validation of photographic food records in children: are pictures really worth a thousand words? Eur. J. Clin. Nutr. 63 (8) (2009) 1025–1033.

[18] M. Popa, Hand gesture recognition based on accelerometer sensors, 2011 7th Int. Conf. Netw. Comput. Adv. Info. Manage. (NCM) (2011) 115–120.

[19] H. Junker, O. Amft, P. Lukowicz, G. Tröster, Gesture spotting with body-worn inertial sensors to detect user activities, Pattern Recognit. 41 (6) (2008) 2010–2024.

[20] Y. Dong, A. Hoover, J. Scisco, E. Muth, A new method for measuring meal intake in humans via automated wrist motion tracking, Appl. Psychophysiol. Biofeedback 37 (3) (2012) 205–215.
[21] P. Lopez-Meyer, Y. Patil, T. Tiffany, E. Sazonov, Detection of Hand-to-Mouth Gestures Using a RF Operated Proximity Sensor for Monitoring Cigarette Smoking, Open Biomed. Eng. J. 9 (2013) 41–49.
[22] J.M. Fontana, M. Farooq, E. Sazonov, Estimation of Feature Importance for Food Intake Detection Based on Random Forests, 2013 Annu. Int. Conf. IEEE Eng. Med. Biol. Soc.(EMBC) (2013).
[23] R. Xu, S. Zhou, W.J. Li, MEMS Accelerometer Based Nonspecific-User Hand Gesture Recognition, IEEE Sens. J. 12 (5) (2012) 1166–1173.
[24] J.M. Fontana, M. Farooq, E. Sazonov, Automatic Ingestion Monitor: A Novel Wearable Device for Monitoring of Ingestive Behavior, IEEE Trans. Biomed. Eng. 61 (no. 6) (2014) 1772–1779 <http://ieeexplore.ieee.org/xpl/articleDetails.jsp?reload = true&arnumber = 6742586>. (Accessed 02.07.14).
[25] K. Fueki, T. Sugiura, E. Yoshida, Y. Igarashi, Association between food mixing ability and electromyographic activity of jaw-closing muscles during chewing of a wax cube, J. Oral Rehabil. 35 (5) (2008) 345–352.
[26] K. Kohyama, E. Hatakeyama, T. Sasaki, T. Azuma, K. Karita, Effect of sample thickness on bite force studied with a multiple-point sheet sensor, J. Oral Rehabil. 31 (4) (2004) 327–334.
[27] V.A. Bousdras, J.L. Cunningham, M. Ferguson-Pell, M.A. Bamber, S. Sindet-Pedersen, G. Blunn, et al., A novel approach to bite force measurements in a porcine model in vivo, Int. J. Oral Maxillofac. Surg. 35 (7) (2006) 663–667.
[28] P.J. Lillford, The Materials Science of Eating and Food Breakdown, MRS Bull. 25 (12) (2000) 38–43.
[29] J. Nishimura and T. Kuroda, "Eating habits monitoring using wireless wearable in-ear microphone," in 3rd International Symposium on Wireless Pervasive Computing, 2008. ISWPC 2008, 2008, pp. 130–132.
[30] M. Shuzo, S. Komori, T. Takashima, G. Lopez, S. Tatsuta, S. Yanagimoto, et al., Wearable Eating Habit Sensing System Using Internal Body Sound, J. Adv. Mech. Des. Syst. Manuf 4 (1) (2010) 158–166.
[31] O. Amft, A wearable earpad sensor for chewing monitoring, 2010 IEEE Sens. (2010) 222–227.
[32] S. Päßler, M. Wolff, W.-J. Fischer, Food intake monitoring: an acoustical approach to automated food intake activity detection and classification of consumed food, Physiol. Meas. 33 (6) (2012) 1073–1093.
[33] E. Sazonov, J.M. Fontana, A Sensor System for Automatic Detection of Food Intake Through Non-Invasive Monitoring of Chewing, IEEE Sens. J. 12 (5) (2012) 1340–1348.
[34] A.R. Doherty, S.E. Hodges, A.C. King, A.F. Smeaton, E. Berry, C.J.A. Moulin, et al., Wearable Cameras in Health: The State of the Art and Future Possibilities, Am. J. Prev. Med. 44 (3) (2013) 320–323.
[35] G. O'Loughlin, S.J. Cullen, A. McGoldrick, S. O'Connor, R. Blain, S. O'Malley, et al., Using a Wearable Camera to Increase the Accuracy of Dietary Analysis, Am. J. Prev. Med. 44 (3) (2013) 297–301.
[36] J. Liu, E. Johns, L. Atallah, C. Pettitt, B. Lo, G. Frost, et al., An Intelligent Food-Intake Monitoring System Using Wearable Sensors, 2012 Ninth Int. Conf. Wearable Implantable Body Sens. Netw.(BSN) (2012) 154–160.
[37] C.S.C. Lear, J.B. Flanagan Jr., and C.F.A. Moorrees, The frequency of deglutition in man Arch. Oral Biol., 10, 1, pp. 83–99, IN13–IN15.
[38] M. Pehlivan, N. Yüceyar, C. Ertekin, G. Çelebi, M. Ertaş, T. Kalayci, et al., An electronic device measuring the frequency of spontaneous swallowing: Digital Phagometer, Dysphagia 11 (4) (1996) 259–264.
[39] E. Sazonov, S.A.C. Schuckers, P. Lopez-Meyer, O. Makeyev, E.L. Melanson, M.R. Neuman, et al., Toward Objective Monitoring of Ingestive Behavior in Free-living Population, Obesity 17 (10) (2009) 1971–1975.
[40] I. Lichter, R.C. Muir, The pattern of swallowing during sleep, Electroencephalogr. Clin. Neurophysiol. 38 (4) (1975) 427–432.
[41] W.J. Dodds, The physiology of swallowing, Dysphagia 3 (4) (1989) 171–178.
[42] T.A. Hughes, P. Liu, H. Griffiths, B.W. Lawrie, C.M. Wiles, Simultaneous electrical impedance tomography and videofluoroscopy in the assessment of swallowing, Physiol. Meas. 17 (2) (1996) 109–119.
[43] D.S. Cooper, A.L. Perlman, Electromyography in the functional and diagnostic testing of deglutition, Deglutition Its Disord. Anat. Physiol. Clin. Diagn. Manag. (1996) 255–285.
[44] N.P. Reddy, A. Katakam, V. Gupta, R. Unnikrishnan, J. Narayanan, E.P. Canilang, Measurements of acceleration during videofluorographic evaluation of dysphagic patients, Med. Eng. Phys. 22 (6) (2000) 405–412.
[45] E. Sazonov, S. Schuckers, P. Lopez-Meyer, O. Makeyev, N. Sazonova, E.L. Melanson, et al., Non-invasive monitoring of chewing and swallowing for objective quantification of ingestive behavior, Physiol. Meas. 29 (5) (2008) 525–541.
[46] J.L. Schultz, A.L. Perlman, D.J. VanDaele, Laryngeal movement, oropharyngeal pressure, and submental muscle contraction during swallowing, Arch. Phys. Med. Rehabil. 75 (2) (1994) 183–188.
[47] S. Nozaki, J. Kang, I. Miyai, T. Matsumura, Electroglottographic evaluation of swallowing in Parkinson's disease, Rinshō Shinkeigaku Clin. Neurol 34 (9) (1994) 922–924.
[48] M. Farooq, J.M. Fontana, E. Sazonov, A novel approach for food intake detection using electroglottography, Physiol. Meas. 35 (no. 5) (2014) 739<http://iopscience.iop.org/0967-3334/35/5/739>. (Accessed 02.07.14).

[49] A. Kandori, T. Yamamoto, Y. Sano, M. Oonuma, T. Miyashita, M. Murata, et al., Simple Magnetic Swallowing Detection System, IEEE Sens. J. 12 (4) (2012) 805–811.
[50] M. Sun, J.D. Fernstrom, W. Jia, S.A. Hackworth, N. Yao, Y. Li, et al., A Wearable Electronic System for Objective Dietary Assessment, J. Am. Diet. Assoc. 110 (2010) 45–47.
[51] J.M. Fontana, E.S. Sazonov, A robust classification scheme for detection of food intake through non-invasive monitoring of chewing, 2012 Annu. Int. Conf. IEEE Eng. Med. Biol. Soc.(EMBC) (2012) 4891–4894.
[52] S. Passler, W.-J. Fischer, Food Intake Activity Detection Using a Wearable Microphone System, 2011 7th Int. Conf. Intell. Environ. (IE) (2011) 298–301.
[53] K. Takahashi, M.E. Groher, K. Michi, Methodology for detecting swallowing sounds, Dysphagia 9 (1) (1994) 54–62.
[54] J. Lee, C.M. Steele, T. Chau, Time and time–frequency characterization of dual-axis swallowing accelerometry signals, Physiol. Meas. 29 (9) (2008) 1105–1120.
[55] A. Das, N.P. Reddy, J. Narayanan, Hybrid fuzzy logic committee neural networks for recognition of swallow acceleration signals, Comput. Methods Programs Biomed. 64 (2) (2001) 87–99.
[56] J. Lee, S. Blain, M. Casas, D. Kenny, G. Berall, T. Chau, A radial basis classifier for the automatic detection of aspiration in children with dysphagia, J. NeuroEng. Rehabil. 3 (1) (2006) 14.
[57] S. Damouras, E. Sejdic, C.M. Steele, T. Chau, An Online Swallow Detection Algorithm Based on the Quadratic Variation of Dual-Axis Accelerometry, IEEE Trans. Signal Process. 58 (6) (2010) 3352–3359.
[58] E. Sazonov, O. Makeyev, P. Lopez-Meyer, S. Schuckers, E. Melanson, M. Neuman, Automatic detection of swallowing events by acoustical means for applications of monitoring of ingestive behavior, IEEE Trans. Biomed. Eng. 57 (3) (2010) 626–633.
[59] O. Makeyev, P. Lopez-Meyer, S. Schuckers, W. Besio, E. Sazonov, Automatic food intake detection based on swallowing sounds, Biomed. Signal Process. Control 7 (6) (2012) 649–656.
[60] P. Lopez-Meyer, O. Makeyev, S. Schuckers, E. Melanson, M. Neuman, E. Sazonov, Detection of Food Intake from Swallowing Sequences by Supervised and Unsupervised Methods, Ann. Biomed. Eng. 38 (8) (2010) 2766–2774.
[61] F. Zhu, M. Bosch, N. Khanna, C.J. Boushey, E.J. Delp, Multilevel segmentation for food classification in dietary assessment, 2011 7th Int. Symp. Image Signal Process. Anal. (ISPA) (2011) 337–342.
[62] F. Zhu, M. Bosch, T. Schap, N. Khanna, D.S. Ebert, C.J. Boushey, et al., Segmentation Assisted Food Classification for Dietary Assessment, Proc. SPIE. 7873 (2011) 78730B.
[63] J. Shi, J. Malik, Normalized Cuts and Image Segmentation, IEEE Trans. Pattern Anal. Mach. Intell. 22 (1997) 888–905.
[64] P. Lopez-Meyer, S. Schuckers, O. Makeyev, J.M. Fontana, E. Sazonov, Automatic identification of the number of food items in a meal using clustering techniques based on the monitoring of swallowing and chewing, Biomed. Signal Process. Control 7 (5) (2012) 474–480.
[65] U. Toepel, J.-F. Knebel, J. Hudry, J. le Coutre, M.M. Murray, The brain tracks the energetic value in food images, NeuroImage 44 (3) (2009) 967–974.
[66] W. Jia, Y. Yue, J.D. Fernstrom, Z. Zhang, Y. Yang, M. Sun, 3D localization of circular feature in 2D image and application to food volume estimation, 2012 Annu. Int. Conf. IEEE Eng. Med. Biol. Soc. (EMBC) (2012) 4545–4548.
[67] M. Sun, Q. Liu, K. Schmidt, L. Yang, N. Yao, J. D. Fernstrom, M. H. Fernstrom, J. P. DeLany, and R. J. Sclabassi, Determination of food portion size by image processing in 30th Annual International Conference of the IEEE Engineering in Medicine and Biology Society, 2008. EMBS 2008, 2008, pp. 871–874. <http://ieeexplore.ieee.org/xpls/abs_all.jsp?arnumber=4649292&tag=1>. (Accessed 02-July-2014).
[68] W. Jia, Y. Yue, J.D. Fernstrom, N. Yao, R.J. Sclabassi, M.H. Fernstrom, et al., Imaged based estimation of food volume using circular referents in dietary assessment, J. Food Eng. 109 (1) (2012) 76–86.
[69] C. K. Martin, S. Kaya, and B. K. Gunturk, Quantification of food intake using food image analysis in Annual International Conference of the IEEE Engineering in Medicine and Biology Society, 2009. EMBC 2009, 2009, pp. 6869–6872. <http://ieeexplore.ieee.org/xpls/abs_all.jsp?arnumber=5333123>. (Accessed 02-July-2014).
[70] C.D. Lee, J. Chae, T.E. Schap, D.A. Kerr, E.J. Delp, D.S. Ebert, et al., Comparison of known food weights with image-based portion-size automated estimation and adolescents' self-reported portion size, J. Diabetes Sci. Technol. 6 (2) (2012) 428–434.
[71] H.-C. Chen, W. Jia, Y. Yue, Z. Li, Y.-N. Sun, J.D. Fernstrom, et al., Model-based measurement of food portion size for image-based dietary assessment using 3D/2D registration, Meas. Sci. Technol. 24 (10) (2013) 105701.
[72] C. Xu, Y. He, N. Khanna, C. Boushey, E. Delp, Model-based food volume estimation using 3D pose, Proc. 2013 IEEE Int. Conf. Image Process. (2013) 2534–2538September 15-18, Melbourne, Australia.
[73] O. Amft, M. Kusserow, G. Troster, Bite Weight Prediction From Acoustic Recognition of Chewing, IEEE Trans. Biomed. Eng. 56 (6) (2009) 1663–1672.
[74] J.M. de Castro, Eating behavior: lessons from the real world of humans, Nutrition 16 (10) (2000) 800–813.
[75] J.M. de Castro, Seasonal rhythms of human nutrient intake and meal pattern, Physiol. Behav. 50 (1) (1991) 243–248.

本书著作权合同登记 图字：01-2014-8431 号。
WEARABLE SENSORS：Fundamentals，Implementation and Applications
Edward Sazonov，Michael R. Neuman
ISBN：978-0-12-418662-0

《智能可穿戴传感器：原理、实践与应用》（万浩 庄柳静 吴春生 张希 王平 等译）
ISBN：978-7-111-71811-6

注意

本书涉及领域的知识和实践标准在不断变化。新的研究和经验拓展我们的理解，因此须对研究方法、专业实践或医疗方法作出调整。从业者和研究人员必须始终依靠自身经验和知识来评估和使用本书中提到的所有信息、方法、化合物或本书中描述的实验。在使用这些信息或方法时，他们应注意自身和他人的安全，包括注意他们负有专业责任的当事人的安全。在法律允许的最大范围内，爱思唯尔、译文的原文作者、原文编辑及原文内容提供者均不对因产品责任、疏忽或其他人身或财产伤害及/或损失承担责任，亦不对由于使用或操作文中提到的方法、产品、说明或思想而导致的人身或财产伤害及/或损失承担责任。

图书在版编目（CIP）数据

智能可穿戴传感器：原理、实践与应用/（美）爱德华·萨佐诺夫（Edward Sazonov）等主编；万浩等译. —北京：机械工业出版社，2022.12（2024.1 重印）

（国际信息工程先进技术译丛）

书名原文：Wearable Sensors：Fundamentals，implementation and applications

ISBN 978-7-111-71811-6

Ⅰ.①智… Ⅱ.①爱…②万… Ⅲ.①传感器-移动终端-智能终端-研究 Ⅳ.①TP212.6②TN87

中国版本图书馆 CIP 数据核字（2022）第 192478 号

机械工业出版社（北京市百万庄大街 22 号 邮政编码 100037）

策划编辑：林 桢　　责任编辑：林 桢 周海越

责任校对：张 征 贾立萍　　封面设计：鞠 杨

责任印制：邓 博

北京盛通数码印刷有限公司印刷

2024 年 1 月第 1 版第 2 次印刷

184mm×260mm · 27 印张 · 702 千字

标准书号：ISBN 978-7-111-71811-6

定价：199.00 元

电话服务　　网络服务

客服电话：010-88361066　　机 工 官 网：www.cmpbook.com

010-88379833　　机 工 官 博：weibo.com/cmp1952

010-68326294　　金 书 网：www.golden-book.com

封底无防伪标均为盗版　　机工教育服务网：www.cmpedu.com